计算机科学与技术专业核心教材体系建设 —— 建议使用时间

课程系列　基础系列　电类系列　程序系列　系统系列　应用系列　选修系列

一年级上　一年级下　二年级上　二年级下　三年级上　三年级下　四年级上　四年级下

大学计算机基础

高等数学(上)　信息安全导论

高等数学(下)

数字逻辑设计　数字逻辑设计实验

电子技术基础

计算机程序设计

面向对象程序设计　程序设计实践

数据结构

算法设计与分析

计算机原理

操作系统

计算机系统综合实践

计算机网络

软件工程编译原理

软件工程综合实践

计算机体系结构

人工智能导论　数据库原理与技术　嵌入式系统

计算机图形学

机器学习　物联网导论　大数据分析　数字图像处理

面向新工科专业建设计算机系列教材

5G 通信系统

栾英姿 张 阳 尚渭萍 林 林◎编著

清华大学出版社
北京

内 容 简 介

本书系统介绍 5G 通信的新技术和新特点。本书以云计算、空时无线信道、高频波段分析、多载波调制等新型关键技术及功率控制和资源分配等问题为重点。全书共 10 章,主要内容包括 5G 系统关键技术、传统信道、MIMO 无线信道、信号结构设计和容量分析、MIMO 功率控制、天线和分集接收、物理层关键技术、能效分析和设计、网络接入层关键技术、全球 5G 终端发展现状。

本书适合作为电子信息大类、计算机大类、自动控制大类研究生和高年级本科生相关课程教材,也可供电信行业技术人员阅读参考。

图书在版编目(CIP)数据

5G 通信系统/栾英姿等编著. —北京:清华大学出版社,2023.9
面向新工科专业建设计算机系列教材
ISBN 978-7-302-62844-6

Ⅰ. ①5… Ⅱ. ①栾… Ⅲ. ①第五代移动通信系统-高等学校-教材 Ⅳ. ①TN929.538

中国国家版本馆 CIP 数据核字(2023)第 035278 号

责任编辑:白立军 战晓雷
封面设计:刘 乾
责任校对:郝美丽
责任印制:丛怀宇

出版发行:清华大学出版社
      网 址:http://www.tup.com.cn, http://www.wqbook.com
      地 址:北京清华大学学研大厦 A 座   邮 编:100084
      社 总 机:010-83470000   邮 购:010-62786544
      投稿与读者服务:010-62776969, c-service@tup.tsinghua.edu.cn
      质量反馈:010-62772015, zhiliang@tup.tsinghua.edu.cn
      课件下载:http://www.tup.com.cn,010-83470236
印 装 者:三河市铭诚印务有限公司
经 销:全国新华书店
开 本:185mm×260mm   印 张:26.25   插 页:1   字 数:610 千字
版 次:2023 年 10 月第 1 版   印 次:2023 年 10 月第 1 次印刷
定 价:79.00 元

产品编号:090267-01

出版说明

一、系列教材背景

人类已经进入智能时代,云计算、大数据、物联网、人工智能、机器人、量子计算等是这个时代最重要的技术热点。为了适应和满足时代发展对人才培养的需要,2017 年 2 月以来,教育部积极推进新工科建设,先后形成了"复旦共识""天大行动"和"北京指南",并发布了《教育部高等教育司关于开展新工科研究与实践的通知》《教育部办公厅关于推荐新工科研究与实践项目的通知》,全力探索形成领跑全球工程教育的中国模式、中国经验,助力高等教育强国建设。新工科有两个内涵:一是新的工科专业;二是传统工科专业的新需求。新工科建设将促进一批新专业的发展,这批新专业有的是依托于现有计算机类专业派生、扩展而成的,有的是多个专业有机整合而成的。由计算机类专业派生、扩展形成的新工科专业有计算机科学与技术、软件工程、网络工程、物联网工程、信息管理与信息系统、数据科学与大数据技术等。由计算机类学科交叉融合形成的新工科专业有网络空间安全、人工智能、机器人工程、数字媒体技术、智能科学与技术等。

在新工科建设的"九个一批"中,明确提出"建设一批体现产业和技术最新发展的新课程""建设一批产业急需的新兴工科专业"。新课程和新专业的持续建设,都需要以适应新工科教育的教材作为支撑。由于各个专业之间的课程相互交叉,但是又不能相互包含,所以在选题方向上,既考虑由计算机类专业派生、扩展形成的新工科专业的选题,又考虑由计算机类专业交叉融合形成的新工科专业的选题,特别是网络空间安全专业、智能科学与技术专业的选题。基于此,清华大学出版社计划出版"面向新工科专业建设计算机系列教材"。

二、教材定位

教材使用对象为"211 工程"高校或同等水平及以上高校计算机类专业及相关专业学生。

三、教材编写原则

(1) 借鉴 *Computer Science Curricula* 2013(以下简称 CS2013)。CS2013 的核心知识领域包括算法与复杂度、体系结构与组织、计算科学、离散结构、图形学与可视化、人机交互、信息保障与安全、信息管理、智能系统、网络与通信、操作系统、基于平台的开发、并行与分布式计算、程序设计语言、软件开发基础、软件工程、系统基础、社会问题与专业实践等内容。

（2）处理好理论与技能培养的关系，注重理论与实践相结合，加强对学生思维方式的训练和计算思维的培养。计算机专业学生能力的培养特别强调理论学习、计算思维培养和实践训练。本系列教材以"重视理论，加强计算思维培养，突出案例和实践应用"为主要目标。

（3）为便于教学，在纸质教材的基础上，融合多种形式的教学辅助材料。每本教材可以有主教材、教师用书、习题解答、实验指导等。特别是在数字资源建设方面，可以结合当前出版融合的趋势，做好立体化教材建设，可考虑加上微课、微视频、二维码、MOOC 等扩展资源。

四、教材特点

1. 满足新工科专业建设的需要

系列教材涵盖计算机科学与技术、软件工程、物联网工程、数据科学与大数据技术、网络空间安全、人工智能等专业的课程。

2. 案例体现传统工科专业的新需求

编写时，以案例驱动，任务引导，特别是有一些新应用场景的案例。

3. 循序渐进，内容全面

讲解基础知识和实用案例时，由简单到复杂，循序渐进，系统讲解。

4. 资源丰富，立体化建设

除了教学课件外，还可以提供教学大纲、教学计划、微视频等扩展资源，以方便教学。

五、优先出版

1. 精品课程配套教材

主要包括国家级或省级的精品课程和精品资源共享课的配套教材。

2. 传统优秀改版教材

对于已经出版、得到市场认可的优秀教材，由于新技术的发展，计划给图书配上新的教学形式、教学资源的改版教材。

3. 前沿技术与热点教材

反映计算机前沿和当前热点的相关教材，例如云计算、大数据、人工智能、物联网、网络空间安全等方面的教材。

六、联系方式

联系人：白立军

联系电话：010-83470179

联系和投稿邮箱：bailj@tup.tsinghua.edu.cn

面向新工科专业建设计算机系列教材编委会

2019 年 6 月

面向新工科专业建设计算机系列教材编委会

主　任：

张尧学　清华大学计算机科学与技术系教授　中国工程院院士/教育部高等学校
　　　　软件工程专业教学指导委员会主任委员

副主任：

陈　刚　浙江大学计算机科学与技术学院　　　　　　院长/教授
卢先和　清华大学出版社　　　　　　　　　　　　　常务副总编辑、
　　　　　　　　　　　　　　　　　　　　　　　　副社长/编审

委　员：

毕　胜	大连海事大学信息科学技术学院	院长/教授
蔡伯根	北京交通大学计算机与信息技术学院	院长/教授
陈　兵	南京航空航天大学计算机科学与技术学院	院长/教授
成秀珍	山东大学计算机科学与技术学院	院长/教授
丁志军	同济大学计算机科学与技术系	系主任/教授
董军宇	中国海洋大学信息科学与工程学部	部长/教授
冯　丹	华中科技大学计算机学院	院长/教授
冯立功	战略支援部队信息工程大学网络空间安全学院	院长/教授
高　英	华南理工大学计算机科学与工程学院	副院长/教授
桂小林	西安交通大学计算机科学与技术学院	教授
郭卫斌	华东理工大学信息科学与工程学院	副院长/教授
郭文忠	福州大学数学与计算机科学学院	院长/教授
郭毅可	香港科技大学	副校长/教授
过敏意	上海交通大学计算机科学与工程系	教授
胡瑞敏	西安电子科技大学网络与信息安全学院	院长/教授
黄河燕	北京理工大学计算机学院	院长/教授
雷蕴奇	厦门大学计算机科学系	教授
李凡长	苏州大学计算机科学与技术学院	院长/教授
李克秋	天津大学计算机科学与技术学院	院长/教授
李肯立	湖南大学	副校长/教授
李向阳	中国科学技术大学计算机科学与技术学院	执行院长/教授
梁荣华	浙江工业大学计算机科学与技术学院	执行院长/教授
刘延飞	火箭军工程大学基础部	副主任/教授
陆建峰	南京理工大学计算机科学与工程学院	副院长/教授
罗军舟	东南大学计算机科学与工程学院	教授
吕建成	四川大学计算机学院（软件学院）	院长/教授
吕卫锋	北京航空航天大学	副校长/教授
马志新	兰州大学信息科学与工程学院	副院长/教授

毛晓光	国防科技大学计算机学院	副院长/教授
明　仲	深圳大学计算机与软件学院	院长/教授
彭进业	西北大学信息科学与技术学院	院长/教授
钱德沛	北京航空航天大学计算机学院	中国科学院院士/教授
申恒涛	电子科技大学计算机科学与工程学院	院长/教授
苏　森	北京邮电大学	副校长/教授
汪　萌	合肥工业大学	副校长/教授
王长波	华东师范大学计算机科学与软件工程学院	常务副院长/教授
王劲松	天津理工大学计算机科学与工程学院	院长/教授
王良民	东南大学网络空间安全学院	教授
王　泉	西安电子科技大学	副校长/教授
王晓阳	复旦大学计算机科学技术学院	教授
王　义	东北大学计算机科学与工程学院	院长/教授
魏晓辉	吉林大学计算机科学与技术学院	教授
文继荣	中国人民大学信息学院	院长/教授
翁　健	暨南大学	副校长/教授
吴　迪	中山大学计算机学院	副院长/教授
吴　卿	杭州电子科技大学	教授
武永卫	清华大学计算机科学与技术系	副主任/教授
肖国强	西南大学计算机与信息科学学院	院长/教授
熊盛武	武汉理工大学计算机科学与技术学院	院长/教授
徐　伟	陆军工程大学指挥控制工程学院	院长/副教授
杨　鉴	云南大学信息学院	教授
杨　燕	西南交通大学信息科学与技术学院	副院长/教授
杨　震	北京工业大学信息学部	副主任/教授
姚　力	北京师范大学人工智能学院	执行院长/教授
叶保留	河海大学计算机与信息学院	院长/教授
印桂生	哈尔滨工程大学计算机科学与技术学院	院长/教授
袁晓洁	南开大学计算机学院	院长/教授
张春元	国防科技大学计算机学院	教授
张　强	大连理工大学计算机科学与技术学院	院长/教授
张清华	重庆邮电大学计算机科学与技术学院	执行院长/教授
张艳宁	西北工业大学	副校长/教授
赵建平	长春理工大学计算机科学技术学院	院长/教授
郑新奇	中国地质大学(北京)信息工程学院	院长/教授
仲　红	安徽大学计算机科学与技术学院	院长/教授
周　勇	中国矿业大学计算机科学与技术学院	院长/教授
周志华	南京大学计算机科学与技术系	系主任/教授
邹北骥	中南大学计算机学院	教授

秘书长：

| 白立军 | 清华大学出版社 | 副编审 |

前言

为适应新时期研究生教学形势,更好地将最新技术贯穿于课堂教学中,特撰写《5G通信系统》一书。

移动通信的迅猛发展带动了中国经济的极大提升,满足了人们对美好生活的不断向往。在中国,从第一代到第五代移动通信发展仅用了不到30年的时间,在物理层、网络层、应用层的技术管理上都发生了很大的变化。国内外很多高校、企业和政府都在致力于移动通信各个层面的进步和容量提升。由于无线频谱的有限性,使得频谱资源管理成为很重要的一个分支。同时由于电磁辐射对人的不良影响,人们也在探讨各种功率消耗少、传输效率高的算法。

第五代移动通信(5G)比前几代通信具有智能化、大吞吐量、贴近生活等重要特征。

本书系统地介绍第五代移动通信的国际发展和国内应用,深入阐述物理层及应用层可能采用的5G技术。全书共10章。

第1章概略介绍5G系统关键技术,包括ITU 5G需求的制定、软件定义网络、移动边缘计算、网络切片技术、物理层无线技术设计、认知无线电频谱共享、高频段天线设计、网络覆盖增强技术、超密集组网、以用户为中心的网络设计、绿色资源分配、全双工、D2D通信、无线传感器网络、5G光通信、安全传输及5G基站管理等。

第2章介绍传统信道,包括采样定理、阴影衰落和多径信道、大尺度和小尺度衰落、均匀和非均匀平面波、信道时间/频率/空间描述和选择性衰落、信道模型的对偶性原理、信道二阶统计量、信道包络统计特性等。

第3章介绍MIMO无线信道,包括统计MIMO信道建模、信道联合统计量、角度谱、MIMO信道容量、大规模MIMO传播信道等。

第4章介绍信号结构设计和容量分析,包括TDD相干时频间隔结构、OFDM相干时频间隔结构、归一化信号模型和信噪比、多个基站天线和多个终端、容量上限作为性能指标、MIMO单小区系统关键技术和多小区系统等。

第5章介绍MIMO功率控制,包括功率控制准则、给定SINR目标的功率控制、最大最小公平功率控制及案例研究。

第6章介绍天线和分集接收,包括天线发展历史、天线参数、分集、合并技术、误码率和容量、5G混合波束赋形相控阵系统和MIMO阵列天线。

第 7 章介绍物理层关键技术,包括 MC-DS-CDMA、MC-CDMA,NOMA、毫米波和太赫兹技术。

第 8 章介绍能效分析和设计,包括发射功率消耗、能源效率、电路功耗模型、能源效率和吞吐量的权衡、最大能源效率网络设计和绿色能源传输。

第 9 章介绍网络接入层关键技术,包括计算机网络与分层、自适应灵活资源分配、能量效率最优跨层调度、不同服务质量的管理、无线安全传输和异构网络。

第 10 章介绍全球 5G 终端发展现状,包括 5G 终端产业发展预期、5G 频谱使用、5G 趋势和挑战、中兴通讯 5G 建设和华为 5G 网络规划。

本书适合研究生、高年级本科生和广大通信爱好者阅读,也可作为教学参考书使用。

本书得到西安电子科技大学研究生院课程思政教学改革项目的支持。限于编者水平,书中不足之处在所难免,希望读者和同行不吝指正。

栾英姿

2023 年 7 月

CONTENTS

目录

第 1 章

5G 系统关键技术

5G 网络以用户和业务需求为导向、以云架构为基础设施搭建下一代智能 IT 平台,构建全联接型社会。5G 网络的发展目标是使得移动互联网为人类生活带来更为便捷、高效的沟通途径。国际组织通常把 5G 分为三大应用场景:面向增强移动宽带(enhanced Mobile BroadBand,eMBB)、海量机器类型通信(massive Machine Type of Communication,mMTC)和超高可靠低时延(ultra-Reliable and Low Latency Communication,uRLLC),这三大应用场景分别面向人、物联网和工业互联网。其中,eMBB 的特征是大吞吐量,主要应用于手机类等;mMTC 的特征是大连接,应用于智能抄表等 NB-IoT 类和工业物联网等;uRLLC 的特征是低时延、MEC 局部存储及计算,应用于娱乐 AR/VR、自动驾驶等。

5G 将渗透到社会各个领域,以用户为中心构建全方位信息服务体系。5G 通过无缝融合拉近万物的距离,实现人与万物智能互联。5G 超高流量密度、超高连接数密度和超高移动性等多场景服务以及业务及用户感知智能优化的特征,将为网络带来超百倍的能效提升,最终实现“信息随心而至,万物触手可及”的总体愿景。

◇ 1.1 ITU 5G 需求制定

国际电信联盟(ITU)是联合国 15 个专门机构之一,主管世界信息通信技术事务,由无线电通信(ITU-R)、电信标准化(ITU-T)和电信发展(ITU-D)三大核心部门组成,每个部门下设多个研究组。5G 相关标准化工作主要是在 ITU-R WP5D 工作组下进行的。

从 2012 年开始,ITU 组织全球业界开展 5G 标准化前期研究工作,持续推动全球 5G 共识形成。2015 年 6 月,ITU 正式确定 IMT-2020 为 5G 系统的官方名称,并明确了 5G 的业务趋势、应用场景和流量趋势,提出 5G 系统八大关键能力指标以及未来移动通信技术的发展趋势。

ITU 明确了 IMT-2020 的业务趋势、应用场景和流量趋势。在业务方面,5G 将在大幅提升“以人为中心”的移动互联网业务体验的同时,全面支持“以物为中心”的物联网业务,实现人与人、人与物和物与物智能互联。在应用场景方面,5G 将支持 eMBB、mMTC 和 uRLLC 三大应用场景,在 5G 系统设计时需要充分考虑不同场景和业务的差异化需求。

在流量方面,视频流量增长、用户设备数量增长和新型应用普及将成为未来移动通信流量增长的主要驱动力。2020—2030年,全球移动通信流量将增长几十倍至一百倍,并体现两大趋势:一是大城市及热点区域流量快速增长;二是上下行业务不对称性进一步深化,尤其体现在不同区域和每日各时间段。

5G作为新一代移动通信技术发展的主要方向,将成为推动国民经济和社会发展、促进产业转型升级的重要动力。2014年5月,我国IMT-2020(5G)推进组面向全球发布《5G愿景与需求》白皮书,阐述了我国在5G业务趋势、应用场景和关键能力等方面的核心观点。5G关键性能指标主要包括用户体验速率、连接密度、端到端时延、流量密度、移动性和峰值速率。在5G典型场景中,考虑增强现实、虚拟现实、超高清视频、云存储、车联网、智能家居、OTT(Over The Top)消息等5G典型业务,并结合各场景未来可能的用户分布、各类业务占比及对速率、时延等的要求,可以得到各个应用场景下的5G性能需求:

- 用户体验速率:0.1~1Gb/s。
- 连接密度:每平方千米100万个连接。
- 端到端时延:毫秒级。
- 流量密度:每平方千米数十Tb/s。
- 移动性:500km/h以上。
- 峰值速率:数十Gb/s。

其中,用户体验速率、连接密度和端到端时延为5G最基本的3个性能指标。

为了实现可持续发展,5G还需要大幅提高网络部署和运营效率,特别是在频谱效率、能源效率和成本效率方面需要比4G有显著提升。从未来最具挑战场景的流量需求出发,结合5G可用频谱资源和可能的部署方式,经测算得到5G系统频谱效率相对4G需要提高5~15倍。

从我国移动数据流量增长趋势出发,综合考虑国家节能减排规划和运营商预期投资额增长情况,预计5G系统能源效率和成本效率也将有百倍以上的提升。

综合来看,性能需求和效率需求共同定义了5G关键能力,中国提出了"5G之花"以表征5G关键能力,如图1-1所示。红花绿叶,相辅相成,花瓣代表了5G六大性能指标,体现

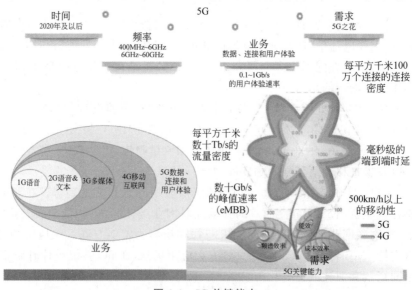

图 1-1 5G 关键能力

了 5G 满足未来多样化业务与场景需求的能力,其中花瓣顶点代表了相应指标最大值;绿叶代表了三个效率指标,是实现 5G 可持续发展的基本保障。

图 1-2 给出了 ITU 定义的 5G 三大应用场景:eMBB、mMTC 和 uRLLC。

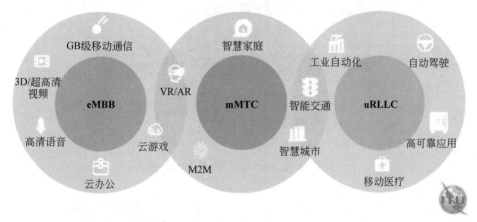

图 1-2　5G 三大应用场景

5G eMBB 的应用中包括虚拟现实,具体为医学教学、娱乐游戏、时尚、情景教学、商务会议、环境等,如图 1-3 所示。

图 1-3　5G eMBB 应用——虚拟现实

5G mMTC 的应用中包括智慧家庭,具体为智能电视、智能照明、智能音响、门禁安全、机器人等,如图 1-4 所示。

5G uRLLC 的应用中包括无人驾驶,具体为智能定位、周边物体分析、测速、运动和平衡等,如图 1-5 所示。

5G 网络的全新架构及业务连接与流量分布特征将对其网络架构及组网产生重要影响。如何建设 5G 核心网络、传输网络和终端? 5G 网络采用何种技术管理体制? 5G 网络在标准体系建设中与国际如何接轨? 中国设备制造商是否可以跟上 5G 网络产品需求? 试验网建设情况如何? 如何进行 5G 网络规划与建设以适配 5G 网络全新架构及三大应用场景业务发展需要? 这些是 5G 网络建设需要探讨的关键问题。

5G 网络关键能力指标及实现技术如下:用户体验速率达到 $0.1\sim1\text{Gb/s}$,峰值速率达到 $10\sim20\text{Gb/s}$,流量密度达到 $10\text{Tb/(s·km}^2)$,连接密度达到 $1\times10^6/\text{km}^2$,端到端时延小于 1ms,支持移动速度达到 500km/h,5G 网络的主要技术包括大规模天线、非正交多址、高阶调制、跨层优化等。

图 1-4　5G mMTC 应用——智慧家庭

图 1-5　5G uRLLC 应用——无人驾驶

5G 重点行业应用领域如图 1-6 所示。

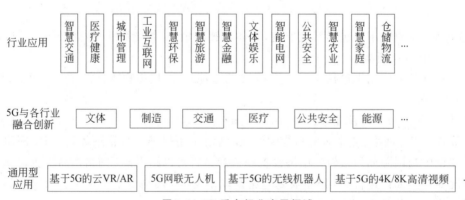

图 1-6　5G 重点行业应用领域

5G 物联网面向行业应用的总体解决方案如图 1-7 所示。

5G 关键技术包括云计算、边缘计算、切片管理、基站管理、超密集组网、MIMO 大规模天线、物理层多址技术、绿色资源分配等。

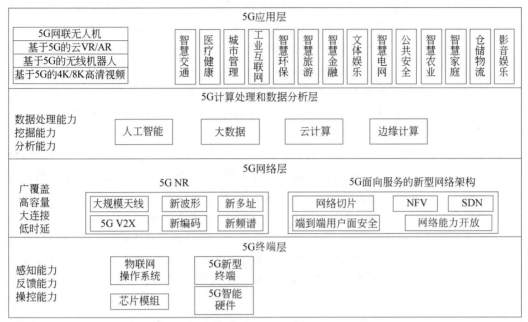

图 1-7　5G 物联网面向行业应用的总体解决方案

广域连续覆盖场景的关键挑战是满足小区边缘和高速移动等恶劣环境下的用户服务质量要求,无论何时何地都可以为用户提供无缝高速业务体验;热点高容量场景的关键挑战是满足 Gb/s 量级用户数据速率和 Tb/(s·km^2) 量级网络流量密度需求;低功耗大连接场景要求无线网络可以容纳分布范围广、数量众多的移动终端,满足超高连接密度指标要求,同时还要保证终端超低功耗和超低成本;低时延高可靠场景要求满足车联网和工业控制等垂直行业对低时延和高可靠性的特殊应用需求。

在如上所述的应用场景(尤其是 eMMB 和 mMTC 场景)中,都要求无线通信系统能够容纳大规模连接。华为公司指出,5G 网络应当支持更多持续在线设备,用户密度由 4G 网络支持每小区数百个设备提升至每小区数百万个设备。现有无线网络架构、协议与信号处理方法在设计之初并没有考虑上述特征,因而不能直接沿用。5G 网络大规模连接场景需要更为先进的空中接口技术。

1.1.1　云计算

云计算(cloud computing)是分布式计算的一种,是指通过网络云将巨大数据计算处理程序分解成无数个小程序,再通过多台服务器组成的系统处理和分析,得到结果并发送给用户。云计算早期是简单分布式计算,负责任务分发,并进行结果合并,因而云计算又称为网格计算。通过这项技术,可以在几秒内完成对数以万计的数据的处理,从而提供强大的网络服务。这恰好符合 5G 的技术场景需求。

目前云服务的定义更加广泛。已经不单单是一种分布式计算,而是分布式计算、效用计算、负载均衡、并行计算、网络存储和虚拟化等计算机技术混合演进并跃升的结果。

云计算实质就是一种提供资源的网络,使用者可以随时获取云上的资源,按需求量使用,理论上可以无限扩展,只要按使用量付费即可。从广义上说,云计算是与信息技术、软件、互联网相关的一种服务,云是一种计算资源共享池,云计算把许多计算资源集合起来,通过软件实现自动化管理,可以让资源快速、有效地在大范围内获取。

云计算是继互联网、计算机后信息时代的又一次革新。云计算具有很强的扩展性,可以为用户提供全新的体验。

互联网自 1960 年开始兴起,主要用于军方、大型企业的电子邮件或新闻集群组服务,直到 1990 年才开始进入普通家庭。随着互联网站与电子商务的快速发展,互联网目前已经成为人们不可缺少的生活设施之一。

云计算概念的首次提出是在 2006 年 8 月的搜索引擎会议上。近几年云计算越来越成为信息技术产业的发展重点,全球的信息技术企业都在纷纷向云计算转型。举例来说,每家公司都需要实施数据信息化,存储相关的运营数据,进行产品管理、人员管理、财务管理等,而进行这些数据管理的基本设备就是计算机。对于一家企业来说,一台计算机的计算容量远远无法满足数据运算的需求,那么公司就要购置一台计算容量更大的计算机,也就是服务器。而对于大型企业来说,一台服务器的计算容量仍显不足,企业就需要购置多台服务器,甚至演变为一个具有多台服务器的数据中心,服务器数量会直接影响数据中心的业务处理容量。除了高额的初期建设成本之外,计算机运营支出中的电力花费甚至比投资成本还高,加上计算机和网络的维护支出,使中小型企业难以承担。而云计算可以轻而易举地解决这个难题,这也是云计算受到广泛欢迎的原因之一。云计算与并行计算、分布式计算、虚拟化等技术密切相关。一些大型公司致力于向用户提供更加强大的计算处理服务,许多大型网络公司纷纷进入云计算领域。

2009 年 1 月,阿里软件在江苏南京建立首个电子商务云计算中心。同年 11 月,中国移动云计算平台"大云"计划启动。2019 年 8 月 17 日,北京互联网法院发布《互联网技术司法应用白皮书》,北京互联网法院互联网技术司法应用中心同日揭牌成立。

1. 云计算的优势和特点

云计算的可贵之处在于高灵活性和可扩展性等。与传统网络应用模式相比,云计算具有如下优势和特点。

1)虚拟化技术

虚拟化突破了时空界限。虚拟化技术包括应用虚拟化和资源虚拟化。虚拟化意味着应用环境和物理平台空间可以没有任何联系,通过虚拟平台就可以完成终端数据备份、迁移和扩展等工作。

2)动态可扩展

云计算具备高效的计算容量可扩展性。在原有服务器的基础上增加云计算功能,能够使计算速度迅速提高,最终达到对应用级性能进行扩展。

3)按需部署

计算机不同应用和程序软件所需数据资源库不同,所以需要较大的运算容量对资源进行部署,而云计算平台能够根据用户需求快速配备运算容量及资源。

4)灵活性高

目前大多数存储网络、操作系统和软硬件设备都支持虚拟化操作。在云系统资源虚拟池中进行统一管理,可见云计算的灵活性非常高,不仅可以兼容低配置硬件产品,而且可以扩展外设以获得更高的计算性能。

5）可靠性高

在云系统中,即使单点服务器出现故障也不影响系统的正常运行。可以通过虚拟化技术将分布在不同物理服务器上的应用恢复运行或利用动态扩展功能部署新服务器进行计算。

6）性价比高

云计算将资源放在虚拟资源池中统一管理,在一定程度上优化了物理资源,用户不再需要昂贵的、存储空间大的主机,可以选择相对廉价的计算机组成云网,减少费用,计算性能仍然能得以保障,甚至大幅提高。

7）可扩展性

用户可以利用云软件快速部署,实现更为简单、快捷的业务扩展。

2. 云计算关键技术

1）体系结构

实现云计算需要创造环境与条件,尤其是在体系结构方面,必须具备以下关键特征:

（1）系统必须智能化,减少人工作业,实现自动化处理平台智能响应要求,因此云系统应内嵌自动化技术。

（2）面对变化信号或需求信号,云系统应该能够快速反应,所以对云计算的体系结构有敏捷要求。与此同时,随着服务级别和增长速度的快速变化,云计算同样面临巨大挑战,而内嵌的集群化技术与虚拟化技术能够应付此类变化。

云计算平台体系结构由用户界面、服务目录、管理系统、部署工具、监控系统和服务器集群组成。

（1）用户界面主要供云用户传递信息,是用户与系统互动的界面。

（2）服务目录是提供给用户的服务列表。

（3）管理系统主要对应用价值较高的资源进行管理。

（4）部署工具能够根据用户的请求对资源进行有效部署与匹配。

（5）监控系统主要对云系统资源进行管理与控制并制定措施。

（6）服务器集群包括虚拟服务器与物理服务器,隶属于管理系统。

2）资源监控

云系统上的资源十分庞大,同时资源更新速度快,想要获得精准、可靠的动态信息,需要有效途径确保信息的快捷性。云系统能够对动态信息进行有效部署,同时兼具资源监控功能,有利于对资源负载、使用情况进行管理。

资源监控对整体系统性能起到关键作用。一旦系统资源监控不到位,信息缺乏可靠性,其他子系统引用了错误信息,必然对系统资源分配造成不利影响。因此,贯彻落实资源监控工作刻不容缓。在资源监控过程中,只要在各个云服务器上部署代理程序,便可进行配置与监管活动。例如,通过一个监视服务器连接各个云资源服务器,然后周期性地将资源使用情况发送至数据库,由监控服务器综合数据库中的有效信息,对所有资源进行分析,评估资源可用性,最大限度地提高资源信息的有效性。

3）自动化部署

计算资源逐渐向自动化部署发展。对云资源进行自动化部署是指利用脚本语言实现不同厂商对设备和工具的自动配置,以减少人机交互比例,提高应变效率,避免发生超负荷的人工操作等现象,最终推进智能部署进程。自动化部署主要指通过自动安装与部署实现计算资源由原始状态变成可用状态,让部署过程不再依赖于人工操作。除此之外,数据模型与工作流引擎是自动化部署管理工具的重要部分,不容忽视。一般情况下,对于数据模型来说,只要将具体软硬件定义在数据模型当中即可;而工作流引擎的功能是触发、调用工作流,以提高智能化部署为目的,将不同的脚本流程应用到集中与重复率高的工作流数据库中,有利于减轻服务器的工作负荷。

3. 云计算的实现形式

云计算建立在先进的互联网技术基础之上。云计算的实现形式主要有以下几种:

(1) 软件服务。通常用户发出服务需求,云系统通过浏览器向用户提供资源和程序等。

(2) 网络服务。开发者在 API(Application Programming Interface,应用程序接口)基础上不断改进,开发出新型应用产品,大幅提高单机程序的操作性能。

(3) 平台服务。协助中间商对程序进行升级与研发,同时完善用户下载功能,具有快捷、高效的特点。

(4) 互联网整合服务。利用互联网发出指令时,云系统会根据终端用户需求匹配相适应的服务。

(5) 商业服务。构建商业服务平台的目的是给用户和提供商提供一个沟通平台,从而为管理服务和软件搭配应用。

(6) 管理服务。常见的服务内容有邮件病毒扫描、应用程序环境监控等。

4. 云计算面临的安全问题

1) 云计算中隐私被窃取

随着时代的发展,人们越来越多地利用网络进行交易或购物,网上交易在云计算虚拟环境下进行,交易双方会在网络平台上进行信息沟通与交流。而网络交易存在着很大的安全隐患,不法分子可以通过云计算对网络用户信息进行窃取,还可以在用户与商家进行网络交易时窃取用户和商家信息。当不法分子在云计算平台中窃取了信息后,就会采用一些技术手段对信息进行破解和分析,以发现用户更多的隐私信息。

2) 云计算资源被冒用

云计算环境有虚拟性,而用户通过云计算在网络上交易时,在能够保障双方网络信息都安全时才会进行网络操作。但是云计算中存储的信息很多,同时在云计算中环境也比较复杂,会出现滥用数据现象,这样会影响用户信息安全,同时使不法分子可以利用被盗用信息进行欺诈或进行违法交易,造成用户的经济损失。资源被冒用严重威胁云计算安全。

3) 云计算中容易出现黑客攻击

黑客攻击是指利用非法手段进入云计算安全系统,给云计算安全网络造成破坏。黑客攻击给用户操作带来未知性,造成的损失无法预测,给云计算安全带来危害。此外,黑客攻击手段不断花样翻新,难以防御。

4) 云计算中容易感染病毒

大量用户通过云计算将数据存储到共享虚拟池,病毒很可能借机传播,导致以云计算为载体的计算机无法正常工作。病毒自我复制和快速传播的特点可能导致感染范围不断扩大,对网络造成很大破坏。

5. 云计算应用

云计算技术已经普遍应用于互联网服务中，最为常见的应用就是搜索引擎和网络邮箱。

目前人们最常用的搜索引擎就是百度和谷歌。任何时刻，终端用户都可以利用搜索引擎搜索自己想要的信息资源，通过云端共享数据。网络邮箱也是如此。在过去，一封邮件送达可能需要一个星期甚至一个月；而在云计算和网络时代，一秒内就可以完成邮件信息收发。网络邮箱成为社会生活中不可缺少的一部分。

无人驾驶系统、工业物联网、全球共享资源需要采用复杂的云计算技术，有待专业人员的进一步研发。云计算和社会生活密切相关。可以简单地把云计算应用分成以下4部分。

1）存储云

存储云，又称云存储，是在云计算技术上发展起来的新型存储技术。云存储是以数据存储和管理为核心的云计算系统。用户可以将本地资源上传至云端，不受空间限制地在后期获取云上的资源。大家熟知的谷歌、微软等大型网络公司均有云存储服务；在国内，百度云和微云则是市场份额最大的存储云。存储云向用户提供存储容器服务、备份服务、归档服务和记录管理服务等，极大地方便了用户对资源的管理。

2）医疗云

医疗云是指在云计算、移动技术、多媒体、4G通信、大数据以及物联网等技术的基础上，结合医疗技术，使用云计算模型创建医疗健康服务云平台，实现医疗资源共享、医疗范围扩大以及社保医疗打破地域化，使医疗效率极大地提高。例如，目前广泛采用的预约挂号、电子病历等就是云计算与医疗结合的实例。医疗云具有信息共享、动态扩展、布局全国的优势。

3）金融云

金融云是指利用云计算模型将用户信息、金融和服务等分散到庞大分支机构构成的互联网云中，为银行、保险公司等金融机构提供互联网处理和运营服务，共享互联网资源，达到高效率、低成本的企业战略目标。2013年，阿里云整合阿里巴巴旗下资源并推出阿里金融云服务，成为国内首个成功推广的金融服务。因为金融与云计算的有效安全结合，现在人们只需要在手机上进行简单操作，就可以完成银行存取款、购买保险和基金买卖，方便快捷。

4）教育云

教育云是指教育信息共享智能化。教育云可以将学习者需要的教育资源虚拟化，在互联网共享，为相关人员提供方便快捷的平台。大规模在线开放课程慕课（Massive Open Online Course，MOOC）就是教育云的一种应用，能够满足社会广大人员对知识的需求。现阶段国际上的慕课优秀平台有 Coursera、edX 以及 Udacity 等；在国内，中国大学 MOOC、学堂在线、爱课程、好大学在线和智慧树等平台也提供了丰富的课程资源。

6. 云计算发展中的问题

云计算在发展中主要存在以下4个问题：

（1）访问权限问题。用户在云终端上传自己的数据资料，相比于传统存储方式，此时用户需要设置账号和密码以建立个人虚拟化存储池。这种方式尽管保护了用户的私有权，但数据到达云端后，可能存在资源被越权访问的情况，信息安全难以保障。

（2）技术保密问题。技术保密是云计算面临的主要问题。云计算的共享特征使得信息资源很容易被泄露，如果不采取相应措施，就可能严重影响信息资源拥有者的私有权。

（3）法律法规问题。与云计算相关的法律法规将随着各种云活动的开展而不断发展完善，以便有效保障每个用户的权益。

（4）伦理道德问题。云计算涉及复杂的伦理道德问题。由于用户信息共享导致信息透明化程度提高，容易造成伦理道德冲突。

改善上述问题的措施如下：

（1）分层设置访问权限，保障用户信息安全。

当前，云计算机服务由供应商提供。为保障信息安全，供应商应针对用户端的需求情况设置相应的访问权限，进而保障信息资源的安全分享。在开放式互联网环境之下，供应商一方面要做好访问权限设置工作，强化资源合理分享及应用；另一方面要做好加密工作，注意网络安全体系构建，有效保障用户安全。因此，云计算发展应强化安全技术体系构建，在合理设置访问权限的同时提高信息防护水平。

（2）建立健全法律法规，提高用户安全意识。

随着网络信息技术的不断发展，云计算应用领域日益扩展。建立和完善法律法规，是为了更好地规范市场发展，强化对供应商和用户的行为规范及管理，为网络云的发展提供良好条件。同时，用户要提高安全防护意识，在信息资源获取过程中，要遵守法律法规，规范操作，避免出现信息安全问题，造成严重经济损失。

1.1.2 雾计算

在雾计算（fog computing）模式中，数据、处理和应用程序集中在网络边缘设备上，而不是全部保存在云中。雾计算是云计算概念的延伸，此概念源自"雾是更贴近地面的云"这一诗句。

云计算服务对于处理和存储物联网系统中的大量数据至关重要。云服务器可以从不同的物联网设备收集、存储数据，并运行应用程序处理和分析数据。目前有很多国际云平台，如 ThingWo 接收机、Open IoT、GoogleCloud 和 Amazon Web Services（AWS）IoT 平台，为物联网应用程序开发人员和服务提供商提供计算服务。最后，物联网服务提供商根据从物联网对象收集的信息向物联网的最终用户提供最终服务。

云网应用程序有严格的延迟要求，传统云服务可能不再适用。雾计算，也称为移动边缘计算，将云计算扩展到网络的边缘。在这里有大量具有处理和存储能力的物联网设备，称为雾节点。它们部署在系统中，并代表其他设备运行应用程序。由于雾节点位于终端的近距离，计算服务延迟性能将得到改善。此外，雾聚合节点（是网络边缘设备，例如路由器和智能网关）具有计算和存储能力，可以为时延敏感任务提供扩展计算服务。雾计算并不能取代云计算。这两种计算模式相辅相成，共同提供高速、有效的物联网计算服务。

雾计算的概念是在 2011 年由美国纽约哥伦比亚大学斯特尔佛教授提出的，其最初目的是利用"雾"阻挡黑客入侵。后来思科公司正式赋予雾计算新含义：雾计算是一种面向物联网的分布式计算基础设施，可将计算容量和数据分析应用扩展至网络的边缘，使用户能够在本地分析和管理数据，并通过链接获得即时处理。

雾计算主要使用网络边缘设备，数据传递具有极低的时延。雾计算具有辽阔的地理分布，配备大量传感器网络节点。雾计算支持高移动性。雾计算由性能较弱、极为分散的各种功能的计算机组成，可以渗透到工厂、汽车、电器、街灯及人们物质生活中的各个领域。

　　雾计算介于云计算和个人计算之间,是半虚拟化的服务计算架构模型。它强调数量,不管单个计算节点的能力多么弱,都要发挥作用。雾计算将数据、数据处理和应用程序集中在网络边缘设备上,而不像云计算那样全部保存在云中,数据的存储及处理更依赖本地设备,而非服务器。雾计算是新一代分布式计算,符合互联网去中心化特征。自从思科公司提出了雾计算以来,已经有 ARM、戴尔、英特尔、微软等科技公司以及普林斯顿大学加入了这个阵营,并成立非营利组织——开放雾联盟(Open Fog Consortium),旨在推广和加快雾计算的普及,促进物联网的发展。雾计算是以个人云、私有云、企业云等小型云为主的计算模型。

　　雾计算和云计算完全不同。云计算是以 IT 运营商的服务和社会公有云为主;雾计算以量取胜,强调数量,充分发挥单个计算节点的作用。云计算强调整体计算能力,由集中的高性能计算设备完成计算;雾计算扩大了云计算的网络计算模式,将网络计算从网络中心扩展到网络边缘,从而更加广泛地应用于各种服务。

　　雾计算有几个明显特征:低延时和位置感知;更为广泛的地理分布;适应移动性的应用;支持更多的边缘节点。这些特征使得移动业务部署更加方便,能够满足更广泛的节点接入。

　　我国正在大力发展物联网。物联网发展的最终结果就是将所有的电子设备、移动终端、家用电器、医疗监控设备、交通设施、工业厂房等互联。这些设备不仅数量巨大,而且分布广泛。雾计算的出现更好地满足了需求。雾计算能够为车联网中的信息娱乐、安全、交通保障等功能提供服务。智能交通灯需要对车辆的移动性和位置信息进行计算,计算量不大,时延要求高,显然只有雾计算最适合。智能交通灯实时计算任务要求每个交通灯都有计算能力,从而自行完成智能指挥,这就是雾计算的威力。

　　与云计算相比,雾计算采用的架构更呈分布式,更接近网络边缘。数据的存储及处理更依赖本地设备而非服务器。雾计算不像云计算那样,要求用户连接远端的大型数据中心才能获取服务。云计算承载着业界的厚望。业界曾普遍认为,未来计算功能将完全放在云端。然而,将数据从云端导入、导出实际上比人们想象的更为复杂和困难。由于接入设备,尤其是移动设备越来越多,在传输数据、获取信息时,带宽就显得捉襟见肘。随着移动互联网的高速发展,联网设备越来越多,数据量和数据节点数不断增加,不仅会占用大量网络带宽,而且会加重数据中心的负担。因此,搭配分布式的雾计算,通过智能路由器等设备和技术手段,在不同设备之间组成数据传输带,可以有效减少网络流量,数据中心的计算负荷也相应减轻。

　　雾计算对数据传输量的要求较小。雾计算这一技术有利于提高本地存储与计算容量,消除数据存储及数据传输的瓶颈,非常值得期待。

　　5G 无线技术的不断发展是在信息处理领域取得最新进展的独特环境中进行的,特别是云计算和智能移动设备的兴起。这两种技术相辅相成,云服务器为计算提供引擎,智能移动设备提供人机界面和无约束传感输入功能。它们共同改变了电信、工业、教育、电子商务、移动医疗和环境监测等一系列重要领域。人们正在进入这样一个世界:计算在本地设备、全球服务器和处理器上无处不在。未来无线网络将为这种无处不在的计算模式提供通信基础设施支持和计算能力,大幅提高通信效率,扩大服务种类,缩短服务延迟,降低运营费用。

　　前几代无线网络是被动系统。它们位于互联网边缘,仅作为移动设备到达互联网核心和公共电话交换网(Public Switched Telephone Network,PSTN)的通信接入路径。对这些无线网络的改进主要集中在通信硬件和软件上,如发射机和接收机中的先进电子设备和信号处理。即使对于 5G,大多研究工作也致力于密集化技术,例如小小区、设备到设备(Device to Device,D2D)通信和大规模多输入多输出(Multiple_InputMultiple_Output,MIMO)等。

然而,在许多新兴应用中,通信和计算不再分离,而是相互作用和统一的。例如,在智能眼镜的增强现实应用程序中,用户移动设备不断记录其当前视图,计算自身位置,并将组合信息流式传输到云服务器;云服务器执行模式识别和信息检索并将上下文增强标签发送回移动设备,无缝显示覆盖实际的风景。从这个例子可以看出,通信和计算功能之间交互性很强,并且对由于信息传输和信息处理而引起的总延迟容忍度很低。事实上,人们正走向一个信息计算时代,其特征是通信和计算紧密耦合。由于可用数据爆炸式增长以及随之而来的对巨大数据处理能力的需求,通信和计算融合在未来无线应用和服务中至关重要。

◇ 1.2 软件定义网络

互联网发展推动了数字化社会进步,造就了一个可供各种设备在任意时刻、任意地点接入网络、访问网络的万物互联时代。传统互联网建立在以网际互联协议 TCP/IP 为核心的网络互联技术之上,尽管 IP 技术在网络中被广泛使用,但随着业务增长、数据量爆炸以及网络规模扩张,传统网络已变得越来越复杂。同时,由于这种基于既定配置策略的网络在应对网络故障、网络流量变化方面都需要进行配置策略更新,使得网络管理维护非常复杂。

SDN(Software Defined Network,软件定义网络)是一种可软件编程的新型网络架构和技术,它的设计思想最初来自美国未来互联网计划。其最大的特点是将数据平面与控制平面解耦,集中化控制网络逻辑状态以及实现底层转发设备对高层应用透明化。SDN 具有灵活的软件编程能力,可以有效地解决当前网络面临的可扩展性能差、网络组织不灵活、难以满足不断发展的业务需求等问题,降低了网络与业务管理和控制的难度。

图 1-8 给出了 SDN 标准组织——开放网络基金会(Open Networking Foundation,ONF)提出的 SDN 结构。

在传统网络中,控制平面与数据平面耦合在一起,因此单个网络设备只能通过信息交换获取自身视角下的网络结构及状态,然而这可能与网络实际状态大相径庭,由此可能导致网络数据转发策略及资源调度不能达到最优。基于传统网络中存在的上述种种问题,美国斯坦福大学提出 SDN 作为一种新型网络体系结构,有望通过将网络控制逻辑与底层路由器和交换机解耦的方式,促进网络在逻辑上的集中控制,并通过引入开放可编程性打破网络垂直集成的现状。开放可编程性是实现网络灵活控制与管理的关键。该模式便于将整个网络控制问题分解为多个独立小问题进行解决。此外,由于 SDN 对网络进行了新的抽象,并保留了开放架构,因此使网络管理过程简化,促进了新型网络技术及架构的迅猛发展。

SDN 根据从全网逻辑上的集中控制平面获取的网络全局视图作出决策,然后将决策结果转发规则下发到其控制的各个转发设备上,引导数据平面进行数据包转发。

SDN 控制器与 SDN 交换机之间的信息通信采用独立于具体软硬件系统的南向接口

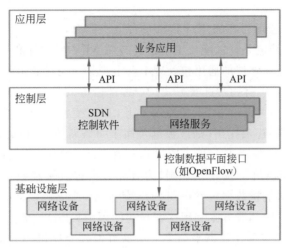

图 1-8　SDN 结构

（south-bound interface）协议（例如 OpenFlow），因此不同种类的 SDN 交换机可同时由同种或多种 SDN 控制器控制且不影响功能实现。控制平面与数据平面之间的通信采用带内或带外方式进行。带内通信为控制信息与数据平面共享网络链路，该方式通常用于广域网；而带外通信将为 SDN 控制信息建立独立的专用链路，以便及时传递控制信令，降低 SDN 控制器对网络变化感知延迟的概率。在控制平面，SDN 控制器向上提供标准北向接口（northbound interface）协议，使得不同类型的 SDN 交换机可以相互协作，同时 SDN 程序可以部署在不同类型的控制器上。

RFC 3234 将中间盒定义为位于网络通信终端之间，执行除了 IP 路由转发以外任何其他功能的中间设备。其工作流程一般为：接收数据包，根据相应的处理逻辑处理数据包，再将数据包转发出去。中间盒也称为网络应用或网络功能模块。传统中间盒一般是由网络设备厂商采用专用数据包处理硬件并将软硬件紧密绑定的硬件设备。一般情况下，中间盒的主要功能是增强网络安全或提升特定网络数据包处理流程性能等。中间盒性能强劲但售价昂贵。当网络中的流量增长对中间盒的性能提出更高要求时，网络中已部署的中间盒性能不足，此时可用性能更好的中间盒替代，也可通过横向扩展方式用多个中间盒并行处理数据包，以提升性能。

添置中间盒会产生较大的升级开销。这在数据急剧扩张的万物互联时代几乎不可忍受。此外，中间盒软件程序也由设备厂商提供，与硬件设备绑定在一起，用户无法对其进行有针对性的修改。因此，在业务变更频繁的边缘云时代，其灵活性无法满足要求。

针对上述问题，有人提出了网络功能虚拟化（Network Function Virtualization，NFV）的概念。NFV 采用软件技术将中间盒功能虚拟化。与中间盒不同，NFV 使得包处理软件与硬件设备解绑，允许其在通用计算机平台上实现中间盒功能，以运行普通计算机程序方式处理数据包。因此 NFV 允许网络功能在已有设备上运行新的网络功能实例而无须购买新设备，进而大幅降低部署成本。当业务流量发生变化时，用户可以充分利用通用服务器资源，根据业务及流量需求通过运行多个虚拟化的网络功能实例的方式对 NFV 系统进行横向扩展，以提升 NFV 系统性能。得益于软件的灵活性，NFV 允许用户根据自身的业务特点，定制化开发更加符合其特定业务场景需求的网络功能，旧功能维护以及新功能添加都变得更加方便、灵活。

　　现有 NFV 系统一般运行在通用计算机平台上。然而,由于通用计算机平台未针对数据包处理做特定优化,其包处理性能比中间盒弱。而 NFV 将软件和硬件解耦,为将网络功能部署在使用专用包处理硬件的通用包处理平台上带来了可能性,为促进包处理性能进一步提升创造了空间。NFV 有两种部署方式。一种部署方式是将 NFV 部署在 SDN 控制平面上。例如,防火墙应用可部署在 SDN 控制器上,SDN 交换机收到数据包之后,开始在交换机上查找相关流表项,若未找到,则该数据包属于一条新流。SDN 交换机将该数据包通过消息发送到 SDN 控制器请求分析。通过运行在 SDN 控制器上的防火墙程序判断后,SDN 控制器向 SDN 交换机下发转发规则,为后续数据包直接在数据平面上处理做准备。然而上述方式需要频繁地将数据包发送到 SDN 控制器,造成包处理时延增加,进而产生包处理吞吐率损失。另一种部署方式利用逐渐兴起的可编程 SDN 交换机的灵活性及可编程性,将完整的 VNF 直接实现在数据平面上。借助可编程交换机中数据包处理流水线的可编程性,将完整的 VNF 数据包处理逻辑以可编程交换机程序的方式在硬件上实现,而且无须与 SDN 控制器通信。

◆ 1.3　移动边缘计算

　　新一代通信技术促进了网络架构的变革。移动边缘计算(Mobile Edge Computing,MEC)作为云计算的延伸技术,为实现巨量设备产生的海量数据的高效处理,以其强大的网络管理能力、高带宽的数据传输能力以及低延迟的业务响应能力成为实现 5G 通信网络的关键技术。欧洲电信标准协会(European Telecommunication Standard Institute,ETSI)于2014 年率先提出了移动边缘计算网络的概念。

　　云计算解决了数据处理过程中计算资源缺乏的问题,然而其中心化架构使得计算资源集中在网络核心,终端设备需要与处于网络核心的云服务器进行数据通信以获取服务,会产生时延长的问题。

　　边缘缓存将流行度较高的内容提前缓存在边缘节点处,从而减少内容重复传输与回程链路负载并且降低空口链路开销。边缘计算是指将计算复杂度较低的任务放在边缘节点上计算,从而减少网络核心的数据量,降低传输时延,大大提高用户体验。在未来的移动网络中,计算、存储与通信作用都必不可少,并且只有同时使用这 3 个维度的基础资源,才能支持移动通信网络的可持续发展。

　　以 5G 技术为核心的万物互联时代,越来越多的应用对数据传输及处理不仅有较高的带宽要求,更有严苛的时延要求。以自动驾驶技术为例,为确保自动驾驶车辆能够对道路中出现的情况迅速作出反应,不仅需要足够高的网络带宽以及时传输高质量的道路实况录像,同时还要针对这些视频数据由部署在服务器端的自动驾驶智能服务判断是否存在诸如行人、其他车辆等障碍物,并根据判断迅速对自动驾驶车辆下发指令以避免危险情况发生。传统云计算架构需要终端设备(自动驾驶车辆)将采集到的道路视频信息发送至云服务器,然后由服务器作出判断,向汽车下发指令。如果云服务器物理间隔较远,造成时延过高,极易使车辆失去控制,产生危险。

　　MEC 则可以很好地解决这个问题。MEC 的整体架构在逻辑上包括 3 层:核心网络、边缘云网络和移动无线终端设备。MEC 将原本集中在网络中心的云计算资源下沉分发至网络边缘,直接与无线接入网络相连。采用去中心化架构将移动管理节点、服务网关等核心用户面功能下沉到网络边缘,使得服务可以被就近访问,有效提升服务质量。MEC 将边缘云数据中心与无线接入网络整合,边缘应用以及边缘服务可以部署在边缘云网络中,各类智能终端可以就近连接边缘云数据中心,以获取质量更优的服务。

此外,移动智能终端设备的性能现在已有很大提升。据 Geekbench 统计,移动终端设备的计算能力在过去 5 年提升了 8.5 倍。美国苹果公司甚至将个人计算机产品线使用的芯片更换为适用于移动智能设备的 A 系列处理芯片。因此,广义上,MEC 可以根据需求将移动终端设备的计算能力进行整合,将任务直接下沉至移动终端设备。另外,移动边缘计算可以充分利用网络虚拟化及功能虚拟化等技术对网络进行灵活管理。

5G 及移动边缘网络承载的业务及服务非常广泛,但不同业务要求的网络特点不尽相同。例如,在传统业务中,在线高清视频点播对网络带宽要求非常高,然而对网络时延及稳定性,如丢包、抖动等都不敏感;游戏对高带宽进行大容量数据传输的要求不高,然而对网络时延以及稳定性要求较高。此时基于软件虚拟化技术可以帮助 MEC 网络将底层物理网络资源进行整合及再分配。

随着电子元器件的蓬勃发展,MEC 网络节点的存储与计算资源日益丰富。尽管如此,相对于爆炸式增长的移动业务需求,MEC 网络中的存储与计算资源依然有限。因此,如何有效利用多元化移动业务的特有内容与计算属性,充分挖掘 MEC 网络中的存储与计算资源,以最小化无线通信带宽开销,成为移动运营商面临的核心问题之一。

MEC 可利用无线接入网络就近提供电信用户所需服务和云端计算功能,而创造出一个具备高性能、低延迟与高带宽的电信级服务环境,加速网络中各项内容、服务及应用的快速下载,让消费者享有不间断的高质量网络体验。

5G 和未来无线系统有望在一个集成的通信-计算模式中从被动的信息管道模式转变为主动的信息计算资源提供者和创造者。

MEC 和 5G 基站、边缘大数据系统配合,结合人工智能技术,在边缘业务场景智能化、无线网络开放化等方面将发挥重要作用。

无论 5G 网络采用 C-RAN(Centralized/Cloud Radio Access Network,中心化/云无线接入网)或者 D-RAN(Distributed Radio Access Network,分布式无线接入网)架构,都将引入 MEC。

MEC 把无线网络和互联网两种技术有效融合在一起,并在无线网络侧增加计算、存储、处理等功能,构建了开放式平台以植入应用,并通过开放无线网络与业务服务器之间的信息交互,对无线网络与业务进行融合,将传统无线基站升级为智能化基站。面向业务层面,物联网、视频、医疗、零售等,MEC 可提供定制化、差异化服务。MEC 也可以实时获取无线网络信息和更精准的位置信息以提供更加人性化的服务。根据 Gartner 的报告,2020 年全球连接到网络的设备约 208 亿台,移动端应用将迫切需要一个更有竞争力、可扩展,同时又安全和智能的接入网。MEC 将会提供强大的平台以解决上述问题。

5G 时代,MEC 的应用将伸展至实时触觉控制、增强现实等领域。MEC 的概念建立在移动云计算(Mobile Cloud Computing,MCC)的基础上。MCC 中的计算资源分集中式和分布式两类。在集中式 MCC 中,大型远程云中心(如 Amazon 弹性计算云和微软 Azure)等提供了极大的计算能力,但移动用户与远程云中心之间的通信距离通常较远,这增加了云计算的延迟。因此,后来又提出了 MCC 的替代形式——分布式 MCC,让计算资源可以分布式地从较小的本地服务器(例如计算增强的基站和 WiFi 接入点)或从具有多余计算能力的附近的移动设备访问。MCC 有时被命名为微云计算或雾计算。它们通过提供更低的访问延迟和更多的本地感知以补充集中式云中心。

移动边缘主机提供本地虚拟机以满足移动设备的计算需求,通常比远程云中心的延迟要低得多。它们还提供传统移动核心网络的一些功能,如用户内容缓存和流量监控,以及本地信息聚合和用户位置服务等。

因此,MEC 系统可以被视为移动基站从被动的纯粹的通信功能到通信-计算集成模式的演变结果。它既是移动接入互联网信息和计算的中途站,又是促进移动设备与移动核心之间更有效地集成的跨层桥梁。

图 1-9 给出了 ETSI 提出的 MEC 参考体系结构。MEC 系统位于用户设备和移动核心网络之间。它由移动边缘主机层和移动边缘系统层的管理和功能模块组成。

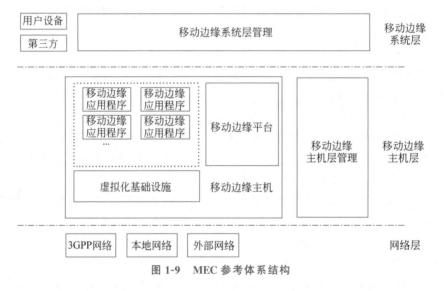

图 1-9　MEC 参考体系结构

在移动边缘主机层,移动边缘应用程序运行于移动边缘主机内虚拟化基础设施支持的虚拟设备上。它们提供计算作业执行、无线网络信息、带宽管理和用户设备位置信息等服务。移动边缘平台承载移动边缘服务。它与移动边缘应用程序交互,以便它们可以宣传、发现、提供和使用移动边缘服务。移动边缘平台为 MEC 提供元素管理功能,并管理移动边缘应用程序的基本要素,如生命周期、服务需求、操作规则、域名系统配置和安全性。

3GPP 网络移动边缘主机平台应用在系统级,移动边缘编排器充当协调用户设备、移动边缘主机和网络运营商的中心角色。它记录有关已部署的移动边缘主机、可用资源和可用移动边缘服务的记账和拓扑信息。它与虚拟化基础设施接口,并在移动边缘应用程序包上线前维护其身份验证。它还负责触发移动边缘应用程序实例化、终止和重新定位,选择合适的移动边缘主机以满足移动边缘应用程序的要求和约束。支持 MEC 的用户设备应用程序在用户设备内运行,并与移动边缘系统交互,以请求移动边缘应用程序的加载、实例化、终止和重新定位。

移动边缘编排器向具有 MEC 能力的用户设备应用程序提供的一项重要服务是在移动边缘主机之间及时迁移移动边缘应用程序,以支持不同网络连接点之间的用户设备切换。MEC 是一个复杂系统,它创建了一个新框架以支持无线网络和云计算之间的紧密集成。在网络方面,它处理网络协议栈的所有层。由于基于通信和计算的 MEC 具有协同性,在相关研究和开发中面临着广泛挑战。

◇ 1.4　网络切片技术

网络切片可由运营商使用,基于同客户签订的服务水平协议,为不同垂直行业、不同客户、不同业务提供相互隔离、功能可定制的网络服务,是一个提供特定网络能力和特性的逻辑网络。逻辑网络切片由网络切片实例承载,网络切片实例包括一些网络功能实例及所需的资源(例如计算、存储及网络)实例。

网络切片是一种按需组网方式,可以让运营商在统一的基础设施上分离出多个虚拟的端到端网络,每个虚拟网络切片从接入网、传输网再到核心网进行逻辑隔离,以适配各种各样的应用。在一个虚拟网络切片中,至少可分为接入网子切片、传输网子切片和核心网子切片 3 部分。网络切片技术的核心是网络功能虚拟化(NFV)。NFV 从传统网络中分离出硬件和软件部分,硬件由统一的服务器部署,软件由不同的网络功能承担,从而实现灵活组装的业务需求。

网络切片基于逻辑概念,是对资源进行的重组,重组是根据 SLA(Service Level Agreement,服务水平协议)为特定的通信服务类型选定所需的虚拟机和物理资源。它可以为不同垂直行业提供不同的、相互隔离的、功能可定制的网络服务,实现客户化定制的网络切片设计、部署和运维。各域可以在功能场景、设计方案上独立进行裁剪。租户会与运营商签订服务合同,其中规定了租户使用业务所对应的 SLA。SLA 通常包括安全性/私密性、可见性/可管理性、可靠性/可用性以及具体的业务特征(业务类型、空口需求、定制化网络功能等)和相应的性能指标(时延、吞吐率、丢包率、掉话率等),联通各域以实现端到端 SLA 保证,如图 1-10 所示。

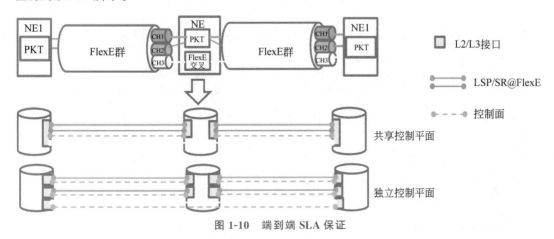

图 1-10　端到端 SLA 保证

网络切片业务与 FlexE(灵活以太网技术)通道绑定。FlexE 通道可以逐跳终结,也可以通过交叉进行节点穿通;控制平面有两种部署模式:共享模式、独立模式。在独立模式下,网络切片可以运行不同的网络控制协议,使转发虚拟化。独立模式是终极目标,但存在较大挑战。

5G 物联网端到端网络切片架构如图 1-11 所示。

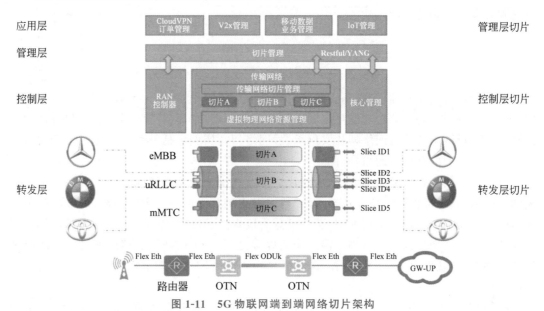

图 1-11　5G 物联网端到端网络切片架构

5G 网络基于网络切片的逻辑架构分层设计如图 1-12 所示。

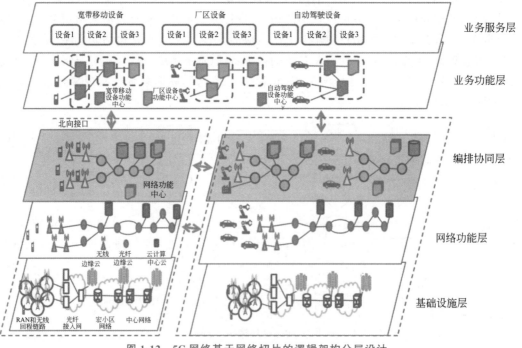

图 1-12　5G 网络基于网络切片的逻辑架构分层设计

切片技术包括以下内容：

（1）切片管理：切片设计、切片生命周期（创建、维护、删除、更新等）、FCAPS 管理。

（2）切片开放：切片订购、切片管理能力的开放、切片计费、切片用户管理。

（3）切片选择：引导终端接入正确的网络切片。

（4）服务质量保证：基于客户需求，保证其切片的服务质量，例如带宽、时延等。

切片技术分类如图 1-13 所示。

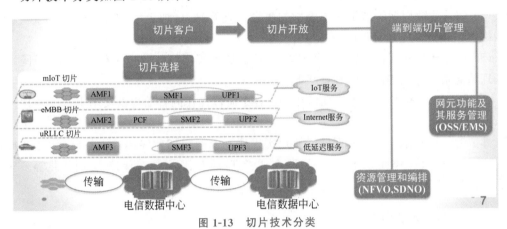

图 1-13　切片技术分类

5G 切片端到端技术概要如图 1-14 所示。

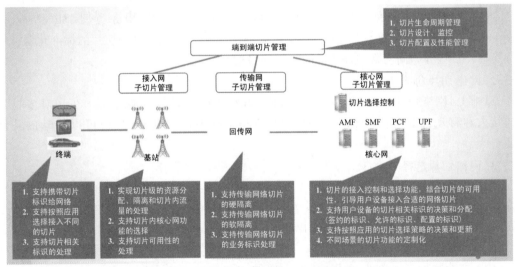

图 1-14　5G 切片端到端技术概要

网络切片管理和开放的关键技术如下：

（1）网络切片管理功能需要跨域协同（接入网、核心网、传输网、IP 网、数据中心等），实现整体端到端切片管理和编排。基于网络平台管理是切片实例化的支撑技术。

（2）网络切片管理负责把用户业务级需求转化为对各个域的网络需求，实现端到端切片整体设计、开放、生命周期管理、监控、质量保证等功能。

（3）切片设计翻译网络切片的业务需求，生成网络切片模板，将业务需求转化为切片网络需求,并映射到不同管理域。

(4)切片配置生成端到端配置策略,与网络管理功能交互,配置网络切片中的各类网络功能。

(5)切片开放将切片以服务形式对外开放,并开放部分网络切片的管理功能。

(6)切片监控包括运营商对自有切片的管理监控,运营商对第三方切片的管理监控和第三方对其订购的切片的管理监控。

(7)切片生命周期管理是业务级别的生命周期管理,例如上线、下线、更新、扩缩容等,与网络虚拟化生命周期管理协同。

(8)切片质量保证:网络切片管理功能具备端到端网络切片质量指标视图,子网络切片管理功能负责各域内的质量保证机制。

(9)切片自动化及智能化实现切片管理各个阶段操作的自动化以及基于智能的切片部署、运行调整。

其中的关键技术——核心网网络切片实现端到端网络切片终端接入控制、切片选择和切片协同管理。核心网包括移动性管理、会话管理、计费、服务质量保证、应用优化等多样化能力,为切片定制能力提供了丰富的选择。

1.4.1 核心网网络切片关键技术

1. 网络切片标识

单网络切片选择辅助信息(Single Network Slice Selection Assistance Information,S-NSSAI)标识特定的网络切片。S-NSSAI 由两部分组成:切片/服务类型(Slice/Service Type,SST)和切片区分符号(Slice Differentiator,SD)。SST 定义网络切片的标准化服务场景/类型,SD 区分相同网络切片类型的不同网络切片。

2. 网络切片功能共享

原则上,网络切片由专用网络功能组成,因此在部署时尽可能专用。在一对多场景下,接入和移动性管理(Access and Mobility Management,AMF)是目前可以共享的功能之一。

3. 网络切片选择

用户端在 NAS/RRC 信令中携带 S-NSSAI,引入独立网络切片选择功能(简称 NSSF),实现网络切片灵活选择。RAN(Radio Access Network,无线接入网)或 AMF 具备将网络切片选择信令重新路由至正确网络切片的能力。

4. 可定制核心网功能

核心网包括移动性管理、会话管理、计费、服务质量保证等功能,这些功能在不同 5G 场景下按照不同设计机制满足质量可保证的网络切片需求。可以引入新的移动性状态和按需移动性管理机制,以提升用户体验;支持新的 PDU(Protocol Data Unit,协议数据单元)类型,可以定义 3 种会话及业务连续性机制;基于流粒度执行服务质量保证,且服务质量保证可根据业务流实时变化;支持本地网用户面等边缘计算功能,内容靠近边缘,提供增值服务。

1.4.2 接入网切片技术

接入网切片技术的主要功能是:感知切片,实现切片级资源分配、隔离和质量保证,实现不同切片内流量的差异化处理,支持核心网切片功能选择。接入网可以为每个切片分配一定的资源(包括时间资源、频率资源和码字资源),资源既可以共享也可以专用。接入网支持不同切片的资源隔离,以避免一个切片资源不足时影响其他切片的业务质量。

1.4.3　传输网切片

传输网切片由网络基础设施中的各个要素组成,包括连接、计算、存储和管理 4 部分,同时相关安全要求贯穿切片的所有组成部分。连接部分有拓扑、带宽、时延、抖动等管理功能,计算部分有 CPU、RAM、GPU、虚拟机等资源,存储部分有云存储、CDN(Content Delivery Network,内容分发网络)存储、ICN(Information Centric Networking,信息中心网络)设备存储等,管理部分有切片租户自主管理、切片生命周期管理等。传输网切片管理的主要功能有:接收 E2E NS(End-to-End Network Service,端到端网络服务)管理器分解后的传输 IP 域切片信息模型,对信息模型进行功能和资源模型映射,将映射后的模型下发至各个传输域进行资源匹配。

终端存储网络切片的相关标识,并携带相关切片标识传给网络,支持按应用选择网络切片的功能。终端既可以同时接入一个网络切片,也可以同时接入多个网络切片。终端可以针对不同切片分配资源,满足网络切片服务质量及安全切片支持需求。

在网络切片选择、会话建立等相关流程中,应确保网络架构设计的安全性,保障各网络功能间交互及协议的安全。网络切片管理安全贯穿网络切片的生命周期,包括 4 个阶段:准备、配置与激活、运行、撤销。在网络切片生命周期的每个阶段都存在安全风险。需要防止攻击者恶意攻陷网络切片模板、恶意修改网络切片配置、盗窃机密数据等问题。

网络切片由 S-NSSAI 标识,该信息进一步包括两部分信息:SST,表征对应网络切片特征和业务期待的网络切片行为;SD,是对 SST 的补充,进一步区分相同 SST 的多个切片。

1.4.4　网络切片标准

网络切片有标准化全球通用网络切片和运营商定制网络切片两个标准。

目前,核心网网络架构标准 TS23.501 定义了 3 种标准切片业务。

网络切片通过 PDU(Protocol Data Unit,协议数据单元)会话承载,一个 PDU 会话只能承载一个网络切片。多个用户可以共享相同的网络切片,共享 S-NSSAI 标识,共享相同的网络切片实体,不同用户的相同网络切片由不同 PDU 会话承载,网络切片可由相同或者不同网元设备承载,实现差异化隔离。当用户提供了一个网络切片信息时,网络为用户选择专用 AMF;当用户提供了多个网络切片信息时,网络为用户选择共用 AMF。一个用户仅连接一个 AMF,以保证单一控制面锚点。

1.4.5　切片分组网

切片分组网(Slicing Packet Network,SPN)是一种新的传输网技术体制。其转发面基于分组路由传输协议到切片网络到 DWDM(Dense Wavelength Division Multiplexing,密集波分复用);控制面采用 SDN,分别在物理层、链路层和转发控制层采用创新技术,以满足 5G 及未来传输网的需要。

切片分组网的分层架构如图 1-15 所示。

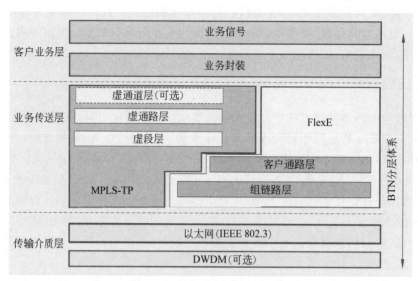

图 1-15　切片分组网的分层架构

切片分组网采用创新的以太分片组网技术和面向传送的分段路由技术(SR-TP),并融合了光层 DWDM 技术体制。切片分组网层次如图 1-16 所示。

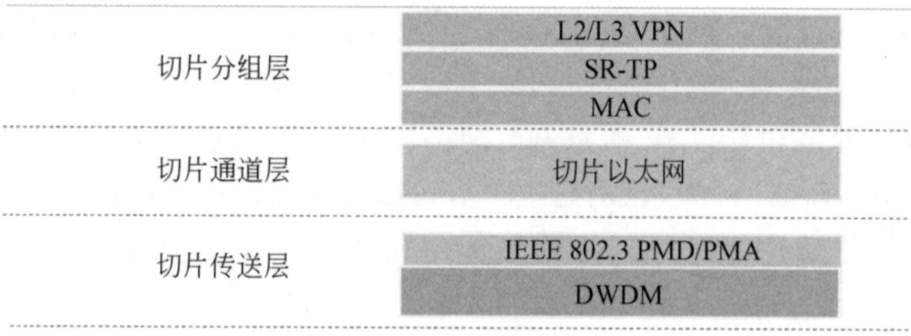

切片分组层	L2/L3 VPN
	SR-TP
	MAC
切片通道层	切片以太网
切片传送层	IEEE 802.3 PMD/PMA
	DWDM

图 1-16　切片分组网层次

其中,SPL(Slicing Packet Layer)是切片分组层,实现分组数据路由处理;SCL(Slicing Channel Layer)是切片通道层,实现切片以太网通道组网处理;STL(Slicing Transport Layer)是切片传送层,实现切片物理层编解码及 DWDM 光传输处理。

5G SPN 和 4G 光传输网(Optical Transport Network,OTN)技术方案比较如表 1-1 所示。

表 1-1　SPN 和 OTN 的技术方案比较

技术方案	SPN	OTN
链路层技术(L2)	FlexE	ODUFlex＋FlexO
底层技术(L0/L1)	WDM/光纤	WDM/光纤
是否提供保护	是	是
多业务支持类型	支持以太网业务	不同业务类型有相应的映射方式
是否基于 WDM 技术	是	是

◆ 1.5　物理层无线技术设计

1.5.1　5GNR 设计架构及关键技术

如前所述,物理层以传输信道形式为上层提供服务,负责物理层 HARQ(Hybrid Automatic Repeat Request,混合自动重传请求)处理、调制编码、多天线处理、信号到时频空码资源映射及控制传输信道到物理信道映射等一系列功能。物理层设计是整个 5G 系统设计中关键的基础部分。相对于 4G,ITU 及 3GPP 对 5G 提出了更高、更全面的性能指标要求。其中最具有挑战性的峰值速率、频谱效率、用户体验速率、时延等关键指标均需要通过物理层设计达成。为迎接这些挑战,5G 新空口设计在充分借鉴 LTE 设计的基础上,也引入了很多新理念。

2016 年 10 月,高通公司推出 6GHz 以下 5GNR 原型系统和试验平台,5GNR 可以认为是 5G 发展中的第一阶段。随着对用户需求认知的加深以及社会的不断进步,5G 物理层设计会不断向前推进。

基于 OFDM 的全球性 5GNR 新空口标准物理层系统设计呈现如下两大特点。

1. 以 OFDM 加 MIMO 技术为物理层设计基础

OFDM 与 MIMO 技术结合,无论理论分析还是实际部署,已经被充分证明可以有效地利用系统带宽和无线链路空间特性,是提升系统频谱效率及峰值速率最有效的技术。在实际系统中,受终端大小限制,天线数量相对受限,单用户容量也会受到限制。但是从整个系统角度看,通过调度多个用户进行空间复用,依然可以提升整个系统的频谱效率。在 OFDM 技术上,5G 下行与 LTE 相同,采用正交频分多址(Orthogonal Frequency Division Multiple Access,OFDMA)技术;5G 上行既支持单载波频分多址(Single Carrier Frequency Division Multiple Access,SC-FDMA)技术(与 LTE 相同),又支持 OFDMA 技术。在 MIMO 设计上,5G 设计充分吸收了 LTE 系统设计的经验,采用了接入、控制与数据一体化设计。

OFDM 的原理是采用多载波技术将高速串行码流转换为并行低速码流并调制到多个并行子载波上进行传输,每个子载波信道响应趋于平坦,只要能够保持子载波信道的正交性,就可以实现无载波间干扰(Inter-Carrier-Interference,ICI)的高速宽带传输。

如图 1-17 所示,高速数据流经过编码、交织、数字调制、插入导频和串并变换,变为多个并行数据流,经过 IFFT(Inverse Fast Fourier Transform,快速傅里叶反变换)承载到不同子载波上。

设 OFDM 单个符号时间为 T_{sym},包含 N 个采样点,有 $T_{sym} = N \cdot T_s$。取每个子载波频率 $f_k = k/T_{sym}$,则 OFDM 符号的基带时域信号离散采样为

$$x[n] = \frac{1}{N} \sum_{k=0}^{N-1} X[k] e^{j2\pi kn/N} \tag{1-1}$$

即 OFDM 符号是 QAM 符号序列 $\{X[k]\}$ 的 N 点离散傅里叶反变换,可以使用 IFFT 进行快速计算。同样,对于接收的 OFDM 符号采样序列 $y[n]$ 通过离散傅里叶变换,可以得到各个子载波调制符号与信道响应的乘积,可以采用快速傅里叶变换(FFT)进行快速计算。

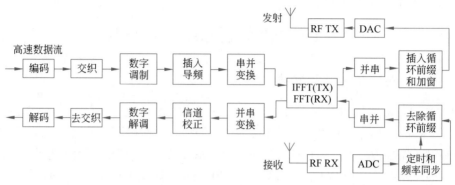

图 1-17　OFDM 收发机框图

$$Y[k] = \sum_{n=0}^{N-1} y[n] e^{-j2\pi kn/N}$$

$$= \sum_{n=0}^{N-1} \{x[n] \otimes h[n]\} e^{-j2\pi kn/N}$$

$$= \sum_{n=0}^{N-1} \left\{ \frac{1}{N} \sum_{m=0}^{N-1} H[m] X[m] e^{j2\pi mn/N} \right\} e^{-j2\pi kn/N}$$

$$= \frac{1}{N} \sum_{n=0}^{N-1} \sum_{m=0}^{N-1} H[m] X[m] e^{j2\pi(m-k)n/N}$$

$$= H[k] X[k] \tag{1-2}$$

其中，$H[k]$ 为各个子载波的信道频率响应，一般可通过导频信号进行插值估计。

为了避免多径效应引起的码元间干扰，发射端需要在 OFDM 符号间增加循环前缀 (Cyclic-Prefix,CP)，如图 1-18 所示。另外需要添加符号成形窗，以降低 OFDM 信号的带外功率。对于接收端则需要进行定时同步、频率同步和信道估计。

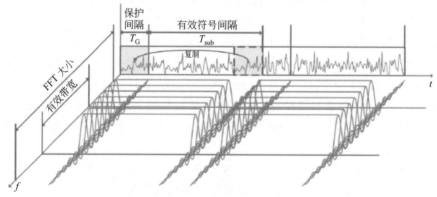

图 1-18　添加循环前缀的 OFDM 符号

如图 1-19 所示，OFDM 技术将宽带信号分割为多个资源块(Resource Block,RB)，每个资源块中包含一个正交子载波信号及其子载波间隔，再通过载波聚合技术将不同的子载波在基带处理单元中组合在一起。这样，每个子载波上的信号带宽缩减为整个带宽的数百分之一，每个子载波信道响应趋于平坦，大大减小了宽带射频带来的信号质量恶化。

尽管 OFDM 技术在 20 世纪 60 年代就已经被提出，但直到 20 世纪 90 年代才被广泛应

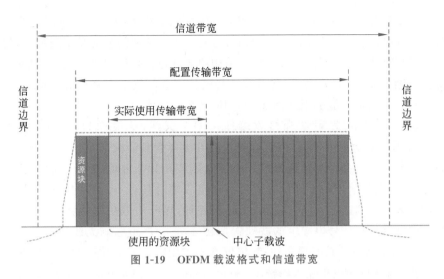

图 1-19　OFDM 载波格式和信道带宽

用,主要是由于射频及基带电路设计上的一些重要问题,如频率综合器杂散问题和放大器的线性度。

　　子载波间隔是 OFDM 系统的重要参数。假设系统采用的子载波间隔为 f_{SCS},循环前缀长度 T_G 与有效 OFDM 符号长度的比值为 G_{CP},则整个 OFDM 的实际长度为

$$T_{sym} = (1 + G_{CP})T_{sub} \tag{1-3}$$

OFDM 采样率为

$$1/T_s = N \cdot f_{SCS} \tag{1-4}$$

系统信号带宽为

$$B = N_{used} \cdot f_{SCS} \tag{1-5}$$

其中,N 为 OFDM 的 FFT 长度,N_{used} 为实际使用的子载波数。OFDM 子载波间隔应该远小于信道的相干带宽以让子载波信道响应趋于平坦,同时应远大于 OFDM 的系统频偏。

　　在韩国三星电子公司的第一个 28GHz 毫米波原型系统中采用了 244.14kHz 子载波间隔的 OFDM 基带调制信号。而 3GPP Release 15 中推荐毫米波频段(FR2)的子载波间隔配置为 60kHz 和 120kHz 两种,对应无 CP 的 OFDM 符号时间长度为 $16.667\mu s$ 和 $8.333\mu s$。在 OFDM 系统中需要采用比多径信道时延扩展更长的 CP 保护间隔以避免符号间干扰。目前的信道测试结果表明,毫米波的时延低于 6GHz 频段,90% 的时延都小于 200ns,因此对于 120kHz 子载波间隔系统可以取 1/16 的 OFDM 长度作为 CP。因此,如表 1-2 所示,对于 3GPP Release 15 中 400MHz 带宽的 120kHz 子载波间隔 OFDM 参数,实际最小 FFT 长度为 4096,有效子载波数为 $12 \times N_{RB} = 12 \times 264 = 3168$,信道带宽为 380.16MHz,系统采样率为 491.52MHz。其中,N_{RB} 是资源块数量,一个资源块包含 12 个子载波。

表 1-2　3GPP 毫米波频段子载波间隔和信道带宽参数

子载波间隔/kHz	50MHz	100MHz	200MHz	400MHz
	N_{RB}	N_{RB}	N_{RB}	N_{RB}
60	66	132	264	
120	32	66	132	264

在 5G 宽带无线通信系统中采用 OFDM 多载波传输技术的另一个原因是为了能够更好地支持 MIMO 应用。对于 MIMO 技术而言,要求传输信道的响应是平坦的。显然,对于存在频率选择性衰落宽带通信系统信道,若采用单载波进行传输,接收端的多抽头空时均衡器计算量将急剧增加。OFDM 技术将频率选择性信道分割成多个并行的平坦子载波信道,在这些平坦子载波信道上能够很好地实现 MIMO 传输技术。

在无线通信系统中,发射端和接收端使用多个天线,这被称为 MIMO 技术。由于 MIMO 技术能够有效地提高性能,因此它在过去几十年受到研究人员的广泛关注。无线信道中的通信主要会受到多径衰落的影响。由于电磁波在复杂环境中发生反射、衍射和绕射等多种行为,导致发射信号的不同信号成分到达接收端时具有不一样的角度、时延或频率,这种现象称为多径。因此,通过将多径分量随机叠加,接收信号功率将会在空间、频率或时间上产生波动。这种在信号电平上的波动就是衰落,它会严重影响无线通信系统的通信质量和可靠性。MIMO 技术具有很多优势,能够在不占用额外发射功率和带宽的基础上有效改善信道容量。除了在传统单输入单输出(Single-Input Single-Output,SISO)系统中采用的时间和频率维度外,MIMO 技术还使用空间维度(通过在发射端和接收端放置多个天线实现)。

与传统 SISO 系统相比,MIMO 系统在频谱、功率和能量效率方面取得了很大的进步。已经证明,在理想条件下,具有 N_t 个发射天线和 N_r 个接收天线的 MIMO 系统的容量是 SISO 系统的近似 $N_t \times N_r$ 倍。这种容量增长可称为复用增益。

从信号角度看,在 MIMO 通信理论中要理解的一个重要概念是信道矩阵。图 1-20 为 MIMO 信道框图。

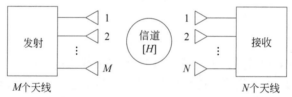

图 1-20   MIMO 信道框图

信道矩阵 $\boldsymbol{H}$ 包含了各种环境因素,包括散射、遮挡和衍射等。发射机(m)和接收机(n)的每种组合都有自己的传递函数 h_{mn},非常类似于 SISO 系统的传递函数。这些功能共同构成了信道矩阵:

$$\boldsymbol{H} = \begin{bmatrix} h_{11} & h_{12} & \cdots & h_{1M} \\ h_{21} & h_{22} & \cdots & h_{2M} \\ \vdots & \vdots & \ddots & \vdots \\ h_{N1} & h_{N2} & \cdots & h_{NM} \end{bmatrix} \tag{1-6}$$

发射端有 M 个天线,因此将产生 M 个信号。

接收天线接收 N 个信号,构成以下列向量:

$$\boldsymbol{y} = \begin{bmatrix} y_1 & y_2 & \cdots & y_N \end{bmatrix}^{\mathrm{T}} \tag{1-7}$$

也可以用类似的方式定义信道噪声:

$$\boldsymbol{n} = \begin{bmatrix} n_1 & n_2 & \cdots & n_N \end{bmatrix}^{\mathrm{T}} \tag{1-8}$$

接收向量可以写成以下形式:

$$\boldsymbol{y} = \boldsymbol{H} \cdot \boldsymbol{x} + \boldsymbol{n} \tag{1-9}$$

每个可能的发射机-接收机天线对之间的复数传递函数的集合构成了信道矩阵。例如,$h_{mn}(m \neq n)$ 代表发射天线 m 和接收天线 n 之间的传递函数。信道矩阵由环境、发射天线和接收天线共同定义。因此,所有的电磁影响(如近场耦合)都体现在信道矩阵 $\boldsymbol{H}$ 中。

通过分析 MIMO 系统,学者福奇尼和特勒塔在这个新兴的通信系统领域做出了开创性的贡献。他们指出,根据信道矩阵 $\boldsymbol{H}$ 和已经定义的噪声功率 ρ_{T} 可以快速确定最大信道容量。福奇尼和特勒塔给出了 MIMO 信道容量公式:

$$C = \log_2 \det\left(\boldsymbol{I} + \frac{\rho_{\mathrm{T}}}{n_{\mathrm{T}}}\boldsymbol{H}\boldsymbol{H}^{\mathrm{H}}\right) \tag{1-10}$$

其中,$\boldsymbol{I}$ 表示单位矩阵,n_{T} 表示发射天线个数,C 表示信道容量,符号 H 表示共轭转置。式(1-10)的计算结果对于已知信道矩阵的理想收发情况有效。

2. 更加灵活的基础系统架构设计

时延是 5G 系统设计中非常关键的指标。物理层时延分为处理时延和传输时延两部分。在降低处理时延方面,主要通过提升接收算法效率和硬件处理能力等方式实现。对于物理层系统设计,主要考虑在一定处理时延的基础上,通过灵活的系统架构设计,既保证系统频谱使用效率,又尽量降低传输时延。灵活的系统架构设计主要体现在灵活的帧结构设计和灵活的双工设计两方面。

1) 灵活的帧结构设计

帧结构设计是灵活的系统架构设计的核心。根据各国频谱分配及使用情况,频谱分为对称频谱与非对称频谱两种,相应的 4G 帧结构设计分为 FDD(Frequency-Division Duplex,频分双工)与 TDD(Time-Division Duplex,时分双工)两种模式。5G 系统将支持更大的系统带宽,尤其是随着高频带频谱的拓展,带宽使用达到百兆量级,对称频谱分配将越来越困难。非对称频谱分配将成为 5G 的主流。因此,5G 系统架构设计的核心也体现在 TDD 的帧结构设计上。

对于 TDD 帧结构设计,主要考虑配置周期和配置灵活性。首先看配置周期。帧结构配置都是以周期形式出现的,不同周期内的符号配置出现重复性。对于 TDD 系统,一个配置周期内包含上行和下行符号,配合 HARQ 技术,实现数据发送及反馈。长配置周期往往意味着较长的反馈时间。在 LTE 系统中,支持 7 种 TDD 帧结构配置,配置周期为 5ms 或 10ms。这样,LTE 系统整体时延也在 10ms 量级。对于 5GNR 新空口设计,空口时延量级要求 1ms。表 1-3 是 5GNR 物理层关键技术设计方案。

表 1-3　5GNR 物理层关键技术设计方案

关 键 技 术	技 术 描 述
双工方式	支持 FDD 和 TDD 模式
子载波间隔	6GHz 以下:15kHz,30kHz,60kHz; 6GHz 以上:120kHz,240kHz
循环前缀	支持常规 CP 和扩展 CP(扩展 CP 只用于 60kHz 子载波间隔)
帧结构	帧长 10ms,一个帧中包含 10 个子帧,5 个子帧组成一个半帧。支持半静态和动态帧结构配置

续表

关 键 技 术	技 术 描 述
基本波形	下行：CP-OFDM；上行：CP-OFDM，DFT-S-OFDM
单载波支持带宽	6GHz 以下：最大 100MHz； 6GHz 以上：最大 400MHz
多址接入	下行：正交多址接入；上行：正交多址接入，非正交多址接入
信道编码	控制信道：Polar 码、RM 码、重复码、Simplex 码； 数据信道：LDPC 码
调制方式	下行：QPSK、16QAM、64QAM、256QAM； 上行：CP-OFDM 支持 QPSK、16QAM、64QAM 和 256QAM，DFT-S-OFDM 支持 T/2-BPSK、QPSK、16QAM、64QAM 和 256QAM
资源映射	支持集中式和分布式资源分配方式
多天线设计	广播、控制和数据信道采用一体化多天线设计。下行数据发送支持闭环、开环、准开 环、多点传输等传输方案，上行数据发送支持基于码本和非码本的传输方案。下行传 输方案选择和反馈方式结合，上行传输方案直接根据高层信令配置
导频设计	支持 DMRS、CSI-RS，P 发射-接收 S、上行 SRS 等设计
物理层测量	包括信道状态测量、信道质量测量、干扰管理测量、移动性测量等
HARQ	支持 Chase 合并及增量冗余混合重传
链路自适应	采用根据信道状态变化进行自适应调整的调制编码方案
工作带宽调整	支持用户设备初始接入带宽管理和用户设备工作中的带宽调整
载波聚合/双 连接	最多支持 16 个 NR 载波进行聚合或双连接操作，支持 NR 使用连续或者非连续频谱 超过 1GHz
上下行解耦	支持一个 NR 载波中配置多个上行载波

NR 基本时间单元为 $T_c = 1/(\Delta f_{max} \cdot N_f)$，其中 $\Delta f_{max} = 480 \times 10^3$ Hz，$N_f = 4096$。并定义常数 $\kappa = \Delta f_{max} N_f /(\Delta f_{ref} N_{f,ref}) = 64$，其中 $\Delta f_{ref} = 15 \times 10^3$ Hz，$N_{f,ref} = 2048$。NR 中最基本的资源单位为 RE(Resource Element，资源单元)，代表频率上的一个子载波及时域上的一个符号。RB(资源块)为频率上连续的 12 个子载波。

NR 支持 5 种子载波间隔配置。6GHz 以下频段将主要采用 15kHz、30kHz、60kHz 这 3 种子载波间隔，而 6GHz 以上主要采用 120kHz 及以上的子载波间隔。

NR 采用 10ms 帧长度，一个帧中包含 10 个子帧。5 个子帧组成一个半帧，编号 0~4 的子帧和编号 5~9 的子帧分别处于不同的半帧。

NR 帧结构以时隙为基本单位。在正常 CP 情况下，每个时隙包含 14 个符号；在扩展 CP 情况下，每个时隙包含 12 个符号。当子载波间隔变化时，时隙绝对时间长度也随之改变，每子帧内包含的时隙个数也有所差别。

表 1-4 和表 1-5 给出正常 CP 和扩展 CP 情况下每帧和每子帧包含的时隙个数。可以看出，每帧包含的时隙个数是 10 的整数倍。随着子载波间隔加大，每帧和每子帧包含的时隙个数也增加。

表 1-4 正常 CP 情况下每帧和每子帧时隙个数

序　　号	每个时隙符号数	每帧时隙个数	每子帧时隙个数
0	14	10	1
1	14	20	2
2	14	40	4
3	14	80	8
4	14	160	16

表 1-5 扩展 CP 情况下每帧和每子帧时隙个数

序　　号	每个时隙符号数	每帧时隙个数	每子帧时隙个数
2	12	40	4

每个时隙中的符号被分为 3 类：下行符号(标记为 D)、上行符号(标记为 U)和灵活符号(标记为 X)。下行数据发送可以在出现下行符号和灵活符号时进行,上行数据发送可以在出现上行符号和灵活符号时进行。灵活符号包含上下行转换点,NR 支持每个时隙包含最多两个转换点。

NR 帧结构配置不再沿用 LTE 阶段采用的固定帧结构方式,而是采用半静态的无线资源控制(Radio Resource Control,RRC)配置和动态的下行控制信息(Downlink Control Information,DCI)配置结合进行灵活配置,目的还是兼顾可靠性和灵活性。前者可以支持大规模组网的需要,易于网络规划和协调,并有利于终端节能;而后者可以支持更具动态性的业务需求以提高网络利用率。但是完全动态的配置容易引入上下行交叉时隙干扰而导致网络性能不稳定,也不利于终端省电,在实际网络使用中要比较谨慎。

RRC 配置支持小区专用 RRC 配置和用户设备专用 RRC 配置两种方式。DCI 配置方式支持由时隙格式指示(Slot Format Indication,SFI)直接指示和 DCI 调度决定两种方式。

配置灵活性对于匹配不同业务类型非常关键。5G 面向物联网与互联网等多个场景,服务的业务类型相比 4G 也更加多样化。不同业务在上下行比例及业务变化周期上呈现不同特点。因此新空口对帧结构配置周期改变速度及每个周期内上下行符号的比例变化有更高要求,以匹配不同业务类型。同时,为了支持更短的反馈周期,帧结构配置中也需要考虑能够在一个配置周期内完成数据发送及反馈的配置。NR 不仅支持半静态的帧结构配置,而且支持完全动态的帧结构配置。在灵活帧结构框架下,为了进一步支持更低时延的发送,还需要考虑采用传输时延更短的数据发送方式。

2) 灵活的双工设计

在 4G 中,两种双工(FDD 和 TDD)方式的使用各遵循一定规则。TDD 系统配置通过保护间隔设置等方式避免不同小区上下行间干扰。FDD 系统在对称频谱上进行上下行绑定使用。在 NR 的设计中,为提高频谱效率,越来越多地支持更灵活的设计。

首先,NR 支持对称上下行波形设计,即上下行都支持相同 OFDM 波形设计。在 LTE 中,在下行采用 OFDMA 技术,在上行采用 SC-FDMA 技术。在 NR 中,上行既支持 SC-FDMA 技术也支持 OFDMA 技术,基站可以根据网络的实际情况进行灵活配置。当上下行都采用 OFDMA 技术时,上下行波形对称,接收机可以对上行和下行信号进行联合处理,采用更好的干扰消除技术,以提升系统性能。同时,OFDMA 技术与 MIMO 技术也可以更好地结合,相对 LTE 系统有效提升了上行频谱效率。

NR 还引入了上下行解耦技术,打破了 4G 系统中一个下行载波只配置一个上行载波的设计局限。在 NR 中,一个下行载波除了配置一个对应的上行载波外,还可配置多个上行载波。额外配置的上行载波也被称为增补上行载波(Supplementary Uplink,SUL)。对于部署在较高频率的 NR 载波,可以配置一些低频波段,如现有较低频段 FDD 载波的上行频谱,作为增补上行载波。这样既可以提高 NR 的覆盖范围,又可以提升整个系统使用效率。

3) 一体化大规模天线设计

大规模天线设计是 5GNR 设计的重要基石。NR 的设计需要支持高达 100GHz 的频谱范围,随着频率升高,天线系统使用的天线个数也相应增加,但是单天线的覆盖距离受路径损耗影响快速降低。波束赋形技术,尤其是混合波束赋形技术,可以有效提升大规模天线的覆盖距离和传输速率,成为 NR 大规模天线设计的核心。在实际系统设计中,波束赋形技术不仅应用于数据传输,而且应用于用户初始接入和控制数据发送,即广播信道、控制信道和数据信道的一体化设计。

1.5.2　5G 新空口

物理层新型多址技术有 NOMA(Non-Orthogonal Multiple Access,非正交多址接入)、SCMA(Sparse Code Multiple Access,稀疏码多址接入)、PDMA(Pattern Division Multiple Access,图样分割多址接入,简称图分多址)、MC-CDMA(Multi-Carrier Code Division Multiple Access,多载波码分多址)、UF-OFDM(Universal Filtered OFDM,通用滤波正交频分复用)、FB-OFDM(Filter Bank OFDM,基于滤波器组正交频分复用)、FBMC(Filter Bank Multi-Carrier,滤波器组多载波)等。先进编码包括 Polar 码、LDPC 码等。

5G 新空口相对于 4G LTE 系统引入了多项基础性新技术。新技术中最具有代表性的是:在信道编码领域,新空口采用了数据信道 LDPC 码、控制信道 Polar 码的组合,替代了 LTE 数据信道 Turbo 码、控制信道 TBCC 码的组合。LDPC 码相对于 Turbo 码具有更低的编码复杂度和更低的译码时延,可以更好地支持大数据传输。而 Polar 码在小数据包上的性能优势将有效提升新空口的覆盖性能。

综合来看,新空口与 LTE 虽然都基于多载波系统进行设计,但是新空口具有更灵活的基础系统架构设计,支持一体化的大规模天线设计,在系统部署灵活性、多业务支持、频谱效率、峰值速率和时延等方面相对于 4G 系统具有明显的优势。

1.5.3　NOMA

对于多用户密集通信,需要新型多址访问技术。前四代蜂窝系统依赖于正交多址(OMA)。第一代(1G)系统采用了频分多址(FDMA)。第二代(2G)系统实现了全球移动通信系统(GSM),主要使用时分多址(TDMA)。第三代(3G)系统实现了通用移动通信系统(Universal Mobile Telecommunications System,UMTS),它依赖于码分多址(CDMA)。实现 LTE 的第四代(4G)系统采用正交频分多址(OFDMA)。OMA 的主要优点是在理想条件下避免了用户间干扰,大大简化了系统和协议设计,包括检测、信道估计和资源分配。然而,OMA系统中可以支持的用户数量受到可用正交维数限制。在实践中,由于信道频率选择性、相位噪声和频率偏移等影响也会破坏信道正交性。

随着研究的深入,人们发现在NOMA中采用先进的接收处理检测技术可以克服OMA的缺点。在NOMA中,多个用户被安排在同一资源上,即相同的时间、频谱和空间维度,非正交传输引入的用户间干扰可以通过连续干扰消除(Successive Interference Cancellation, SIC)在接收机中去除。NOMA技术主要分为两大类:码域NOMA和功率域NOMA。

1. 码域NOMA

码域NOMA和CDMA技术类似,用户可以分享全部时域或者频域资源。而码域NOMA与CDMA的不同之处在于前者利用特定用户的稀疏序列或者低相关系数非正交互相关序列作为扩频序列。所以,码域NOMA又可以分为以下几种方案:低密度扩频CDMA(Low Density Spreading,LDS-CDMA)、低密度扩频OFDM(LDS-OFDM)、稀疏码分多址接入(SCMA)和多用户分享接入(Multi-User Shared Access,MUSA)。低密度扩频序列能够使得LDS-CDMA有效限制CDMA系统的每一个码片干扰。

LDS-OFDM可以看作LDS-CDMA和OFDMA的结合。信息符号首先通过低密度扩频序列进行扩频,再将扩频后的码片通过多个不同的OFDM子载波传输出去,且符号数量可以大于子载波的数量。这种过载方式有利于提高频谱效率。

SCMA是LDS-CDMA的升级版,信息比特流可以直接映射到不同的稀疏码字中,将比特映射和比特扩展结合。与LDS-CDMA相比,SCMA可以提供低复杂度接收技术和更好的性能。

2. 功率域NOMA

功率域NOMA是在相同时频资源块上通过不同功率数量级在功率域实现多址接入。采用SIC技术的功率域NOMA方案需要区分出用户之间由于远近效应或者发送端非统一功能分配造成的SINR(Signal to Interference plus Noise Ratio,信号与干扰加噪声比)差异。上行链路基站端将会采用SIC对各个用户发送的上行信息进行译码。将NOMA技术应用于MIMO多用户系统并结合波束成形技术,可以进一步提高系统的频谱效率。一个基站通过多天线在空域发送包含多个用户信息的不同波束给相应波束内的用户,每一个波束内的所有用户都构成一个基本结构的NOMA用户组,波束内用户之间的干扰可以通过SIC加以消除,而各波束之间的干扰可以通过空间滤波加以抑制。

功率域NOMA与OMA相比,在实现数据速率、覆盖范围和可靠性方面有优势。虽然功率域NOMA主要是5G的候选方案,但它也在3GPP中用于下行LTE传输的标准化。

NOMA目前是一个活跃的研究领域,许多挑战尚未完全解决,包括NOMA基本信息理论限制、NOMA信道编码和调制设计、NOMA和其他5G技术的集成、大规模MIMO和全双工、NOMA安全配置、NOMA资源分配和NOMA硬件实现等。

NPMA包括滤波器组多载波(FBMC)、通用滤波多载波(UFMC)和广义频分复用(GFDM)方案。这些非正交信令方案试图通过在信号和帧结构中引入新特征克服OFDM/OFDMA的局限性。例如,GFDM是基于独立块的调制,每个块由多个子载波和子符号组成。在GFDM中,采用循环前缀(CP)和循环滤波。特别地,GFDM利用"咬尾"技术通过圆形滤波减少信号脉冲尾的长度。GFDM的循环信号结构也使得包含多个GFDM符号的整个数据块能够使用一个CP,这与传统的OFDM相比提高了频谱效率。事实上,GFDM是一种灵活的物理层方案,因为它既包括 CP-OFDM,也包括单载波频域均衡(Single Carrier with Frequency Domain Equalization,SC-DFE)作为特例。此外,GFDM 允许根据信道特性和应用类型调整每个数据符号的时间和频率间隔。

1.5.4 SCMA

图 1-21 展示了一个有信道编码的 SCMA 系统模型。其中,J 个用户通过 K 个共享的正交资源块传递各自的信息。SCMA 解码器通过次优化 MPA 检测器处理来自各用户的交叠信号,并与信道解码器交换编码比特流的外层软信息。最终估计信号可从信道解码器中获得。

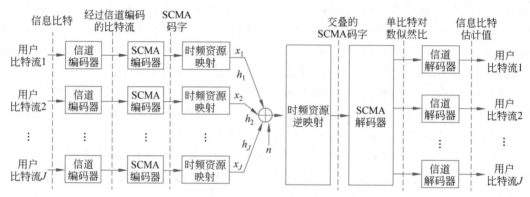

图 1-21 SCMA 系统模型

定义用户指标集合 $j \in \{1,2,\cdots,J\}$。对用户 j,m_0 个二进制比特 b_j 首先经过信道编码器编码为 n_0 个二进制比特 c_j,码率为 $R_0 = m_0/n_0$,随后,c_j 中每 $\log_2 M$ 比特被 SCMA 编码器映射为一个 N 维的星座点。这里,N 表示多维星座的基数。此外,N 维的星座点通过映射矩阵 V_j 转化为 K 维的复数码字,映射矩阵 V_j 用来生成码字 X_j。V_j 的维度是 $K \times N$。因此,SCMA 编码器可看作从二进制向量 b_j 到复信号向量 X_j 的映射。

在基站端,接收信号可表示为

$$y = \sum_{j=1}^{J} \mathrm{diag}(h_j) x_j + n \tag{1-11}$$

其中,$h_j = [h_{j,1}, h_{j,2}, \cdots, h_{j,K}]^\mathrm{T}$ 表示基站与用户 j 之间的信道系数向量。$n = [n_1, n_2, \cdots, n_K]^\mathrm{T}$ 表示 K 维高斯噪声向量,服从分布 $\mathrm{CN}(0, \sigma^2 I)$。$\sigma^2$ 表示 n 中每个元素的方差,I 是单位矩阵。$x_j = [x_{j,1}, x_{j,2}, \cdots, x_{j,K}]^\mathrm{T}$ 表示用户 j 的 K 维稀疏向量。

特别是在理想的信道条件下,所有用户从相同的传输点发送信号到同一个目标接收机,故共享相同的信道状况 h,即 $h_j = h, \forall j \in \{1,2,\cdots,J\}$。考虑到每个 x_j 拥有 N 个非零元素,可以重写式(1-11)为

$$y = \mathrm{diag}(h) \sum_{j=1}^{J} V_j s_j + n$$
$$= \mathrm{diag}(h) V s + n \tag{1-12}$$

其中,$s_j = [s_{j,1}, s_{j,2}, \cdots, s_{j,N}]^\mathrm{T}$ 表示用户 j 的一个 N 维不包含零元素的复数码字。

SCMA 的编码结构可以用一个稀疏因子图矩阵 F 表示,其中 F 具有 K 行和 J 列。当

且仅当 $f_{kj}=1$ 时,用户节点 j 占用资源块节点 k。

SCMA 是一种非正交接入技术,它在低密度扩频多址接入(LDS-MA)的基础上利用低密度扩频标签实现多个用户复用。2004 年,有学者首次提出多载波的低密度扩频(LDS-MC),认为 LDS-MC 是 OFDM 和 MC-CDMA 的折中,通过部分重叠,获得频率分集增益,虽然其接收端复杂度增加了,但提升了性能。2006 年,英国萨里大学提出同步直接序列CDMA(Direct Sequence CDMA,DS-CDMA)系统的低密度扩频结构,通过上行加性白高斯噪声信道,可支持 200% 过载,接收端使用接近最优的码片迭代多用户译码。2008 年,Hoshyar 等详细阐述了发射端 LDS 结构和接收端基于因子图消息传递算法 MPA。2009年,华为瑞典研究所设计了适合置信传播的低密度扩频标签序列,它们的距离谱特性确保了在 AWGN 信道中的良好性能。许多研究者进一步研究了 LDS 与 OFDM 和信道编码的结合。2010 年,英国萨里大学介绍了上行多载波接入方案 LDS-OFDM,符号在频域低密度扩展,受益于频率分集,支持 400% 过载,性能比多径衰落信道下的 OFDMA 更好。对上行LDS-OFDM 接收端进行设计,使用 Turbo 和多用户的联合迭代检测,译码器和检测器间进行迭代,且使用外信息转移图进行分析,在内迭代次数很小时就能达到最优多用户检测性能。LDS-OFDM 与低密度校验码联合,构成联合稀疏图,译码和检测是在整个因子图上进行的,性能进一步提升。

SCMA 将 LDS 调制和扩频联合优化,它是对 LDS 的增强。SCMA 中,每个用户拥有一个显性码本,将二进制比特流直接映射为码本里的一个多维码字。2013 年,SCMA 技术被首次提出。目前对 SCMA 的研究有很多,包括 SCMA 码本设计、SCMA 检测技术以及SCMA 与其他技术的结合。

SCMA 系统容量和误码率性能很大程度上取决于码本,码本设计本质上是一个优化问题。次优的多阶段优化方法可以先设计映射矩阵,再优化多维复数星座点。也可以通过启发式方法设计映射矩阵,然后基于映射矩阵,求解二次约束二次规划问题获得信号星座点。为了设计多维复数星座点,首先设计母星座点,然后通过针对用户的特别操作构造每个用户星座点。多维母星座的设计和优化是为了获得最大成形增益、最大化最小欧几里得距离或最大化最小乘积距离等。近年来,人们提出了许多设计性能最优的母星座点的方法。例如,利用正交幅度调制等低维信号的笛卡儿积构造母星座点,利用酉旋转引入信号空间分集。

SCMA 的大容量和高频谱效率以检测器的高复杂度为代价,因此 SCMA 系统的一个重要挑战是设计低复杂度的检测器。利用码本的稀疏性,在接收端使用 MPA 消息传递算法能以低复杂度近似达到最大似然性能。为了进一步降低 MPA 的复杂度,许多研究者对SCMA 检测器进行了改进。由于 MPA 在概率域计算中有大量的指数运算,一种经典改进是使用对数域 MPA(Log-MPA)。有学者研究了 MPA 和 Log-MPA 在 FPGA 上的定点和浮点实现,比较了 MPA 和 Log-MPA 的误码率性能和复杂度。实际上,调度策略在 MPA方案中起着至关重要的作用,它影响收敛速度(可以用收敛所需的迭代次数表示)和误码率。SCMA 检测有两种调度策略,即并行调度和串行调度。并行调度是最基本的策略,在每次迭代中,所有资源节点和随后的所有用户节点都将新消息传递给它们的邻居;相反,串行调度可以顺序地更新消息,这样,在当前迭代过程中更新的消息能够立即传播出去,提高了收敛速度。然而,串行调度策略中的消息更新遵循固有的顺序,这并不总是最佳的选择。因此,为了加快收敛速度,串行调度策略中需要考虑消息调度顺序,考虑如何调度会有更快的收敛速度。有研究者提出一种残差辅助消息传播方法来调节消息传递,该方法以迭代前后用户节点消息的差值作为用户动态选择的标准,利用残差最大的消息优先更新实现动态选择。然而,该调度算法需要计算用户节点消息残差,这导致了额外的复杂性。为了进一步改进串行调度消息传递算法,又有研究者提出用户调度顺序由获得的更新消息最大数量确定,然后根据选定的调度顺序进行串行调度 MPA。多个调度器的串行调度 MPA 可以加快收敛速度。除了串行调度,还有一些研究者考虑在迭代中去掉部分可靠消息以减小 MPA 检测复杂度。一些研究者也考虑了 SCMA 结合 Polar 码提高系统可靠性的方法。

为了提高频谱效率,人们将多天线传输与 SCMA 技术相结合,即 MIMO-SCMA 系统。对于如何降低峰平比、提高检测性能的问题也进行了广泛的研究。另外,可以把深度学习引入 MIMO-SCMA 信号处理和译码方法中。

1.5.5 FBMC

作为一种可替代 OFDM 的物理层调制技术,OQAM/FBMC 不仅能有效抵抗多径信道衰落,而且频谱带外泄漏低,对同步误差不敏感。OQAM/FBMC 系统收发机模型与 OFDM 系统不同,OQAM/FBMC 系统的发送符号为交错的正交幅度调制符号,即提取复数 QAM 符号实部和虚部,再将实部和虚部错位半个复数符号周期后发送。在每路子载波上,发送符号经相位变换、上采样、原型滤波器成型和子载波调制。然后,各路子载波上的信号叠加后生成 OQAM/FBMC 发送信号。通常,将相位变换、上采样、原型滤波器成型、子载波调制以及载波叠加统称为综合滤波器组。

图 1-22 为 OQAM/FBMC 等效基带系统传输框图。

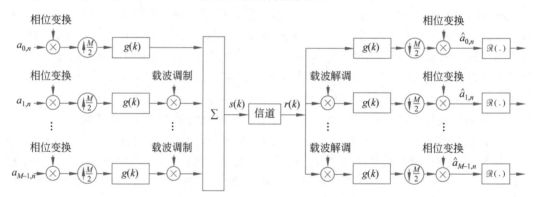

图 1-22　OQAM/FBMC 等效基带系统传输框图

在发送端,输出信号可表示为

$$s(k) = \sum_{m=0}^{M-1} \sum_n a_{m,n} g\left(k - n\frac{M}{2}\right) e^{j2\pi m\left(k - \frac{L_g-1}{2}\right)/M} e^{j\varphi_{m,n}}　\qquad (1-13)$$

其中,$a_{m,n}$ 为第 m 个子载波上的第 n 个实数符号,可通过取复数 QAM 符号实部或虚部获得;M 为子载波数;$g(k)$ 表示长度为 L_g 的原型滤波器,且为实函数,具有对称性;相位因子为 $\varphi_{m,n} = \varphi_0 + \frac{\pi}{2}(m+n)$,其中,$\varphi_0$ 可任意选择,为便于分析,这里定义 $\varphi_0 = 0$。发送信号经无线传输信道作用后,接收端接收到信号 $r(k)$。在接收端,经子载波解调、匹配滤波、下采样以及相位解调,与发送端对应,将以上操作统称为分析滤波器组(Analysis Filter Bank,

AFB)作用后,第(m,n)个频-时格点的输出符号为

$$\hat{a}_{m,n} = \sum_{k=-\infty}^{\infty} r(k) g\left(k - n\frac{M}{2}\right) e^{j2\pi m\left(k-\frac{L_g-1}{2}\right)/M} e^{-j\varphi_{m,n}} \tag{1-14}$$

在理想无失真信道条件下,接收信号等于发送信号,即

$$r(k) = s(k) \tag{1-15}$$

将式(1-15)代入式(1-14),解调符号可表示为

$$\hat{a}_{m,n} = \sum_{p=0}^{M-1} \sum_{q} a_{p,q} \sum_{k=-\infty}^{\infty} g_{p,q}(k) g_{m,n}^*(k) \tag{1-16}$$

进一步,对符号$\hat{a}_{m,n}$进行取实部操作,可以得到发送符号的估计值:

$$\tilde{a}_{m,n} = \mathrm{Re}\{\hat{a}_{m,n}\} = \sum_{p=0}^{M-1} \sum_{q} a_{p,q} \mathrm{Re}\left\{\sum_{k=-\infty}^{\infty} g_{p,q}(k) g_{m,n}^*(k)\right\} \tag{1-17}$$

其中,$\mathrm{Re}\{\cdot\}$表示取实部运算。从式(1-17)可以看出,在理想信道条件下,为保证接收端能够完美地恢复发送符号,即$\tilde{a}_{m,n} = a_{m,n}$,要求原型滤波器$g(k)$满足完美重建条件:

$$\mathrm{Re}\left\{\sum_{k=-\infty}^{\infty} g_{p,q}(k) g_{m,n}^*(k)\right\} = \delta_{m,p} \delta_{n,p} \tag{1-18}$$

其中,$\delta_{m,p}$为克罗内克δ函数。即,当$m=p$时,$\delta_{m,p}=1$;当$m\neq p$时,$\delta_{m,p}=0$。

若定义

$$\delta_{p,q}^{m,n} = \sum_{k=-\infty}^{\infty} g_{p,q}(k) g_{m,n}^*(k) \tag{1-19}$$

则完美重建条件(1-18)可等价为

$$\delta_{p,q}^{m,n} = \begin{cases} 1 & (m,n)=(p,q) \\ 0 \text{ 或纯虚数} & (m,n)\neq(p,q) \end{cases} \tag{1-20}$$

可见$\delta_{p,q}^{m,n}$在$(m,n)\neq(p,q)$时为 OQAM/FBMC 系统的固有虚部干扰,其分布特性取决于原型滤波器的特性。

此时,符号$\hat{a}_{m,n}$可重新写为

$$\hat{a}_{m,n} = \sum_{p=0}^{M-1} \sum_{q} a_{p,q} \xi_{p,q}^{m,n} = a_{m,n} + \sum_{(p,q\neq m,n)} a_{p,q} \xi_{p,q}^{m,n} \tag{1-21}$$

其中,第二个等号右侧的第二项表示其他发送数据符号对$\hat{a}_{m,n}$的干扰,且为纯虚数。因此,在 OQAM/FBMC 系统接收端,必须经过取实部操作才能完全消除该干扰项,从而完美恢复原始发送符号。与 OFDM 系统中复数域正交条件相比,OQAM/FBMC 系统的正交性仅在实数域成立。相比于 OFDM 系统,OQAM/FBMC 系统虽具有带外泄漏低、对同步要求低、无须插入 CP 等优点,但实现复杂度更高。虽然 OFDM 和 FBMC 的概念在同一时期被提出,但受当时硬件水平限制,基于 IFFF/FFT 的快速实现的 OFDM 调制技术首先被关注并被采纳。此后,基于 IFFT/FFT 的快速算法用于 OQAM/FBMC 实现,使它的复杂度性能得到改善。

OQAM/FBMC 系统的两种快速实现是基于频率扩展滤波器组多载波(Frequency Spreading based Filter Banks Multi-Carrier,FS-FBMC)和基于多相网络滤波器组多载波(Poly-Phase Network based Filter Banks Multi-Carrier,PPN-FBMC)。

1. FS-FBMC

FS-FBMC 的基本思想是在频率域实现 OQAM/FBMC 系统。

在 FS-FBMC 下,原型滤波器 $g(k)$ 的长度设置为 $L_g = KM$,其中,K 为重叠因子,表征 OQAM/FBMC 符号的重叠个数。此时,OQAM/FBMC 系统中的发送信号如图 1-23 所示,可等价表示为

$$s(k) = \sum_n \delta\left(k - n\frac{M}{2}\right) s_n(k) \qquad (1\text{-}22)$$

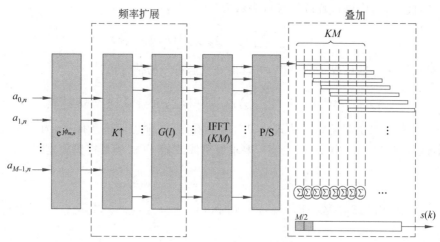

图 1-23   FS-FBMC 发射机

其中:

$$s_n(k) = g(k) \sum_{m=0}^{M-1} a_{m,n} e^{j2\pi m\left(k - \frac{KM-1}{2}\right)/M} e^{j\varphi_{m,n}} e^{j\pi mn} \qquad (1\text{-}23)$$

若定义 $c_{m,n} = a_{m,n} e^{j\phi_{m,n}}$(其中 $\phi_{m,n} = \varphi_{m,n} + \pi mn + 2\pi m\left(-\frac{KM-1}{2}\right)/M$)以及 $g_m(k) = g(k)e^{j2\pi mk/M}$,则式(1-23)可等价表示为

$$s_n(k) = \sum_{m=0}^{M-1} c_{m,n} g_m(k) \qquad (1\text{-}24)$$

进一步,定义 $g_m(k)$ 的离散傅里叶变换为

$$G_m(l) = \sum_{k=0}^{KM-1} g_m(k) e^{-j2\pi lk/(KM)} = \sum_{k=0}^{KM-1} g_m(k) e^{-j2\pi k(l-mK)/(KM)} = G(l - mK) \qquad (1\text{-}25)$$

其中 $G(l) = \sum_{k=0}^{KM-1} g(k) e^{-j2\pi lk/(KM)}$ 为原型滤波器 $g(k)$ 的离散傅里叶变换。

将 $g_m(k)$ 用 $G_m(l)$ 表示,再代入式(1-24)中,可得

$$\begin{aligned} s_n(k) &= \sum_{m=0}^{M-1} c_{m,n} \left(\sum_{l=0}^{KM-1} G_m(l) e^{j2\pi lk/(KM)} \right) \\ &= \sum_{l=0}^{KM-1} \sum_{m=0}^{M-1} c_{m,n} G(l - mK) e^{j2\pi lk/(KM)} \end{aligned} \qquad (1\text{-}26)$$

将式(1-26)代入式(1-22)中,OQAM/FBMC 系统的发送信号可等价表示为

$$s(k) = \sum_n \delta\left(k - n\frac{M}{2}\right) \left[\sum_{l=0}^{KM-1} \left(\sum_{m=0}^{M-1} c_{m,n} G(l - mK) \right) e^{j2\pi lk/(KM)} \right] \qquad (1\text{-}27)$$

可以看出,对任意频时格点 (m,n),数据符号 $a_{m,n}$ 首先乘以因子 $e^{j\phi_{m,n}}$ 进行相位变换;在

频率域进行 K 点采样后,再经原型滤波器频域系数 $G(l)$ 作用;然后,经 KM 点 IFFT 作用以实现子载波调制;最后,IFFT 输出信号经并串转换器(P/S)进行重叠移位相加得到发送信号 $s(k)$。可以注意到,在与原型滤波器作用时,第 m 个子载波上的数据符号会扩展到相邻频点上,且扩展频点数等于原型滤波器频率响应函数 $G(l)$ 的非零点个数,因而该架构被称为频率扩展。

在 OQAM/FBMC 系统接收端,分析滤波器组的输出符号可等价表示为

$$\hat{a}_{m,n} = \sum_{k=0}^{KM-1} r\left(k+n\frac{M}{2}\right)g(k)e^{-j2\pi m\left(k+n\frac{M}{2}-\frac{KM-1}{2}\right)/M}e^{j\phi_{m,n}}$$

$$= \left[\sum_{k=0}^{KM-1} r\left(k+n\frac{M}{2}\right)g_m^*(k)\right]e^{-j\phi_{m,n}} \tag{1-28}$$

将 $g_m(k)$ 用 $G_m(l)$ 表示并代入式(1-28),可得

$$\hat{a}_{m,n} = \left\{\sum_{l=0}^{KM-1} G^*(l-mK)\left[\sum_{k=0}^{KM-1} r\left(k+n\frac{M}{2}\right)e^{-j2\pi kl/(KM)}\right]\right\}e^{-j\phi_{m,n}} \tag{1-29}$$

若定义

$$R_n(m) = \sum_{k=0}^{KM-1} r\left(k+n\frac{M}{2}\right)e^{-j2\pi km/(KM)} \tag{1-30}$$

$$Y_n(m) = \sum_{l=0}^{KM-1} G^*(l-m)R_n(l) \equiv G^*(m)R_n(m) \tag{1-31}$$

以及

$$Z_n(m) = Y_n(mK) \tag{1-32}$$

则式(1-14)可等价地表示为

$$\hat{a}_{m,n} = Z_n(m)e^{-j\phi_{m,n}} \tag{1-33}$$

对应式(1-30)至式(1-33),FS-FBMC 接收机的结构如图 1-24 所示。

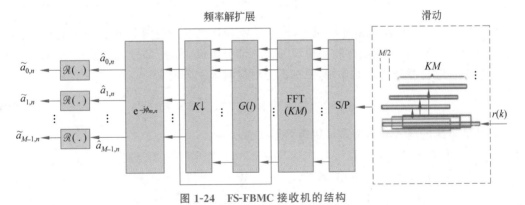

图 1-24　FS-FBMC 接收机的结构

第一步,进行解叠加操作,即对接收信号 $r(k)$ 以每 $M/2$ 个点为间隔截取 KM 个采样,再通过串并(S/P)转换得到多个长为 KM 的采样序列;第二步,将上述序列分别进行 KM 点 FFT 以实现子载波解调;第三步,对信号进行频域均衡和匹配滤波(匹配滤波器系数为原型滤波器频域响应函数 $G(l)$ 的共轭),并在频率域进行 K 点下采样;第四步,乘以因子 $e^{-j\phi_{m,n}}$ 进行相位解调得到符号 $\hat{a}_{m,n}$;第五步,通过取实部操作得到发送端数据符号 $a_{m,n}$ 的估计值 $\tilde{a}_{m,n}$。

2. PPN-FBMC

与基于频域实现的 FS-FBMC 架构相对应,基于多相网络的滤波器组多载波(PPN-FBMC)架构从时域角度出发,实现 OQAM/FBMC 系统快速运算。在 OQAM/FBMC 系统中,若定义 $s_{m,n}(k) = a_{m,n}g_{m,n}(k)$,则发送信号[式(1-13)]可等价表示为

$$s(k) = \sum_{m=0}^{M-1} \sum_{n} s_{m,n}(k) \tag{1-34}$$

令 $k' = k - n\dfrac{M}{2}$,且定义 $a'_{m,n} = a_{m,n}\mathrm{e}^{-\mathrm{j}2\pi m\left(\frac{L_g-1}{2}\right)/M}\mathrm{e}^{\mathrm{j}\phi_{m,n}}\mathrm{e}^{\mathrm{j}\pi mn}$,可以得到

$$s_{m,n}\left(k' + n\frac{M}{2}\right) = a'_{m,n}g(k')\mathrm{e}^{\mathrm{j}2\pi mk'/M} \tag{1-35}$$

定义 $s_{m,n}(k')$ 的 Z 变换为 $S_{m,n}(z)$,原型滤波器 $g(k')$ 的 Z 变换为 $G(z)$,对式(1-35)两边进行关于变量 k' 的 Z 变换,可得

$$z^{n\frac{M}{2}}S_{m,n}(z) = a'_{m,n}\sum_{k'=0}^{L_g-1}g(k')\mathrm{e}^{\mathrm{j}2\pi mk'/M}z^{-k'}$$
$$= a'_{m,n}G(z\mathrm{e}^{-\mathrm{j}2\pi m/M}) \tag{1-36}$$

将原型滤波器的 Z 变换 $G(z)$ 用 M 阶第 I 类多相成分表示为

$$G(z) = \sum_{l=0}^{M-1}G_l(z^M)z^{-l}, \quad G_l(z) = \sum_{n}g(l+nM)z^{-n} \tag{1-37}$$

则有

$$G(z\mathrm{e}^{-\mathrm{j}2\pi m/M}) = \sum_{l=0}^{M-1}G_l(z^M)z^{-l}\mathrm{e}^{\mathrm{j}2\pi lm/M}$$

将其代入式(1-36)中,可得

$$S_{m,n}(z) = a'_{m,n}\left[\sum_{l=0}^{M-1}G_l(z^M)z^{-l}\mathrm{e}^{\mathrm{j}2\pi ml/M}\right]z^{-n\frac{M}{2}} \tag{1-38}$$

在式(1-38)中,$z^{-n\frac{M}{2}}$ 表示系统时延因子,$a'_{m,n}$ 则表示对原发送符号进行相位旋转处理。从式(1-38)可以看出,滤波器组的核心模块可由 3 部分组成:第一部分为数据符号的预处理,第二部分表征综合滤波器组的作用,第三部分对应时延。若定义

$$B_m(z) = \sum_{l=0}^{M-1}G_l(z^M)z^{-l}W^{-ml}, \quad W = \mathrm{e}^{-\mathrm{j}2\pi/M} \tag{1-39}$$

则综合滤波器组的输入输出关系可用矩阵形式表示为

$$\begin{bmatrix} B_0(z) \\ B_1(z) \\ \vdots \\ B_{M-1}(z) \end{bmatrix} = \begin{bmatrix} 1 & 1 & \cdots & 1 \\ 1 & W^{-1} & \cdots & W^{-(M-1)} \\ \vdots & \vdots & \ddots & \vdots \\ 1 & W^{-(M-1)} & \cdots & W^{-(M-1)^2} \end{bmatrix} \begin{bmatrix} G_0(z^M) \\ G_1(z^M)z^{-1} \\ \vdots \\ G_{M-1}(z^M)z^{-(M-1)} \end{bmatrix} \tag{1-40}$$

在式(1-40)中,等式右边第一部分为 $M \times M$ 的 IDFT 系数矩阵,可采用 IFFT 快速实现算法;第二部分为 PPN(多相网络)结构,为综合滤波器组的公共部分。可以看出,只需在 IFFT 结构之后添加 PPN 模块就可实现综合滤波器组。

因此,PPN-FBMC 系统发射机的结构如图 1-25 所示。相应地,在接收端,对发送端进行逆操作,即在 FFT 之前添加 PPN 模块,就可实现分析滤波器组。

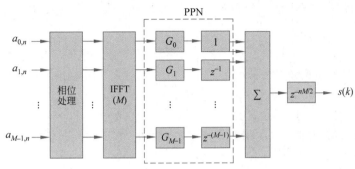

图 1-25 PPN-FBMC 发射机的架构

1.5.6 GFDM

GFDM(Generalized Frequency Division Multiplexing,广义频分复用)是一种灵活的通用多载波架构。OFDM 每个子载波的频域成型滤波器可以看作门函数,故 OFDM 波形主瓣的带外衰减慢,带外辐射高。而 GFDM 采用循环滤波器对 OFDM 每个子载波进行了滤波,大大增加了各个子载波波形主瓣的带外衰减速率,降低了整体带外辐射。同时,各个子载波进行滤波后波形具有频域紧支性,在松散同步场景中降低了彼此的串扰,提高了接入容量。

作为 OFDM 的改进技术,GFDM 除了继承 OFDM 抗多径干扰、可以利用 IFFT/FFT 快速实现等优点外,具有比 OFDM 更高的频谱效率、更低的带外辐射以及更强的多业务/多波形兼容性。

GFDM 这些优势也是卫星移动通信的需求,本节将对 GFDM 系统架构、调制解调模型、接收性能等进行介绍和分析。图 1-26 描述了一种典型的 GFDM 无线通信系统。首先,信源发送的二进制信息经过信道编码后,通过星座图映射成为复数据符号。映射规则取决于调制类型及调制阶数。复数据符号在经过串并转换、GFDM 调制、添加 CP 后形成基带信号。接收端在接收到信号后,通过同步与信道估计、去除窗函数、去 CP、信道均衡等操作消除信道延时、频偏以及时域窗函数带来的影响,通过 GFDM 解调模块解调以及并串转换得到复数据符号。最后通过星座图符号判决和信道译码得到传输二进制流。

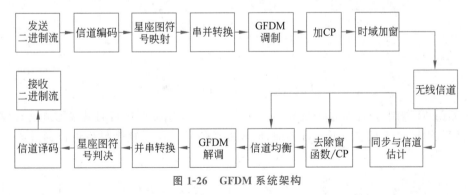

图 1-26 GFDM 系统架构

与 OFDM 不同,GFDM 的帧结构采用了数据块这种更为灵活的方式,复数据符号通过分块形式进行调制。令 D 代表包含 N 个采样点的符号向量,其中 N、K 和 M 为正整数。

通过串并转换,将符号向量 $\boldsymbol{D}$ 均分为 K 个长度为 M 的向量。换言之,$\boldsymbol{D}$ 可以用分块矩阵的形式表示如下:

$$\boldsymbol{D} = (\boldsymbol{d}_0 \quad \boldsymbol{d}_1 \quad \cdots \quad \boldsymbol{d}_{K-1})^{\mathrm{T}} = \begin{pmatrix} d_{0,0} & \cdots & d_{0,M-1} \\ \vdots & & \vdots \\ d_{K-1,0} & \cdots & d_{K-1,M-1} \end{pmatrix}, \quad KM = N \quad (1\text{-}41)$$

在式(1-41)中,$\boldsymbol{d}_k = (d_{k,0} \quad d_{k,1} \quad \cdots \quad d_{k,M-1})^{\mathrm{T}}, k = 0,1,\cdots,K-1$。将 K 定义为 GFDM 子载波数,M 定义为 GFDM 子符号数,则每个 GFDM 子载波包含 M 个子符号,GFDM 数据块结构如图 1-27 所示。

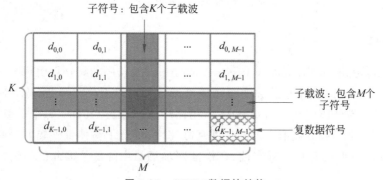

图 1-27　GFDM 数据块结构

GFDM 信号调制过程如图 1-28 所示。

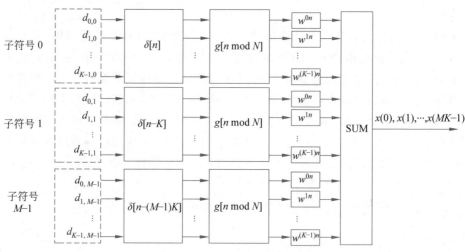

图 1-28　GFDM 信号调制过程

在 GFDM 调制过程中,每个复数据符号 $d_{k,m}$ 在发送前需要进行时域成型滤波和频域上变频,然后将 K 个子载波数据并行叠加,形成发送信号 $x[n]$,这个操作可以通过式(1-42)表达:

$$x[n] = \sum_{k=0}^{K-1} x_k[n] = \sum_{k=0}^{K-1} \sum_{m=0}^{M-1} d_{k,m} g_{k,m}[n], \quad n = 0,1,\cdots,N-1 \quad (1\text{-}42)$$

在式(1-42)中,$g_{k,m}[n]$ 为时频域循环移位脉冲信号,其时域表达式如下:

$$g_{k,m}[n] = g[(n-mK) \bmod N] w^{kn}, \quad n = 0,1,\cdots,N-1 \quad (1\text{-}43)$$

其中，$w^{kn}=\mathrm{e}^{\mathrm{j}2\pi\frac{k}{K}m}$，mod N 代表以 N 为周期的循环移位。将式(1-43)代入式(1-42)中，信号调制过程可以表示为

$$x[n]=\sum_{k=0}^{K-1}\sum_{m=0}^{M-1}d_{k,m}\delta[n-mK]\otimes g[n]\mathrm{e}^{\mathrm{j}2\pi\frac{k}{K}n} \tag{1-44}$$

其中，$\otimes$ 代表以序列长度 N 为周期的圆周卷积(循环卷积)，$\delta(\cdot)$ 代表狄拉克函数，$g[n]$ 为时域原型滤波器，将原型滤波器循环移位后可以得到传输数据 $d_{k,m}$ 对应的时域成型滤波器 $g[(n-mK)\bmod N]$。在实际通信工程中，升余弦(Raised Cosine，RC)滚降滤波器与根升余弦(Root Raised Cosine，RRC)滤波器是最为常用的原型滤波器，因此，本节讨论的 GFDM 系统默认选用 RC 或 RRC 滤波器。

GFDM 调制与其余新型多载波技术最主要的不同就在于数据块调制以及循环移位滤波器 $g[(n-mK)\bmod N]$ 的引入。

利用块调制的方法，GFDM 将频谱资源划分为独立的时频资源块，每个时频资源块对应不同的复数据符号。通过调整时频资源块大小，GFDM 可以灵活支持多种业务。更重要的是，GFDM 可以兼容 OFDM 和 SC-FDE 波形，而这两种波形分别是目前地面 4GLTE/5GNR 系统的上下行基础波形(在 5GNR 中，OFDM 为上下行波形，SC-FDE 保留作为特殊上行波形)。

尽管 GFDM 具有许多优点，但只能说它具备了成为 5G 移动通信系统空中接口波形的潜力；它的缺点在于相邻子载波之间具有非正交特性，在采用传统接收方法时接收性能弱于 OFDM。主要原因在于 GFDM 为了降低 OFDM 带外辐射对每个子载波进行了循环滤波，造成了子载波频域展宽，从而引起了载波间干扰，并且传统接收机无法完全消除这种干扰。这也是 GFDM 波形为了改善 OFDM 对同步误差敏感这一缺点所付出的代价。在这种情况下，必须对传统 GFDM 接收机进行优化，采用干扰消除(Interference Cancellation，IC)算法以保证接收端的 SER 性能。与 OFDM 类似，由于多个子载波在时域随机叠加，GFDM 传输信号在时域上具有很高的峰值。这种传输信号的高峰值特性通常用信号峰值功率与均值功率比值(Peak to Average Power Ratio，PAPR)，简称峰均比衡量。这种高 PAPR 特性对于通信系统来说极其不利。高 PAPR 会大幅降低功放效率，导致信号产生非线性失真，严重影响功率受限设备的电池效率以及通信可靠性。尽管 GFDM 对频偏的敏感程度低于 OFDM，但 GFDM 信号波形对定时估计性能要求较为严格，而传统 GFDM 定时方案无法在大频偏、低信噪比信道下工作。因此，需要针对通信环境考虑更加鲁棒、高效的抗频偏定时估计和信号同步接收方案。

1.5.7　Polar 码

Polar 码是基于信道极化(channel polarization)理论构造的。将一组二进制输入离散无记忆信道(Binary input Discrete Memoryless Channel，B-DMC)通过信道合成和信道分裂的操作得到一组新的二进制输入离散无记忆信道，该过程称为极化过程，得到的新的信道称为子信道。如图 1-29(a)所示，W 是原始信道，W－ 和 W＋ 是经过 1 级极化得到的子信道，W＋＋＋等是经过 3 级极化得到的子信道。当参与极化的信道足够多时，一部分子信道的容量趋于 1(可靠子信道)，其余的趋于 0(不可靠子信道)，如图 1-29(b)所示。利用这一现象，可以将消息承载在可靠子信道上，在不可靠子信道上放置收发两端已知的固定比特(冻

结比特),通过这种方式构造的编码就是 Polar 码。

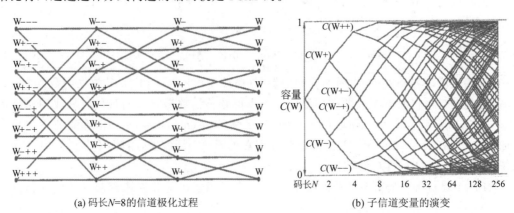

(a) 码长 N=8 的信道极化过程   (b) 子信道变量的演变

图 1-29　Polar 码信道极化过程

1.5.8　LDPC 码

1960 年,Gallager 在其博士论文中首次提出低密度校验码(Low-Density Parity Check code,简称 LDPC 码)。1981 年,Tanner 使用图表示 LDPC 码,推广了 LDPC 码。LDPC 码属于线性分组码,常用校验矩阵或 Tanner 图描述。用校验矩阵描述 LDPC 码,可以清晰地看到信息比特和校验比特之间的约束关系。Tanner 图把校验节点(用于指示校验方程,即校验矩阵中的行)和变量节点(用于代表码字中的编码比特,即校验矩阵中的列)分为两个集合,然后通过校验方程的约束关系连接校验节点和变量节点。校验节点和变量节点是否存在连线取决于校验矩阵中该校验节点对应的行和变量节点对应的列所在的位置是否为 1。如果为 1,则有连线;反之,则没有连线。

LDPC 码的校验矩阵一般是一个稀疏矩阵,即其中只有一小部分元素是 1,其余元素均为 0。一个 LDPC 码的校验矩阵如下:

$$\boldsymbol{H} = \begin{bmatrix} 1 & 1 & 0 & 1 & 0 & 0 \\ 0 & 1 & 1 & 0 & 1 & 0 \\ 1 & 1 & 1 & 0 & 0 & 1 \end{bmatrix}$$

在 5GNR 标准制定过程中,Polar 码与 LDPC 码得到深入和广泛的讨论。除这两种编码外,3GPP 各成员也讨论了重复码、Simplex 码、Reed-Muller(RM)码、TBCC 码(Tail Biting Convolutional Code,咬尾卷积码)和 Turbo 码等其他编码方案。最终,5GNR 保留了 LTE 中的重复码和 Simplex 码,分别用作 1 比特和 2 比特长度数据包的编码。同时,5GNR 保留了 LTE 中的 RM 码,但将其应用限制到 3～11 比特数据包的编码。TBCC 和 Turbo 码由于性能相对不足和译码复杂度较高等原因没有选入 5GNR。

1.5.9　多用户和大规模 MIMO

MIMO 系统提高了信道容量。但单用户点到点 MIMO 在实践中有几个缺点。首先,移动终端(例如智能手机)可以容纳的天线数量由于尺寸、功耗和成本限制而受到限制,这对可实现的复用增益产生了负面影响;其次,在强干扰(例如在小区边缘)、不利信道条件(例如散射不足)和移动终端尺寸限制规定的天线间距窄的情况下,复用增益可能完全消失。

　　而多用户 MIMO 可以克服点对点 MIMO 系统的大部分缺点。在多用户 MIMO 系统中,具有多个天线(例如基站)的中央节点为具有少量天线的多个(移动)用户服务。因此,移动终端的信号处理复杂度较低,特别是单天线终端。此外,由于用户在空间上分布在整个小区上,终端的角度分离通常超过阵列的瑞利分辨率,可以假定不同用户的信道是相互独立的。然而,系统中的多个用户引入了用户间干扰,必须通过在发射机和接收机分别进行下行链路(即基站对用户)和上行链路(即用户对基站)传输的适当处理减轻这种干扰。上行信道可以被归类为一个经典的多址信道,从 CDMA 系统的丰富文献中可以找到许多合适的线性和非线性接收机处理技术。因此,虽然计算上更复杂,但非线性接收机在结构上比线性接收机具有更高的性能。下行信道是一种广播信道,在发射机上需要合适的预编码技术以实现高性能。脏纸编码(dirty-paper coding)被证明是高斯 MIMO 广播信道的最佳容量实现预编码技术。然而,它在实际实现中需要很高的计算复杂度。因此,线性预编码技术,如迫零(Zero-Force,ZF)预编码、最小均方误差(Minimum Mean Squared Error,MMSE)预编码和正则化迫零预编码,作为性能和复杂性的良好折中,引起了人们的广泛关注。

　　在下行链路中,信道估计更具挑战性,通信性能取决于所使用的双工类型。对于频分双工(FDD)系统,在上行和下行传输中使用不同的载波频率,上行和下行信道相互独立。因此,每个基站天线都必须首先发射导频,使用户能够估计各自的下行信道。随后,每个用户必须将其信道估计反馈给基站。而对于时分双工(TDD)系统,上行和下行采用相同的载波频率。因此,假设信道相干时间足够大,则上行和下行信道可以互换,基站可以通过基于用户传输的导频估计上行信道来获得下行信道。在这种情况下,所需的导频数目与用户数为线性关系,但与基站天线的数目无关。

　　与多用户 MIMO 系统不同,单用户 MIMO 系统采用的是相对较小的系统。基站天线的数量通常少于 20 个。而大规模 MIMO 系统预计将使用数百个甚至数千个基站天线。虽然天线数量如此巨大给收发器的设计和实现带来了新的挑战,但它在信号处理和通信方面具有优势。例如,如果基站的天线数量远大于系统中的用户数,基站的简单匹配滤波器(Matched Filter,MF)预编码(下行链路)和 MF 检测(上行链路)接近最优的性能,有利于基站和用户终端的低复杂度信号处理。随着用户数量的增加,ZF 和 MMSE 预编码和检测方案可以获得显著的性能增益。此外,随着基站天线数量的增加,小尺度衰落和噪声等随机损伤被平均化。为了使大规模 MIMO 系统中 CSI(Channel State Information,信道状态信息)采集的信令开销易于管理,TDD 操作是首选的,这是因为在 FDD 系统中 CSI 反馈的数量随着基站天线的数量而增加。然而,大规模 MIMO 系统的一个主要缺陷是导频干扰。导频干扰是由相同(或线性相关)导频序列在不同蜂窝中的重复使用引起的。这种重用是不可避免的,因为对于给定的导频序列长度,线性无关的导频序列的数目是有限的。

　　在不影响吞吐量和可靠性的前提下,大规模 MIMO 也有较高的能源效率。因此,大规模 MIMO 系统为更节能和更"绿色"的通信网络提供了一条简单的途径。此外,未来无线通信系统的一个主要问题是安全和隐私。大规模 MIMO 也非常适合解决这些问题。由于其良好的性能,大规模 MIMO 会是 5G 系统的核心技术之一。然而,大规模 MIMO 仍然存在许多具有挑战性的开放性研究问题。例如,由于 MIMO 系统的规模较大,可以使用廉价的硬件组件,然而,这又会引发硬件损伤,如相位噪声、同相/四相不平衡和放大器非线性,这些都必须得到适当的处理,以避免性能退化。此外,由于基站天线数量众多,信道尖化效应要求设计新的资源分配和用户关联算法。

1.5.10 毫米波

目前的市场预测表明 5G 通信系统容量将达到现有的 4G-LTE 系统容量的 100～1000 倍,为了满足 5G 系统容量的需求,一个非常重要途径是使用大量新的频谱,特别是利用毫米波频谱。现有的 6GHz 以下的频谱已逐步被占用,而毫米波频段具有非常广阔的频谱资源,可以很容易地提供连续的宽带频谱以支撑 5G 移动通信高传输速率、高容量所需的大信号带宽。因此,毫米波通信将是 5G 增强型移动宽带(eMBB)的重要技术演进方向。然而,相比于 6GHz 以下的无线通信系统,毫米波移动通信应用主要有两个障碍:第一,毫米波频段的路径损耗高得多;第二,毫米波频段的电磁波趋向于在视距(Line-of-Sight,LoS)方向传输,容易受到障碍物的遮挡。为了克服这些障碍,在毫米波通信上需要引入新型多波束天线和波束赋形技术,形成可调高增益定向波束,以实现良好的信号覆盖。

这些新型多天线技术的引入,对射频收发系统的电路设计提出了新的挑战。射频收发系统是整个无线通信系统的核心组件。在现有的 3G 和 4G 系统中,射频收发系统称为远端射频单元(Remote Radio Unit,RRU),定义为射频收发机电路的天线端口到数模/模数转换器与 CPRI(Common Public Radio Interface,通用公共无线接口)的光纤接口,RRU 通过射频馈线与无源天线进行连接。而对于 5G 通信系统,随着大规模 MIMO 技术等新型多天线技术的引入,射频收发系统采用有源天线系统(Active Antenna System,AAS)的形式,将 RRU 上移并与天线实现一体化设计。这样的方式可以避免大量的射频馈线及馈线引入的损耗,更好地支持大规模 MIMO 等新型多天线技术。因此,在 5G 系统中,整个射频收发系统更多地被定义为天线阵列到射频收发电路再到 CPRI 接口。目前,以 AAS 形式为代表的 5G 基站射频收发系统的发展趋势日益明显,特别是面向毫米波频段的 MIMO 收发系统。由于毫米波频段的馈线和连接器具有高昂的价格和损耗,因此采用射频电路与天线一体化设计是 5G 毫米波通信系统必然的选择结果。另外,随着数字处理技术日益强大,在 5G 通信系统中,一些基带处理被上移到射频收发系统中,以补偿射频缺陷并获得最佳的系统性能,同时基带信号处理与射频收发系统的联系也更加紧密,边界也逐渐模糊。

毫米波通信网络的基站系统在这种 AAS 形态下,对射频收发系统的设计提出了新的需求。

1.5.11 天线规模设计

在 5G 系统中,新的技术需求与更灵活的部署场景将会给 MIMO 技术方案的设计与标准化带来新的挑战。

天线系统的体积、重量与迎风面积等参量对大规模天线系统的部署与维护有着十分重要的影响。对于给定的频段,天线阵列的尺寸与天线规模直接相关。以现有的常用频段为例,为了维持与被动式天线面板类似的迎风面积,并将天线系统重量维持在合理的范围之内,实用的有源天线系统中使用的数字通道数通常不会超过 64 个。这一因素将会对信道状态信息参考信号(CSI-RS)端口数的选择、SU-MIMO 与 MU-MIMO 层数、码本与反馈设计等产生影响。

天线规模增大除了会给网络部署带来影响之外,给系统设计带来的另一个重要影响便是设备的复杂度问题。随着天线规模的增大以及用户设备数量的提升,如果按照传统的 MIMO 处理流程,系统在进行各项 MIMO 处理过程中将面临大量高维度的矩阵运算。而且,天线系统与地面基带系统之间需要交互的大量数据会给前向回程接口带来较大的传输压力。尽管前向回程的传输瓶颈可以通过大容量光纤以及更先进的压缩和光传输技术解决,但是 MIMO 计算复杂度的提升仍然是不可避免的。

针对这一问题,对信道进行降维处理是一种可行的解决方式。例如,对于上行信号的接收,基站可以在靠近天线的一侧首先用一个粗略匹配信道的接收检测矩阵对信号进行线性处理,降低信道处理的维度,后续的 MIMO 检测和前向回程需要传输的数据冗余度也会相应降低。需要说明的是,降维处理的思路既适用于全数字阵列,也适用于数模混合阵列。对于全数字阵列,所有操作都可以在数字域实现;而对于数模混合阵列,第一步的信道处理可以通过模拟域的模拟移相器组实现。通过模拟域和数字域混合进行波束发送和接收也称为数模混合波束赋形。

天线规模的扩大给 CSI 的获取与参考信号的设计也带来了新的挑战。CSI 的测量与反馈对于 MIMO 技术乃至整个系统都有至关重要的作用。随着天线规模的扩大,CSI 测量精度与参考信号和反馈信息开销之间的矛盾将更加突出。这一问题与导频设计、码本设计与反馈机制设计等方面都有着直接的联系。

1.5.12　数据加扰

与 LTE 的物理层处理流程一致,在 NR 中多个物理信道传输都需要进行数据加扰处理。下面介绍 PDSCH 扰码产生的过程,其余信道加扰过程可直接参考标准 TS38.211。加扰的过程在各码字的信息比特调制之前进行,使用伪随机扰码序列与码字序列相乘得到新的加扰后的信号。

在 LTE 系统中,扰码序列采用了 31 阶 Gold 码,其生成方式较为简单,可以通过两个 m 序列的模 2 加实现。LTE 系统使用的扰码在每个子帧重新进行初始化,其初始化取决于小区 ID、无线帧中的子帧编号以及用户设备 ID。对于双码字传输的情况,各码字的扰码初始化还取决于码字的 ID(0 或 1)。

NR 沿用了 LTE 的扰码序列产生方式,但是对扰码的初始化方式进行了调整。相对于 LTE 系统,NR 需要考虑更为灵活的业务和调度方式,并且将面对更为复杂的部署及干扰环境。因此 NR 系统的数据加扰方案与 LTE 系统有如下差异。

LTE 系统使用的扰码初始化过程包含了子帧号这一时域变量。在 NR 的标准化讨论中,有公司试图沿用类似的思路,在扰码初始化过程中使用时隙或起始的 OFDM 符号等时域参数以增加加扰的随机程度。但是考虑到 NR 中支持少于一个时隙的调度,即基于非时隙的调度方式,调度的起始位置可能发生动态变化。

如果不能事先确定其具体位置,则无法为缓存中的数据进行加扰及后续的一系列操作。如果等确定了时域位置再进行上述操作,则会增加发送时延。实际上,非授权频谱中的传输也存在类似的问题。对于基于 LBT(Listen Before Talk,先听后说)的传输而言。传输机会的获取以及传输的开始时刻较为随机,如果不能在发送前对数据进行加扰及后续物理层操作并对处理完成的待发数据进行缓存,则有可能在占用信道时浪费宝贵的发送机会。基于上述考虑,为了尽可能地降低发送时延,NR 的加扰初始化过程中并不包含时域参量。

在 LTE 系统中,扰码初始化计算需要考虑小区 ID。但是在 NR 系统中,考虑到每个接入点的覆盖面积可能较小。为了避免频繁切换对传输质量的影响以及信令负荷的增加,归属于同一小区 ID 的大量接入点可能分布在很大的服务区之中。这种情况下,利用小区 ID 的差异改善小区间干扰的意义将不复存在。针对这一问题,在 NR 中采用了一个可以配置的扰码初始化 ID,以更好地抑制用户设备之间的干扰。

NR 的数据加扰初始化中去除了时间参数,而 LTE 加扰初始化过程中使用的小区 ID 也被一个可配置的 ID 所替代,以改善用户设备之间的干扰情况。3GPP Release 15 规范中定义的扰码初始化方式为

$$c_{\text{init}} = n_{\text{RNTI}} \times 2^{15} + q \times 2^{14} + n_{\text{ID}} \tag{1-45}$$

需要说明的是,只有对于非回退的单播传输,n_{ID} 的取值才是可以配置的;对于其他情况,或者高层没有配置该参数,则默认使用 $n_{\text{ID}} = n_{\text{ID}}^{\text{cell}}$。

1.5.13 5GNR 物理层关键技术

5GNR 支持的主要物理层关键技术及参数列于表 1-3 中。

面对复杂多样的应用场景以及更为丰富的业务类型,面向 5G 的大规模天线系统设计需要充分地考虑各项系统参数配置的灵活性,并尽可能在各个层面降低处理时延。上述需求体现在包括 CSI-RS、DMRS 以及 CSI 反馈机制设计等许多方面。

(1) 灵活可配置的 CSI-RS 导频设计。为了保证前向兼容性和降低功耗,NR 应尽量减少"永远在线"的参考信号,基本上所有的参考信号的具体功能、发送的时频位置、带宽等都应当是可以配置的。例如,NR 系统中对 LTE 已经存在的 CSI-RS 进行了进一步的扩展,除了支持 CST 测量外,还支持波束测量、RRM/RLM 测量、时频跟踪等。

CSI-RS 支持的端口数包括 1、2、4、8、12、16、24、32。CSI-RS 的图样由基本图样聚合得到,并且支持多种基本图样和码分复用类型。

(2) 前置 DMRS 设计。为降低译码时延,NR DMRS 被放置在尽量靠前的位置,即放置在一个时隙的第 3 个或第 4 个 OFDM 符号上,或者放置在其所调度的 PDSCH/PUSCH 数据区域的第 1 个 OFDM 符号上。在此基础上,为了支持各种移动速度,可以再配置 1~3 个附加的 DMRS 符号。上下行 DMRS 采用了趋于一致的设计,目的是方便上下行交叉干扰的测量和抑制。NR 支持两种类型的 DMRS,这两种类型的 DMRS 分别支持最多 12 个正交 DMRS 端口和 8 个正交 DMRS 端口。

(3) 灵活的 CSI 反馈框架。NR 系统引入了一套统一的反馈框架,能够同时支持 CSI 反馈和波束测量上报。在该反馈框架内,所有和反馈相关的参数都是可以配置的,例如测量信道和干扰的参考信号、反馈 CST 的类型、使用的码本、反馈占用的上行信道资源、反馈的时域特性(周期、非周期、半持续等)、反馈的频域特性(CSI 的带宽)等。

网络设备可以根据实际的需要配置相应的参数。相比之下。LTE 需要使用多种反馈模式。并且将反馈和传输模式绑定,因而灵活度欠佳。

从标准化的角度考虑,物理层数据传输(PUSCH 和 PDSCH)经过编码和速率匹配后形成码字,码字经过比特级加扰与调制后映射到多个层,每层的数据映射到多个天线端后,再将每个天线端口上的数据映射到实际物理资源块上进行发送。

终端开机后通过执行小区搜索及随机接入过程接入到一个 NR 小区中。本章主要介绍小区搜索过程、与小区搜索相关的信道/信号。主要涉及与同步广播块集合、同步广播块、主同步信号 PSS、辅同步信号 SSS、物理广播信道、系统消息传输、随机接入过程及随机接入信道相关的设计。

在 NR 中，小区搜索主要基于对下行同步信道及信号的检测来完成。终端通过小区搜索过程获得小区 ID、载波频率同步、下行时间同步（包括帧定时、半帧定时、时隙定时及符号定时）。具体来看，整个小区搜索过程又包括主同步信号搜索、辅同步信号检测及物理广播信道检测 3 部分。

1. 主同步信号搜索

终端首先搜索主同步信号，完成 OFDM 符号边界同步、粗频率同步并获得小区标识 2(M2)。

终端在检测主同步信号时，通常没有任何通信系统的先验信息，因此主同步信号的搜索是下行同步过程中复杂度最高的操作。终端要在同步信号频率栅格的各个频点上检测主同步信号。在每个频点上，终端需要盲检测 $N_{ID}^{(2)}$（它有 3 个可能的取值，即 $N_{ID}^{(2)} \in \{0,1,2\}$），搜索主同步信号的 OFDM 符号边界并进行初始频偏校正。

NR 系统支持 6 种同步信号周期（或称为同步广播块集合周期），即 5ms、10ms、20ms、40ms、80ms、160ms。在小区搜索过程中，终端假定同步信号的周期为 20ms。这里可以看到，NR 系统的同步信号周期一般大于 LTE 系统 5ms 的同步信号周期。这样做的好处是，当小区内用户数比较少时，基站可以处于深度睡眠状态，达到降低基站功耗和节能的效果。但是，较长的同步信号周期可能会增加终端开机后的搜索复杂度及搜索时间。不过，同步信号周期的增加并不一定会影响用户的体验。

目前智能手机开关机的频率大大降低，开机搜索时间的适当增加并不会严重影响用户的体验，却可以有效地降低基站的功耗，这在 5G 超密集网络中可以取得可观的节能效果。

NR 系统使用了比 LTE 更稀疏的同步信号频率栅格，在一定程度上抵消了由于更长的同步信号周期所导致的搜索复杂度的增加。

在 NR 系统中，主同步信号的搜索栅格与频带有关，终端根据当前搜索的频带确定使用的搜索栅格。NR 同步信号设置如表 1-6 所示，其中 GSCN(Global Synchronization Channel Number)为全局同步信道号。

表 1-6　NR 同步信号设置

频率范围/MHz	同步信号频率位置	全局同步信道号
0～3000	$N \times 1200 + M \times 50$（单位为 kHz） $N = 1 : 2499, M \in \{1,3,5\}$	$[3N + (M-3)/2]$
3000～24 250	$2400 + N \times 1.44$（单位为 MHz） $N = 0 : 14\ 756$	$[7499 + N]$
24 250～100 000	$24\ 250.08 + N \times 17.28$（单位为 MHz） $N = 0 : 4383$	$[22\ 256 + N]$

在频率范围 0～3000MHz，同步栅格为 1200kHz；在频率范围 3000～24 250MHz，同步栅格为 1440kHz；在频率范围 24 250～100 000MHz，同步栅格为 17.28MHz，远远大于 LTE

系统 100kHz 的同步栅格。

2. 辅同步信号检测

在搜索到主同步信号之后,终端进一步检测辅同步信号,获得小区标识 1,即 $N_{ID}^{(1)} \in \{0,1,\cdots,335\}$,并基于小区标识 1 和小区标识 2 计算得到物理小区标识:

$$N_{ID}^{cell} = 3N_{ID}^{(1)} + N_{ID}^{(2)} \qquad (1\text{-}46)$$

辅同步信号除了携带小区标识 1 以外,还可以作为物理广播信道的解调参考信号,提高物理广播信道的解调性能。此外,由于 NR 系统不支持 LTE 系统的公共参考信号(Common Conference Signal,CRS),因此,NR 系统的辅同步信号的另一个重要作用是无线资源管理相关测量及无线链路检测相关测量。

3. 物理广播信道检测

在成功检测主同步及辅同步信号之后,终端开始接收物理广播信道。物理广播信道承载主系统消息,即 MIB(Master Information Block,主系统模块)消息,共 56 比特,如表 1-7 所示。

表 1-7 物理广播信道承载的 MIB 消息

参　　　数	比特数	意　　　义
systemFrameNumber	10	系统帧号
subCarrierSpacingCommon	1	传 SIB1 的 PDCCH 及 PDSCH 的子载波间隔
ssb-SubcarrierOffset	4	同步广播块(Synchronization Signal/PBCH Block,SSB)的子载波偏移 k_{SSB}
dmrs-TypeA-Position	1	承载 SIB1 的 PDSCH 的 DMRS 的时域位置(OFDM 符号 2 或 OFDM 符号 3)
pdcch-ConfigSIB1	8	与 SIB1 相关的 PDCCH 的配置
cellBarred	1	小区是否禁止接入标识
intraFreq Reselection	1	频率重新选择
Spare	1	预留
Half frame indication	1	半帧指示
Choice	1	指示当前是否为扩展 MIB 消息(用于前向兼容)
SSB 索引	3	当载波频率大于或等于 6GHz 时,指示 SSB 索引的高 3 位;当载波频率小于 6GHz 时,有一位用于指示 SSB 子载波偏移,剩余两位预留
CRC	24	校验码

通过接收 MIB 消息,终端获得系统帧号以及半帧指示,从而完成无线帧定时以及半帧定时。同时,终端通过 MIB 消息中的同步广播块索引以及当前频带使用的同步广播块集合的图样确定当前同步信号所在的时隙以及符号,从而完成时隙定时。成功接收 PBCH 之后,终端即完成了小区搜索及下行同步过程。紧接着终端需要解调系统消息,获得随机接入信道的配置参数。

NR 的下行同步信道及信号由多种同步广播块集合组成。同步广播块集合里又包含一个或者多个同步广播块,每个同步广播块内包含 PSS、SSS、PBCH 的发送。

NR 系统的设计目标是支持 0~100GHz 的载波频率,当系统工作在毫米波频段时,往往需要使用波束赋形技术提高小区的覆盖能力。与此同时,由于受到硬件的限制,基站往往不能同时发送多个覆盖整个小区的波束,因此 NR 系统引入波束扫描技术以解决小区覆盖的问题。所谓波束扫描是指基站在某一时刻只发送一个或几个波束方向,通过多个时刻发送不同波束覆盖整个小区所需的所有方向。同步广播块集合就是针对波束扫描而设计的,用于在各个波束方向上发送终端搜索小区所需要的主同步信号、辅同步信号以及物理广播信道(这些信号组成了一个同步广播块)。同步广播块集合是一定时间周期内的多个同步广播块的集合,在同一周期内每个同步广播块对应一个波束方向,而且一个同步广播块集合内的各个同步广播块的波束方向覆盖了整个小区。

图 1-30 给出了多个时刻在不同波束方向上发送同步广播块的示意图。注意,当 NR 系统工作在低频,不需要使用波束扫描技术时,使用同步广播块集合仍然对提高小区覆盖能力有好处,这是因为终端在接收同步广播块集合内的多个时分复用的同步广播块时,可以累积更多的能量。在 NR 系统中,一个同步广播块集合被限制在某个 5ms 的半帧内,且从这个半帧的第一个时隙开始。3GPP Release 15 一共支持 5 种同步广播块集合图样,这些图样与当前系统工作的频带有关。

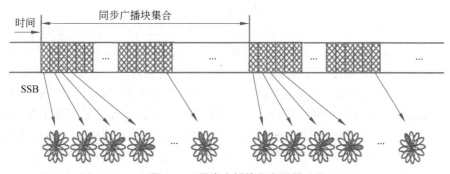

图 1-30　同步广播块集合图样

图 1-30 适用于 15kHz 子载波间隔的同步信号。图 1-31 给出载波频率小于 3GHz 时同步广播块集合图样的结构。此时,一个同步广播块集合包含 4 个同步广播块,占用一个半帧的前两个时隙,每个时隙包含两个同步广播块;当载波频率大于或等于 3GHz 且小于 6GHz 时,一个同步广播块集合包含 8 个同步广播块,占用一个半帧的前 4 个时隙,每个时隙内的同步广播块结构和载波频率在 3GHz 以下时相同。

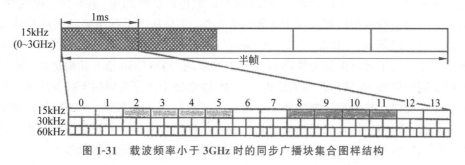

图 1-31　载波频率小于 3GHz 时的同步广播块集合图样结构

同步广播块集合使用了非连续映射的方式,即同步广播块在时间上并不是连续映射到各个 OFDM 符号上。一个时隙内的前两个 OFDM 符号(OFDM 符号 0、1)可以用于传输下行控制信道,后两个 OFDM 符号(OFDM 符号 12、符号 13)可以用于传输上行控制信道(包括上下行信号的保护时间)。OFDM 符号 6、符号 7 不映射同步广播块的原因是为了与 30kHz 子载波共存,即 OFDM 符号 6 对应的两个 30kHz 子载波的 OFDM 符号可以用于传输上行控制信道(包括上下行信号的保护时间);OFDM 符号 7 对应的两个 30kHz 子载波的 OFDM 符号可以用于传输下行控制信道。由于 NR 系统设计允许同步广播块和数据与控制信道采用不同的子载波间隔,因此,当采用这种设计时,不论数据及其相应的控制信道使用的是 15kHz 子载波还是 30kHz 子载波,都可以最大限度地降低同步广播块的传输对数据传输的影响。

◆ 1.6 认知无线电频谱共享

认知无线电(Cognitive Radio,CR)可以提高已分配频谱的利用效率。2014 年 7 月,国家无线电监测中心和全球移动通信系统协会发布《450MHz～5GHz 关注频段频谱资源评估报告》,给出了北京、成都和深圳等城市部分无线电频谱占用统计数字。统计结果表明,5GHz 以下关注频段大部分的使用率远远小于 10%,说明 5GHz 以下频段使用效率有很大的提升空间。为了提高频谱利用率,5G 需要采用认知无线电技术。

认知无线电的核心思想具有学习能力,能与周围环境交互信息,以感知和利用在该空间的可用频谱,并限制和降低冲突的发生。认知无线电的学习能力是使它从概念走向实际应用的真正原因。有了足够的人工智能技术支持,它就可能通过吸取过去的经验对实际的情况进行实时响应,过去的经验包括对死区、干扰和使用模式等的了解。这样,认知无线电有可能赋予无线电设备根据频带可用性、位置和过去的经验自主确定采用哪个频带的功能。认知无线电是一个智能无线通信系统。它能够感知外界环境,并使用人工智能技术从环境中学习,通过实时改变某些操作参数(例如传输功率、载波频率和调制技术等),使其内部状态适应接收到的无线信号的统计性变化,以达到以下目的:在任何时间、任何地点的高度可靠通信;对频谱资源的有效利用。认知无线电技术最大的特点就是能够动态地选择无线信道。在不产生干扰的前提下,手机通过不断感知频率,选择并使用可用的无线频谱。

随着网络中连接需求的增加,出现了多个认知用户复用同一授权信道的场景,这种结构不仅进一步增加了频谱资源的分配难度,同时也带来了多用户同信道干扰和传输公平性等问题。因此,多用户认知无线电网络资源分配问题得到了极大重视。包括以吞吐量最大化为目标的多用户认知无线电网络资源分配,引入最大传输功率约束、最小信干噪比约束、服务质量约束或最小授权用户接收端干扰等约束条件,以及基于干扰缓解的多用户认知无线电网络资源分配问题,通常情况下,干扰约束可以通过短期约束形式和长期约束形式引入资源分配问题中。为了缓解流量分流和信号覆盖的问题,网络结构趋于异构化,如图 1-32 所示。不同于同构网络,在异构认知无线电网络中,通常将干扰分为同层干扰和跨层干扰。

由于非正交多址技术可以增加单个资源块上被服务用户的数量,所以将非正交多址技术与认知无线电网络相结合在提高频谱效率方面具有很大潜力。非正交多址技术下的认知无线电网络的频谱效率优于正交多址技术下的认知无线电网络的频谱效率。

基于连续凸逼近有效算法,可以优化非正交多址下的认知无线网络的能效。基于非正交

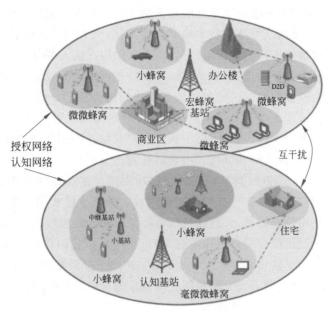

图 1-32　异构认知无线电网示例

多址接入的思想,信道状态较差的用户接入将分配较高的传输功率,以保证其传输质量;而信道状态较好的用户可以在接收端采用串行连续干扰消除技术,以消除同信道用户的叠加干扰。仿真结果表明,相较传统正交多址接入,采用非正交多址接入,可以有效提高网络总吞吐量。

1.6.1　异构认知无线电网络频谱共享模式

在异构认知无线电网络中,认知用户可以以交织式、填充式、底层式和混合式 4 种模式共享授权频谱,如图 1-33 所示。

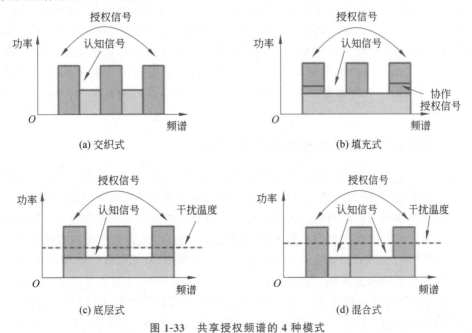

图 1-33　共享授权频谱的 4 种模式

图 1-33(a)给出交织式频谱共享模式的频谱功率图。在该频谱共享模式下,认知用户在发送传输信号前,先要通过信号感知技术检测授权频谱,只有当检测到授权信道空闲时,认知用户才能接入授权信道进行信息传输。同时,在认知用户接入授权信道进行传输时,一旦监测到授权用户将要接入授权信道,无论该认知用户是否完成信号传输,都必须马上将在使用的授权频谱归还给授权用户。这种频谱共享模式的优势在于,理论上认知用户不会给授权用户带来任何干扰。其缺点是非常依赖认知设备频谱检测结果,一旦检测结果有误,可能会对授权信道带来严重的干扰。此外,由于认知用户只能在授权信道空闲时才能进行信号传输,所以其频谱复用率在 4 种共享模式中是最低的。

图 1-33(b)给出填充式频谱共享模式的频谱功率图。在该共享模式下,认知用户利用部分能量帮助授权用户传输以获得授权信道使用权。该共享模式的优势在于,认知用户可以和授权用户同时使用授权信道,并且通过帮助授权用户传输信号,认知用户可以对授权用户的信息进行解码并利用授权用户传输信息,进行规避风险式的传输。它是一种可以减小或者消除干扰的频谱共享模式。其缺点在于:认知用户不仅需要牺牲部分能量帮助授权用户传输信号,而且认知用户端需要对授权用户的信息进行解码,这将增加认知用户端设备的复杂性。

图 1-33(c)给出底层式频谱共享模式的频谱功率图。在该共享模式下,认知用户可以和授权用户同时使用授权信道进行信号传输。使用这种模式的前提是,认知用户通过能量检测等方式为其发射功率增加一个干扰温度限制,保证认知用户在传输信号的过程中对授权用户产生的干扰不超过一个阈值,以保证授权用户的传输质量。这种频谱共享模式的频谱利用率是 4 种频谱共享模式中最高的。然而,由于认知用户与授权用户在同一信道中各自发送信号,这会产生较高的同信道干扰。如何在保证授权用户的传输质量的同时提高认知用户的传输质量是这种频谱共享模式的关键问题。

图 1-33(d)给出混合式频谱共享模式的频谱功率图。这种模式结合了交织式频谱共享模式与底层式频谱共享模式。在该共享模式下,认知用户要通过感知技术检测授权频谱,当感知到授权用户在授权信道上传输信息时,认知用户采用底层式频谱共享模式接入授权信道;当感知到授权用户离开授权信道时,认知用户切换到交织式频谱共享模式。这种频谱共享模式的优点是在利用了交织式频谱共享模式与底层式频谱共享模式两者的优势控制干扰的同时提高了频谱复用率。然而,这种频谱共享模式对认知用户端设备的要求较高。

1.6.2　时域突发性频段的频谱预测技术研究

在认知无线电中,频谱预测技术作为频谱感知技术的重要补充,能够起到提升认知无线通信系统的吞吐量、提高频谱感知过程的效率、提升频谱感知的成功率以及降低对主用户造成的干扰等多种作用。目前研究已提出的可用于频谱预测的方法依据预测操作时预测模型参数是否更新可分为在线预测方法和离线预测方法两类:常见的在线预测方法主要有自回归移动法、HMM(Hidden Markov Model,隐马尔可夫模型)及其改进方法等;而离线预测方法则主要包含频繁模式挖掘法、支持向量机法和基于神经网络的方法等。对于离线预测方法,在训练过程中得到预测模型后,模型的参数在预测(测试)过程中将保持不变。实验说明,离线预测方法的预测准确率一般比在线预测方法高。然而,目前关于离线预测方法的研究大多假定待预测频谱的使用强度变化规律恒定,并在这一假定的基础上,基于历史统计数据设计并训练出一个单一的预测模型,以预测频谱未来时隙的占用情况。

随着时间的推移,多个频段的使用强度均有着一定的循环变动规律,对于此类具备明显历史依赖特性的数据,离线预测方法一般具有较好的预测性能。户外 5GHz ISM 频段在一周时间内综合占用率的情况表明该频段的占用率与时间有一定的关系,其工作日的占用率一般高于周末,而白天的占用率则高于夜晚。该频段的占用率以天为单位具备较弱的周期性,举例来说,频段每日 15:00 的占用水平虽然基本上处于高位,但其具体的占用率数值却存在很大的差异,且该时刻的占用率可能处于上升期、平稳期或者下降期等多种状态。从以 15min 为单位计算出的综合占用率曲线可以看出,该频段具有较强的突发性,因而可以断定:使用具有固定参数的离线预测模型不能够很好地处理当前频段的预测问题。

与此同时,应当说明的是,在线预测方法虽然从方法的特点上能够与频谱的时域突发性相匹配,但受限于此类方法较差的预测性能和多历史时隙输入时的巨大运算量,不能很好地用于预测时域突发性频段。一种自适应递归神经网络模型能够依据认知接入过程反馈的信道检测信息对预测模型的参数进行逐步调整,然而,由于参数的调整速度不能够达到实验场景中主用户对频谱使用强度的动态变化水平,预测模型的性能提升不够明显。考虑到频谱的使用强度变化规律是否恒定可能很大程度上影响频谱预测模型的性能,左珮良研究了频谱使用强度变化规律复杂多样(即具备突发性)的频段的预测问题。他首先通过对采集的 2.4GHz ISM 频段的 WiFi 数据进行特征提取和分析,展示了该频段的突发性特点;随后结合数据特征分析以及频谱突发过程中展示出的潜在类别,提出了一种基于多层感知机的强化学习(Reinforcement Learning,RL)方法,该方法的状态空间由多种特征结果的划分组合构成,动作空间则由多个具备相同网络结构的多层感知机(Multi-Layer Perceptron,MLP)子预测模型组成。通过训练过程得到具体子预测模型对于不同频谱状态的奖励情况,该方法最终能够自适应地针对每一频谱状态,选择出与其对应的具备最大奖励的子预测模型。实验结果表明该方法具备更优的预测性能,相比于常用的频谱预测方法,该方法预测准确率提升了 7% 以上。

◇ 1.7　高频段天线设计

移动通信的传统工作频段十分拥挤,而大于 6GHz 的高频段可用频率资源丰富,能够有效缓解频谱资源紧张现状,可以支持极高速短距离通信。高达 1GHz 带宽的频率资源,将有效地支持 10Gb/s 峰值速率和 1Gb/s 用户体验速率。高频段传播特性、信道测量与建模、基于高频段的传输技术方案、高频段的射频和天线关键技术、基于高频段的新载波空口设计以及网络架构和组网技术都是 5G 高频段传输需要解决的关键问题。

高频段是未来 5G 网络的主要频段,在 5G 的热点高容量典型场景中将采用宏微异构的超密集组网架构进行部署,以实现 5G 网络的高流量密度、高峰值速率性能。为了满足热点高容量场景的高流量密度、高峰值速率和用户体验速率的性能指标要求,基站间距将进一步缩小,各种频段资源的应用、多样化的无线接入方式及各种类型的基站将组成宏微异构的超密集组网架构。

由于 6GHz 以下频段资源日益紧张,向更高频段进一步拓展资源是 5G 系统发展的迫切需求与必然趋势。在 3GPP Release 15 中,系统可以支持的最高频率为 51.6GHz;而在后续版本中,NR 系统会逐渐将支持的频段扩展至 100GHz。

高频段信号传播特性与低频段存在明显的差异。在高频段,信号的传播会受到很多非理想因素的影响。电磁波穿越雨水、植被时可能会产生显著的衰减。路上的行人、车辆及其他物体会对电磁波的传播造成遮挡,产生阴影衰落。实测结果表明,上述不利因素往往会随着频率的提高而更加恶化。在这种情况下,大规模天线技术带来的高增益以及灵活的空域预处理方式为高频段系统克服不利的传播条件、提升链路余量、保证覆盖范围提供了非常重要的技术手段。同时频段的提升对于大规模天线系统设计也带来多方面的影响。

更高的频段意味着在维持相同天线数的条件下,天线尺寸可以更小,即在相同的尺寸约束下,频段越高,则可以容纳的天线数就越多。因此,频段的提升无论对设备的小型化、部署的便利化还是对于天线规模的进一步扩大都是有利的。系统设计中也需要同步考虑支持更多天线数量的设计。

对于大量天线的使用,NR 的设计中采用了基于面板(panel)的设计。一个面板是若干天线子阵及相应的射频通道和部分基带功能模块进行集成得到的基本模块。以单个面板为基础,根据部署条件与场景需要,可以对多个面板进行组合,以形成所需的阵列形态,基站侧的多面板实现如图 1-34(a)所示。在用户设备侧,由于设备尺寸所限,以多面板的方式扩展天线数量也是一种比较现实的实现手段。除了灵活性之外,这种高度模块化的设计方式对于大规模天线技术的应用也带来了其他影响。例如,基站侧可以适当拉远面板的间距,降低信道的空间相关性,从而获取更大的复用增益或分集增益。进一步,基站侧可以采用分布式部署多个子阵,并通过光纤等后向回程(backhaul)链路将其汇集至统一的基带处理单元。由于接入节点之间的协作以及更短的通信距离,这种部署形式将有利于提升用户体验速率,避免小区中心与边缘的显著服务质量差异。同时,对于高频段系统经常发生的阻挡问题,多站点/子阵协作也提供了一种抗阴影衰落的手段,如图 1-34(b)所示。在用户设备侧,多子阵的结构也有助于避免阻挡效应对链路质量的影响,如图 1-34(c)所示。

(a) 基站侧的多面板实现

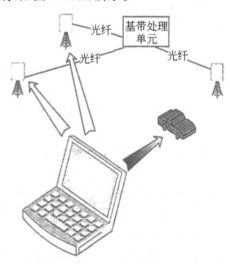

(b) 多站点/子阵协作传输

图 1-34　基于面板的高频段天线设计

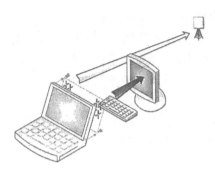

(c) 在用户设备侧利用多个面板对抗阻挡效应

图 1-34　（续）

在高频段,利用大规模天线技术克服非理想传播条件是保障传输质量的重要手段。但是出于成本与复杂度的考虑,不可能为所有的天线都配置完整的射频与基带通道。尤其是当系统带宽较大时,全数字阵列中大量的 ADC/DAC 以及高维度的基带运算会给系统的成本与复杂度以及散热等实际问题带来难以想象的挑战。基于上述考虑,数模混合波束赋形甚至是单纯的模拟赋形将是高频段大规模天线系统的主要实现形式。在这种情况下,接收机无法通过数字域的参考信号估计出所有收发天线对之间的完整 MIMO 信道矩阵。因此,在数字域的 CSI 测量与反馈机制之外,模拟域波束赋形的操作需要一套波束搜索、跟踪、上报与恢复等过程。上述过程在标准化研究中统称为波束管理以及波束失效恢复。

为了获得较高的模拟赋形增益以对抗路径损耗,模拟波束能覆盖的角度可能会比较窄,只能涵盖角度和时延扩展较小的一组直射与反射传播路径,因而会显著地影响赋形之后的大尺度统计特性。如果时延扩展降低,信道的频域选择性程度也会相应地降低。在这种情况下,频率选择性调度的增益以及频率选择性预编码的颗粒度都将受到影响。

毫米波频段的相位噪声会对数据解调产生严重的影响,因此需要考虑特殊的参考信号设计用于估计相位噪声。针对这一问题,NR 系统中专门设计了相位噪声跟踪导频(P 发射-接收 S)。P 发射-接收 S 的主要设计目标是估计相邻 OFDM 符号之间由于相位噪声而导致的相位变化。

随着更多频段的投入使用,可用的带宽资源逐渐增加,但随着用户设备数量的激增以及大量数据传输业务的出现,系统的频带资源仍将面临日益紧张的状况。在这种情况下,多用户 MIMO(MU-MIMO)技术是提升系统频带利用率的一种重要的手段。相对于单用户 MIMO(SU-MIMO)而言,由于用户设备侧的天线数与并发数据流数(包括自己需要接收的数据流数与共同调度用户设备的数据流数)的比率更低,且干扰信号的信道矩阵一般难以估计,MU-MIMO 系统的性能更加依赖于 CSI 的获取精度以及后续的预编码与调度算法的优化程度。因此,CSI 的获取是大规模天线系统设计与标准化的一个关键议题。

针对这一问题,NR 系统中定义了两种类型的 CSI 反馈方式,即常规精度(Type Ⅰ)与高精度(Type Ⅱ)方式。其中 Type Ⅰ 主要针对 SU-MIMO 或 MU-MIMO,而 Type Ⅱ 则主要针对 MU-MIMO 传输的增强。3GPP Release 15 的 Type Ⅱ 码本采用了线性合并方式构造预编码矩阵,能够显著地提升 CSI 精度,进而极大地改善 MU-MIMO 传输的性能。

需要说明的是,天线规模的增加一方面为 MU-MIMO 性能增益的提升创造了条件,另一方面对系统的复杂度和开销造成了巨大的影响。系统性能与复杂度及开销的平衡性问题将是大规模天线系统设计面临的一个重要问题。

移动通信传统工作频段主要集中在 3GHz 以下，这使得频谱资源十分拥挤。而在高频段（如毫米波、厘米波频段）可用频谱资源丰富，能够有效缓解频谱资源紧张的现状，可以实现极高速短距离通信，支持 5G 容量和传输速率等方面的需求。高频段在移动通信中的应用是未来的发展趋势，业界对此高度关注。足够多的可用带宽、小型化的天线和设备、较高的天线增益是高频段毫米波移动通信的主要优点。但是，它也存在传输距离短、穿透和绕射能力差、容易受气候环境影响等缺点，射频器件、系统设计等方面的问题也有待进一步研究和解决。

5G 系统的一个关键目标是将数据速率提高到上一代的 1000 倍。通过重新格式化或更有效地使用传统的 1~6GHz 频带可以获得的带宽增益非常有限。因此，人们很自然地转向到目前为止使用有限或没有使用的频带。30~300GHz 的毫米波高频带近来受到相当大的关注。

最初，毫米波频率主要被视为无线个人区域网络（Wireless Personal Area Network，WPAN）和无线局域网（Wireless Local Area Network，WLAN）中极短传输距离的解决方案，60GHz 波段的无线传输新标准包括 IEEE 802.15.3c、IEEE 802.11.ad（一个高速的 WLAN 网络）、ECMA-387 标准、WirelessHD 以及 WiGag 标准，而 E 波段的固定无线带宽为 71~76GHz、81~86GHz 和 92~95GHz。以往人们认为，对于需要较长传输距离的应用，毫米波带中的传播损耗将是不可克服的。因此，毫米波频率过去被排除在 3G 蜂窝系统中使用。

在过去几年，人们对使用毫米波频率进行通信的普遍态度发生了巨大变化。这有两个主要原因：一方面，考虑到蜂窝半径不断下降的趋势和 D2D 通信等短程技术的出现，所需的传输距离已经大大降低；另一方面，广泛的信道测量结果表明，路径损失没有以前想象的那么严重。事实上，大天线阵列的使用可以很大程度上补偿高频信道环境。虽然毫米波是一种成熟的技术，但许多挑战仍然存在。在如此高的频率/大带宽下与传输相关的高采样率使得模拟到数字和数字到模拟转换具有挑战性。因此，需要使用模拟移相器和混合模拟数字波束形成技术，而不是传统的在较低频率上使用的全数字信号处理。由于毫米波信道阻塞严重，需要设计新的协议和用户关联。此外，毫米波系统的窄波束和不完善的硬件可能导致噪声限制而不是干扰限制系统，这在系统和协议设计中必须考虑到。

另一个挑战和机遇来自毫米波技术与大规模 MIMO 的结合。5G 毫米波 MIMO 通信系统的主要特点是高频率、宽带宽和多通道集成。针对这些特点，对毫米波 MIMO 收发系统的研究可分为电路级和系统级两方面：前者是毫米波平面电路集成技术方面的研究，后者是 5G 毫米波 MIMO 通信系统的研究。

微带（microstrip）电路具有低成本、易加工和易集成等优点，但是由于集中的电流分布和开放的传输结构，在毫米波频段的微带电路具有更高的导体损耗和辐射损耗，同时对加工工艺误差也非常敏感。高的辐射不仅导致信号传输损耗变大，同时容易在毫米波电路中直接引入串扰，导致电路性能急剧下降乃至失效。传统金属波导电路虽然在毫米波频率上具有良好的性能，但是加工复杂，制造成本高、周期长，电路体积较大，难以和平面有源微波电路实现集成。这些原因使得微带无源电路和金属波导不适合用于 5G 毫米波 MIMO 通信系统，特别是对于具有多个收发通道的毫米波收发系统，这些缺点尤为突出。因此，对于 5G

毫米波大规模 MIMO 收发系统,需要一种低成本、低损耗、易加工和易集成的平面电路结构。

近年来,基片集成波导技术在毫米波电路应用方面受到了国内外的广泛关注。基片集成波导具有低损耗、高可靠性、采用标准 PCB 工艺加工和易与平面有源电路集成等优点,对于实现低成本高性能的毫米波电路提供了良好的解决方案。

基片集成波导结构通过上下金属表面和金属化通孔形成类似平面介质填充的波导结构,将电磁场束缚在封闭结构内,从而具有低损耗和良好的屏蔽特性,可以在毫米波频段有效降低信号的泄漏和干扰,同时其分布的电流结构可以降低对基片集成波导电路对于加工误差的敏感度。这些特性使得基片集成波导技术非常适合用于 5G 毫米波 MIMO 通信系统的收发组件应用。

◈ 1.8　网络覆盖增强技术

随着各类智能终端设备的快速普及以及各类视频业务的不断涌现,传统地面蜂窝基站覆盖通信系统的接入能力面临极大的挑战。伴随接入业务爆发增长带来的用户接入的高度时变性和极端不均匀性,不同区域的用户密度具有极大的差异,不同时段内同一区域的覆盖接入需求也存在极大的区别,这些特征给传统的地面蜂窝基站覆盖技术和系统架构带来了巨大的挑战。此外,临时性突发事件会造成地面通信基础设施受损或部分小区域的用户临时高密度。例如,地震、洪水等突发自然灾害可能会造成地面通信基础设施完全破坏或部分受损,体育比赛、临时集会、机场、高铁站等场景会带来覆盖接入需求的临时性爆发增长。现有地面蜂窝基站无法满足海量小功率物联网设备的覆盖接入需求。为应对这类场景,一方面,可部署新的地面蜂窝基站以满足覆盖接入需求,但这种方案成本投入较大,建设周期较长,而无人机(Unmanned Aerial Vehicle,UAV)辅助无线覆盖可以提供一种更具成本效益和时间效率的解决方案;另一方面,由于 UAV 空中基站/中继/接入点的灵活部署能力、低成本、高 3D 移动性、高飞行高度等特性,可较好地应对这类场景的覆盖接入需求。因此,部署 UAV 空中基站/中继/接入点可以帮助地面蜂窝基站极大地扩大覆盖范围,增强覆盖性能,增强地面用户的连接性,减轻地面基站的临时接入压力,具有重要的研究价值和实际意义。本节聚焦于如图 1-35 所示的 UAV 辅助无线覆盖增强技术,具体可分为 UAV 大范围移动覆盖增强、UAV 半双工中继覆盖增强和 UAV 全双工中继覆盖增强 3 种应用场景,介绍 UAV 辅助无线覆盖增强技术的研究现状与存在的问题。

1.8.1　UAV 无人机覆盖增强

大范围移动覆盖增强利用 UAV 作为移动空中接入点大范围地向地面用户散播公共数据信息或收集地面用户数据信息,典型应用包括 UAV 辅助无线传感器网络和物联网通信。适合用户分布范围广、对时延不太敏感以及能量有限的场景,可采用周期性方式,通过 UAV 飞行轨迹、用户调度和激活、飞行速度、飞行高度、UAV 天线波束宽度等的联合优化实现大范围数据的有效散播/收集。在 UAV 大范围移动数据场景中,研究人员通过优化 UAV 轨迹或 3D 部署位置实现了任务完成时间的最小化和传感器发射能量的最小化等。

UAV 大范围移动多播通信系统通过部署 UAV 空中基站向分布在大范围内的多个地

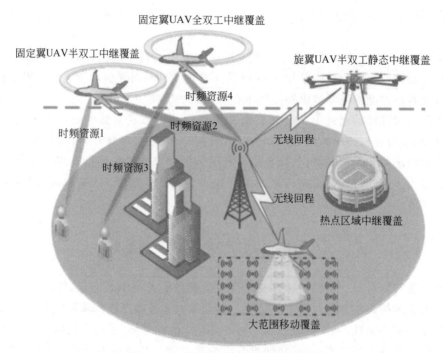

固定翼UAV全双工中继覆盖

固定翼UAV半双工中继覆盖

旋翼UAV半双工静态中继覆盖

时频资源4

时频资源1

时频资源2

无线回程

时频资源3

无线回程

热点区域中继覆盖

大范围移动覆盖

图 1-35　UAV 辅助无线覆盖增强技术

面用户散播公共信息,目标是在满足文件成功恢复概率的条件下优化 UAV 轨迹,以最小化任务完成时间。有研究者提出了基于虚拟基站部署的航路点设计方法,对于得到的航路点和访问顺序,通过求解线性规划问题获得了访问各个航路点的 UAV 最优飞行速度。也可以采用 UAV 收集排列在一条直线上的地面用户数据,目标是在地面用户能量限制下完成一定量的数据收集并使得 UAV 完成任务的飞行时间最小化,采用注水算法优化传感器发射功率,通过二元搜索算法可获得 UAV 最优飞行速度。

UAV 作为空中基站收集地面用户的数据,采用新的架构综合优化 UAV 的三维位置、移动、地面用户接入调度和上行功率控制,在最小化地面用户的总发射功率条件下实现 UAV 和地面用户之间的可靠通信。在满足一定量的数据被可靠收集的前提条件下,通过传感器节点唤醒接入调度和 UAV 轨迹的联合优化实现传感器节点最大能量消耗的最小化,该问题被建模为混合整数规划凸优化问题,采用连续的凸优化和迭代算法可获得次优解。

大规模传感器网络的数据收集将设计过程分解为网络部署、节点定位、锚点搜索、路径规划和数据收集,采用基于网格分解的算法,保证总的飞行路径最短。采用飞行-悬停-通信协议,将地面用户分解成多个互不相交的节点簇,UAV 依序访问各个簇中心,通过优化 UAV 悬停高度和天线波束宽度最小化下行多播、下行广播和上行多址接入场景的任务完成时间。多 UAV 协作收集远端无线传感器网络数据的路径规划问题,分别采用遗传算法、快速搜索随机树算法和最优快速搜索随机树算法进行路径规划,完成给定航路点的访问和数据收集。

如果 UAV 不能完美地获取各个地面用户的位置信息,上面提出的算法将不再适用。此时,根据固定翼 UAV 和旋翼 UAV 的特性分别设计有效的 UAV 飞行轨迹,实现给定覆盖边界区域数据的有效收集,就变得很有实际意义了。

1.8.2　UAV 半双工中继覆盖增强

UAV 作为空中无线中继平台可改善地面用户的连接性并帮助扩展地面蜂窝基站的覆盖范围。特别重要的是,在通信设施遭到破坏的地震灾区或信道阻塞造成的通信盲区,部署 UAV 空中无线中继平台可在远端灾区地面用户或信道阻塞的盲区用户和地面蜂窝基站之间建立可靠的临时通信链路。此外,针对临时的密集用户场景,也可临时部署 UAV 空中无线中继平台为覆盖区域内的地面用户提供中继覆盖服务,增强用户连接性。相对于陆地中继系统,由于 UAV 的快速部署能力、环境适应能力及高 LOS(视距)概率的空地信道特性,被广泛用于灾后应急响应的通信中继和热点区域过载基站的覆盖增强等,利用 UAV 空中无线中继平台建立临时连接,帮助完成无可靠直接连接的两个或多个远距离用户间的数据传输。

近几年来,研究人员对 UAV 半双工中继覆盖增强进行了初步的探索。在存在 UAV 移动性约束的情况下,通过优化节点发射功率和 UAV 轨迹使端到端吞吐量最大化,其中对于给定的 UAV 轨迹采用阶梯注水架构优化发射功率,对于给定的发射功率采用连续凸优化方法优化 UAV 轨迹,然后通过交替迭代优化获得了最优发射功率和 UAV 飞行轨迹。

有研究者提出采用水平圆周飞行轨迹可变速率的中继方法,通过优化时间分配比例实现端到端可达速率的提升。还有研究者提出低复杂度方法联合优化 UAV 轨迹和节点发射功率实现中断概率最小化的方法。在单独连接速率高于某个给定阈值时,通过优化 UAV 航向角可实现 UAV 中继系统上行速率的最大化。通过时间分配、UAV 飞行速度和轨迹的联合优化分别最大化频谱效率和能量效率。

目前,单天线 UAV 半双工中继系统得到了很好的研究;而多天线带来的分集增益和阵列增益尚需深入观察。与地面中继通信系统相比,固定翼 UAV 移动中继系统在通信过程中需要额外消耗推进能量以维持飞行姿态和空中移动,且中继系统的端到端吞吐量和 UAV 推进能量消耗之间需要均衡。对于给定飞行高度,UAV 移动中继系统的端到端吞吐量随着旋转半径的减小而改善。固定翼 UAV 推进能量消耗随着旋转半径的减小而增加,对于任意旋转半径的水平圆周飞行,存在最优飞行速度,可以使得 UAV 推进能量消耗最小化。进一步,半双工解码转发中继的性能取决于两跳中较弱的一跳,随着固定翼 UAV 的飞行,UAV 半双工解码转发中继的两跳信道的接收信噪比都是时变的,但 UAV 在不同位置的统计信道状态信息在一段时间内可近似认为是不变的,可利用统计 CSI 进行功率分配,以平衡由于 UAV 的圆周飞行带来的两跳 SNR 的波动。因此,针对水平圆周飞行轨迹,研究多天线波束成形、UAV 圆周飞行速度、圆周飞行半径和基于统计 CSI 的功率分配等对固定翼 UAV 半双工移动中继系统的能量效率的影响具有实际意义。

对于单天线 UAV 中继,针对旋翼 UAV 静态中继可调节的高度及其悬停特性为 UAV 静态中继的有效部署提供了额外的设计自由度。通过数值计算方法可获得最优悬停高度。通过优化 UAV 的位置使中继通信的可靠性最大化,其中可靠性采用功率损耗、中断概率、误比特率等性能指标进行度量。通过发射功率、带宽、传输速率和 UAV 悬停位置的联合优化使旋翼 UAV 单天线静态中继的吞吐量最大化。也有学者研究了 UAV 多用户中继系统,在考虑每个地面用户的服务质量要求、LOS 概率和信息因果性限制情况下最大化所有地面用户的和速率,基于连续的凸优化近似和优化问题架构提出了一种有效的算法,以获得UAV 最优部署位置。

1.8.3　UAV 全双工中继覆盖增强

与半双工中继相比,全双工中继可以在相同时频资源同时接收和发射,可有效提高频谱利用率,降低通信延时;但全双工也带来了严重的自环干扰。目前地面全双工中继通信系统研究主要聚焦于 LI(Loop Interference,自反馈干扰)的消除和抑制以及系统性能的优化等。针对 UAV 多天线全双工解码转发移动中继系统,考虑采用能量有效的水平圆周飞行轨迹,在 UAV 全双工中继过程中,UAV 中继节点和目标节点的接收信噪比都会随着 UAV 的水平圆周飞行而发生剧烈波动。与 UAV 半双工中继类似,可采用功率分配平衡 UAV 移动带来的接收信噪比的波动。假设 UAV 可完美获取全局 CSI,利用瞬时 CSI 进行功率分配可有效降低残留 LI 的影响。在 UAV 全双工中继系统中,考虑不同节点的发射功率区别,可能既存在总发射功率限制也存在各节点的独立发射功率限制,这极大地增加了功率分配难度。此外,通过合理的发射波束成形向量和接收波束成形向量的优化可大幅度抑制 LI 的影响,有效提升端到端可达速率性能。进一步,考虑俯仰角相关的莱斯信道模型,波束成形和功率分配的联合优化对固定翼 UAV 全双工解码转发移动中继系统的性能影响尚待进一步研究。

◇ 1.9　超密集组网

超密集网络能够改善网络覆盖,大幅度提升系统容量,并且对业务进行分流,具有更灵活的网络部署和更高效的频率复用。未来,面向高频段大带宽,将采用更加密集的网络方案,部署小区/扇区将高达 100 个以上。与此同时,日益密集的网络部署也使得网络拓扑更加复杂,小区间干扰已经成为制约系统容量增长的主要因素,极大地降低了网络能效。干扰消除、小区快速发现、密集小区间协作、基于终端能力提升的移动性增强方案等,都是目前超密集网络方面的研究热点。

1.9.1　技术原理

增加单位面积内小基站的密度,通过在异构网络中引入超大规模低功率节点实现热点增强,消除盲点,改善网络覆盖,提高系统容量。

超密集组网的优势在于可以满足热点地区 500～1000 倍的流量增长的需求,可以铺设在密集街区、密集住宅、办公室、公寓、大型集会场所、体育场、购物中心、地铁等。

超密集组网可以采用 5G 高密度小区的网络架构,可以采用多层、多无线接入技术融合组网,可以采用自组织网络(Self-Organizing Network,SON),如图 1-36 所示。

超密集组网的主要问题是在热点高容量密集场景下无线环境复杂且干扰多变。基站的超密集组网可以在一定程度上提高系统的频谱效率,并通过快速资源调度进行无线资源调配,提高系统无线资源利用率和频谱效率。但这同时也带来了许多问题:

(1) 系统干扰问题。在复杂、异构、密集场景下,高密度的无线接入站点共存可能带来严重的系统干扰问题,甚至导致系统频谱效率恶化。

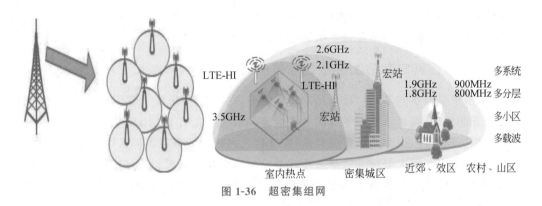

图 1-36　超密集组网

（2）移动信令负荷加剧。随着无线接入站点间距进一步减小，小区间切换将更加频繁，会使信令消耗量大幅度激增，用户业务的服务质量下降。

（3）系统成本与能耗。为了有效应对热点区域内高系统吞吐量和用户体验速率的要求，需要引入大量密集无线接入节点、丰富的频率资源以及新型接入技术，需要兼顾系统部署运营成本和能源消耗，尽量使其维持在与传统移动网络相当的水平。

（4）低功率小基站即插即用。为了实现低功率小基站的快速灵活部署，要求具备小基站即插即用能力，具体包括自主回传、自动配置和管理等功能。

超密集组网关键技术有多连接术和无线回传技术。

1. 多连接技术

对于宏微异构组网，微基站大多在热点区域局部部署，微基站或微基站簇之间存在非连续覆盖的空洞。因此，对于宏基站来说，除了要实现信令基站的控制面功能以外，还要视实际部署需要，提供微基站未部署区域的用户面数据承载。多连接技术的主要目的在于实现用户终端与宏微多个无线网络节点的同时连接。不同的网络节点既可以采用相同的无线接入技术，也可以采用不同的无线接入技术。宏基站不负责微基站的用户面处理，因此不需要宏微小区之间实现严格同步，降低了对宏微小区之间回传链路性能的要求。在双连接模式下，宏基站作为主基站提供集中统一的控制面，微基站作为辅基站只提供用户面的数据承载。辅基站不提供与用户设备的控制面连接，仅在主基站中存在对应用户设备的 RRC（Radio Resource Control，无线资源控制）实体。主基站和辅基站对 RRM（Radio Resource Management，无线资源管理）功能进行协商后，辅基站会将一些配置信息通过 X2 接口传递给主基站，最终 RRC 消息只通过主基站发送给用户设备。用户设备的 RRC 实体只能看到从一个 RRU（Remote Radio Unit，远端射频单元）实体发送来的所有消息，并且用户设备只能响应这个 RRC 实体。用户面除了分布于微基站以外，还存在于宏基站。由于宏基站也提供了数据基站的功能，因此可以解决微基站非连续覆盖处的业务传输问题。

2. 无线回传技术

现有的无线回传技术主要是在视距传播环境下工作，主要工作在微波频段和毫米波频段，传输速率可达 10Gb/s。当前无线回传技术与现有的无线空口接入技术使用的技术方式和资源是不同的。在现有网络架构中，基站之间很难做到快速、高效、低时延的横向通信。基站不能实现理想的即插即用，部署和维护成本高昂，其原因是受基站本身条件的限制，另外底层的回传网络也不支持这一功能。为了提高节点部署的灵活性，降低部署成本，利用与接入链路相同的频谱和技术进行无线回传传输能解决这一问题。在无线回传方式中，无线资源不仅为终端服务，还为节点提供中继服务。

1.9.2　超密集组网宏基站加微基站部署模式

5G 超密集组网在宏基站加微基站部署模式下，在业务层面，由宏基站负责低速率、高移动性类业务的传输，微基站主要承载高带宽业务。以上功能实现由宏基站负责覆盖以及微基站间资源协同管理，由微基站负责容量，实现接入网根据业务发展需求以及分布特性灵活部署微基站，从而实现宏基站加微基站模式下控制与承载的分离。通过控制与承载的分离，5G 超密集组网可以实现覆盖和容量的单独优化设计，解决超密集组网环境下频繁切换问题，提高用户体验，提高资源利用率。

1.9.3　超密集组网微基站加微基站部署模式

5G 超密集组网微基站加微基站部署模式未引入宏基站这一网络单元，为了能够在微基站加微基站部署模式下实现类似于宏基站加微基站部署模式下宏基站的资源协调功能，需要由微基站组成的超密集网络构建一个虚拟宏小区。虚拟宏小区的构建需要簇内多个微基站共享部分资源（包括信号、信道、载波等），此时同一簇内的微基站通过在这些共享的资源上进行控制面承载的传输，以达到虚拟宏小区的目的。同时，各个微基站在其剩余资源上单独进行用户面数据的传输，从而实现 5G 超密集组网场景下控制面与数据面的分离。在低网络负载时，分簇化管理微基站，由同一簇内的微基站组成虚拟宏基站，发送相同的数据。在此情况下，终端可获得接收分集增益，提升了接收信号质量。在高网络负载时，每个微基站分别为独立的小区，发送各自的数据信息，实现了小区分离，从而提升了网络容量。

1.9.4　异构网络

4G LTE Release 10 提出异构微蜂窝的部署方式，5GNR Release 15 在超密集组网部分也强调了异构蜂窝网络的作用。

为满足移动用户数量的飞速增加所带来的日益增长的流量需求，5G 的首要任务将是网络基础设施密集化。实现超密集组网的最重要手段就是异构蜂窝网络，即在传统的宏蜂窝小区内重叠部署大量的从基站，从而为移动用户提供更高质量的接入服务。与传统的仅由主基站支撑的宏蜂窝网络相比，异构蜂窝网络的频谱效率和覆盖质量都得到显著的提高。一方面，微小区与宏小区复用相同的频谱资源，可以提高网络的频谱效率；另一方面，从基站一般被部署在宏小区内信号较为微弱的服务盲区或用户设备和数据请求较为密集的服务热点区域，从而扩展主基站的覆盖范围，为用户提供无缝的网络接入服务。

层间干扰和回程链路拥塞是蜂窝异构网络的两大挑战，其中层间干扰源自微小区与宏小区之间的频谱复用。采用有效的用户接入控制和资源分配算法，对异构蜂窝网络中的干扰进行有效的抑制和管理。出于部署成本的考虑，异构蜂窝网络通常采用无线回程链路完成主基站与从基站之间的信息和信令交互。无线回程链路与有线回程链路相比具有不可靠性，因此需要额外考虑无线回程链路在错误率、时延、容量等方面的限制因素。此外，为简化异构蜂窝网络的部署，提供全天候的维护和管理，业界提倡基于云平台的辅助手段，实现云智能切换和位置管理，可以确保异构蜂窝网络为无线用户提供无缝连接。

图 1-37 显示了一个异构密集组网场景。

图 1-37　异构密集组网场景

◆ 1.10　以用户为中心的网络设计

迄今为止,无线接入网(RAN)架构在所涉及的网络元素、网络信令和控制以及网络协议方面对所有用户都是统一的。然而,如前所述,在 5G 时代,不仅服务更加多样化,而且网络接入点和拓扑也更加复杂。为了实现 5G 愿景,必须重新设计 RAN 架构,即以用户为中心的网络(User-Centric Network,UCN)。UCN 的本质是以用户为中心而不是以小区为中心,具有以下关键特性:

(1)该网络应支持用户按需跨传统小区的统一接入和无缝移动性,以实现目标用户体验到的数据速率。

(2)网络功能应灵活地分布在不同的无线网络实体上,以有效地支持各种服务并有效地组织异构网络实体。不同的网络实体根据服务需求共同提供一套完整的网络功能。例如,一个集中的网络实体提供公共的高层网络服务,而分布式网络接入点则为用户提供多个链路。与 uRLLC 服务一样,所有网络功能仍然可以推送到分布式访问点。

(3)UCN 应了解用户服务,并提供具体的最佳网络决策,以区分不同的网络服务并优化服务体验。它应该在本地缓存流量、本地流量分布和服务规范运行优化方面作出明智的决策。

为了实现低成本和高效率的网络运营,可以借用软件定义网络(SDN)、网络功能虚拟化(NFV)和大数据分析等技术,以便利用不断收集的网络知识自动优化网络。

◇ 1.11　绿色资源分配

绿色指的是节能,即以尽可能少的能量为尽可能多的用户需求服务。绿色节能也将成为 5G 发展的重要方向,网络的功能不再以能源的大量消耗为代价,以实现无线移动通信的可持续发展。近年来,以能量收集为动力的无线通信网络受到学术界和工业界的广泛关注。与传统的使用有限能量的小区为无线设备供电的无线网络不同,基于能量收集的无线网络将会带来一些革命性的变化。例如,利用使用环境中的自然资源发电而使得能量变得绿色、廉价和可再生,能够实现自给自足和永久运行,且不需要进行充电或更换小区等烦琐的步骤。然而,由于环境能量的间歇性和不可预见性,能量的因果关系约束,即设备收集到的能量决定了信息传输过程中消耗的能量,是基于能量收集的无线网络中一个重要的问题。

另外,由于现有的频谱管理和分配机制的不灵活性,移动终端设备数量和数据流量的爆炸性增长大大加速了无线电频谱资源稀缺的问题。因此,提高无线通信系统的频谱效率已经成为越来越重要的目标。认知无线电技术被认为是提高频谱效率的有效方法。在 5G 频谱共享网络中,非授权用户的频谱接入方式主要有两种:一种叫作伺机频谱接入,即非授权用户首先感知授权频谱,若发现其未被授权用户占用,则可以接入并进行信息传输;另一种叫作衬垫式频谱接入,即非授权用户在干扰功率不超过授权用户预先设定的阈值的前提下接入授权频谱,和授权用户共享授权频谱。

◇ 1.12　全　双　工

全双工是通信传输的一种管理技术。全双工通信允许数据在两个方向上同时传输,它在容量上相当于两个单工通信方式的结合。全双工指可以同时(瞬时)进行信号的双向传输(A→B 且 B→A)。

5G 第一阶段实验室测试系统是少量天线和较小带宽,且实验室无线环境较纯净。而未来实施商业部署后,必然面临多邻居小区的同频异频干扰、异构异制式小区干扰、多种类型的天线、100MHz 以上的带宽和其他难以预料的复杂干扰。对于这些情况下的全双工系统的工作原理、自干扰的消除算法、信道及干扰的数学建模还缺乏深入的理论分析和系统的实验验证。

此外,在全双工技术与基站系统的融合方面需要解决以下问题:

(1) 物理层的全双工帧结构、数据编码、调制、功率分配、波束赋形、信道估计、均衡等问题。

(2) MAC 层的同步、检测、侦听、冲突避免、ACK/NACK 等问题。

(3) 调整或设计更高层的协议,确保全双工系统中干扰协调策略、网络资源管理等。

(4) 与大规模 MIMO 技术的有效结合、接收、反馈等问题及如何在此条件下优化 MIMO 算法。

(5) 考虑到 5G 空口的演进,对全双工和半双工之间动态切换的控制面优化以及对现有帧结构和控制信令的优化问题也需要进一步研究。

图 1-38 给出了全双工和灵活双工的比较。

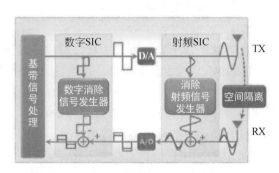
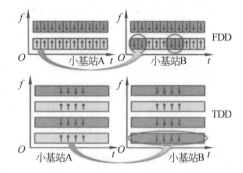

全双工

数字SIC　　射频SIC　　TX

基带信号处理　　数字消除信号发生器　　D/A　　消除射频信号发生器　　空间隔离

A/D　　RX

自干扰抵制

- 空间域：天线位置、空间零陷波束、高隔离收发天线
- 射频域：构建与接收自干扰信号幅相相反的对消信号
- 数字域：对残存线性与非线性自干扰进行重建消除

灵活双工

f　　f　　FDD

O　　小基站A　t　O　　小基站B　t

f　　f　　TDD

O　　小基站A　　t　O　　小基站B　t

- 小基站根据上下行业务量灵活自适应
- 上下行信号对称，统一消除上下行干扰
- 宏站管理、控制；小基站业务、低功率

图 1-38　全双工和灵活双工的比较

随着在线视频业务的增加以及社交网络的推广，未来移动流量呈现出多变特性：上下行业务需求随时间、地点而变化等，目前通信系统采用相对固定的频谱资源分配方式将无法满足不同小区变化的业务需求。灵活双工能够根据上下行业务变化情况动态分配上下行资源，有效提高系统资源利用率。灵活双工的应用场景包括低功率节点的小基站、低功率的中继节点全双工通信、时分双工上下行链路同频分时、频分双工上下行链路分频同时和全双工上下行链路同频同时。目前国外已建立试验平台，国内开展的研究较少。

◆ 1.13　D2D 通信

D2D(Device-to-Device，设备到设备)即终端直通。D2D 通信技术是两个对等的用户节点之间直接进行通信的一种通信方式。在由 D2D 通信用户组成的分散式网络中，每个用户节点都能发送和接收信号，并具有自动路由(转发消息)的功能。网络的参与者共用它们拥有的一部分硬件资源，包括信息处理、存储以及网络连接能力等。这些共用资源向网络提供服务和资源，能被其他用户直接访问而不需要经过中间实体。在 D2D 通信网络中，用户节点同时扮演服务器和客户端的角色，用户能够意识到彼此的存在，自组织地构成一个虚拟或者实际的群体。

D2D 通信技术的优势如下：

(1) 大幅度提高频谱效率。在该技术的应用下，用户通过 D2D 进行通信连接，避开了使用蜂窝无线通信，因此不使用频带资源。而且，D2D 所连接的用户设备可以共享蜂窝网络的资源，提高了资源利用率。

(2) 改善用户体验。随着移动互联网的发展，相邻用户可以进行资源共享、小范围社交以及本地特色业务等，逐渐成为一个重要的业务增长点。D2D 在该场景的应用可以提高用户体验。

(3) 拓展业务。传统的通信网需要进行基础设施建设等，要求较高，设备损耗可能影响整个通信系统。而 D2D 的引入使得网络的稳定性增强,并具有一定的灵活性,传统网络可借助 D2D 进行业务拓展。

D2D 通信的主要应用场景有本地业务、应急通信和物联网增强。

(1) 本地业务。主要包括以下 3 类:

① 社交应用。D2D 通信技术最基本的应用场景就是基于邻近特性的社交应用。通过 D2D 通信功能,可以进行内容分享、互动游戏等邻近用户之间的数据传输,用户通过 D2D 的发现功能寻找邻近区域的感兴趣用户。

② 本地数据传输。利用 D2D 的邻近特性及数据直通特性实现本地数据传输,在节省频谱资源的同时扩展移动通信应用场景。例如,基于邻近特性的本地广告服务可向用户推送商品打折促销、影院新片预告等信息,通过精确定位目标用户使得效益最大化。

③ 蜂窝网络流量卸载。随着高清视频等大流量特性的多媒体业务日益增长,给网络的核心层和频谱资源带来巨大挑战。利用 D2D 通信的本地特性开展的本地多媒体业务,可以大大节省网络核心层及频谱的资源。例如,运营商或内容提供商可以在热点区域设置服务器,将当前热门的媒体业务存储在服务器中,服务器以 D2D 模式向有业务需求的用户提供媒体业务;用户也可从邻近的已获得该媒体业务的用户终端处获得所需的媒体内容,从而缓解蜂窝网络的下行传输压力。另外,近距离用户之间的蜂窝通信可切换到 D2D 通信模式,以实现对蜂窝网络流量的卸载。

(2) 应急通信。D2D 通信可以解决极端自然灾害引起通信基础设施损坏导致通信中断而给救援带来障碍的问题。在 D2D 通信模式下,两个邻近的移动终端之间仍然能够建立无线通信,为灾难救援提供保障。另外,在无线通信网络覆盖盲区,用户通过一跳或多跳 D2D 通信可以连接到无线网络覆盖区域内的用户终端,借助该用户终端连接到无线通信网络。

(3) 物联网增强。根据业界预测,在 2022 年全球范围内将会存在大约 500 亿部蜂窝接入终端,而其中大部分将是具有物联网特征的机器通信终端。如果 D2D 通信技术与物联网结合,则有可能产生真正意义上的互联互通无线通信网络。车联网中的 V2V(Vehicle-to-Vehicle)通信就是典型的物联网增强的 D2D 通信应用场景。基于终端直通的 D2D 由于在通信时延、邻近发现等方面的特性,使得其应用于车联网车辆安全领域具有先天优势。

按照蜂窝网络覆盖范围区分,可以把 D2D 通信分成 3 种场景:

(1) 蜂窝网络覆盖下的 D2D 通信。LTE 基站首先需要发现 D2D 通信设备,建立逻辑连接,然后控制 D2D 设备的资源分配,进行资源调度和干扰管理,用户可以获得高质量的通信。

(2) 部分蜂窝网络覆盖下的 D2D 通信。基站只需引导设备双方建立连接,而不再进行资源调度,其网络复杂度比蜂窝网络覆盖下的 D2D 通信大幅降低。

(3) 完全没有蜂窝网络覆盖的 D2D 通信。用户设备直接进行 D2D 通信,该场景对应于蜂窝网络瘫痪时,用户可以经过多跳相互通信或者接入网络。

在 5G 通信网中应用 D2D 技术目前存在的问题如下:

(1) 传统蜂窝网络需要全面修改和升级。要想在 5G 通信网中应用 D2D 技术,首先要确保其不会与 D2D 通信技术产生冲突。然而,传统蜂窝网络比较封闭,无法支持 D2D 通信的有效应用。因此对传统蜂窝网络进行全面修改与升级非常有必要,其中包括控制平面修改、数据平面修改、元件升级等,是一个极大的工程,必须有足够先进的技术支持和大量的资金投入。

（2）频谱资源共享造成的干扰。由于近年来频谱资源的大量减少，使得其已经非常匮乏。固然，D2D 技术在 5G 通信网中的应用可以有效解决频谱资源不足的问题，依靠设备之间的直接连接进行通信，大幅提高了频谱资源的利用率。但频谱资源的共享可能会对用户的通信造成干扰，从而影响用户的通信体验。

（3）通信高峰造成的通信问题。与当前广泛应用的 4G 网络相比，5G 网络在传输速度、效率等方面都有所提升，尤其是对时延、资源使用率和可扩展性等提出了较高要求。为了保证 5G 通信网的通信质量，需采取建设超密集异构网络的方法提升网络的覆盖密度，增加重叠覆盖区域。这种方案虽然在一定程度上扩宽了 5G 通信网的覆盖范围，也对通信质量的提高有一定的作用，但是当大量用户同时通过 D2D 设备连接入网时，很可能造成 5G 网络通信时延大幅提升，对用户的实际使用造成影响。

D2D 通信相较于传统的蜂窝通信具有如下优势：

（1）改善信道质量。相较于用户与基站之间的蜂窝链路，用户之间的 D2D 链路长度较短，因而路径损耗更小。尤其当 D2D 链路位于小区边缘或者用户的蜂窝链路经历较为严重的衰落时，D2D 通信对信道质量的改善更加明显。

（2）减少跳数。通过 D2D 直连链路，两个用户之间的数据传输只需经历一跳。而在传统的基站作为中继的蜂窝通信中，同样的数据传输则需要经历两跳。因此，D2D 通信可以有效地节约传输资源，降低端对端时延。

（3）空间复用增益。D2D 通信受益于较短的链路长度，发送端使用较低的发射功率便可以满足接收端的服务质量要求。通过功率控制，D2D 用户可以复用距其较远的蜂窝用户的无线资源，相距较远的多条 D2D 链路也可以复用相同的无线资源。因此，D2D 通信可以充分利用空间复用增益提高整个网络的无线资源利用效率。

3GPP Release 12 中加入了基于 D2D 通信的近距离业务，无线设备之间可以在基站为其指派的时频资源上直接进行语音和数据通信，在用户端配备用于存储热门内容的缓存单元，并通过 D2D 通信完成用户之间的热门内容分享。也可以利用 D2D 通信取代蜂窝网络支持物联网中的 MTC(Machine-Type Communication，机器类型通信)，极大地缓解蜂窝网络的压力。

D2D 技术可以改善小区边缘服务质量。当小区边缘用户难以与基站建立稳定连接时，其他用户可以作为 D2D 中继节点，为小区边缘用户转发数据。与 SBS 网络相比，D2D 网络更容易建立，并且不需要额外的部署和维护成本。在蜂窝网络中部署 D2D 中继可以提高小区边缘用户的连接质量。

D2D 通信的主要挑战是资源分配与干扰管理。D2D 通信为蜂窝网络引入了更加复杂的电磁干扰环境，其中不仅有 D2D 用户和蜂窝用户之间的干扰，还有 D2D 链路之间的干扰，这使得无线资源分配的问题变得更加复杂。因此，有效的无线资源分配和干扰管理机制是使得 D2D 通信在蜂窝网络中充分发挥其潜在优势的关键，也是目前业界公认的难点。现有的干扰管理方法主要依赖于功率控制、先进的数字信号处理技术及有效的调度机制。此外，D2D 通信还有如下问题等待解决：D2D 设备的设计，包括硬件和协议两方面的设计，使得 D2D 设备适应面向 5G 的更为灵活多样的物理层和媒体接入控制层协议；真实地评估 D2D 通信对无线网络的净增益，将控制和信道估计等环节的额外开销考虑在内。

◇ 1.14　无线传感器网络

无线传感器网络（Wireless Sensor Network，WSN）是一种分布式传感网络，它的末梢是可以感知和检查外部世界的传感器。WSN 中的传感器通过无线方式通信，因此网络设置灵活，设备位置可以随时更改，还可以跟互联网进行有线或无线方式的连接。无线传感器网络是通过无线通信方式形成的一个多跳自组织网络。

无线传感器网络是一项通过无线通信技术把数以万计的传感器节点以自由方式进行组织与结合进而形成的网络形式。构成传感器节点的单元分别为数据采集单元、数据传输单元、数据处理单元以及能量供应单元。无线传感器网络中的节点分为两种，分别是汇聚节点和传感器节点。无线传感器网络实现了数据的采集、处理和传输 3 种功能。

无线传感器网络是 5G 通信系统的重要组成部分，被广泛应用于 5G 的各种场景中。

无线传感器网络所具有的众多类型的传感器可探测包括地震、电磁强度、温度、湿度、噪声、光强度、压力、土壤成分等观测值和移动物体的大小、速度和方向等周边环境中多种多样的现象。其应用领域包括军事、航空、防爆、救灾、环境、医疗、保健、家居、工业、商业等。

随着无线射频通信技术、数字电子技术和微机电系统技术的整合，微型、廉价、低功耗且多功能的无线传感器节点得到迅速发展，无线传感节点之间通过多跳的方式形成网络，并以协作方式完成大规模的复杂监控任务。无线传感器网络将人与现实世界中丰富而真实的信息更为直接和紧密地联系在一起，为当前万物互联时代日益增加的应用场景和需求提供了足够的发展空间和有效的解决方案。

随着监测需求的日益复杂多变，人们对于精确而全面地感知客观世界有了更为深入的需求。通过传统无线传感器网络获取的诸如温度、湿度、光强、噪声强度等简单的标量数据已经不能满足多样化的监测需求。为此，迫切需要将信息量更为丰富的图像、音频、视频等多媒体信息引入以无线传感器网络为基础的监测活动中。

无线多媒体传感器网络（Wireless Multimedia Sensor Network，WMSN）是在传统无线传感器网络的基础上引入了图像、音频、视频等多媒体信息感知功能的一种新型传感器网络。WMSN 中的节点一般装备了摄像头、微型麦克风以及其他具有简单环境数据采集功能的传感器。与仅具有简单环境数据采集功能的传统 WSN 相比，WMSN 能够感知信息量丰富的图像、音频、视频等多媒体信息，实现细粒度、精准信息的环境监测。因此，WMSN 是实现复杂环境多媒体监测的理想方式。

传统的 WSN 在进入 21 世纪以来迅速成为学术界的研究热点，而 WMSN 则在近 10 年来逐渐成为新的研究焦点。美国佐治亚理工学院分别在 2002 年和 2007 年发表了针对 WSN 和 WMSN 的综述报告，对无线传感器网络领域的研究具有重要的指导作用。在国际顶级通信会议和著名国际期刊中，针对 WSN 和 WMSN 中各层级技术的研究成果也日益丰富。此外，很多基于 WSN 技术的产品也被投入市场，走入了人们的生活。

WSN 和 WMSN 不仅得到了国内外学者的广泛研究与探索，也正在成为国家科技发展和创新的着力点。2013 年，中华人民共和国国务院印发了《关于推进物联网有序健康发展的指导意见》，该意见提出：加强低成本、低功耗、高精度、高可靠、智能化传感器的研发与产业化，着力突破物联网核心芯片、软件、仪器仪表等基础共性技术，加快传感器网络、智能终端、大数据处理、智能分析、服务集成等关键技术研发创新,推进物联网与新一代移动通信、云计算、下一代互联网、卫星通信等技术的融合发展。2015 年,国务院印发了具有重要战略意义的《中国制造 2025》规划文件,提出了振兴制造业的多项战略举措。其中,"突破新型传感器技术"被列为"加快发展智能制造装备和产品"的建议内容之一,"开发传感和通信技术协议"是"加强互联网基础设施建设"的关键措施之一。在 2016 年国务院印发的《"十三五"国家信息化规划》中指出,国家将"推进智能硬件、新型传感器等创新发展""提升可穿戴设备、智能家居、智能车载等领域智能硬件技术水平"以及"加快高精度、低功耗、高可靠性传感器的研发和应用"列为"核心超越工程"内容;同时,在"农业农村信息化工程"中,提出通过推进智能传感器技术的应用推动智慧农业的应用与发展,加强贫富均衡配置,突出科技扶贫和精准扶贫。这突显了国家对无线传感器网络基础研究和应用的重视,同时也强调了发展具有更强信息感知能力的无线多媒体传感器网络的重要意义。

WMSN 是在 WSN 的基础上引入了图像、音频、视频等多媒体信息感知和处理功能的一种新型传感器网络。它继承了 WSN 的部署规模大、节点资源受限、网络自组织、拓扑动态变化、数据多跳转发及应用相关性强等特点,是 WSN 发展到高级阶段的网络形式。

WMSN 融合了诸如数字信号处理、通信、网络、控制以及统计学等领域的技术,能够实现静态图像、音频流和视频流的检索以及信息的实时传输,并对来自不同业务的信息进行存储、实时处理、关联和融合。由于引入了多媒体处理技术,WMSN 能够实现更高精度的监控,从而使终端用户获得更为客观、全面的信息,进而完成复杂的高级监控任务。

如图 1-39 所示,一个典型的 WMSN 通常由标准节点、汇聚节点和基站等构成。具有多媒体信息采集功能的标准节点被部署在指定的目标感知区域内部,其采集到的数据以无线通信的形式发送给其他标准节点,并通过多跳传输的方式传送到汇聚节点,最后通过互联网抵达基站。终端用户通过基站对 WMSN 进行配置、管理和维护,根据业务需求发布监控任务,并进行数据的收集、分析和整理挖掘工作。

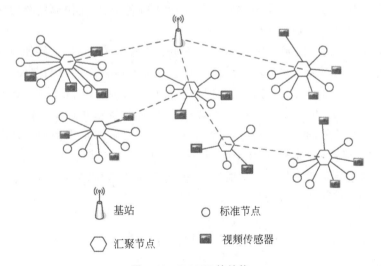

基站　　　○ 标准节点

汇聚节点　　　■ 视频传感器

图 1-39　WMSN 的结构

目前,WMSN 的研究工作主要集中在以下几方面:

(1) 多媒体信源编码。传输多媒体信息需要更大的带宽,原始数据需经过多媒体编码技术进行压缩,以去除视频或者静态图像中的冗余。针对节点资源受限的 WMSN,设计出编码端相对简单而解码端相对复杂的视频编解码方案更加切实可行。

(2) 解决高带宽需求。尽管采用多媒体信源编码减少了信息传输量,但是传输视频流所需带宽依然高于现有传统 WSN 所支持的带宽。在 WSN 物理层中较为常用的 ZigBee 技术的最高传输速率仅为 250kb/s,这对于传输视频流而言显得力不从心,而基于 IEEE 802.11 系列标准技术则会产生较大功耗,并不适用于能量受限的 WMSN。为此,需要在保持合理功耗的情况下采用新的物理层传输技术。超宽带技术是一种带宽大、传输距离短、低功耗的无线通信技术,可满足传输多媒体信息的高速率、低功耗的要求,是极富潜力的 WMSN 物理层方案。

(3) 服务质量保障。WMSN 中的多媒体应用需要网络提供有效的保障机制,以满足应用对于具体服务质量的要求。因此,在设计协议或者算法时,需要考虑到应用对于功耗、时延、可靠性、准确率、连通性、覆盖率和网络寿命等多方面的性能需求。

(4) 网内处理技术。WMSN 中的多媒体信息之间存在一定的关联和冗余,分析数据之间的关联性有助于提取关键信息,进行数据融合,提升网络效率。但是,网络中的中间节点需将信息解码后方可进行数据融合、特征提取等操作,而解码操作需要中间节点具有较强的处理和存储能力。为此,研究如何在中间节点资源受限的情况下进行有效的信息融合具有重要意义。此外,多媒体信源编码也可以采用网内分布式处理进行,因而可以结合网内处理技术进行研究。

(5) 跨层优化设计。跨层优化设计强调突破通信协议中严格的层级限制,通过协调不同层级之间的关系进行联合设计,改善全网能效。例如,在 WMSN 的多媒体传输中,应用层需要利用来自低层的信息进行信源编码,以提升网络的多媒体性能。然而,目前多数的研究工作尚局限于单一的协议层,并未从系统层面进行跨层设计。此外,尽管目前关于跨层设计与优化的新成果不断地出现,但是 WSN 和 WMSN 仍然缺乏能够准确地对跨层交互进行建模和利用的系统层方法论。在 WMSN 中,设计结构完整、功能协调的跨层优化方案对于提升网络能效来说具有重要意义。

(6) 覆盖增强和拓扑控制。WMSN 节点感知的数据具有方向性,例如视频节点通常具有受限的视角范围和焦距,仅能采集特定方向上和特定距离范围内的图像或者视频数据。为此,通常采用带有方向性的传感器模型刻画节点的有向特性,并考虑如何进行合理部署以达到理想的监控效果。覆盖增强是考虑如何规划、部署和调整节点位置以满足网络连通性和覆盖指标的一类问题,而拓扑控制则主要研究如何通过节点功率控制、活动调度、网络结构设计等手段控制网络连通度,进而影响网络拓扑结构。网络覆盖关系到监测质量,而网络拓扑则主要影响监测时长。相较于其他研究,覆盖增强和拓扑控制更加注重应用层的实际效果,与其他技术相互关联和补充。

◆ 1.15 5G 光 通 信

在古代,由于技术的限制,人们只能通过类似飞鸽传书这种简单而又缓慢的方式进行信息的远程传递。直到近代工业革命之后,人们开始学会生产与使用电能,也终于迎来了以电报与电话为标志的电子通信时代。随着贸易全球化、服务及娱乐产业的兴起,人们对生活品质的需求越来越高,同时人们的生活节奏也越来越快,光纤提纯工艺发展迅速,光纤的衰减系数越来越低,从而使得光通信在近 20 年里异军突起,逐渐改变了通信容量不适应社会发展的局面。

在信息接入方面,光接入也逐渐成为电子通信的有力补充。近几年,光纤到楼(Fiber to the Building,FTTB)、光纤到户(Fiber to the Home,FTTH)、光纤到办公室(Fiber to the Office,FTTO)(这三者可统称为 FT 发射机)等一些耳熟能详的光接入业务发展迅速。

据统计,在 2016 年,全球 FT 发射机用户已超过 1 亿,其中,用户数量最大的国家便是中国。目前,FT 发射机主要支持网络语音(VoIP)、网络视频(IPTV)以及移动基站的信息回传等业务。虽然它能够承载人们目前大部分的业务需求,但面对正在发展的高带宽需求业务,如虚拟现实(VR)网络应用、云计算、超高清网络视频等,光接入在带宽上也正面临着升级挑战。因此,无源光网络(Passive Optical Network,PON)作为当下光接入网建设的主要方向,已成为学术及产业界的一大研究热点。

所谓 PON,是一种便于维护、低成本、低功耗的网络结构。随着近几年的研究逐渐深入,以及为满足人们日益增长的带宽需求,PON 也在不断升级。

不同的国际标准组织,包括 FSAN/ITU-T 和 IEEE,都曾为 PON 的升级演变做出了一定的贡献,分别引导了不同的 PON 发展路线。其中,根据 FSAN/ITU-T 所主导的路线,PON 的演变经历了多个阶段,包括 APON 阶段、BPON 阶段、GPON 阶段及 NG-PON 阶段等。APON,即 ATM-PON,是 1995 年由 FSAN/ITU-T 发布的技术标准,包括 G.983.1 和 G.983.2。当时的技术标准仅支持 155Mb/s 的上下行速率。BPON 是 2000 年年初由 FSAN/ITU-T 发布的技术标准,包括 G.983.3～G.983.5。尽管它将速率提升了不少,但也仅支持 625Mb/s 的上下行速率。直到 2001 年,从 G.984.1～G.984.4 的 GPON 标准的提出,首次将 PON 的速率提升至 Gb/s 级,可支持 2.5Gb/s 的下行速率和 1.25Gb/s 的上行速率。不过,随着 2010 年后宽带业务的爆炸式增长,GPON 也开始难以支撑所有宽带业务的同时运行。在这种情况下,标准速率更高的下一代 PON(NG-PON)的概念应运而生。NG-PON 又可细分为 NG-PON1 和 NG-PON2。NG-PON1 是 2007 年由 FSAN/ITU-T 提出的下一代 PON 的第一阶段标准,支持 10Gb/s 的下行速率和 2.5Gb/s 的上行速率。而 NG-PON2 是 2015 年由 FSAN/ITU-T 最新提出的下一代 PON 的第二阶段标准,支持 40Gb/s 的下行速率和 10Gb/s 的上行速率。相比以往的 PON 标准,NG-PON 已实现了通信速率上质的飞跃。尽管如此,随着时下高带宽业务的快速增长,NG-PON 也终将难以支持未来所有的宽带接入业务。目前,实现 NG-PON2 的主流技术是 TWDM-PON,它基于简单的不归零码(Non-Return-to-Zero,NRZ)调制,可支持单波长 10Gb/s 的传输速率。而 NRZ 调制的频谱效率较低,若采用更先进的调制格式,如 OFDM、CAP 或 PAM-4 等,可进一步提升 PON 的通信速率。基于更先进的调制格式实现单波长超 20Gb/s 的传输速率也成为 PON 升级的下一个目标。但采用更先进的调制格式,面临着成本、功耗提升的问题以及部署难题。因此,研究解决这些问题,对实现光接入网的下一个升级目标具有重要意义。

光纤接入网络和无线蜂窝网有着相互支撑的关系。各自存在的优点可以弥补对方的不足。例如,光纤的架设成本高昂,某些区域铺设不便,但它提供的带宽大,相对稳定;而无线接入网,特别是自组织网,构建成本相对较低,但传输信道带宽有限,且易受各种变化的影响。5G 网将利用这两项技术的无缝结合。

光纤无线接入网络包含两种技术：光载无线通信（Radio over Fiber，RoF）和自由空间光通信（Free Space Optical，FSO）。其中，RoF 融合了光纤通信的高带宽、低损耗、抗电磁干扰以及无线通信的高灵活性和移动性等优点，成为业界研究的热点。它允许光纤链路传输无线电频率信号，并能提供点到点及点到多点的多种传输方式。而 FSO 直接通过调节可见光或红外线提供点对点的无线链路通信。它无须取得频谱使用许可，能提供高带宽和可靠的短距离通信。无论是 RoF 还是 FSO 通信实现的 FiWi（Fiber Wireless，光纤无线）网络，都可用于构建高速室内接入或楼宇间通信互联。研究 FiWi 网络的搭建，有助于推动光接入网发展，也将是未来新型光接入网的重要发展方向。

可见光通信存在一些固有的缺陷：首先，由于光线是直线传播的，当存在遮挡物时，通信将被切断；其次，当照明设备关闭时，通信也将被切断。因此，可见光通信室内接入无法做到像常规无线接入一样支持隔墙通信以及全天候通信。

但是借助微波光子技术辅助产生毫米波有助于打破电子带宽瓶颈限制，促进光纤与无线光子技术的 RoF 毫米波通信系统，同样有助于推动光接入网的发展，对室内高速无线接入的发展具有重要意义。

研究新一代 PON、可见光通信室内接入以及 RoF 毫米波通信的同时，研究基于硬件设计与实现相关通信系统，研究关键的低复杂度数字信号处理算法，具有重要的应用价值。

光纤直接检测系统具有简单、低成本的结构，是搭建传统 PON 的基石。而基于高频谱效率调制格式的光纤直接检测系统则被认为是实现新一代 PON 的基础。另外，未来室内高速接入被期待提供吉比特每秒（Gb/s）的传输速率。高速可见光通信、高速光载无线通信被认为是实现该目标的潜在候选方案。

在传统 PON 接入网络中，承载信息传输的通常是基于开关键控（On-Off Keying，OOK）调制的光纤直接检测系统。尽管基于 OOK 调制的光纤直接检测系统易于实现，功耗和成本较低，但也存在一些难题：

（1）基于 OOK 调制的光纤直接检测系统存在由色度色散引起的严重传输损耗，难以实现高传输速率与长传输距离。

（2）面向 OOK 调制解调的突发式收发机的实现比较困难。

（3）基于 OOK 调制的光纤直接检测系统对数据传输时延也相当敏感。

（4）OOK 调制频谱效率低，基于 OOK 调制的系统带宽利用率不高，难以突破电子带宽瓶颈。

因此，为进一步提高 PON 传输速率，实现新一代 PON，针对基于高频谱效率调制格式的光纤直接检测系统的研究正在深入。这类系统按调制格式的不同，可分为以下 4 类：基于多二进制调制的光纤直接检测系统、基于脉冲幅度调制（Pulse-Amplitude Modulation，PAM）的光纤直接检测系统、基于正交频分复用调制（OFDM）的光纤直接检测系统，以及基于无载波幅相（Carrierless Amplitude/Phase，CAP）调制的光纤直接检测系统。

美国贝尔实验室研究团队近年来提出了一系列基于多二进制调制及 4 级脉冲幅度调制（PAM-4）的光纤直接检测系统解决方案。由于考虑了新一代 PON 与已部署的 PON 网络的衔接及兼容性问题，这些解决方案被认为是非常有潜力的新一代 PON 升级方向。

目前基于数字信号处理技术的 PAM-PON 系统在传输速率上打破了纪录。采用数字整形技术,PAM 光纤直接检测系统的频谱效率可被进一步提升,但是 PAM 本身难以实现对频谱的灵活使用,PAM 信号本身对色散、器件带宽不足所引起的符号间干扰抵抗性差。OFDM 作为 4G LTE 的核心技术,在 2006 年左右被引入光纤通信,可以有效抵抗光纤信道中的色散效应,并且能够实现频谱资源的灵活分配,提高系统频谱效率,因此,基于 OFDM 调制的光纤直接检测系统也被纳入新一代 PON 建设的潜在候选方案中。

近年来,结合数字信号处理技术,面向新一代 PON 的 OFDM 直接检测系统的研究取得了一系列引人瞩目的成果。研究表明,基于马赫-曾德尔调制器、直接调制激光器及电吸收调制激光器的 OFDM 光纤直接检测系统频谱效率高达 $4b/(s \cdot Hz)$,采用 10Gb/s 类成品光电器件,且未采用特殊的数字信号处理技术,便可支持单波长 40Gb/s 的传输。这些研究成果证明了 OFDM 光纤直接检测系统采用常规商业化光调制器便可实现高速的 PON。一系列面向 OFDM 光纤直接检测系统的先进数字信号处理研究近年来取得了丰硕成果。2014 年,中兴公司团队基于傅里叶扩展、符号间频域滑动平均及大尺寸 FFT 实现了一个单波长 31.7Gb/s 的 OFDM 光纤直接检测系统,系统 QAM 映射阶数为 2048-QAM,映射符号 7 位/符号,刷新了 OFDM 光纤直接检测系统中高阶 QAM 的使用纪录,系统频谱效率高达 $5.28b/(s \cdot Hz)$,证明了先进数字信号处理技术有助于提高 OFDM 光纤直接检测系统的传输速率。2015 年,华中科技大学研究团队面向 OFDM 光纤直接检测系统研究了 CAZAC 预编码技术,研究表明 CAZAC 预编码可辅助 OFDM 光纤直接检测系统降低传输信号峰均功率比,改善系统传输性能,提高接收灵敏度,证明了 OFDM 光纤直接检测系统高峰均功率比问题可依靠数字预编码的方式缓解。2016 年,巴西圣埃斯皮里图联邦大学研究团队基于子载波数字预增强处理技术实现了一个单波长 33.5Gb/s 的 OFDM 光纤直接检测系统,研究表明使用预增强处理后系统可取得近 5dBm 的功耗效益,证实了数字信号处理能够辅助 OFDM 光纤直接检测系统解决系统高频衰落问题。

随着光纤接入网络的发展,可见光通信可极大地拓展通信频谱,解决无线频谱资源即将耗尽的危机,同时由于国家将会不断淘汰白炽灯,推广 LED 灯,这就给基于 LED 的可见光通信技术带来了巨大的市场潜力。

由英国爱丁堡大学 Haas 提出的光 WiFi(又称 LiFi)利用可见光通信的无线室内接入技术,开始被考虑作为构建新一代室内网络的候选方案。相比传统 WiFi,光 WiFi 有很多优势:可见光传输资源随处可取;使用可见光通信时,有遮挡则无信号,安全性比 WiFi 更强;可见光通信不会产生电磁辐射。因此,面向室内接入的高速可见光通信系统研究近些年成为学术界的热点之一。

可见光通信的起源可追溯至 19 世纪 80 年代贝尔造出的第一代光话机。但现代可见光通信的概念首先是由日本的研究人员提出的。2000 年,日本的研究人员首次提出并仿真利用 LED 照明灯作为基站进行信息无线传输的室内通信系统。2003 年,日本成立了可见光通信联盟(Visible Light Communications Consortium,VLCC),并迅速发展为国际性组织。2008 年,欧盟开展 OMEGA 项目,从事 1Gb/s 以上的超高速家庭接入网研究,成功搭建了一个可见光通信测试网络,理论速率为 1.25Gb/s,实际传输速率约为 300Mb/s。同年,美国国家科学基金会资助开展"智能照明通信"项目,主要面向 LiFi 技术的研究。2010 年,德国一家实验室的科研人员创造了当年可见光通信速率的世界纪录,他们利用普通商用的单个荧光白光 LED 搭建的可见光通信系统可实现 513Mb/s 的通信速率。此后,室内可见光通信系统的速率纪录不断被刷新。2011 年,在 OFC 会议上,德国 Heinrich Hertz 实验室的科研人员利用 DMT 技术,采用 RGB-LED 的发射机和基于 PIN 的接收机,实现了单信道 806Mb/s 的传输速率,再次创造了世界纪录。2012 年,中国台湾交通大学 Fang-MingWu 研究团队基于 CAP 调制实现了单灯高达 1.1Gb/s 传输速率的室内可见光通信系统。同时,他们结合波分复用技术,使用 RGB-LED 实现了首个速率超过 3Gb/s 的可见光通信系统,初步验证了室内超高速可见光接入的可行性。2014 年,英国爱丁堡大学使用非常规的单个氮化镓微米级 LED 实现了高达 3Gb/s 的通信速率,这是目前最快的单灯通信速率,如果采用 RGBY-LED 且结合波分复用技术,理想情况下该系统的通信速率可超过 10Gb/s,使得未来超过 10Gb/s 的室内可见光无线接入成为可能。

近年来,由于国家的关注与支持,中国在可见光通信方面也取得了长足的发展。2014 年,中国可见光通信产业技术创新联盟在广州成立,标志着可见光通信在国内开始引起各大创新科研团队的关注。2015 年,复旦大学迟楠教授研究团队基于 RGBY-LED,采用高阶 CAP 调制,首次实现了 8Gb/s 的室内波分复用可见光通信系统。

但是目前在实验阶段实现的高速可见光通信系统与实际产业化还存在一定的距离。根据研究发现,LED 可见光通信本身存在众多固有缺陷。一方面,商用 LED 的固有带宽实际上并不是很高,往往只有几兆赫,使用时会导致系统出现较严重的高频衰落效应。目前在实验室依靠各种均衡电路,使用高效调制技术及先进数字信号处理技术改善 LED 可见光通信系统的带宽与传输速率。另一方面,商用 LED 的非线性问题会一定程度上恶化可见光通信系统的性能,需依靠数字信号处理技术改善系统性能,提高传输速率。为促进可见光通信实用化进程,对面向高速可见光通信的高效调制技术及先进数字信号处理技术如何低成本实现高速可见光传输的问题,仍然需要进一步深入。

◈ 1.16　安全传输

安全网络切片技术中每个切片(例如分级分类的无人机)配置不同等级的安全保护,实现切片安全,使运营商为垂直行业提供差异化、可定制的安全套餐(包括加密算法、参数、配置黑白名单、认证方法、隔离强度等),并监测安全套餐性能,及时调整增强套餐或删除部分配套服务、调整资源配置,有效防止外部攻击,提升整体业务 E2E(End-to-End,端到端)安全性。5G 将安全能力同网络能力开放给垂直行业使用,为行业应用提供统一身份管理、认证鉴权、密钥分发等能力,简化行业应用的开发和部署难度。安全能力以模块化的方式部署,以通用标准接口的方式提供。通过组合不同的安全能力,可以快速提供安全能力以满足多种业务的端到端安全需求。

◈ 1.17　5G 基站管理

1.17.1　5G 基站设备变化

5G 的基站功能重构为 CU(Centralized Unit,中心单元)和 DU (Distributed Unit,分布单元)两个功能实体;CU 与 DU 功能的切分以处理内容的实时性为依据。原 BBU(基带单元)基带功能部分上移,以降低 DU 与 RRU 之间的传输带宽。CU 主要包括非实时的无线高层协议栈功能,同时也支持部分核心网功能下沉和边缘应用业务的部署。DU 主要处理物理层功能和实时性需求的第二层功能。为了节省 RRU 与 DU 之间的传输资源,部分物理层功能也可上移至 RRU 实现。

有源天线单元(Active Antenna Unit,AAU)是 5G 网络框架引入的新型设备,和 RRU 有一定的功能区别。RRU 出现在 3G 时代。早在 2G 时代,基站还被称为 BTS(Base Transceiver Station,基站收发台),2G 的网络结构主要由终端、基站子系统、承载网、核心网组成。其中的基站子系统包括基站收发台和 BSCr(Base Station Controller,基站控制器)组成。基带单元部分、射频单元部分集成在一个机柜之中,射频单元口通过馈线和天线相连。3G 时代,除了这种基带单元和射频单元在一个机柜之内的设备之外,还出现了基带单元和射频单元分离的基站,这种基站也被称为分布式基站,基带部分被称为 BBU,而射频单元被称为 RRU。

最初,RRU 挂在机房的墙壁上,BBU 安装在标准机柜内,RRU 和天线之间依然通过馈线连接。后来,RRU 上塔,BBU 和 RRU 之间通过光纤连接,RRU 和天线之间通过跳线(1/2 馈线)连接。

进入 4G 时代之后,传统一体宏基站已经完全被 BBU+RRU+天线的模式取代,而且还有一些 BBU 被统一放在一个机房之内,组成了 BBU 池。

在 5G 时代,基站的结构发生了新的变化,出现了新的设备——AAU,这是因为 5G 引入了大规模 MIMO 技术。

MIMO 是提高 5G 数据流量的关键技术。MIMO 越高阶,需要的天线越多;天线越多,馈线也越多,RRU 上的馈线接口也就越多,工艺的复杂度也就越高。馈线本身还有一定的衰耗,因此也会影响部分系统性能。

因此,在 5G 中,将 RRU 和原本的无源天线集成为一体,形成了最新的 AAU。

集成了天线后,AAU 的体积和重量都要大于 RRU,耗电量增加,价格变贵。AAU 增加了 BBU 的部分功能。在 5G 时代,不仅 RRU 和天线集成为 AAU,而且 BBU 的物理结构也由于 5G 改变的网络框架而演变成 CU 和 DU。其中,BBU 实时性比较强的部分变为 DU,而 BBU 的非实时性功能则演变为 CU。此外,5G 核心网功能下沉到边缘,CU 还将承载部分核心网的功能。BBU 的部分物理层功能被设计到 AAU 之中,因此,和 RRU 相比,AAU 不仅集成了天线部分的功能,还增加了 BBU 物理层的部分功能。在 5G 中依然还会有 RRU。5G 仍存在低频部分,例如中国广电使用的 700MHz 系统,低频部分由于波长过大,天线阵列过大,很难支持大规模天线阵列。另外,在某些对于系统容量要求不高的区域,例如农村、山区,没有必要部署昂贵的 AAU。所以,在 5G 的整个网络结构中,依然会有 BBU+RRU+传统天线的组合,AAU 并不是 5G 系统之中的唯一选择。

和 RRU 相比,AAU 多了天线功能和 BBU 的部分功能。体积和重量更大,耗电更多,价格更贵。

1.17.2 基站功能的变化

5G NGC 和 4G EPC 网元对应关系如表 1-8 所示。

表 1-8   5G NGC 与 4G EPC 网元对应关系

5G NGC		4G EPC	
网　元	功　能	网　元	功　能
AMF	接入和移动性管理	MME	移动性管理
AUSF	鉴权服务器		鉴权管理
SMF	会话管理		PDN 会话管理
UPF	用户面	PDN-GW	PDN 会话管理
			用户面数据转发
		SGW	用户面数据转发
PCF	策略控制	PCRF	计费及策略控制
UDM	统一数据管理	HSS	用户数据库

5G 无线网络 CU 和 DU 的功能划分为:基带非实时处理位于 CU 中,而基带实时处理位于 DU 中。DU 需要较高的实时性,与传统 BBU 类似,采用专用硬件平台,支持高密度数学运算能力。CU 的实时性要求较低,可采用虚拟化技术和通用处理平台。不同划分方案的目标都是尽可能地减少传输带宽需求,尽可能地满足协议层之间传输时延的要求。

由于集中程度不同,协作化算法(如联合调度、联合接收、联合发送)的支持程度和所获增益不同,CU 节点的虚拟化资源集中程度不同,对通用平台服务器的要求不同。

5G 中引入 CU/DU 架构的好处有 CU 集中虚拟化、可充分利用硬件资源、方便网络扩缩容和在线迁移等。CU 作为锚点,更有利于实现多 RAT 融合和无缝移动性管理,有利于支持灵活的资源协调和配置。

CU/DU 分离架构标准化进展分为 SI 和 WI 两个阶段。

1. SI 阶段

SI 阶段完成 38 种方案的评估分析(2017 年 3 月冻结)。

方案 1～方案 4 为高层划分方案,方案 5～方案 8 为低层划分方案。

评估分析给出了 8 种方案对传输网络带宽和时延的要求。

8 种方案要求对比如表 1-9 所示。

表 1-9   8 种方案要求对比

方　案	传输网络带宽	最大允许时延
方案 1	下行 4Gb/s 上行 3Gb/s	10ms
方案 2	下行 4.016Gb/s 上行 3.024Gb/s	1.5～10ms
方案 3	小于方案 2	1.5～10ms

续表

方　　案	传输网络带宽	最大允许时延
方案 4	下行 4Gb/s 上行 3Gb/s	大约 $100\mu s$
方案 5	下行 4Gb/s 上行 3Gb/s	几百毫秒
方案 6	下行 4.133Gb/s 上行 5.640Gb/s	$250\mu s$
方案 7a	下行 10.1～22.2Gb/s 上行 16.6～21.6Gb/s	$250\mu s$
方案 7b	下行 37.8～86.1Gb/s 上行 53.8～86.1Gb/s	$250\mu s$
方案 7c	下行 10.1～22.2Gb/s 上行 53.8～86.1Gb/s	$250\mu s$
方案 8	下行 157.3Gb/s 上行 157.3Gb/s	$250\mu s$

计算带宽的假设条件如表 1-10 所示。

表 1-10　计算带宽的假设条件

项　　目	假　设　条　件	应　　用
信道带宽	100MHz(下行/上行)	所有方案
调制方式	256QAM(下行/上行)	
MIMO 天线数	8(下行/上行)	
IQ(In-phase Quadrature, 同相正交支路)比特宽度	2×(7～16)b(下行) 2×(10～16)b(上行)	方案 7a、7b、7c
	2×16b(下行/上行)	方案 8
天线端口数	32(下行/上行)	方案 7b、7c 上行,方案 8

2. WI 阶段

WI 阶段确定方案 2 为高层划分方案(2017 年 4 月开始)。

3GPP 确定方案 2(PDCP-RLC 划分)为 CU、DU 之间的划分方案,作为 Release 15 NRW 阶段的标准化工作重点。

在 Release 15 阶段,DoCoMo 牵头进行底层划分方案的 SI 研究,希望打开 DU 和 AAU 之间的接口。

目前 3GPP 已确定了相关文档编号,接口和功能划分的细节还在讨论中。

CU/DU 分离架构与接口架构特点如下:

(1) CU/DU 通过 F1 接口进行连接,控制面消息采用 SCTP,用户面消息采用 CU-U。一个 CU 可以控制多个 DU,现阶段一个逻辑 DU 仅能连接到一个 CU 不标准化独立的 DU-ID。

CU 可以分裂成 CU-C 和 CU-P 两部分,这两部分采用 E1 接口进行连接。Xn 和 NG 接口都终结于 gNB-CU 中。

(2) 架构黑盒。CU 和 DU 的结构对外不可见,外部仅能看见一个 gNB 实体。

(3) 独立网管接口。CU 和 DU 都具有独立的 OMC 接口。

在 3.3G 中,仅有 RNC 有 OMC 接口;在 5G 中,要求 CU 和 DU 为不同厂家的产品且 DU 发起 F1 接口建立,促使 CU 和 DU 具有独立接口。

2017 年 6 月,3GPP TR38.401 开始定义 5GRAN 架构的标准。

CU/DU 分离架构的驱动力来自云化和虚拟化趋势,如图 1-40 所示。

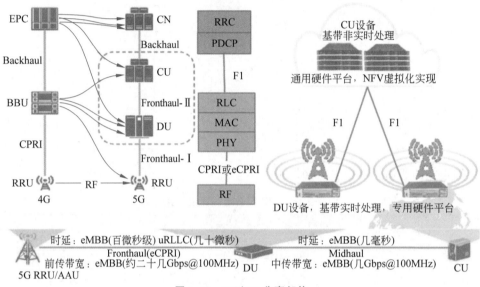

图 1-40 CU/DU 分离架构

1.17.3 5G 承载网规划基本原则

5G 承载网规划基本原则如下。

1. 端到端组网

考虑到 CU/DU 位置的不确定性,承载网应以不变应万变。在同一个网络层次,可能会同时面对中传/回传甚至前传的需求。端到端组网可以最大化地节省投资。

2. 技术趋同

带宽提速,25Gb/s 和 50Gb/s 将成为主流速率,提升性价比。NFV/SDN 成为主选,满足切片、智能化的需求。SR 隧道技术成为共同选择,提升网络可扩展性。L3VPN 到边缘,满足流量调度需求。

3. 基于现网演进

以现有分组网为基础,通过技术演进支撑 5G 发展,尽最大可能节省投资。以分组网为主,L3 是强需求,通过技术演进提升容量和速率,支撑 5G 的大带宽、低时延演进。

传 统 信 道

◈ 2.1　采 样 定 理

采样定理是美国电信工程师奈奎斯特在 1928 年提出的。在数字信号处理领域中,采样定理是连续时间信号(通常称为模拟信号)和离散时间信号(通常称为数字信号)之间的基本桥梁。该定理说明采样频率与信号频谱之间的关系,是连续信号离散化的基本依据。它为采样率建立了一个足够的条件,该采样率允许离散采样序列从有限带宽的连续时间信号中捕获所有信息。

采样定理是采样过程应遵循的规律。在进行模拟/数字信号的转换过程中,当采样频率 f_s 大于或等于信号最高频率 f_{max} 的 2 倍时($f_s \geqslant 2f_{max}$),采样之后的数字信号完整地保留了原始信号中的信息。在一般实际应用中应保证采样频率为信号最高频率的 2.56～4 倍。

如果对信号的其他约束是已知的,则当不满足采样率标准时,信号的完美重建仍然是可能的。在某些情况下(当不满足采样率标准时),利用附加的约束允许近似重建信号。这些重建的保真度可以使用博克纳定理进行验证和量化。

设连续信号 $s(t)$ 具有傅里叶变换 $S(f)$,其所含最高频率为 W。如果对 $|f| \geqslant W$ 有 $S(f)=0$,则称 $s(t)$ 为带限信号。这样的连续信号可以用 $f \geqslant 2W$ 速率的采样离散值表示。最小采样频率 $f_N=2W$ 称为奈奎斯特速率。低于奈奎斯特速率采样时会引起频谱交叠。

以奈奎斯特速率采样的带限连续信号可以由其样值利用内插式重构:

$$s(t) = \sum_{n=-\infty}^{\infty} s\left(\frac{n}{2W}\right) \frac{\sin 2\pi W\left(t - \frac{n}{2W}\right)}{2\pi W\left(t - \frac{n}{2W}\right)} \tag{2-1}$$

其中,$s\left(\dfrac{n}{2W}\right)$ 是 $s(t)$ 在 $t=n/2W(n=0,\pm 1,\pm 2,\cdots)$ 时刻的采样值。这等效为将采样信号通过一个冲激响应为 $h(t)=\dfrac{\sin 2\pi Wt}{2\pi Wt}$ 的理想低通滤波器重构连续信号 $s(t)$。图 2-1 说明了基于理想内插的连续信号重构过程。

如果平稳随机过程 $X(t)$ 的功率密度谱 $\Phi(f)$ 在 $|f| \geqslant W$ 时满足 $\Phi(f)=0$,则该过程是带限的。因为 $\Phi(f)$ 是平稳随机过程 $X(t)$ 的自相关函数 $\phi(\tau)$ 的傅里叶变换,所以 $\phi(\tau)$ 可以表示为

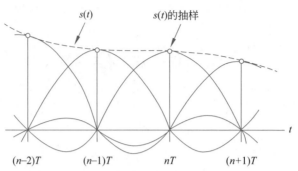

图 2-1   基于理想内插的连续信号重构过程

$$\phi(\tau) = \sum_{n=-\infty}^{\infty} \phi\left(\frac{n}{2W}\right) \frac{\sin 2\pi W\left(\tau - \frac{n}{2W}\right)}{2\pi W\left(\tau - \frac{n}{2W}\right)} \quad (2\text{-}2)$$

其中, $\phi(n/2W)$ 是连续函数 $\phi(\tau)$ 在 $\tau = n/2W(n=0,\pm1,\pm2,\cdots)$ 时刻的采样值。

如果 $X(t)$ 是带限平稳随机过程,那么 $X(t)$ 可以表示为

$$X(t) = \sum_{n=-\infty}^{\infty} X\left(\frac{n}{2W}\right) \frac{\sin 2\pi W\left(t - \frac{n}{2W}\right)}{2\pi W\left(t - \frac{n}{2W}\right)} \quad (2\text{-}3)$$

其中, $X(n/2W)$ 是 $X(t)$ 在 $t = n/2W(n=0,\pm1,\pm2,\cdots)$ 时刻的采样值。这就是平稳随机过程的采样表达式,其采样值是随机变量,可以用适当的联合概率密度函数对它们进行统计描述。通过对式(2-4)的证明容易建立式(2-3)表达的信号。

$$E\left[\left\| X(t) - \sum_{n=-\infty}^{\infty} X\left(\frac{n}{2W}\right) \frac{\sin 2\pi W\left(t - \frac{n}{2W}\right)}{2\pi W\left(t - \frac{n}{2W}\right)} \right\|^2\right] = 0 \quad (2\text{-}4)$$

因此,在均方误差为零的意义上,随机过程 $X(t)$ 与采样表达式之间的相等性成立。

根据模拟信号是低通还是带通,采样可分为低通采样和带通采样;根据用来采样的脉冲序列是等间隔还是非等间隔,采样可分为均匀采样和非均匀采样;根据采样脉冲序列是冲击序列还是非冲击序列,采样可分为理想采样和实际采样。

2.1.1   低通采样定理

低通采样定理如下:一个频带限制在 $(0, f_H)$ 区间(单位为 Hz)的时间连续信号 $m(t)$,如果以 $T_s \leqslant 1/(2f_H)$ (单位为 s)的间隔对它进行等间隔均匀采样,则 $m(t)$ 将被得到的采样值完全确定。

低通采样定理表明:若 $m(t)$ 的频谱在 f_H 以上为 0,则 $m(t)$ 中的信息完全包含在其间隔不大于 $1/(2f_H)$ 的均匀采样序列里。换句话说,在信号最高频率分量的每一个周期内起码应采样两次。或者说,采样速率 f_s (每秒内的采样点数)应不小于 $2f_H$;否则,则会产生失真,这种失真叫混叠失真。

下面从频域角度证明低通采样定理。设采样脉冲序列是一个周期性冲激序列 $\delta_T(t)$,

则它的频谱 $\delta_T(\omega)$ 是离散谱,表示为

$$\delta_T(t) = \sum_{n=-\infty}^{\infty} \delta(t - nT_s) \Leftrightarrow \delta_T(\omega) = \frac{2\pi}{T_s} \sum_{n=-\infty}^{\infty} \delta(\omega - n\omega_s) \tag{2-5}$$

其中 $\omega_s = 2\pi f_s = \dfrac{2\pi}{T_s}$。

采样过程可看成 $m(t)$ 与 $\delta_T(t)$ 相乘,即采样后的信号可表示为

$$m_s(t) = m(t)\delta_T(t) \tag{2-6}$$

根据冲激函数性质,$m(t)$ 与 $\delta_T(t)$ 相乘的结果也是一个冲激序列,其冲激的强度等于 $m(t)$ 在相应时刻的取值,即采样值 $m(nT_s)$。因此采样后信号 $m_s(t)$ 又可表示为

$$m_s(t) = \sum_{n=-\infty}^{\infty} m(nT_s)\delta(t - nT_s) \tag{2-7}$$

上述关系的时间函数波形及频谱图如图 2-2 所示。

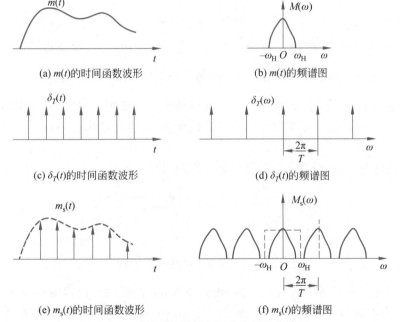

(a) $m(t)$ 的时间函数波形　　　　　(b) $m(t)$ 的频谱图

(c) $\delta_T(t)$ 的时间函数波形　　　　　(d) $\delta_T(t)$ 的频谱图

(e) $m_s(t)$ 的时间函数波形　　　　　(f) $m_s(t)$ 的频谱图

图 2-2　采样过程的时间函数波形及频谱图

根据频率卷积定理,式(2-7)表述的采样后信号的频谱为

$$M_s(\omega) = \frac{1}{2\pi}[M(\omega) * \delta_T(\omega)] \tag{2-8}$$

其中,$M(\omega)$ 是低通信号 $m(t)$ 的频谱,其最高角频率为 ω_H,如图 2-2(b)所示。将式(2-5)代入式(2-8),有

$$M_s(\omega) = \frac{1}{T_s}\left[M(\omega) * \sum_{n=-\infty}^{\infty} \delta(\omega - n\omega_s)\right] = \frac{1}{T_s} \sum_{n=-\infty}^{\infty} M(\omega - n\omega_s) \tag{2-9}$$

如图 2-2(f)所示,采样后信号的频谱 $M_s(\omega)$ 由无限多个间隔为 ω_s 的 $M(\omega)$ 叠加而成。如果 $\omega_s \geqslant 2\omega_H$,即采样速率 $f_s \geqslant 2f_H$,即采样间隔

$$T_s \leqslant \frac{1}{2f_H} \tag{2-10}$$

则在相邻的 $M(\omega)$ 之间没有重叠,而位于 $n=0$ 的频谱就是信号频谱 $M(\omega)$ 本身。这时,只需在接收端用一个低通滤波器就能从 $M_s(\omega)$ 中取出 $M(\omega)$,无失真地恢复原信号。此低通滤波器的特性如图 2-2(f)中的虚线所示。

如果 $\omega_s < 2\omega_H$,则采样后信号的频谱在相邻周期内发生混叠,如图 2-3 所示,此时不可能无失真地重建原信号。

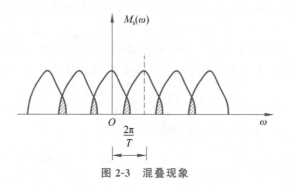

图 2-3　混叠现象

因此,必须求满足式(2-10),$m(t)$ 才能被 $m_s(t)$ 完全确定,这就证明了低通采样定理。显然,$T_s = \dfrac{1}{2f_H}$ 是最大允许采样间隔,它被称为奈奎斯特间隔。

为了加深对低通采样定理的理解,再从时域角度加以证明,目的是要找出 $m(t)$ 与各采样值的关系。若 $m(t)$ 能表示成仅仅是采样值的函数,这也就意味着 $m(t)$ 由采样值唯一地确定。

根据前面的分析,理想采样与信号恢复的原理如图 2-4 所示。

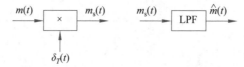

图 2-4　理想采样与信号恢复的原理

从频域角度已证明,将 $M_s(\omega)$ 通过截止频率为 ω_H 的低通滤波器便可得到 $M(\omega)$。显然,低通滤波器的这种作用等效于用门函数 $D_{\omega_H}(\omega)$ 去乘 $M_s(\omega)$。因此,由式(2-9)得到

$$M_s(\omega)D_{\omega_H}(\omega) = \frac{1}{T_s}\sum_{n=-\infty}^{\infty} M(\omega - n\omega_s)D_{\omega_H}(\omega) = \frac{1}{T_s}M(\omega) \tag{2-11}$$

$$M(\omega) = T_s[M_s(\omega)D_{\omega_H}(\omega)] \tag{2-12}$$

将时域卷积定理用于式(2-11),有

$$m(t) = T_s\left[m_s(t) * \frac{\omega_H}{\pi}\mathrm{Sa}(\omega_H t)\right] = m_s(t)\mathrm{Sa}(\omega_H t) \tag{2-13}$$

由式(2-7)可知采样信号为

$$m_s(t) = \sum_{n=-\infty}^{\infty} m(nT_s)\delta(t - nT_s) \tag{2-14}$$

$$m(t) = \sum_{n=-\infty}^{\infty} m(nT_s) \delta(t - nT_s) \mathrm{Sa}(\omega_H t)$$

$$= \sum_{n=-\infty}^{\infty} m(nT_s) \mathrm{Sa}[\omega_H(t - nT_s)] \qquad (2\text{-}15)$$

$$= \sum_{n=-\infty}^{\infty} m(nT_s) \frac{\sin[\omega_H(t - nT_s)]}{\omega_H(t - nT_s)}$$

其中，$m(nT_s)$ 是 $m(t)$ 在 $t = nT_s (n=0,\pm1,\pm2,\cdots)$ 时刻的采样值。

式(2-15)是重建信号的时域表达式，称为内插式。它说明以奈奎斯特速率采样的带限信号 $m(t)$ 可以由其采样值利用内插式重建。这等效为将采样后的信号通过一个冲激响应为 $\mathrm{Sa}(\omega_H t)$ 的理想低通滤波器重建 $m(t)$。图 2-5 描述了由式(2-15)重建信号的过程。

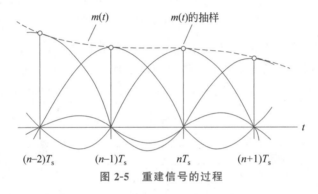

图 2-5 重建信号的过程

由图 2-5 可见，以每个采样值为峰值画一个 Sa 函数的波形，则合成的波形就是 $m(t)$。由于 Sa 函数和采样后的信号的恢复有密切联系，所以 Sa 函数又称为采样函数。

2.1.2 带通采样定理

实际中遇到的许多信号是带通信号。低通信号和带通信号的界限如下：当 $f_L < B$ 时称为低通信号(其中 f_L 为信号的最低频率，B 为信号的频谱宽度)；当 $f_L \geqslant B$ 时称带通信号，如某频分复用群信号，其频率为 $312 \sim 552\mathrm{kHz}$，带宽 $B = f_H - f_L = 552 - 312 = 240\mathrm{kHz}$。对带通信号的采样，为了无失真恢复原信号，采样后的信号频谱也不能有混叠。

如果采用低通采样定理的采样速率 $f_s \geqslant 2f_H$，对频率限制在 f_L 与 f_H 之间的带通信号采样，肯定能满足频谱不混叠的要求，如图 2-6 所示。

但这样选择 f_s 要求太高，会使 $0 \sim f_L$ 一大段频谱空隙得不到利用，降低了信道的利用率。为了提高信道利用率，同时又使采样后的信号频谱不混叠，f_s 需要如何选择呢？带通采样定理将回答这个问题。

带通采样定理如下：设带通信号 $m(t)$，其频率限制在 f_L 与 f_H 之间，带宽为 $B = f_H - f_L$，如果最小采样速率 $f_s = 2f_H/m$，m 是一个不超过 f_H/B 的最大整数，那么 $m(t)$ 可完全由其采样值确定。下面分两种情况加以说明。

(1) 若最高频率 f_H 为带宽的整数倍，即 $f_H = nB$。此时 $f_H/B = n$ 是整数，$m = n$，所以采样速率 $f_s = 2f_H/m = 2B$。图 2-7 给出了 $f_H = 5B$ 时的频谱图。其中，采样后信号的频

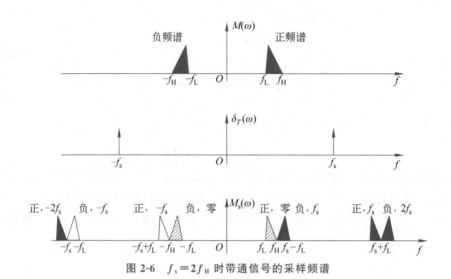

图 2-6　$f_s = 2f_H$ 时带通信号的采样频谱

谱 $M_s(\omega)$ 既没有混叠也没有留空隙，而且包含 $m(t)$ 的频谱 $M(\omega)$，如图 2-7 中虚线标出的部分所示，这样，采用带通滤波器就能无失真地恢复原信号，且此时采样速率 $2B$ 远低于按低通采样定理时 $f_s = 10B$ 的要求。但若 f_s 再减小，即 $f_s < 2B$，则会出现混叠失真。

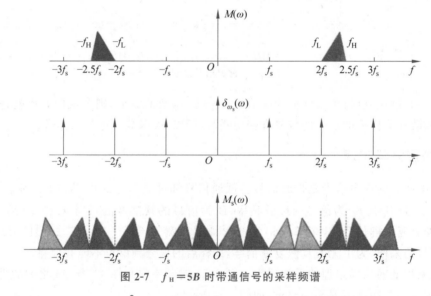

图 2-7　$f_H = 5B$ 时带通信号的采样频谱

由此可知：当 $f_H = nB$ 时，能重建原信号 $m(t)$ 的最小采样频率为

$$f_s = 2B \tag{2-16}$$

（2）若最高频率不为带宽的整数倍，即

$$f_H = nB + kB, \quad 0 < k < 1 \tag{2-17}$$

此时，$f_H/B = n + k$，由带通采样定理可知，m 是一个不超过 $n + k$ 的最大整数，显然，$m = n$，所以能恢复出原信号 $m(t)$ 的最小采样速率为

$$f_s = \frac{2f_H}{m} = \frac{2(nB + kB)}{n} = 2B(1 + k/n) \tag{2-18}$$

其中，n 是一个不超过 f_H/B 的最大整数。

根据式(2-18)和关系 $f_H = B + f_L$ 画出的曲线如图 2-8 所示。

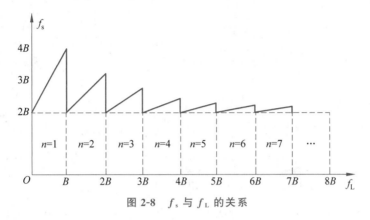

图 2-8 f_s 与 f_L 的关系

由图 2-8 可见，f_s 在 $2B \sim 4B$ 范围内取值，当 $f_L \gg B$ 时，f_s 趋近于 $2B$。这一点由式(2-18)也可以加以说明，当 $f_L \gg B$ 时，$n \gg k$，所以不论 f_H 是否为带宽的整数倍，式(2-18)均可简化为

$$f_s \approx 2B \tag{2-19}$$

实际中的高频窄带信号就符合这种情况，很容易满足 $f_L \gg B$。由于带通信号一般为高频窄带信号，因此带通信号通常可按 $2B$ 速率采样。

一个携带信息的基带信号可以视为随机基带信号。若该随机基带信号是宽平稳的随机过程，则可以证明：一个宽平稳的随机信号，当其功率谱密度函数限于 f_H 以内时，若以不大于 $1/(2f_H)$ 的间隔对它进行均匀采样，则可得一个随机采样值序列。如果让该随机采样值序列通过一个截止频率为 f_H 的低通滤波器，那么其输出信号与原来的宽平稳随机信号的均方误差在统计平均意义下为 0。也就是说，从统计观点来看，对频带受限的宽平稳随机信号进行采样，也服从采样定理。

◈ 2.2 阴影衰落和多径信道

陆地移动信道的主要特征是多径传播。传播过程中会遇到各种建筑物、树木、植被以及起伏的地形，会引起能量的吸收和穿透以及电波的反射、散射和绕射等。这样，移动信道是充满了反射波的传播环境，如图 2-9 所示。

在移动传播环境中，到达移动端天线的信号不是从单一路径来的，而是许多路径的众多反射波的合成。由于电波通过各个路径的距离不同，因而各条路径反射波到达时间不同，相位也就不同。不同相位的多个信号在接收端叠加，有时同相叠加而增强，有时反相叠加而减弱。这样，接收信号的幅度将急剧变化，即产生了衰落。这种衰落是由于多径现象引起的，称为多径衰落。

在移动通信中，基站用固定的高天线，移动端用接近地面的低天线。例如，基站天线通常高 30m，可达 90m；移动端天线通常为 2～3m。这样，引起多径的主要原因是移动端周围的建筑物和各种反射体，包括车辆和行人。移动端周围的区域称为近端区域，该区域内的物体造成的反射是造成多径效应的主要原因。离移动端较远的区域称为远端区域，在远端区

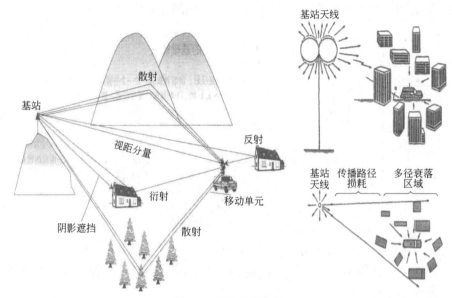

图 2-9 移动信道环境

域,只有高层建筑的反射才能对该移动端构成多径,并且这些路径要比近端区域中建筑物所引起的多径的长度要长。离移动端更远的区域,例如较高的山峰,也能对该移动端构成多径,不过路径将更长。这几个区域的反射情况如图 2-10 所示。

移动信道的多径环境引起的信号多径衰落可以从空间和时间两方面描述与测量。

从空间角度看,沿移动端运动方向,接收信号的幅度随距离增加而衰减,如图 2-11 所示。其中,本地反射物引起的多径效应呈现较快的幅度变化,其局部均值为随距离增加而起伏下降的曲线,反映了地形起伏引起的衰落以及空间扩散损耗。

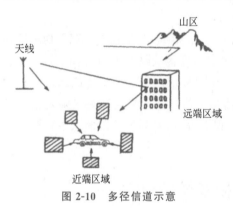

图 2-10 多径信道示意

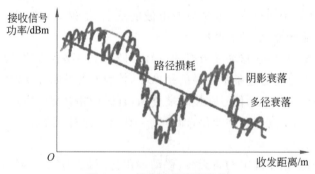

图 2-11 接收信号幅度变化

从时间角度看,各个路径的长度不同,因而信号到达时间就不相同。这样,若从基站发射一个脉冲信号,则接收信号中不仅包括该脉冲,而且包括它的各个延迟信号,这种由于多径效应引起的接收信号中脉冲的宽度扩展的现象称为时延扩展,如图 2-12 所示。

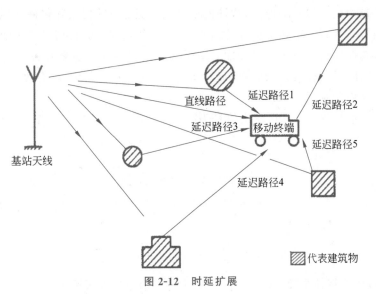

图 2-12　时延扩展

扩展的时间可用第一个码元信号至最后一个多径信号的时间测量。一般来说,郊区的时延扩展为 $0.5\mu s$,市区为 $3\mu s$。这种由近端区内的反射体引起的时延可达几十微秒,山区反射波的时延有可能达到上百微秒。

一般来说,模拟无线通信中主要考虑多径效应引起的接收信号的幅度变化;而数字无线通信中主要考虑多径效应引起的脉冲信号的时延扩展,这是因为时延扩展将引起码间电扰,严重影响数字信号的传输质量。

由于移动环境的复杂性与不确定性,不管是幅度衰落还是时延扩展,一般用统计的方法加以研究。

2.2.1　路径损耗和阴影效应

路径损耗与阴影效应用于描述无线信道的大尺度传播特性。基于理论和测试的传播模型表明,对于室内或室外信道,均可以广泛使用平均接收信号功率随距离的对数衰减模型。对任意收发距离,平均大尺度路径损耗表示为

$$P_{\mathrm{L}}(d)[\mathrm{dB}] = \overline{P}_{\mathrm{L}}(d_0) + 10n\lg\frac{d}{d_0} + X_\sigma \qquad (2\text{-}20)$$

其中,n 为路径损耗指数,表明路径损耗随距离增长的速率。n 依赖于特定的传播环境,例如,在自由空间中,n 为 2;当有阻挡物时,n 的值变大。d_0 为近地参考距离,d 为收发距离。式(2-20)中的 $\overline{P}_{\mathrm{L}}$ 表示给定 d 值的所有可能的路径损耗的综合平均。X_σ 为零均值的高斯分布随机变量,单位为 dB;标准偏差为 σ,单位也可用 dB 表示。X_σ 代表不同位置的周围环境和地形因素的随机阴影效应,这种现象叫作对数正态阴影。对数正态阴影意味着特定收发距离的测试信号电平是式(2-20)的平均值的正态分布。

2.2.2　两径传播模型

实际的多径传播环境是十分复杂的。在研究传播问题时往往将其简化,并且是从最简

单的情况入手。最简单的传播模型是仅考虑从基站至移动端的直射波以及地面反射波的两径模型。在建筑物很少的开阔地区,这种模型可以近似地反映出实际传播环境。

当发送信号是具有一定频带宽度的信号时,多径传播除了会使信号产生瑞利衰落之外,还会产生频率选择性衰落。频率选择性衰落是多径传播的又一重要特征。为了方便分析,假设多径传播的路径只有两条,其信道模型如图 2-13 所示。其中,k 为两条路径的衰减系数,$\Delta\tau(t)$ 为两条路径信号传输的相对时延差。

当信道输入信号为 $s_i(t)$ 时,输出信号为

$$s_o(t) = ks_i(t) + ks_i[t - \Delta\tau(t)] \tag{2-21}$$

其频域表达式为

$$\begin{aligned} S_o(\omega) &= kS_i(\omega) + kS_i(\omega)e^{-j\omega\Delta\tau(t)} \\ &= kS_i(\omega)[1 + e^{-j\omega\Delta\tau(t)}] \end{aligned} \tag{2-22}$$

信道传输函数为

$$H(\omega) = \frac{S_o(\omega)}{S_i(\omega)} = k[1 + e^{-j\omega\Delta\tau(t)}] \tag{2-23}$$

可以看出,信道传输特性主要由 $1 + e^{-j\omega\Delta\tau(t)}$ 项决定。信道幅频特性为

$$\begin{aligned} |H(\omega)| &= |k[1 + e^{-j\omega\Delta\tau(t)}]| = k \left| 1 + \cos\omega\Delta\tau(t) - j\sin\omega\Delta\tau(t) \right| \\ &= k \left| 2\cos^2\frac{\omega\Delta\tau(t)}{2} - j2\sin\frac{\omega\Delta\tau(t)}{2}\cos\frac{\omega\Delta\tau(t)}{2} \right| \\ &= 2k \left| \cos\frac{\omega\Delta\tau(t)}{2} \right| \left| \cos\frac{\omega\Delta\tau(t)}{2} - j\sin\frac{\omega\Delta\tau(t)}{2} \right| \\ &= 2k \left| \cos\frac{\omega\Delta\tau(t)}{2} \right| \end{aligned} \tag{2-24}$$

对于固定的 $\Delta\tau$,两径衰落信道幅频特性如图 2-14 所示。

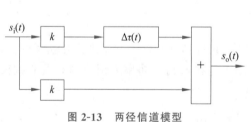

图 2-13 两径信道模型

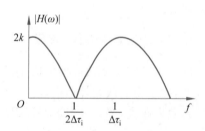

图 2-14 两径衰落信道幅频特性

式(2-24)表示,对于信号不同的频率成分,信道将有不同的衰减。显然,信号通过这种传输特性的信道时,信号的频谱将产生失真。当失真随时间随机变化时就形成频率选择性衰落。特别是当信号的频谱宽 $\dfrac{1}{\Delta\tau(t)}$ 时,有些频率分量会被信道衰减到 0,造成严重的频率选择性衰落。

另外,相对时延差 $\Delta\tau(t)$ 通常是时变参量,故传输特性中零点、极点在频率轴上的位置也随时间随机变化,这使传输特性变得更复杂。

◆ 2.3　大尺度和小尺度衰落

在无线通信中,由于传播环境的复杂性,发射出去的信号会经历若干次反射、绕射和散射,并受到阴影效应、多径效应和多普勒效应的影响,从而产生各种衰落和信道扩展。通常,无线信道的传播衰落可以分为大尺度(large-scale)衰落和小尺度(small-scale)衰落两种。大尺度衰落描述的是几百米甚至更长距离内接收信号强度的缓慢变化。一般来说,大尺度衰落与发射天线和接收天线的距离、发射天线和接收天线的高度、载波频率以及环境特性等参数有关,在给定了上述参数时,可以预测出电波传播的路径损耗,建立传播预测模型。对于传播预测模型的研究,传统上集中于给定范围内平均接收场强的预测和特定位置附近场强的变化。这些研究结果可用于估计无线覆盖范围,指导无线通信系统的规划。另外,无线信号在经过短时间或短距离传播后会经历小尺度衰落,此时其幅度快速衰落,以致大尺度衰落的影响可以忽略不计。如果一个接收机运动距离大于信道的相干距离,就说信道经历了小尺度衰落。

接收信号电平的大尺度和小尺度衰落示例如图 2-15 所示。

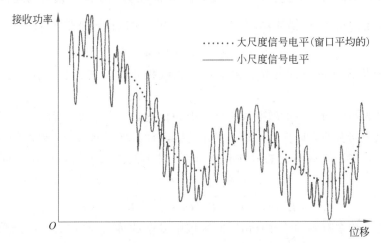

图 2-15　接收信号电平大尺度衰落和小尺度衰落示例

在相干时频间隔内,任何一对天线之间的复值增益基本上是恒定的,并由符号 g 表示。将 g 因素考虑如下:

$$g = \sqrt{\beta} h \tag{2-25}$$

其中,β 称为大尺度衰落系数,是正实数,它反映了与距离相关的路径损耗和阴影衰落,与频率无关;复数 h 表示小尺度衰落,与相移有关,它是不同传播路径之和导致的。在随后的所有分析中,假设小尺度衰落是瑞利衰落。

◆ 2.4　均匀和非均匀平面波

在无线通信中,小尺度衰落无线信道可以采用平面波表示方法。

经典表达电磁波的空间传播必须使用向量形式的电通量或磁通量来描述。而无线接收机接收到的是从接收天线端得到的标量电压或电流,并不是真正接收向量信号。因此本质上,接收天线是将空变的向量电通量或磁通量映射为标量电压大小的一种装置。对应于电通量,该映射如图 2-16 所示。

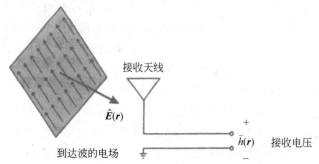

接收天线

$\hat{E}(r)$

到达波的电场

$\bar{h}(r)$ 接收电压

图 2-16   天线将复电场向量映射为基带信道电压标量

为了避免向量符号的复杂表示,常常用天线的标量电压或电流代替自由空间的向量场。这意味着天线的影响(包括增益、相位变化和极化的匹配性)已全部包含在电压的表示之中。天线对波传播的所有影响都可以用极化向量 $\hat{a}$ 说明。如果单模时间谐波的电磁波的传播用一个电场向量 $\hat{E}(r)$ 描述,那么通过如下运算就可以得到基带电压:

$$h(r) = \hat{E}(r) \cdot \hat{a} \tag{2-26}$$

其中,r 是接收机天线的空间变换。由电场与天线极化向量的内积就得到接收端的基带电压。

极化向量的幅度与天线的增益成正比。因为极化向量是复数,所以它可以表示到达信号的相位变化。向量的方向性可以表示极化的匹配性。极化向量随入射波的入射角度变化而变化。因为有多个波从不同的方向到达天线,对不同的入射波可以用不同的极化向量表示:

$$h(r) = \hat{E}_1(r) \cdot \hat{a}_1 + \hat{E}_2(r) \cdot \hat{a}_2 + \hat{E}_3(r) \cdot \hat{a}_3 + \cdots \tag{2-27}$$

为了描述电波在有界的线性自由空间区域中复杂的传播,将作为空间函数的接收电压分解为基础解系非常有用。基础解系由一组基本的函数构成,由傅里叶理论,可以假设任何基带接收电压的基础解系为所有的复正弦波:

$$h(r) = \sum_i V_i \exp(j(\phi_i - k_i \cdot r)) \tag{2-28}$$

其中,V_i 是实的幅度,ϕ_i 是实的相位,而 k_i 是实向量。式(2-28)中每一项 i 的等相面形成了三维空间中的平面。

麦克斯韦理论与傅里叶理论的相似之处在于任何可实现的接收电压均可由麦克斯韦基表达。可以称此麦克斯韦基为基础平面波。接收信号的表达与式(2-28)完全一样,只是多了约束条件:$k_i \cdot k_i = k_0^2$,且 k_i 可以是复向量。在麦克斯韦平面波描述中,k_i 称为波形向量常数。根据等相面的几何学,式中各 i 项被称为平面波。传播波形的等相面被定义为在三维空间中满足如下公式的一组点 r:

$$\arg\{h(r)\} = \phi_0 \tag{2-29}$$

其中,ϕ_0 为任意的相位常数。麦克斯韦基可以看作傅里叶基的一个子集的延伸。$k_i \cdot k_i =$

k_0^2 这个条件将解的集合限制为具有确定幅度的平面波。

麦克斯韦平面波可做进一步分解：第一类由实值波向量的均匀平面波构成；第二类由复值波向量的非均匀平面波构成。于是，式(2-28)可以重新整理为

$$h(\boldsymbol{r}) = \sum_r V_r \exp(\mathrm{j}(\phi_r - \boldsymbol{k}_r \cdot \boldsymbol{r})) + \sum_c V_c \exp(\mathrm{j}(\phi_c - \boldsymbol{k}_c \cdot \boldsymbol{r})) \qquad (2\text{-}30)$$

其中，等号右边的第一项是均匀平面波，$\boldsymbol{k}_r$ 为实向量；第二项是非均匀平面波，$\boldsymbol{k}_c$ 为复向量。

◇ 2.5　信道时间、频率、空间描述和选择性衰落

由于无线信道的多径、发射端或接收端的运动以及不同的散射环境等，使得无线信道在时间、频率和空间角度上造成了色散。功率延迟分布(Power Delay Profile，PDP)用于描述信道在时间上的色散；多普勒功率谱密度(Doppler Power Spectral Density，DPSD)用于描述信道在频率上的色散；角度功率谱(Power Azimuth Spectrum，PAS)用于描述信道在角度上的色散。因此，信号经过信道后分别形成了时间选择性衰落、频率选择性衰落和空间选择性衰落，并分别产生了时延扩展、多普勒扩展和角度扩展，这 3 种扩展分别对应 3 组相干参数，即相干时间、相干带宽和相干距离。下面分别讨论这 3 种特性。

2.5.1　时间色散与频率选择性

时间色散与频率选择性是由于不同时延的多径信号叠加而产生的效果，依赖于发射机、接收机和周围环境之间的几何关系。这两种效应是同时出现的，只是表现的形式不同。时间色散体现在时域，就是把发送端的信号沿时间轴展开，使接收信号的持续时间比发送该信号的持续时间长；频率选择性体现在频域，是指对发送信号产生滤波作用，使信号中不同频率分量的衰落幅度不一样，在频率上接近的分量其衰落也很接近，而在频率上相隔较远的分量其衰落相差很大。如果发送信号的带宽较窄，那么发送信号的所有频率分量经历基本相同的衰落，信号在传输过程中将不会产生失真，这时的衰落就是非频率选择性衰落或者频率平坦衰落；当发送信号的带宽继续增加时，发送信号频谱中的边缘分量将会逐渐产生失真，这样信道就对信号产生了滤波作用，即不同频率分量的衰落不同，就形成了频率选择性衰落。

时延扩展用来描述信道的时间色散性。具体的参数有平均附加时延和均方根时延扩展，它们都与时延谱有关。

2.5.2　均方根时延扩展

均方根时延扩展是从随机信道的时延谱定义得到的。在数学上，均方根时延扩展是时延谱的二阶中心矩，定义为

$$\sigma_\tau^2 = \overline{\tau^2} - (\overline{\tau})^2 \qquad (2\text{-}31)$$

其中

$$\overline{\tau^n} = \frac{\displaystyle\int_{-\infty}^{+\infty} \tau^n S_{\tilde{h}}(\tau)\,\mathrm{d}\tau}{\displaystyle\int_{-\infty}^{+\infty} S_{\tilde{h}}(\tau)\,\mathrm{d}\tau} \qquad (2\text{-}32)$$

较大的时延扩展意味着较小的相干带宽和较强的频率选择性。很多无线技术领域的工程师计算相干带宽时都采用以下近似式：

$$B_c = \frac{1}{5\sigma_\tau} \qquad (2\text{-}33)$$

例 2-1：指数函数的时延谱

问题：接收到的多径成分的功率通常是随着时延而呈指数级下降。于是，很多工程师将时延谱近似为指数形式的函数。试求作为均方根时延扩展 σ_τ 的函数的时延谱和频率自相关函数的表达式。

解：如果具有指数函数谱的均方根时延扩展为 σ_τ，则其时延谱为

$$S_{\tilde{h}}(\tau) = S_0 \exp\left(-\frac{\tau}{\sigma_\tau}\right) u(\tau) \qquad (2\text{-}34)$$

其中，S_0 为任意的常数，$u(\tau)$ 为单位阶跃函数。对该函数求其傅里叶反变换，得到其频率的自相关函数：

$$C_{\tilde{h}}(\Delta f) = \frac{S_0 \sigma_\tau}{1 + 2j\pi\Delta f\sigma_\tau} \qquad (2\text{-}35)$$

时延谱和频率自相关函数如图 2-17 所示。

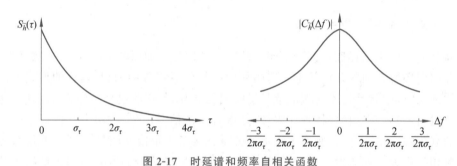

图 2-17　时延谱和频率自相关函数

可以看到，当均方根时延扩展 σ_τ 增加时，时延谱的带宽与自相关函数的带宽成反比关系。

在数字传输中，时延扩展会引起码间干扰。为了避免码间干扰，应使码元周期大于由多径引起的时延扩展，即

$$R_b < \frac{1}{\sigma_\tau} \qquad (2\text{-}36)$$

设信道最大多径时延差为 $\Delta\tau_{max}$，则定义多径传播信道的相干带宽为

$$B_{co} = \frac{1}{\Delta\tau_{max}} \qquad (2\text{-}37)$$

它表示信道传输特性相邻两个零点之间的频率间隔。如果信号的频谱大于相干带宽，则将产生严重的频率选择性衰落。为了减小频率选择性衰落，就应使信号的频谱小于相干带宽。当在多径信道中传输数字信号，特别是高速数字信号时，频率选择性衰落将会引起严重的码间干扰。为了减小码间干扰的影响，就必须限制数字信号传输速率。

相干带宽 B_c 用于描述信道的频率选择性，表示包络相关度为某一特定值时的信号带宽。当两个频率分量的频率间隔小于相干带宽时，它们具有很强的幅度相关性；反之，当两

个频率分量的频率间隔大于相干带宽时,它们的幅度相关性很弱。相干带宽是从均方根时延扩展得出的一个确定关系值,较大的时延扩展意味着频率选择性衰落和较小的相干带宽。

2.5.3 频率色散与时间选择性

当移动端在运动中进行通信时,接收信号的频率会发生变化,称为多普勒效应,这是任何波动过程都具有的特性。以可见光为例,假设一个发光物体在远处以固定的频率发出光波,接收到的频率应该与物体发出的频率相同。现在假定该物体开始向我们运动,但发光物体发出第二个波峰时,它与我们的距离应该比发出第一个波峰时要近,这样第二个波峰到达我们的时间要小于第一个波峰到达我们的时间,因此这两个波峰到达我们的时间间隔变小了,与此相应,我们接收到的频率就会增加;相反,当发光物体远离我们而去时,我们接收到的频率就会减小。这就是多普勒效应的原理。在天体物理学中,天文学家利用多普勒效应可以判断出其他星系的恒星都在远离地球而去,从而得出宇宙是在不断膨胀的结论。这种称为多普勒效应的频率和速度的关系是人们日常熟悉的。例如,我们在铁轨边听火车汽笛的声音。当火车驶近我们时,汽笛音调变高,即声音频率增大;而当它远离我们时,汽笛音调又会变低,即声音频率变小。

信道的时变性是指信道的传递函数随时间而变化,即在不同的时间发送相同的信号,在接收端收到的信号是不相同的。时变性在移动通信信道描述的具体体现之一就是多普勒频移,即单一频率信号经过时变移动信道之后会呈现为具有一定带宽包络的信号。这就是信道的频率弥散性。

多普勒效应引起的附加频率偏移称为多普勒频移,可以表示为

$$f_d = \frac{v}{\lambda}\cos\theta = \frac{vf_c}{c}\cos\theta = f_m\cos\theta \tag{2-38}$$

其中,f_c 表示载波频率,c 表示光速,f_m 表示最大多普勒频移,v 表示移动端的运动速度。可以看到,多普勒频移与载波频率和移动端运动速度成正比。

当移动端向入射波方向移动时,多普勒频移为正,即移动端接收到的信号频率会增大;当移动端背向入射波方向移动时,则多普勒频移为负,即移动端接收到的信号频率会减小。由于存在多普勒频移,所以当单一信号频率 f_0 的信号到达接收端时,其频谱不再是位于频率轴 $\pm f_0$ 处的单纯 δ 函数,而是分布在 (f_0-f_m, f_0+f_m) 内的、存在一定宽度的频谱。表 2-1 中给出两种载波(900MHz 和 2GHz)情况下不同移动速度时的最大多普勒频移值。

表 2-1 两种载波频率情况下不同移动速度时的最大多普勒频移值

终端移动速度	100km/h	75km/h	50km/h	25km/h
载波频率 900MHz	83	62	42	21
载波频率 2GHz	185	139	93	46

从时域来看,与多普勒频移紧密相关的另一个概念就是相干时间,相干时间是信道冲激响应维持不变的时间间隔的统计平均值。换句话说,相干时间就是一段时间间隔,在此时间

间隔内,两个到达信号有很强的幅度相关性。通常定义相干时间为多普勒频移的倒数,即

$$\Delta T_c = \frac{1}{f_m} \tag{2-39}$$

如果基带信号的符号宽度大于无线信道的相干时间,那么信号经过传输后波形会发生变化,造成信号的畸变,产生时间选择性衰落,或称为快衰落;反之,如果符号宽度小于相干时间,则认为信道是非时间选择性衰落,也称慢衰落。

由于发射端和接收端的相对运动,会产生多普勒频移现象,也就是频率色散,这时信道是时变的。信道的时变特性导致时间选择性衰落。时间选择性衰落会造成信号失真,这是因为当发送信号还在传输的过程中时,传输信道的特征已经发生了变化。多普勒扩展和相干时间是用于描述信道频率色散和时变特性的两个参数。

用来描述多普勒扩展的参数有平均多普勒扩展和均方根多普勒扩展,它们都与多普勒谱有关。无线通信中常见的多普勒谱主要有 U 型经典谱(Jakes 谱)和高斯形状的多普勒谱两种。

在定义上,均方根多普勒扩展与均方根时延扩展几乎是相同的。该时延扩展是通过对多普勒谱求二阶中心矩得到的:

$$\sigma_\omega^2 = \overline{\omega^2} - (\overline{\omega})^2 \tag{2-40}$$

其中

$$\overline{\omega^n} = \frac{\int_{-\infty}^{+\infty} \omega^n S_{\tilde{h}}(\omega) \, d\omega}{\int_{-\infty}^{+\infty} S_{\tilde{h}}(\omega) \, d\omega} \tag{2-41}$$

较大的多普勒扩展意味着较小的相干时间,信道在时间上变化较快。

例 2-2:高斯形状的多普勒谱

问题:很多时变信道多普勒谱的功率都集中在 $\omega = 0$ 附近,并且当 $|\omega|$ 较大时很快就下降为 0。描述这种多普勒谱的模型是高斯形状的多普勒谱。试求多普勒扩展为 σ_ω 的信道多普勒谱及时间自相关函数的表达式。

解:如果高斯形状的多普勒谱的均方根多普勒扩展为 σ_ω,那么其多普勒谱具有如下形式:

$$S_{\tilde{h}}(\omega) = S_0 \exp\left(-\frac{\omega^2}{2\sigma_\omega^2}\right) \tag{2-42}$$

其中,S_0 为任意的常数。时间自相关函数 $C_{\tilde{h}}(\Delta t)$ 是多普勒谱的傅里叶反变换:

$$C_{\tilde{h}}(\Delta t) = \frac{S_0 \sigma_\omega}{\sqrt{2\pi}} \exp\left(-\frac{\Delta t^2 \sigma_\omega^2}{2}\right) \tag{2-43}$$

多普勒谱和时间自相关函数如图 2-18 所示。

当均方根多普勒扩展 σ_ω 增加时,多普勒谱的带宽与时间自相关函数的时间窗口成反比关系。

多普勒扩展是移动信道的时间变化率的一种度量。如果基带信号带宽 B 远大于多普勒扩展,则在接收端可以忽略多普勒扩展的影响。

相干时间 T_c 用于描述信道的时间选择性,是信道冲击响应保证一定相关度的时间

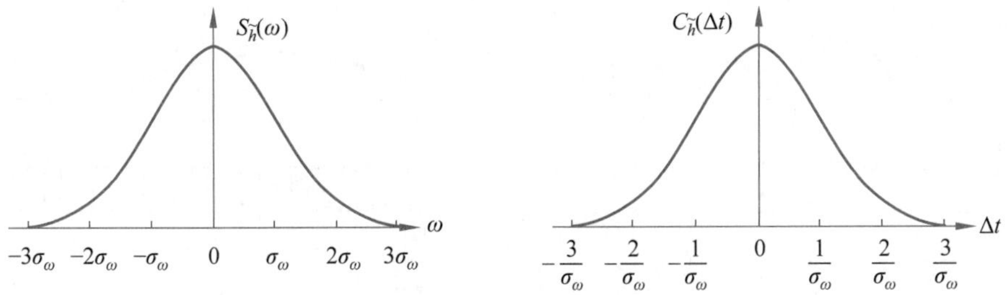

图 2-18　多普勒谱和时间自相关函数

间隔。在相干时间内，信号经历的衰落具有较大的相关性。如果基带信号带宽的倒数大于信道的相干时间，那么传输中基带信号受到的衰落就会发生变化，导致接收机解码失真。

图 2-19 显示了相干时间为 T_c 的时变信道。

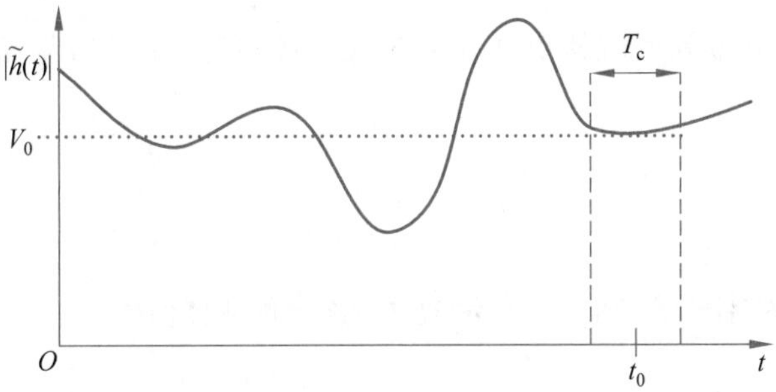

图 2-19　相干时间为 T_c 的时变信道

从数学上，以窄带（无频率变量）、固定（无空间变量）的信道 $\tilde{h}(t)$ 表示这一条件：

$$|\tilde{h}(t)| \approx V_0, \quad |t-t_0| \leqslant \frac{T_c}{2} \tag{2-44}$$

其中，V_0 是某个电压常数；T_c 是感兴趣的时间窗大小，它与多普勒频移有关。从一般意义上讲，满足式(2-44)的最大 T_c 值称为相干时间，它也是信道在该期间表现为静止的大致的时间窗。

在微波和毫米波频率范围，时间非相干的最普通的原因是发射机的运动或传播环境中的严重散射。时间信道衰落能够损害一个无线通信系统的性能，如果传送的数据速率与相干时间可比，接收机会变得很难可靠地解调发送信号。因调制引起的波动和因时变信道引起的波动在同一时间尺度上发生，会造成强度极大的畸变。

在时变信道中实现可靠数字通信的一个办法是用比信道相干时间长许多的符号传输数据，并通过长周期的平均，从每个符号中滤除载波的波动。当载波的包络以快于符号传输率的速度波动时，信道是快衰落的。

在时变信道中实现可靠数字通信的另一个办法是用比信道相干时间小许多的符号传输数据。对于这种情况，时变信道在这个短符号周期内表现为静止的。当载波的包络以慢于符号传输率的速度波动时，信道是慢衰落的。

快衰落和慢衰落的差别如图 2-20 所示。

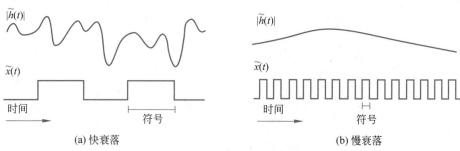

图 2-20　快衰落和慢衰落的差别

例 2-3：相干时间的对偶性

问题：已知一个时变窄带信道的均方根多普勒扩展为 σ_ω，试求其相干时间 T_c。

解：首先必须正式地定义相干时间。在 2.5.2 节中指出，一个色散信道的相干带宽 B_c 与 $5\sigma_\tau$ 成反比。根据对偶性原理，该准则同样适用于时变信道。做如下替换：$B_c \leftrightarrow T_c$，$\sigma_\tau \leftrightarrow \frac{1}{2\pi}\sigma_\omega$（$2\pi$ 是多普勒域和时域傅里叶变换定义的差别）。于是得到相干时间与多普勒频移之间的关系：

$$T_c = \frac{2\pi}{5\sigma_\omega} \tag{2-45}$$

2.5.4　两径模型的相干时间、相干带宽和相干时频间隔

1. 相干时间

信道可以合理地被视为时不变的时间称为相干时间，用 T_c 表示（以秒为单位测量）。为了将 T_c 与物理传播环境的特征联系起来，这里考虑一个简单的两径传播模型，其中发射机天线发射一个信号 $x(t)$，该信号通过可视直线路径 d_1 和单个镜面反射路径 d_2 两条路径到达接收机，如图 2-21(a)所示。图 2-21(b)相对于图 2-21(a)接收机的移位距离为 d。

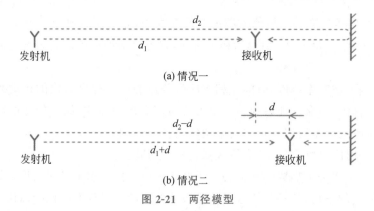

(a) 情况一

(b) 情况二

图 2-21　两径模型

对于图 2-21(a)，如果两条路径都有单位强度，而 $x(t)$ 的带宽足够小，通过叠加路径接收的信号是

$$y(t) = \left(e^{-j2\pi f_c \frac{d_1}{c}} + e^{-j2\pi f_c \frac{d_2}{c}}\right)x(t) = \left(e^{-j2\pi \frac{d_1}{\lambda}} + e^{-j2\pi \frac{d_2}{\lambda}}\right)x(t) \tag{2-46}$$

其中，d_1 和 d_2 是图 2-21(a)中的两条传播路径的长度。

为了论证方便,下面假设 d_1/λ 和 d_2/λ 是整数,则式(2-47)变为 $y(t)=2x(t)$。

如果接收机向右移动 d 的距离,如图 2-21(b)所示,则

$$y(t)=\left(\mathrm{e}^{-\mathrm{j}2\pi\frac{d}{\lambda}}+\mathrm{e}^{-\mathrm{j}2\pi\frac{-d}{\lambda}}\right)x(t)=2\cos2\pi\frac{d}{\lambda}x(t) \tag{2-47}$$

如果 $\dfrac{d}{\lambda}=\dfrac{1}{4},\dfrac{3}{4},\dfrac{5}{4},\cdots$,则 $\cos2\pi\dfrac{d}{\lambda}=0$,因此式(2-48)中的 $y(t)=0$。如图 2-22(a)所示的零点值会随着位移 d 与 λ 的关系周期性地出现,只要接收机的移动距离不超过 $\lambda/2$,就可以认为信道是时不变的。这意味着如果接收机以 v 的速度移动,那么相干时间 T_c 可以表达为

$$T_c=\frac{\lambda}{2v} \tag{2-48}$$

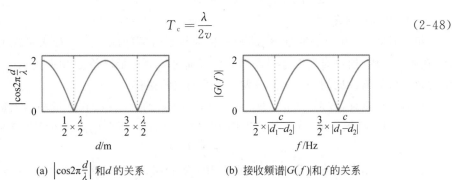

(a) $\left|\cos2\pi\dfrac{d}{\lambda}\right|$ 和 d 的关系　　　　(b) 接收频谱 $|G(f)|$ 和 f 的关系

图 2-22 两径模型分析

一个真实的传播环境比图 2-21 的两径模型复杂,它可以包含一个直接路径和多个不同振幅的散射间接路径,总体响应一般是复值的,然而,由式(2-48)指定的相干时间通常是一个很好的近似,这也和前面的算法是接近的。

2. 相干带宽

现在考虑一个波形的传输时间比相干时间短的情况,$x(t)$ 与 $y(t)$ 之间的关系近似为时不变,信道脉冲响应为 $g(t)$,则定义信道频率响应 $G(f)$ 为

$$G(f)=\int_{-\infty}^{+\infty}g(t)\mathrm{e}^{-\mathrm{j}2\pi ft}\,\mathrm{d}t \tag{2-49}$$

一般来说,信道频率响应的幅值 $|G(f)|$ 随 f 变化,$|G(f)|$ 近似恒定的频率间隔长度称为相干带宽,用 B_c 表示(单位是 Hz)。这非常类似于相干时间的定义。再次考虑图 2-21(a)中的两径传播模型,仍然假设 d_1/λ 和 d_2/λ 是整数,如果是正弦信号 $x(t)=\mathrm{e}^{-\mathrm{j}2\pi ft}$ 被传送,那么接收的信号是

$$y(t)=\left(\mathrm{e}^{-\mathrm{j}2\pi(f_c+f)\frac{d_1}{c}}+\mathrm{e}^{-\mathrm{j}2\pi(f_c+f)\frac{d_2}{c}}\right)\mathrm{e}^{\mathrm{j}2\pi ft} \tag{2-50}$$

因此,信道的频率响应是

$$\begin{aligned}G(f)&=\mathrm{e}^{-\mathrm{j}2\pi(f_c+f)\frac{d_1}{c}}+\mathrm{e}^{-\mathrm{j}2\pi(f_c+f)\frac{d_2}{c}}\\&=\mathrm{e}^{-\mathrm{j}2\pi f\frac{d_1}{c}}+\mathrm{e}^{-\mathrm{j}2\pi f\frac{d_2}{c}}\end{aligned} \tag{2-51}$$

频率响应的幅度大小是

$$|G(f)|=\left|\mathrm{e}^{-\mathrm{j}2\pi f\frac{d_1}{c}}+\mathrm{e}^{-\mathrm{j}2\pi f\frac{d_2}{c}}\right|=2\left|\cos\pi f\frac{d_1-d_2}{c}\right| \tag{2-52}$$

可以看出 $|G(f)|$ 与 f_c 无关,在频率周期间隔为 $\dfrac{c}{|d_1-d_2|}$ 处有零交叉。与式(2-48)中相干时间的定义类似,将相干带宽 B_c 定义为 $|G(f)|$ 的两个零值之间的距离,如图 2-22(b)所示,即

$$B_c = \frac{c}{|d_1-d_2|} \tag{2-53}$$

虽然两径模型是一种简化描述,但对于其他多径模型 $|G(f)|$ 在由式(2-53)给出的频率间隔上也基本上是恒定的,其中 $|d_1-d_2|$ 是从发射机到接收机的不同传播路径之间的最大距离差。$|d_1-d_2|/c$ 是信道的一阶延迟扩展。

3. 相干时频间隔

相干时间 T_c 和相干带宽 B_c 的乘积称为相干时频间隔。这是最大可能的恒定时频空间,在此空间内,信道对发射信号的影响可以通过复值标量增益 g 相乘表示。$|g|$ 的大小表示波形包络的缩放比例,而 $\arg(g)$ 表示信道相位的偏移。

根据采样定理,波形 $x(T)$ 的任何 T(单位为 s)的时间段,其能量基本上包含在宽度为 B(单位为 Hz)的频率区间中,都可以用 BT(复值)描述。因此,定义相干时频间隔为

$$\tau_c = B_c T_c \tag{2-54}$$

表 2-2 给出了载波频率 2GHz(波长为 15cm)时,移动端在室内步行、室外步行和汽车行驶状态下使用式(2-48)、式(2-53)和式(2-54)计算的相干时间 T_c、相干带宽 B_c 和相干时频间隔 τ_c 的典型值。

表 2-2　移动端在几种状态下 T_c、B_c 和 τ_c 的典型值

移 动 方 式	室内 $|d_1-d_2|=30\text{m}$	室外 $|d_1-d_2|=1000\text{m}$
步行 $v=1.5\text{m/s}(5.4\text{km/h})$	$T_c=50\text{ms}$ $B_c=10\text{MHz}$ $\tau_c=500\,000$	$T_c=50\text{ms}$ $B_c=300\text{kHz}$ $\tau_c=15\,000$
汽车 $v=30\text{m/s}(108\text{km/h})$		$T_c=2.5\text{ms}$ $B_c=300\text{kHz}$ $\tau_c=750$

考虑相干时间段的波形 $x(t)$,以速率 B_c 采样得到的信道输出为

$$y_n = gx_n + w_n, \quad n=0,1,\cdots,\tau_c-1 \tag{2-55}$$

其中,x_n 是输入,y_n 是输出,g 表示信道增益,w_n 表示加性接收机噪声的样本。假设噪声谱是平坦带限 $[-B_c,B_c]$ 的平稳随机过程,噪声自相关函数与 $\text{sinc}(B_c t)$ 成正比,因此间隔 $1/B_c$(单位为 s)采集的噪声样本 w_n 之间是不相关的。

4. 用奈奎斯特采样率解释 T_c 和 B_c

采样定理适用于以 $1/B$ 的采样间隔对带宽限定在 $[-B,B]$ 的信号进行采样,采用奈奎斯特采样间隔对相干时间和相干带宽进行定义,相干时间与正弦波一半周期的移动相关,而相干带宽则相当于信道延迟扩展的倒数。在实践中,相干时频间隔取值可能要小于理论计算值,以提供足够的设计裕度,特别是在终端只服务几个连续的相干时频间隔或存在载波频率存在较小偏移的情况以及需要高精度插值的特殊应用。

2.5.5　空间选择性

从前面的均方根时延扩展很快就可以得到均方根波数扩展的定义。均方根波数扩展的定义为

$$\sigma_k^2 = \overline{k^2} - (\bar{k})^2, \quad \text{其中} \quad \overline{k^n} = \frac{\int_{-\infty}^{+\infty} k^n S_{\tilde{h}}(k)\,\mathrm{d}k}{\int_{-\infty}^{+\infty} S_{\tilde{h}}(k)\,\mathrm{d}k} \tag{2-56}$$

均方根波数扩展与波数谱有关。较大的均方根波数扩展意味着相干距离较小,信道在空间上变化较快。

例 2-4：全方向波数谱

问题:一种常用的波数谱模型就是克拉克全方向谱,该模型对应于室外环境中从水平面各个方向到达的多径信号功率。这种情况下波数谱为

$$S_{\tilde{h}}(k) = \frac{S_0}{\sqrt{k_0^2 - k^2}}, \quad |k| \leqslant k_{\max} \tag{2-57}$$

如图 2-23(a)所示。其中 k 为波数,S_0 为任意的常数,而 k_0 是最大的自由空间波数。试求均方根波数扩展及空间自相关函数的表达式。

解:应用式(2-56)可求得以 k_0 表示的均方根波数扩展,

$$\sigma_k = \frac{k_0}{\sqrt{2}} \tag{2-58}$$

该波数谱的空间自相关函数为

$$C_{\tilde{h}}(\Delta r) = \frac{S_0}{2} J_0(k_0 \Delta r) \tag{2-59}$$

如图 2-23(b)所示。其中 $J_0(\cdot)$ 是零阶贝塞尔函数。

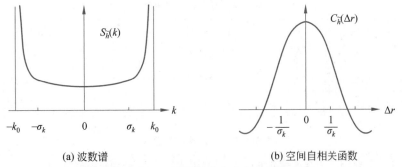

(a) 波数谱　　　　　　　　　　　　(b) 空间自相关函数

图 2-23　例 2-4 的波数谱和空间自相关函数

例 2-4 中的 U 型谱是在移动无线传播中非常著名的经典结果,但它在教材中通常是作为多普勒谱而不是波数谱出现。本书中出现了距离＝速度×时间($r = v \times t$)的隐含的替代形式,对空间衰落也进行了刻画。这种替代将空变信道转化为时变信道。

为了进一步简化空间特性,通常用角度扩展代替波数扩展描述功率谱在空间上的色散程度。根据环境的不同,角度扩展在 0°～360°分布。角度扩展越大,表明散射环境越强,信号在空间的色散度越高,信道的相关性越低;反之则表明散射环境越弱,信号在空间的色散

度越低,信道的相关性越高。这就为智能天线的波束成形算法等研究奠定了基础。

◇ 2.6　信道模型的对偶性原理

可以看到,时间、频率及空间的随机统计特性之间存在着许多相似之处。不论是自相关函数、功率谱密度函数还是均方根带宽等参数,对某一维度变量的分析方法同样可以应用于对其他变量的分析,这就是信道模型的对偶性原理。

表 2-3 中总结了信道模型在时间、频率和空间上的对偶关系。尽管每个自变量反映的都是无线信道完全不同的侧面,然而用于研究它们的原理和方法却有异曲同工之妙。

表 2-3　信道模型在时间、频率和空间上的对偶性关系

变　量	时　间	频　率	空　间
相干参数	相干时间	相干带宽	相干距离
傅里叶变换谱参数	多普勒频移 ω	时延 τ	波数 k
谱函数参数	多普勒扩展 σ_ω	时延扩展 σ_τ	波数扩展 σ_k

对随机信道特征的总结如下:

作为时间、频率、空间的函数的无线随机信道可以通过其自相关函数进行刻画。对该自相关函数进行傅里叶变换就得到关于多普勒、时延、波数的谱函数。用均方根多普勒频偏、时延、波数扩展就可以描述该谱函数的带宽。当上述扩展增大时,信道的时间、频率、空间选择性衰落增大而相干时间、相干带宽、相干距离减小。

以上介绍了无线信道的时间、频率与空间选择性衰落以及它们对应的 3 组参数,表 2-4 和表 2-5 给出了基于这 3 组参数的衰落信道的特性和分类。

表 2-4　衰落信道的特性

信道选择性	信道扩展	相干参数
频率选择性	时延扩展	相干带宽
时间选择性	多普勒扩展	相干时间
空间选择性	角度扩展	相干距离

表 2-5　衰落信道的分类

基 于 参 数	衰落信道分类	满 足 条 件
相干时间	快衰落信道	信号符号周期大于相干时间
	慢衰落信道	信号符号周期远远小于相干时间
相干带宽	平坦衰落信道	信号带宽远远小于相干带宽
	频率选择性衰落信道	信号带宽大于相干带宽
角度扩展	标量信道	单天线系统
	向量信道	角度扩展不为零的多天线系统

◈ 2.7　信道二阶统计量

2.7.1　衰落速率方差

衰落速率方差是一个用于描述信道变化快慢程度的关键的二阶统计量，而信道是关于时间、频率和空间的函数。

考虑如图 2-24 所示的两个随机过程，这两个随机过程都是时变的电压，并且其取值大小都是服从瑞利分布的概率密度函数。显然，它们不是同一个随机过程，因为信号 1 的变化比信号 2 的变化快得多，它们关于时间的二阶统计量完全不同。

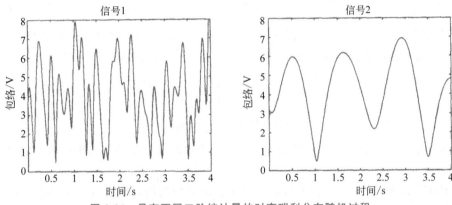

图 2-24　具有不同二阶统计量的时变瑞利分布随机过程

尽管广义平稳随机过程的二阶统计量不论是对自相关函数还是对功率谱密度函数都是最好的描述，但是仍然可以用更简单的参量描述随机过程随时间、频率或空间的变化。例如信道函数的导数 $\dfrac{\mathrm{d}\widetilde{h}(t)}{\mathrm{d}t}$ 或 $\left|\dfrac{\mathrm{d}\widetilde{h}(t)}{\mathrm{d}t}\right|^2$ 是描述信道变化快慢的有效方法。

对于基带信道这类复随机过程，我们将研究其相位特性。例如，一个广义平稳的随机信道的相位可以写成

$$\phi(t)=\arg\{\widetilde{h}(t)\} \tag{2-60}$$

如果多普勒谱 $S_{\widetilde{h}}(\omega)$ 的中心非零，则其相位随机过程将不满足均值平稳的条件。于是其相位的均值将是时间的函数：

$$E\{\phi(t)\}=\phi_0+\bar{\omega}t, \quad \bar{\omega}=\frac{\displaystyle\int_{-\infty}^{+\infty}\omega S_{\widetilde{h}}(\omega)\mathrm{d}\omega}{\displaystyle\int_{-\infty}^{+\infty}S_{\widetilde{h}}(\omega)\mathrm{d}\omega} \tag{2-61}$$

常数 $\bar{\omega}$ 是多普勒谱的中心。消去非平稳相位的方法就是将信道 $\widetilde{h}(t)$ 与复指数项 $\exp(-\mathrm{j}\omega t)$ 相乘。

通信链路的性能依赖于其包络或等效功率，它们是独立于其相位的。对任何复随机过程乘以一个线性的相位，对该随机过程的包络毫无影响。这里使用复信道基于中心相位的统计量是因为它们直接反映了该随机过程包络的平均变化。

在对信道相位做了非平稳调整以后,得到信道关于时间变化快慢的参量为

$$\sigma_t^2 = E\left\{\left|\frac{\mathrm{d}[\tilde{h}(t)\exp(-\mathrm{j}\bar{\omega}t)]}{\mathrm{d}t}\right|^2\right\} \tag{2-62}$$

参量 σ_t^2 被称为时间衰落速率方差,这是因为信道对时间的导数反映了衰落的速率,平方均值反映了该信道随机过程的方差。因为在式(2-62)中复指数项对相位的平稳进行了修正,所以时间衰落速率方差值与 $\tilde{h}(t)$ 的包络变化相关。

当然,其他自变量也存在类似的衰落速率方差。可以定义频率衰落速率方差 σ_f^2,对作为频率函数的静态固定信道 $\tilde{h}(t)$ 的变化进行测量:

$$\sigma_f^2 = E\left\{\left|\frac{\mathrm{d}[\tilde{h}(f)\exp(-\mathrm{j}2\pi\bar{\tau}t)]}{\mathrm{d}f}\right|^2\right\} \tag{2-63}$$

其中, $\bar{\tau}$ 是时延谱的中心。应用对偶性,就可以得到信道 $\tilde{h}(r)$ 的空间衰落速率方差 σ_r^2,其中 r 表示沿空间某一固定方向的位置。

$$\sigma_r^2 = E\left\{\left|\frac{\mathrm{d}[\tilde{h}(r)\exp(-\mathrm{j}\bar{k}r)]}{\mathrm{d}r}\right|^2\right\} \tag{2-64}$$

其中, $\bar{k}$ 是对沿空间某一方向的位置计算得到的波数谱的中心。

衰落速率方差的定义更为科学、精准,它与功率谱密度函数的均方根扩展之间有着紧密联系。

给定其多普勒谱 $S_{\tilde{h}}(\omega)$,就可以计算时变信道导数的均方值。有一条基本定律描述了随机过程导数的均方值与其复值功率谱密度函数之间的关系:

$$E\left\{\left|\frac{\mathrm{d}^n\tilde{h}(t)}{\mathrm{d}t^n}\right|^2\right\} = \frac{1}{2\pi}\int_{-\infty}^{+\infty}\omega^{2n}S_{\tilde{h}}(\omega)\mathrm{d}\omega \tag{2-65}$$

对应于衰落速率方差,相应地取 $n=1$:

$$E\left\{\left|\frac{\mathrm{d}\tilde{h}(t)}{\mathrm{d}t}\right|^2\right\} = \frac{1}{2\pi}\int_{-\infty}^{+\infty}\omega^2 S_{\tilde{h}}(\omega)\mathrm{d}\omega \tag{2-66}$$

考虑到因子 $\exp(-\mathrm{j}\bar{\omega}t)$ 对该随机过程的调制,对其多普勒谱进行 $-\bar{\omega}$ 的搬移并且对其积分上下限也做相应的调整:

$$\sigma_t^2 = \frac{1}{2\pi}\int_{-\infty}^{+\infty}(\omega-\bar{\omega})^2 S_{\tilde{h}}(\omega)\mathrm{d}\omega \tag{2-67}$$

式(2-67)可重新整理为如下形式:

$$\sigma_t^2 = \frac{1}{2\pi}\int_{-\infty}^{+\infty}S_{\tilde{h}}(\omega)\mathrm{d}\omega\frac{\int_{-\infty}^{+\infty}(\omega-\bar{\omega})^2 S_{\tilde{h}}(\omega)\mathrm{d}\omega}{\int_{-\infty}^{+\infty}S_{\tilde{h}}(\omega)\mathrm{d}\omega} \tag{2-68}$$

其中,第一项是平均功率 $E\{P(t)\}$, $P(t)=|h(t)|^2$;第二项是均方根多普勒扩展 σ_ω。现在时间衰落速率方差就成了我们非常熟悉的两个参量——平均功率 $E\{P(t)\}$ 和均方根多普勒扩展 σ_ω 的函数。

式(2-68)中所示的关系为时间衰落速率方差和频谱扩展之间的基本结论。对于无线随机信道,有如下关于时间、频率和空间的结论:

$$\sigma_t^2 = E\{P(t)\}\sigma_\omega^2 \tag{2-69}$$

$$\sigma_f^2 = (2\pi)^2 E\{P(f)\}\sigma_\tau^2 \tag{2-70}$$

$$\sigma_r^2 = E\{P(r)\}\sigma_k^2 \tag{2-71}$$

从式(2-69)、式(2-70)和式(2-71)很明显可以看出为什么说均方根频谱扩展是对信道相干性的精确度量。由于其与衰落速率方差之间的关系,均方根频谱扩展是对信道在基本域中的变化大小非常好的度量。式(2-69)、式(2-70)和式(2-71)是将随机信道理论运用到实际问题中的良好出发点。

联合自相关函数和功率谱密度函数描述了具有多个变量的信道。各个自变量之间的关系通过变换映射得以很好地体现。均方根频谱扩展是对功率谱密度函数带宽的正式测量,定义了多普勒频移、时延和波数的扩展;均方根衰落速率是对信道随时间、频率和空间的平均变化的度量。信道的衰落速率方差和其均方根频谱扩展的平方成正比例。

所有空时无线信道的随机模型中各变量之间均存在对偶性。

2.7.2　时域电平交叉率和平均衰落持续时间

本节主要讨论小尺度衰落信道的两个重要的二阶统计量:时域电平交叉率和平均衰落持续时间。它们将接收信号的时间变化率与信号电平及移动端速度联系了起来。

时域电平交叉率(Level Crossing Rate,LCR)是关于时间的统计过程,定义为在 1s 内包络低于给定门限的平均次数。对于一般过程,时域电平交叉率 N 可以通过包络 R 和其时间导数的联合概率分布函数计算得到,即

$$N_t = \int_0^\infty \hat{\rho} f_{R\hat{R}}(\rho,\hat{\rho})\mathrm{d}\hat{\rho} \tag{2-72}$$

其中,R 是给定的门限,$f_{R\hat{R}}(\rho,\hat{\rho})$ 是包络和包络的时间导数的联合概率分布函数。对于瑞利衰落过程,其电平交叉率为

$$N_t = \sqrt{2\pi}\, f_{\mathrm{m}}\rho \mathrm{e}^{-\rho^2} \tag{2-73}$$

其中,$f_{\mathrm{m}} = \dfrac{v}{\lambda}$ 为最大多普勒频移,$\rho = R/R_{\mathrm{rms}}$ 是特定电平 R 相对于衰落包络的本地均方根幅度进行归一化后的值。时域电平交叉率是移动端速率的函数,当给出 f_{m} 的值时可由式(2-73)解出。

平均衰落持续时间(Average Duration of Fade,ADF)定义为接收信号包络每次低于给定门限的持续时间。对于给定门限 R,平均衰落持续时间为

$$\bar{t} = \frac{1}{N_t}\int_0^R f_R(\rho)\mathrm{d}\rho \tag{2-74}$$

对于瑞利衰落过程,平均衰落持续时间可以表示为

$$\bar{t} = \frac{\mathrm{e}^{\rho^2}-1}{\sqrt{2\pi}\,\rho f_{\mathrm{m}}} \tag{2-75}$$

传统上,大多数对电平交叉率的分析都是基于时域进行的。然而,也可以定义频域上的电平交叉率和平均衰落持续带宽,同样,可以定义空间电平交叉率和平均衰落持续距离,这两组二阶统计参数可以根据信道对偶性原理由时域电平交叉率和平均衰落持续时间直接求出。

◆ 2.8　信道包络统计特性

由于无线信道的多径现象，使得接收信号的包络呈现随机性。研究表明，包络一般服从瑞利分布和莱斯分布。

瑞利分布是最常见的用于描述平坦衰落信号接收包络或独立多径分量接收包络统计时变特性的一种分布类型。两个正交高斯噪声信号之和的包络服从瑞利分布。

信号经过无线信道传输后总会受到噪声和衰落的干扰。为了减少噪声的影响，通常在接收机前端设置一个带通滤波器，以滤除信号频带以外的噪声。因此，带通滤波器的输出是信号与窄带噪声的混合波形。最常见的是正弦波加窄带高斯噪声的合成波，这是通信系统中常会遇到的一种情况，所以有必要了解合成信号的包络和相位的统计特性。

设合成信号为

$$r(t) = A\cos(\omega_c t + \theta) + n(t) \tag{2-76}$$

其中，可以假设第一项正弦信号的幅度 A 为常数，频率 ω_c 也为不变常数，θ 是在相位区间 $(0, 2\pi)$ 上均匀分布的随机变量；第二项 $n(t) = n_c(t)\cos\omega_c t - n_s(t)\sin\omega_c t$ 是窄带高斯噪声，其均值为 0，方差为 σ_n^2。式(2-76)可以变换为

$$\begin{aligned} r(t) &= [A\cos\theta + n_c(t)]\cos(\omega_c t) - [A\sin\theta + n_s(t)]\sin(\omega_c t) \\ &= z_c(t)\cos(\omega_c t) - z_s(t)\sin(\omega_c t) \\ &= z(t)\cos(\omega_c t + \varphi(t)) \end{aligned} \tag{2-77}$$

在式(2-77)中，

$$z_c(t) = A\cos\theta + n_c(t)$$
$$z_s(t) = A\sin\theta + n_s(t)$$

合成信号的包络和相位为

$$z(t) = \sqrt{z_c^2(t) + z_s^2(t)}, \quad z \geqslant 0 \tag{2-78}$$

$$\varphi(t) = \arctan\frac{z_s(t)}{z_c(t)}, \quad 0 \leqslant \varphi \leqslant 2\pi \tag{2-79}$$

利用随机分析定理，如果 θ 值已给定，则 z_c、z_s 是相互独立的高斯随机变量，且有

$$E[z_c] = A\cos\theta, \quad E[z_s] = A\sin\theta, \quad \sigma_c^2 = \sigma_s^2 = \sigma_n^2 \tag{2-80}$$

所以，在给定相位 θ 条件下的 z_c 和 z_s 的联合概率密度函数为

$$f(z_c, z_s \mid \theta) = \frac{1}{2\pi\sigma_n^2}\exp\left\{-\frac{1}{2\sigma_n^2}[(z_c - A\cos\theta)^2 + (z_s - A\sin\theta)^2]\right\} \tag{2-81}$$

把服从式(2-81)的信道称为瑞利分布信道。

根据式(2-76)～式(2-81)可以求得在给定相位 θ 的条件下 z 和 φ 的联合概率密度函数：

$$\begin{aligned} f(z, \varphi \mid \theta) &= \left|\frac{\partial(z_c, z_s)}{\partial(z, \varphi)}\right| f(z_c, z_s \mid \theta) = z \cdot f(z_c, z_s \mid \theta) \\ &= \frac{z}{2\pi\sigma_n^2}\exp\left\{-\frac{1}{2\sigma_n^2}[z^2 + A^2 - 2Az\cos(\theta - \varphi)]\right\} \end{aligned} \tag{2-82}$$

求条件边际分布，有

$$f(z \mid \theta) = \int_0^{2\pi} f(z, \varphi \mid \theta) \mathrm{d}\varphi$$

$$= \frac{z}{2\pi\sigma_n^2} \int_0^{2\pi} \exp\left\{-\frac{1}{2\sigma_n^2}\left[z^2 + A^2 - 2Az\cos(\theta - \varphi)\right]\right\} \mathrm{d}\varphi$$

$$= \frac{z}{2\pi\sigma_n^2} \exp\left(-\frac{z^2 + A^2}{2\sigma_n^2}\right) \int_0^{2\pi} \exp\left\{\frac{Az}{\sigma_n^2}\cos(\theta - \varphi)\right\} \mathrm{d}\varphi \tag{2-83}$$

由于

$$\frac{1}{2\pi} \int_0^{2\pi} \exp\{x\cos\theta\} \mathrm{d}\theta = I_0(x)$$

故有

$$\frac{1}{2\pi} \int_0^{2\pi} \exp\left\{\frac{Az}{\sigma_n^2}\cos(\theta - \varphi)\right\} \mathrm{d}\varphi = I_0\left(\frac{Az}{\sigma_n^2}\right) \tag{2-84}$$

其中，$I_0(x)$ 为零阶修正贝塞尔函数。当 $x \geqslant 0$ 时，$I_0(x)$ 是单调上升函数，且有 $I_0(0) = 1$。因此

$$f(z \mid \theta) = \frac{z}{\sigma_n^2} \exp\left\{-\frac{1}{2\sigma_n^2}(z^2 + A^2)\right\} I_0\left(\frac{Az}{\sigma_n^2}\right) \tag{2-85}$$

由式(2-85)可见，$f(z\mid\theta)$ 与 θ 无关，故正弦波加窄带高斯过程包络的概率密度函数为

$$f(z) = \frac{z}{\sigma_n^2} \exp\left\{-\frac{1}{2\sigma_n^2}(z^2 + A^2)\right\} I_0\left(\frac{Az}{\sigma_n^2}\right), \quad z \geqslant 0 \tag{2-86}$$

把服从式(2-86)的信道称为广义瑞利分布信道，也称莱斯信道。

式(2-87)存在两种极限情况：

(1) 当信号很小，$A \to 0$，即信号功率与噪声功率之比 $\dfrac{A^2}{\sigma_n^2} \to 0$ 时，z 值很小，有 $I_0(x) = 1$，这时合成波 $r(t)$ 中只存在窄带高斯噪声，近似为式(2-81)，即由莱斯分布退化为瑞利分布。

(2) 当信噪比很大时，有 $I_0(x) = \dfrac{\mathrm{e}^x}{\sqrt{2\pi x}}$，这时在 $z \approx A$ 附近，$f(z)$ 近似服从高斯分布，即

$$f(z) \approx \frac{1}{\sqrt{2\pi}\sigma_n} \exp\left\{-\frac{(z-A)^2}{2\sigma_n^2}\right\} \tag{2-87}$$

由此可见，信号加噪声的合成波包络分布与信噪比有关。在小信噪比时，它接近于瑞利分布；在大信噪比时，它接近于高斯分布；在一般情况下，它是莱斯分布。相应的包络概率密度函数如图 2-25(a)所示。

信号加噪声的合成波相位分布 $f(\varphi)$ 也与信噪比有关，如图 2-25(b)所示。在小信噪比时，$f(\varphi)$ 接近于均匀分布，它反映这时以窄带高斯噪声为主的情况；在大信噪比时，$f(\varphi)$ 主要集中在有用信号相位附近。

瑞利衰落能有效描述存在能够大量散射无线电信号的障碍物的无线传播环境。若传播环境中存在足够多的散射，则冲激信号到达接收机后表现为大量统计独立的随机变量的叠加，根据中心极限定理，则这一无线信道的冲激响应将是一个高斯过程。如果这一散射信道中不存在主要的信号分量(通常这一条件是指不存在可视直线信号)，则这一过程的均值为 0，且相位服从 0～2π 的均匀分布，即信道响应的能量或包络服从瑞利分布。若信道中存在

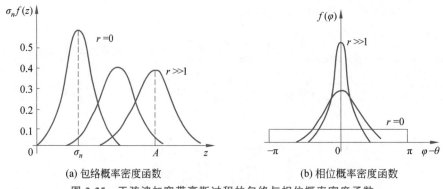

(a) 包络概率密度函数   (b) 相位概率密度函数

图 2-25　正弦波加窄带高斯过程的包络与相位概率密度函数

主要分量,例如直射信号,则信道响应的包络服从莱斯分布,对应的信道模型为莱斯衰落信道。

通常将信道增益以等效基带信号表示,即用一个复数表示信道的幅度和相位特性。由此瑞利衰落即可用这个复数表示,它的实部和虚部服从零均值的独立同分布高斯过程。

瑞利衰落属于小尺度衰落效应,它总是叠加于阴影、衰减等大尺度衰落效应上。

MIMO 无线信道

◆ 3.1 预 备 知 识

本节定义了随机本地信道(Stochastic Local Area Channel,SLAC)模型并且探讨了它的几个关键性质。该模型是小尺度信道分析的基础。

3.1.1 随机本地信道模型

由本地信道定义可知,小尺度传播的随机模型可写成如下形式:

$$\tilde{h}(f,\boldsymbol{r}) = \sum_{i=1}^{N} V_i \exp[\mathrm{j}(\phi_i - \boldsymbol{k}_i \cdot \boldsymbol{r} - 2\pi f\tau_i)] \tag{3-1}$$

在该模型中,i 是多径路数;V_i、$\boldsymbol{k}_i$ 和 τ_i 是由本地传播特性决定的常数;相位 ϕ_i 是随机变量,它使式(3-1)成为随机模型,也称为 SLAC 模型。

从式(3-1)可见,SLAC 模型是由离散波组合而成的,但是把它看作离散模型是错误的。该模型对路径数 N 和幅度值 V_i 的类型都没有加以限制。对开阔地区的传播精确建模可能需要无穷多的项数,某些项可能具有无穷小的幅度值。

3.1.2 随机相位

式(3-1)中的随机相位导致 SLAC 模型有大量的实现方法。这种多样性在对包含衰落信道的仿真和分析研究中非常有用。SLAC 模型的应用如下:

(1) 测量补遗。诸如多径的幅度、时延和波形向量的测量比单独的多径相位要容易得多。于是可以利用 SLAC 模型从没有相位数据的测量结果中提取信道实现方法。

(2) 信道模板。如果通过测量或大尺度衰落的建模得到了一套实际的幅度、时延和波形向量函数,SLAC 模型对许多不同的信道的实现提供了很有用的模板。

(3) 位置不确定性。即使式(3-1)中的每一项通过测量都得以确定,接收机也不太可能就是在测量的某一确定位置上工作。位置的不确定性在 SLAC 模型中等价于多径波相位的扰动。

(4) 频率不确定性。即使式(3-1)中的每一项通过测量都得以确定,接收机也不太可能就是在相同的载波频率上工作,将频谱的不同部分分配给不同的用户的多址系统尤其如此。频率的不确定性在 SLAC 模型中也等价于多径波相位的扰动。

大多数类型的开阔地区的分析都包含在上述范围内。工程师赋予了随机模型最为丰富的意义,因此要经常谨慎地对其应用进行严格定义。否则,就会如同古老的计算机格言那样:"概念错误导致结论错误。"

3.1.3　其他随机量

在随机信道模型中,式(3-1)中的其他量在 SLAC 模型中为固定的常量,它们有时也会被当作随机变量。式(3-1)中随机幅度、波形或时延的物理含义产生了一个随机宏区域信道(Stochastic Macro-Area Channel,SMAC)模型。例如,如果式(3-1)中的 V_i 是随机变量,那么集合中每种信道的实现将代表一组具有不同幅度的平面波,于是集合中每种信道的实现将代表一个完全不同的开阔地区。

当接收机工作于一个漫射和高度散射的信道时,Jakes 提出的小尺度衰落统计量的典型模型类似于式(3-1),是幅度随机的 SMAC 模型。

3.1.4　随机相位模型

对 SLAC 模型而言,其随机性的本质就归结为式(3-1)中相位 ϕ_i 的分布。相位的分布由概率密度函数表征。SLAC 模型中的随机相位在 ϕ_i 区间上服从均匀分布。ϕ_i 的概率密度函数可写为

$$f(\phi_i) = \frac{1}{2\pi}, \quad 0 \leqslant \phi_i < 2\pi \tag{3-2}$$

虽然式(3-2)中的概率密度函数对于描述单一相位值的分布非常有用,但是 SLAC 模型真正的本质是在集合中某一随机相位与另一相位之间的关系,即相位联合特性。这种关系用随机相位的联合概率密度函数描述。

如果 SLAC 模型的相位是不相关的,那么就称这种地区传播的模型为 U-SLAC 模型。通信中对不相关相位 ϕ_1 和 ϕ_m 进行定义,与数学上对不相关随机变量的定义略有不同:

数学随机变量不相关定义:

$$E\{\phi_1\phi_m\} - E\{\phi_1\}E\{\phi_m\} = 0$$

通信不相关相位定义:

$$E\{\exp[j(\phi_1 - \phi_m)]\} = 0 \tag{3-3}$$

在通信中,如果式(3-1)中的相位的所有值满足式(3-3)中通信不相关相位条件,那么就称该 SLAC 模型为 U-SLAC 模型。

如果 SLAC 模型中的随机相位相互独立,那么就称该信道模型为 I-SLAC 模型。给 SLAC 模型中的随机变量加独立性的条件强于相位不相关条件。因此所有的 I-SLAC 模型都是 U-SLAC 模型,反之不一定成立。

根据数学定义,独立性意味着一个联合概率密度函数可以写成两个变量概率密度函数的乘积。

对于 I-SLAC 信道随机相位,联合概率密度函数可写为

$$f(\boldsymbol{\varphi}) = f(\phi_1)f(\phi_2)\cdots f(\phi_N), \quad \boldsymbol{\varphi} = \begin{bmatrix} \phi_1 \\ \phi_2 \\ \vdots \\ \phi_N \end{bmatrix} \tag{3-4}$$

因为每个相位的概率密度函数都服从均匀分布,I-SLAC 模型的相位联合概率密度函数最终为

$$f(\boldsymbol{\varphi}) = \frac{1}{(2\pi)^N}, \quad 0 \leqslant \boldsymbol{\varphi} < 2\pi \tag{3-5}$$

图 3-1 描述了不同类型的 SLAC 模型的关系。

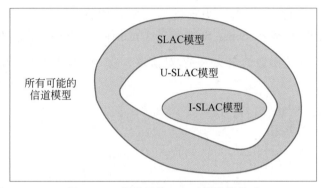

图 3-1　不同类型的 SLAC 模型的关系

3.1.5　傅里叶变换

SLAC 模型的傅里叶变换计算起来很简单。将位置向量和频域分别变换到波形向量和时延域,就得到如下 $\widetilde{H}(\tau, \boldsymbol{k})$ 的表达式:

$$\widetilde{H}(\tau, \boldsymbol{k}) = (2\pi)^3 \sum_{i=1}^{N} V_i \exp(\mathrm{j}\phi_i)\delta(\tau - \tau_i)\delta(\boldsymbol{k} - \boldsymbol{k}_i) \tag{3-6}$$

式(3-1)中每一个离散的成分在式(3-6)中的 $\tau = \tau_i$ 和 $\boldsymbol{k} = \boldsymbol{k}_i$ 处都产生一个冲激函数。

出现在傅里叶变换或功率谱中的冲激函数被称为谱线,这是因为谱域中能量集中于某些单独的点。然而,式(3-6)的离散性在 N 趋于无穷大、幅度变得无穷小时消失,转化为连续函数。

现在,引入一种用积分消除谱线的傅里叶变换的新型谱域表示。通常傅里叶变换可以写成一个积分:

$$F(\tau, \boldsymbol{k}) = \int_{-\infty}^{\tau} \int_{-\infty}^{k} \widetilde{H}(\tau', \boldsymbol{k}')\mathrm{d}\boldsymbol{k}'\mathrm{d}\tau' \tag{3-7}$$

傅里叶反变换可以写成对 $F(\tau, \boldsymbol{k})$ 的黎曼-司蒂吉斯(Riemann-Stieltjes)积分的形式:

$$\widetilde{h}(f, \boldsymbol{r}) = \int_{-\infty}^{+\infty} \exp(\mathrm{j}[2\pi f\tau + \boldsymbol{k} \cdot \boldsymbol{r}])\mathrm{d}F(\tau, \boldsymbol{k}) \tag{3-8}$$

黎曼-司蒂吉斯积分平滑了傅里叶变换 $\widetilde{H}(\tau, \boldsymbol{k})$,并且消除了 SLAC 模型的傅里叶变换中式(3-6)的冲激函数。对于 SLAC 模型,$F(\tau, \boldsymbol{k})$ 可以写成

$$F(\tau, \boldsymbol{k}) = (2\pi)^3 \sum_{i=1}^{N} V_i \exp(\mathrm{j}\phi_i)u(\tau - \tau_i)u(\boldsymbol{k} - \boldsymbol{k}_i) \tag{3-9}$$

现在,谱线在式(3-9)中被不连续的阶跃函数替代。

数学家经常提醒工程师,冲激函数并不是真正的函数,因为它是通过一个无解的极限定义的。想在工程研究中严格地定义和避开使用冲激函数,可以使用傅里叶变换和频谱的黎

曼-司蒂吉斯积分表示。

3.1.6 自相关函数

本节研究 SLAC 模型中的二维统计特性——自相关函数。

定理 3-1：U-SLAC 的广义平稳性

命题：一个 SLAC 模型 $\widetilde{h}(f,r)$ 当且仅当它为 U-SLAC 模型时在时间和频率域上符合广义平稳不相关散射（Wide-Sense Stationary Uncorrelated Scattering，WSSUS）的定义。

证明：首先从自相关函数的定义入手，对信道 $\widetilde{h}(f,r)$ 用其傅里叶反变换式 $\widetilde{H}(\tau,k)$ 替换。

$$\widetilde{H}(\tau,\boldsymbol{k}) = (2\pi)^3 \sum_{i=1}^{N} V_i \exp(\mathrm{j}\phi_i)\delta(\tau-\tau_i)\delta(\boldsymbol{k}-\boldsymbol{k}_i) \tag{3-10}$$

$$
\begin{aligned}
C_{\widetilde{h}}(f_1,f_2,\boldsymbol{r}_1,\boldsymbol{r}_2) &= E\Bigg\{ \left[\frac{1}{(2\pi)^3}\iint_{-\infty}^{+\infty} \widetilde{H}(\tau_1,\boldsymbol{k}_1)\exp[\mathrm{j}(\boldsymbol{k}_1\cdot\boldsymbol{r}_1+2\pi f_1\tau_1)]\mathrm{d}\boldsymbol{k}_1\mathrm{d}\tau_1 \right] \cdot \\
&\quad \left[\frac{1}{(2\pi)^3}\iint_{-\infty}^{+\infty} \widetilde{H}(\tau_2,\boldsymbol{k}_2)\exp[\mathrm{j}(\boldsymbol{k}_2\cdot\boldsymbol{r}_2+2\pi f_2\tau_2)]\mathrm{d}\boldsymbol{k}_2\mathrm{d}\tau_2 \right] \Bigg\} \\
&= \sum_{l=1}^{N}\sum_{m=1}^{N} V_l V_m \exp[\mathrm{j}(\boldsymbol{k}_l\cdot\boldsymbol{r}_1-\boldsymbol{k}_m\cdot\boldsymbol{r}_2+2\pi(f_l\tau_1-f_m\tau_2))]\cdot \\
&\quad E\{\exp[\mathrm{j}(\phi_l-\phi_m)]\}
\end{aligned}
\tag{3-11}
$$

如果式（3-10）和式（3-11）是 U-SLAC 模型，且信道相位满足当 $l \neq m$ 时 ϕ_l 和 ϕ_m 不相关，那么自相关函数可化简为

$$C_{\widetilde{h}}(f_1,f_2,\boldsymbol{r}_1,\boldsymbol{r}_2) = \sum_{i=1}^{N} V_i^2 \exp(\mathrm{j}[\boldsymbol{k}_i\cdot(\boldsymbol{r}_1-\boldsymbol{r}_2)+2\pi\tau_i(f_1-f_2)]) \tag{3-12}$$

因为其自相关函数可以表示成仅为 Δf 和 Δr 的函数，并且不存在空频交互乘积项的形式，所以这是一个广义平稳不相关散射随机过程。

根据定理 3-1，由具有不相关相位的 SLAC 模型就可得到关于位置和频率的 WSSUS 信道函数。这时 U-SLAC 模型的自相关函数可以写为

$$C_{\widetilde{h}}(\Delta f,\Delta r) = \sum_{i=1}^{N} V_i^2 \exp[\mathrm{j}(\boldsymbol{k}_i\cdot\Delta\boldsymbol{r})+2\pi\tau_i\Delta f] \tag{3-13}$$

3.1.7 非均匀散射

现在，对 SLAC 模型的一种特例进行定义，该特例对应于非均匀散射情况，即信道满足如下条件：

$$\text{当 } l \neq m \text{ 时,} \quad \boldsymbol{k}_l \neq \boldsymbol{k}_m, \quad \tau_l \neq \tau_m \tag{3-14}$$

也就是说，非均匀散射描述了这样一种信道：式（3-1）不存在两个以相同的时延或波形向量到达的多径波。

下面的定理 3-2 说明：如果在 SLAC 模型中假设非均匀散射条件，那么信道关于某一变量的广义平稳就必然意味着关于另一个变量的广义平稳。

定理 3-2：广义平稳非均匀散射

命题：一个非均匀散射的 SLAC 模型 $\widetilde{h}(f,r)$ 当且仅当它关于频率 f 广义平稳时关于

位置 r 广义平稳。

证明：应用与定理 3-1 中相同的证明就可得到，当且仅当所有的相位 $\{\phi_i\}$ 都不相关时，非均匀散射的 SLAC 模型关于位置广义平稳。类似地可以证明，当且仅当所有的相位都不相关时该模型关于频率广义平稳。应用传递性，定理 3-2 得以证明。

当非均匀散射条件不成立时，定理 3-2 也不成立。如果两个时延 τ_i 和 τ_j 相等，那么相关的相位中 ϕ_i 和 ϕ_j 将导致关于位置 r 的非平稳性，但是不影响关于频率 f 的广义平稳。

3.1.8 SLAC 模型的功率谱密度函数

因为 U-SLAC 模型是广义平稳不相关散射随机过程，所以可以用维纳-辛钦（Wiener-Khinchine）定理定义其功率谱密度函数。U-SLAC 模型的波形向量时延功率谱为

$$S_{\tilde{h}}(\tau, \boldsymbol{k}) = (2\pi)^3 \sum_{i=1}^{N} V_i^2 \delta(\tau - \tau_i)\delta(\boldsymbol{k} - \boldsymbol{k}_i) \tag{3-15}$$

与傅里叶变换一样，可以通过定义以积分形式表示的功率谱密度函数消除其中的冲激函数：

$$F_{\tilde{h}}(\tau, \boldsymbol{k}) = \int_{-\infty}^{\tau} \int_{-\infty}^{k} S_{\tilde{h}}(\tau', \boldsymbol{k}') \mathrm{d}\boldsymbol{k}' \mathrm{d}\tau'$$

$$= (2\pi)^3 \sum_{i=1}^{N} V_i^2 u(\tau - \tau_i) u(\boldsymbol{k} - \boldsymbol{k}_i) \tag{3-16}$$

空频自相关函数可以写成一个黎曼-司蒂吉斯积分：

$$C_{\tilde{h}}(\Delta f, \Delta r) = \frac{1}{2\pi} \int_{-\infty}^{+\infty} \exp[\mathrm{j}(2\pi\tau\Delta f + \boldsymbol{k}\cdot\Delta\boldsymbol{r})] \mathrm{d}F_{\tilde{h}}(\tau, \boldsymbol{k}) \tag{3-17}$$

尽管在研究中将尽可能地使用标准的功率谱密度函数 $S_{\tilde{h}}(\tau, \boldsymbol{k})$，但是在某些研究中（通常包含由大功率的频谱成分产生的谱线）使用积分形式的功率谱密度最为方便。

3.1.9 信号基带表达

在无线通信中存在无线信道对传输信号信息的畸变，使得发射机和接收机之间的传输数据速率产生了一个决定性的限制。与其他种类的通信信道（铜线、波导、光纤等）相比，无线信道对于数据传输质量是相当不利的。造成这种现象的原因主要是信号幅度衰落和时变频变空变衰落。本节将无线信道的变化分成 3 方面进行讨论，即时间、频率和空间。

为调制信号建立基带表达式是信道建模和分析的关键。基带表达式最主要的作用是消除了带通无线信道对于载频的依赖，统一和简化了信道建模。本节讨论无线信号和信道在基带和带通表达式之间互换的数学基础。

1. 信号频谱

每个实际的通信信号都有傅里叶变换或频谱，该频谱定义了信号在频域中的数学特性。对于每一个时间域信号 $x(t)$，存在一个由正变换给出的频率域信号 $X(f)$：

$$X(f) = \int_{-\infty}^{+\infty} x(t) \exp(-\mathrm{j}2\pi f t) \mathrm{d}t \tag{3-18}$$

每个傅里叶变换对 $x(t)$ 和 $X(f)$ 都是唯一的,原始时间域信号可以用傅里叶反变换从频谱恢复:

$$x(t) = \int_{-\infty}^{+\infty} X(f)\exp(j2\pi ft)df \tag{3-19}$$

因此频谱 $X(f)$ 包含了与 $x(t)$ 相同的所有信息。只是那些信息被组织成了不同的形式,以帮助我们进行某种类型的信号分析。

式(3-18)和式(3-19)定义的傅里叶变换可应用于任何复时间域信号(尽管数学上成立的并不总是物理上有意义的)。如果信号 $x(t)$ 代表一个物理量(例如天线终端上的时间域电压),则它必定是实值。除非时间域信号是一个刻意构造的数学函数,大多数实值时间域函数的谱通常都是复值的。

由于它的复值性,频域函数的表达图应包括频率变量轴、实函数和虚函数部分,可以用图 3-2 描述信号频谱。图 3-2(a)中的谱是 $\mathrm{Sn}(t)$ 信号的频谱——它是简单的矩形谱;而图 3-2(b)中的谱是一个更实际的时间域信号的傅里叶变换频谱。

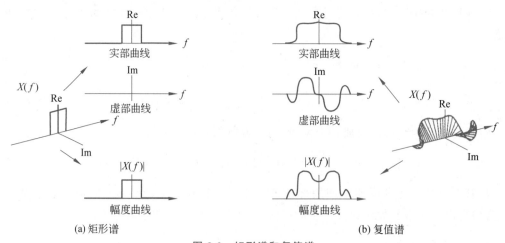

(a) 矩形谱   (b) 复值谱

图 3-2　矩形谱和复值谱

如图 3-2 所示,在工程分析中,通常将频谱分解成实部或虚部;或者只画出频谱的幅度 $|X(f)|$,而忽略相位信息。

2. 信号调制

无线通信中最基本的处理之一是用带限数据信号调制载波。调制将一个基带信号转变为一个带通信号。为了表示调制过程,用调制运算符 $M\{\cdot\}$ 表示将一个基带信号 $\tilde{x}(t)$ 转变到(调制载波的)带通信号 $x(t)$。利用这一表示方法,信号可以写作

$$x(t) = M\{\tilde{x}(t)\} \tag{3-20}$$

函数上方的"～"是本书表示信号基带表达式的符号。

在频域中,用基带信号 $\tilde{X}(f)$ 和带通信号 $X(f)$ 观察调制是最容易的。带通信号的傅里叶变换可以从基带信号 $\tilde{X}(f)$ 按下式计算出来:

$$X(f) = \frac{1}{2}\tilde{X}(f - f_c) + \frac{1}{2}\tilde{X}^*(-f - f_c) \tag{3-21}$$

其中，* 表示复数共轭。在频域中，$X(f)$ 只不过是频谱 $\widetilde{X}(f)$ 移到中心频率 $f = f_c$ 的一个副本，再加上移到中心频率 $f = -f_c$ 的一个副本。

调制过程可以在时域中直接定义。给定一个载波频率 f_c，则

$$M\{\widetilde{x}(t)\} = \mathrm{Re}\{\widetilde{x}(t)\exp(\mathrm{j}2\pi f_c t)\} \tag{3-22}$$

式(3-22)中的复指数项将基带信号 $\widetilde{x}(t)$ 上移到载波频率 f_c，而 $\mathrm{Re}\{\cdot\}$ 运算在 $-f_c$ 上产生共轭镜像谱。

在此，有必要定义基带信号的带宽 B。如图 3-3 所示，有许多不同的定义基带信号的带宽的方法，例如非零带宽、零到零带宽、半功率带宽等。通常用带宽的最大值定义非零带宽。

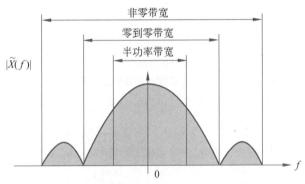

图 3-3 基带信号频谱定义不同的带宽

3. 反调制

调制的反运算——将带通信号 $x(t)$ 变回到基带信号 $\widetilde{x}(t)$ 也有一个时间域的定义：

$$\begin{aligned}
\widetilde{x}(t) &= M^{-1}\{x(t)\} \\
&= [x(t)\exp(-\mathrm{j}2\pi f_c t)] \otimes [2B\,\mathrm{Sn}(Bt)] \\
&= 2B\int_{-\infty}^{+\infty} x(\zeta)\exp(-\mathrm{j}2\pi f_c \zeta)\,\mathrm{Sn}(B\,|\,t-\zeta\,|)\mathrm{d}\zeta
\end{aligned} \tag{3-23}$$

其中 $\otimes$ 表示卷积，而 $\mathrm{Sn}(\cdot)$ 是 Sinc 函数：

$$\mathrm{Sn}(x) = \frac{\sin \pi x}{\pi x}$$

式(3-23)中的复指数项把带通信号频谱 $X(f)$ 移动了一个 f_c 的量，以至于 $\widetilde{X}(f)$ 的副本的中心位于 $f = 0$，而它的共轭镜像位于 $f = -2f_c$；然后与 Sinc 函数卷积，相当于通过一个低通滤波器消除了该高频镜像，以至于仅存 $\widetilde{X}(f)$。载波调制和解调的过程如图 3-4 所示。其中，内环为时间域，外环为频率域。

如果已调带通信号 $x(t)$ 要表示的是一个物理可实现的传输，则它必须是一个实值函数。按照式(3-23)，带通实函数的等效基带信号 $\widetilde{x}(t)$ 是复值函数，即等效基带信号可以是复值表达。这一基带和带通表达式之间的差别来源于带通频谱 $X(f)$ 中的共轭镜像，因此带通频谱带宽是基带频谱 $\widetilde{X}(f)$ 带宽的 2 倍。

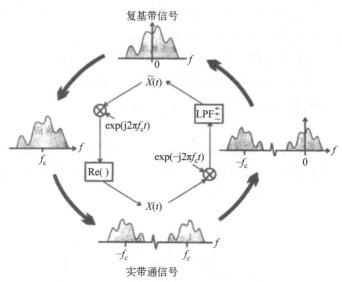

图 3-4　载波调制和解调的过程

4. 基带信道

最简单的无线通信系统表达式至少需要 3 个带通函数：发送信号 $x(t)$、接收信号 $y(t)$ 和信道 $H(t)$。如果信道具备线性和时不变特征，则能够用卷积将这 3 个量联系起来：

$$y(t) = x(t) \otimes H(t) \tag{3-24}$$

但如果用基带表达式分析系统会更方便，这样它们将变得不依赖于载波频率。对于基带和带通信号使用下列关系表达式：

$$x(t) = M\{\tilde{x}(t)\}, \quad y(t) = M\{\tilde{y}(t)\}, \quad H(t) = M\{\tilde{H}(t)\} \tag{3-25}$$

可以将式(3-24)写为基带信号的卷积形式：

$$\tilde{y}(t) = \frac{1}{2}\big[\tilde{x}(t) \otimes \tilde{H}(t)\big] \tag{3-26}$$

用式(3-26)中基带等效分析得到的结论，基带等效 $\tilde{x}(t)$ 和 $\tilde{y}(t)$ 的信号总功率是其带通对应项 $x(t)$ 和 $y(t)$ 的 2 倍。如果 $\tilde{H}(t)$ 和 $H(t)$ 用同样的基带-带通变换定义，则 $\tilde{H}(t) = 2H(t)$。

用于 SISO(单输入单输出，或称单发送单接收)传输的基带和带通信道模型如图 3-5 所示。其中包括了加性噪声 $\tilde{n}(t)$。该噪声可以是热噪声、脉冲噪声、多址干扰人为干扰或一切对接收造成干扰的不需要的信号。

(a) SISO基带系统　　　　　　　　　　　　　　　(b) SISO带通系统

图 3-5　用于 SISO 传输的基带和带通信道模型

◆ 3.2　MIMO 信道建模概述

在无线通信系统中,MIMO 信道定义为无线链路发送端和接收端同时配置多个天线阵元时构成的一种空时通信结构,如图 3-6 所示。

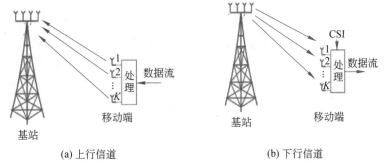

(a) 上行信道　　　　　　　　(b) 下行信道

图 3-6　MIMO 信道

MIMO 技术的核心是空时信号处理,利用在空间中分布多个天线将时间域和空间域结合起来进行信号处理。MIMO 技术有效地利用了信道随机衰落和多径传播成倍地提高传输速率,改善传输质量和提高系统容量,能在不额外增加信号带宽的前提下带来无线通信性能上几个数量级的提高。目前对 MIMO 技术的应用主要集中在以空时编码(Space-Time Code,STC)为典型的空间分集和以贝尔实验室分层空时(Bell LAyered Space-Time,BLAST)为典型的空间复用两方面。

然而,MIMO 系统大容量的实现、MIMO 系统其他性能的提高以及 MIMO 系统中使用的各种信号处理算法的性能优劣都极大地依赖于 MIMO 信道的特性,特别是各个天线之间的相关性。

最初对 MIMO 系统性能的研究与仿真通常都在独立信道假设下进行,这与实际 MIMO 信道大多数情况下具有空间相关性不符合。MIMO 系统的性能在很大程度上会受到信道相关性的影响。因此,建立能有效反映 MIMO 信道空间相关特性并且适用于系统级和链路级仿真的 MIMO 信道模型,以选择合适的处理算法并评估系统性能,就变得相当重要。

对于 MIMO 信道模型的研究存在 3 个基本问题:

(1) 什么样的理论模型能更准确地描述 MIMO 信道的空间、时间、频率三维的统计衰落特征?

(2) 如何扩展已有的信道建模方法,以有效且准确地构建 MIMO 信道模型?

(3) 在建立 MIMO 信道的仿真模型时,如何保证较低的实现复杂度?

研究 MIMO 衰落信道空时频衰落统计特征有助于更好地揭示 MIMO 无线通信结构能利用的空间资源的本质,理解限制 MIMO 无线通信容量的各种原因,进而发现提高 MIMO 无线通信容量和链路质量的方法。

为解决第一个问题,首先需要在不同电波传播环境中通过测量获知 MIMO 信道衰落的经验数据,然后进行统计分析和建模。为此,国外的一些研究组织和大学进行了大量的

MIMO 信道衰落特性测量。测量的频率主要集中于 2GHz 和 5GHz,测量环境包含了室内、室外、城区和郊区等,测量的内容较多地涉及 MIMO 信道的多径时延、多径衰落幅度和相位及多径的方向性特征的时间统计特性,也关注不同环境下多径到达接收端的 AOA(Angle of Arrival,到达角)和多径离开发送端的 AOD(Angle of Departure,离开角),还关注天线阵列结构导致的发送衰落相关特性和接收衰落相关特性等。

针对第二个问题,目前用于 MIMO 信道建模的方法主要有两大类:一类是确定型信道建模方法,这类方法基于对特定传播环境的准确描述,具体又可分为基于冲激响应测量数据的建模方法和基于射线跟踪的建模方法;另一类是基于空时统计特征的建模方法,与确定型建模方法相比,这类建模方法试图利用统计平均的方法重新产生观察到的 MIMO 信道的衰落现象,具体可分为基于几何分布的建模方法、参数化统计建模方法和基于空时相关特征建模方法。MIMO 信道建模方法的分类如图 3-7 所示。

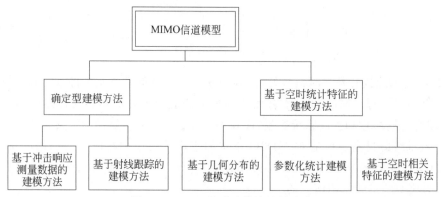

图 3-7　MIMO 信道建模方法的分类

基于信道冲激响应的确定型 MIMO 信道建模方法源于对单天线多径信道进行仿真的方法。该建模方法通过对 MIMO 信道衰落的测量,获得特定电波传播环境的信道冲激响应测量数据,利用正弦波叠加(Sum-Of-Sinusoids,SOS)方法即可模拟 MIMO 信道的衰落过程。在整个信道衰落的模拟过程中,信道衰落只视为时间的函数,因此称为确定型建模方法。相对于其他建模方法,确定型 MIMO 信道建模方法具有运算量小、建模过程简单的优点,但其缺点是需要信道冲激响应的测量数据,因此只能用于特定的传播环境。基于射线跟踪的建模方法是另一种确定型建模方法。它利用事先得到的地理信息数据,在指定的传播环境中通过跟踪多径传播的空时特征得到信道模型。但是,基于射线跟踪的建模方法局限于室内应用,不具有广泛的适用性。

在基于时空统计特征的建模方法中,基于几何分布的建模方法是被广泛研究的一种建模方法。它通过描述传播环境中存在的散射体的统计分布,利用电磁波经历反射、绕射和散射时的基本规律构建 MIMO 衰落信道模型。在不同的传播环境中,通常假设在用户端和基站端具有不同的散射体几何分布,常用的几何分布模型包括单环、双环、椭圆和扇形等,多数基于几何分布的模型假设电磁波传播经过散射体时只发生单反射过程,也有文献考虑了多次反射的过程。例如"锁孔"或"针孔"效应,就是由于用户和移动端之间的传播距离远大于散射体的有效半径,导致衰落信道矩阵虽然呈现出低相关的统计特性,但信道容量无法与收发天线数目线性增长。

参数化统计建模方法则将接收信号描述为许多电磁波的叠加,以构建信道衰落的特征。双方向性信道模型就采用了参数化统计建模方法。双方向性信道模型可以利用抽头延迟线模型结构实现,对应每个抽头,在发送端和接收端分别用对应的离开角、到达角、复信道衰落因子和相对时延等参数进行描述。但是,该模型无法反映收发端天线阵列结构的影响。

虚射线模型的提出则考虑了天线阵列结构,它先将多径解释为分别包含多个子路径的簇,对每个簇分别用多个衰落成分模拟产生。

基于空时相关特征的建模方法是基于统计特征的建模方法的另一种典型方法。该方法假定信道衰落因子为复高斯分布的随机变量,其一阶矩和二阶矩反映了信道衰落特征。该建模方法将空时衰落的相关特性分解为发送端衰落相关矩阵、独立衰落矩阵和接收端衰落相关矩阵并求这 3 部分的乘积。相关的理论和实验测试结果表明这一模型能较好地匹配 MIMO 衰落信道的空时相关特征和 MIMO 系统的容量特性。

◆ 3.3　统计 MIMO 信道建模

3.3.1　MIMO 信道模型与统计建模方法概述

从克拉克(Clark)和杰克斯(Jakes)对无线衰落信道的统计特征进行研究开始直到今天,关于无线信道衰落特征的分析和建模研究已经有了长足的发展。过去的研究一般局限于用数学模型描述无线信道的时域衰落特征,重点在于建立存在于无线衰落信道中的散射体、折射体和绕射体的统计模型或几何模型,从而用于无线信道衰落分布的预测、估计和测量。正如第 2 章所述,针对大尺度衰落现象,研究者分别建立了相应的路径损耗模型、基于对数正态分布的阴影衰落模型;针对小尺度衰落现象,研究者已经提出了瑞利分布、莱斯分布等进行描述。早期对单入单出衰落信道的研究一般仅关注频率衰落信道中多径现象导致的时域扩展以及由于链路两端相对位置的快速移动导致的多普勒扩展。在多天线分集技术和自适应阵列天线技术引入无线通信系统以后,研究 SIMO(单入多出)信道、MISO(多入单出)信道和 MIMO 信道逐渐成为无线信道传播模型的热点。人们在研究中发现,存在于衰落信道中的散射体不仅影响信道衰落的时域特征,而且由于散射体的分布和位置的不同,导致在不同天线上的接收信号之间的空时相关特征,还反映出信道的空时衰落特征,从而产生了很多描述散射体分布的统计模型。例如著名的单环模型,它将散射体的分布描述为在一个圆环上呈均匀分布的情形。这一模型被广泛采用,直至后来提出了 MIMO 衰落信道。此外,还有双环散射模型、分布式散射模型和扩展萨利赫-瓦伦祖拉(Saleh-Valenzuela)散射模型等。

上述散射模型的提出为 MIMO 衰落信道的建模提供了参考。基于散射体几何分布的建模方法、参数化统计建模方法和基于空时相关特征的建模方法被相继提出,大量的信道测量数据也被公布。人们逐渐发现,在实际的移动无线衰落信道中,最早用于描述散射体均匀分布的克拉克模型不再有效,围绕无线收发信机的散射体更多地呈现非均匀分布。已有的多数建模方法均假设到达接收端的来波方向或离开发送端的去波方向为均匀分布的情形。

实际上,在蜂窝移动无线通信环境中,存在大量的非均匀来波情形,例如狭窄的街道、地铁和室内情形。这些现象将会导致非均匀来波方向分布,从而影响不同天线上衰落的相关性。此外,在现有的蜂窝无线系统中,由于蜂窝微型化和小区扇形化,基站发送端的天线已由最初的全向辐射转为定向辐射,城区的蜂窝和微蜂窝环境、室内电波传播环境和一些复杂环境(例如狭长的走廊和地铁隧道中),到达接收端的来波方向一般也呈非均匀分布。

MIMO 信道的建模方法主要有确定型建模方法和基于空时统计特征的建模方法。目前,在 MIMO 信道建模中较多地采用的是基于空时统计特征的建模方法。其中,基于散射体几何分布的建模方法和基于空时相关统计特征的建模方法又是统计建模中采用得较多的两种方法。这两种方法有各自的优缺点。若基于散射体的几何分布对 MIMO 衰落信道建模,则必须对散射体的分布进行合理的假设,并给出收发两端的距离、散射体的数目和尺寸以及散射体与收发两端的距离等一些可描述 MIMO 信道的二维几何参数。而过多的参数约束会增加建模的复杂度,同时,在不同的环境下这些参数的值也不尽相同,因此,这种建模方法限制了具体的应用场合。基于空时统计特征对 MIMO 衰落信道进行建模时,需要给出描述离开角、到达角、水平方向角度功率谱等一系列参数的数学统计模型。这种方法能够较为全面地反映 MIMO 信道的衰落特性,特别是信道的空间衰落特性,而且目前已经有了对上述参数在各种环境下的大量测量值及其分布的数学描述。

3.3.2 模型的一般描述

如图 3-8 所示,考虑发射端天线数为 N,接收端天线数为 M 的两个均匀线性天线阵列(Uniform Linear Array,ULA),假定天线为全向辐射天线。发射端天线阵列上的发射信号记为

$$s(t) = [s_1(t), s_2(t), \cdots, s_N(t)]^{\mathrm{T}}$$

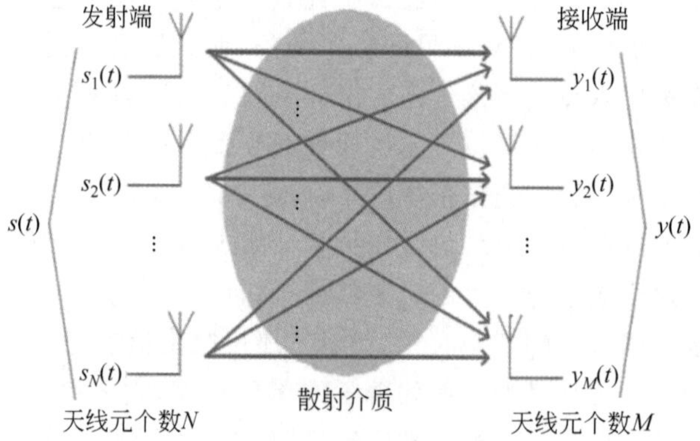

图 3-8 MIMO 信道模型

其中,$s_N(t)$ 表示第 N 个发射天线元上的发射信号。同样,接收端天线阵列上的接收信号可以表示为

$$y(t) = [y_1(t), y_2(t), \cdots, y_M(t)]^{\mathrm{T}}$$

描述连接发射端和接收端的宽带 MIMO 无线信道矩阵可以表示为

$$H(\tau) = \sum_{l=1}^{L} A_l \delta(\tau - \tau_l) \tag{3-27}$$

其中,$H(\tau) \in \mathbf{C}^{M \times N}$,代表 $M \times N$ 的二维复数矩阵;

$$A_l = \begin{bmatrix} \alpha_{11}^{(l)} & \alpha_{12}^{(l)} & \cdots & \alpha_{1N}^{(l)} \\ \alpha_{21}^{(l)} & \alpha_{22}^{(l)} & \cdots & \alpha_{2N}^{(l)} \\ \vdots & \vdots & \ddots & \vdots \\ \alpha_{M1}^{(l)} & \alpha_{M2}^{(l)} & \cdots & \alpha_{MN}^{(l)} \end{bmatrix} \tag{3-28}$$

为描述收发两端天线阵列在时延 τ_l 下的复信道传输系数矩阵,$\alpha_{mn}^{(l)}$ 表示从第 n 个发射天线到第 m 个接收天线之间的复传输系数;L 表示可分辨路径的数目。

发射信号向量 $s(t)$ 和接收信号向量 $y(t)$ 之间的关系可以表示为(不包括噪声)

$$y(t) = \int H(\tau)s(t-\tau)d\tau \tag{3-29}$$

或者

$$s(t) = \int H^{\mathrm{T}}(\tau)y(t-\tau)d\tau \tag{3-30}$$

为了保持信道模型的简单性,假设信道的传输系数 $\alpha_{mn}^{(l)}$ 服从零均值的复高斯分布,即 $\alpha_{mn}^{(l)}$ 的模 $|\alpha_{mn}^{(l)}|$ 服从瑞利分布。并对该统计 MIMO 信道模型进一步作出如下假设:

(1) 同一多径下传输系数的平均功率相等,即

$$P_l = E\{|\alpha_{mn}^{(l)}|^2\}, \quad n \in \{1,2,\cdots,N\}, \quad m \in \{1,2,\cdots,M\} \tag{3-31}$$

(2) 信道为广义平稳非相关散射(WSSUS)信道,不同多径的信道传输系数不相关,即

$$\langle \alpha_{mn}^{(l_1)}, \alpha_{mn}^{(l_2)} \rangle = 0, \quad l_1 \neq l_2 \tag{3-32}$$

式(3-32)中的符号 $\langle a,b \rangle$ 表示求 a 和 b 之间的相关系数。

(3) 两个接收天线衰落系数的相关性与发射天线是哪一个无关;同样,两个发射天线之间的相关性与接收天线是哪一个也无关。

定义接收端第 m_1 个天线和第 m_2 个天线之间的相关系数为

$$\rho_{m_1 m_2}^{\mathrm{RX}} = \langle \alpha_{m_1 n}, \alpha_{m_2 n} \rangle \tag{3-33}$$

式(3-33)间接地使用了第 3 个假设,即接收端天线的相关系数与发射端天线无关。只要发射端天线间距并不太大,而且每个天线具有相同的辐射模式,这个假设就是合理的。因为从这些天线上发射出去的电磁波照射到接收端周围相同的散射体上,在接收端会产生相同的角度功率谱,也会产生相同的空间相关函数。

同样,定义发射端第 n_1 个天线和第 n_2 个天线之间的相关系数为

$$\rho_{n_1 n_2}^{\mathrm{TX}} = \langle \alpha_{mn_1}, \alpha_{mn_2} \rangle \tag{3-34}$$

根据式(3-33)和式(3-34),分别定义接收端和发射端的两个相关矩阵为

$$R_{\mathrm{RX}} = \begin{bmatrix} \rho_{11}^{\mathrm{RX}} & \rho_{12}^{\mathrm{RX}} & \cdots & \rho_{1M}^{\mathrm{RX}} \\ \rho_{21}^{\mathrm{RX}} & \rho_{22}^{\mathrm{RX}} & \cdots & \rho_{2M}^{\mathrm{RX}} \\ \vdots & \vdots & \ddots & \vdots \\ \rho_{M1}^{\mathrm{RX}} & \rho_{M2}^{\mathrm{RX}} & \cdots & \rho_{MM}^{\mathrm{RX}} \end{bmatrix} \tag{3-35}$$

$$R_{\mathrm{TX}} = \begin{bmatrix} \rho_{11}^{\mathrm{TX}} & \rho_{12}^{\mathrm{TX}} & \cdots & \rho_{1N}^{\mathrm{TX}} \\ \rho_{21}^{\mathrm{TX}} & \rho_{22}^{\mathrm{TX}} & \cdots & \rho_{2N}^{\mathrm{TX}} \\ \vdots & \vdots & \ddots & \vdots \\ \rho_{N1}^{\mathrm{TX}} & \rho_{N2}^{\mathrm{TX}} & \cdots & \rho_{NN}^{\mathrm{TX}} \end{bmatrix} \tag{3-36}$$

然而,仅有发射端的空间相关矩阵和接收端的相关矩阵并不能为产生矩阵 A_l 提供足

够的信息。因此,需要确定连接两组不同天线之间的任意两个传输系数的空间相关性。为此,定义

$$\rho_{n_2 m_2}^{n_1 m_1} = \langle \alpha_{m_1 n_1}, \alpha_{m_2 n_2} \rangle \tag{3-37}$$

在上述第 3 个假设的条件下,从理论上可以证明,式(3-37)与式(3-38)等价:

$$\rho_{n_2 m_2}^{n_1 m_1} = \rho_{n_1 n_2}^{\mathrm{TX}} \rho_{m_1 m_2}^{\mathrm{RX}} \tag{3-38}$$

根据式(3-38),MIMO 信道的整体相关矩阵可以表示为发射端相关矩阵与接收端相关矩阵的克罗尼克乘积:

$$\boldsymbol{R}_{\mathrm{MIMO}} = \boldsymbol{R}_{\mathrm{TX}} \otimes \boldsymbol{R}_{\mathrm{RX}} \tag{3-39}$$

式(3-39)中,符号 $\otimes$ 表示矩阵的克罗尼克乘积运算。

上述信道模型再现了 MIMO 信道的相关性和衰落特性,而天线阵列的相位偏移作用却并没有得到体现。只要天线元之间高度相关,上述模型沿天线阵列产生的平均相位变化为0,这意味着入射电波的平均波达方向(Direction of Arrival,DOA)对应于天线阵列的法线。因为两个天线元之间的相位差与 sin 函数值成正比,其中 g 即为 DOA。另外,当使用功率相关系数时并未考虑相位信息,这样会造成传输系数的相位关系的丢失。针对这两种情况,可以对上述模型进行修改,在数学上,只要把式(3-29)改成如下的形式即可:

$$\boldsymbol{y}(t) = \boldsymbol{W}(\bar{\phi}_{\mathrm{RX}}) \int \boldsymbol{H}(\tau) \boldsymbol{s}(t-\tau) \mathrm{d}\tau \tag{3-40}$$

其中,$\boldsymbol{W}(\bar{\phi}_{\mathrm{RX}})$ 为一个对角矩阵,$\bar{\phi}_{\mathrm{RX}}$ 为 AOA 的平均值。$\boldsymbol{W}(\bar{\phi}_{\mathrm{RX}})$ 的定义如下:

$$\boldsymbol{W}(\bar{\phi}_{\mathrm{RX}}) = \begin{bmatrix} w_1(\phi) & 0 & \cdots & 0 \\ 0 & w_2(\phi) & \cdots & 0 \\ \vdots & \vdots & \ddots & \vdots \\ 0 & 0 & \cdots & w_M(\phi) \end{bmatrix} \tag{3-41}$$

式(3-44)中,$w_m(\phi)$ 提供了相对于第一个接收阵元的平均相位偏移信息。$w_m(\phi)$ 的计算式为

$$w_m(\phi) = f_m(\phi) \exp\left[-\mathrm{j}(m-1)\frac{2\pi}{\lambda} \mathrm{d} \sin \phi\right] \tag{3-42}$$

其中,$f_m(\phi)$ 为第 m 根天线元的复值辐射模式,λ 为载波的波长。当 $L=1$ 时,上述 MIMO 信道模型由一个宽带模型变为窄带模型。此时,式(3-29)变为

$$\boldsymbol{y}(t) = \boldsymbol{H}(t) \boldsymbol{s}(t) \tag{3-43}$$

注意到,式(3-27)表示了一个简单的抽头延迟线模型,只是 L 个抽头中每一个抽头的信道传输系数由一个标量变成了一个矩阵,该矩阵的大小由 MIMO 无线通信系统收发两端的天线个数决定。因此,该信道模型可以看成由 SISO 信道模型到 MIMO 信道模型的一个推广,并且可以通过选择适当的时延和平均功率、多普勒频移等参数,表达具有特定多普勒扩展、时延扩展以及按照某种规律衰减的功率时延分布(即 MIMO 信道的时频衰落统计特征)。

3.3.3　相关性建模的一种等效形式

上述 MIMO 信道模型在对信道的空间相关性进行建模时,按照式(3-39)对 $\boldsymbol{R}_{\mathrm{TX}}$ 和 $\boldsymbol{R}_{\mathrm{RX}}$ 求矩阵的克罗尼克乘积,得到 MIMO 信道的整体相关矩阵 $\boldsymbol{R}_{\mathrm{MIMO}}$,然后对 $\boldsymbol{R}_{\mathrm{MIMO}}$ 进行相应的

矩阵分解,从而得到 MIMO 信道的空间相关矩阵。这里介绍对信道相关性进行建模的一种等效形式。

在分别得到了发射端和接收端的空间相关矩阵 $\boldsymbol{R}_{\mathrm{TX}}$ 和 $\boldsymbol{R}_{\mathrm{RX}}$ 以后,直接对 $\boldsymbol{R}_{\mathrm{TX}}$ 和 $\boldsymbol{R}_{\mathrm{RX}}$ 分别进行矩阵分解,而不是先求克罗尼克乘积然后再分解。在窄带信道时,MIMO 信道的矩阵可以表示为

$$\boldsymbol{H} = (\boldsymbol{R}_{\mathrm{RX}})^{1/2}\boldsymbol{G}(\boldsymbol{R}_{\mathrm{TX}})^{T/2} \tag{3-44}$$

式(3-44)中,G 是 $M \times N$ 的随机矩阵,其元素为独立同分布的零均值复高斯变量,并经过了相应的信道多普勒谱成形;$(\cdot)^{1/2}$ 表示矩阵的平方根分解。在宽带信道的情况下,每一个抽头上的信道矩阵都按照式(3-44)产生,即第 l 根抽头上的信道矩阵为

$$\boldsymbol{H}_l = (\boldsymbol{R}_{\mathrm{RX}}^l)^{1/2}\boldsymbol{G}_l(\boldsymbol{R}_{\mathrm{TX}}^l)^{T/2} \tag{3-45}$$

3.3.4　LoS 信道矩阵

上述 MIMO 模型没有考虑传播环境中存在直接视距(LoS)分量的情况。当传播环境中存在 LoS 路径时,MIMO 信道矩阵可以被分为一个固定矩阵(常量,视距)和一个瑞利矩阵(变量,非视距)。以两根发射天线、两根接收天线的 MIMO 系统为例,在窄带信道的情况下,信道矩阵可以表示为

$$\begin{aligned}\boldsymbol{H} &= \sqrt{P}\left(\sqrt{\frac{K}{K+1}}\boldsymbol{H}_{\mathrm{F}} + \sqrt{\frac{1}{K+1}}\boldsymbol{H}_{\mathrm{V}}\right)\\ &= \sqrt{P}\left(\sqrt{\frac{K}{K+1}}\begin{bmatrix}\mathrm{e}^{\mathrm{j}\phi_{11}} & \mathrm{e}^{\mathrm{j}\phi_{12}}\\ \mathrm{e}^{\mathrm{j}\phi_{21}} & \mathrm{e}^{\mathrm{j}\phi_{22}}\end{bmatrix} + \sqrt{\frac{1}{K+1}}\begin{bmatrix}X_{11} & X_{12}\\ X_{21} & X_{22}\end{bmatrix}\right)\end{aligned} \tag{3-46}$$

式(3-46)中,X_{ij}(第 i 个接收天线与第 j 个发射天线之间)为 NLoS 瑞利矩阵 $\boldsymbol{H}_{\mathrm{V}}$ 的元素,$\boldsymbol{H}_{\mathrm{V}}$ 由前两节中所述的方法产生;$\mathrm{e}^{\mathrm{j}\phi_{ij}}$ 是 LoS 矩阵 $\boldsymbol{H}_{\mathrm{F}}$ 的元素;K 为莱斯因子,表示 LoS 分量功率与散射分量功率的比值;P 为信道的功率。$\boldsymbol{H}_{\mathrm{F}}$ 的计算式为

$$\boldsymbol{H}_{\mathrm{F}} = \begin{bmatrix}1\\ \exp\left(\mathrm{j}\frac{2\pi}{\lambda}d_{\mathrm{RX}}\sin(\mathrm{AOA})\right)\\ \vdots\\ \exp\left(\mathrm{j}\frac{2\pi}{\lambda}d_{\mathrm{RX}}\sin[(M-1)\mathrm{AOA}]\right)\end{bmatrix} \cdot \begin{bmatrix}1\\ \exp\left(\mathrm{j}\frac{2\pi}{\lambda}d_{\mathrm{TX}}\sin(\mathrm{AOD})\right)\\ \vdots\\ \exp\left(\mathrm{j}\frac{2\pi}{\lambda}d_{\mathrm{TX}}\sin[(N-1)\mathrm{AOD}]\right)\end{bmatrix}^{T} \tag{3-47}$$

d_{RX} 与 d_{TX} 分别为接收天线和发射天线的间距,M 与 N 分别表示接收天线与发射天线的数目,AOA 与 AOD 分别表示到达角和离开角。当信道是时变信道的时候,式(3-47)中的 $\boldsymbol{H}_{\mathrm{F}}$ 需要再乘以一个莱斯相位向量 $\exp[\mathrm{j}2\pi f_{\mathrm{m}}\cos(\pi/4)t]$,$f_{\mathrm{m}}$ 为信道的最大多普勒频移。

3.3.5　发射天线与接收天线的空间相关性

相关系数 ρ 在数学上定义为

$$\rho = \langle a,b\rangle = \frac{E[ab^*] - E[a]E[b^*]}{\sqrt{(E[|a|^2] - |E[a]|^2)(E[|b|^2] - |E[b]|^2)}} \tag{3-48}$$

其中,符号 $\langle\cdot,\cdot\rangle$ 表示求相关系数,符号 * 表示复数共轭。根据 a 和 b 的性质,可以定义 3

种不同的相关系数：复数相关系数、包络相关系数和功率相关系数。考虑两个复数变量 x 和 y，其复数相关系数、包络相关系数和功率相关系数分别为

$$\rho_c = \langle x, y \rangle \tag{3-49}$$

$$\rho_e = \langle |x|, |y| \rangle \tag{3-50}$$

$$\rho_p = \langle |x|^2, |y|^2 \rangle \tag{3-51}$$

限于测量设备等因素，以前对信道相关系数的探讨更多地集中于包络相关系数和功率相关系数。然而，对于 MIMO 信道建模来说，复数相关系数包含了能反映信道特性的较全面的信息，即幅度和相位，具有更好的性能。对于瑞利衰落信道，复数相关系数和功率相关系数有如下关系：

$$\rho_p = |\rho_c|^2 \tag{3-52}$$

3.3.6 信道的相关性和功率谱密度

1. 信道的相关性

下面介绍随机信道的相关性原理，定义复基带信道关于频率、时间及空间的自相关函数。

在概率论中，相关性是对某一随机事件的两个观测结果之间进行预测的手段。在比较两个随机变量 X 和 Y 时，如果 X 的观测结果可以提供一些对 Y 的观测结果的预测信息，反之亦然，就说 X 和 Y 是有关联的。随机事件之间较大的相关性也就意味着较大的可预测性。例如，某一天日照量的多少与这一天平均气温的高低两个随机事件之间的相关性是较强的，因为晴天比阴天气温高。

如果两个随机变量 X 和 Y 不相关，那么即使知道 X 的值也不能提供关于 Y 的任何预测信息，反之亦然。举一个不相关的例子，例如某一天日照量的多少与这一天麻将游戏的获利者数目这样两个随机事件是不相关的。

可以用严格的数学方法定义随机变量不相关的条件：

对不相关的 X 和 Y，

$$E\{XY\} = 0 \tag{3-53}$$

2. 自相关的关系

表征一个随机过程的发展变化特性最常用的方法就是计算其自相关函数。一个时变的随机信道 $\tilde{h}(t)$ 的自相关函数 $C_{\tilde{h}}(t_1, t_2)$ 定义为

$$C_{\tilde{h}}(t_1, t_2) = E\{\tilde{h}(t_1)\tilde{h}^*(t_2)\} \tag{3-54}$$

式(3-54)通过对随机过程在任意两个时刻 t_1 和 t_2 的样本值的乘积取集平均捕获 $h(t)$ 随时间的演化。

在信道模型中研究的大多数随机过程都是广义平稳的随机过程（WSS）。根据定义可知，一个广义平稳的随机过程的自相关函数值仅仅依赖于两个时刻 t_1 和 t_2 之差是多少。换言之，其相关性不随绝对时间而变化。即

$$C_{\tilde{h}}(t_1, t_2) = C_{\tilde{h}}(t_1 + t_0, t_2 + t_0), \quad t_0 \text{ 为任意值} \tag{3-55}$$

因此，一个广义平稳的自相关函数通常被写成时间变量 Δt 的函数，$\Delta t = t_1 - t_2$。自相关函数的广义平稳定义如下：

$$C_{\tilde{h}}(\Delta t) = E\{\tilde{h}(t_1)\tilde{h}^*(t_1 - \Delta t)\} \tag{3-56}$$

作为关于频率 f 和空间 r 的函数的随机信道也有类似于广义宽平稳时间自相关函数的定义。

一个随机过程为广义平稳随机过程还需要满足的第二个条件是：除了上述自相关函数平稳以外，该随机过程的均值也必须是平稳的。以时变基带信道为例，当 $E\{\widetilde{h}(t)\}$ 的值不是时间 t 的函数时，均值平稳就成立。由于自相关函数不具备广义平稳性，现实生活中的大多数随机过程都不能通过广义平稳的测试。然而，的确存在这样一些自相关函数满足广义平稳特性而均值却不满足平稳特性的随机过程。

自相关函数是二阶统计量。因为其刻画的是某一随机过程的两个样本点之间的关系。术语"阶数"是指用于计算统计量的样本点数。

以下分别是时变随机信道的一阶、二阶、三阶统计量表达式：

$$\widetilde{\mu}=E\{\widetilde{h}(t)\},C_{\widetilde{h}}(t_1,t_2)=E\{\widetilde{h}(t_1)\widetilde{h}^*(t_2)\},E\{\widetilde{h}(t_1)\widetilde{h}^*(t_2)\mid h(t_3)\mid^2\} \quad (3-57)$$

3. 自协方差函数

自协方差函数 $C_{\widetilde{h}}(\Delta t)$ 采用如下的定义，也就是对广义平稳随机过程去除其均值 μ 的二阶统计量：

$$\overline{C}_{\widetilde{h}}(\Delta t)=E\{[\widetilde{h}(t_0-\widetilde{\mu})]\cdot[\widetilde{h}^*(t_0+\Delta t)-\widetilde{\mu}^*]\}$$
$$=C_{\widetilde{h}}(\Delta t)-\mid\widetilde{\mu}\mid^2 \quad (3-58)$$

其中，$\widetilde{\mu}=E\{\widetilde{h}(t)\}$。

如果一个随机过程是零均值随机过程，那么其自相关函数就被称为自协方差函数。以时变信道为例，如果 $\widetilde{\mu}=E\{\widetilde{h}(t)\}=0$，那么其自相关函数就是自协方差函数。

4. 自相关系数

自相关系数定义如下：

$$\rho_{\widetilde{h}}(\Delta t)=\frac{C_{\widetilde{h}}(\Delta t)-\mid\widetilde{\mu}\mid^2}{C_{\widetilde{h}}(0)-\mid\widetilde{\mu}\mid^2} \quad (3-59)$$

其中，$\widetilde{\mu}=E\{\widetilde{h}(t)\}$，$C_{\widetilde{h}}(0)=E\{\widetilde{h}(t_1)\widetilde{h}^*(t_1)\}=E\{\mid\widetilde{h}(t_1)\mid^2\}$ 是平均能量，等于自相关函数在 $\Delta t=0$ 时的取值。

可以看出，自相关系数的物理意义是对随机过程的平均能量进行归一化的结果。可以证明，对于所有的自变量 Δt，$\rho_{\widetilde{h}}(\Delta t)\leqslant 1$。自相关系数越大，意味着两个时间点的信道值相关性越强。

5. 功率谱密度函数

下面利用自相关函数和功率谱密度函数的傅里叶变换分析进一步阐述信道的特点。

可以对某一随机过程进行一种数学变换得到一个新的随机过程以描述其结果，或者说一个随机过程的傅里叶变换就是自身随机过程的另一种表达。因此，将一个随机的时变信道函数 $\widetilde{h}(t)$ 做傅里叶变换就产生一个随频率变化的随机信道过程 $\widetilde{H}(\omega)$，可以应用集合的统计量方法对之进行分析。

在频域定义自相关函数 $C_{\widetilde{H}}(\omega_1,\omega_2)$，从众多文献中已经看到证明广义平稳随机过程的频谱互不相关，因此频域自相关函数必定具有如下的形式：

$$C_{\widetilde{H}}(\omega_1,\omega_2)=2\pi S_{\widetilde{h}}(\omega_1)\delta(\omega_1-\omega_2) \quad (3-60)$$

式(3-60)中的函数 $S_{\tilde{h}}(\omega_1)$ 就称为功率谱密度,它表征了随机信道 $\tilde{h}(t)$ 频谱的功率在频域中的分布状况。功率谱密度是用于分析广义平稳随机过程极其重要的频域工具。

傅里叶变换仅对于能量信号有严格的定义。所有的广义平稳随机过程都是功率信号。因此,其频谱的自相关函数 $C_{\tilde{H}}(\omega_1,\omega_2)$ 都为无穷大。在后面将通过在所有的频谱分析中采用有限值的功率谱密度 $S_{\tilde{h}}(\omega_1)$ 表达频域自相关函数。用式(3-60)中的函数 $\delta(\omega_1-\omega_2)$ "吸收"无穷大数值,这也就是 $S_{\tilde{h}}(\omega_1)$ 被称为功率谱密度函数的原因。

通过维纳-辛钦定理可以看到功率谱密度的作用。该定理表明广义平稳随机过程的自相关函数与其功率谱密度函数互为傅里叶变换对:

$$S_{\tilde{h}}(\omega)=\int_{-\infty}^{+\infty}C_{\tilde{h}}(\Delta t)\exp(-j\omega\Delta t)d\Delta t \tag{3-61}$$

$$C_{\tilde{h}}(\Delta t)=\frac{1}{2\pi}\int_{-\infty}^{+\infty}S_{\tilde{h}}(\omega)\exp(-j\omega\Delta t)d\omega \tag{3-62}$$

维纳-辛钦定理表明研究信号在时域中的自相关特性与研究该信号在频域中的平均功率相互等价。因此,对广义平稳随机过程的同一个二阶统计量就存在两种描述方法,即广义平稳随机过程的自相关函数与其功率谱密度函数是一对傅里叶变换对。

证明:根据定理 3-1,自相关函数可以写成

$$C_{\tilde{h}}(t_1,t_2)=\frac{1}{4\pi^2}\int_{-\infty}^{+\infty}\int_{-\infty}^{+\infty}C_{\tilde{H}}(\omega_1,\omega_2)\exp(j[\omega_1 t_1-\omega_2 t_2])d\omega_1 d\omega_2 \tag{3-63}$$

对于广义平稳随机过程,有

$$C_{\tilde{h}}(t_1,t_2)=\frac{1}{2\pi}\int_{-\infty}^{+\infty}\int_{-\infty}^{+\infty}S_{\tilde{h}}(\omega_1)\delta(\omega_1-\omega_2)\exp(j[\omega_1 t_1-\omega_2 t_2])d\omega_1 d\omega_2$$

$$=\frac{1}{2\pi}\int_{-\infty}^{+\infty}S_{\tilde{h}}(\omega_2)\exp[j\omega_2(t_1-t_2)]d\omega_2 \tag{3-64}$$

令 $\omega_1=\omega_2$ 及 $\Delta t=t_1-t_2$,即可得到式(3-62)描述的傅里叶变换关系。

6. 三维空间的统计量

在对空间选择性的讨论中,只研究了标量空间——线性的空间变量 r 运动。当然,在实际系统中无线接收机能够在三维空间中工作,这就要求增加其空间表示的自由度,在频域中也同样需要增加相应的自由度。对一个三维的位置函数进行傅里叶变换其实就是对标量坐标进行三重傅里叶变换。因此,将变换对写为

$$\tilde{h}(x,y,z)\leftrightarrow\tilde{H}(k_x,k_y,k_z) \tag{3-65}$$

其中,x、y 和 z 是笛卡儿位置坐标,而 k_x、k_y 和 k_z 是它们在频域中对应的波数。三重傅里叶变换意味着需要进行 3 次积分,其表示如下:

$$\tilde{H}(k_x,k_y,k_z)=\int_{-\infty}^{+\infty}\int_{-\infty}^{+\infty}\int_{-\infty}^{+\infty}\tilde{h}(x,y,z)\exp[-j(k_x x+k_y y+k_z z)]dxdydz$$

$$\tag{3-66}$$

式(3-66)中的表示方法比较烦琐。可以采用一组向量符号来简化概念。

首先,位置标量和波数标量的相关性分别被叠并成三维的位置向量和向量波数:

$$r=x\boldsymbol{x}+y\boldsymbol{y}+z\boldsymbol{z} \tag{3-67}$$

$$k=k_x\boldsymbol{x}+k_y\boldsymbol{y}+k_z\boldsymbol{z} \tag{3-68}$$

其中,$\boldsymbol{x}$、$\boldsymbol{y}$、$\boldsymbol{z}$ 表示单位向量。然后将对位置变量或波数变量的三重积分变为对一个向量偏

微分 dr 或 dk 的一重积分。这些一重积分被定义为

$$\int_{-\infty}^{+\infty} \mathrm{d}\boldsymbol{r} = \int_{-\infty}^{+\infty}\int_{-\infty}^{+\infty}\int_{-\infty}^{+\infty} \mathrm{d}x\,\mathrm{d}y\,\mathrm{d}z \tag{3-69}$$

$$\int_{-\infty}^{+\infty} \mathrm{d}\boldsymbol{k} = \int_{-\infty}^{+\infty}\int_{-\infty}^{+\infty}\int_{-\infty}^{+\infty} \mathrm{d}k_x\,\mathrm{d}k_y\,\mathrm{d}k_z \tag{3-70}$$

利用上述结论进行替换，得到关于位置向量的傅里叶变换及傅里叶反变换对：

$$\widetilde{H}(\boldsymbol{k}) = \int_{-\infty}^{+\infty} \widetilde{h}(\boldsymbol{r})\exp(-\mathrm{j}\boldsymbol{k}\cdot\boldsymbol{r})\mathrm{d}\boldsymbol{r} \tag{3-71}$$

$$\widetilde{h}(\boldsymbol{r}) = \frac{1}{(2\pi)^3}\int_{-\infty}^{+\infty} \widetilde{H}(\boldsymbol{k})\exp(\mathrm{j}\boldsymbol{k}\cdot\boldsymbol{r})\mathrm{d}\boldsymbol{k} \tag{3-72}$$

其中($\cdot$)表示内积：

$$\boldsymbol{k}\cdot\boldsymbol{r} = xk_x + yk_y + zk_z \tag{3-73}$$

这种简洁的向量符号使得定义一个三维的空间自相关函数和向量波数功率谱密度变得更容易。三维的空间自相关函数定义如下：

$$C_{\widetilde{h}}(\Delta\boldsymbol{r}) = E\{\widetilde{h}(\boldsymbol{r})\widetilde{h}^*(\boldsymbol{r}+\Delta\boldsymbol{r})\} \tag{3-74}$$

该随机信道的波数功率谱密度函数可通过对其进行傅里叶变换得到

$$S_{\widetilde{h}}(\boldsymbol{k}) = \int_{-\infty}^{+\infty} C_{\widetilde{h}}(\Delta\boldsymbol{r})\exp(-\mathrm{j}\boldsymbol{k}\cdot\Delta\boldsymbol{r})\mathrm{d}\Delta\boldsymbol{r} \tag{3-75}$$

表 3-1 总结了时间、频率、标量空间和向量空间自相关函数与相应的多普勒谱、时延谱、波数谱和向量波数谱的对应关系。

表 3-1　自相关函数与功率谱密度函数的对应关系

自相关函数	功率谱密度函数
时间自相关 $C_{\widetilde{h}}(\Delta t) = \frac{1}{2\pi}\int_{-\infty}^{+\infty} S_{\widetilde{h}}(\omega)\exp(\mathrm{j}\omega\Delta t)\mathrm{d}\omega$	多普勒谱 $S_{\widetilde{h}}(\omega) = \int_{-\infty}^{+\infty} C_{\widetilde{h}}(\Delta t)\exp(-\mathrm{j}\omega\Delta t)\mathrm{d}\Delta t$
频率自相关 $C_{\widetilde{h}}(\Delta f) = \frac{1}{2\pi}\int_{-\infty}^{+\infty} S_{\widetilde{h}}(\tau)\exp(-\mathrm{j}2\pi\tau\Delta f)\mathrm{d}\tau$	时延谱 $S_{\widetilde{h}}(\tau) = \int_{-\infty}^{+\infty} C_{\widetilde{h}}(\Delta f)\exp(\mathrm{j}2\pi\tau\Delta f)\mathrm{d}\Delta f$
标量空间自相关 $C_{\widetilde{h}}(\Delta r) = \frac{1}{2\pi}\int_{-\infty}^{+\infty} S_{\widetilde{h}}(k)\exp(\mathrm{j}k\Delta r)\mathrm{d}k$	波数谱 $S_{\widetilde{h}}(k) = \int_{-\infty}^{+\infty} C_{\widetilde{h}}(\Delta r)\exp(-\mathrm{j}k\Delta r)\mathrm{d}\Delta r$
向量空间自相关 $C_{\widetilde{h}}(\Delta\boldsymbol{r}) = \frac{1}{(2\pi)^3}\int_{-\infty}^{+\infty} S_{\widetilde{h}}(\boldsymbol{k})\exp(\mathrm{j}\boldsymbol{k}\cdot\Delta\boldsymbol{r})\mathrm{d}\boldsymbol{k}$	向量波数谱 $S_{\widetilde{h}}(\boldsymbol{k}) = \int_{-\infty}^{+\infty} C_{\widetilde{h}}(\Delta\boldsymbol{r})\exp(-\mathrm{j}\boldsymbol{k}\cdot\Delta\boldsymbol{r})\mathrm{d}\Delta\boldsymbol{r}$

3.4　信道联合统计量

自相关函数和功率谱密度函数不仅用于刻画具有单一自变量的随机信道，它们对于刻画具有多个自变量的随机信道也同样很有用。

3.4.1　联合自相关函数与频谱

为了协调随机信道各自变量之间的关系,最好先定义一个关于多普勒、时延和波数的联合功率谱密度函数。时间、频率和空间的函数的随机信道存在如下的傅里叶变换对:

$$\widetilde{h}(t,f,r) \leftrightarrow \widetilde{H}(\omega,\tau,k) \tag{3-76}$$

与单一自变量的分析类似,相关函数可以写成

$$C_{\widetilde{H}}(\omega_1,\omega_2,\tau_1,\tau_2,k_1,k_2) = E\{\widetilde{H}(\omega_1,\tau_1,k_1)\widetilde{H}^*(\omega_2,\tau_2,k_2)\} \tag{3-77}$$

此外,若各频谱部分互不相关,可将式(3-77)写为

$$C_{\widetilde{H}}(\omega_1,\omega_2,\tau_1,\tau_2,k_1,k_2) = 4\pi S_{\widetilde{h}}(\omega_2,\tau_2,k_2)\delta(\omega_1-\omega_2)\delta(\tau_1-\tau_2)\delta(k_1-k_2) \tag{3-78}$$

式(3-78)描述的多自变量随机过程被称为广义平稳不相关散射(WSSUS)随机过程。

对包含多个自变量的 WSSUS 信道定义其自相关函数并应用维纳-辛钦定理。依照式(3-78)中单一自变量的自相关函数的定义推广,得到

$$C_{\widetilde{h}}(\Delta t,\Delta f,\Delta r) = E\{\widetilde{h}(t,f,r)\widetilde{h}^*(t+\Delta t,f+\Delta f,r+\Delta r)\} \tag{3-79}$$

对随机过程应用维纳-辛钦定理,可得到其自相关函数与功率谱密度函数的如下傅里叶变换关系:

$$C_{\widetilde{h}}(\Delta t,\Delta f,\Delta r) \leftrightarrow S_{\widetilde{h}}(\omega,\tau,k) \tag{3-80}$$

在例 3-1 中演示了对一个包含多个自变量的随机信道如何应用上述定义。

例 3-1:随机信道自相关函数和功率谱密度函数求解

包含多个自变量的随机信道自相关函数和功率谱密度函数求解。假定一个广义平稳随机信道的自相关函数具有如下形式:

$$C_{\widetilde{h}}(\Delta t,\Delta f,\Delta r) = \frac{S_0\sigma_\tau\cos(k_0\Delta r)}{1+j2\pi\Delta f\sigma_\tau}\delta(\Delta t) \tag{3-81}$$

试求其功率谱密度函数 $S_{\widetilde{h}}(\omega,\tau,k)$ 的表达式。

解:通过对自相关函数进行傅里叶变换即可求解。

$$S_{\widetilde{h}}(\omega,\tau,k) = \int_{-\infty}^{+\infty}\int_{-\infty}^{+\infty}\int_{-\infty}^{+\infty} C_{\widetilde{h}}(\Delta t,\Delta f,\Delta r)\exp[j(2\pi\tau\Delta f - \omega\Delta t - k\Delta r)]d\Delta t\,d\Delta f\,d\Delta r$$

$$= S_0\int_{-\infty}^{+\infty}\delta(\Delta t)\exp(-j\omega\Delta t)d\Delta t\int_{-\infty}^{+\infty}\frac{\sigma_\tau\exp(j2\pi\tau\Delta f)}{1+j2\pi\Delta f\sigma_\tau}d\Delta f$$

$$\int_{-\infty}^{+\infty}\cos(k_0\Delta r)\exp(-jk\Delta r)d\Delta r$$

$$= \frac{S_0}{2}[\delta(k-k_0)+\delta(k+k_0)]\exp\left(-\frac{\tau}{\sigma_\tau}\right)u(\tau) \tag{3-82}$$

一个随机过程关于某一自变量可能是广义平稳的,但是并不满足联合广义平稳这一条件。为了更好地理解这一点,看下面以多普勒和时延为自变量的频谱联合相关函数的例子:

$$C_{\widetilde{H}}(\omega_1,\omega_2,\tau_1,\tau_2) = 2\pi S_{\widetilde{h}}(\omega_2,\tau_2)\delta(\omega_1-\omega_2+\tau_1-\tau_2)\delta(\tau_1-\tau_2) \tag{3-83}$$

从自相关函数得到的该谱函数的相关性就是其仅仅依赖于 $\tau_1-\tau_2$ 和 $\omega_1-\omega_2$。然而交叉项使得多普勒与时延具有相关性,这增加了对二阶统计量分析的复杂性。

3.4.2　时-频变换映射

为了真正地理解联合谱函数和自相关函数,最好先从全空-时-频信道模型中去掉某些自变量。假设单天线接收机工作于仅仅与时间 t 和频率 f 有关的信道中,该信道的变化与空间这一变量无关。图 3-9 是该信道中各种随机变量之间的关系。该随机信道二阶统计量的变化可以用联合自相关函数 $C_{\tilde{h}}(\Delta t,\Delta f)$ 或功率谱密度函数 $S_{\tilde{h}}(\omega,\tau)$ 描述。对于广义平稳信道,必须知道上述二者之一,因为它们二者构成一对二维的傅里叶变换对。

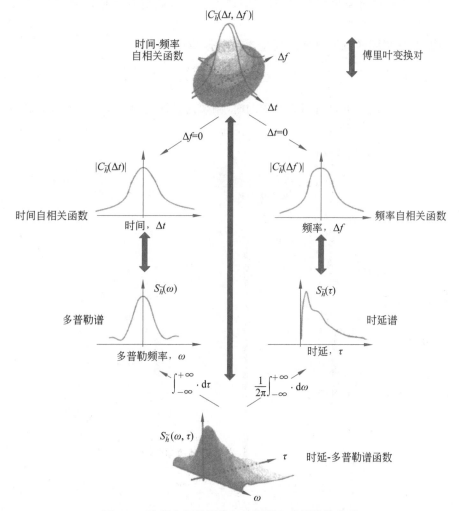

图 3-9　时-频自相关函数与功率谱密度函数的关系

如果信道是窄带的(信号带宽比其相干带宽要小),那么在载波频率附近的衰落就是平坦衰落,于是只需要用仅为时间函数的自相关函数或仅为多普勒函数的功率谱密度函数就足够表征该随机信道。一维的函数可以从它们的二维表达中得到

$$C_{\tilde{h}}(\Delta t)=C_{\tilde{h}}(\Delta t,\Delta f)\Big|_{\Delta f=0} \tag{3-84}$$

$$S_{\tilde{h}}(\omega)=\int_{-\infty}^{+\infty} S_{\tilde{h}}(\omega,\tau)\mathrm{d}\tau \tag{3-85}$$

图 3-9 中的右半部分所示的就是对一个不随时间变化的"静态"信道的描述。将 Δt 置 0,就可以从联合时-频自相关函数求得频率自相关函数。一维时延谱可以通过联合时延-多普勒谱函数对多普勒频率 ω 积分得到。

许多研究人员利用图 3-9 理解和描述线性时变信道的随机变化,在射电天文测量中就应用了这种方法。苏联通过月球反弹设备对无线信号传输进行间谍活动。苏联接收的无线电信号产生于地球的另一端,该信号经过自转和绕地球公转的月球的反射,产生包含弥散(频率选择性衰落)和多普勒扩展(时间选择性衰落)的信号,天线放在固定的位置,从空中接收到的信号随时间和频率变化,最终间谍卫星会因此更有效地监测其他国家的网络信号。

联合时-频思想同样也可以推广到包含联合空-频的关系。

3.4.3 空-频变换映射

对一个静态的信道,可以将图 3-9 中的时-频映射扩展到图 3-10 中的空-频映射。

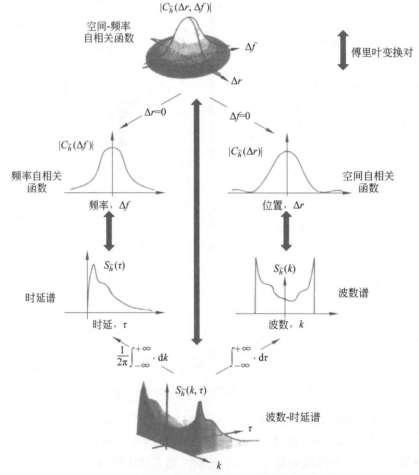

图 3-10   空-频自相关函数与功率谱密度函数的关系

在图 3-10 中,联合空-频自相关函数和联合波数-时延谱构成了一对二维傅里叶变换对。将联合自相关函数中的 Δf 和 Δr 分别置 0，就可以分别得到一维空间自相关函数和频率自相关函数。

对联合功率谱密度函数中的 τ 和 k 分别积分，就可以分别得到一维的波数谱和时延谱。

3.4.4　完备的变换映射

当然，所有的 3 个自变量——空间、时间和频率也可以放在一起研究。将图 3-9 和图 3-10 结合起来就得到图 3-11 中所示的完备的变换映射。图 3-11 可以看成变换映射中的一个基本小区，并且该小区向各个方向进行相同的延伸。例如，从联合空-时自相关函数变换到一维时间的自相关函数就可以从图 3-11 的右边至左边进行变换得到；类似地，随机信道的自相关函数与其功率谱密度函数这一对三维的傅里叶变换对则可以从图 3-11 的顶端至底端进行相应的变换得到。

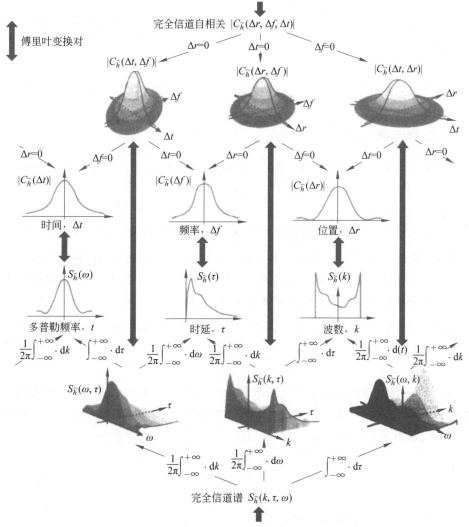

图 3-11　空-时-频自相关函数与功率谱密度函数的关系

图 3-11 中包含了很多影响信道函数的变量和定义，理清这些关系对理解多自变量的

无线信道的随机特性至关重要。当考虑的是向量空间而不是标量空间时,这些特性甚至更为复杂。但每一个影响信道的变量都可以被分离出来,从而理解空-时信道的衰落特性。

表 3-2 总结了消除随机空-时无线信道模型中某一变量的方法,可以将它和图 3-11 一起用来分析随机空-时无线信道。

表 3-2   消除随机空-时无线信道模型中某一变量的方法

需消除的变量	从自相关函数消除的方法	从功率谱密度函数消除的方法
时间	$\Delta t = 0$	$\dfrac{1}{2\pi}\displaystyle\int_{-\infty}^{+\infty} \cdot \, \mathrm{d}\omega$
频率	$\Delta f = 0$	$\displaystyle\int_{-\infty}^{+\infty} \cdot \, \mathrm{d}\tau$
标量空间	$\Delta r = 0$	$\dfrac{1}{2\pi}\displaystyle\int_{-\infty}^{+\infty} \cdot \, \mathrm{d}k$
向量空间	$\Delta \boldsymbol{r} = 0$	$\dfrac{1}{(2\pi)^3}\displaystyle\int_{-\infty}^{+\infty} \cdot \, \mathrm{d}\boldsymbol{k}$

◆ 3.5 角　度　谱

3.5.1 向量和标量空间

无线信道的空间需要用标量位置或三维的向量位置表示。本节介绍这两者之间的转换。

1. 位置向量的标量化

通过固定空间变量的角度方向,以三维空间位置向量为自变量的函数可以转换为以位置标量为自变量的函数。因此,空间向量信道 $\widetilde{h}(\boldsymbol{r})$ 通过一定的转换可以用位置标量 r 的函数的形式表示。这种化简在仅需一个空间自由度的应用中非常有用,例如接收机的天线是一个线性阵列或者它在空间中做恒定速度的运动。

将向量空间的信道 $\widetilde{h}(\boldsymbol{r})$ 转变为标量空间的信道 $\widetilde{h}(r)$ 的第一步就是将位置变量 $\boldsymbol{r}$ 分解成其笛卡儿坐标要素:

$$\boldsymbol{r} = x\boldsymbol{x} + y\boldsymbol{y} + z\boldsymbol{z} \tag{3-86}$$

其中,x、y、z 是三维的自由空间中的正交笛卡儿基本向量。这里固定作为标量值函数的空间运动的方向,将运动限制为方位角为 θ、水平面仰角为 φ 的方向上的直线运动。在球面坐标 (r,θ,φ) 下,笛卡儿坐标变为

$$\begin{cases} x = r\cos\varphi\cos\theta \\ y = r\cos\varphi\sin\theta \\ z = r\sin\varphi \end{cases} \tag{3-87}$$

(x,y,z) 和 (r,θ,φ) 的关系如图 3-12 所示。

因此,可得

$$\widetilde{h}(\boldsymbol{r}) = \widetilde{h}(r,\theta,\varphi) \tag{3-88}$$

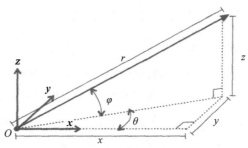

图 3-12　(x,y,z) 和 (r,θ,φ) 的关系

其中，θ 和 φ 可以设为固定的常数。为避免繁复的符号，标量距离的信道简写为 $\tilde{h}(r)$，暗示 θ 和 φ 已经被固定在某一方向上。这种向量到标量的转换可以应用于将三维空间作为其一个自变量的任意函数（例如空-时信道、接收信号和自相关函数）。

例 3-2：平面波信道

问题：一个形如 $\tilde{h}(\boldsymbol{r})=V_0\exp(-\mathrm{j}k_0\boldsymbol{r}\cdot\boldsymbol{x})$ 的静态窄带信道是三维空间的函数。如果其方位角 θ 和仰角 φ 已知，试求其标量表示 $\tilde{h}(r)$。

解：向量 $\boldsymbol{r}$ 可以表示成 $r\boldsymbol{r}_1$，其中 r 是标量位置，而 $\boldsymbol{r}_1$ 是具有如下形式的单位向量：

$$\boldsymbol{r}_1=\cos\varphi\cos\theta\boldsymbol{x}+\cos\varphi\sin\theta\boldsymbol{y}+\sin\varphi\boldsymbol{z} \tag{3-89}$$

将 $\boldsymbol{r}=r\boldsymbol{r}_1$ 代入给定的函数 $\tilde{h}(\boldsymbol{r})$，得到如下的标量表示：

$$\tilde{h}(r)=V_0\exp(-\mathrm{j}k_0r\cos\varphi\cos\theta) \tag{3-90}$$

球面坐标中对整个空间的积分函数与笛卡儿坐标中对整个空间的积分具有如下的关系：

$$\int_{-\infty}^{+\infty}\int_{-\infty}^{+\infty}\int_{-\infty}^{+\infty}f(x,y,z)\mathrm{d}x\mathrm{d}y\mathrm{d}z=\int_{-\frac{\pi}{2}}^{\frac{\pi}{2}}\int_{0}^{2\pi}\int_{0}^{+\infty}f(r,\theta,\varphi)r^2\cos\varphi\mathrm{d}r\mathrm{d}\theta\mathrm{d}\varphi \tag{3-91}$$

3.5.2　波向量的标量化

标量的距离变量意味着也存在一个标量变量的傅里叶变换。对信道 $\tilde{h}(r)$，其傅里叶变换为 $\tilde{H}(k)$，其中 k 是波数，它代替了原来的波向量。用标准的标量定义对傅里叶变换对 $\tilde{h}(r)\leftrightarrow\tilde{H}(k)$ 进行定义，它比定义三维位置的函数的傅里叶变换对之间的关系要简单。标量波数的傅里叶变换 $\tilde{H}(k)$ 与波向量的傅里叶变换 $\tilde{H}(\boldsymbol{k})$ 之间的关系没有标量位置信道和向量位置信道之间的关系那么简单。

在做了 $\boldsymbol{r}=r\boldsymbol{r}_1$（其中 $\boldsymbol{r}_1$ 是指向标量位置的方向的单位向量）替换之后，正确的定义可以从向量的傅里叶关系得到

$$\tilde{h}(r)=\frac{1}{(2\pi)^3}\int_{-\infty}^{+\infty}\tilde{H}(\boldsymbol{k})\exp(\mathrm{j}r\boldsymbol{k}\cdot\boldsymbol{r})\mathrm{d}\boldsymbol{k} \tag{3-92}$$

然后将式（3-92）代入标量位置的傅里叶变换，得到

$$\tilde{H}(k)=\frac{1}{(2\pi)^3}\int_{-\infty}^{+\infty}\int_{-\infty}^{+\infty}\tilde{H}(\boldsymbol{k})\exp[-\mathrm{j}r(k-\boldsymbol{k}\cdot\boldsymbol{r})]\mathrm{d}\boldsymbol{r}\mathrm{d}\boldsymbol{k}$$

$$= \frac{1}{(2\pi)^2} \int_{-\infty}^{+\infty} \widetilde{H}(\boldsymbol{k}) \delta(k - \boldsymbol{k} \cdot \boldsymbol{r}) \mathrm{d}\boldsymbol{k} \tag{3-93}$$

式(3-93)是将波向量傅里叶变换转化为波数傅里叶变换的正确方法。

在几何意义上,对式(3-93)中的冲激函数的积分就从三维傅里叶变换 $\widetilde{H}(\boldsymbol{k})$ 中选出了所有满足 $k = \boldsymbol{k} \cdot \boldsymbol{r}_1$ 的分量。$k = \boldsymbol{k} \cdot \boldsymbol{r}_1$ 表示波向量 $\boldsymbol{k}$ 的集合,其顶端位于垂直于标量位置 r 的方向并且距原点的距离为 k 的几何平面中。于是,对于给定的 $\boldsymbol{k}$,$\widetilde{H}(\boldsymbol{k})$ 所有的值与该平面积分相关联,并且变为 $\widetilde{H}(\boldsymbol{k})$ 的一维的傅里叶变换值。

式(3-93)中的关系对于波向量谱 $S_{\widetilde{h}}(\boldsymbol{k})$ 和波数谱 $S_{\widetilde{h}}(k)$ 也成立。例 3-3 就是波向量域中向量到标量映射的一个例子。

例 3-3:球壳谱

问题:对一个具有球壳形状的信道波向量谱而言,除了对位于半径为 k_0 的球面上 $\boldsymbol{k}$ 的值,其功率谱为常数以外,其谱处处为 0。在数学上,该波向量谱具有如下的形式:

$$S_{\widetilde{h}}(\boldsymbol{k}) = \frac{2\pi S_0}{k_0} \delta(|\boldsymbol{k}| - k_0) \tag{3-94}$$

试求空间任意方向的波数谱。

解:首先将应用笛卡儿坐标 (k_x, k_y, k_z) 的三维波向量谱代入式(3-93)。因为波向量谱是等方向性的(若不考虑方向就相等),所以波数谱对所有可能的 Y 都相同。为方便起见,令 $r = z$:

$$S_{\widetilde{h}}(k) = \frac{S_0}{2\pi k_0} \int_{-\infty}^{+\infty} \int_{-\infty}^{+\infty} \int_{-\infty}^{+\infty} \delta\left(\sqrt{k_x^2 + k_y^2 + k_z^2} - k_0\right) \delta(k - k_z) \mathrm{d}k_x \mathrm{d}k_y \mathrm{d}k_z$$

$$= \int_{-\infty}^{+\infty} \int_{-\infty}^{+\infty} \delta\left(\sqrt{k_x^2 + k_y^2 + k_z^2} - k_0\right) \mathrm{d}k_x \mathrm{d}k_y \tag{3-95}$$

该二重积分以球面坐标 (k', θ') 的形式计算比较方便。将 $k'^2 = k_x^2 + k_y^2$ 和 $\mathrm{d}k_x \mathrm{d}k_y = k' \mathrm{d}k' \mathrm{d}\theta'$ 代入,最后波数谱为

$$S_{\widetilde{h}}(k) = \frac{S_0}{2\pi k_0} \int_0^{+\infty} \int_0^{2\pi} k' \delta\left(\sqrt{k'^2 + k_z^2} - k_0\right) \mathrm{d}\theta' \mathrm{d}k = S_0 u(k_0 - |k|) \tag{3-96}$$

该波数谱在 $-k_0 \leqslant k \leqslant k_0$ 上为恒定的值 S_0,在其他地方则为 0。

3.5.3 角度谱的概念

角度谱是空间概念模型中最重要的概念之一,它简单和直观地刻画了波向量谱。本节讨论信道模型中使用的其他谱与角度谱的关系。

静态、窄带信道的波向量谱可以写成

$$S_{\widetilde{h}}(\boldsymbol{k}) = (2\pi)^3 \sum_{i=1}^{N} P_i \delta(\boldsymbol{k} - \boldsymbol{k}_i) \tag{3-97}$$

其中,P_i 是第 i 个多径分量的功率,$P_i = V_i^2$。事实上,式(3-97)仅能表示 U-SLAC 模型的功率谱。

依据定义,如果式(3-97)表示的是本地网随机信道模型,那么所有 $\boldsymbol{k}_i$ 值的幅度必须等于自由空间波数。对于功率谱分析,将自由空间波数表示为 k_0,这表示对于具有非零分量的波数谱其最大可能的波数的大小。$k_0 = 2\pi/\lambda$,其中 λ 是载波频率的波长。

现在式(3-97)中的向量 k_i 和 k 可以表示成包括方位角和仰角的球面坐标的形式。球面坐标和这两个向量的关系如下:

$$k_i = k_0 (\cos\varphi_i \cos\theta_i \boldsymbol{x} + \cos\varphi_i \sin\theta_i \boldsymbol{y} + \sin\varphi_i \boldsymbol{z}) \tag{3-98}$$

$$k = |\boldsymbol{k}| (\cos\varphi\cos\theta\boldsymbol{x} + \cos\varphi\sin\theta\boldsymbol{y} + \sin\varphi\boldsymbol{z}) \tag{3-99}$$

方位角和仰角可以被认为是第 i 个多径的到达角坐标。根据 k_i 和 k 的表达式,应用式(3-100)可以对式(3-97)中的冲激函数进行重新整理:

$$\delta(\boldsymbol{k} - \boldsymbol{k}_i) = \frac{\delta(|\boldsymbol{k}| - k_0)\delta(\varphi - \varphi_i)\delta(\theta - \theta_i)}{k_0^2 \cos\varphi_i} \tag{3-100}$$

原有的波向量谱现在可写为

$$S_{\tilde{h}}(\boldsymbol{k}) = \frac{(2\pi)^3 \delta(|\boldsymbol{k}| - k_0)}{k_0^2} \sum_{i=1}^{N} \frac{P_i \delta(\varphi - \varphi_i)\delta(\theta - \theta_i)}{\cos\varphi_i} \tag{3-101}$$

其中

$$p(\theta, \varphi) = \sum_{i=1}^{N} \frac{P_i \delta(\varphi - \varphi_i)\delta(\theta - \theta_i)}{\cos\varphi_i} \tag{3-102}$$

式(3-102)等号右边的和式项就是多径功率的角度谱。

由式(3-101)得到一个信道模型的关键原理:任何 U-SLAC 波向量谱都可以用角度谱 $p(\theta, \varphi)$ 的形式完整地描述。为理解角度谱表示的优点,考虑式(3-101)的简化形式:

$$S_{\tilde{h}}(\boldsymbol{k}) = \frac{(2\pi)^3 \delta(|\boldsymbol{k}| - k_0)}{k_0^2} p(\theta, \varphi) \tag{3-103}$$

应用角度谱表示空间传播有如下几个主要优点:

(1) 角度谱具有物理上的直观性。$p(\theta, \varphi)$ 表示每球面度的功率。角度 θ 和 φ 分别表示接收天线收到的无线电波的方位角和仰角。与波向量谱相比,角度谱为无线电波传播提供了一个更为贴切的物理表示方法。

(2) 完整的角度谱仅有两个自变量——方位角和仰角。波向量谱依赖于三维的波向量 $\boldsymbol{k}$。如果方位角和仰角这两个自变量另行考量,则 U-SLAC 模型将只有 $|\boldsymbol{k}| = k_0$ 的谱分量,表示 k 空间的一个球面。这样的分解更有利于问题的分析和解决。

(3) 漫射传播用角度谱表示最为合适。用脉冲函数的离散和式表示频谱,就必须提及下面这一点:如果和式包含无穷多的项数并且每一个波的幅度都是无穷小,那么都有可能是波的漫射连续能谱。这里已经不再需要这样一个已被遗弃的表达方式了。在角度谱 $p(\theta, \varphi)$ 的表示中,已包含如图 3-13 中所示的脉冲(仿射分量)和有限或连续功率区间(漫射,非仿射分量)。

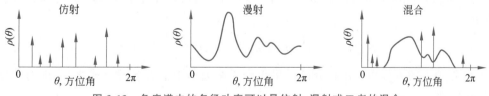

图 3-13 角度谱中的多径功率可以是仿射、漫射或二者的混合

还可以注意到,角度谱可以用于描述具有随机电压幅度和随机相位的原始传播模型。换言之,尽管大多数应用都集中于 SLAC 模型,式(3-102)对于某种类型的随机宏区域信道

(SMAC)的分析也是有效的。

3.5.4 角度至波数的映射

沿空间中某一特定的方向刻画小尺度衰落需要一维的波数谱 $S_{\tilde{h}}(k)$ 给定空间中刻画的方向 r，波数谱可以从波向量谱计算得到

$$S_{\tilde{h}}(k) = \frac{1}{(2\pi)^2} \int_{-\infty}^{+\infty} S_{\tilde{h}}(\boldsymbol{k}) \delta(k - \boldsymbol{k} \cdot \boldsymbol{r}) \mathrm{d}\boldsymbol{k} \tag{3-104}$$

这就是功率谱密度函数形式。将式(3-103)代入并化简，从角度谱可以直接计算得到波数谱：

$$S_{\tilde{h}}(k) = 2\pi \int_0^{2\pi} \int_{-\frac{\pi}{2}}^{\frac{\pi}{2}} p(\theta, \varphi) \delta(k - k_0 \boldsymbol{k} \cdot \boldsymbol{r}) \cos\varphi \, \mathrm{d}\varphi \, \mathrm{d}\theta \tag{3-105}$$

其中

$$\boldsymbol{k} = \cos\varphi\cos\theta\boldsymbol{x} + \cos\varphi\sin\theta\boldsymbol{y} + \sin\varphi\boldsymbol{z} \tag{3-106}$$

因而式(3-105)是用于从角度谱计算波数谱的有用的关系。如图 3-14 所示，在式(3-105)中该映射依赖于方向 r。

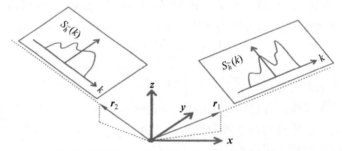

图 3-14   不同的波数谱 $S_{\tilde{h}}(k)$ 依赖于空间中观察的方向（r_1 或 r_2）

3.5.5 水平传播

方位角信道模型在无线通信中特别重要。这样一个信道模型由具有零仰角（沿水平方向）传播的多径波组成，这种类型的信道的角度谱可以写为

$$p(\theta, \varphi) = p(\theta)\delta(\varphi) \tag{3-107}$$

其中，$p(\theta)$ 是方位角度谱。式(3-107)的方位角信道模型除了是一种非常有用的简化以外，还是对陆地传播的很好的估计。

给定方位角度谱 $p(\theta)$，将式(3-107)代入式(3-106)，并且对变量 φ 积分，就可以计算出波数谱：

$$S_{\tilde{h}}(k) = 2\pi \int_0^{2\pi} p(\theta) \delta[k - k_0 \cos(\theta - \theta_R)] \mathrm{d}\theta \tag{3-108}$$

其中，θ_R 是观察的方位角。由积分的结果得到无线通信中最著名的公式之一，即对角度谱的 Gans 映射：

$$S_{\tilde{h}}(k) = \frac{2\pi}{\sqrt{k_0^2 - k^2}} \left[p\left(\theta_R + \arccos\frac{k}{k_0}\right) + p\left(\theta_R - \arccos\frac{k}{k_0}\right) \right], \quad |k| \leqslant k_0$$

$$\tag{3-109}$$

Gans 映射中假定式(3-106)中的方向向量 **r** 也指向水平方向并且可写成如下的形式：

$$r_1 = \cos\theta_R \boldsymbol{x} + \sin\theta_R \boldsymbol{y} + 0\boldsymbol{z} \tag{3-110}$$

这个假设并不是非常严格的。例如,大多数移动接收机的运动都是没有垂直的 z 分量的水平运动。在陆地系统中,具有多天线的接收机一般将其天线阵或分集天线分布在同一方位角平面上,这样就消除了对 z 方向建模的需要。

尽管研究对沿水平传播脱离方位角运动($\varphi_R \neq 0$)的情形不太常见,但是通过修正式(3-109)完成此研究非常容易。首先假定是在水平面内观察,从式(3-109)计算波数谱 $S_{\tilde{h}}(k)$。然后利用 $S_{h}'(k) = S_{\tilde{h}}(k)\cos\varphi_R$ 对谱函数进行简单修正。记住,仅当沿水平传播时,例如式(3-107),该简单修正才有可能。

式(3-109)的映射从如图 3-15 所示的传播几何学角度有一个直观的物理解释。

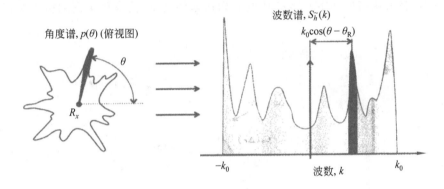

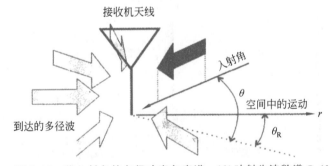

图 3-15 将入射角的多径功率角度谱 $p(\theta)$ 映射为波数谱 $S_h(k)$

多径波沿水平方向以方位角 θ 到达,并且要映射的方位角运动的方向为 θ_R,该多径波的相位变化为自由空间波数 k_0。然而,沿 θ_R 方向运动的接收机,其真实的波数 k 被因子 $\cos(\theta-\theta_R)$ 缩短了。于是有

$$k = k_0\cos(\theta - \theta_R), \qquad \frac{\mathrm{d}k}{\mathrm{d}\theta} = -k_0\sin(\theta - \theta_R) \tag{3-111}$$

可以通过使波向量谱功率与角度谱功率相等,即 $S(k)|\mathrm{d}k| = 2\pi p(\theta)|\mathrm{d}\theta|$,而同样得到式(3-110)。式(3-110)的映射在空间选择性和多径达到角特性之间架起了一座非常有用的桥梁。例 3-4 就是著名的从全方向方位角谱至波数谱之间的映射。

例 3-4：全方向映射

问题：在混乱的多径环境中,常常将到达的多径功率的角度谱近似为均匀分布：

$$p(\theta) = \frac{P_{\mathrm{T}}}{2\pi} \tag{3-112}$$

其中，P_{T} 是全部的平均功率，为常数。试求该角度谱的波数扩展。

解：应用式(3-110)，该传播的波数谱为

$$S(k) = \frac{2P_{\mathrm{T}}}{\sqrt{k_0^2 - k^2}}, \quad |k| \leqslant k_0 \tag{3-113}$$

它独立于方向 θ_{R}。波数扩展为

$$\sigma_k^2 = \frac{k_0^2}{2} \tag{3-114}$$

在对角度谱的讨论中，常常使用多径传播的俯视图，如图 3-16 所示。图 3-16 以接收机天线为中心，表示从高处往下看多径功率的到达角的视图，与方位角谱的极坐标视图非常相像。

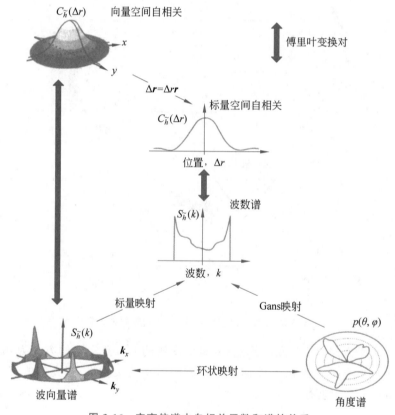

图 3-16　空变信道中自相关函数和谱的关系

3.5.6　角度谱的总结

为总结本节中的概念，图 3-16 中包括了角度谱和波向量谱，以强调两者的关系。角度谱是另一种简单表示波向量谱的方法。任何本地网信道模型的波向量谱均可用角度谱刻画。角度谱是更为简单、直观地刻画空间选择性的方法。

就如同角度谱可以从波向量谱计算得到一样，波数谱可以从角度谱计算得到。在计算

波数谱之前,必须假定空间中的一个方向 r。波数谱是一维空间的自相关函数的傅里叶变换。该标量自相关函数可以通过固定全空间自相关函数 $C_{\tilde{h}}(\Delta r)\big|_{\Delta r = \Delta r r_1}$ 的方向而计算得到。图 3-16 中的波数谱、波向量谱和角度谱的关系总结如下:

(1) 环状映射:波向量谱与角度谱之间的关系为式(3-106)。

(2) 标量映射:波向量谱到波数谱的关系为式(3-106)。

(3) Gans 映射:角度谱到波数谱的关系为式(3-107)或式(3-110)。

这一系列关系使工程师可以应用概念简单的角度谱刻画多径功率。

应用角度谱唯一的缺点就是到达角不是将信道的空间选择性与谱域性质联系到一起的自然域。因此,无论什么时候对空间自相关函数、谱扩展或对偶性进行计算,都必须将角度谱转化为波向量谱或波数谱。对比较常见的沿水平面传播的信道模型,可以通过应用形状因子将空间选择性的特性与传播的几何学联系起来,将角度谱的缺陷克服。

◆ 3.6　MIMO 信道容量

3.6.1　点对点 MIMO 信道容量

20 世纪 90 年代末,学术界提出了点对点 MIMO 的框架和算法,在基站和移动端配备天线阵列,参见图 3-6。可以采用时分和频分复用。在接收机存在加性高斯白噪声的情况下,香农理论给出了点对点 MIMO 信道的容量:

$$C_{ul} = \log_2 \left| I_M + \frac{\rho_{ul}}{K} GG^H \right| \tag{3-115}$$

$$C_{dl} = \log_2 \left| I_K + \frac{\rho_{dl}}{M} G^H G \right| = \log_2 \left| I_M + \frac{\rho_{dl}}{M} GG^H \right| \tag{3-116}$$

在式(3-115)和式(3-116)中,G 是 $M \times K$ 矩阵,表示基站天线阵列与终端天线阵列之间的信道频率响应;ρ_{ul} 和 ρ_{dl} 是上行链路和下行链路的信噪比(SNR),它们与相应的总发射功率成正比;M 是基站天线数量;K 是终端天线数量。另外,在式(3-115)中,使用了西尔维斯特(Sylvester)的行列式定理,通过归一化 K 和 M 反映了这样一个事实:ρ_{ul} 和 ρ_{dl} 为常数时的总发射功率为与天线数量无关。式(3-115)和式(3-116)中的频谱效率值要求接收机知道 G 但不要求发射机知道 G。如果发射机也可以获取信道状态信息(CSI),则性能会有所改善。但是,这在实践中很少见到。

在各向同性散射传播环境中,可以用独立瑞利衰落很好地建模,对于足够高的 SNR,C_{ul} 和 C_{dl} 与 $\min(M,K)$ 呈线性关系并与 SNR 呈对数关系。因此,理论上,系统频谱效率可以通过同时在发送端和接收端采用大型阵列来增加,使 M 和 K 变大。但是实际上,这并不现实。原因有三。第一,终端设备会很复杂,每个天线都需要独立的射频系列以及使用先进的数字处理技术来分离数据流。第二,从根本上讲,传播环境必须支持 $\min(M,K)$ 个独立的流,但实际上采用密集阵列时情况并非如此,尤其对视距环境来说。第三,在小区边缘附近,通常终端数很多,由于路径损耗高而导致 SNR 较低,频谱效率随 $\min(M,K)$ 缓慢下降。图 3-17 是下行链路天线数 $K = 4$,基站没有 CSI 且 SNR 为 -3dB 的点对点 MIMO 小区边缘终端的下行频谱效率。

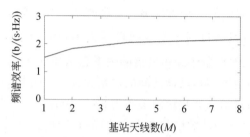

图 3-17　点对点 MIMO 小区边缘终端的下行频谱效率

3.6.2　多用户 MIMO

多用户 MIMO 的思想是使一个基站服务于多个使用相同时频段的终端,参见图 3-18。在进行多用户 MIMO 分析时,可将 K 个天线终端分解为多个独立终端的点对点 MIMO。

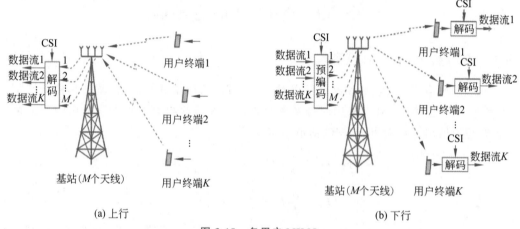

图 3-18　多用户 MIMO

假设多用户 MIMO 中的终端只有一个天线。因此,在图 3-18 中,基站为 K 个终端服务。G 是 $M \times K$ 矩阵,对应于基站阵列 M 和 K 个用户终端之间的信道频率响应矩阵。上下行总频谱效率由下面两个公式给出:

$$C_{ul} = \log_2 \mid \boldsymbol{I}_M + \rho_{ul} \boldsymbol{GG}^H \mid \tag{3-117}$$

$$C_{dl} = \max_{v_k \geqslant 0, \sum_{k=1}^{K} v_k \leqslant 1} \log_2 \mid \boldsymbol{I}_M + \rho_{dl} \boldsymbol{GD}_v \boldsymbol{G}^H \mid \tag{3-118}$$

其中,$\boldsymbol{v} = [v_1, v_2, \cdots, v_K]^T$,$\rho_{ul}$ 是每个终端的上行链路 SNR,而 ρ_{dl} 是每个终端的下行链路 SNR(对于给定的 ρ_{ul},总上行链路功率比点对点 MIMO 模型大 K 倍)。根据式(3-117)计算下行链路容量需要解决凸优化问题。获悉 CSI 对于式(3-117)和式(3-118)至关重要。在上行链路,仅基站必须知道 CSI,并且知道每个终端分别允许的传输速率;在下行链路,基站和终端都必须知道 CSI。

注意,点对点情况下的终端天线可以配合使用,而多用户情况下的终端天线则不能。然而,通过比较式(3-115)和式(3-117)可以明显看到,终端在多用户系统中进行协作不会影响上行链路总频谱效率。另外,式(3-118)下行链路容量可能会超过式(3-116)中针对点对点点 MIMO 的下行链路容量,因为式(3-118)假设基站知道 G,而式(3-116)则不知道。

与点对点 MIMO 相比,多用户 MIMO 具有两个基本优势:首先,多用户 MIMO 对有关传播环境的假设不太敏感,例如,视距条件对于点对点 MIMO 来说很重要,但对于多用户 MIMO 来说却不那么重要;其次,多用户 MIMO 仅需要单天线终端。尽管多用户 MIMO 有这两个优势,但有两个因素严重限制了其最初设想的容量:首先,要达到式(3-117)和式(3-118)中的总频谱效率需要基站和终端都进行复杂的信号处理;其次,更重要的是,在下行链路上,基站和终端都必须知道 G,这需要留出大量资源用于双向导频。

3.6.3　大规模 MIMO

大规模 MIMO 最初是在 2006 年提出的,是多用户 MIMO 的扩展形式。

根据式(3-117)和式(3-118)中严格的香农理论,考虑传统的多用户 MIMO 净频谱效率,M 的增长与信道容量的对数成正比,同时花费在训练上的时间线性增加。大规模 MIMO 突破了传统多用户 MIMO 的容量限制,比任何传统的多用户 MIMO 系统的性能都更好。

大规模 MIMO 与常规 MIMO 之间存在 3 个基本区别:首先,只有基站才能学习 G;其次,M 不一定比 K 大得多;最后,在上行链路和下行链路上都可以采用简单的线性信号处理。

图 3-19 给出了大规模 MIMO 的基本结构。每个基站都配有 M 个天线,并为一个带有大量(K 个)终端的小区服务。通常每个终端都是一个天线。不同的基站服务于不同的小区。

在上行链路或下行链路传输中,所有终端均占据整个时频资源。在上行链路,基站必须恢复由每个终端传输的信号;在下行链路,基站必须确保每个终端仅接收相应的信号。基站通过使用大量天线并拥有 CSI,可以实现多路复用和解复用信号处理。

在视距传播条件下,基站在以终端方向为中心的狭窄角窗内为每个终端创建一个波束。如图 3-20(a)所示,天线越多,波束越窄。相比之下,在存在局部散射的情况下,在空间中任何给定点看到的信号都是由叠加的多个独立分散和反射的部分组成的,通过正确选择发射波形,这些分量可以精准、有效地叠加在终端位置。由图 3-20(b)可以看出,天线越多,功率越能集中在终端位置。当有功率要求时,基站必须获得 CSI。

在时分双工中,基站通过测量终端传输的导频并利用上行信道和下行信道的互易获取 CSI。这需要对收发器硬件进行互易性校准。但是不需要使用相位校准阵列,因为任意两个天线之间的相位偏移对上行链路和下行链路的影响都相同。

增加天线的数量 M 总是可以提高性能,无论是在减少发射功率方面,还是在可以同时服务的终端数量方面。在基站上使用大量的天线不仅有助于在一个小区内获得高的频谱效率,而且更重要的是可以同时为多个终端提供良好服务。使用大量天线的另一个结果是可以简化所需的信号处理和资源分配,这是由于大规模天线引起的信道尖化现象带来的好处。

信道尖化的意义在于:当 M 较大时,小尺度衰落信道不依赖于频率大小。具体地,考虑具有 M 维信道响应 G 的终端。如果应用波束形成向量 a 的波束形成,则终端看到增益为 $a^T G$ 的标量信道。当 M 很大时,根据大数定律,$a^T G$ 接近确定值。这意味着每个终端和基站之间的有效信道是一个标量信道,具有已知的与频率无关的增益。由于信道尖化,只有

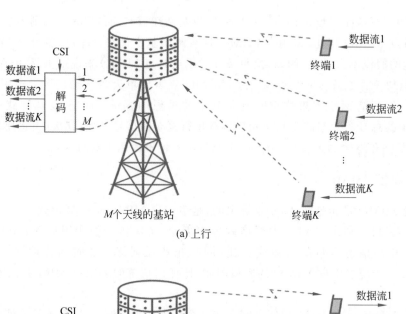

(a) 上行

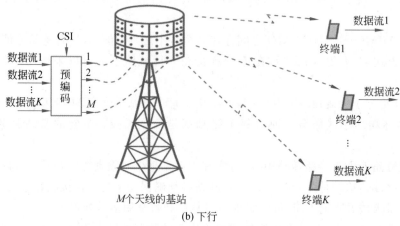

(b) 下行

图 3-19　大规模 MIMO 的基本结构

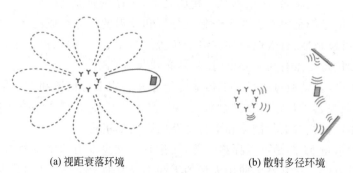

(a) 视距衰落环境　　　　　　　(b) 散射多径环境

图 3-20　不同环境下的波束接收

当 M 相当大时,大多数相关的容量边界才是紧密的。这使资源分配和功率控制方案简化,并使信道估计和下行链路导频传输简化。

大规模 MIMO 信道尖化的另一个好处是,每个终端看到的有效标量信道表现得很像加性高斯白噪声信道,因此可以采用基于加性高斯白噪声(Additive White Gaussian Noise,AWGN)理论设计的标准编码和调制技术。图 3-21 给出了一个大规模 MIMO 上行线路的 BER/SNR

性能的示例。$M = 100$ 个天线阵列服务于 $K = 40$ 个终端,这些终端同时在上行链路中传输,使用 QPSK(Quaternary Phase Shift Keying,四相移键控)调制和 1/2 码率低密度校验码,相干时频间隔等于 400。图 3-21 中的垂直实线表示频谱效率封闭下界得到的信噪比阈值。

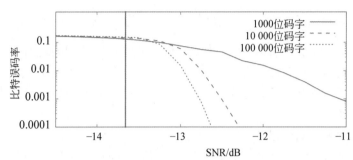

图 3-21　大规模 MIMO 上行线路的 BER/SNR 性能的示例

3.6.4　信道时变性

无线信道接收输入信号 $x(t)$,由发射天线发射,并产生输出信号 $y(t)$,在接收天线上可以观察到。由于麦克斯韦方程的线性,$x(t)$ 与 $y(t)$ 的关系是线性的。然而,这种关系通常是时变的,因为发射机、接收机和传输环境中的其他物体可能处于移动状态。

◈ 3.7　大规模 MIMO 传输信道

所有的性能分析都是基于独立瑞利衰落模型。在该模型下,每个基站天线和每个终端之间的小尺度衰落系数都是均值为 0、方差为 1 的随机变量。

3.7.1　确定性信道

考虑单小区大规模 MIMO 信道,本节从信息论的角度讨论如何使性能最大化。

直观地看,为了最大化性能,各路径信道向量应该尽可能互不相关,即

$$g_k^{\mathrm{H}} g_{k'} = 0, \quad k, k' = 1, 2, \cdots, K, k' \neq k \tag{3-119}$$

接下来将看到为什么式(3-119)是最有利的情况。在现实情况下,式(3-119)永远不会完全令人满意,但它可以近似地令人满意。同样,传播环境在某些假设下有如下渐近特性:

$$\frac{1}{M} g_k^{\mathrm{H}} g_{k'} \to 0, \quad M \to \infty, k, k' = 1, 2, \cdots, K, k' \neq k \tag{3-120}$$

当式(3-120)满足时,就说环境提供了渐近信道正交。当然,在极限情况下它没有物理意义;但在许多情况下,当 M 很大时,为了理解传播行为,取极限是有用的。

1. 容量上限

式(3-119)中 g_k 的相互正交性代表了从速率最大化的角度构造最理想的场景。考虑上行信道,对于确定信道矩阵,其总容量为

$$C_{\mathrm{sum}} = \log_2 | I_M + \rho_{\mathrm{ul}} GG^{\mathrm{H}} | \tag{3-121}$$

假设基站知道信道矩阵 G 并且终端用户知道它们各自的速率。

现在,确定式(3-121)对于指定的信道模的二次方 $\| g_k \|^2$ 可以得到的容量最大值。利

用西尔维斯特行列式定理和哈达玛不等式,有

$$C_{\text{sum}}=\log_2 \mid \boldsymbol{I}_M+\rho_{\text{ul}}\boldsymbol{G}\boldsymbol{G}^{\text{H}}\mid=\log_2\mid \boldsymbol{I}_K+\rho_{\text{ul}}\boldsymbol{G}^{\text{H}}\boldsymbol{G}\mid\overset{(a)}{\leqslant}\log_2\Big(\prod_{k=1}^{K}[\boldsymbol{I}_K+\rho_{\text{ul}}\boldsymbol{G}^{\text{H}}\boldsymbol{G}]_{kk}\Big)$$

$$=\sum_{k=1}^{K}\log_2(1+\rho_{\text{ul}}\parallel\boldsymbol{g}_k\parallel^2) \tag{3-122}$$

当且仅当 $\boldsymbol{G}^{\text{H}}\boldsymbol{G}$ 为对角矩阵时,式(3-122)中的"$\leqslant$"变为"$=$"。因此,对于给定的 $\parallel\boldsymbol{g}_k\parallel^2$,在满足式(3-119)时容量达到最大值。

这种概念也可以用于分析下行链路,但这是相当困难的,因为相应的容量表达式涉及一个优化问题的求解。

2. 信道正交情况下的传播距离

一个重要的问题是现实给定的信道矩阵 $\boldsymbol{G}$ 离信道正交有多远。可以采用偏离信道正交的度量值分析如下:

$$\Delta_{\text{C}}=\frac{\log_2\mid\boldsymbol{I}_M+\rho_{\text{ul}}\boldsymbol{G}\boldsymbol{G}^{\text{H}}\mid}{\sum_{k=1}^{K}\log_2(1+\rho_{\text{ul}}\parallel\boldsymbol{g}_k\parallel^2)} \tag{3-123}$$

在信道正交情况下,$\Delta_{\text{C}}=1$。使得实际信道正交的等效方法是增加功率 $\Delta_{\rho_{\text{ul}}}$。例如,$\boldsymbol{G}$ 提供的总容量若想达到式(3-123)的上限将需要增加 $\Delta_{\rho_{\text{ul}}}$ 功率,也就是说,$\Delta_{\rho_{\text{ul}}}$ 可以使式(3-124)成立:

$$\sum_{k=1}^{K}\log_2(1+\rho_{\text{ul}}\parallel\boldsymbol{g}_k\parallel^2)=\log_2\mid\boldsymbol{I}_M+\Delta_{\rho_{\text{ul}}}\rho_{\text{ul}}\boldsymbol{G}\boldsymbol{G}^{\text{H}}\mid \tag{3-124}$$

注意,Δ_{C} 和 $\Delta_{\rho_{\text{ul}}}$ 均依赖于信噪比 ρ_{ul}。

3. 信道正交和线性处理

迫零和最大比处理是非常有效的信号处理方法。它们的性能受最小均方误差(MMSE)滤波器的限制。按逆向思维考虑,可以推导出最能提高 MMSE 性能的传播信道条件。

以上行链路为例,假设已知接收信号向量 $\boldsymbol{y}$,基站的目标是检测出发送信号向量 $\boldsymbol{x}$。对 $\boldsymbol{x}$ 的 MMSE 估计是

$$\hat{\boldsymbol{x}}_{\text{mmse}}=E\{\boldsymbol{x}\mid\boldsymbol{y}\}$$
$$=\sqrt{\rho_{\text{ul}}}\,\boldsymbol{G}^{\text{H}}(\boldsymbol{I}_M+\rho_{\text{ul}}\boldsymbol{G}\boldsymbol{G}^{\text{H}})^{-1}\boldsymbol{y}$$
$$=\sqrt{\rho_{\text{ul}}}\,(\boldsymbol{I}_K+\rho_{\text{ul}}\boldsymbol{G}^{\text{H}}\boldsymbol{G})^{-1}\boldsymbol{G}^{\text{H}}\boldsymbol{y} \tag{3-125}$$

$\hat{\boldsymbol{x}}_{\text{mmse}}$ 的误差协方差是

$$\text{Cov}\{\boldsymbol{x}\mid\boldsymbol{y}\}=\boldsymbol{I}_K-\rho_{\text{ul}}\boldsymbol{G}^{\text{H}}(\boldsymbol{I}_M+\rho_{\text{ul}}\boldsymbol{G}\boldsymbol{G}^{\text{H}})^{-1}\boldsymbol{G}=(\boldsymbol{I}_K+\rho_{\text{ul}}\boldsymbol{G}^{\text{H}}\boldsymbol{G})^{-1} \tag{3-126}$$

假设每个终端 x_k 均统计独立,由其他终端传输的数据会使 x_k 检测失真。因此,任何检测方案的性能上界都对应于此假设场景,即第 k 个终端单独传输,并且采用最大比处理。

$$\hat{\boldsymbol{x}}_{\text{mmse},k}\mid k\text{-th}=\frac{\sqrt{\rho_{\text{ul}}}}{1+\rho_{\text{ul}}\parallel\boldsymbol{g}_k\parallel^2}\boldsymbol{g}_k^{\text{H}}\boldsymbol{y} \tag{3-127}$$

这样就得到了性能阈值:

$$\text{Var}\{x_k\mid\boldsymbol{y}\}\geqslant\frac{1}{1+\rho_{\text{ul}}\parallel\boldsymbol{g}_k\parallel^2} \tag{3-128}$$

如果信道向量是完全正交的,见式(3-119),则最大比处理将达到上述性能界限。换句

话说，相互正交的信道向量代表了可能的最佳传播，在这种情况下，最大比处理是最优的。

4. 奇异值传播作为信道正交的度量

为了进一步理解容量和信道的关系，可以用奇异值 σ_k 的形式表示 $\boldsymbol{G}$。对于总容量，有

$$C_{\text{sum}} = \log_2 |\boldsymbol{I}_M + \rho_{\text{ul}} \boldsymbol{G}\boldsymbol{G}^{\text{H}}| = \log_2 |\boldsymbol{I}_K + \rho_{\text{ul}} \boldsymbol{G}^{\text{H}}\boldsymbol{G}| = \sum_{k=1}^{K} \log_2 (1 + \rho_{\text{ul}}\sigma_k^2) \quad (3\text{-}129)$$

同样，对于式(3-125)中的 MMSE 检测器，有

$$\sum_{k=1}^{K} \text{Var}\{x_k \mid \boldsymbol{y}\} = \text{Tr}\{(\boldsymbol{I}_K + \rho_{\text{ul}}\boldsymbol{G}^{\text{H}}\boldsymbol{G})^{-1}\} = \sum_{k=1}^{K} \frac{1}{1 + \rho_{\text{ul}}\sigma_k^2} \quad (3\text{-}130)$$

$\boldsymbol{G}^{\text{H}}\boldsymbol{G}$ 为对角矩阵时传播良好，此时 $\sigma_k = \|\boldsymbol{g}_k\|$。除此特殊情况外，$K$ 奇异值与 K 端子之间没有直接对应关系。

令 $\sigma_{\max}$ 和 $\sigma_{\min}$ 为 $\{\sigma_k\}$ 的极值。如果 $\sigma_{\max} = \sigma_{\min}$，那么 $\boldsymbol{G}^{\text{H}}\boldsymbol{G}$ 是单位矩阵乘以一个常数。很明显，如果信道渐近正交，所有的 β_k 等于 β_1，表达为

$$\frac{\sigma_{\max}^2}{M} \to \beta_1 \quad \text{且} \quad \frac{\sigma_{\min}^2}{M} \to \beta_1, \quad M \to \infty \quad (3\text{-}131)$$

所以对于较大的 M，$\dfrac{\sigma_{\max}}{\sigma_{\min}} \approx 1$。因此，如果所有的 β_k 相等，$\boldsymbol{G}$ 的奇异值分布可以看作 $\boldsymbol{G}$ 的信道正交性代表。

奇异值 $\dfrac{\sigma_{\max}}{\sigma_{\min}}$ 易于评估，它不依赖于 ρ_{ul}。然而，只有 $M \gg 1$ 并且所有的 β_k 相等，比值 $\dfrac{\sigma_{\max}}{\sigma_{\min}}$ 才有意义，它忽略了除 $\sigma_{\max}$ 和 $\sigma_{\min}$ 外其他的奇异值。因此，它通常更适用于 Δ_C 和 $\Delta_{\rho_{\text{ul}}}$ 的计算。

3.7.2　信道正交和随机信道

到目前为止，在本章中，已经考虑了给定的确定性信道矩阵 $\boldsymbol{G}$ 的信道正交分析。在现实情况下，由于衰落 $\boldsymbol{G}$ 是随机的，因此还要研究在什么程度上有"平均"信道正交。为此，接下来观察 $\{\sigma_k\}$ 的分布、$\dfrac{\sigma_{\max}}{\sigma_{\min}}$ 低于某一阈值的概率、Δ_C 和 $\Delta_{\rho_{\text{ul}}}$ 低于某一阈值的概率以及 $\boldsymbol{g}_k^{\text{H}}\boldsymbol{g}_{k'}$ 的平均内积值。

许多完全不同的实际场景会导致近似信道正交。为了理解这一点，本节将考虑两个代表不同物理情况的特殊情况：独立瑞利衰落和均匀随机视距传播(Uniform Stochastic LoS，UR-LoS)。本节考虑一个单小区，假设基站阵列均匀线性，天线间隔为 $\lambda/2$。

1. 独立瑞利衰落

第一个有趣的场景是密集、各向同性的散射环境，参见图 3-22。假设 $\boldsymbol{G}$ 具有独立随机量 $\boldsymbol{g}_k^m$，其分布服从复高斯分布 $\text{CN}(0, \beta_k)$，即实虚部均值为 0、统计独立且方差各为 $\beta_k/2$。将此信道环境称为独立瑞利衰落环境。

根据中心极限定理，可以证明 $\{\boldsymbol{g}_k^m\}$ 服从高斯分布，假设每个天线都收到来自独立散射体的多个波的叠加。严格地说，完全独立的瑞利衰落，位于传播环境中的 $\lambda/2$ 间隔均匀线性阵列各向同性散射，通过独立的瑞利衰落近似波动方程。如果要求随机过程满足波动方程，则独立同分布的最相近模型的空间相关函数为 $r(d) = \text{Sinc}(2d/\lambda)$，其中 d 是两个采样位

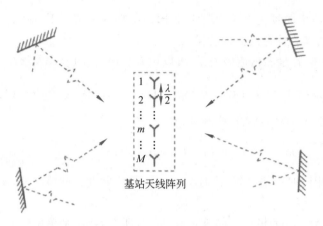

图 3-22 $\lambda/2$ 间隔各向同性散射的均匀线性阵列安置于近似独立瑞利衰落环境

置的空间距离。当 d 是 $\lambda/2$ 的非零整数倍时,直线距离 $\lambda/2$ 的空间样本是不相关的。因此,不同元素天线阵列之间的衰落是独立的。并且,如果 $d \gg \lambda$,则 $r(d)$ 很小。因此,与不同终端相关联的信道响应也是相互独立的。

在独立瑞利衰落中,当 $k' \neq k$ 或 $m' \neq m$ 时,$E\{\parallel \boldsymbol{g}_m \parallel^2\} = \beta_k$ 且 $E\{\boldsymbol{g}_k^{m*}\boldsymbol{g}_{k'}^{m'}\} = 0$。根据大数定律,有

$$\frac{1}{M}\parallel \boldsymbol{g}_k \parallel^2 \to \beta_k, M \to \infty, \quad k = 1,2,\cdots,K \tag{3-132}$$

$$\frac{1}{M}\boldsymbol{g}_k^{\mathrm{H}}\boldsymbol{g}_{k'} \to 0, M \to \infty, \quad k \neq k' \tag{3-133}$$

因此,在独立瑞利衰落中,有渐近信道正交。

2. 均匀随机视距传播

第二个有趣的场景是所有的终端都能看到基站阵列,参见图 3-23。

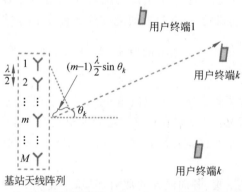

图 3-23 位于视距传播环境中的一个 $\lambda/2$ 间隔的均匀线性阵列

假设第 k 个终端相对于阵列视轴测得的角度 θ_k 位于阵列远场。那么,

$$\boldsymbol{g}_k = \sqrt{\beta_k}\, \mathrm{e}^{\mathrm{j}\phi_k}\begin{bmatrix} 1 & \mathrm{e}^{-\mathrm{j}\pi\sin\theta_k} & \cdots & \mathrm{e}^{-\mathrm{j}(M-1)\pi\sin\theta_k} \end{bmatrix}^{\mathrm{T}} \tag{3-134}$$

其中,ϕ_k 是分布在 $-\pi$ 到 π 之间的随机数,表示阵列天线和第 k 个终端之间的相移。对于任意两个终端 k 和 k',角度分别为 θ_k 和 $\theta_{k'}$,并且 $\theta_k \neq \theta_{k'}$,则

$$\frac{1}{M}\boldsymbol{g}_k^{\mathrm{H}}\boldsymbol{g}_{k'} = \frac{1}{M}\sqrt{\beta_k\beta_{k'}}\,\mathrm{e}^{-\mathrm{j}(\phi_k-\phi_{k'})}\sum_{m=0}^{M-1}\mathrm{e}^{\mathrm{j}m\pi(\sin\theta_k-\sin\theta_{k'})}$$

$$= \frac{1}{M}\sqrt{\beta_k\beta_{k'}}\,\mathrm{e}^{-\mathrm{j}(\phi_k-\phi_{k'})}\frac{1-\mathrm{e}^{\mathrm{j}M\pi(\sin\theta_k-\sin\theta_{k'})}}{1-\mathrm{e}^{\mathrm{j}\pi(\sin\theta_k-\sin\theta_{k'})}}\underset{M=\infty}{\longrightarrow}0 \tag{3-135}$$

且

$$\frac{1}{M}\|\boldsymbol{g}_k\|^2 = \beta_k,\quad k=1,2,\cdots,K \tag{3-136}$$

因此,只要$\{\theta_k\}$是统计独立的,就得到渐近正交信道。在讨论视距传播时,将假设终端位置是随机的,使得 K 的$\{\sin\theta_k\}$在区间$[-1,1]$上均匀分布,称之为均匀随机视距传播(UR-LoS)。这样的假设是为了方便分析,$\{\theta_k\}$(而不是$\{\sin\theta_k\}$)在$[-\pi,\pi]$上的均匀分布可能更现实。

3. 独立瑞利衰落与 UR-LoS 的比较

为了分析简单,假设对所有的k,$\beta_k=1$。然后,可以通过重新归一化信道向量 $\boldsymbol{g}_k$ 定性地将这里的结论推广到一般的独立瑞利衰落。

为了比较独立同分布瑞利衰落和 UR-LoS,首先研究信道向量 $\boldsymbol{g}_k$ 和 $\boldsymbol{g}_{k'}$ 成对内积 $\boldsymbol{g}_k^{\mathrm{H}}\boldsymbol{g}_{k'}$ 的模和极限。表 3-3 总结了独立同分布瑞利衰落和 UR-LoS 中成对信道向量内积的渐近性质和矩,对于所有的k,$\beta_k=1$。

表 3-3　成对信道向量内积的渐近性质和矩

成对信道向量内积的模和极限值	独立同分布瑞利衰落	UR-LoS
$\frac{1}{M}E\{\|\boldsymbol{g}_k\|^2\}$	1	1
$\frac{1}{M}E\{\boldsymbol{g}_k^{\mathrm{H}}\boldsymbol{g}_{k'}\}$,　$k\neq k'$	0	0
$\frac{1}{M}E\{|\boldsymbol{g}_k^{\mathrm{H}}\boldsymbol{g}_{k'}|^2\}$,　$k\neq k'$	1	1
$\frac{1}{M^2}\mathrm{Var}\{|\boldsymbol{g}_k^{\mathrm{H}}\boldsymbol{g}_{k'}|^2\}$,　$k\neq k'$	$\frac{M+2}{M}\approx1$	$\frac{(M-1)M(2M-1)}{3M^2}\approx\frac{2}{3}M$
$\frac{1}{M}\|\boldsymbol{g}_k\|^2$,$M\to\infty$	1	1
$\frac{1}{M}|\boldsymbol{g}_k^{\mathrm{H}}\boldsymbol{g}_{k'}|$,$M\to\infty$,　$k\neq k'$	0	0
$\frac{\sigma_{\max}}{\sigma_{\min}}$	约为 $\dfrac{1+\sqrt{\dfrac{K}{M}}}{1-\sqrt{\dfrac{K}{M}}}$	

表 3-3 表明,独立同分布瑞利衰落和 UR-LoS 中的所有模和极限值都相同,除了变量 $\mathrm{Var}\{|\boldsymbol{g}_k^{\mathrm{H}}\boldsymbol{g}_{k'}|^2\}$,在 UR-LoS 信道它大约是独立同分布瑞利衰落的 M 倍。因此,我们期望对于有限的 M,独立同分布瑞利衰落将比 UR-LoS 更能产生正交信道。在两种传播环境中,$M\to\infty$时,都是$\frac{1}{M}\|\boldsymbol{g}_k\|^2\to1$。这意味着与 M 成正比的相干波束形成增益总能实现,并且信道尖化仍然有效。

回想一下,遍历容量的概念与所有随机源的独立编码相关,利用这个概念,可以通过平均 $\boldsymbol{G}$ 获得容量表达式。在瑞利频率选择性小衰落信道中可以通过在多个相干时频间隔上执行编码实现此容量；但在 UR-LoS 信道中无法获得遍历容量，因为其随机到达角与频率无关，并且在很长的时间间隔内保持不变。

4. 奇异值比较

下面考虑奇异值平方 σ_k^2 的分布。式(3-129)和式(3-130)中显示总容量和总均方误差是 σ_k^2 的函数。图 3-24 显示了在独立同分布瑞利衰落和 UR-LoS 中 σ_k^2 的累积分布函数，对于 $M=100$、$K=10$ 和 $M=500$、$K=50$ 这两种情况，都是 $\beta_k=1$。

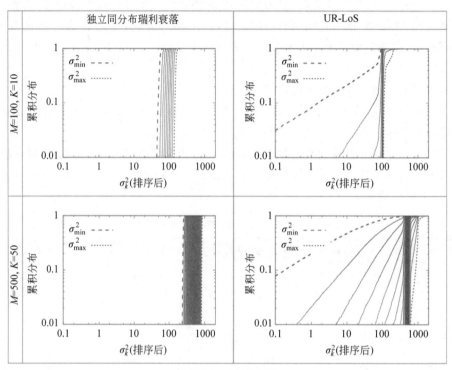

图 3-24 σ_k^2 的分布

在独立同分布瑞利衰落信道中，σ_k^2 几乎均匀地分布在 $\sigma_{\min}^2$ 和 $\sigma_{\max}^2$ 之间，且曲线没有明显的拖尾。如果 $M \gg K$（见表 3-3），因为 $\sigma_{\max}^2/\sigma_{\min}^2$ 比值小，传播大致是正交的。相比之下，在 UR-LoS 信道中，一部分 σ_k^2 非常小，发生概率很大；而其余 σ_k^2 高度集中在平均值附近。这表明，通过在每个相干时频间隔内删除一小部分终端，UR-LoS 将以非常高的概率接近信道正交。

5. UR-LoS 的 Urns-Balls 模型

现在讨论下面的问题：为了在 UR-LoS 的情况下获得信道正交，在每个相干时频间隔内大约有多少个终端必须退出服务？以下考虑 Urns-Balls 模型。一个 M 元素间距为 $\lambda/2$ 的均匀线阵可以产生 M 个正交波束，相应的向量 $\boldsymbol{g}_k$ 由式(3-134)给出，θ_k 满足如下条件：

$$\sin\theta_k = -1 + \frac{2k-1}{M}, \quad k=1,2,\cdots,M \tag{3-137}$$

向量 $\boldsymbol{g}_k$ 满足式(3-119)。根据 MIMO 信道的角分解模型，角度 θ_k 是可分解的，即到达角 θ_k 的源是独立的。假设每个 k 终端都与式(3-137)定义的一个角度相关联。这意味着给每个终端随机独立地分配 M 个正交波束的一束,如图 3-25 所示。

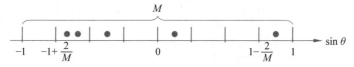

图 3-25　用于 UR-LoS 的 Urns-Balls 模型

为了使信道提供近似信道正交,每个波束必须至多包含一个终端。如果在给定的波束中有两个或多个终端,则除了其中一个终端之外,其他终端都必须在给定的相干时频间隔内停止工作,以使传输正交。如果某些波束包含两个或多个终端,并且没有一个终端断开,则所有其他波束(最多由一个终端占用)中的剩余终端仍将经历正交传输。

在 UR-LoS 模型的假设下,每一个终端都会落入 M 个波束中的一个。设 N_0 为没有终端的波束数。那么 $M-K\leqslant N_0<M$,必须从服务中删除的终端数为 $N_{\rm drop}=K-(M-N_0)$。$n(0\leqslant n<K)$ 个终端被停止服务的概率为

$$P(N_{\rm drop}=n)=P(K-(M-N_0)=n)=P(N_0=n+M-K)$$
$$\overset{(a)}{=}\binom{M}{n+M-K}\sum_{k=1}^{K-n}(-1)^k\binom{K-n}{k}\left(1-\frac{n+M-K+k}{M}\right)^K \quad (3\text{-}138)$$

式(3-138)中的(a)遵循标准组合参数。

图 3-26 显示了 n 个或更多个终端在每个相干时频间隔内被丢弃的概率。

$$P(N_{\rm drop}\geqslant n)=\sum_{n'=n}^{K-1}P(N_{\rm drop}=n') \quad (3\text{-}139)$$

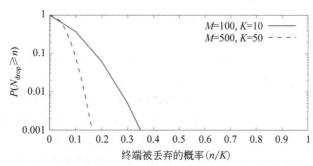

图 3-26　使用 Urns-Balls 模型时,n 个或更多个终端在相干时频间隔内被丢弃概率

在 $M=100$、$K=10$ 的情况下,在每个相干时频间隔内必须丢弃 3 个或更多终端的概率约为 1%;在 $M=500$、$K=50$ 的情况下,8 个或 8 个以上终端被丢弃的概率约为 1%。这与从图 3-24 得到的结论是一致的:存在一些概率大的非常小的奇异值。这意味着必须在每个相干时频间隔内从服务中删除一些终端。

6. 容量比较

再进一步举例,图 3-27 比较了每个终端上行链路容量的累积分布函数,即式(3-121)中的上行链路总容量 $C_{\rm sum}$ 除以 K,以及相应的信道正交上界式(3-122)除以 K。这两个量之间的比值是式(3-123)中的 $\Delta_{\rm c}$。图 3-27 显示了 $M=100$ 和 $K=10$ 时的容量、独立同分布分布瑞利衰落和 UR-LoS,以及当所有 10 个终端被服务和 8 个选定终端被服务的情况。$\beta_k=1$,信噪比为 $\rho_{\rm ul}=-20{\rm dB}$(左曲线对)和 $\rho_{\rm ul}=-10{\rm dB}$(右曲线对),FP(正交传播)界对应

于完全正交的信道向量。

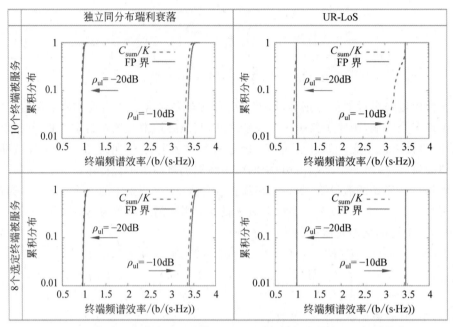

图 3-27 在独立同分布瑞利衰落和 UR-LoS 中每个终端的上行频谱效率

当考虑所有 10 个终端时，在独立同分布瑞利衰落情况下，实际容量非常接近其上限；但在 UR-LoS 情况下不是这样。Urns-Balls 模型分析表明，通过从服务中丢弃两个终端，剩余的终端将经历信道正交。在 10 个终端中，选择总和容量最大的 8 个终端，其总和容量非常接近 UR-LoS 的上限。

图 3-27 的结果与终端频谱效率的算术平均值有关。对于小尺度衰落，如果执行线性处理和最大最小功率控制，则可以观察到基本上相同的结论。

独立同分布瑞利衰落和 UR-LoS 环境都提供了近似信道正交，前提是：在 UR-LoS 情况下，在每个相干时频间隔中都可以从服务中丢弃一些终端。在现实中，信道情况介乎两者之间。因此，可以预期，在大多数实际情况下，可以获得信道正交。这一结论已由几个独立的测量比较实验证实，其中基站阵列的特定拓扑结构可以起到重要的控制作用。

在整个分析过程中，假设基站阵列是均匀线性的，阵列元素间距为 $\lambda/2$。如果采用不同的排列方式，上述结论会有所不同。

首先，考虑具有两倍小区间距 λ 的均匀线性阵列。在各向同性散射中，当 d 是 $\lambda/2$ 的整数倍时，相关函数 $r(d)=\mathrm{Sinc}(2d/\lambda)$ 为 0。因此，在阵元间距为 $\lambda/2$ 的情况下，天线阵元之间的衰落是不相关的，并且存在独立的瑞利衰落。在 UR-LoS 的情况下，阵列仍然提供 M 个波束，尽管每个波束现在按半角宽被分成两个子波束。Urn-Balls 模型仍然可以用来分析这种情况，结果是与天线间距为 $\lambda/2$ 的情况相同。

其次，考虑一个均匀矩形阵列，其中每个阵列元素在距离 $\lambda/2$ 处有其最近邻元素。在这种情况下，对角线上的元素之间的距离是 $\lambda/\sqrt{2}$，因此这两个元素的衰落是相关的。尽管存在这种轻微的相关性，但数值实验表明，与独立同分布情况相比，系统容量并没有显著降低。

3.7.3　有限维信道

独立同分布瑞利衰落和 UR-LoS 是正交传播的两个例子。相比之下,图 3-28 显示了在实际中可能出现的情况,传播可能不完全是正交的。在这里,从基站阵列到终端的所有路径都会通过 N 个键孔,在图 3-28 中为墙壁的狭缝,N<K。

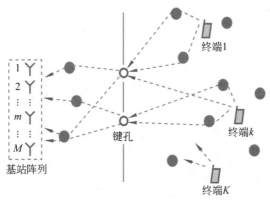

图 3-28　带两个键孔的键孔信道

$M \times K$ 信道矩阵 G 是秩亏的,因为它可以写成一个 $M \times N$ 矩阵 G_a 的乘积,G_a 是天线键孔和基站阵列之间的信道,$N \times K$ 矩阵 G_b 描述终端和天线键孔之间的信道。

$$G = G_a G_b \tag{3-140}$$

$G_a G_b$ 的秩不能超过 G_a 的秩,也不能超过天线键孔的数量 N。因此,G 的秩不能大于 N。这样,无论 M 多大,式(3-119)都不能得到满足。如果 $N \geqslant K$,则信道是正交的。

在图 3-28 可以看到的另一个现象是当 $M \rightarrow \infty$ 时信道也不会硬化,即当 $M \rightarrow \infty$ 时 $\| g_k \|^2 / M$ 不能收敛到固定常数。例如,假设一个通道有一个键孔和一个终端,即 $N=1, K=1$。那么,为了简单起见,取 $k=1$,去掉 k 的表达式如下:

$$g = \sqrt{\beta} g_a g_b \tag{3-141}$$

其中,g_a 是一个 $M \times 1$ 的随机向量,g_b 是一个随机标量,g_a 和 g_b 为独立同分布 CN(0,1) 随机变量。当 $M \rightarrow \infty$ 时,$\| g_a \|^2 / M \rightarrow 1$,但是 $\| g \|^2 / M$ 不收敛到固定常数。因此,信道不可硬化,g 的特性与独立同分布瑞利衰落下的特性有很大的不同。

总的来说,如果给定小区中的信道响应相互(近似)正交,则称传播 $\{g_k\}$ 是(近似)正交的。

正交信道传播能带来一些好处。例如,在上行链路上,容量和仅取决于信道范数 $\| g_k \|^2$ 相关的上界,并且相应的正交信道达到了这个上界,这意味着没有其他具有相同范数 $\| g_k \|^2$ 的信道 g_k 能提供更高的容量和。此外,如果信道是正交的,则线性检测的误差方差最小。

提供近似信道正交的两种环境导致独立同分布瑞利衰落和 UR-LoS 的各向同性散射。在 UR-LoS 下,为了保证良好的传输,在每个相干时频间隔内都有一些终端不得不退出服务。从各向同性散射到 UR-LoS 的转换并不意味着性能显著降低,这一事实为基于独立同分布瑞利衰落的性能分析提供了相当大的可信度。

第4章

信号结构设计和容量分析

◆ 4.1 TDD 相干时频间隔结构

TDD(时分双工)模式对于大规模 MIMO 来说比较理想,此时训练消耗与基站天线数量无关。相干时频间隔分为上行子间隔和下行子间隔,它们不一定相等。图 4-1 说明了两种可能的配置。

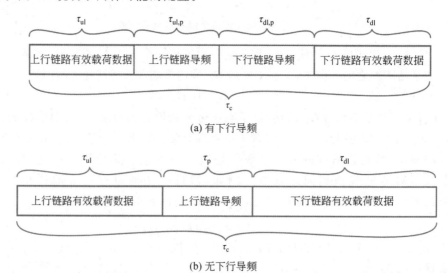

(a) 有下行导频

(b) 无下行导频

图 4-1　在相干时频间隔内的导频数据分配

设 τ_{ul} 是传输上行链路有效载荷数据的相干时频间隔样本数,$\tau_{ul,p}$ 是上行链路导频的相干时频间隔样本数,τ_{dl} 是传输下行链路有效载荷数据的相干时频间隔样本数,$\tau_{dl,p}$ 是下行链路导频的相干时频间隔样本数。对于图 4-1(a) 的结构:

$$\tau_{ul} + \tau_{ul,p} + \tau_{dl,p} + \tau_{dl} = \tau_c \tag{4-1}$$

接下来证明,仅使用上行链路导频就足以使 TDD 大规模 MIMO 工作。对于本书的其余部分,假设均为图 4-1(b) 的相干时频间隔结构。为了简单起见,将下标 ul 从参数 $\tau_{ul,p}$ 中删除,图 4-1(b) 所示的无下行导频的结构约束变为

$$\tau_{ul} + \tau_p + \tau_{dl} = \tau_c \tag{4-2}$$

◆ 4.2　OFDM 相干时频间隔结构

正交频分复用(OFDM)是近年来很流行的调制方案,也是理解 5G 多址技术的基础。它利用(快速)离散傅里叶变换将频率选择性信道分解成许多称为子载波的并行信道。如图 4-2 所示,使用循环前缀(也称为保护间隔)可使得信道对每个子载波的频域影响变为常数乘法影响,每个子载波经历的是平坦信道。

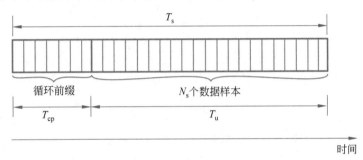

图 4-2　时域 OFDM 结构

传输一系列 OFDM 符号,每个符号由时间长度为 T_u 的有用数据部分组成,在此之前有时间长度为 T_{cp} 的循环前缀。总体来说,每个 OFDM 符号的时间长度都是 $T_s = T_{cp} + T_u$,见图 4-2。

有用数据部分占 N_s 个样本,这些样本是通过 N_s 个信息符号的离散傅里叶变换获得的,循环前缀时间长度为 T_{cp} 的样本是数据的部分复制。

加入循环前缀可使得信道脉冲响应的线性卷积转换为圆形卷积,相当于频域乘法。OFDM 将原来的宽带延迟扩展信道扩展到许多并行窄带平衰落信道中。子载波数为 N_s,相邻子载波之间的频率分离为 $B_s = \dfrac{1}{T_u}$。因此,OFDM 符号占用的总带宽是

$$B_o = N_s B_s = \frac{N_s}{T_u} \tag{4-3}$$

为了使连续的 OFDM 符号不受干扰,T_{cp} 必须大于信道延迟扩展。

在实践中,几个连续的 OFDM 符号被组合成一个时隙。用 N_{slot} 表示一个时隙中的 OFDM 符号数,一个时隙的持续时间为

$$T_{slot} = N_{slot} T_s \tag{4-4}$$

假设时隙持续时间 T_{slot} 不超过相干时间 T_c,因此信道在一个时隙中是不变的,如图 4-3 所示。

通常,总的 OFDM 符号带宽 B_o 远大于信道相干带宽 B_c,而子载波带宽 B_s 小于 B_c。假设频域连续 N_{smooth} 个子载波带宽等于一个相干带宽,则

$$B_c = N_{smooth} B_s \tag{4-5}$$

常数 N_{smooth} 表示信道频率响应平坦的子载波数。

如果 $T_c = T_{slot}$,相干时频间隔由频域上的 N_{smooth} 个子载波和时域上的 N_{slot} 个连续 OFDM 符号相乘组成,并有

$$\frac{N_s}{N_{smooth}} = \frac{B_o}{B_c} \tag{4-6}$$

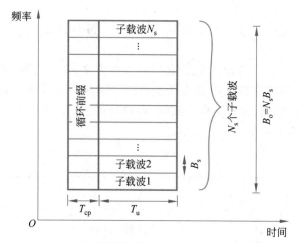

图 4-3   包含循环前缀的 OFDM 符号时域表达

包含 N_{slot} 个时隙的 OFDM 符号时域表达如图 4-4 所示。

$$
\begin{aligned}
B_c T_c &= B_c T_{slot} \\
&= N_{smooth} B_s N_{slot} T_s \\
&= \frac{N_{smooth}}{T_u} N_{slot} T_s \\
&= \frac{T_s}{T_u} N_{slot} N_{smooth}
\end{aligned}
\tag{4-7}
$$

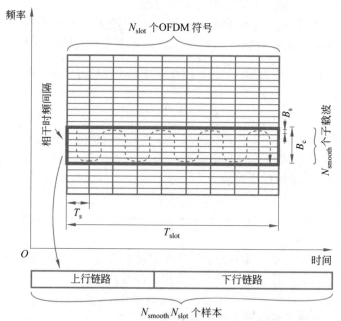

图 4-4   包含 N_{slot} 个时隙的 OFDM 符号时域表达

如果 $T_c = T_{slot}$，则相干时频间隔跨越 N_{slot} 个 OFDM 符号和 N_{smooth} 个子载波，每个时隙包含 N_s / N_{smooth} 个相干时频间隔。图 4-4 的下部显示了在时域的可能映射和相干时频间隔样本。

每个相干时频间隔的 $\dfrac{T_u}{T_s}$ 部分用于传送业务数据,其余的用于循环前缀,因此,每个相干时频间隔的有用样本数是

$$\frac{T_u}{T_s} B_c T_c = N_{\text{smooth}} N_{\text{slot}} \tag{4-8}$$

它相当于 2.5.4 节中定义的相干时频间隔 τ_c。相干时频间隔中的所有样本都受到信道增益 g 的影响。

表 4-1 显示了 OFDM 系统样本的参数举例,其中信道延迟扩展被假定等于循环前缀 T_{cp} 的持续时间。

表 4-1　OFDM 系统样本的参数举例

参　　　数	符 号 表 示	值
OFDM 符号间隔	T_s	$\dfrac{1}{14}$ ms
OFDM 符号有用数据部分	T_u	$\dfrac{1}{15}$ ms
循环前缀长度	T_{cp}	$\dfrac{1}{14 \times 15}$ ms
子载波间隔	B_s	15kHz
相干带宽	B_c	210kHz
相干带宽内的子载波数	N_{smooth}	14
时隙长度	T_{slot}	2ms
一个时隙长度的 OFDM 符号数	N_{slot}	28
一个时频相干内的有用采样数	$N_{\text{smooth}} N_{\text{slot}}$	392

◆ 4.3　归一化信号模型和信噪比

本节使用以下接收信号的归一化模型分析信噪比:

$$y = \sqrt{\rho}\, gx + w \tag{4-9}$$

其中,w 是噪声;ρ 是一个无量纲常数,可以缩放传输的信号。在整个过程中,采用了以下约定:每个发送的信号 x 具有零均值,并且满足单位功率约束,$E\{x\} = 0$ 和 $E\{\|x\|^2\} \leqslant 1$。另外,还假设噪声服从具有单位方差的对称高斯分布,表示为 $w \sim \mathrm{CN}(0,1)$,并且与 x 无关。这给了 ρ 以下意义上的信噪比的解释:如果 β 的中值等于单位值 1,并且发射机消耗其最大允许功率,则 ρ 是在接收机上测量的中值信噪比。

分别用 ρ_{ul} 和 ρ_{dl} 表示与上行链路和下行链路相关联的信噪比。因此,在上行链路中:

$$y = \sqrt{\rho_{\text{ul}}}\, gx + w \tag{4-10}$$

在下行链路中:

$$y = \sqrt{\rho_{\text{dl}}}\, gx + w \tag{4-11}$$

其中,x 是发射信号,y 是接收信号,w 表示噪声。由于发射功率的不同,上行链路和下行链

路的信噪比一般是不同的,因为基站和终端的噪声值不同。

◈ 4.4 多个基站天线和多个终端

现在考虑蜂窝大规模 MIMO,即基站,每个基站都配备一组 M 条天线,通过空间复用方式在其指定区域同时提供多个终端,下面给出以频谱效率为分析基础的信号模型和假设。

本节的讨论完全局限于每个终端都有一个天线的情况。例如,对于多天线终端的情况,可以将每个天线视为一个单独的终端。

4.4.1 单小区系统

首先考虑单个基站同时为 K 个终端服务的情况。将终端所在的区域称为小区,并将相应的场景称为单小区,以强调没有小区间干扰的事实。

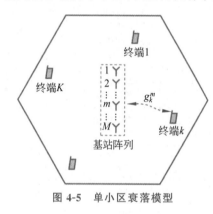

图 4-5   单小区衰落模型

设 g_k^m 是第 k 个终端和第 m 个基站天线之间的信道增益,如图 4-5 所示。

假设基站天线被配置成一个紧凑的阵列,以便给定终端和所有基站天线之间的路径受到相同大尺度衰落的影响,但通过不同的小尺度衰落。因此

$$g_k^m = \sqrt{\beta_k} h_k^m, \quad k = 1, 2, \cdots, K, \quad m = 1, 2, \cdots, M$$

$$(4\text{-}12)$$

其中,β_k 是大尺度衰落系数,它依赖于 k,而不依赖于 m;而 h_k^m 表示小尺度衰落的影响。设 $\boldsymbol{G}$ 是一个矩阵,包括所有终端和所有基站天线之间的信道增益。

$$\boldsymbol{G} = \begin{bmatrix} g_1^1 & g_2^1 & \cdots & g_K^1 \\ g_1^2 & g_2^2 & \cdots & g_K^2 \\ \vdots & \vdots & \ddots & \vdots \\ g_1^M & g_2^M & \cdots & g_K^M \end{bmatrix} \qquad (4\text{-}13)$$

在所有性能分析中,假设 h_k^m 服从瑞利分布,并且在天线之间以及在终端之间均相互独立。

对于上行链路,如果终端同时发送 K 个信号 $\{x_1, x_2, \cdots, x_K\}$,则第 m 个基站天线接收的信号为

$$y_m = \sqrt{\rho_{\mathrm{ul}}} \sum_{k=1}^{K} g_k^m x_k + w_m \qquad (4\text{-}14)$$

其中,w_m 是接收机的噪声。和前面一样,假设 $w_m \sim \mathrm{CN}(0,1)$。此外,假设噪声在天线之间互不相关。终端的发射功率由如下条件限制:

$$E\{\|x_k\|^2\} \leqslant 1 \qquad (4\text{-}15)$$

如前所述,发送的信号具有零均值:$E\{x_k\} = 0$。根据式(4-14),M 个天线接收向量 $\boldsymbol{y} = [y_1, y_2, \cdots, y_M]^{\mathrm{T}}$ 可以写为

$$\boldsymbol{y} = \sqrt{\rho_{\mathrm{ul}}} \sum_{k=1}^{K} g_k^m x_k + \boldsymbol{w} \qquad (4\text{-}16)$$

$$y = \sqrt{\rho_{ul}} \, Gx + w \tag{4-17}$$

其中，g_k 是 G 的第 k 列，$x = [x_1, x_2, \cdots, x_K]^T$，$w = [w_1, w_2, \cdots, w_M]^T$。

在下行链路中，M 个基站天线发送 M 位向量 x，第 k 个终端接收的信号为

$$y_k = \sqrt{\rho_{dl}} \, g_k^T x + w_k \tag{4-18}$$

其中，w_k 是噪声。以向量形式表示为

$$y = \sqrt{\rho_{dl}} \, G^T x + w \tag{4-19}$$

其中，$y = [y_1, y_2, \cdots, y_K]^T$，$w = [w_1, w_2, \cdots, w_K]^T$。仍假设 $w_k \sim CN(0,1)$。类似于前面的单天线情况，假设 x 满足以下条件：

$$E\{\|x\|^2\} \leqslant 1 \tag{4-20}$$

这一假设是为了设方便分析。也可以有其他假设，例如可以单独考虑将每个天线的功率约束归一化。

对 ρ_{ul} 和 ρ_{dl} 值的信噪比说明如下：在上行链路中，如果给定终端的 β_k 平均值等于 1，终端以其最大允许功率传输，ρ_{ul} 是基站平均信噪比，在任何基站天线上都可以测量；在下行链路中，假设允许的总功率仅通过一根发射天线（例如第一根）发射，使得 $E\{\|x_1\|^2\} = 1$ 且 $x_2 = x_3 = \cdots = x_M = 0$，如果 β_k 平均值等于 1，则 ρ_{dl} 是在第 k 个终端上测量的平均信噪比。

4.4.2 多小区系统

接下来考虑一个多小区场景。即在一定地理区域内存在多个基站，每个基站为其相关小区终端提供服务。通常，为了有效利用资源，在复用情况下，某一小区中使用的载波频率会被重用在一定间隔的其他小区中，因而产生一定程度的小区间干扰。

在整个过程中，假设每个小区中都有 K 个终端。这种假设只是为了简单起见，实际上，每个小区中当然可能有不同数量的终端。另外，还假设完美同步，以便在任何给定的时间点上，所有基站同时传输或所有终端同时传输。这种假设并不是严格必要的，也不一定导致最优的系统性能，但它便于进行分析。

首先考虑上行链路。在第 l 个小区的第 m 个基站天线接收的信号用 y_{lm} 表示，它是在第 l 个小区中从 K 个终端和 $l' = 1, \cdots, l-1, l+1, \cdots, L$ 的所有干扰小区的 $K(L-1)$ 个终端传输的信号的叠加，以数学式表示为

$$y_{lm} = \sqrt{\rho_{ul}} \sum_{k=1}^{K} g_{lk}^{lm} x_{lk} + \sqrt{\rho_{ul}} \sum_{\substack{l'=1 \\ l' \neq l}}^{L} \sum_{k=1}^{K} g_{l'k}^{lm} x_{l'k} + w_{lm} \tag{4-21}$$

其中，$x_{l'k}$ 是第 l' 个小区的第 k 个终端发送的信息，$g_{l'k}^{lm}$ 是从第 l' 个小区的第 k 个终端到第 l 个小区的第 m 个基站天线的信道增益，见图 4-6。

在式（4-21）中的最后一项，w_{lm} 表示加性接收机噪声，假设它服从 $CN(0,1)$，并且在不同的 m 和 l 之间是独立的。接收信号以向量形式表示为

$$y_l = \sqrt{\rho_{ul}} \, G_l^l x_l + \sqrt{\rho_{ul}} \sum_{\substack{l'=1 \\ l' \neq l}}^{L} G_{l'}^l x_{l'} + w_l \tag{4-22}$$

其中，

$$y_l = [y_{l1}, y_{l2}, \cdots, y_{lM}]^T, \quad w_l = [w_{l1}, w_{l2}, \cdots, w_{lM}]^T \tag{4-23}$$

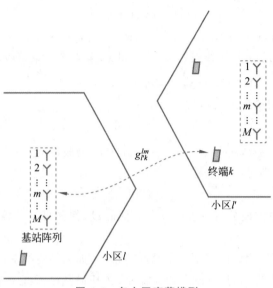

图 4-6   多小区衰落模型

$$\boldsymbol{G}_{l'}^{l} = \begin{bmatrix} g_{l'1}^{l1} & g_{l'2}^{l1} & \cdots & g_{l'K}^{l1} \\ g_{l'2}^{l2} & g_{l'2}^{l2} & \cdots & g_{l'M}^{l2} \\ \vdots & \vdots & \ddots & \vdots \\ g_{l'1}^{lM} & g_{l'2}^{lM} & \cdots & g_{l'K}^{lM} \end{bmatrix} \tag{4-24}$$

$\boldsymbol{G}_{l'}^{l}$ 是一个 $M \times K$ 矩阵,它包含从第 l' 个小区中的终端到第 l 个小区中的基站的所有信道增益。而 $\boldsymbol{x}_{l'} = [x_{l'1}, x_{l'2}, \cdots, x_{l'K}]^{\mathrm{T}}$ 的 K 个向量包含由第 l' 个小区中的终端发送的信号。在式(4-24)中,有

$$g_{l'k}^{lm} = \sqrt{\beta_{l'k}^{l}} \, h_{l'k}^{lm} \tag{4-25}$$

其中,$\beta_{l'k}^{l}$ 表示与从第 l' 个小区中的第 k 个终端到第 l 个小区的基站阵列天线的大尺度衰落,$h_{l'k}^{lm}$ 代表小尺度衰落。

接下来考虑下行链路。在上下行信道互易假设下,第 l 个小区中的第 k 个终端接收的信号为

$$y_{lk} = \sqrt{\rho_{\mathrm{dl}}} \, \boldsymbol{g}_{lk}^{l\mathrm{T}} \boldsymbol{x}_l + \sqrt{\rho_{\mathrm{dl}}} \sum_{\substack{l'=1 \\ l' \neq l}}^{L} \boldsymbol{g}_{lk}^{l'\mathrm{T}} \boldsymbol{x}_{l'} + w_{lk} \tag{4-26}$$

其中,$\boldsymbol{g}_{lk}^{l'}$ 是 $\boldsymbol{G}_{l}^{l'}$ 的第 k 列,$\boldsymbol{x}_{l'}$ 表示在第 l' 个小区基站阵列天线的 M 个向量,w_{lk} 是服从 $\mathrm{CN}(0,1)$ 的噪声。因此,第 l 个小区中的所有 K 个终端将接收 K 个向量:

$$\boldsymbol{y}_l = \sqrt{\rho_{\mathrm{dl}}} \, \boldsymbol{G}_l^{l\mathrm{T}} \boldsymbol{x}_l + \sqrt{\rho_{\mathrm{dl}}} \sum_{\substack{l'=1 \\ l' \neq l}}^{L} \boldsymbol{G}_l^{l'\mathrm{T}} x_{l'} + \boldsymbol{w}_l \tag{4-27}$$

其中,$\boldsymbol{y}_l = [y_{l1}, y_{l2}, \cdots, y_{lK}]^{\mathrm{T}}$,$\boldsymbol{w}_l = [w_{l1}, w_{l2}, \cdots, w_{lK}]^{\mathrm{T}}$。

与单小区情况相似,假设多小区系统的小尺度衰落服从瑞利分布,并且衰落在所有天线之间和所有终端之间均是相互独立的,因此 $g_{l'k}^{lm}$ 是独立同分布 $\mathrm{CN}(0,1)$ 的随机变量。

◆ 4.5　容量上限作为性能指标

在大规模 MIMO 中,经过适当的信号处理后,与每个终端相关联的有效信道是标量点对点信道。每次使用该信道时,它都需要一个(复值)标量输入符号 x,并提供一个(复值)输出信号 y。

为了在点对点标量信道上传输消息,发射机将消息映射到一个符号序列 $\{x_n\}$ 上,接收机从样本序列 $\{y_n\}$ 恢复消息。每个传输符号传送的有效位数以 R 表示,称为速率,并以每个信道比特数来测量。前面讲过带宽 B 和持续时间 T 的时频空间中包含的波形可以由 BT 个样本表示,见 2.5.4 节。因此,发送带宽 B 和持续时间 T 的波形相当于发送 BT 个符号组成的序列 $\{x_n\}$。因此,速率 R 通常被称为谱效率,以 b/(s·Hz)为单位。

根据香农的噪声信道编码定理,存在一个称为信道容量的量 C(单位为每信道比特数),它确定了一个速率 R。在此速率下,在对多个传输符号进行编码时,无误差通信是可能的。更准确地说,噪声信道编码定理指出,对于任何给定的误差概率 ε 及任何给定的"容量差距" ζ,存在一个分组长度 N 和一种编码方案,该编码方案实现了速率 $R=C-\zeta$,解码误差概率小于 ε。一般来说,实现接近 C 的速率 R 要求 N 很大,在 ζ 迫近零的极限中,N 趋于无穷大。

对于某几种信道,已可以精确给出容量表达式;但是在大多数情况下,只能得到容量界限,或称为可实现的比率。在本书中,将使用这样的容量边界作为主要的性能度量。这些容量边界通常可以通过使用最先进的信道编码技术渐近地获得。下面介绍点对点标量信道的容量和容量边界的一些关键结果。

4.5.1　加性高斯噪声确定性信道

标量点对点信道如图 4-7 所示。

标量点对点信道最基本的例子是具有加性高斯噪声的确定性信道,见图 4-7(a)。这时有

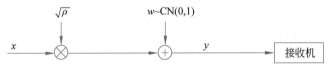

(a) 加性高斯噪声确定性信道

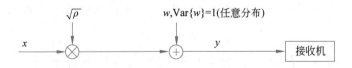

(b) 加性非高斯噪声确定性信道

图 4-7　标量点对点信道

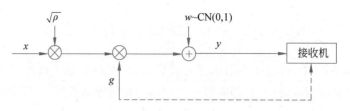

(c) 加性高斯噪声衰落信道，接收机对CSI有完美估计

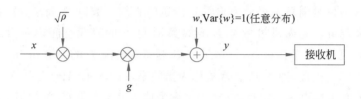

(d) 加性非高斯噪声衰落信道，接收机没有CSI估计信息

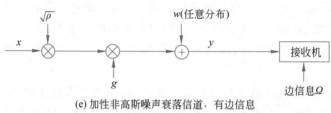

(e) 加性非高斯噪声衰落信道，有边信息

图 4-7　（续）

$$y = \sqrt{\rho}\, x + w \tag{4-28}$$

其中，w 是独立于 x 并服从 CN(0,1) 的噪声，ρ 是常数。发射符号 x 满足功率约束 $E\{\parallel x \parallel^2\} \leqslant 1$。因此，$\rho$ 具有信噪比的含义，当输入符号 x 服从高斯分布时，这种信道的容量是

$$C = \log_2(1 + \rho) \tag{4-29}$$

4.5.2　加性非高斯噪声确定性信道

在式(4-28)中，在 $E\{w\} = 0$ 且 $\mathrm{Var}\{w\} = 1$ 时，w 也不一定服从高斯分布，见图 4-7(b)。假设 x 和 w 是不相关的，即

$$E\{x^* w\} = 0 \tag{4-30}$$

此信道容量下限为

$$C \geqslant \log_2(1 + \rho) \tag{4-31}$$

与 4.5.1 节中的高斯噪声情况的结论不同，在这里输入符号 x 的最优分布一般不是高斯分布。

4.5.3　加性高斯噪声且接收机对 CSI 有完美估计的衰落信道

接下来介绍衰落信道。第一个有趣的模型是具有加性高斯噪声且接收端完全已知信道增益 g 但发射机未知的衰落信道。此时

$$y = \sqrt{\rho}\, g x + w \tag{4-32}$$

其中，ρ、x 和 w 具有与 4.5.1 节相同的含义，x 和 w 是独立的，g 是表示衰落信道增益的随机变量，它与 x 和 w 无关，见图 4-7(c)。g 的分布可以是任意的，此时信道容量是

$$C = E\{\log_2(1+\rho \mid g \mid^2)\} \tag{4-33}$$

式(4-33)中的容量只有在信道中存在有效的抗随机性编码时才有意义。为了强调这一事实，C 常被称为遍历容量。

4.5.4　加性非高斯噪声且接收机没有 CSI 估计信息的衰落信道

接下来，将 4.5.3 节的模型扩展到未知信道增益和非高斯噪声的情况，见图 4-7(d)。对应到式(4-30)中，$E\{\parallel x \parallel^2\} \leqslant 1$，$E\{w\}=0$，$\mathrm{Var}\{w\}=1$，然而 w 不一定服从高斯分布，信号 x 和噪声 w 不相关，但不一定是独立的，发射机和接收机都不知道信道增益 g，g 和 x 是独立的，但 g 和 w 之间的统计关系没有设定。

为了获得一个简单的容量约束，将 y 的表达式改写如下：

$$y = \sqrt{\rho}E\{g\}x + \sqrt{\rho}(g-E\{g\})x + w \tag{4-34}$$

接收机缺乏关于 g 的信息，g 是由式(4-34)中的第二项 $\sqrt{\rho}(g-E\{g\})x$ 获得的。式(4-34)的第二项和第三项互不相关，并且与 x 无关。把式(4-34)的最后两项作为有效噪声，信道在适当的归一化情况下相当于在 4.5.2 节中处理的模型。使用式(4-31)的结果得到

$$C \geqslant \log_2\left(1 + \frac{\rho \mid E\{g\} \mid^2}{\rho \mathrm{Var}\{g\} + 1}\right) \tag{4-35}$$

4.5.5　加性非高斯噪声且有边信息的衰落信道

实际中的情况是非高斯噪声的衰落信道，其中接收机可以访问通过随机变量 Ω 量化的边信息，见图 4-7(e)。接收信号由式(4-32)给出，其中 $E\{\parallel x \parallel^2\} \leqslant 1$，$w$ 具有任意分布。边信息 Ω 可能与 g 有关，因此，虽然接收机无法直接访问 g，但它基于对 Ω 的了解可能会传递关于 g 的隐含信息。假设 x 独立于 g 和 Ω，w 有零均值。x 和 w 互不相关(但不一定是独立的)，以 Ω 为条件，写为

$$E\{w \mid \Omega\} = E\{x^* w \mid \Omega\} = E\{g^* x^* w \mid \Omega\} = 0 \tag{4-36}$$

则容量下限为

$$C \geqslant E\left\{\log_2\left(1 + \frac{\rho \mid E\{g \mid \Omega\} \mid^2}{\rho \mathrm{Var}\{g \mid \Omega\} + \mathrm{Var}\{w \mid \Omega\}}\right)\right\} \tag{4-37}$$

式(4-37)的 3 个特殊情况是值得注意的，在这些特殊情况下，假设 $\mathrm{Var}\{w\}=1$：

(1) 在没有边信息 Ω 的情况下，式(4-37)的界限减少到式(4-35)的界限。

(2) 如果接收机知道 g，则 $\Omega=g$，而 w 与 g 无关，那么式(4-37)可写为

$$C \geqslant E\{\log_2(1+\rho \mid g \mid^2)\} \tag{4-38}$$

式(4-38)的右边等于式(4-33)。因此，在高斯噪声的情况下，式(4-38)的约束是严格的。

(3) 在没有衰落的情况下，g 是不变的确定值。为了简单起见，令 $g=1$，式(4-37)变为

$$C \geqslant E\left\{\log_2\left(1 + \frac{\rho}{\mathrm{Var}\{w \mid \Omega\}}\right)\right\} \tag{4-39}$$

将詹森(Jensen)不等式应用到式(4-39),发现

$$C \geqslant \log_2\left(1+\frac{\rho}{\mathrm{Var}\{w\}}\right) = \log_2(1+\rho) \tag{4-40}$$

式(4-40)中的约束与 4.5.2 节中导出的约束相符。此外,与式(4-29)相比,在高斯噪声的情况下,约束是严格的。

在大规模 MIMO 中,第 3 章和第 4 章提到每个终端的有效信道是标量点对点信道,图 4-7 所示的不同标量点对点信道的遍历容量汇总于表 4-2。在所有情况下,$E(w)=0$,x 独立于 g 和 Ω,但没有对统计独立性作出其他假设(明确声明的假设除外)。

表 4-2   不同标量点对点信道的遍历容量

信　　道	遍 历 容 量
具有加性高斯噪声的确定性信道,见 4.5.1 节和图 4-7(a)	$C=\log_2(1+\rho)$,如果 x 和 w 相互独立
具有加性非高斯噪声的确定性信道,见 4.5.2 节和图 4-7(b)	$C\geqslant\log_2(1+\rho)$,如果 $E\{x^*w\}=0$
具有加性高斯噪声和完全 CSI 的衰落信道,见 4.5.3 节和图 4-7(c)	$C=E\{\log_2(1+\rho\,|g|^2)\}$,如果 x、w、g 相互独立
具有加性非高斯噪声且接收机无 CSI 的衰落信道,见 4.5.4 节和图 4-7(d)	$C\geqslant\log_2\left(1+\dfrac{\rho\,|E\{g\}|^2}{\rho\,\mathrm{Var}\{g\}+1}\right)$,如果 $E\{x^*w\}=0$
具有加性非高斯噪声和边信息的衰落信道,见 4.5.5 节和图 4-7(e)	$C\geqslant E\left\{\log_2\left(1+\dfrac{\rho\,|E\{g\,|\,\Omega\}|^2}{\rho\,\mathrm{Var}\{g\,|\,\Omega\}+E\{|w|^2\,|\,\Omega\}}\right)\right\}$,如果 $E\{w\,|\,\Omega\}=E\{x^*w\,|\,\Omega\}=E\{g^*x^*w\,|\,\Omega\}=0$

◆ 4.6   MIMO 单小区系统关键技术

考虑单小区基站使用 M 个天线阵列与 K 个激活的终端同时通信。在这种情况下会出现很多大规模 MIMO 中的问题:噪声、信道非正交和信道估计误差的影响,复用和解复用的细节,近远效应,以及功率控制的重要性。

本节只考虑迫零和最大比合并两种检测法。虽然有一些性能更好的方案:上行链路中使用 MMSE 和下行链路中使用适当优化的正则化迫零等,但它们的性能没有可用的闭式非渐近表达式。而迫零和最大比合并分别在高信噪比和低信噪比条件下趋于最优。

4.6.1   上行导频和信道估计

对于基站,了解信道状态是一项关键的操作。宽带信道可以分解为若干持续时间为 T_c 和带宽为 B_c 的相干时频间隔。间隔划分值必须小于 2.5.4 节中所述的频率平坦信道要求的最大相干时频间隔 $\tau_c = B_c T_c$ 独立使用的。图 4-4(b)说明了 3 种数据传输:上行链路数据传输、上行链路导频传输和下行链路数据传输。在每个相干时频间隔中,终端使用 τ_c 个可用样本中的 τ_p 个发送链路两端已知的导频,基站从导频中估计信道。

1. 正交导频

每个相干时频间隔必须包含 K 个导频波形,并且为了使它们不受干扰,它们必须相互

正交。此后,假设终端被分配长度为 τ_p 的相互正交导频序列,其中 $\tau_c \geqslant \tau_p \geqslant K$。具有相同能量的任何一组正交导频产生相同的性能。$\tau_p$ 的意义在于量化每个终端在每个相干时频间隔中花费在导频上的能量。原则上,相干时频间隔的上行链路部分的任何 τ_p 个样本都可以用于导频;而实际上,发射机通常是峰值功率受限的,因此恒模信号,如正交正弦波,可以成为理想的导频。

将给第 k 个终端分配的导频序列由一个 $\tau_p \times 1$ 的向量 $\boldsymbol{\varphi}_k$ 表示,这是 $\tau_p \times K$ 的酉矩阵的列,使得 $\tau_p \geqslant K$ 并且

$$\boldsymbol{\Phi}^{\mathrm{H}} \boldsymbol{\Phi} = \boldsymbol{I}_K \tag{4-41}$$

终端随后发送 $K \times \tau_p$ 信号:

$$\boldsymbol{X}_{\mathrm{p}} = \sqrt{\tau_{\mathrm{p}}}\, \boldsymbol{\Phi}^{\mathrm{H}} \tag{4-42}$$

使每个终端消耗的总能量等于导频序列的持续时间:

$$\tau_{\mathrm{p}} \boldsymbol{\varphi}_k^{\mathrm{H}} \boldsymbol{\varphi}_k = \tau_{\mathrm{p}} \tag{4-43}$$

2. 接收导频序列的解扩

导频信号通过上行链路信道传播。基站接收 $M \times \tau_p$ 信号:

$$\boldsymbol{Y}_{\mathrm{p}} = \sqrt{\rho_{\mathrm{ul}}}\, \boldsymbol{G} \boldsymbol{X}_{\mathrm{p}} + \boldsymbol{W}_{\mathrm{p}} = \sqrt{\tau_{\mathrm{p}} \rho_{\mathrm{ul}}}\, \boldsymbol{G} \boldsymbol{\Phi}^{\mathrm{H}} + \boldsymbol{W}_{\mathrm{p}} \tag{4-44}$$

其中,$M \times \tau_p$ 的接收机噪声矩阵 $\boldsymbol{W}_{\mathrm{p}}$ 服从独立同分布 $\mathrm{CN}(0,1)$。

基站通过将接收到的信号与 K 个导频序列中的每一个相关联来执行解扩操作。这相当于将接收信号矩阵乘以导频矩阵,得到

$$\boldsymbol{Y}_{\mathrm{p}}' = \boldsymbol{Y}_{\mathrm{p}} \boldsymbol{\Phi} = \sqrt{\tau_{\mathrm{p}} \rho_{\mathrm{ul}}}\, \boldsymbol{G} \boldsymbol{\Phi}^{\mathrm{H}} \boldsymbol{\Phi} + \boldsymbol{W}_{\mathrm{p}} \boldsymbol{\Phi} = \sqrt{\tau_{\mathrm{p}} \rho_{\mathrm{ul}}}\, \boldsymbol{G} + \boldsymbol{W}_{\mathrm{p}}' \tag{4-45}$$

其中,$\boldsymbol{W}_{\mathrm{p}}' = \boldsymbol{W}_{\mathrm{p}} \boldsymbol{\Phi}$ 是 $M \times K$ 的噪声矩阵,它的元素依然服从独立同分布 $\mathrm{CN}(0,1)$,因为它们和原噪声矩阵通过与一个酉矩阵相乘而关联。

在解扩操作中不会丢失任何信息,因为将接收到的导频信号乘以 $\boldsymbol{\Phi}$ 正交补中的任何一个向量只会产生另一个在统计上独立于 $\boldsymbol{G}$ 和 $\boldsymbol{W}_{\mathrm{p}}'$ 的噪声矩阵。

3. MMSE 信道估计

在解扩之后,基站接收的信号如式(4-45)所示。在瑞利衰落独立的假设下,信道矩阵和噪声矩阵的元素是统计独立的。因此,信道估计在基站天线和终端上都是解耦的,并且仅考虑式(4-45)的第 (m,k) 个分量就足够。

$$[Y_{\mathrm{p}}']_{mk} = \sqrt{\tau_{\mathrm{p}} \rho_{\mathrm{ul}}}\, g_k^m + [W_{\mathrm{p}}']_{mk} \tag{4-46}$$

假设大尺度衰落系数已知,g_k^m 的先验分布已知,服从 $\mathrm{CN}(0,\beta_k)$。MMSE 估计器表示为

$$\begin{aligned}
\hat{g}_k^m &= E\{g_k^m \mid Y_{\mathrm{p}}\} \\
&= E\{g_k^m \mid Y_{\mathrm{p}}'\} \\
&= \frac{\sqrt{\tau_{\mathrm{p}} \rho_{\mathrm{ul}}}\, \beta_k}{1 + \tau_{\mathrm{p}} \rho_{\mathrm{ul}} \beta_k} [Y_{\mathrm{p}}']_{mk}
\end{aligned} \tag{4-47}$$

信道估计的均方值用 γ_k 表示,如下:

$$\gamma_k = E\{\|\hat{g}_k^m\|^2\} = \frac{\tau_{\mathrm{p}} \rho_{\mathrm{ul}} \beta_k^2}{1 + \tau_{\mathrm{p}} \rho_{\mathrm{ul}} \beta_k} \tag{4-48}$$

在式(4-48)中,对所有的 m,γ_k 是相同的,因为每个天线的信道在统计上是相同的。信

道估计误差表示为

$$\widetilde{g}_k^m = \hat{g}_k^m - g_k^m \tag{4-49}$$

均方估计误差为

$$E\{\|\widetilde{g}_k^m\|^2\} = \frac{\beta_k}{1 + \tau_p \rho_{ul} \beta_k} = \beta_k - \gamma_k \tag{4-50}$$

信道估计误差与信道估计值和导频信号都不相关：

$$E\{\widetilde{g}_k^m (\hat{g}_k^m)^*\} = 0 \tag{4-51}$$

$$E\{\widetilde{g}_k^m [Y'_p]_{mk}^*\} = 0 \tag{4-52}$$

估计误差 $\widetilde{g}_k^m$ 和估计量 $\hat{g}_k^m$ 服从联合高斯分布，因此它们不相关的事实意味着它们在统计上也是独立的。

注意，由式(4-47)定义的估计器对于每个天线序号是相同的，与均方信道估计式(4-48)和均方误差式(4-50)一样。到第 k 个终端的信道估计由 $M \times 1$ 的向量 $\hat{g}_k = [\hat{g}_k^1, \hat{g}_k^2, \cdots, \hat{g}_k^M]^T$ 表示，为了便于随后的推导，该向量用规范化形式表示如下：

$$\hat{g}_k = \sqrt{\gamma_k} z_k \tag{4-53}$$

其中，z_k 的分量服从独立同分布 $CN(0,1)$。使用式(4-53)，到 K 个终端的完整信道矩阵 G 的估计以规范化的形式写为

$$\hat{G} = Z \gamma^{1/2} \tag{4-54}$$

其中，$\gamma = [\gamma_1, \gamma_2, \cdots, \gamma_K]^T$ 是 $K \times 1$ 的均方信道估计向量，Z 是 $M \times K$ 矩阵，其项服从独立同分布 $CN(0,1)$。

4.6.2 上行数据传输

上行链路数据传输的复杂性体现在基站侧。终端仅仅依照功率控制系数对它们各自的信号进行加权，然后同步地发送加权信号。在接下来的分析中，关于信号统计分布的唯一假设是它们不相关且具有零均值。

然而，在实际实现中，信号可能来自一个 QAM 星座点，因此用 $\{q_k\}$ 表示它们。基站接收来自每个天线的信号，并通过线性解码操作、迫零检测或最大比检测处理这些信号。这里线性解码是指恢复发送信号 $\{q_k\}$ 的操作，接收机随后必须执行纠错解码。

在大规模 MIMO 系统中，为了获得一致的良好服务，防止强信道的终端过度干扰"不太幸运"的终端，功率控制是非常重要的。所有功率控制活动都很慢，也就是说，功率控制系数只依赖于大尺度衰落系数 $\{\beta_k\}$，并要求功率控制系数相对于频率是恒定的，它们只需要在不频繁的间隔中更新。在此假设功率控制只应用于数据传输，而导频总是以最大的可能功率传输。

更详细地说，第 k 个终端发送的加权符号为

$$x_k = \sqrt{\eta_k} q_k \tag{4-55}$$

其中，η_k 是满足 $0 \leq \eta_k \leq 1$ 的功率控制系数。符号序列 $\{q_k\}$ 的均值为 0，有单位方差，并且它们互不相关。

$$E\{qq^H\} = I_K \tag{4-56}$$

其中，$q = [q_1, q_2, \cdots, q_K]^T$。第 m 个基站天线接收的信号是所有终端发送的信号的线性

组合：

$$y_m = \sqrt{\rho_{ul}} \sum_{k=1}^{K} g_k^m x_k + w_m = \sqrt{\rho_{ul}} \sum_{k=1}^{K} g_k^m \sqrt{\eta_k} q_k + w_m \tag{4-57}$$

其中，w_m 是接收机的噪声，在天线间独立分布，服从 $CN(0,1)$。

完整的 $M \times 1$ 接收信号是

$$y = \sqrt{\rho_{ul}} G \eta^{1/2} q + w \tag{4-58}$$

基站不知道实际的信道，但它可以从上行链路导频导出信道估计。在式(4-58)中，将 G 替换为 $\hat{G} - \tilde{G}$，其中 $\tilde{G} = \hat{G} - G$ 是信道估计误差矩阵，然后将信道估计 $\hat{G}$ 替换为其归一化式(4-54)，这就产生了式(4-59)：

$$\begin{aligned} y &= \sqrt{\rho_{ul}} \hat{G} \eta^{1/2} q + (w - \sqrt{\rho_{ul}} \tilde{G} \eta^{1/2} q) \\ &= \sqrt{\rho_{ul}} Z \gamma^{1/2} \eta^{1/2} q + (w - \sqrt{\rho_{ul}} \tilde{G} \eta^{1/2} q) \end{aligned} \tag{4-59}$$

它表示接收到的信号。有效噪声与期望信号项不相关，因为接收机的噪声 w 独立于其他一切，并且信道估计误差 $\tilde{G}$ 和信道估计 $\hat{G}$ 不相关。对于随后的推导，需要式(4-59)中出现的有效噪声的协方差：

$$\begin{aligned} \text{Cov}\{w - \sqrt{\rho_{ul}} \tilde{G} \eta^{1/2} q\} &= I_M + \rho_{ul} E\{\tilde{G} \eta \tilde{G}^H\} \\ &= I_M + \rho_{ul} \sum_{k'=1}^{K} \eta_{k'} E\{\tilde{g}_{k'} \tilde{g}_{k'}^H\} \\ &= \left(1 + \rho_{ul} \sum_{k'=1}^{K} (\beta_{k'} - \gamma_{k'}) \eta_{k'}\right) I_M \end{aligned} \tag{4-60}$$

基站通过 M 向量 y 乘以 $K \times M$ 的解码矩阵 A^H 处理其接收信号，矩阵 A^H 是信道估计 $\hat{G}$ 的函数。下面考虑两种类型的处理：迫零和最大比合并。

1. 迫零

名义上，迫零消除了多路复用信号之间的干扰。解码矩阵是

$$A = \hat{G}(\hat{G}^H \hat{G})^{-1} \gamma^{1/2} = Z(Z^H Z)^{-1} \tag{4-61}$$

这里再次使用了式(4-54)中定义的归一化信道估计。处理信号式(4-59)的结果是

$$\begin{aligned} A^H y &= \sqrt{\rho_{ul}} (Z^H Z)^{-1} Z^H Z \gamma^{1/2} \eta^{1/2} q + (Z^H Z)^{-1} Z^H (w - \sqrt{\rho_{ul}} \tilde{G} \eta^{1/2} q) \\ &= \sqrt{\rho_{ul}} \gamma^{1/2} \eta^{1/2} q + (Z^H Z)^{-1} Z^H (w - \sqrt{\rho_{ul}} \tilde{G} \eta^{1/2} q) \end{aligned} \tag{4-62}$$

因此，处理的信号的第 k 个分量为

$$[A^H y]_k = \sqrt{\rho_{ul} \gamma_k \eta_k} q_k + [(Z^H Z)^{-1} Z^H (w - \sqrt{\rho_{ul}} \tilde{G} \eta^{1/2} q)]_k \tag{4-63}$$

它等于常数 $\sqrt{\rho_{ul} \gamma_k \eta_k}$ 乘以期望信号 q_k，再加上有效噪声。在 Z 条件下，有效噪声与期望信号不相关。由于 Z 是接收器已知的，为了获得容量界限，可以应用 4.5.5 节中的结果，将 Z 作为边信息处理。为此，需要评估以 Z 为条件的有效噪声的方差。考虑到式(4-60)和 $\tilde{G}$ 在统计上独立于信道估计 $\hat{G}$ 的事实，对于 Z，有

$$\begin{aligned} &\text{Cov}\{(Z^H Z)^{-1} Z^H (w - \sqrt{\rho_{ul}} \tilde{G} \eta^{1/2} q) \mid Z\} \\ &= \left(1 + \rho_{ul} \sum_{k'=1}^{K} (\beta_{k'} - \gamma_{k'}) \eta_{k'}\right) (Z^H Z)^{-1} Z^H Z (Z^H Z)^{-1} \end{aligned}$$

$$= \Big(1 + \rho_{ul} \sum_{k'=1}^{K}(\beta_{k'} - \gamma_{k'})\eta_{k'}\Big)(\mathbf{Z}^H\mathbf{Z})^{-1} \tag{4-64}$$

由式(4-64)可知,第 k 个终端的有效噪声方差在 $\mathbf{Z}$ 条件下为

$$\mathrm{Var}\{[(\mathbf{Z}^H\mathbf{Z})^{-1}\mathbf{Z}^H(\mathbf{w} - \sqrt{\rho_{ul}}\widetilde{\mathbf{G}}\boldsymbol{\eta}^{1/2}\mathbf{q})]_k \mid \mathbf{Z}\}$$

$$= \Big(1 + \rho_{ul}\sum_{k'=1}^{K}(\beta_{k'} - \gamma_{k'})\eta_{k'}\Big)[(\mathbf{Z}^H\mathbf{Z})^{-1}]_{kk} \tag{4-65}$$

利用 4.5.5 节的结果,得到了第 k 个终端的瞬时遍历容量的下界:

$$C_{\mathrm{inst},k}^{\mathrm{zf,ul}} \geqslant E\left\{\log_2\left(1 + \frac{\rho_{ul}\gamma_k\eta_k}{\Big(1 + \rho_{ul}\sum_{k'=1}^{K}(\beta_{k'} - \gamma_{k'})\eta_{k'}\Big)[(\mathbf{Z}^H\mathbf{Z})^{-1}]_{kk}}\right)\right\} \tag{4-66}$$

称这种容量为瞬时容量,以强调由于导频在每个相干时频间隔内的传输而导致的样本的有效损失尚未被考虑。在计算 4.6.6 节中的净频谱效率时,将考虑这种损失。在获得式(4-66)时,假设在经历独立衰落的多个相干时频间隔上存在编码;因此 $C_{\mathrm{inst},k}^{\mathrm{zf,ul}}$ 是遍历容量的一个界。由于本书中的所有分析都基于这一假设,为了简洁起见,后面将说"瞬时容量"而不是"瞬时遍历容量"。

式(4-66)很难解释,因为期望值在对数之外。在下面的例子中,得到了一个更简单的下界,在大多数情况下,这个下界是相当紧的。基本观察是,如果接收机忽略了对边信息的了解,则式(4-63)中的模型等同于在 4.5.2 节中考虑的标量信道。忽略 $\mathbf{Z}$ 的解释是:甲方使用信道估计执行迫零处理,然后将处理后的信号传递给乙方,但保留信道估计的知识;乙方执行纠错解码,但将信道估计视为未知。

为了计算这个界,式(4-63)中有效噪声的无条件方差为

$$\mathrm{Var}\{[(\mathbf{Z}^H\mathbf{Z})^{-1}\mathbf{Z}^H(\mathbf{w} - \sqrt{\rho_{ul}}\widetilde{\mathbf{G}}\boldsymbol{\eta}^{1/2}\mathbf{q})]_k\}$$

$$= \Big(1 + \rho_{ul}\sum_{k'=1}^{K}(\beta_{k'} - \gamma_{k'})\eta_{k'}\Big)E\{[(\mathbf{Z}^H\mathbf{Z})^{-1}]_{kk}\}$$

$$= \Big(1 + \rho_{ul}\sum_{k'=1}^{K}(\beta_{k'} - \gamma_{k'})\eta_{k'}\Big)\frac{1}{M-K} \tag{4-67}$$

得到

$$C_{\mathrm{inst},k}^{\mathrm{zf,ul}} \geqslant \log_2(1 + \mathrm{SINR}_k^{\mathrm{zf,ul}}) \tag{4-68}$$

其中

$$\mathrm{SINR}_k^{\mathrm{zf,ul}} = \frac{(M-K)\rho_{ul}\gamma_k\eta_k}{1 + \rho_{ul}\sum_{k'=1}^{K}(\beta_{k'} - \gamma_{k'})\eta_{k'}} \tag{4-69}$$

可以将 SNR 解释为有效 SINR,因为这个容量界就是 SNR 与有效 SINR 相等的加性高斯噪声信道容量。

式(4-69)中的有效 SINR 表达式解释如下:

(1) 称分子中的量为相干波束增益。注意,相干波束增益与均方信道估计 γ_k 成正比,而不是与信道固有功率 β_k 成正比。

(2) 分母中的第一项表示单位方差的接收机噪声。

(3) 分母中的第二项对应于信道估计误差的影响。

对于单小区系统,使用小区内干扰表示分母中除接收机噪声之外的所有术语。

式(4-69)中的 SINR 表达式激发了功能框图的等效系统描述,见图 4-8。这个功能框图描述了由第 k 个终端发送的原始符号到其在基站的最终估计的过程。有效信道是标量值,相对于频率是平坦的。

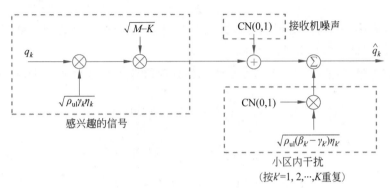

图 4-8 单小区迫零处理上行功能框图

2. 最大比合并

最大比合并背后的原理是尽可能放大感兴趣的信号,而不考虑干扰。如果只有一个终端在传输,这个处理将是最佳的。这里的线性解码矩阵是

$$A = \hat{G}\gamma^{-1/2} = Z \tag{4-70}$$

最大比合并的输出是

$$A^{\mathrm{H}}y = \sqrt{\rho_{\mathrm{ul}}}Z^{\mathrm{H}}Z\gamma^{1/2}\boldsymbol{\eta}^{1/2}q + Z^{\mathrm{H}}(w - \sqrt{\rho_{\mathrm{ul}}}\widetilde{G}\boldsymbol{\eta}^{1/2}q) \tag{4-71}$$

因此,有

$$[A^{\mathrm{H}}y]_k = \sqrt{\rho_{\mathrm{ul}}}z_k^{\mathrm{H}}Z\gamma^{1/2}\boldsymbol{\eta}^{1/2}q + z_k^{\mathrm{H}}(w - \sqrt{\rho_{\mathrm{ul}}}\widetilde{G}\boldsymbol{\eta}^{1/2}q)$$

$$= \sqrt{\rho_{\mathrm{ul}}\gamma_k\eta_k} \parallel z_k \parallel^2 q_k + z_k^{\mathrm{H}}\left(w - \sqrt{\rho_{\mathrm{ul}}}\widetilde{G}\boldsymbol{\eta}^{1/2}q + \sum_{\substack{k'=1 \\ k' \neq k}}^{K} \sqrt{\rho_{\mathrm{ul}}\gamma_{k'}\eta_{k'}}z_{k'}q_{k'}\right) \tag{4-72}$$

现在有 3 个相互不相关的有效噪声源:其中的两个在迫零式(4-63)中分别对应于接收机噪声和信道估计误差以及由于估计的信道向量的非正交性而产生的新项。后者有条件协方差:

$$\mathrm{Cov}\left\{\sum_{\substack{k'=1 \\ k' \neq k}}^{K} \sqrt{\rho_{\mathrm{ul}}\gamma_{k'}\eta_{k'}}z_{k'}q_{k'} \mid Z\right\} = \rho_{\mathrm{ul}}\sum_{\substack{k'=1 \\ k' \neq k}}^{K} \gamma_{k'}\eta_{k'}z_{k'}z_k^{\mathrm{H}} \tag{4-73}$$

类似于迫零处理,可以应用 4.5.5 节中的容量限制技术。为此,首先使用式(4-60)和式(4-73)计算式(4-72)中的有效噪声以 Z 为条件的方差:

$$\mathrm{Var}\left\{z_k^{\mathrm{H}}(w - \sqrt{\rho_{\mathrm{ul}}}\widetilde{G}\boldsymbol{\eta}^{1/2}q) + \sum_{\substack{k'=1 \\ k' \neq k}}^{K} \sqrt{\rho_{\mathrm{ul}}\gamma_{k'}\eta_{k'}}z_{k'}q_{k'} \mid Z\right\}$$

$$= \left(1 + \rho_{\mathrm{ul}}\sum_{k'=1}^{K}(\beta_{k'} - \gamma_{k'})\eta_{k'}\right) \parallel z_k \parallel^2 + \rho_{\mathrm{ul}}\sum_{\substack{k'=1 \\ k' \neq k}}^{K} \gamma_{k'}\eta_{k'} \mid z_k^{\mathrm{H}}z_{k'} \mid^2 \tag{4-74}$$

于是产生容量界:

$$C_{\text{inst},k}^{\text{mr,ul}} \geqslant E\left\{\log_2\left(1 + \frac{\rho_{\text{ul}}\gamma_k\eta_k \parallel z_k \parallel^2}{1 + \rho_{\text{ul}}\sum_{k'=1}^{K}(\beta_{k'} - \gamma_{k'})\eta_{k'} + \rho_{\text{ul}}\sum_{\substack{k'=1 \\ k'\neq k}}^{K}\gamma_{k'}\eta_{k'}\left|\frac{z_k^H z_{k'}}{\parallel z_k \parallel}\right|^2}\right)\right\} \quad (4\text{-}75)$$

假设接收方第一级检测处理执行最大比合并,然后送给第二级处理。第二级没有 CSI 信息,这样会获得低一级易处理的界限。

为了计算界限,将式(4-72)中第 k 个终端的处理信号用 $1/\sqrt{M}$ 归一化,并重写为

$$\sqrt{\frac{1}{M}}[\boldsymbol{A}^H\boldsymbol{y}]_k = \sqrt{\frac{\rho_{\text{ul}}\gamma_k\eta_k}{M}}E\{\parallel z_k \parallel^2\}q_k +$$

$$\sqrt{\frac{1}{M}}z_k^H(w - \sqrt{\rho_{\text{ul}}}\widetilde{\boldsymbol{G}}\boldsymbol{\eta}^{1/2}\boldsymbol{q}) +$$

$$\sqrt{\frac{1}{M}}z_k^H\left(\sum_{\substack{k'=1 \\ k'\neq k}}^{K}\sqrt{\rho_{\text{ul}}\gamma_{k'}\eta_{k'}}z_{k'}q_{k'}\right) +$$

$$\sqrt{\frac{\rho_{\text{ul}}\gamma_k\eta_k}{M}}(\parallel z_k \parallel^2 - E\{\parallel z_k \parallel^2\})q_k \quad (4\text{-}76)$$

它相当于确定性增益乘以所需信号,加上 3 个互不相关的有效噪声源,即 4.5.2 节中处理的情况。

下面解释式(4-76)中的 4 项,并计算其方差。

第一项是所需信号。它的均方值是相干波束增益:

$$\frac{\rho_{\text{ul}}\gamma_k\eta_k}{M}(E\{\parallel z_k \parallel^2\})^2 = M\rho_{\text{ul}}\gamma_k\eta_k \quad (4\text{-}77)$$

第二项表示噪声和信道估计误差,并且具有方差:

$$\frac{1}{M}\text{Var}\{z_k^H(w - \sqrt{\rho_{\text{ul}}}\widetilde{\boldsymbol{G}}\boldsymbol{\eta}^{1/2}\boldsymbol{q})\} = 1 + \rho_{\text{ul}}\sum_{k'=1}^{K}(\beta_{k'} - \gamma_{k'})\eta_{k'} \quad (4\text{-}78)$$

第三项表示信道非正交性,并且具有方差:

$$\frac{1}{M}\text{Var}\left\{z_k^H\sum_{\substack{k'=1 \\ k'\neq k}}^{K}\sqrt{\rho_{\text{ul}}\gamma_{k'}\eta_{k'}}z_{k'}q_{k'}\right\} = \frac{\rho_{\text{ul}}}{M}\sum_{\substack{k'=1 \\ k'\neq k}}^{K}\gamma_{k'}\eta_{k'}E\{\mid z_k^H z_{k'}\mid^2\}$$

$$= \rho_{\text{ul}}\sum_{\substack{k'=1 \\ k'\neq k}}^{K}\gamma_{k'}\eta_{k'} \quad (4\text{-}79)$$

第四项表示波束增益不确定性。该项源于接收机不知道式(4-72)中的有效标量信道增益 $\sqrt{\rho_{\text{ul}}\gamma_k\eta_k} \parallel z_k \parallel^2$。其方差为

$$\frac{\rho_{\text{ul}}\gamma_k\eta_k}{M}\text{Var}\{(\parallel z_k \parallel^2 - E\{\parallel z_k \parallel^2\})q_k\} = \frac{\rho_{\text{ul}}\gamma_k\eta_k}{M}(E\{\parallel z_k \parallel^4\} - (E\{\parallel z_k \parallel^2\})^2)$$

$$= \rho_{\text{ul}}\gamma_k\eta_k \quad (4\text{-}80)$$

由此产生的容量界是

$$C_{\text{inst},k}^{\text{mr,ul}} \geqslant \log_2(1 + \text{SINR}_k^{\text{mr,ul}}) \quad (4\text{-}81)$$

其中,有效 SINR 是通过将式(4-77)中的相干波束增益除以式(4-78)~式(4-80)中的方差之和得到的:

$$\mathrm{SINR}_k^{\mathrm{mr,ul}}=\frac{M\rho_{\mathrm{ul}}\gamma_k\eta_k}{1+\rho_{\mathrm{ul}}\sum\limits_{k'=1}^{K}\beta_{k'}\eta_{k'}} \tag{4-82}$$

图 4-9 显示了单小区最大比合并上行功能框图。

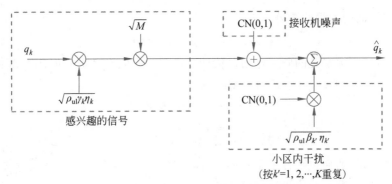

图 4-9　单小区最大比合并上行功能框图

将图 4-9 与图 4-8 中的相应迫零处理进行比较：最大比合并产生 M 而不是 $M-K$ 的相干波束增益；然而，与迫零处理相反，来自每个终端的小区内的干扰与信道的均方强度 β_k 成正比，而不是与信道的均方估计误差 $\beta_k-\gamma_k$ 成正比。

4.6.3　下行链路数据传输

下行链路数据传输需要线性预编码，将消息码元与下行链路信道估计结合起来，以估计阵列发送的实际信号。

1. 线性预编码

用 $\boldsymbol{q}$ 表示消息承载符号的 $K\times1$ 向量。发送信号的向量 $\boldsymbol{x}$ 首先用 $\boldsymbol{q}$ 乘以相应的功率控制系数 η_k 的平方根，然后乘以 $M\times K$ 的预编码矩阵 $\boldsymbol{A}$。

$$\boldsymbol{x}=\boldsymbol{A}\boldsymbol{\eta}^{1/2}\boldsymbol{q}=\sum_{k=1}^{K}\sqrt{\eta_k}\,\boldsymbol{a}_k q_k \tag{4-83}$$

$$\sum_{k=1}^{K}\eta_k\leqslant1 \tag{4-84}$$

确保总发射功率不大于 1：$E\{\|\boldsymbol{x}\|^2\}\leqslant1$。第 k 个终端的期望功率为

$$E\{\|\sqrt{\eta_k}\,\boldsymbol{a}_k q_k\|^2\}=\eta_k E\{\|\boldsymbol{a}_k\|^2\} \tag{4-85}$$

这样，终端接收到 $K\times1$ 的信号 $\boldsymbol{y}$：

$$\begin{aligned}
\boldsymbol{y}&=\sqrt{\rho_{\mathrm{dl}}}\,\boldsymbol{G}^{\mathrm{T}}\boldsymbol{x}+\boldsymbol{w}\\
&=\sqrt{\rho_{\mathrm{dl}}}\,\hat{\boldsymbol{G}}^{\mathrm{T}}\boldsymbol{x}+\boldsymbol{w}-\sqrt{\rho_{\mathrm{dl}}}\,\widetilde{\boldsymbol{G}}^{\mathrm{T}}\boldsymbol{x}\\
&=\sqrt{\rho_{\mathrm{dl}}}\,\hat{\boldsymbol{G}}^{\mathrm{T}}\boldsymbol{A}\boldsymbol{\eta}^{1/2}\boldsymbol{q}+\boldsymbol{w}-\sqrt{\rho_{\mathrm{dl}}}\,\widetilde{\boldsymbol{G}}^{\mathrm{T}}\boldsymbol{x}
\end{aligned} \tag{4-86}$$

第 k 个终端接收到的信号是

$$y_k=\sqrt{\rho_{\mathrm{dl}}}\,\hat{\boldsymbol{g}}_k^{\mathrm{T}}\boldsymbol{A}\boldsymbol{\eta}^{1/2}\boldsymbol{q}+w_k-\sqrt{\rho_{\mathrm{dl}}}\,\widetilde{\boldsymbol{g}}_k^{\mathrm{T}}\boldsymbol{x} \tag{4-87}$$

式(4-87)中的 3 项相互不相关。为了后续使用，计算后两项之差的方差：

$$\mathrm{Var}\{w_k-\sqrt{\rho_{\mathrm{dl}}}\,\widetilde{\boldsymbol{g}}_k^{\mathrm{T}}\boldsymbol{x}\}=1+\rho_{\mathrm{dl}}E\{\boldsymbol{x}^{\mathrm{H}}\widetilde{\boldsymbol{g}}_k^{*}\widetilde{\boldsymbol{g}}_k^{\mathrm{T}}\boldsymbol{x}\}$$

$$= 1 + \rho_{\mathrm{dl}}(\beta_k - \gamma_k)E\{\parallel \boldsymbol{x} \parallel^2\} \tag{4-88}$$

显然它只取决于总发射功率。

和上行链路一样,在下行链路中只考虑迫零和最大比合并。

2. 迫零

迫零使用下面的预编码矩阵:

$$\boldsymbol{A} = \sqrt{M-K}\,\boldsymbol{Z}^* \,(\boldsymbol{Z}^{\mathrm{T}}\boldsymbol{Z}^*)^{-1} \tag{4-89}$$

其中,$\boldsymbol{Z}$ 是式(4-54)中定义的归一化信道估计。式(4-83)的发送信号值计算如下:

$$
\begin{aligned}
E\{\parallel \boldsymbol{x} \parallel^2\} &= E\{\mathrm{Tr}\{\boldsymbol{A}\boldsymbol{\eta} \cdot \boldsymbol{A}^{\mathrm{H}}\}\} \\
&= (M-K)E\{\mathrm{Tr}\{\boldsymbol{\eta}(\boldsymbol{Z}^{\mathrm{T}}\boldsymbol{Z}^*)^{-1}\}\} \\
&= (M-K)\sum_{k=1}^{K}\eta_k E\{[(\boldsymbol{Z}^{\mathrm{T}}\boldsymbol{Z}^*)^{-1}]_{kk}\} = \sum_{k=1}^{K}\eta_k
\end{aligned} \tag{4-90}
$$

预编码矩阵 $\boldsymbol{a}_k$ 的列在统计上是相同的,因此式(4-85)和式(4-90)共同意味着功率控制系数 η_k 实际上等于第 k 个终端消耗的功率:

$$E\{\parallel \sqrt{\eta_k}\,\boldsymbol{a}_k q_k \parallel^2\} = \eta_k \tag{4-91}$$

将式(4-89)代入式(4-86),得到以下接收信号向量:

$$
\begin{aligned}
\boldsymbol{y} &= \sqrt{(M-K)\rho_{\mathrm{dl}}}\,\hat{\boldsymbol{G}}^{\mathrm{T}}\boldsymbol{Z}^* \,(\boldsymbol{Z}^{\mathrm{T}}\boldsymbol{Z}^*)^{-1}\boldsymbol{\eta}^{1/2}\boldsymbol{q} + \boldsymbol{w} - \sqrt{\rho_{\mathrm{dl}}}\,\widetilde{\boldsymbol{G}}^{\mathrm{T}}\boldsymbol{x} \\
&= \sqrt{(M-K)\rho_{\mathrm{dl}}}\,\boldsymbol{\gamma}^{1/2}\boldsymbol{Z}^{\mathrm{T}}\boldsymbol{Z}^* \,(\boldsymbol{Z}^{\mathrm{T}}\boldsymbol{Z}^*)^{-1}\boldsymbol{\eta}^{1/2}\boldsymbol{q} + \boldsymbol{w} - \sqrt{\rho_{\mathrm{dl}}}\,\widetilde{\boldsymbol{G}}^{\mathrm{T}}\boldsymbol{x} \\
&= \sqrt{(M-K)\rho_{\mathrm{dl}}}\,\boldsymbol{\gamma}^{1/2}\boldsymbol{\eta}^{1/2}\boldsymbol{q} + \boldsymbol{w} - \sqrt{\rho_{\mathrm{dl}}}\,\widetilde{\boldsymbol{G}}^{\mathrm{T}}\boldsymbol{x}
\end{aligned} \tag{4-92}
$$

其中,第 k 个终端接收的信号为

$$y_k = \sqrt{(M-K)\rho_{\mathrm{dl}}\gamma_k\eta_k}\,q_k + w_k - \sqrt{\rho_{\mathrm{dl}}}\,\widetilde{\boldsymbol{g}}_k^{\mathrm{T}}\boldsymbol{x} \tag{4-93}$$

式(4-93)表示接收信号的确定性增益 $\sqrt{(M-K)\rho_{\mathrm{dl}}\gamma_k\eta_k}$ 乘以第 k 个符号 q_k 再加上不相关的有效噪声。因此,在 4.5.2 节中讨论了模型。有效噪声的方差利用式(4-88)和式(4-90)表示为

$$\mathrm{Var}\{w_k - \sqrt{\rho_{\mathrm{dl}}}\,\widetilde{\boldsymbol{g}}_k^{\mathrm{T}}\boldsymbol{x}\} = 1 + \rho_{\mathrm{dl}}(\beta_k - \gamma_k)\sum_{k'=1}^{K}\eta_{k'} \tag{4-94}$$

由此产生的容量界是

$$C_{\mathrm{inst},k}^{\mathrm{zf,dl}} \geqslant \log_2(1 + \mathrm{SINR}_k^{\mathrm{zf,dl}}) \tag{4-95}$$

其中的有效 SINR 表示为

$$\mathrm{SINR}_k^{\mathrm{zf,dl}} = \frac{(M-K)\rho_{\mathrm{dl}}\gamma_k\eta_k}{1 + \rho_{\mathrm{dl}}(\beta_k - \gamma_k)\sum_{k'=1}^{K}\eta_{k'}} \tag{4-96}$$

图 4-10 显示了单小区迫零处理下行功能框图。将该数值应与图 4-8 中的上行迫零处理的对应数值进行比较,SINR 的分子具有相同的形式。对于下行链路,有效噪声仅取决于第 k 个终端的信道估计误差,因为第 k 个终端仅通过自己的信道接收功率。

3. 最大比合并

最大比合并使用下面的预编码矩阵:

$$\boldsymbol{A} = \frac{1}{\sqrt{M}}\boldsymbol{Z}^* \tag{4-97}$$

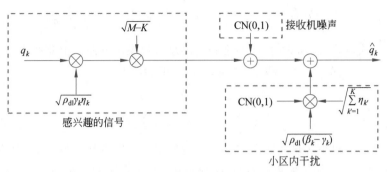

图 4-10 单小区迫零处理下行功能框图

式(4-83)中发送的信号幅度为

$$E\{\parallel x \parallel^2\} = E\{\mathrm{Tr}\{\boldsymbol{A}\boldsymbol{\eta} \cdot \boldsymbol{A}^{\mathrm{H}}\}\} = \frac{1}{M}\mathrm{Tr}\{\boldsymbol{\eta}E\{\boldsymbol{Z}^{\mathrm{T}}\boldsymbol{Z}^*\}\} = \frac{1}{M}\mathrm{Tr}\{\boldsymbol{\eta}M\boldsymbol{I}_K\}$$

$$= \sum_{k=1}^{K} \eta_k \tag{4-98}$$

在迫零处理的情况下,第 k 个终端的预期功率等于 η_k。

将式(4-97)代入式(4-86),给出接收信号 $\boldsymbol{y}$:

$$\boldsymbol{y} = \sqrt{\frac{\rho_{\mathrm{dl}}}{M}}\hat{\boldsymbol{G}}^{\mathrm{T}}\boldsymbol{Z}^{*-1}\boldsymbol{\eta}^{1/2}\boldsymbol{q} + \boldsymbol{w} - \sqrt{\rho_{\mathrm{dl}}}\widetilde{\boldsymbol{G}}^{\mathrm{T}}\boldsymbol{x}$$

$$= \sqrt{\frac{\rho_{\mathrm{dl}}}{M}}\boldsymbol{\gamma}^{1/2}\boldsymbol{Z}^{\mathrm{T}}\boldsymbol{Z}^*\boldsymbol{\eta}^{1/2}\boldsymbol{q} + \boldsymbol{w} - \sqrt{\rho_{\mathrm{dl}}}\widetilde{\boldsymbol{G}}^{\mathrm{T}}\boldsymbol{x}$$

$$= \sqrt{\frac{\rho_{\mathrm{dl}}}{M}}\boldsymbol{\gamma}^{1/2}E\{\boldsymbol{Z}^{\mathrm{T}}\boldsymbol{Z}^*\}\boldsymbol{\eta}^{1/2}\boldsymbol{q} + \boldsymbol{w} - \sqrt{\rho_{\mathrm{dl}}}\widetilde{\boldsymbol{G}}^{\mathrm{T}}\boldsymbol{x} +$$

$$\sqrt{\frac{\rho_{\mathrm{dl}}}{M}}\boldsymbol{\gamma}^{1/2}(\boldsymbol{Z}^{\mathrm{T}}\boldsymbol{Z}^* - E\{\boldsymbol{Z}^{\mathrm{T}}\boldsymbol{Z}^*\})\boldsymbol{\eta}^{1/2}\boldsymbol{q} \tag{4-99}$$

第 k 个终端接收的信号是

$$y_k = \sqrt{\frac{\rho_{\mathrm{dl}}\gamma_k}{M}}E\{\boldsymbol{z}_k^{\mathrm{T}}\boldsymbol{Z}^*\}\boldsymbol{D}_{\boldsymbol{\eta}}^{1/2}\boldsymbol{q} + w_k - \sqrt{\rho_{\mathrm{dl}}}\widetilde{\boldsymbol{g}}_k^{\mathrm{T}}\boldsymbol{x} + \sqrt{\frac{\rho_{\mathrm{dl}}\gamma_k}{M}}(\boldsymbol{z}_k^{\mathrm{T}}\boldsymbol{Z}^* - E\{\boldsymbol{z}_k^{\mathrm{T}}\boldsymbol{Z}^*\})\boldsymbol{D}_{\boldsymbol{\eta}}^{1/2}\boldsymbol{q}$$

$$= \sqrt{\frac{\rho_{\mathrm{dl}}\gamma_k\eta_k}{M}}E\{\parallel \boldsymbol{z}_k \parallel^2\}q_k + w_k - \sqrt{\rho_{\mathrm{dl}}}\widetilde{\boldsymbol{g}}_k^{\mathrm{T}}\boldsymbol{x} + \sqrt{\frac{\rho_{\mathrm{dl}}\gamma_k}{M}}\sum_{\substack{k'=1 \\ k'\neq k}}^{K}\sqrt{\eta_{k'}}\boldsymbol{z}_k^{\mathrm{T}}\boldsymbol{z}_{k'}^*q_{k'} +$$

$$\sqrt{\frac{\rho_{\mathrm{dl}}\gamma_k\eta_k}{M}}(\parallel \boldsymbol{z}_k \parallel^2 - E\{\parallel \boldsymbol{z}_k \parallel^2\})q_k \tag{4-100}$$

再次得到了在 4.5.2 节讨论过的标量信道模型。相干波束增益等于 $M\rho_{\mathrm{dl}}\gamma_k\eta_k$,其大于迫零增益,如式(4-93)所示。同时,最大比合并会产生两个新的有效噪声源,这两个噪声源不存在于迫零处理中:

(1) 式(4-100)中的第四项表示信道非正交性,类似于式(4-79),具有方差:

$$\frac{\rho_{\mathrm{dl}}\gamma_k}{M}\mathrm{Var}\left\{\sum_{\substack{k'=1 \\ k'\neq k}}^{K}\sqrt{\eta_{k'}}\boldsymbol{z}_k^{\mathrm{T}}\boldsymbol{z}_{k'}^*q_{k'}\right\} = \rho_{\mathrm{dl}}\gamma_k\sum_{\substack{k'=1 \\ k'\neq k}}^{K}\eta_{k'} \tag{4-101}$$

(2) 式(4-100)中的第五项表示波束增益不确定性,类似于式(4-80),具有方差:

$$\frac{\rho_{\mathrm{dl}}\gamma_k\eta_k}{M}\mathrm{Var}\{(\parallel z_k\parallel^2-E\{\parallel z_k\parallel^2\})q_k\}=\rho_{\mathrm{dl}}\gamma_k\eta_k \tag{4-102}$$

式(4-88)、式(4-101)和式(4-102)之和给出总有效噪声方差。由此产生的容量界是

$$C_{\mathrm{inst},k}^{\mathrm{mr,dl}}\geqslant\log_2(1+\mathrm{SINR}_k^{\mathrm{mr,dl}}) \tag{4-103}$$

其中

$$\mathrm{SINR}_k^{\mathrm{mr,dl}}=\frac{M\rho_{\mathrm{dl}}\gamma_k\eta_k}{1+\rho_{\mathrm{dl}}\beta_k\sum_{k'=1}^K\eta_{k'}} \tag{4-104}$$

图 4-11 显示了单小区最大比合并下行功能框图。可以将其与图 4-10 中的迫零处理进行比较：最大比合并的相干波束增益与 M 成正比，而不是与 $M-K$ 成正比；有效噪声方差与信道均方强度成正比，而不是与均方信道估计误差成正比。

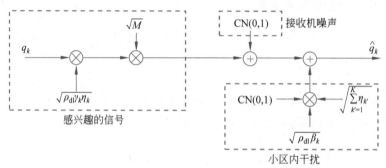

图 4-11　单小区最大比合并下行功能框图

表 4-3 总结了上行链路和下行链路、迫零和最大比合并 4 种组合情况下获得容量下限时的有效 SINR 表达式。上行功率控制系数 η_k 满足 $0\leqslant\eta_k\leqslant1$，下行功率控制系数 η_k 满足 $\eta_k\geqslant0$ 和式(4-105)：

$$\sum_{k=1}^K\eta_k\leqslant1 \tag{4-105}$$

表 4-3　单小区系统中第 k 个终端的有效 SINR 表达式

传 输 方 向	处 理 方 法	
	迫　零	最大比合并
上行	$\dfrac{(M-K)\rho_{\mathrm{ul}}\gamma_k\eta_k}{1+\rho_{\mathrm{ul}}\sum_{k'=1}^K(\beta_{k'}-\gamma_{k'})\eta_{k'}}$	$\dfrac{M\rho_{\mathrm{ul}}\gamma_k\eta_k}{1+\rho_{\mathrm{ul}}\sum_{k'=1}^K\beta_{k'}\eta_{k'}}$
下行	$\dfrac{(M-K)\rho_{\mathrm{dl}}\gamma_k\eta_k}{1+\rho_{\mathrm{dl}}(\beta_k-\gamma_k)\sum_{k'=1}^K\eta_{k'}}$	$\dfrac{M\rho_{\mathrm{dl}}\gamma_k\eta_k}{1+\rho_{\mathrm{dl}}\beta_k\sum_{k'=1}^K\eta_{k'}}$

在单小区方案中，通常使用全功率；但在多小区方案中，至少在某些小区中，总功率可能小于 1。

这些简单的表达式非常全面，因为它们既考虑了信道估计误差，也考虑了复用和解复用的不完美，而且它们非常相似。值得注意的是，所有有效的 SINR 表达式都是在不依赖渐近随机矩阵结果的情况下得到的。在任何 $M>K\geqslant1$ 的迫零情况下，以及在任何 $K\geqslant1$ 和

$M \geqslant 1$ 的最大比合并情况下,从这些表达式得到的容量下界是严格正确的。但是,当使用这些式计算少量天线时应该注意。例如,当 $M=K=1$ 时,上行链路最大比合并的 SINR 总是小于 1(这里省略多余的下标 K),即

$$\text{SINR} = \frac{\rho_{ul}\gamma\eta}{1 + \rho_{ul}\beta\eta} < 1 \tag{4-106}$$

在这种情况中,一个不那么容易处理但更强的界将更有用。

功能框图和相应的有效 SINR 表达式提供了相当直观的解释:

(1)信道的频率依赖性从有效 SINR 表达式中消失,只出现大尺度衰落系数,这与多天线联合作用产生的相干波束增益及小区内干扰的影响是一致的。

(2)分子表示对第 k 个终端的信号的相干波束增益。

① 对于迫零,此增益与 $M-K$ 成正比;对于最大比合并,此增益与 M 成正比。迫零增益的降低是由于在零空间中放置信号造成的 $K-1$ 个自由度的消耗,以及由于容量限制技术而损失的一个自由度。

② 因子 $\rho_{ul}\gamma_k$ 和 $\rho_{dl}\gamma_k$ 表示基站和第 k 个终端之间的信道的有效强度,它们由于信道估计误差而降低。注意,$\beta_k \geqslant \gamma_k$。如果信道估计是完美的,那么 $\gamma_k = \beta_k$。

③ 只有第 k 个终端的功率控制系数 η_k 影响增益。

(3)分母包括噪声和小区内干扰,其大小与 M 无关。

① 其中的第一项(即 1)对应于接收机的噪声。

② 剩下的项很容易被认为是小区内干扰,而它实际上表示在最大比合并、信道非正交性和相干波束增益不确定性的情况下信道估计误差的影响。

③ 在上行链路中,小区内干扰来自所有终端,并且取决于功率控制的细节;相反,在下行链路中,干扰仅通过到第 k 个终端的路径到达,并且仅与总发射功率(即功率控制系数之和)成正比。

④ 对于迫零,小区内干扰取决于均方信道估计误差 $\beta_k - \gamma_k$;但对于最大比合并,则取决于均方信道强度 β_k。有一点值得注意,对于最大比合并,信道估计误差、信道非正交性和相干波束增益不确定性的综合影响与信道估计的质量无关。这种特殊的结果在很大程度上依赖于对瑞利衰落独立性的假设,而对于其他信道模型则可能不成立。

⑤ 如果有高质量的信道估计,则迫零将导致比最大比合并小得多的小区内干扰,从而在高信噪比条件下产生显著更好的性能。但这种优势在多小区系统中可能由于非相关小区间干扰而消失,干扰的幅度对于迫零和最大比合并是相同的。

4. 功率控制的含义

不存在频率依赖性证明了使用与频率无关的功率控制是合理的。因此,大规模 MIMO 的功率控制比传统无线系统简单得多:

(1)功率控制系数 η_k 在 SINR 表达式的分子和分母中均是线性的。因此,SINR 的不等式约束(相当于每终端容量界的不等式约束)在功率控制系数中是线性的。通过求解线性规划问题,可以获得许多功率控制优化,例如提供最大最小吞吐量。

(2)上行链路的功率控制任务比下行链路更艰巨,这是因为在上行链路中,小区内干扰取决于功率控制系数的详细分布。具有特别大的信道强度的终端能够对其他终端造成很大的干扰。在下行链路中可以采用干扰抵消机制把一个终端的功率减少并将其增加到另一个

终端上,这种方法在上行链路中不可用。

4.6.4 SINR 的扩展规律与上界

天线数 M、有源终端数 K 及上下行发射功率的相互作用对大规模 MIMO 系统的可扩展性至关重要:

(1) 增加更多的天线总是有益的。对于迫零处理,SINR 与 $M-K$ 成正比;对于最大比合并,SINR 与 M 成正比,但是由于其对数依赖性,容量以较小的速率增加。

(2) 增加发射功率,使 ρ_{ul} 和 ρ_{dl} 成比例增加总是有益的,但在最大比合并中,额外功率的增加获得的益处受到限制。

采用迫零处理,可以通过增加额外的功率在单小区系统中获得所需的高性能。在上行链路中,式(4-69)中的 SINR 只有 ρ_{ul} 起作用。该 SINR 随着 ρ_{ul} 的增长而无界增长,这是因为当 $\rho_{ul} \to \infty$ 时,式(4-50)意味着 $\rho_{ul}(\beta_k - \gamma_k)$ 收敛到常数。类似地,式(4-96)中下行链路的 SINR 随着 ρ_{dl} 和 ρ_{ul} 同时无界增加。

与之相反,在最大比合并中,增加功率会导致 SINR 表达式中的分子和分母都增加。如果考虑 SINR(在 K 个终端上)的算术平均值,它的定量含义就变得很清楚了。在上行链路中,式(4-82)意味着

$$\frac{1}{K}\sum_{k=1}^{K}\mathrm{SINR}_k^{mr,ul} = \frac{M}{K}\frac{\rho_{ul}\sum_{k=1}^{K}\gamma_k\eta_k}{1+\rho_{ul}\sum_{k'=1}^{K}\beta_{k'}\eta_{k'}} < \frac{M}{K}\frac{\sum_{k=1}^{K}\beta_k\eta_k}{\sum_{k'=1}^{K}\beta_{k'}\eta_{k'}} = \frac{M}{K} \tag{4-107}$$

即使在无限功率下,平均 SINR 也小于天线数与终端数之比。同样,在下行链路中,式(4-104)意味着

$$\frac{1}{K}\sum_{k=1}^{K}\mathrm{SINR}_k^{mr,dl} = \frac{M}{K}\sum_{k=1}^{K}\frac{\rho_{dl}\gamma_k\eta_k}{1+\rho_{dl}\beta_k\sum_{k'=1}^{K}\eta_{k'}} < \frac{M}{K}\sum_{k=1}^{K}\frac{\beta_k\eta_k}{\beta_k\sum_{k'=1}^{K}\eta_{k'}} = \frac{M}{K} \tag{4-108}$$

因此,在最大比合并下,SINR 随功率的增加会出现饱和。

(1) 在下行链路中,天线数量增加一倍,允许总发射功率减少最少一半,而 SINR 不会降低。

(2) 在上行链路中,增加 M 允许降低发射功率,但幅度小于下行链路,因为降低功率也会降低信道估计的质量。随着功率的降低,最终会出现"平方"效应,使得 M 的加倍只允许功率降低到原来的 $1/\sqrt{2}$。

(3) 增加活动终端的数量 K,使得复用增益和瞬时和容量线性增加。但是在下行链路中,可用功率被分配给更多终端,因此 SINR 减小。

(4) 对于固定的下行链路功率,如果 M 与 K 成比例地增加,则更多终端享受相同的原始 SINR。然而,使得 K 过大最终对净频谱效率不利。因为在训练上花费的时间将增加。终端的移动性最终限制了大规模 MIMO 的实际可扩展性。

表 4-4 给出在基站有完美的 CSI 的特殊情况下,对于所有的 k,$\gamma_k = \beta_k$,单小区系统中第 k 个终端的有效 SINR(即 SINR_k)。

表 4-4　给定条件下单小区系统中第 k 个终端的有效 SINR

传输方向	处理方法	
	迫　零	最大比合并
上行	$(M-K)\rho_{\mathrm{ul}}\beta_k\eta_k$	$\dfrac{M\rho_{\mathrm{ul}}\beta_k\eta_k}{1+\rho_{\mathrm{ul}}\sum\limits_{k'=1}^{K}\beta_{k'}\eta_{k'}}$
下行	$(M-K)\rho_{\mathrm{dl}}\beta_k\eta_k$	$\dfrac{M\rho_{\mathrm{dl}}\beta_k\eta_k}{1+\rho_{\mathrm{dl}}\beta_k\sum\limits_{k'=1}^{K}\eta_{k'}}$

4.6.5　$M \gg K$ 时线性处理的近似最优性

迫零和最大比合并处理不仅具有可扩展性和计算可处理性,而且在 $M \gg K$ 时它们的性能近似最优。为了更详细地了解这一点,本节直接比较了线性处理和最优处理的性能。

在接下来的比较中,假设各方都完全了解 $\boldsymbol{G}$,因为只有在这种假设下,上行链路(多址)和下行链路(广播)信道确切的总容量表达式才可用。它们的遍历对应项是通过对 $\boldsymbol{G}$ 取期望得到的。为了得到在线性处理和拥有完美 CSI 时的对应性能,通过在表 4-3 中的有效 SINR 表达式中设置 $\gamma_k = \beta_k$,从而得到表 4-4 中的 SINR,由此获得容量下限。然后计算 $\sum\limits_{k=1}^{K}\log_2(1+\mathrm{SINR}_k)$,$\mathrm{SINR}_k$ 取自表 4-4。

通过比较表 4-4 与式(3-117)和式(3-118)中的容量表达式,可以得出以下结论:

(1) 对于上行链路,遍历总容量上界如下:

$$
\begin{aligned}
E\{\log_2 |\, \boldsymbol{I}_M + \rho_{\mathrm{ul}}\boldsymbol{G}\boldsymbol{G}^{\mathrm{H}}\,|\} &\overset{(a)}{=} E\{\log_2 |\, \boldsymbol{I}_K + \rho_{\mathrm{ul}}\boldsymbol{G}^{\mathrm{H}}\boldsymbol{G}\,|\} \\
&\overset{(b)}{\leqslant} E\Big\{\log_2\Big(\prod_{k=1}^{K}[\boldsymbol{I}_K + \rho_{\mathrm{ul}}\boldsymbol{G}^{\mathrm{H}}\boldsymbol{G}]_{kk}\Big)\Big\} \\
&= \sum_{k=1}^{K} E\{\log_2([\boldsymbol{I}_K + \rho_{\mathrm{ul}}\boldsymbol{G}^{\mathrm{H}}\boldsymbol{G}]_{kk})\} \\
&= \sum_{k=1}^{K} E\{\log_2(1+\rho_{\mathrm{ul}}\|\boldsymbol{g}_k\|^2)\} \\
&\overset{(c)}{\leqslant} \sum_{k=1}^{K} \log_2(1+\rho_{\mathrm{ul}}E\{\|\boldsymbol{g}_k\|^2\}) \\
&= \sum_{k=1}^{K} E\{\log_2(1+\rho_{\mathrm{ul}}\|\boldsymbol{g}_k\|^2)\} \\
&= \sum_{k=1}^{K} \log_2(1+M\rho_{\mathrm{ul}}\beta_k)
\end{aligned}
\tag{4-109}
$$

在式(4-109)中,在(a)处使用西尔维斯特行列式定理,在(b)处使用阿达马(Hadamard)不等式,在(c)处使用詹森不等式。在完全知晓 CSI 和迫零处理时,遍历总容量的下界为

$$
C_{\mathrm{inst,sum}}^{\mathrm{zf,ul}}\Big|_{\mathrm{perfectCSI}} \geqslant \sum_{k=1}^{K}\log_2(1+(M-K)\rho_{\mathrm{ul}}\beta_k\eta_k)
\tag{4-110}
$$

如果所有终端使用全功率(即所有 k 个终端的 $\eta_k=1$)且 $M\gg k$,则式(4-109)和式(4-110)的右侧是闭合的。这种迫零处理的近似最优性是独立瑞利衰落中信道向量渐近正交性的结果。

(2) 在下行链路中,对于满足 $v_k\geqslant 0$ 和 $\sum\limits_{k=1}^{K}v_k\leqslant 1$ 的任何固定的 v_k,遍历总容量可以有上界,如下所示:

$$E\{\log_2\mid \boldsymbol{I}_M+\rho_{\mathrm{dl}}\boldsymbol{G}\boldsymbol{D}_v\boldsymbol{G}^{\mathrm{H}}\mid\}\leqslant \sum_{k=1}^{K}\log_2(1+M\rho_{\mathrm{dl}}\beta_k v_k) \tag{4-111}$$

在获得完美 CSI 和迫零处理时,总容量的下界为

$$C_{\mathrm{inst,sum}}^{\mathrm{zf,dl}}\Big|_{\mathrm{perfectCSI}}\geqslant \sum_{k=1}^{K}\log_2(1+(M-K)\rho_{\mathrm{dl}}\beta_k\eta_k) \tag{4-112}$$

比较式(4-111)和式(4-112)的右端,可以发现,如果 $v_k=\eta_k$ 且 $M\gg k$,则它们是接近相等的。

为了给出一个定量的例子,假设所有终端的大尺度衰落系数 $\beta_k=1$,并且不应用功率控制,即对于所有 k,上行链路中的 $\eta_k=1$,下行链路中的 $\eta_k=1/k$。图 4-12 将上行链路和下行链路的总容量与线性处理的总容量的相应下限进行了比较,其中假设接收机完美估计 CSI。结果表明,对于 $K=16$ 个终端和 SNR 分别为 $\rho_{\mathrm{ul}}=-10\mathrm{dB}$、$\rho_{\mathrm{dl}}=0$ 的单小区,在只有少量天线时,$M-K$ 增益因子严重影响迫零性能;相反,对于大的 M,迫零具有无干扰性质。在这两种情况下,与优化的非线性处理相比,通过线性处理天线数的少量增加可以实现总容量。值得注意的是,由于双重 CSI 要求,对大的 M,通常不可能获得如图 4-12(b)所示的总容量。

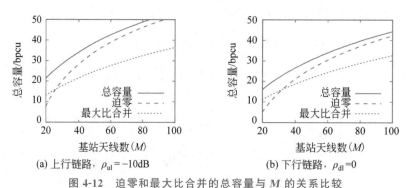

图 4-12　迫零和最大比合并的总容量与 M 的关系比较

在图 4-12 中,总容量的单位 bpcu 代表 bit per channel use,即每条离散信道可传送的比特数。

4.6.6　净频谱效率

通过将瞬时遍历容量 $C_{\mathrm{inst},k}$ 乘以每个相干时频间隔中用于传输有效载荷数据的样本占比,即 $1-\tau_{\mathrm{p}}/\tau_{\mathrm{c}}$,得到第 k 个终端的遍历净频谱效率:

$$C_{\mathrm{net},k}=\left(1-\frac{\tau_{\mathrm{p}}}{\tau_{\mathrm{c}}}\right)C_{\mathrm{inst},k} \tag{4-113}$$

小区中的净总频谱效率 $C_{\mathrm{net,sum}}$ 是所有 K 个接收终端的净频谱效率之和:

$$C_{\text{net,sum}} = \left(1 - \frac{\tau_p}{\tau_c}\right) \sum_{k=1}^{K} C_{\text{inst},k} \tag{4-114}$$

式(4-113)和式(4-114)分别适用于上行链路和下行链路。从表 4-3 中的有效 SINR 值可以得出 $C_{\text{inst},k}$ 的下界：

$$C_{\text{inst},k} \geqslant \log_2(1 + \text{SINR}_k) \tag{4-115}$$

为了可同时获得上行链路和下行链路的频谱效率，必须将式(4-113)和式(4-114)中的净频谱效率乘以一个因子，该因子等于每个相干时频间隔的有用采样数分别用于上行链路和下行链路的占比。如果分别为上行链路和下行链路分配相同数量的有用样本，则该因子为 1/2。为了获得单位是 b/s 的净吞吐量，所有频谱效率必须乘以系统总带宽。

4.6.7　限制因素：天线数量和移动性

小区中的净总频谱效率最终受到空间自由度（即天线数量 M）或移动性（由信道相干时频间隔 τ_c 的长度量化）的限制。M 和 τ_c 都决定了可以有效复用的终端数 K。当 K 与 M 相当时，空间自由度就耗尽了。当 K 向 τ_c 方向增加时，由于 $\tau_p \geqslant K$ 的要求，式(4-114)中累加运算符前的因子减小，最终整个相干时频间隔必须用于导频，而没有剩余的部分用于有效载荷。

为了更详细地说明这些影响，这里优化了与 K 和 τ_p 有关的净总频谱效率，假设上行链路和下行链路是等分的，则

$$\max_{\substack{K,\tau_p \\ 0 \leqslant K \leqslant \tau_p \leqslant \tau_c}} \frac{1}{2}\left(1 - \frac{\tau_p}{\tau_c}\right) \sum_{k=1}^{K} C_{\text{inst},k} \tag{4-116}$$

图 4-13（迫零）和图 4-14（最大比合并）分别是对于不同的 M 和 τ_c 在式(4-116)的最优值处获得的净总频谱效率可视化为等高线图的结果。

在所有示例中，对于所有的 k 来说 $\beta_k = 1$，并且所有终端被分配相等的功率。在本例中，独立地对上行链路和下行链路执行 $\beta_k = 1$ 时式(4-116)中的优化。实际上，在上行链路和下行链路中必须使用相同的 K 和 τ_p 值。

图 4-13 和图 4-14 分别显示了 3 种不同 SNR 的上行链路和下行链路的结果：

（1）上行链路和下行链路的低信噪比：$-\rho_{ul} = \rho_{dl} = -5 \text{dB}$。

（2）上行链路上的低信噪比和下行链路上的高信噪比分别为 $-\rho_{ul} = -5 \text{dB}$ 和 $\rho_{dl} = 10 \text{dB}$。

（3）上行链路和下行链路的高信噪比：$-\rho_{ul} = \rho_{dl} = 10 \text{dB}$。

从图 4-13 和图 4-14 中可以观察到以下现象：

（1）增加信噪比 ρ_{ul} 和 ρ_{dl} 总是有帮助的。但是，当超过某一点时，由于容量随功率的对数增长，并且对于最大比合并，干扰随功率的增加而持续存在，收益会逐渐减少。

（2）随着上行链路信噪比 ρ_{ul} 的增加，上行链路和下行链路的容量都会提高。下行链路容量的提高是因为在上行链路上获得的信道估计的质量提高了。迫零比最大比合并更能从改进的信道估计中获益。

（3）当信噪比高时，迫零比最大比合并产生更高的总容量。

（4）上行链路和下行链路的性能，以及迫零和最大比合并的性能，都受到天线数量（M）或相干时频间隔长度（τ_c）的限制。

对于固定 M，增大 τ_c 的好处最终会饱和：训练基本上是无成本的，因此可以向任意数

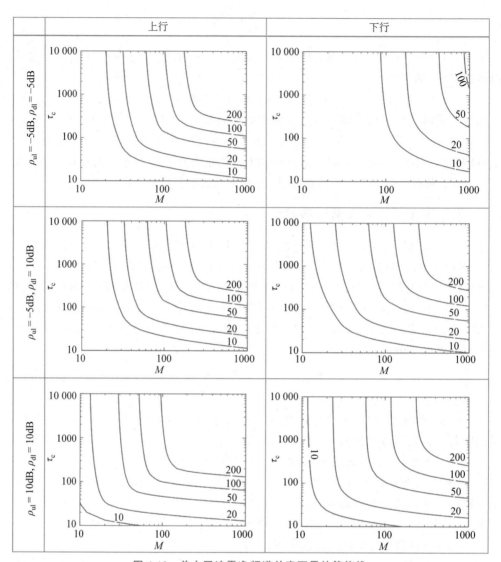

图 4-13　单小区迫零净频谱效率下界的等值线

量的终端提供服务。然而,有效的空间复用增益在上行链路和下行链路上都受到 M 的限制。对于迫零,需要 $K < M$ 以获得非零容量界;对于最大比合并,K 没有上限,但当 K 无界增长时,假设 τ_c 相应地增长,总容量接近一个有限的极限。在上行链路中,这种饱和是由于持续的小区内干扰造成的;而在下行链路中,这种饱和是因为假设阵列辐射的总功率是固定的,对于 K 的倍增,每个终端可获得的功率将变为一半。

　　相反,对于固定 τ_c,增加 M 最初可以同时增加相干波束增益和可复用的终端数量。然而,因为随着相干波束增益随 M 成比例地增长,但复用增益没有增加,所以增加 M 最终仅使总容量按对数增长。其原因是,虽然阵列提供了 M 个自由度,并且可以在空间上复用 M 个终端,但是在每个相干时频间隔中能给最多 τ_c 个终端相互正交的导频序列。移动性成为限制因素:超过 τ_c 数量的终端不能获得 CSI。

　　虽然图 4-13 和图 4-14 中没有显示,但对于式(4-116)中的最优值下的 K 和 τ_p,在迫零

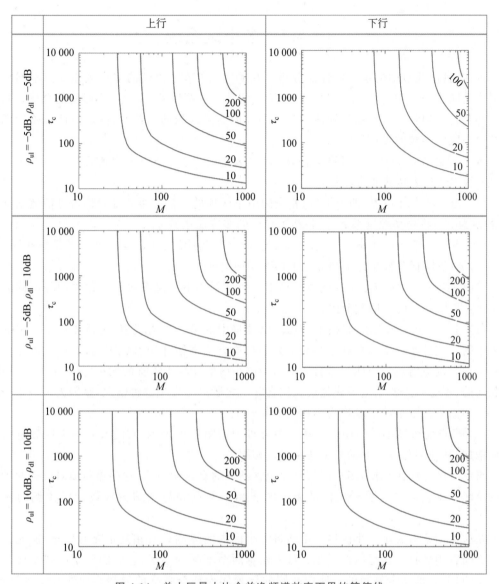

图 4-14　单小区最大比合并净频谱效率下界的等值线

和最大比合并时,进行了以下额外观察:

当 $M \gg \tau_c$ 时,可以有效地复用的终端数量 K 受到可能正交的不同导频序列数量的限制,而不同正交导频序列又受到相干时频间隔长度的限制。在这种情况下,大约一半的相干时频间隔用于导频,即 $\tau_p \approx \tau_c / 2$,同时使用的最佳终端数为 $K \approx \tau_c / 2$。

这些观察结果取决于这些例子中的假设,即所有 β_k 都等于 1。但当该假设被放松时,这些结果在某种程度上得到了推广。对于 β_k 的一般值,必须选择功率控制策略才能使式(4-116)中的优化有意义。

◈ 4.7 多小区系统

现在,将前几节中的单小区性能分析扩展到 4.4.2 节中建模的多小区模式。不同小区的活动是同步进行的,但除了导频分配和可能的动力控制以外,不存在小区间的合作。每个基站都有自己的终端。数据传输活动与单小区传输活动相同。然而,信道估计必须考虑到在其他小区中导频的重用。

表 4-5 总结了 4 种多小区系统有效 SINR 表达式。这些 SINR 表达式与表 4-3 中的单小区系统 SINR 表达式非常相似:

(1) 相干波束增益项(即分子)与相应的单小区项的不同之处在于:将均方信道估计值 γ_k 替换为 γ_{lk}^l,将功率控制系数 η_k 替换为相应的多像元系数 η_{lk}。

(2) 来自主小区的非相干干扰的影响包含在分母的第二项中,与单小区的情况相同。

(3) 功率控制系数在分子和分母上再次线性出现。

然而,多小区系统与单小区的情况相比一个显著的不同是有效噪声包含两种不同类型的干扰:非相干干扰和相干干扰。

(1) 来自受污染小区的非相干干扰。以分母中的第二项为代表,包括在主小区中的小区内干扰。这种非相干干扰在迫零时的大小与均方信道估计误差成正比,而在最大比合并时则与均方信道增益成正比。来自未受污染的小区的非相干干扰的大小(分母上的第三项)是相同的,不管采用的是迫零还是最大比合并。之所以会发生这种情况,是因为来自未受污染小区的信号在主小区中表现为不相关的噪音。

(2) 来自受污染小区的相干干扰。由分母中的第四项表示,它随着基站天线数量的增加而增加,其速率与分子中的相干波束增益相同。

与单小区信噪比相比,多小区信噪比包含额外的有效噪声项,这些噪声项对应于两种类型的小区间干扰:与基站天线数量无关的非相干干扰和与基站天线数量成比例的相干干扰。

在这里用索引表示主小区格。虽然每个小区内的终端具有相互正交的导频,但允许在小区之间重用导频。这里的假设是:对于任意两个不同的小区,它们的导频序列要么是完全正交的,要么是完全复制的。使用相同的导频作为整个系统的导频会导致其受到污染。可以用 P_l 表示干扰小区和它们的指数集,其中也包括主小区。对于 $l' \in P_l$,在第 l 个小区中的第 k 个终端被赋予相同的导频序列。

表 4-5 多小区系统的有效 SINR 表达式

情　况	第 k 个小区的有效 SINR 表达式
上行迫零	$$\mathrm{SINR}_{lk}^{zf,ul} = \frac{(M-K)\rho_{ul}\gamma_{lk}^l\eta_{lk}}{1+\rho_{ul}\sum_{l'\in P_l}\sum_{k'=1}^{K}(\beta_{l'k'}^l-\gamma_{l'k'}^l)\eta_{l'k'}+\rho_{ul}\sum_{l'\notin P_l}\sum_{k'=1}^{K}\beta_{l'k'}^l\eta_{l'k'}+(M-K)\rho_{ul}\sum_{l'\in P_l\setminus\{l\}}\gamma_{l'k}^l\eta_{l'k}}$$
上行最大比合并	$$\mathrm{SINR}_{lk}^{mr,ul} = \frac{M\rho_{ul}\gamma_{lk}^l\eta_{lk}}{1+\rho_{ul}\sum_{l'\in P_l}\sum_{k'=1}^{K}\beta_{l'k'}^l\eta_{l'k'}+\rho_{ul}\sum_{l'\notin P_l}\sum_{k'=1}^{K}\beta_{l'k'}^l\eta_{l'k'}+M\rho_{ul}\sum_{l'\in P_l\setminus\{l\}}\gamma_{l'k}^l\eta_{l'k}}$$

续表

情　况	第 k 个小区的有效 SINR 表达式
下行迫零	$$\mathrm{SINR}_{lk}^{zl,dl} = \frac{(M-K)\rho_{dl}\gamma_{lk}^{l}\eta_{lk}}{1+\rho_{dl}\sum\limits_{l'\in P_l}(\beta_{lk}^{l'}-\gamma_{lk}^{l'})\Big(\sum\limits_{k'=1}^{K}\eta_{l'k'}\Big)+\rho_{dl}\sum\limits_{l'\notin P_l}\beta_{lk}^{l'}\Big(\sum\limits_{k'=1}^{K}\eta_{l'k'}\Big)+(M-K)\rho_{dl}\sum\limits_{l'\in P_l\setminus\{l\}}\gamma_{lk}^{l'}\eta_{l'k}}$$
下行最大比合并	$$\mathrm{SINR}_{lk}^{mr,dl} = \frac{M\rho_{dl}\gamma_{lk}^{l}\eta_{lk}}{1+\rho_{dl}\sum\limits_{l'\in P_l}\beta_{lk}^{l'}\Big(\sum\limits_{k'=1}^{K}\eta_{l'k'}\Big)+\rho_{dl}\sum\limits_{l'\notin P_l}\beta_{lk}^{l'}\Big(\sum\limits_{k'=1}^{K}\eta_{l'k'}\Big)+M\rho_{dl}\sum\limits_{l'\in P_l\setminus\{l\}}\gamma_{lk}^{l'}\eta_{l'k}}$$

4.7.1　上行导频和信道估计

在训练阶段，每个小区的终端传输导频序列。接收到导频后，基站执行反扩散操作。由于导频复用，产生的信号来自共享相同导频序列的所有小区的信道矩阵的线性组合。在第一个小区中，产生的信号为

$$\boldsymbol{Y}_{pl}' = \sqrt{\tau_p\rho_{ul}}\sum_{l'\in P_l}\boldsymbol{G}_{l'}^{l}+\boldsymbol{W}_{pl}' \tag{4-117}$$

其中，$\boldsymbol{W}_{pl}'$ 表示服从 $CN(0,1)$ 分布的噪声。

$$[\boldsymbol{Y}_{pl}']_{mk} = \sqrt{\tau_p\rho_{ul}}\sum_{l'\in P_l}g_{l'k}^{lm}+[\boldsymbol{W}_{pl}']_{mk} \tag{4-118}$$

为了实现预编码和解码，主小区只需要估计它自己的信道矩阵 $\boldsymbol{G}_l^l$。性能计算和功率控制算法依赖于对所有小区的均方信道估计。$g_{l'k}^{lm}$ 的 MMSE 估计为

$$\hat{g}_{l'k}^{lm} = \frac{\sqrt{\tau_p\rho_{ul}}\beta_{l'k}^{l}}{1+\tau_p\rho_{ul}\sum\limits_{l''\in P_l}\beta_{l''k}^{l}}[\boldsymbol{Y}_{pl}']_{mk}, \quad l'\in P_l \tag{4-119}$$

注意，由主小区获得的不同 l' 值的估计值与相同的终端指数 k 是完全相关的，这是导频失真的本质。用均方信道估计表示 $\gamma_{l'k}^{l}$ 为

$$\begin{aligned}\gamma_{l'k}^{l} &= E\{|\hat{g}_{l'k}^{lm}|^2\}\\ &= \frac{\tau_p\rho_{ul}(\beta_{l'k}^{l})^2}{1+\tau_p\rho_{ul}\sum\limits_{l''\in P_l}\beta_{l''k}^{l}}, \quad l'\in P_l\end{aligned} \tag{4-120}$$

从式(4-120)很明显可以看出 $\gamma_{l'k}^{l}<\beta_{l'k}^{l}$。由于导频失真，与单小区通道估计数相比，多小区通道估计数可能有相当大的噪声，比较式(4-120)和式(4-48)，信道估计误差为

$$\tilde{g}_{l'k}^{lm} = \hat{g}_{l'k}^{lm}-g_{l'k}^{lm} \tag{4-121}$$

均方估计误差为

$$E\{|\tilde{g}_{l'k}^{lm}|^2\} = \beta_{l'k}^{l}-\gamma_{l'k}^{l}, \quad l'\in P_l \tag{4-122}$$

它和 m 无关。

在矩阵形式中，将估计值式(4-119)表示为

$$\hat{\boldsymbol{G}}_{l'}^{l} = \boldsymbol{Z}^l\boldsymbol{\gamma}_{l}^{l\,1/2}, \quad l'\in P_l \tag{4-123}$$

4.7.2　上行数据传输

在上行数据传输阶段，l 小区中的第 k 个终端传送 $\sqrt{\eta_{l'k}}q_{l'k}$。其中，$q_{l'k}$ 可看作随机变量，

其均值为 0,功率为 1;$\eta_{l'k}$ 是功率控制系数,对于所有的 k 和 l 满足 $0\leqslant\eta_{l'k}\leqslant1$。主小区中的基站接收到以下向量值信号:

$$y_l = \sqrt{\rho_{\mathrm{ul}}} \sum_{l'\in P_l} G_{l'}^l \boldsymbol{\eta}_{l'}^{1/2} q_{l'} + \sqrt{\rho_{\mathrm{ul}}} \sum_{l'\notin P_l} G_{l'}^l \boldsymbol{\eta}_{l'}^{1/2} q_{l'} + w_l$$

$$= \sqrt{\rho_{\mathrm{ul}}} \sum_{l'\in P_l} \hat{G}_{l'}^l \boldsymbol{\eta}_{l'}^{1/2} q_{l'} - \sqrt{\rho_{\mathrm{ul}}} \sum_{l'\in P_l} \tilde{G}_{l'}^l \boldsymbol{\eta}_{l'}^{1/2} q_{l'} + \sqrt{\rho_{\mathrm{ul}}} \sum_{l'\notin P_l} G_{l'}^l \boldsymbol{\eta}_{l'}^{1/2} q_{l'} + w_l$$

$$= \sqrt{\rho_{\mathrm{ul}}} Z^l \sum_{l'\in P_l} \boldsymbol{\gamma}_{l'}^{1/2} \boldsymbol{\eta}_{l'}^{1/2} q_{l'} - \sqrt{\rho_{\mathrm{ul}}} \sum_{l'\in P_l} \tilde{G}_{l'}^l \boldsymbol{\eta}_{l'}^{1/2} q_{l'} + \sqrt{\rho_{\mathrm{ul}}} \sum_{l'\notin P_l} G_{l'}^l \boldsymbol{\eta}_{l'}^{1/2} q_{l'} + w_l \quad (4\text{-}124)$$

其中,$\tilde{G}_{l'}^l = \hat{G}_{l'}^l - G_{l'}^l$ 是信道估计错误矩阵,$\boldsymbol{\eta}_{l'} = [\eta_{l'1}, \eta_{l'2}, \cdots, \eta_{l'K}]^{\mathrm{T}}$。式(4-124)中的 4 个相加项互不相关。后面 3 项与 $\{\hat{G}_{l'}^l\}$ 统计独立。因此,用 Z_l 处理后的信号协方差为

$$\mathrm{Cov}\{-\sqrt{\rho_{\mathrm{ul}}} \sum_{l'\in P_l} \tilde{G}_{l'}^l \boldsymbol{\eta}_{l'}^{1/2} q_{l'} + \sqrt{\rho_{\mathrm{ul}}} \sum_{l'\notin P_l} G_{l'}^l \boldsymbol{\eta}_{l'}^{1/2} q_{l'} + w_l\}$$

$$= \{\rho_{\mathrm{ul}} \sum_{l'\in P_l} \sum_{k'=1}^K (\beta_{l'k'}^l - \gamma_{l'k'}^l)\eta_{l'k'} + \rho_{\mathrm{ul}} \sum_{l'\notin P_l} \sum_{k'=1}^K \beta_{l'k'}^l \eta_{l'k'} + 1\} \boldsymbol{I}_M \quad (4\text{-}125)$$

1. 迫零

在迫零条件下,主小区将其接收到的信号式(4-124)乘以信道估计的比例伪逆。被处理信号的第 k 个分量如下:

$$[\boldsymbol{\eta}_l^{l\,1/2}(\hat{G}_l^{l\mathrm{H}}\hat{G}_l^l)^{-1}\hat{G}_l^{l\mathrm{H}}y_l]_k = [(Z^{l\mathrm{H}}Z^l)^{-1}Z^{l\mathrm{H}}y_l]_k$$

$$= [\sqrt{\rho_{\mathrm{ul}}}(Z^{l\mathrm{H}}Z^l)^{-1}Z^{l\mathrm{H}}Z^l \sum_{l'\in P_l} \boldsymbol{\gamma}_{l'}^{l\,1/2}\boldsymbol{\eta}_{l'}^{1/2}q_{l'}]_k +$$

$$[(Z^{l\mathrm{H}}Z^l)^{-1}Z^{l\mathrm{H}}(-\sqrt{\rho_{\mathrm{ul}}}\sum_{l'\in P_l}\tilde{G}_{l'}^l\boldsymbol{\eta}_{l'}^{1/2}q_{l'} + \sqrt{\rho_{\mathrm{ul}}}\sum_{l'\notin P_l}G_{l'}^l\boldsymbol{\eta}_{l'}^{1/2}q_{l'} + w_l)]_k$$

$$= \sqrt{\rho_{\mathrm{ul}}}\sum_{l'\in P_l}\sqrt{\gamma_{l'k}^l\eta_{l'k}}q_{l'k} + [(Z^{l\mathrm{H}}Z^l)^{-1}Z^{l\mathrm{H}}(-\sqrt{\rho_{\mathrm{ul}}}\sum_{l'\in P_l}\tilde{G}_{l'}^l\boldsymbol{\eta}_{l'}^{1/2}q_{l'} +$$

$$\sqrt{\rho_{\mathrm{ul}}}\sum_{l'\notin P_l}G_{l'}^l\boldsymbol{\eta}_{l'}^{1/2}q_{l'} + w_l)]_k$$

$$= \sqrt{\rho_{\mathrm{ul}}\gamma_{lk}^l\eta_{lk}}q_{lk} + \sqrt{\rho_{\mathrm{ul}}}\sum_{l'\in P_l\setminus\{l\}}\sqrt{\gamma_{l'k}^l\eta_{l'k}}q_{l'k} +$$

$$[(Z^{l\mathrm{H}}Z^l)^{-1}Z^{l\mathrm{H}}(-\sqrt{\rho_{\mathrm{ul}}}\sum_{l'\in P_l}\tilde{G}_{l'}^l\boldsymbol{\eta}_{l'}^{1/2}q_{l'} + \sqrt{\rho_{\mathrm{ul}}}\sum_{l'\notin P_l}G_{l'}^l\boldsymbol{\eta}_{l'}^{1/2}q_{l'} + w_l)]_k$$

$$(4\text{-}126)$$

在第一步中,使用了式(4-123)。在式(4-126)中处理的第 k 个信号等于基本增益乘以来自本小区终端的符号,加上不相关的有效非高斯噪声项。因此,就有了 4.5.2 节中的有效标量通道,并可以使用其中导出的容量界限。

下面使用式(4-125)计算式(4-126)中最后一个有效噪声项的方差:

$$\mathrm{Var}\{[(Z^{l\mathrm{H}}Z^l)^{-1}Z^{l\mathrm{H}}(-\sqrt{\rho_{\mathrm{ul}}}\sum_{l'\in P_l}\tilde{G}_{l'}^l\boldsymbol{\eta}_{l'}^{1/2}q_{l'} + \sqrt{\rho_{\mathrm{ul}}}\sum_{l'\notin P_l}G_{l'}^l\boldsymbol{\eta}_{l'}^{1/2}q_{l'} + w_l)]_k\}$$

$$= (\rho_{\mathrm{ul}}\sum_{l'\in P_l}\sum_{k'=1}^K(\beta_{l'k'}^l - \gamma_{l'k'}^l)\eta_{l'k'} + \rho_{\mathrm{ul}}\sum_{l'\notin P_l}\sum_{k'=1}^K\beta_{l'k'}^l\eta_{l'k'} + 1)E\{[(Z^{l\mathrm{H}}Z^l)^{-1}]_{kk}\}$$

$$= \frac{1}{M-K}\left(\rho_{\mathrm{ul}}\sum_{l'\in P_l}\sum_{k'=1}^{K}(\beta^l_{l'k'}-\gamma^l_{l'k'})\eta_{l'k'}+\rho_{\mathrm{ul}}\sum_{l'\notin P_l}\sum_{k'=1}^{K}\beta^l_{l'k'}\eta_{l'k'}+1\right) \quad (4\text{-}127)$$

接下来,利用了式(4-124)的最后 3 项之间的独立性。由式(4-125)和式(4-126),得到第 l 个小区中第 k 个终端的有效 SINR:

$$\mathrm{SINR}^{\mathrm{zf,ul}}_{lk}=\frac{(M-K)\rho_{\mathrm{ul}}\gamma^l_{lk}\eta_{lk}}{1+\rho_{\mathrm{ul}}\sum_{l'\in P_l}\sum_{k'=1}^{K}(\beta^l_{l'k'}-\gamma^l_{l'k'})\eta_{l'k'}+\rho_{\mathrm{ul}}\sum_{l'\notin P_l}\sum_{k'=1}^{K}\beta^l_{l'k'}\eta_{l'k'}+(M-K)\rho_{\mathrm{ul}}\sum_{l'\in P_l\setminus\{l\}}\gamma^l_{l'k}\eta_{l'k}}$$

$$(4\text{-}128)$$

$$C^{\mathrm{zf,ul}}_{\mathrm{inst},lk}\geqslant \log_2(1+\mathrm{SINR}^{\mathrm{zf,ul}}_{lk}) \quad (4\text{-}129)$$

这里对有效 SINR 表达式(4-128)解释如下:

(1) 分子表示在主小区的基站接收到的所需信号的相干波束增益。

(2) 分母中的第一项(即 1)是接收机噪声方差。

(3) 分母中的第二项表示受污染小区的干扰。这种干扰包括小区间干扰和小区内干扰。构成第二项尺度的项与均方信道估计误差成比例,而与 M 不成比例。

(4) 分母中的第三项表示未受污染小区的小区间干扰,该干扰与大尺度衰落系数成正比,但与 M 无关。用非相干干涉表示分母上的第二项和第三项。

(5) 分母中的第四项表示来自受污染小区(不包括主小区本身)的干扰,与均方信道估计数和 $M-K$ 成比例。通过 $M-K$ 的比例缩放,就可以得到相干干扰。

图 4-15 中提供了多小区迫零处理上行功能框图。

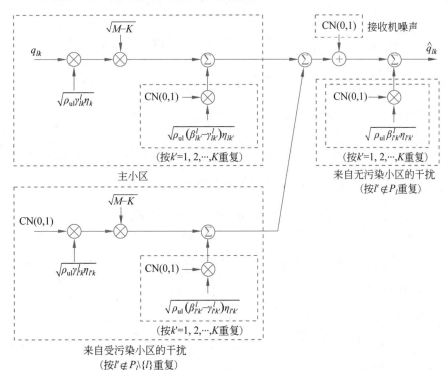

图 4-15　多小区迫零处理上行功能框图

2. 最大比合并

在最大比合并下,主小区将接收到的信号式(4-124)乘以信道估计的复合共轭,从而得到

$$\left[\frac{1}{\sqrt{M}}(\pmb{\gamma}_l^l)^{-1/2}\hat{\pmb{G}}_l^{l\mathrm{H}}\pmb{y}_l\right]_k = \left[\frac{1}{\sqrt{M}}\pmb{Z}^{l\mathrm{H}}\pmb{y}_l\right]_k$$

$$= \left[\frac{1}{\sqrt{M}}\pmb{Z}^{l\mathrm{H}}\left(\sqrt{\rho_{\mathrm{ul}}}\pmb{Z}^l\sum_{l'\in P_l}(\pmb{\gamma}_{l'}^l)^{1/2}\pmb{\eta}_{l'}^{1/2}\pmb{q}_{l'} - \sqrt{\rho_{\mathrm{ul}}}\sum_{l'\in P_l}\widetilde{\pmb{G}}_{l'}^l\pmb{\eta}_{l'}^{1/2}\pmb{q}_{l'} + \sqrt{\rho_{\mathrm{ul}}}\sum_{l'\notin P_l}\pmb{G}_{l'}^l\pmb{\eta}_{l'}^{1/2}\pmb{q}_{l'} + \pmb{w}_l\right)\right]_k$$

$$(4\text{-}130)$$

将式(4-130)重写为期望信号乘以确定性增益再加上不相关的有效噪声:

$$\left[\frac{1}{\sqrt{M}}\pmb{Z}^{l\mathrm{H}}\pmb{y}_l\right]_k$$

$$= \left[\sqrt{\frac{\rho_{\mathrm{ul}}}{M}}E\{\pmb{Z}^{l\mathrm{H}}\pmb{Z}^l\}\sum_{l'\in P_l}(\pmb{\gamma}_{l'}^l)^{1/2}\pmb{\eta}_{l'}^{1/2}\pmb{q}_{l'}\right]_k + \left[\sqrt{\frac{\rho_{\mathrm{ul}}}{M}}(\pmb{Z}^{l\mathrm{H}}\pmb{Z}^l - E\{\pmb{Z}^{l\mathrm{H}}\pmb{Z}^l\})\sum_{l'\in P_l}(\pmb{\gamma}_{l'}^l)^{1/2}\pmb{\eta}_{l'}^{1/2}\pmb{q}_{l'}\right]_k +$$

$$\left[\frac{1}{\sqrt{M}}\pmb{Z}^{l\mathrm{H}}\left(-\sqrt{\rho_{\mathrm{ul}}}\sum_{l'\in P_l}\widetilde{\pmb{G}}_{l'}^l\pmb{\eta}_{l'}^{1/2}\pmb{q}_{l'} + \sqrt{\rho_{\mathrm{ul}}}\sum_{l'\notin P_l}\pmb{G}_{l'}^l\pmb{\eta}_{l'}^{1/2}\pmb{q}_{l'} + \pmb{w}_l\right)\right]_k$$

$$= \left[\sqrt{M\rho_{\mathrm{ul}}}\sum_{l'\in P_l}(\pmb{\gamma}_{l'}^l)^{1/2}\pmb{\eta}_{l'}^{1/2}\pmb{q}_{l'}\right]_k + \left[\sqrt{\frac{\rho_{\mathrm{ul}}}{M}}(\pmb{Z}^{l\mathrm{H}}\pmb{Z}^l - E\{\pmb{Z}^{l\mathrm{H}}\pmb{Z}^l\})\sum_{l'\in P_l}(\pmb{\gamma}_{l'}^l)^{1/2}\pmb{\eta}_{l'}^{1/2}\pmb{q}_{l'}\right]_k +$$

$$\left[\frac{1}{\sqrt{M}}\pmb{Z}^{l\mathrm{H}}\left(-\sqrt{\rho_{\mathrm{ul}}}\sum_{l'\in P_l}\widetilde{\pmb{G}}_{l'}^l\pmb{\eta}_{l'}^{1/2}\pmb{q}_{l'} + \sqrt{\rho_{\mathrm{ul}}}\sum_{l'\notin P_l}\pmb{G}_{l'}^l\pmb{\eta}_{l'}^{1/2}\pmb{q}_{l'} + \pmb{w}_l\right)\right]_k$$

$$= \sum_{l'\in P_l}\sqrt{M\rho_{\mathrm{ul}}\gamma_{l'k}^l\eta_{l'k}}\,\pmb{q}_{l'k} + \left[\sqrt{\frac{\rho_{\mathrm{ul}}}{M}}(\pmb{Z}^{l\mathrm{H}}\pmb{Z}^l - E\{\pmb{Z}^{l\mathrm{H}}\pmb{Z}^l\})\sum_{l'\in P_l}(\pmb{\gamma}_{l'}^l)^{1/2}\pmb{\eta}_{l'}^{1/2}\pmb{q}_{l'}\right]_k +$$

$$\left[\frac{1}{\sqrt{M}}\pmb{Z}^{l\mathrm{H}}\left(-\sqrt{\rho_{\mathrm{ul}}}\sum_{l'\in P_l}\widetilde{\pmb{G}}_{l'}^l\pmb{\eta}_{l'}^{1/2}\pmb{q}_{l'} + \sqrt{\rho_{\mathrm{ul}}}\sum_{l'\notin P_l}\pmb{G}_{l'}^l\pmb{\eta}_{l'}^{1/2}\pmb{q}_{l'} + \pmb{w}_l\right)\right]_k$$

$$(4\text{-}131)$$

得到式(4-131)中第一个有效噪声项的方差:

$$\mathrm{Var}\left\{\left[\sqrt{\frac{\rho_{\mathrm{ul}}}{M}}(\pmb{Z}^{l\mathrm{H}}\pmb{Z}^l - E\{\pmb{Z}^{l\mathrm{H}}\pmb{Z}^l\})\sum_{l'\in P_l}(\pmb{\gamma}_{l'}^l)^{1/2}\pmb{\eta}_{l'}^{1/2}\pmb{q}_{l'}\right]_k\right\} = \rho_{\mathrm{ul}}\sum_{l'\in P_l}\sum_{k'=1}^{K}\gamma_{l'k'}^l\eta_{l'k'} \quad (4\text{-}132)$$

使用式(4-125)评估式(4-131)中第二个有效噪声项的方差:

$$\mathrm{Var}\left\{\left[\frac{1}{\sqrt{M}}\pmb{Z}^{l\mathrm{H}}\left(-\sqrt{\rho_{\mathrm{ul}}}\sum_{l'\in P_l}\widetilde{\pmb{G}}_{l'}^l\pmb{\eta}_{l'}^{1/2}\pmb{q}_{l'} + \sqrt{\rho_{\mathrm{ul}}}\sum_{l'\notin P_l}\pmb{G}_{l'}^l\pmb{\eta}_{l'}^{1/2}\pmb{q}_{l'} + \pmb{w}_l\right)\right]_k\right\}$$

$$= \rho_{\mathrm{ul}}\sum_{l'\in P_l}\sum_{k'=1}^{K}(\beta_{l'k'}^l - \gamma_{l'k'}^l)\eta_{l'k'} + \rho_{\mathrm{ul}}\sum_{l'\notin P_l}\sum_{k'=1}^{K}\beta_{l'k'}^l\eta_{l'k'} + 1 \quad (4\text{-}133)$$

得到有效的 SINR 表达式是

$$\mathrm{SINR}_{lk}^{\mathrm{zf,ul}} = \frac{M\rho_{\mathrm{ul}}\gamma_{lk}^l\eta_{lk}}{1 + \rho_{\mathrm{ul}}\sum_{l'\in P_l}\sum_{k'=1}^{K}\beta_{l'k'}^l\eta_{l'k'} + \rho_{\mathrm{ul}}\sum_{l'\notin P_l}\sum_{k'=1}^{K}\beta_{l'k'}^l\eta_{l'k'} + M\rho_{\mathrm{ul}}\sum_{l'\in P_l\backslash\{l\}}\gamma_{l'k}^l\eta_{l'k}} \quad (4\text{-}134)$$

相应的容量界限是

$$C_{\mathrm{inst},lk}^{\mathrm{mr,ul}} \geqslant \log_2(1 + \mathrm{SINR}_{lk}^{\mathrm{mr,ul}}) \quad (4\text{-}135)$$

图 4-16 所示的功能框图说明了最大比合并的作用。

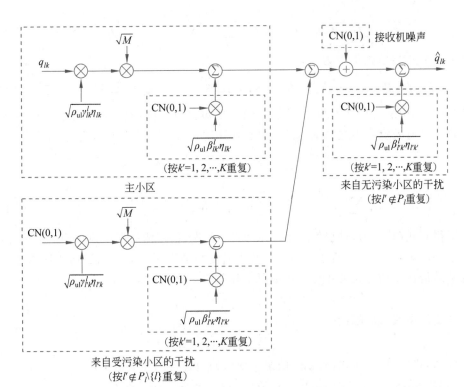

图 4-16 多小区最大比合并上行功能框图

与迫零相比,最大比合并的相干波束增益[式(4-134)的分子项]和相干干扰[式(4-134)分母中的第四项]与 $M-K$ 成正比。来自受污染小区的非相干干扰[式(4-134)分母中的第二项]与均方信道成正比,而不是与均方信道估计误差成正比。最重要的是,来自未受污染小区的小区间干扰通常是主要的影响因素,对迫零和最大比合并都是相同的。在多小区环境中,迫零与最大比合并相比的主要优势通常是小区内干扰的减少。由受污染小区产生的相干干扰减少对容量没有影响,因为相干波束增益被同样的因素减少了。

4.7.3 下行数据传输

下行数据传输是指基站独立发送信号:

$$\boldsymbol{x}_{l'} = \boldsymbol{A}_{l'}\boldsymbol{\eta}_{l'}^{1/2}\boldsymbol{q}_{l'} \tag{4-136}$$

其中,$\boldsymbol{A}_{l'}$ 是预编码矩阵,$\boldsymbol{\eta}_{l'}$ 是功率控制系数为 $\eta_{l'k}$ 的向量,$\boldsymbol{q}_{l'}$ 是发往该小区中 K 个终端的 K 个符号向量。功率控制系数非负且满足 $\sum_{k=1}^{K} \eta_{l'k} \leqslant 1$。预编码矩阵 $\boldsymbol{A}_{l'}$ 仅依赖于该特定小区内的信道估计,并归一化为

$$E\{\parallel \boldsymbol{x}_{l'} \parallel^{2}\} = \sum_{k=1}^{K} \eta_{l'k} \tag{4-137}$$

主小区的终端接收信号为

$$\boldsymbol{y}_{l} = \sqrt{\rho_{\mathrm{dl}}} \sum_{l' \in P_l} \boldsymbol{G}_{l}^{l'\mathrm{T}} \boldsymbol{x}_{l'} + \sqrt{\rho_{\mathrm{dl}}} \sum_{l' \notin P_l} \boldsymbol{G}_{l}^{l'\mathrm{T}} \boldsymbol{x}_{l'} + \boldsymbol{w}_{l}$$

$$= \sqrt{\rho_{\mathrm{dl}}} \sum_{l' \in P_l} \hat{\boldsymbol{G}}_{l}^{l'\mathrm{T}} \boldsymbol{x}_{l'} - \sqrt{\rho_{\mathrm{dl}}} \sum_{l' \notin P_l} \tilde{\boldsymbol{G}}_{l}^{l'\mathrm{T}} \boldsymbol{x}_{l'} + \sqrt{\rho_{\mathrm{dl}}} \sum_{l' \in P_l} \boldsymbol{G}_{l}^{l'\mathrm{T}} \boldsymbol{x}_{l'} + \boldsymbol{w}_{l}$$

$$= \sqrt{\rho_{\mathrm{dl}}} \sum_{l' \in P_l} \hat{\boldsymbol{G}}_l^{l'\mathrm{T}} \boldsymbol{A}_{l'} \boldsymbol{\eta}_{l'}^{1/2} \boldsymbol{q}_{l'} - \sqrt{\rho_{\mathrm{dl}}} \sum_{l' \in P_l} \tilde{\boldsymbol{G}}_l^{l'\mathrm{T}} \boldsymbol{x}_{l'} + \sqrt{\rho_{\mathrm{dl}}} \sum_{l' \notin P_l} \boldsymbol{G}_l^{l'\mathrm{T}} \boldsymbol{x}_{l'} + \boldsymbol{w}_l \quad (4\text{-}138)$$

第 k 个终端接收的信号为

$$y_{lk} = \sqrt{\rho_{\mathrm{dl}}} \sum_{l' \in P_l} \hat{g}_{lk}^{l'\mathrm{T}} \boldsymbol{A}_{l'} \boldsymbol{\eta}_{l'}^{1/2} \boldsymbol{q}_{l'} - \sqrt{\rho_{\mathrm{dl}}} \sum_{l' \in P_l} \tilde{g}_{lk}^{l'\mathrm{T}} \boldsymbol{x}_{l'} + \sqrt{\rho_{\mathrm{dl}}} \sum_{l' \notin P_l} g_{lk}^{l'\mathrm{T}} \boldsymbol{x}_{l'} + \boldsymbol{w}_{lk} \quad (4\text{-}139)$$

式(4-139)中的 4 项互不相关。其中,第一项包含感兴趣的信号,其余 3 项只包含有效噪声。这 3 个有效噪声项之和的方差与是否采用迫零或最大比合并无关,它等于

$$\mathrm{Var}\Big\{ - \sqrt{\rho_{\mathrm{dl}}} \sum_{l' \in P_l} \tilde{g}_{lk}^{l'\mathrm{T}} \boldsymbol{x}_{l'} + \sqrt{\rho_{\mathrm{dl}}} \sum_{l' \notin P_l} g_{lk}^{l'\mathrm{T}} \boldsymbol{x}_{l'} + \boldsymbol{w}_{lk} \Big\}$$

$$= \rho_{\mathrm{dl}} \sum_{l' \in P_l} (\beta_{lk}^{l'} - \gamma_{lk}^{l'}) \Big(\sum_{k'=1}^{K} \eta_{l'k'} \Big) + \rho_{\mathrm{dl}} \sum_{l' \notin P_l} \beta_{lk}^{l'} \Big(\sum_{k'=1}^{K} \eta_{l'k'} \Big) + 1 \quad (4\text{-}140)$$

为了得到式(4-140),这里做以下几点假设:首先,信道估计误差独立于信道估计(因此独立于预编码矩阵);第二,所述主小区与所述未受污染小区之间的信道与所述未受污染小区内的基站传递的信号无关;第三,预编码矩阵可归一化为式(4-137)。

1. 迫零

迫零使用预编码矩阵:

$$\boldsymbol{A}_{l'} = \sqrt{M-K} \boldsymbol{Z}^{l'*} (\boldsymbol{Z}^{l'\mathrm{T}} \boldsymbol{Z}^{l'*})^{-1} \quad (4\text{-}141)$$

式(4-141)和式(4-123)在式(4-138)的第一项内的组合得到如下结果:

$$\sqrt{\rho_{\mathrm{dl}}} \sum_{l' \in P_l} \hat{\boldsymbol{G}}_l^{l'\mathrm{T}} \boldsymbol{A}_{l'} \boldsymbol{\eta}_{l'}^{1/2} \boldsymbol{q}_{l'} = \sqrt{\rho_{\mathrm{dl}}} \sum_{l' \in P_l} \hat{\boldsymbol{G}}_l^{l'\mathrm{T}} \sqrt{M-K} \boldsymbol{Z}^{l'*} (\boldsymbol{Z}^{l'\mathrm{T}} \boldsymbol{Z}^{l'*})^{-1} \boldsymbol{\eta}_{l'}^{1/2} \boldsymbol{q}_{l'}$$

$$= \sqrt{(M-K)\rho_{\mathrm{dl}}} \sum_{l' \in P_l} (\boldsymbol{\gamma}_l^{l'})^{1/2} \boldsymbol{Z}^{l'\mathrm{T}} \boldsymbol{Z}^{l'*} (\boldsymbol{Z}^{l'\mathrm{T}} \boldsymbol{Z}^{l'*})^{-1} \boldsymbol{\eta}_{l'}^{1/2} \boldsymbol{q}_{l'}$$

$$= \sqrt{(M-K)\rho_{\mathrm{dl}}} \sum_{l' \in P_l} (\boldsymbol{\gamma}_l^{l'})^{1/2} \boldsymbol{\eta}_{l'}^{1/2} \boldsymbol{q}_{l'} \quad (4\text{-}142)$$

将式(4-142)替换为式(4-139),得到如下结果:

$$y_{lk} = \sum_{l' \in P_l} \sqrt{(M-K)\rho_{\mathrm{dl}} \gamma_{lk}^{l'} \eta_{l'k}} q_{l'k} - \sqrt{\rho_{\mathrm{dl}}} \sum_{l' \in P_l} \tilde{g}_{lk}^{l'\mathrm{T}} x_{l'} + \sqrt{\rho_{\mathrm{dl}}} \sum_{l' \notin P_l} g_{lk}^{l'\mathrm{T}} x_{l'} + w_{lk}$$

$$(4\text{-}143)$$

由此得到第 l 个小区中第 k 个终端的有效信噪比:

$$\mathrm{SINR}_{lk}^{\mathrm{zf,dl}} = \frac{(M-K)\rho_{\mathrm{dl}} \gamma_{lk}^l \eta_{lk}}{1 + \rho_{\mathrm{dl}} \sum_{l' \in P_l} (\beta_{lk}^{l'} - \gamma_{lk}^{l'}) \Big(\sum_{k'=1}^K \eta_{l'k'} \Big) + \rho_{\mathrm{dl}} \sum_{l' \notin P_l} \beta_{lk}^{l'} \Big(\sum_{k'=1}^K \eta_{l'k'} \Big) + (M-K)\rho_{\mathrm{dl}} \sum_{l' \in P_l \setminus \{l\}} \gamma_{lk}^{l'} \eta_{l'k}}$$

$$(4\text{-}144)$$

式(4-144)使用了有效噪声方差式(4-140)。对应的容限为

$$C_{\mathrm{inst},lk}^{\mathrm{zf,dl}} \geqslant \log_2 (1 + \mathrm{SINR}_{lk}^{\mathrm{zf,dl}}) \quad (4\text{-}145)$$

图 4-17 为多小区迫零处理下行功能框图。

2. 最大比合并

最大比合并使用的预编码矩阵为

$$\boldsymbol{A}_{l'} = \frac{1}{\sqrt{M}} \boldsymbol{Z}^{l'*} \quad (4\text{-}146)$$

式(4-138)中的第一项变成

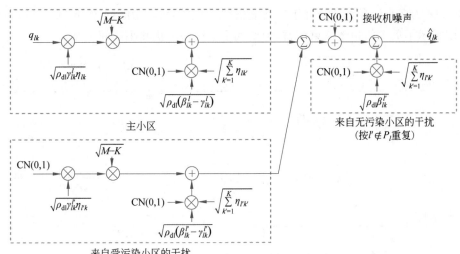

图 4-17 多小区迫零处理下行功能框图

$$\sqrt{\rho_{\mathrm{dl}}}\sum_{l'\in P_l}\hat{\boldsymbol{G}}_l^{l'\mathrm{T}}\boldsymbol{A}_{l'}\boldsymbol{\eta}_{l'}^{1/2}\boldsymbol{q}_{l'}$$

$$=\sqrt{\frac{\rho_{\mathrm{dl}}}{M}}\sum_{l'\in P_l}(\boldsymbol{\gamma}_l^{l'})^{1/2}\boldsymbol{Z}^{l\mathrm{T}}\boldsymbol{Z}^{l'*}\boldsymbol{\eta}_{l'}^{1/2}\boldsymbol{q}_{l'}$$

$$=\sqrt{\frac{\rho_{\mathrm{dl}}}{M}}\sum_{l'\in P_l}(\boldsymbol{\gamma}_l^{l'})^{1/2}\mathrm{E}\{\boldsymbol{Z}^{l\mathrm{T}}\boldsymbol{Z}^{l'*}\}\boldsymbol{\eta}_{l'}^{1/2}\boldsymbol{q}_{l'}+\sqrt{\frac{\rho_{\mathrm{ul}}}{M}}\sum_{l'\in P_l}(\boldsymbol{\gamma}_l^{l'})^{1/2}(\boldsymbol{Z}^{l'\mathrm{T}}\boldsymbol{Z}^{l'*}-\mathrm{E}\{\boldsymbol{Z}^{l'\mathrm{T}}\boldsymbol{Z}^{l'*}\})\boldsymbol{\eta}_{l'}^{1/2}\boldsymbol{q}_{l'}$$

$$=\sqrt{M\rho_{\mathrm{dl}}}\sum_{l'\in P_l}(\boldsymbol{\gamma}_{l'}^{l})^{1/2}\boldsymbol{\eta}_{l'}^{1/2}\boldsymbol{q}_{l'}+\sqrt{\frac{\rho_{\mathrm{ul}}}{M}}\sum_{l'\in P_l}(\boldsymbol{\gamma}_l^{l'})^{1/2}(\boldsymbol{Z}^{l'\mathrm{T}}\boldsymbol{Z}^{l'*}-\mathrm{E}\{\boldsymbol{Z}^{l'\mathrm{T}}\boldsymbol{Z}^{l'*}\})\boldsymbol{\eta}_{l'}^{1/2}\boldsymbol{q}_{l'}\qquad(4\text{-}147)$$

第 k 个终端接收到以下信息：

$$y_{lk}=\sum_{l'\in P_l}\sqrt{M\rho_{\mathrm{dl}}\gamma_{lk}^{l'}\eta_{l'k}}\,q_{l'k}+\left[\sqrt{\frac{\rho_{\mathrm{dl}}}{M}}\sum_{l'\in P_l}(\boldsymbol{\gamma}_l^{l'})^{1/2}(\boldsymbol{Z}^{l'\mathrm{T}}\boldsymbol{Z}^{l'*}-\mathrm{E}\{\boldsymbol{Z}^{l'\mathrm{T}}\boldsymbol{Z}^{l'*}\})\boldsymbol{\eta}_{l'}^{1/2}\boldsymbol{q}_{l'}\right]_k-$$

$$\sqrt{\rho_{\mathrm{dl}}}\sum_{l'\in P_l}\widetilde{g}_{lk}^{l'\mathrm{T}}x_{l'}+\sqrt{\rho_{\mathrm{dl}}}\sum_{l'\notin P_l}g_{lk}^{l'\mathrm{T}}x_{l'}+w_{lk}\qquad(4\text{-}148)$$

式(4-148)中第一个有效噪声项的方差类似于式(4-130)：

$$\mathrm{Var}\left\{\left[\sqrt{\frac{\rho_{\mathrm{dl}}}{M}}\sum_{l'\in P_l}(\boldsymbol{\gamma}_l^{l'})^{1/2}(\boldsymbol{Z}^{l'\mathrm{T}}\boldsymbol{Z}^{l'*}-\mathrm{E}\{\boldsymbol{Z}^{l'\mathrm{T}}\boldsymbol{Z}^{l'*}\})\boldsymbol{\eta}_{l'}^{1/2}\boldsymbol{q}_{l'}\right]_k\right\}=\sqrt{\rho_{\mathrm{dl}}}\sum_{l'\in P_l}\gamma_{lk}^{l'}\left(\sum_{k'=1}^{K}\eta_{l'k'}\right)$$

$$(4\text{-}149)$$

第 l 个小区中第 k 个终端的有效 SINR 表达式为

$$\mathrm{SINR}_{lk}^{\mathrm{mr,dl}}=\frac{M\rho_{\mathrm{dl}}\gamma_{lk}^{l}\eta_{lk}}{1+\rho_{\mathrm{dl}}\sum_{l'\in P_l}\beta_{lk}^{l'}\left(\sum_{k'=1}^{K}\eta_{l'k'}\right)+\rho_{\mathrm{dl}}\sum_{l'\notin P_l}\beta_{lk}^{l'}\left(\sum_{k'=1}^{K}\eta_{l'k'}\right)+M\rho_{\mathrm{dl}}\sum_{l'\in P_l\setminus\{l\}}\gamma_{lk}^{l'}\eta_{l'k}}$$

$$(4\text{-}150)$$

容量界限是

$$C_{\mathrm{inst},lk}^{\mathrm{mr,dl}}\geqslant\log_2(1+\mathrm{SINR}_{lk}^{\mathrm{mr,dl}})\qquad(4\text{-}151)$$

图 4-18 为多小区最大比合并下行功能框图,与迫零处理功能框图(见图 4-17)相比,该功能框图显示了更大的相干波束增益,但增加了小区内干扰和小区间干扰。

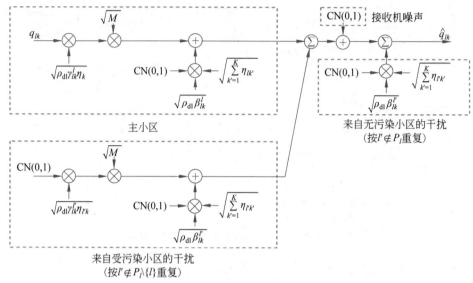

图 4-18　多小区最大比合并下行功能框图

4.7.4　问题讨论

1. 基站天线个数无限大的渐近极限

在无限多个基站天线的限制下,对于相同的功率控制系数,迫零和最大比合并的有效信噪比是相同的。

在这种限制下,性能与用于数据传输的发射功率无关,为特定的功率控制系数值 η_{lk},式(4-152)和式(4-153)与其他相关文献中得到的一致。

$$\lim_{M \to \infty} \mathrm{SINR}_{lk}^{zf,\,ul} = \lim_{M \to \infty} \mathrm{SINR}_{lk}^{mr,\,dl} = \frac{\gamma_{lk}^l \eta_{lk}}{\sum\limits_{l' \in P_l \setminus \{l\}} \gamma_{l'k}^l \eta_{l'k}} \qquad (4\text{-}152)$$

$$\lim_{M \to \infty} \mathrm{SINR}_{lk}^{zf,\,dl} = \lim_{M \to \infty} \mathrm{SINR}_{lk}^{mr,\,dl} = \frac{\gamma_{lk}^l \eta_{lk}}{\sum\limits_{l' \in P_l \setminus \{l\}} \gamma_{lk}^{l'} \eta_{l'k}} \qquad (4\text{-}153)$$

2. 导频失真的影响

导频失真对有效 SINR 有两个影响:第一,它降低了均方信道估计 γ_{lk}^l 的大小,从而降低了分子中的相干波束增益;第二,它产生了相干干扰,即分母中的第四项。除非 M 非常大,否则对相干波束增益的影响通常是主要障碍。

3. 非同步导频干扰

假设所有小区中的活动是同步发生的,即在每个相干时频间隔的训练部分,所有小区中的所有终端都将导频序列发送到各自的基站。主小区中使用的导频序列在所有按 P_l 索引的小区中重复使用。这种重复使用导致导频失真,而导频失真是通过降低相干波束增益和存在相干干扰实现的。然而,就导频失真效应的大小而言,在主小区中接收到的导频是否受到其他小区的终端同步/非同步发送的导频的干扰的影响,没有根本的区别。其原因是,由其他小区的终端发送的任何信号总是可以按照在主小区中使用的正交导频序列进行扩展。

更详细地说，考虑只有两个小区的特殊情况：一个主小区和一个干扰小区，两者都有 k 个终端。如果主小区和干扰小区中的终端同时发送相同的上行链路导频 $\boldsymbol{\Phi}_l$，如 4.7.1 节所述，则式(4-118)变为

$$[\boldsymbol{Y}'_{\mathrm{pl}}]_{mk} = \sqrt{\tau_{\mathrm{p}}\rho_{\mathrm{ul}}}\, g^{\,\mathrm{lm}}_{lk} + \sqrt{\tau_{\mathrm{p}}\rho_{\mathrm{ul}}}\, g^{\,\mathrm{lm}}_{l'k} + [\boldsymbol{W}'_{\mathrm{pl}}]_{mk} \tag{4-154}$$

式(4-154)中的第一项表示感兴趣的信道；第二项表示来自干扰小区的信道响应，它的方差为

$$\mathrm{Var}\{\sqrt{\tau_{\mathrm{p}}\rho_{\mathrm{ul}}}\, g^{\,\mathrm{lm}}_{l'k}\} = \tau_{\mathrm{p}}\rho_{\mathrm{ul}}\beta^{l}_{l'k} \tag{4-155}$$

现在假设在主小区的训练阶段，干扰小区中的第 k 个终端用不相关的组件以最大允许功率发射非同步导频或随机有效载荷数据 $\boldsymbol{X}_{l'}$。式(4-117)的对应部分是基站在主小区中接收到的 $M\times\tau_{\mathrm{p}}$ 导频信号

$$\boldsymbol{Y}_{\mathrm{pl}} = \sqrt{\tau_{\mathrm{p}}\rho_{\mathrm{ul}}}\, \boldsymbol{G}^{l}_{l}\boldsymbol{\Phi}^{\mathrm{H}}_{l} + \sqrt{\rho_{\mathrm{ul}}}\, \boldsymbol{G}^{l}_{l'}\boldsymbol{X}_{l'} + \boldsymbol{W}_{\mathrm{pl}} \tag{4-156}$$

如 4.7.1 节所述，通过将 $\boldsymbol{Y}_{\mathrm{pl}}$ 投影到 $\boldsymbol{\Phi}_l$，并利用 $\boldsymbol{\Phi}^{\mathrm{H}}_{l}\boldsymbol{\Phi}_l = \boldsymbol{I}_k$，就得到了用于信道估计的 $\boldsymbol{Y}'_{\mathrm{pl}} = \boldsymbol{Y}_{\mathrm{pl}}\boldsymbol{\Phi}_l$。$\boldsymbol{Y}_{\mathrm{pl}}$ 的第 (m,k) 个元素等价于

$$[\boldsymbol{Y}'_{\mathrm{pl}}]_{mk} = \sqrt{\tau_{\mathrm{p}}\rho_{\mathrm{ul}}}\, g^{\,\mathrm{lm}}_{lk} + \sqrt{\rho_{\mathrm{ul}}}\,[\boldsymbol{G}^{l}_{l'}\boldsymbol{X}_{l'}\boldsymbol{\Phi}_l]_{mk} + [\boldsymbol{W}_{\mathrm{pl}}\boldsymbol{\Phi}_l]_{mk} \tag{4-157}$$

把式(4-157)与式(4-154)进行比较可以发现，在这两个表达式中，式(4-157)的第二项 $\sqrt{\rho_{\mathrm{ul}}}\,[\boldsymbol{G}^{l}_{l'}\boldsymbol{X}_{l'}\boldsymbol{\Phi}_l]_{mk}$ 表示来自干扰小区的作用，它的均值为 0，方差为

$$\mathrm{Var}\{\sqrt{\rho_{\mathrm{ul}}}\,[\boldsymbol{G}^{l}_{l'}\boldsymbol{X}_{l'}\boldsymbol{\Phi}_l]_{mk}\} = \rho_{\mathrm{ul}}\sum_{k'=1}^{K}\beta^{l}_{l'k'} \tag{4-158}$$

如果 k 与 τ_{p} 的阶数相同，则式(4-155)和式(4-158)中包含的项的方差也具有相同的阶数。因此，由有效载荷或非同步导频传输在其他小区中引起的导频失真与由同步导频传输引起的导频失真在效果上相当。

MIMO 功率控制

◆ 5.1 功率控制准则

有效且易计算的功率控制是大规模 MIMO 独特的新特征之一。功率控制处理有平衡近远的效果,给整个小区提供一致的良好服务。在本章中,介绍功率控制方案,以满足单小区和多小区系统及上行链路和下行链路的给定性能目标,其中最大最小(平均)SINR 公平性是一个重要原则。

第 4 章对有效 SINR 表达式的检验揭示了上行链路/下行链路和归零/最大比合并的 4 种组合情况下对功率控制系数定性相同的依赖关系。在单小区的情况下,从表 4-4 中可以观察到,终端 k 的有效 SINR 表达式可以写为

$$\text{SINR}_k = \frac{a_k \eta_k}{1 + \sum_{k'=1}^{K} b_k^{k'} \eta_{k'}} \tag{5-1}$$

其中,a_k 和 $b_k^{k'}$ 是严格的正常数,由表 5-1 给出。表 5-1 中的 M、K、ρ_{ul}、ρ_{dl}、β_k、γ_k 和 η_k 具有第 4 章定义的含义。

表 5-1 单小区系统系数 a_k 和 $b_k^{k'}$

传 输 方 向	处 理 方 法	
	迫　　零	最大比合并
上行	$a_k = (M-K)\rho_{ul}\gamma_k$ $b_k^{k'} = \rho_{ul}(\beta_{k'} - \gamma_{k'})$	$a_k = M\rho_{ul}\gamma_k$ $b_k^{k'} = \rho_{ul}\beta_{k'}$
下行	$a_k = (M-K)\rho_{dl}\gamma_k$ $b_k^{k'} = \rho_{dl}(\beta_k - \gamma_k)$	$a_k = M\rho_{dl}\gamma_k$ $b_k^{k'} = \rho_{dl}\beta_k$

同样,对于多小区的情况,从表 4-4 中可以将第 l 个小区中第 k 个终端的有效 SINR 表达式写成

$$\text{SINR}_{lk} = \frac{a_{lk}\eta_{lk}}{1 + \sum_{l' \in P_l}\sum_{k'=1}^{K} b_{lk}^{l'k'} \eta_{l'k'} \sum_{l' \in P_l}\sum_{k'=1}^{K} c_{lk}^{l'k'} \eta_{l'k'} + \sum_{l' \in P_l \setminus \{l\}} d_{lk}^{l'} \eta_{l'k}} \tag{5-2}$$

其中,非负系数 a_{lk}、$b_{lk}^{l'k'}$、$c_{lk}^{l'k'}$ 和 $d_{lk}^{l'}$ 在表 5-2 中给出。

表 5-2　多小区系统系数 a_{lk}、$b_{lk}^{l'k'}$、$c_{lk}^{l'k'}$、$d_{lk}^{l'}$

传 输 方 向	处 理 方 法	
	迫　　零	最 大 比 合 并
上行	$a_{lk}=(M-K)\rho_{ul}\gamma_{lk}^{l}$ $b_{lk}^{l'k'}=\rho_{ul}(\beta_{l'k'}^{l}-\gamma_{l'k'}^{l})$ $c_{lk}^{l'k'}=\rho_{ul}\beta_{l'k'}^{l}$ $d_{lk}^{l'}=(M-K)\rho_{ul}\gamma_{l'k}^{l}$	$a_{lk}=M\rho_{ul}\gamma_{lk}^{l}$ $b_{lk}^{l'k'}=\rho_{ul}\beta_{l'k'}^{l}$ $c_{lk}^{l'k'}=\rho_{ul}\beta_{l'k'}^{l}$ $d_{lk}^{l'}=M\rho_{ul}\gamma_{l'k}^{l}$
下行	$a_{lk}=(M-K)\rho_{dl}\gamma_{lk}^{l}$ $b_{lk}^{l'k'}=\rho_{dl}(\beta_{lk}^{l'}-\gamma_{lk}^{l'})$ $c_{lk}^{l'k'}=\rho_{dl}\beta_{lk}^{l'}$ $d_{lk}^{l'}=(M-K)\rho_{dl}\gamma_{lk}^{l'}$	$a_{lk}=M\rho_{dl}\gamma_{lk}^{l}$ $b_{lk}^{l'k'}=\rho_{dl}\beta_{lk}^{l'}$ $c_{lk}^{l'k'}=\rho_{dl}\beta_{lk}^{l'}$ $d_{lk}^{l'}=M\rho_{dl}\gamma_{lk}^{l'}$

在表 5-2 中，通过第 4 章定义的 $\beta_{l'k'}^{l}$、$\gamma_{l'k'}^{l}$ 和 η_{lk}，考虑单小区场景是多小区场景的特例，通过设置 $c_{lk}^{l'k'}$ 和 $d_{lk}^{l'}$ 等于 0 并省略小区号 l 获得。

表 5-3 总结了单小区和多小区情况下功率控制系数的约束条件。用 L 表示小区总数。

表 5-3　功率控制系数的约束条件

传 输 方 向	单 小 区	多 小 区
上行	$0\leqslant\eta_{k}\leqslant1$ $k=1,2,\cdots,K$	$0\leqslant\eta_{lk}\leqslant1$ $k=1,2,\cdots,K,l=1,2,\cdots,L$
下行	$\sum_{k=1}^{K}\eta_{k}\leqslant1$ 且 $\eta_{k}\geqslant0,K=1,2,\cdots,K$	$\sum_{k=1}^{K}\eta_{k}\leqslant1$ 且 $\eta_{k}\geqslant0,K=1,2,\cdots,K,$ $l=1,2,\cdots,L$

◈ 5.2　给定 SINR 目标的功率控制

接下来，设计一个保证服务质量的功率控制策略可以作为线性可行性问题解决的方案。式(5-1)和式(5-2)的分子和分母在功率控制系数中是线性的。

5.2.1　单小区系统

对于单小区系统，考虑约束形式

$$\text{SINR}_k\geqslant\overline{\text{SINR}_k},\quad k=1,2,\cdots,K \tag{5-3}$$

其中，$\overline{\text{SINR}_k}$ 是第 k 个终端的给定目标 SINR。通过使用第 4 章介绍的净频谱效率公式，可以直接将 SINR 目标转换为频谱效率目标。实际上，这样的目标可以反映特定终端的服务质量要求。式(5-3)中的一组约束相当于以下一组不等式：

$$a_k\eta_k\geqslant\overline{\text{SINR}_k}\left(1+\sum_{k'=1}^{K}b_k^{k'}\eta_{k'}\right),\quad k=1,2,\cdots,K \tag{5-4}$$

它与 η_{lk} 为线性关系，意味着设计一个功率控制策略(第 k 个终端的 SINR 至少达到 $\overline{\text{SINR}_k}$)可以写成以下问题：

求出 η_k 使得

$$\mathrm{SINR}_k \geqslant \overline{\mathrm{SINR}_l}, \quad k = 1, 2, \cdots, K \tag{5-5}$$

并满足表 5-3 中的限制条件。

式(5-5)是一个线性规划可行性问题,使用标准软件工具箱很容易解决。对于某些允许的 η_k,当且仅当式(5-5)有解决方案时,才能满足式(5-3)中的所有 SINR 约束集。

5.2.2　多小区系统

对于多小区系统,再次将一个目标 SINR 作为一组约束:

$$\mathrm{SINR}_{lk} \geqslant \overline{\mathrm{SINR}_{lk}}, \quad k = 1, 2, \cdots, K, l = 1, 2, \cdots, L \tag{5-6}$$

其中,$\overline{\mathrm{SINR}_{lk}}$ 是第 l 个小区中的第 k 个终端的 SINR。式(5-6)中的每个不等式相当于以下不等式:

$$a_{lk}\eta_{lk} \geqslant \overline{\mathrm{SINR}_{lk}} \left(1 + \sum_{l' \in P_l} \sum_{k'=1}^{K} b_{lk}^{l'k'} \eta_{l'k'} \sum_{l' \notin P_l} \sum_{k'=1}^{K} c_{lk}^{l'k'} \eta_{l'k'} + \sum_{l' \in P_l \setminus \{l\}} d_{lk}^{l'} \eta_{l'k} \right) \tag{5-7}$$

它与 η_{lk} 为线性关系,意味着设计一个功率控制策略(第 l 个小区中的第 k 个终端的 SINR 至少达到 $\overline{\mathrm{SINR}_{lk}}$)可以写成以下问题:

求出 η_{lk} 使得

$$\mathrm{SINR}_{lk} \geqslant \overline{\mathrm{SINR}_{lk}}, \quad k = 1, 2, \cdots, K, l = 1, 2, \cdots, L \tag{5-8}$$

并满足表 5-3 中的限制条件。

和单小区的情况一样,式(5-8)中的功率控制设计问题是一个线性规划可行性问题。

◆ 5.3　最大最小公平功率控制

功率控制的一个重要设计理念是公平,它的目的是使所有终端中最差的 SINR 最大化。最优化问题的最大最小解为所有终端提供了相等的 SINR 可以用反例证明。如果有一个终端,其 SINR 大于最大最小 SINR,那么可以通过降低其他终端的分母的方法降低该终端的功率控制系数,从而增加其 SINR。结果是:所有终端的 SINR 趋于相等。因此,最大最小公平功率控制就是设置所有目标 SINR 等于一个公共值 $\overline{\mathrm{SINR}}$,然后找到 $\overline{\mathrm{SINR}}$ 的最大可能值,以确保满足表 5-3 中的所有约束条件。

对于单小区系统,最大最小公平性意味着小区中所有终端的 SINR 目标是相等的;在多小区系统中,最大最小公平性可以是网络范围内的最大最小公平性,也可以是每个小区内的最大最小公平性。接下来,将更详细地讨论这些不同的可能性。

5.3.1　单小区系统中的最大最小公平功率控制

首先,考虑单小区系统。设置小区中所有终端目标的 SINR 等于一个公共值 $\overline{\mathrm{SINR}}$,即要求

$$\mathrm{SINR}_k \geqslant \overline{\mathrm{SINR}}, \quad k = 1, 2, \cdots, K \tag{5-9}$$

很明显,最大最小思想会导致以下优化问题:

求出 η_k 使得

$$\mathrm{SINR}_k \geqslant \overline{\mathrm{SINR}}, \quad k=1,2,\cdots,K \tag{5-10}$$

并满足表 5-3 中的限制条件。

所有涉及式(5-10)的不等式都是线性的,因此式(5-10)是一个准线性规划问题。这种问题一般可以通过对$\overline{\mathrm{SINR}}$和$\overline{\mathrm{SINR}}$的每个候选值进行二分搜索,从而解决线性可行性问题。然而,对于特定的问题,存在简单的封闭形式解决方案。表 5-4 总结了这些解。

表 5-4　单小区系统中最大最小公平功率控制系数及由此产生的共同 SINR 值$\overline{\mathrm{SINR}}$

传输方向	处理方法	
	迫　零	最大比合并
上行	$\eta_k = \dfrac{\min\limits_{k'}\{\gamma_{k'}\}}{\gamma_k}$ $\overline{\mathrm{SINR}} = \dfrac{(M-K)\rho_{\mathrm{ul}}}{\dfrac{1}{\min\limits_k\{\gamma_k\}}+\rho_{\mathrm{ul}}\sum\limits_{k=1}^{K}\dfrac{\beta_k-\gamma_k}{\gamma_k}}$	$\eta_k = \dfrac{\min\limits_{k'}\{\gamma_{k'}\}}{\gamma_k}$ $\overline{\mathrm{SINR}} = \dfrac{M\rho_{\mathrm{ul}}}{\dfrac{1}{\min\limits_k\{\gamma_k\}}+\rho_{\mathrm{ul}}\sum\limits_{k=1}^{K}\dfrac{\beta_k}{\gamma_k}}$
下行	$\eta_k = \dfrac{1+\rho_{\mathrm{dl}}(\beta_k-\gamma_k)}{\rho_{\mathrm{dl}}\gamma_k\left(\dfrac{1}{\rho_{\mathrm{dl}}}\sum\limits_{k'=1}^{K}\dfrac{1}{\gamma_{k'}}+\sum\limits_{k'=1}^{K}\dfrac{\beta_{k'}-\gamma_{k'}}{\gamma_{k'}}\right)}$ $\overline{\mathrm{SINR}} = \dfrac{(M-K)\rho_{\mathrm{dl}}}{\sum\limits_{k=1}^{K}\dfrac{1}{\gamma_k}+\rho_{\mathrm{dl}}\sum\limits_{k=1}^{K}\dfrac{\beta_k-\gamma_k}{\gamma_k}}$	$\eta_k = \dfrac{1+\rho_{\mathrm{dl}}\beta_k}{\rho_{\mathrm{dl}}\gamma_k\left(\dfrac{1}{\rho_{\mathrm{dl}}}\sum\limits_{k'=1}^{K}\dfrac{1}{\gamma_{k'}}+\sum\limits_{k'=1}^{K}\dfrac{\beta_{k'}}{\gamma_{k'}}\right)}$ $\overline{\mathrm{SINR}} = \dfrac{M\rho_{\mathrm{dl}}}{\sum\limits_{k=1}^{K}\dfrac{1}{\gamma_k}+\rho_{\mathrm{dl}}\sum\limits_{k=1}^{K}\dfrac{\beta_k}{\gamma_k}}$

1. 上行链路

首先考虑上行链路。从式(5-1)可以清楚地看出,对于迫零和最大比合并,至少有一个η_{lk}必须是单位值。解释如下:假设情况并非如此,因此对于$k=1,2,\cdots,K$,$\eta_k<1$,那么所有η_{lk}都可以被一个公共常数缩放,使得其中至少一个等于单位值。这种缩放将增加所有SINR_k值,这与原η_{lk}解的假定最优性相矛盾。因此,在最佳情况下,必须求解以下问题:

$$\text{对于某些}\overline{\mathrm{SINR}}, \quad \overline{\mathrm{SINR}}_k=\overline{\mathrm{SINR}}, \quad k=1,2,\cdots,K \tag{5-11}$$

至少有一个 k 的 $\eta_k=1$。其中,$\overline{\mathrm{SINR}}$是最优的公共 SINR。

从式(5-1)和式(5-11)得到

$$\alpha_k\eta_k = \overline{\mathrm{SINR}}\left(1+\sum_{k'=1}^{K}b_k^{k'}\eta_{k'}\right), \quad k=1,2,\cdots,K \tag{5-12}$$

对于上行链路的情况,$b_k^{k'}$不取决于k,因此式(5-12)的右侧相对于k是一个常数,因为η_k对所有的k都满足$0\leqslant\eta_k\leqslant1$,即

$$\eta_k = \frac{\min\limits_{k'}\{a_{k'}\}}{a_k} \tag{5-13}$$

而对于某些 k,$\eta_k=1$。

由此产生的$\overline{\mathrm{SINR}}$是通过将式(5-13)代入式(5-1)中得到的:

$$\overline{\mathrm{SINR}} = \frac{1}{\dfrac{1}{\min\limits_{k'}\{a_{k'}\}}+\sum\limits_{k'=1}^{K}\dfrac{b_k^{k'}}{a_{k'}}} \tag{5-14}$$

它与 k 无关,将表 5-1 中 a_k 和 $b_k^{k'}$ 的表达式替换为式(5-13)和式(5-14),得到表 5-4 中的表达式。

2. 下行链路

对于下行链路,从式(5-1)推断,最大最小解要求功率约束满足 $\sum_{k=1}^{K} \eta_k = 1$。为了解释其原因,假设 $\sum_{k=1}^{K} \eta_k < 1$,由于 $b_k^{k'} > 0$,通过用一个公共缩放因子对所有的 η_k 进行缩放,使得 $\sum_{k=1}^{K} \eta_k$ 增加,所有 k 的 SINR_k 增加,这与解的最大最优性相矛盾。因此,在最优的情况下,必须做到:

对于某些 $\overline{\mathrm{SINR}_k}$,

$$\overline{\mathrm{SINR}_k} = \overline{\mathrm{SINR}}, \quad k = 1, 2, \cdots, K \tag{5-15}$$

$$\sum_{k=1}^{K} \eta_{lk} < 1 \tag{5-16}$$

其中 $\overline{\mathrm{SINR}}$ 是最大最优的公共 SINR。式(5-15)和式(5-1)组合得到

$$\alpha_k \eta_k = \overline{\mathrm{SINR}} \left(1 + \sum_{k'=1}^{K} b_k^{k'} \eta_{k'} \right), \quad k = 1, 2, \cdots, K \tag{5-17}$$

在下行链路的情况下,$b_k^{k'}$ 不依赖于 k',所以使 $b_k = b_k^{k'}$。因此,通过在式(5-17)中使用式(5-16),得到

$$\eta_k = \frac{\overline{\mathrm{SINR}}(1 + b_k)}{a_k} \tag{5-18}$$

再次使用式(5-16),得出以下结论:

$$\overline{\mathrm{SINR}} \sum_{k'=1}^{K} \frac{1 + b_k}{a_k} = \sum_{k=1}^{K} \eta_k = 1 \tag{5-19}$$

因此

$$\overline{\mathrm{SINR}} = \frac{1}{\sum_{k=1}^{K} \dfrac{1 + b_k}{a_k}} \tag{5-20}$$

$$\eta_k = \frac{1 + b_k}{a_k \sum_{k''=1}^{K} \dfrac{1 + b_{k''}}{a_{k''}}} \tag{5-21}$$

将表 5-1 中 a_k 和 b_k 的表达式替换为式(5-20)和式(5-21),得到表 5-4 中的表达式。

3. 增加额外终端的效果

最大最小功率控制的一个效果是在具有强信道的终端上消耗的功率较少。从表 5-4 可以清楚地看出,η_k 随着 $\gamma_k(\beta_k)$ 的增大而减小。进一步研究增加一个比现有的终端更强的信道终端到一个已经向 K 个终端提供最大最小服务的小区,对表 5-4 中最大最小 SINR 分母的计算表明,当所有 $K+1$ 个 $\gamma_k(\beta_k)$ 值相等时,添加一个更强的终端是最具破坏性的,在这种情况下,分母增加了 $(K+1)/K$。对于最大比合并处理情况,分子不受新终端的影响;对于迫零处理,分子减少了 $(M-K-1)/(M-K)$。结论是,当 K 很大时,大部分功率消耗在受到严重大尺度衰落的终端上。

4. 迫零与最大比合并的比较

究竟何时迫零比最大比合并更可取? 表 5-4 的结果提供了一个非常简单和明确的答案: 对于上行链路和下行链路, 当且仅当 $\overline{SINR}^{mr} > 1$ 时 $\overline{SINR}^{zf} > \overline{SINR}^{mr}$。

为了证明上行链路的结果, 假设 $\overline{SINR}^{zf,ul} > \overline{SINR}^{mr,ul}$, 将表 5-4 中的这两个表达式替换为 $\overline{SINR}^{zf,ul}$ 和 $\overline{SINR}^{mr,ul}$, 得到不等式, 简化后的等价不等式是

$$\frac{1}{\min_k\{\gamma_k\}} + \rho_{ul}\sum_{k=1}^{K}\frac{\beta_k}{\gamma_k} < M_{\rho_{ul}} \tag{5-22}$$

当 $\overline{SINR}^{mr,ul} > 1$ 时, 类似的计算可以证明下行链路的结果也成立。

5.3.2 具有网络范围最大最小公平性的多小区系统

对于网络范围最大最小公平功率控制的多小区系统, 将所有目标 SINR 设置为

$$\overline{SINR}_{lk} = \overline{SINR}, \quad k=1,2,\cdots,K, l=1,2,\cdots,L \tag{5-23}$$

这引起了以下优化问题:

求出使得 $\overline{SINR}_{lk} \geqslant \overline{SINR}, k=1,2,\cdots K, l=1,2,\cdots,L$ 并满足表 5-3 中的限制条件。

$$\tag{5-24}$$

式(5-24)中涉及的所有不等式都是线性的, 因此式(5-24)是一个准线性规划问题。然而, 由于式(5-24)产生功率控制系数, 使得所有小区中的所有终端都获得相同的 SINR, 因此给定小区中的功率控制系数, 例如第 l 个小区中的功率控制系数, 将取决于离得较远的其他小区 l' 中的条件, $l' \neq l$。

具体来说, 假设网络中的某些小区具有较低的吞吐量, 其原因是终端过度拥挤, 或者预定用于服务的特定终端经历了严重的阴影衰落。然后, 低吞吐量不必要地强加于所有其他小区中服务的所有终端。特别是在式(5-24)中实现 $\overline{SINR}$ 的值可以随着 $l \to \infty$ 接近 0。为此, 首先考虑在单小区情况下用最大最小功率控制实现的相等的 SINR:

$$\overline{SINR}^{ul} \leqslant M\rho_{ul}\min_k\{\gamma_k\} \leqslant M\rho_{ul}\min_k\{\beta_k\} \tag{5-25}$$

$$\overline{SINR}^{dl} \leqslant M\rho_{dl}\min_k\{\gamma_k\} \leqslant M\rho_{dl}\min_k\{\beta_k\} \tag{5-26}$$

无论是迫零还是最大比合并, 在式(5-24)中实现的 $\overline{SINR}$ 上限都将由表 5-4 中相应的单小区 $\overline{SINR}$ 给出, 用于网络中处境最不利的小区, 即每端吞吐量最小的小区。因此, 在式(5-24)中实现的最优 $\overline{SINR}$ 不能超过上行链路中的 $M\rho_{ul}\min_{l,k}\{\beta_{lk}^l\}$, 也不能超过下行链路中的 $M\rho_{dl}\min_{l,k}\{\beta_{lk}^l\}$。在对数正态阴影衰落中, 当 $L \to \infty$ 时 $\min_{l,k}\{\beta_{lk}^l\} \to 0$。

这使得网络范围内的最大最小公平功率控制不随小区数 L 变化。

5.3.3 可忽略相干干扰和全功率的每小区功率控制

解决网络范围最大最小公平功率控制可伸缩性问题的一种补救方法是只在每个小区内对 SINR 进行均衡。接下来, 给出相干干扰可以忽略不计且所有小区都使用最大允许功率时的特殊情况。具体而言, 本节提出以下两个假设:

(1) 相干干扰(式(5-2)分母中的第四项)可以忽略不计, 即对于所有的 l, l', k:

$$d_{lk}^{l'} = 0 \tag{5-27}$$

排除干扰项并不意味着忽略了导频失真。回想一下, 对于 M 的中值, 导频失真的主要

影响是通过减少$\{\gamma_{lk}^{l'}\}$使相干增益减少。

在假设满足式(5-27)的条件下,式(5-2)简化如下:

$$\text{SINR}_{lk} = \frac{a_{lk}\eta_{lk}}{1 + \sum\limits_{l' \in P_l}\sum\limits_{k'=1}^{K} b_{lk}^{l'k'}\eta_{l'k'} + \sum\limits_{l' \in P_l}\sum\limits_{k'=1}^{K} c_{lk}^{l'k'}\eta_{l'k'}} \qquad (5\text{-}28)$$

(2) 每个小区使用全部可用功率。也就是说,在上行链路中,每个小区中至少有一个终端以最大功率传输,即

$$\text{对于 } l = 1,2,\cdots,L \text{ 和某些 } k, \quad \eta_{lk} = 1 \qquad (5\text{-}29)$$

在下行链路中,所有基站都消耗最大可用功率:

$$\sum_{k'=1}^{K}\eta_{lk} = 1, \quad l = 1,2,\cdots,L \qquad (5\text{-}30)$$

在所述假设下,最大最小功率控制可以在每个小区内独立执行。这样,每个小区中的所有终端都实现了一个共同的小区 SINR 值$\overline{\text{SINR}}_l$。

在这里描述的功率控制策略中,网络中的每个小区都同样重要,没有一个小区能决定其他小区应该做什么。相比之下,采用网络范围的等吞吐量策略,吞吐量由处境最不利的小区决定。

1. 上行链路

在上行链路中,式(5-28)中的$b_{lk}^{l'k'}$、$c_{lk}^{l'k'}$不取决于k。如果采用$b_l^{l'k'} = b_{lk}^{l'k'}$,$c_l^{l'k'} = c_{lk}^{l'k'}$,那么式(5-28)变成

$$\text{SINR}_{lk} = \frac{a_{lk}\eta_{lk}}{1 + \sum\limits_{l' \in P_l}\sum\limits_{k'=1}^{K} b_l^{l'k'}\eta_{l'k'} + \sum\limits_{l' \notin P_l}\sum\limits_{k'=1}^{K} c_l^{l'k'}\eta_{l'k'}} \qquad (5\text{-}31)$$

在式(5-31)中,分母与k无关,SINR_{lk}的形式与单小区情况相同。由于每个小区都使用式(5-29)意义上的全功率,因此可以应用单小区情况的技术(见 5.3.1 节)。以下功率控制系数的选择在第l个小区中产生最大最小公平性:

$$\eta_{lk} = \frac{\min\limits_{k'}\{a_{lk'}\}}{a_{lk}}, \quad k = 1,2,\cdots,K, l = 1,2,\cdots,L \qquad (5\text{-}32)$$

所有终端在第l个小区中实现的 SINR 是

$$\begin{aligned}
\overline{\text{SINR}}_l &= \frac{\min\limits_{k'}\{a_{lk'}\}}{1 + \sum\limits_{l' \in P_l}\sum\limits_{k'=1}^{K} b_l^{l'k'}\eta_{l'k'} + \sum\limits_{l' \notin P_l}\sum\limits_{k'=1}^{K} c_l^{l'k'}\eta_{l'k'}} \\
&= \frac{1}{\dfrac{1}{\min\limits_{k'}\{a_{lk'}\}} + \sum\limits_{l' \in P_l}\dfrac{\min\limits_{k'}\{a_{l'k'}\}}{\min\limits_{k'}\{a_{lk'}\}}\sum\limits_{k'=1}^{K}\dfrac{b_l^{l'k'}}{a_{l'k'}} + \sum\limits_{l' \notin P_l}\dfrac{\min\limits_{k'}\{a_{l'k'}\}}{\min\limits_{k'}\{a_{lk'}\}}\sum\limits_{k'=1}^{K}\dfrac{c_l^{l'k'}}{a_{l'k'}}}
\end{aligned} \qquad (5\text{-}33)$$

式(5-33)与k无关。将表 5-2 中的表达式代入式(5-32)和式(5-33),得出表 5-5 中的结果。当相干干扰可以忽略不计,并且在每个小区中使用全功率时,最大比合并的方程可以通过将$l' \in P_l$和$l' \notin P_l$上的和合并来简化,但这里没有这样做,以保持与迫零情况的对称性。

表 5-5 列出了上行链路功率控制系数以及每个小区最大最小 SINR(即$\overline{\text{SINR}}_l$)。自然地,

表 5-4 中的单小区结果是表 5-5 中的多小区结果的特例。

表 5-5　上行链路功率控制系数及每个小区最大最小 SINR

处理方法	η_{lk} 和 $\overline{\mathrm{SINR}}_l$
迫零	$\eta_{lk}=\dfrac{\min\limits_{k'}\{\gamma_{lk'}^{l}\}}{\gamma_{lk}^{l}}$ $$\overline{\mathrm{SINR}}_l=\dfrac{(M-K)\rho_{\mathrm{ul}}}{\dfrac{1}{\min\limits_{k}\{\gamma_{lk}^{l}\}}+\rho_{\mathrm{ul}}\sum\limits_{l'\in P_l}\dfrac{\min\limits_{k}\{\gamma_{l'k}^{l'}\}}{\min\limits_{k}\{\gamma_{lk}^{l}\}}\sum\limits_{k=1}^{K}\dfrac{\beta_{l'k}^{l}-\gamma_{l'k}^{l}}{\gamma_{l'k}^{l'}}+\rho_{\mathrm{ul}}\sum\limits_{l'\notin P_l}\dfrac{\min\limits_{k}\{\gamma_{l'k}^{l'}\}}{\min\limits_{k}\{\gamma_{lk}^{l}\}}\sum\limits_{k=1}^{K}\dfrac{\beta_{l'k}^{l}}{\gamma_{l'k}^{l'}}}$$
最大比合并	$\eta_{lk}=\dfrac{\min\limits_{k'}\{\gamma_{lk'}^{l}\}}{\gamma_{lk}^{l}}$ $$\overline{\mathrm{SINR}}_l=\dfrac{M\rho_{\mathrm{ul}}}{\dfrac{1}{\min\limits_{k}\{\gamma_{lk}^{l}\}}+\rho_{\mathrm{ul}}\sum\limits_{l'\in P_l}\dfrac{\min\limits_{k}\{\gamma_{l'k}^{l'}\}}{\min\limits_{k}\{\gamma_{lk}^{l}\}}\sum\limits_{k=1}^{K}\dfrac{\beta_{l'k}^{l}}{\gamma_{l'k}^{l'}}+\rho_{\mathrm{ul}}\sum\limits_{l'\notin P_l}\dfrac{\min\limits_{k}\{\gamma_{l'k}^{l'}\}}{\min\limits_{k}\{\gamma_{lk}^{l}\}}\sum\limits_{k=1}^{K}\dfrac{\beta_{l'k}^{l}}{\gamma_{l'k}^{l'}}}$$

2. 下行链路

在下行链路中，$b_{lk}^{l'k'}$、$c_{lk}^{l'k'}$ 不取决于 k'，因此可以简写为 $b_l^{l'k'}=b_{lk}^{l'k'}$，$c_l^{l'k'}=c_{lk}^{l'k'}$。使用这个新的表示法，在满足式(5-30)的条件下，式(5-28)变成

$$\begin{aligned}
\mathrm{SINR}_{lk}&=\frac{a_{lk}\eta_{lk}}{1+\sum\limits_{l'\in P_l}\sum\limits_{k'=1}^{K}b_{lk}^{l'}\eta_{l'k'}+\sum\limits_{l'\notin P_l}\sum\limits_{k'=1}^{K}c_{lk}^{l'}\eta_{l'k'}}\\
&=\frac{a_{lk}\eta_{lk}}{1+\sum\limits_{l'\in P_l}b_{lk}^{l'}\sum\limits_{k'=1}^{K}\eta_{l'k'}+\sum\limits_{l'\notin P_l}c_{lk}^{l'}\sum\limits_{k'=1}^{K}\eta_{l'k'}}\\
&=\frac{a_{lk}\eta_{lk}}{1+\sum\limits_{l'\in P_l}b_{lk}^{l'}+\sum\limits_{l'\notin P_l}c_{lk}^{l'}}
\end{aligned}\tag{5-34}$$

这与单小区的情况相同，分母不依赖于 k'。使用与 5.3.1 节类似的参数，以下功率控制系数在每个小区中产生最大最小最优性：

$$\eta_{lk}=\frac{1+\sum\limits_{l'\in P_l}b_{lk}^{l'}+\sum\limits_{l'\notin P_l}c_{lk}^{l'}}{a_{lk}\sum\limits_{k''=1}^{K}\dfrac{1+\sum\limits_{l'\in P_l}b_{lk''}^{l'}+\sum\limits_{l'\notin P_l}c_{lk''}^{l'}}{a_{lk''}}}\tag{5-35}$$

由此产生的 SINR 名义上是由第 l 个小区中的所有终端实现的：

$$\overline{\mathrm{SINR}}_l=\frac{1}{\sum\limits_{k''=1}^{K}\dfrac{1+\sum\limits_{l'\in P_l}b_{lk''}^{l'}+\sum\limits_{l'\notin P_l}c_{lk''}^{l'}}{a_{lk''}}}\tag{5-36}$$

将表 5-2 中的表达式代入式(5-35)和式(5-36)，与 k 有关，结果见表 5-6。当相干干扰可以忽略不计，并且在每个小区中使用"全功率"时，最大比合并处理方程可以通过合并项来简化。

表 5-6　下行链路功率控制系数及每个小区最大最小 SINR

处 理 方 法	η_{lk} 和 $\overline{\mathrm{SINR}}_l$
迫零	$\eta_{lk} = \dfrac{1 + \displaystyle\sum_{l' \in P_l} \rho_{\mathrm{dl}}(\beta_{lk}^{l'} - \gamma_{lk}^{l'}) + \displaystyle\sum_{l' \notin P_l} \rho_{\mathrm{dl}} \beta_{lk}^{l'}}{\gamma_{lk}^{l}\left(\displaystyle\sum_{k'=1}^{K} \dfrac{1}{\gamma_{lk'}^{l}} + \rho_{\mathrm{dl}} \displaystyle\sum_{l' \in P_l} \displaystyle\sum_{k'=1}^{K} \dfrac{\beta_{lk'}^{l'} - \gamma_{lk'}^{l'}}{\gamma_{lk'}^{l}} + \rho_{\mathrm{dl}} \displaystyle\sum_{l' \notin P_l} \displaystyle\sum_{k'=1}^{K} \dfrac{\beta_{lk'}^{l'}}{\gamma_{lk'}^{l}} \right)}$ $\overline{\mathrm{SINR}}_l = \dfrac{(M-K)\rho_{\mathrm{dl}}}{\displaystyle\sum_{k=1}^{K} \dfrac{1}{\gamma_{lk}^{l}} + \rho_{\mathrm{dl}} \displaystyle\sum_{l' \in P_l} \displaystyle\sum_{k=1}^{K} \dfrac{\beta_{lk}^{l'} - \gamma_{lk}^{l'}}{\gamma_{lk}^{l}} + \rho_{\mathrm{dl}} \displaystyle\sum_{l' \notin P_l} \displaystyle\sum_{k=1}^{K} \dfrac{\beta_{lk}^{l'}}{\gamma_{lk}^{l}}}$
最大比合并	$\eta_{lk} = \dfrac{1 + \displaystyle\sum_{l' \in P_l} \rho_{\mathrm{dl}} \beta_{lk}^{l'} + \displaystyle\sum_{l' \notin P_l} \rho_{\mathrm{dl}} \beta_{lk}^{l'}}{\gamma_{lk}^{l}\left(\displaystyle\sum_{k'=1}^{K} \dfrac{1}{\gamma_{lk'}^{l}} + \rho_{\mathrm{dl}} \displaystyle\sum_{l' \in P_l} \displaystyle\sum_{k'=1}^{K} \dfrac{\beta_{lk'}^{l'}}{\gamma_{lk'}^{l}} + \rho_{\mathrm{dl}} \displaystyle\sum_{l' \notin P_l} \displaystyle\sum_{k'=1}^{K} \dfrac{\beta_{lk'}^{l'}}{\gamma_{lk'}^{l}} \right)}$ $\overline{\mathrm{SINR}}_l = \dfrac{M\rho_{\mathrm{dl}}}{\displaystyle\sum_{k=1}^{K} \dfrac{1}{\gamma_{lk}^{l}} + \rho_{\mathrm{dl}} \displaystyle\sum_{l' \in P_l} \displaystyle\sum_{k=1}^{K} \dfrac{\beta_{lk}^{l'}}{\gamma_{lk}^{l}} + \rho_{\mathrm{dl}} \displaystyle\sum_{l' \notin P_l} \displaystyle\sum_{k=1}^{K} \dfrac{\beta_{lk}^{l'}}{\gamma_{lk}^{l}}}$

虽然式(5-29)和式(5-30)给出的功率控制条件通常被认为是合理的蜂窝实际情况,但它们在某些情况下可能会违反相干干扰可以忽略的假设。

5.3.4　一致优良的服务

最大最小公平功率控制确保了所有终端都能享受到统一的优良服务。然而,在实践中,由于路径损耗和阴影衰落,一些终端可能有很小的 $\beta_{l'k}^{l}$。随着如上所述最大最小功率的控制,将分配大量的资源给这些终端以确保得到良好的服务,但这可能对所有其他终端的吞吐量造成重大影响。因此,在计算功率控制系数之前,通常谨慎地将一小部分终端从服务中删除。或者,与其完全放弃处于不利地位的终端,还不如给它们一些最小的 SINR,这将表现为对功率控制系数的附加线性约束。同样,当用户要求或愿意支付额外服务时,可以分配给相应的终端比典型的终端更高的 SINR。

在大规模 MIMO 中,功率控制系数 η_k(对于单小区系统)和 η_{lk}(对于多小区系统)分别依赖于大尺度衰落系数 β_k 和 $\beta_{l'k}^{l}$。

对于单小区系统,表 5-4 给出了功率控制系数 η_k 的表达式,该式在最大最小公平意义上在小区中产生均匀良好的吞吐量。所有终端的 SINR_k 等于一个公共值 $\overline{\mathrm{SINR}}$,在给定的功率约束下,它取尽可能大的值。

对于多小区系统,可以通过求解 5.3.2 节中描述的准线性优化问题以获得最大最小公平性 SINR 优化问题的全网络解决方案,该问题使所有小区中所有终端的 SINR 均相等。

如果可以忽略相干干扰,并且每个小区在式(5-29)和式(5-30)的精确意义上使用全功率,则可以执行功率控制,使最大最小公平性能在每个小区内保持。也就是说,第 l 个小区中的所有终端都实现了一个共同的 SINR,即 $\overline{\mathrm{SINR}}_l$。表 5-5 和表 5-6 给出了实现这一点的功率控制系数 η_{lk} 及产生的SINR值。

在最大最小公平功率控制下,在计算功率控制系数之前,可以将每个小区中的一小部分终端从服务中删除,以避免深度衰落的终端形成不必要的低吞吐量。

◆ 5.4　案例研究

本节的案例研究分为两类：第一类是农村地区的单个隔离蜂窝小区固定宽带接入；第二类是密集城市及郊区的多小区移动接入。本节对所有重要的物理现象进行建模，包括终端位置的随机性、路径损耗和阴影衰落，并使用第 4 章中导出的容量表达式。这些表达式解释了小区内干扰和小区间干扰的影响、信道估计误差和导频传输的成本。虽然第 4 章的所有容量边界都是严格的，本章的所有算法都为精确的优化问题提供了精确的解决方案，但在多小区案例中，还需要一些启发式算法以进行终端到基站的分配、导频分配和功率控制。在5.4.3 节中将描述这些算法。

5.4.1　单小区案例：农村固定宽带接入

表 5-7 总结了 3 个案例研究中使用的参数。在农村情况下，所有 3000 套住房在下行链路中传输速率为 20Mb/s，在上行链路中传输速率为 10Mb/s，即覆盖概率为 100%。

表 5-7　3 个大规模 MIMO 案例研究中使用的参数

参　　　数	农村固定宽带接入	密集城市移动接入	郊区移动接入
载波频率	800MHz	1.9GHz	1.9GHz
频谱带宽	20MHz	20MHz	20MHz
蜂窝小区半径	11.3km	500m	2km
每个小区的平均终端数	3000	18	18
覆盖概率	100%	95%	95%
基站天线增益	0	0	0
终端天线增益	6dBi	0	0
基站接收机噪声	9dB	9dB	9dB
终端接收机噪声	9dB	9dB	9dB
噪声温度	300K	300K	300K
终端移动情况	静止	142km/h	284km/h
相干时间	50ms	2ms	1ms
相干带宽	300kHz	210kHz	210kHz
阴影衰落	8dB	8dB	8dB
阴影衰落分集	最好两路	没有	没有
路径损失模型	Hata	COST231	COST231
基站天线高度	32m	30m	30m
终端天线高度	5m	1.5m	1.5m
上行链路导频再利用系数	不适用	7	3

续表

参　　数	农村固定宽带接入	密集城市移动接入	郊区移动接入
每个基站的总发射功率	10W	1W	1W
每个终端的发射功率	1W	200mW	200mW

表 5-8 和表 5-9 为迫零和最大比合并两种处理方法的性能,概率为 95%。在移动接入场景中,覆盖概率为 95%,也就是说,5% 的终端被从服务中删除,因此总体可靠性等于 0.95×0.95。

表 5-8　迫零处理性能

性 能 参 数	农村固定宽带接入	密集城市移动接入	郊区移动接入
每个终端的下行链路净吞吐量	20Mb/s	4.5Mb/s	3.1Mb/s
每个终端的上行链路净吞吐量	10Mb/s	2.8Mb/s	1.1Mb/s
基站天线数目	3200	64	256

表 5-9　最大比合并处理性能

性 能 参 数	农村固定宽带接入	密集城市移动接入	郊区移动接入
每个终端的下行链路净吞吐量	20Mb/s	4.8Mb/s	3.2Mb/s
每个终端的上行链路净吞吐量	10Mb/s	3.2Mb/s	1.1Mb/s
基站天线数目	8200	64	256

超大规模 MIMO 基站可以为农村的 3000 个家庭提供基于电缆或光纤接入的服务。在该场景中假设是独立蜂窝小区,无小区间干扰。系统工作在 800MHz 频段,带宽为 20MHz。上行链路的净吞吐量要求为每个终端 10Mb/s,下行链路为 20Mb/s。采用 5.3.1 节中提出的最大最小 SINR 功率控制方案以确保每个用户都享有一致良好的服务。

基站阵列高于地面 32m。每个节点都有一个固定增益天线终端,安装在室外距地面 5m 以上。使用 Hata 模型,阴影衰落服从对数正态分布,均值为 0,均方差为 8dB。假设小区每个节点大尺度衰落系数固定不变。

相对较长的相干时间 $T_c = 50\text{ms}$ 保持了信道的相对平稳特性。在 800MHz 的载波频率下,进一步假设相干带宽 $B_c = 300\text{kHz}$。因此,相干时频间隔的采样持续时频间隔是 $\tau_c = B_c T_c = 15\,000$。

设上行链路和下行链路之间的相干时频间隔满足吞吐量要求。也就是说,除了用于上行导频的样本之外,每个相干时频间隔的 1/3 用于上行数据传输,2/3 用于下行数据传输。将上行链路导频开销限制在 20% 左右,并分配给每个终端一个独特的正交导频序列,所以可以服务于 $0.2 \times \tau_c = 3000$ 个家庭。设部署密度为每平方千米 7.5 户,小区内有 3000 户,小区半径为

$$\sqrt{\frac{3000}{\pi \times 7.5}} \approx 11.3\text{km} \tag{5-37}$$

5.4.2　所需天线数和发射功率

导频开销将 80% 的相干时频间隔留给数据传输。将瞬时频谱效率乘以 $(1/3) \times 0.8$，用于计算上行链路之间的资源分配和导频开销；计算下行链路时乘以 $(2/3) \times 0.8$。这里忽略了循环前缀。

因此，上行链路和下行链路中每个终端所需的瞬时速率为 37.5b/s，相当于 1.875b/(s·Hz) 的瞬时频谱效率。因此，所需的 SINR 为 $2^{1.875}-1=2.668(4.26\mathrm{dB})$。还有待确定实现此 SINR 所需的天线数 M 和发射功率。先计算需要多少基站天线才能达到上行链路净吞吐量，然后找到实现下行链路净吞吐量所需的下行链路发射功率。

图 5-1 显示了所需天线数 M 的累积分布，以获得实现不同发射功率下每个终端 10Mb/s 的上行链路净吞吐量。

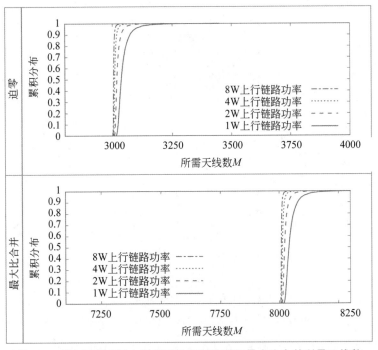

图 5-1　单小区在不同上行链路功率时迫零和最大比合并所需天线数

随机生成 5000 个独立的终端位置和阴影衰落。根据绝对发射功率、噪声温度和噪声数据得到标准化的 SINR：ρ_{ul} 和 ρ_{dl}。

在这种情况下，迫零相对于最大比合并的优势是明显的。在 1W 上行链路功率和 95% 可靠性的条件下，迫零只需要天线数 $M=3200$，而最大比合并要求 $M=8200$。将每个终端的发射功率提高到 1W 以上的影响很小。当上行功率为 2W、4W 和 8W 时，所需的天线数分别为 3100、3050 和 3030(对于迫零处理)以及 8100、8050 和 8030(对于最大比合并处理)。另一方面，将上行链路功率降低到 1W 以下将显著增加所需的天线数(未在图 5-1 中显示)。其原因如下：

(1) 使用迫零要求 $M>K$。因此，无论功率水平如何，基站天线数必须大于 3000。

(2) 对于最大比合并，每个终端的 SINR 不能大于 M/K。因此，考虑到规定的 SINR，

天线的最小数量为 $3000 \times 2.668 = 8004$。

（3）上行链路功率对信道估计的质量和噪声都有影响。这会产生一个"平方"效应，即，要使功率降低一半，天线的数量需要增加到原来的 4 倍，见 4.6.4 节。

图 5-2 显示了每个终端下行链路净吞吐量达到 20Mb/s 所需的下行链路功率的累积分布和天线数量。需要注意的是，对于迫零和最大比合并，需要的下行链路功率不超过 10W。基于上述原因，使用更大的功率也不允许大幅减少天线数量。

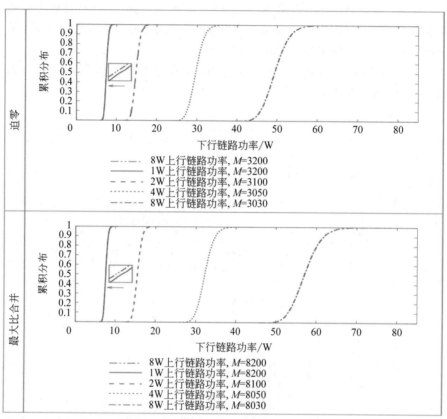

图 5-2   单小区迫零和最大比合并所需的下行链路功率与天线数和上行链路功率的关系

最后，为了理解本例中的信噪比，在上行链路功率为 1W 时，算出 $\rho_{ul} = 128$dB。在距离基站 11.3km 的小区边缘，Hata 模型预测的中间路径损耗为 $\beta = -125$dB。因此，位于小区边缘的终端的上行链路平均信噪比为 $\rho_{ul}\beta = 3$dB。同样，由于下行链路功率为 10W，得到 $\rho_{ul} = 138$dB，位于小区边缘的终端的下行链路平均信噪比为 $\rho_{ul}\beta = 13$dB。图 5-3 给出了单小区迫零（用 ZF 表示）和最大比合并（用 MR 表示）的功率控制系数 η_k 的累积分布函数。

5.4.3   最小公平功率控制政策分析

图 5-3 显示了单小区中功率控制系数 η_k 的累积分布函数。参考表 5-4，可以观察到：

（1）在上行链路中，η_k 对于迫零和最大比合并是相同的，并且 η_k 与 γ_k 成反比。因此，η_k 的扩展反映了 γ_k 的扩展。这样，长时间的导频为大多数终端提供了高质量的估计，通常是 $\gamma_k \approx \beta_k$。

（2）在下行链路中，迫零处理时，η_k 近似与 γ_k 成正比，η_k 的分布类似于上行链路迫零

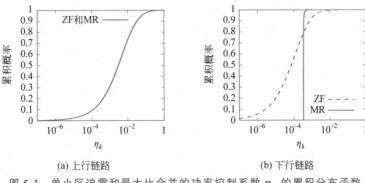

(a) 上行链路　　　　　　　　　　(b) 下行链路

图 5-3　单小区迫零和最大比合并的功率控制系数 η_k 的累积分布函数

的情况；最大比合并时，因为 $\rho_{\mathrm{dl}}\beta \gg 1$（小区边缘的平均值为 13dB），所有 η_k 大致相同，因此所有终端的功率分配大致相同。

5.4.4　多小区分配算法

多小区大规模 MIMO 系统设计必须解决一些附属问题，包括多小区建模、将终端分配到基站的算法及选择适当的上行链路导频复用模式。

假设有一个蜂窝网络，所有小区都用相同的资源进行数据传输。导频失真是一个重要但容易被解决的问题，通过使用导频，使得一组 n_{reuse}（$n_{\mathrm{reuse}} >$ 1，称为导频复用因子）个相邻的蜂窝小区的导频信号是相互正交的。导频复用策略与传统频分多址无线网络相同，常见的复用因子为 $n_{\mathrm{reuse}}=1,3,4,7$。

图 5-4～图 5-6 是导频复用因子为 7、3 和 4 的多小区场景。因为本节要观察剩余导频失真，导频复用因子应该能够被小区数整除。因此导频复用因子 7 需要 49 个小区，而导频复用因子 3 或者 4 个需要 48 个小区。没有一个蜂窝小区比任何其他蜂窝小区处于更有利的位置。小区边

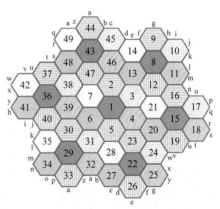

图 5-4　导频复用因子 $n_{\mathrm{reuse}}=7$ 的 49 个小区

缘上的字母表示在 48 或 49 个小区群周期性复制扩展后重合的小区边界。

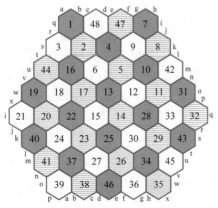

图 5-5　导频复用因子 $n_{\mathrm{reuse}}=3$ 的 48 个小区

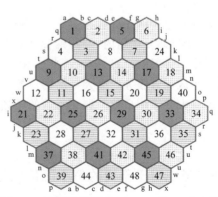

图 5-6　导频复用因子 $n_{\mathrm{reuse}}=4$ 的 48 个小区

要减少导频失真,必须使用较长的导频序列。如果活跃终端用户的数量 K 很小,这不成问题。例如,每个小区有 $K=5$ 个同时激活的用户终端,$\tau_c=200$ 个相干时频间隔,$n_{reuse}=7$,则导频将至少占有 $5\times7=35$ 个样本,仅占 $35/200=17.5\%$ 负载。但是如果 K 值很大,导频可能会消耗所有的相干时频间隔。例如,当每个小区有 $K=30$ 个有效终端,$n_{reuse}=7$,需要导频符号 $30\times7=210$ 个时,它已经超过可用相干时频间隔的数量(200 个)。

在每个小区中,K 个终端随机分布在以基站为中心的六边形蜂窝小区内。因为阴影衰落的存在,离基站最近的终端可能并不能得到基站最好的信号,因此一个小区能服务的终端实际数量可能小于 K,并且对于某一终端,上行链路和下行链路的服务质量也会有差别。

在无线网络中,有一小部分终端将经历严重的阴影衰落,此时基站应放弃对这一小部分终端的服务,特别是在使用最大最小功率控制策略时,这样可以大幅节省基站电力,或者说大幅减少所需的基站天线数量。

在宏蜂窝部署中,无线服务提供商的典型覆盖范围是 95% 终端用户数,也就是说放弃5% 的信道条件极差的终端。理想情况下,具有最低信噪比的终端应被放弃。但是,每个终端 SINR 的计算非常复杂,只能在确定功率控制系数后计算。因此,需要一个简单的方法用于估计在确定功率控制系数之前每个终端的信道条件。为此,定义每个终端的(下行链路)大尺度衰落比(LSFR):

$$\mathrm{LSFR}_{lk}=\frac{\beta_{lk}^l}{\sum\limits_{l'=1}^{L}\beta_{lk}^{l'}} \tag{5-38}$$

LSFR 值最低的 5% 终端被放弃。

式(5-38)中的 LSFR 是一个非常方便的度量,因为它独立于上行链路功率和下行链路功率、功率控制系数和其他终端的大尺度衰落系数。类似于 5.4.3 节中的基站分配策略,式(5-38)中的 LSFR 在某种程度上更有利于下行性能,因为除了在 5.4.3 节的基站部署以外,没有其他方案可以获得更高的 LSFR。

当式(5-38)中的 LSFR 考虑非相干小区间干扰的影响时,它忽略了接收机噪声和导频失真。在完全嵌入式蜂窝系统中,每个基站发射全部可用功率,接收机噪声通常要比来自邻近小区的非相干干扰小很多;对于相当数量的天线,导频失真可以通过适当的导频复用加以消除。

5.4.5 导频分配和所需导频长度

如果每个小区正好服务于 K 个终端,则导频所需的最小时频采样 τ_p 等于 Kn_{reuse}。通常,在一个导频复用组内,一些蜂窝小区比其他蜂窝小区服务更多的终端。在 $n_{reuse}=4$ 的图 5-6 中,小区 $\{3,7,11,\cdots,47\}$ 共享相同的导频,并且这组小区所需的正交导频数等于组内任一小区能够服务的最大终端用户数。$K_{\max,j}$ 表示 $j=1,2,\cdots,n_{reuse}$ 组内的任一小区能够服务的最大终端用户数。那么所需的导频时频样本等于系统中相互正交的导频总数:

$$\tau_p=\sum_{j=1}^{n_{reuse}}K_{\max,j} \tag{5-39}$$

5.4.6 考虑相干干扰的每小区最大最小功率控制策略

在 5.3.3 节中,通过忽略相干干扰[式(5-2)的分母的第四项],并假设所有小区都使用式(5-29)和式(5-30)得到的精确功率,最大最小 SINR 功率控制可在每个小区内独立实现。在相干干扰显著的情况下需要更好的算法。下面提出一个启发式算法,修正近似一阶项,即 5.3.3 节中介绍的抵抗相干干扰的功率控制系数。

从初始功率控制系数 $\hat{\eta}_{lk}$ 开始,在 5.3.3 节所述的假设下,它可以在忽略相干干扰的条件下获得。令 $\widehat{\text{SINR}}_{lk}$ 表示根据式(5-2)得到的精确 SINR。式(5-2)中的分母表示有效噪声,是 LK 项之和,这表明功率控制系数的扰动对分母值的影响几乎没有,通过这个近似得到

$$\hat{f}_{lk} = \frac{\widehat{\text{SINR}}_{lk}}{\hat{\eta}_{lk}} \tag{5-40}$$

$\hat{f}_{lk}$ 是当 $\eta_{lk}=1$ 时第 l 个小区中的第 k 个终端获得的 SINR。因此,对于任何一组功率控制系数 η_{lk},得到的 SINR 是

$$\text{SINR}_{lk} = \left(\frac{\widehat{\text{SINR}}_{lk}}{\hat{\eta}_{lk}}\right)\eta_{lk} = \hat{f}_{lk}\eta_{lk} \tag{5-41}$$

通过这个近似公式,每个小区中的最大最小最优功率控制系数就可以直接得到。

1. 上行链路

设 η_{lk} 为式(5-32)给出的初始功率控制系数,则

$$\hat{\eta}_{lk} = \frac{\min_{k'}\{a_{lk'}\}}{a_{lk}}, \quad k=1,2,\cdots,K, l=1,2,\cdots,L \tag{5-42}$$

然后使用式(5-41)和最大最小原理得出功率控制系数:

$$\eta_{lk} = \frac{\min_{k'}\{\hat{f}_{lk'}\}}{\hat{f}_{lk}} \tag{5-43}$$

产生的 SINR 是

$$\text{SINR}_{lk} \approx \hat{f}_{lk}\eta_{lk} = \min_{k'}\{\hat{f}_{lk'}\} \min_{k'}\left(\frac{\widehat{\text{SINR}}_{lk'}}{\hat{\eta}_{lk}}\right) \tag{5-44}$$

2. 下行链路

当忽略相干干扰时,式(5-35)求出的功率控制系数等于每个蜂窝小区内的 SINR:

$$\hat{\eta}_{lk} = \frac{1 + \sum\limits_{l' \in P_l} b_{lk}^{l'} + \sum\limits_{l' \notin P_l} c_{lk}^{l'}}{a_{lk} \sum\limits_{k''=1}^{K} \dfrac{1 + \sum\limits_{l' \in P_l} b_{lk''}^{l'} + \sum\limits_{l' \notin P_l} c_{lk''}^{l'}}{a_{lk''}}} \tag{5-45}$$

为了考虑导频失真,下面调整了式(5-45)中的初始系数 $\hat{\eta}_{lk}$:

$$\eta_{lk} = \frac{\dfrac{1}{\hat{f}_{lk}}}{\sum\limits_{k'=1}^{K} \dfrac{1}{\hat{f}_{lk'}}} \tag{5-46}$$

产生的 SINR 是

$$\text{SINR}_{lk} \approx \hat{f}_{lk} \eta_{lk} = \frac{1}{\displaystyle\sum_{k'=1}^{K} \frac{1}{\hat{f}_{lk'}}} = \frac{1}{\displaystyle\sum_{k'=1}^{K} \frac{\hat{\eta}_{lk'}}{\widehat{\text{SINR}}_{lk'}}} \qquad (5-47)$$

5.4.7　多小区案例：密集城市和郊区移动接入

本节给出大规模 MIMO 的多小区部署的两个案例：密集城市环境的移动接入以及郊区环境的移动接入。要求 95% 的终端应获得尽可能好的服务，而不管其所处位置和移动速度。假设在每个小区有平均 $K=18$ 个同时活跃的终端。

在这两个案例中，系统载波频率为 1.9GHz，工作带宽为 20MHz。除去导频使用相干时频间隔样本外，其他相干时频间隔样本一半用于上行链路，一半用于下行链路。

基站阵列高于地面 30m，下行链路发射功率为 1W，上行链路中每个终端的发射功率为 200mW。导频总是以最大功率发送，上行数据传输功率服从功率控制策略。

在密集城市部署中，$M=64$ 个天线的基站阵列服务一个半径为 500m 的小区。大都市地区的 Hata-COST231 模型预测蜂窝小区边缘的平均路径损失为 129dB。

假设相干时间 $T_c=2\text{ms}$，理论上允许终端的移动速度为 142km/h，如果设计裕度系数为 2，则实际允许速度为 71km/h。当相干带宽 $B_c=210\text{kHz}$ 时，相干时频间隔 $\tau_c=B_c T_c=420$，系统采用 OFDM 参数，见表 4-1。因此，当考虑到循环前缀时，每个相干时频间隔都有 $(14/15)\times420=392$ 个有用的样本。瞬时频谱效率通过转换因子转换为净频谱效率，上行链路或下行链路的净频谱效率为 $(1/2)\times(14/15)\times(1-\tau_p/392)$，其中因子 1/2 表示数据在上下行传输间隔的均匀分割。

在郊区部署中，基站有 $M=256$ 个天线，服务半径为 2km 的小区。载波频率为 1.9GHz，采用 Hata-COST231 模型预测到小区边缘到基站天线阵之间的路径损失为 135dB。这个路径损失比密集城市的情况大 6dB，通过将 M 从 64 增加到 256 补偿这一损失。

理论允许终端的移动速度最高为 284km/h，设计裕度系数为 2 时，实际允许移动速度为 142km/h。相干时间 $T_c=1\text{ms}$，相干带宽 $B_c=210\text{kHz}$，相干时频间隔 $\tau_c=B_c T_c=210$，其中 196 个用于数据传输。瞬时频谱效率乘以转换因子 $(1/2)\times(14/15)\times(1-\tau_p/196)$ 得到净频谱效率。

5.4.8　最低每终端吞吐量性能

导频复用因子的选择需要在减少有害的导频失真以及减少导频传输所需的额外时间之间均衡。下面将研究导频复用因子 $n_{\text{reuse}}=1,3,4,7$ 在图 5-4～图 5-6 所示的小区配置情况下采用功率控制算法的性能。在每个小区中使用最大最小 SINR 功率控制。给定小区中的所有终端吞吐量相同，但是不同小区吞吐量不一样。

图 5-7 和图 5-8 分别示出了密集城市和郊区两种部署下 100 次随机仿真的每个终端最小净吞吐量，使用功率控制算法，每次随机实现仿真终端位置和阴影衰落。导出 48 或 49 个小区中的最小终端吞吐量生成累积分布。

结论是，导频复用因子 7 最适合密集城市部署，而导频复用因子 3 最适合郊区部署。这一结论不仅适用于中位吞吐量，而且适用于 95% 的可能吞吐量。

95% 的可能吞吐量在下行链路中高于上行链路，尽管上行链路中的总可用功率（每个小

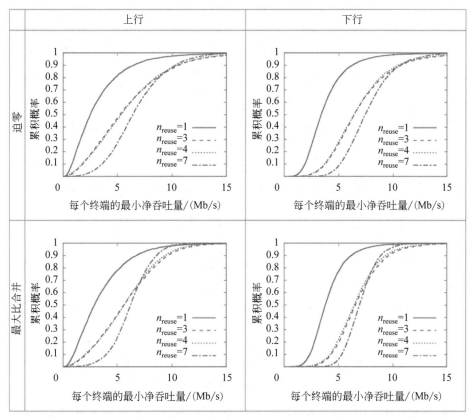

图 5-7　密集城市部署每个终端最小净吞吐量

区平均 $18 \times 0.2\text{W}$)超过下行链路(每个小区 1W)。其原因是,根据 5.4.6 节介绍的功率控制策略,每个小区中最不利的终端以全功率传输,该终端决定了小区中共同上行链路 SINR,小区中的另外一些终端使用很少的上行链路功率。在下行链路中,基站可以有效借用一个终端的功率,并把它分配到另一个终端,而这在上行链路中是不可能的。

从图 5-7 和图 5-8 还可以观察到以下几点。

将上行链路导频功率增加到 200mW 以上对每终端吞吐量的影响有限。因此,导频接收信噪比相对较高,信道估计质量的主要损害来自其他小区的导频干扰。非相干小区间干扰,即式(5-2)的分母中的第二项和第三项,是主要失真来源,远超过相干干扰功率,即式(5-2)的分母中的第四项。然而,式(5-2)中的分子(即有用信号强度)对导频失真的影响是显著的。这是因为式(5-2)中的 a_{lk} 与式(4-120)中的 γ_{lk}^l 成正比。在没有导频失真,上行链路信噪比高的情况下,γ_{lk}^l 接近 β_{lk}^l。但是,如果导频复用因子很小,导频失真可能会导致 γ_{lk}^l 远小于 β_{lk}^l。

增加导频复用因子 n_{reuse} 以减小式(4-120)中的分母 $\sum\limits_{l'' \in P_l} \beta_{l''k}^l$,就会使 γ_{lk}^l 接近 β_{lk}^l。

总之,增大 $\tau_p \rho_{\text{ul}}$ 的影响是有限的,因为它增加式(4-120)中分子和分母的量大致相同,而增加复用因子 n_{reuse} 具有重大影响,因为它减少了式(4-120)中的分母而不改变分子值。

在下行链路中,将发射功率从 1W 增加到 10W 可导致 95% 的吞吐量性能提高约 50%。

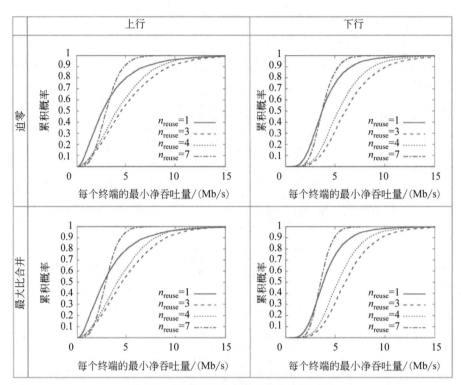

图 5-8   郊区部署每个终端最小净吞吐量

这是因为在本案例研究中,对于 1.9GHz,小区半径相对较大,将下行发射功率限制为 1W,以显示大规模 MIMO 可以提供卓越的发射能效,并获得下行链路和上行链路较好的吞吐量性能。实际上,较低的发射功率可以简化某些硬件组件(如通道过滤器)的设计。

同样,将上行发射功率增加到 200mW 以上也会导致显著的吞吐量性能提高。

现在比较此功率控制算法与其他 5 种算法的性能,如下所述:

(1) 相等 η。所有终端的最大允许功率相等。上行链路中 $\eta_{lk}=1$,下行链路中 $\eta_{lk}=1/K$(对于所有 l 和 k)。

(2) 相等 SNR。在每个小区采用相干波束增益(有效接收功率)。在上行链路中,对于所有的 l 和 k:

$$\eta_{lk} = \frac{\min_{k'}\{\gamma_{lk'}^l\}}{\gamma_{lk}^l} \tag{5-48}$$

在下行链路中,对于所有的 l 和 k:

$$\eta_{lk} = \frac{1}{\gamma_{lk}^l} \sum_{k'=1}^{K} \frac{1}{\gamma_{lk'}^l} \tag{5-49}$$

(3) 全网相等 SINR。全网最大最小公平功率控制的算法见 5.3.2 节。如前所述,随着网络中的蜂窝小区数增多,该算法不可扩展,但是它仍可作为基准比较。

(4) 单小区相等 SINR。单小区最大最小公平功率控制算法在 5.3.1 节给出并总结在表 5-4 中。该算法忽略了所有其他小区的干扰。

(5) 多小区中小区内相等 SINR。该算法忽略了相干干扰。5.3.3 节的表 5-5 和表 5-6 总结了多小区中小区内相等 SINR 算法,寻求最大最小 SINR 公平性,在每个小区内满功率发送。在上行链路中,该算法相当于相等 SNR 算法。可将表 5-5 中的 η_{lk} 表达式与式(5-48)进行比较。

(6) 多小区中近似小区内相等 SINR。该算法校正相干干扰。图 5-7 和图 5-8 显示了 5.4.6 节中的算法。

图 5-9 和图 5-10 显示了密集城市($n_{\text{reuse}}=7$)和郊区($n_{\text{reuse}}=3$)的 6 种功率控制算法的性能。其中:

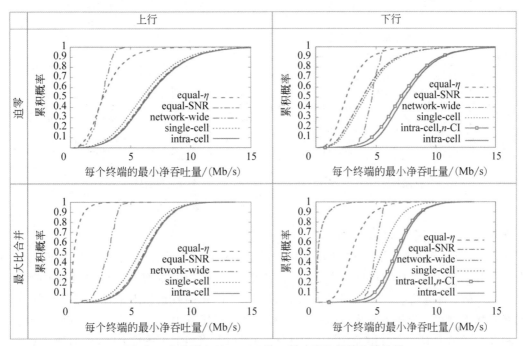

图 5-9　密集城市($n_{\text{reuse}}=7$)的 6 种功率控制算法的性能

- equal-η 表示相等 η。
- equal-SNR 表示相等 SNR。
- network-wide 表示全网相等 SINR。
- single-cell 表示单小区相等 SINR。
- intra-cell,n-CI 表示多小区中小区内相等 SINR。
- intra-cell 表示多小区中近似小区内相等 SINR。

从图 5-9 和图 5-10 可以观察到如下结果:

(1) 功率控制对于大规模 MIMO 来说是非常重要的。在性能更好的功率控制和相等的 η 之间差距很大,后者基本没有功率控制。

(2) 多小区中近似小区内相等 SINR 和相干干扰校正策略的性能始终优于其他功率控制方案。特别是它相对于忽略相干干扰的算法有了很大改进。

(3) 有相干干扰的功率控制对下行链路的影响大于对上行链路的影响,因为 ρ_{ul} 比 ρ_{dl} 大 7dB。

(4) 相等 SNR 功率控制对上行链路性能相当好,但对下行链路性能较差,因为在上行链路中所有非相干干扰在同一小区的终端上是相同的。在下行链路中,迫零的性能比最大

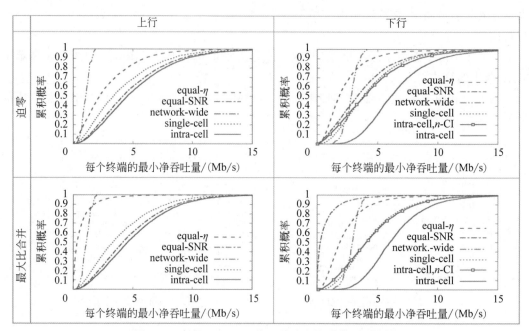

图 5-10   郊区($n_{reuse}=3$)的 6 种功率控制算法的性能

比合并稍好一些,因为迫零减少了小区内干扰。

(5) 在上行链路中,相等 SNR 功率控制的性能略优于单小区相等 SINR。它们的区别在于:相等 SNR 使用式(4-120)给出的 γ_{lk}^{l},而单小区相等 SINR 使用式(4-48)给出的 γ_{lk}。

(6) 在上行链路中,多小区中近似小区内相等 SINR 的校正相干干扰策略是相等 SNR 的有效修正方案。当相干干扰很小(例如,在密集城市场景中 $n_{reuse}=7$),那么相等 SNR 几乎和多小区中近似小区内相等 SINR 的性能一样好;但当相干干扰很大时,这两种功率控制方案性能差别很大。

第6章

天线和分集接收

◆ 6.1 天线发展历史

在无线通信链接中的接收端和发送端使用天线开启了一个新维度——空间，以增加系统容量，如果正确运用天线，能极大地改进链接性能。在无线通信中，天线有3个主要研究领域：第一个是天线和天线阵列的电磁设计，目标是满足对增益、极化、波束宽度、旁瓣强度、效率和辐射模式的设计要求；第二个是到达角估算，力求以最小错误率和最高分辨率估算波阵面到达天线阵列的到达角；第三个是链接性能，研究如何改进频谱效率、覆盖度和无线链接质量。

图 6-1 给出了天线技术的发展历程。

1887 年，德国卡尔斯鲁厄理工学院的赫兹教授证实了电磁波的存在，并建立了第一个天线系统。当时的装配设备如今可描述为工作在米波波长的完整无线电系统，其中采用了终端加载的偶极

图 6-1 天线技术的发展历程

子作为发射天线，并采用了谐振方环作为接收天线。此外，赫兹还用抛物面反射天线做过实验。1901 年 12 月，意大利博洛尼亚研究者马可尼在赫兹的系统上添加了调谐电路，为较长波长配备了大天线和接地系统，并在纽芬兰的圣约翰斯接收到发自英格兰波尔多的无线电报。在这些初期的研究中，天线获得了广泛的关注和应用。

天线技术的发展大致可划分为 3 个时期。

1. 线天线时期（19 世纪末至 20 世纪 30 年代初）

1901 年，马可尼在加拿大纽芬兰收到了由英国康泛尔半岛发来的"S"字母，这开辟了无线电远距离通信的新时代。当时所用的发射天线是从 48m 高的横挂线斜拉下 50 根铜导线形成的扇形结构，是第一个实用的单极天线，振荡源是 70Hz 的火花发生器。随后，马可尼又利用 4 座木塔架设导线网构成方形单锥天线。在 20 世纪早期，天线设计在运行频率和带宽方面取得了进步，例如提供较高带宽和增益的 Yagi-Uda 阵列和体积小、成本低的内置天线。

2. 面天线时期（20 世纪 30 年代初至 20 世纪 50 年代末）

第二次世界大战前夕，微波速调管和磁控管的发明导致了微波雷达的出现。

第二次世界大战中的通信开始使用阵列天线。天线的阵列设计带来了一系列研究课题,例如增益、波束带宽、旁瓣强度和波束控制等。

这一时期广泛采用了抛物面天线或其他形式的反射面天线,这些天线都是面天线,也称口径天线。此外,还出现了波导缝隙天线、介质棒天线、螺旋天线等。

3. 大发展时期(20 世纪 50 年代末至今)

1957 年人造地球卫星上天标志着人类进入了开发宇宙的新时代,也对天线提出了多方面的高要求,如高增益、精密跟踪、快速扫面、宽频带、低旁瓣等。同时,电子计算机、微电子技术和现代材料的快速发展又为天线研发提供了必要的基础。1957 年,美国制成了用于精密跟踪雷达 AN/FPS-16 的单脉冲天线。1963 年,出现了高效率的双模喇叭馈源。1968 年,制成了高功率相控阵雷达 AN/FPS-85。1972 年,制成了第一批实用的微带天线,并作为火箭和导弹的共形天线开始了应用。

近年来还出现了分形天线等小型化天线形式和天线信号处理能力,在理论上创立了矩量法(Method of Moments,MOM)、时域有限差分法(Finite-Difference Time Domain,FDTD)和几何绕射理论(Geometric Theory of Diffraction,GTD)等分析方法,并形成商用软件。在天线测量技术方面,发展了微波暗室和近场测量技术,研制了紧缩天线测试场和利用射电源的测试技术,并建立了自动化测试系统。

当今,天线仍然是一个富有活力的技术研发领域。天线主要的发展方向是多功能化(以一代多)、智能化(提供信息处理能力),小型化、集成化及高性能化(宽频带、高增益、低旁瓣、低交叉极化等)。

天线的信号到达角估算领域的发展开始于第一次世界大战中,当时环形天线被用来估计信号方向。该领域的发展历程如图 6-2 所示。

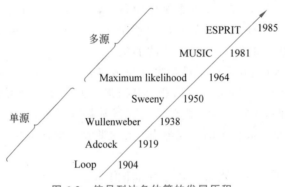

图 6-2　信号到达角估算的发展历程

1938 年,为满足更低频率和更高精确性而开发的 Wullenweber 阵列至今还用于飞行器定位中。20 世纪 80 年代,解决了多源情况下到达角估算问题。1981 年,Schmidt 提出了多重信号分类(MUSIC)技术。1985 年,出现了 ESPRIT 方法。

无线通信中天线应用的第三个研究领域就是链接性能,其发展历程如图 6-3 所示。

在第二次世界大战后,雷达系统中的天线阵列一直是一个活跃的研究领域。20 世纪 90 年代,通过天线增加无线链接的容量。1996 年,Roy 和 Ottersten 提出了使用基站多天线支持多个共信道用户。1994 年,Paulraj 和 Kailath 提出了为增加无线链接容量而在接收端和发送端使用多天线技术,目的是接近性能极限,同时探索有效而实用的编码和调制方案,对

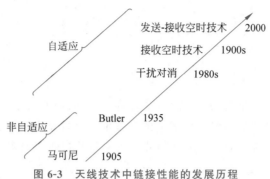

图 6-3　天线技术中链接性能的发展历程

于性能提高作用显著。

　　图 6-4 是空时无线系统中的天线配置,其中,Tx 表示发射机,Rx 表示接收机。单输入单输出(SISO)是最基本的无线配置,单输入多输出(SIMO)有单个发送天线和多个接收天线,多输入单输出(MISO)有多个发送天线和单个接收天线,多输入多输出(MIMO)有多个发送天线和多个接收天线,多输入多输出多用户(MIMO-MU)配置是指有多个天线的基站与多个带有一个或多个天线的用户通信。

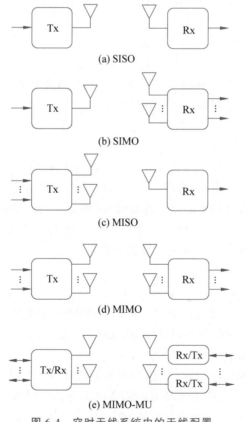

图 6-4　空时无线系统中的天线配置

◆ 6.2　天　线　参　数

6.2.1　带宽

天线带宽定义为天线性能(某些特性)符合特定标准的频率范围。在大多数情况下,带宽指的是反射系数 Γ 小于规定最大值 Γ_{max} 的频率范围。带宽主要取决于 Γ_{max}。f_u 和 f_l 分别代表满足要求的工作频率范围内的高频截止频率与低频截止频率。相对带宽的计算式为

$$BW = \frac{f_u - f_l}{f_c} \times 100\% \tag{6-1}$$

$$f_c = \frac{f_u + f_l}{2} \tag{6-2}$$

其中,f_c 为中心频率。

当需要考虑多个天线参数时,带宽为满足所有特定要求的最小频率范围。

6.2.2　天线效率

天线效率主要用于描述天线将传输线中的高频电流转化为无线电波能量的能力。天线效率可表示为

$$\eta_A = \frac{P_T}{P_A} = \frac{P_T}{P_T + P_L} \tag{6-3}$$

其中,η_A 为天线效率,P_T 为发射功率,P_A 为天线由馈线处接收的输入功率,P_L 为损耗功率。发射功率与损耗功率相加等于天线的输入功率。

6.2.3　阵列增益

阵列增益指的是来自接收端多天线或发送端多天线或两端多天线的相干合并效应的信噪比在接收端的平均增加。例如,考虑一个 SIMO 信道。到达接收天线的信号有不同的幅度和相位。接收端能把信号相干部分合并起来,这样就得到了增强信号。接收端信号功率的平均增加值是与接收天线的数目成正比的。在发送端带有多天线的信道中(MISO 或 MIMO 信道),获得阵列增益需要知晓收发信道信息。

6.2.4　分集增益

分集在无线信道中被用来对抗衰落。可以在 SIMO 信道中利用接收天线分集。接收天线收到同一信号不同衰落的副本,接收端把这些信号合并起来。与单天线接收信号相比,分集信号幅度的可变性减小。

发送分集可应用到 MISO 信道,已成为研究的活跃领域。要获得分集增益,需要对发送的信号进行适当的设计,此时发送端对信道情况未知。空时分集编码就是一种发送分集技术,它在发送端未知信道信息的情况下依靠空间(发送天线)编码提取分集。如果多个发送天线到接收天线的信道有独立的衰落,那么这个信道的分集重数就等于发送天线数目。

在 MIMO 信道中,分集采用发送和接收分集合并。如果每个发送天线到接收天线之间的信道独立衰落,那么分集重数就与发送天线和接收天线数目的乘积相等。

在无线信道中,分集是克服多径衰落最为有效的技术,并且不会在接收机单元过于增加复杂度。与依赖一个单独的衰落无线信道情况不同,分集接收机利用了从不同信道接收到的同一信号的副本。在这样的接收机中,每个信道称为一个分集支路。一个接收机的可用支路越多,整个通信链路的抗噪声和误码率性能就越好。其原因是：一条支路上的传输可能失败,但是所有支路上的传输不可能同时失败。

◆ 6.3　分　　集

无线通信的成功与否主要体现为链路的容量。最合适于数字通信系统的链路容量单位是比特率,而最终决定网络容量极限的是无线信道的特性。对于一个加性高斯白噪声(AWGN)信道,香农推导出信道容量 C 的上界,该上界取决于信号与干扰加噪声比(SINR)和传输带宽 B :

$$C = B\log_2(1 + \text{SINR}) \tag{6-4}$$

其中,SINR 是由期望信号 $\tilde{y}(t)$ 、噪声信号 $\tilde{n}(t)$ 、干扰 $\tilde{w}(t)$ 集平均值或时间平均值决定的,即

$$\text{SINR} = \frac{E\{|\tilde{y}(t)|^2\}}{E\{|\tilde{n}(t)|^2\} + E\{|\tilde{w}(t)|^2\}} \tag{6-5}$$

式(6-5)假定干扰与噪声统计特性近似于高斯分布。尽管无线信道远远复杂于 AWGN 信道,但对于给定带宽的情况,SINR 决定了绝对信道容量。如果一个接收机接收的信号功率没有增加,则没有任何调制和均衡技术能提高传输数据速率。

信道容量表达式(6-4)说明了为什么衰落在无线链路中有如此强的破坏力。信号衰落可以使 SINR 低于要求的门限,从而无法进行可靠的固定速率数据通信。分集的目的是通过使用多个信号支路使总 SINR 保持在可以接收的最低水平。

天线分集用于克服无线信道中由小尺度衰落引起的空间选择特性。

下面是不同类型的天线分集：

(1) 空间分集。采用空间分集的接收机拥有很多相似的天线(例如共极天线),每个天线为通信提供一个分离的无线信道。在单纯空间分集设计中,每个天线的方向图和极化方式都是相同的。

(2) 极化分集。这种分集方案通过使用两个或者更多按不同方式极化的天线在接收端提供独立的信道。

(3) 方向图分集。这种类型的分集使用不同的方向图。这些方向图以某种方式将多径信道重新合并,从而对应每个方向图产生一个不同的信道。

(4) 发射分集。作为一种利用其他天线分集方案的科学方法,发射分集并不具有唯一的形式。其思路是：与其在接收端使用多天线实现空间、极化或者方向图分集,不如在发射机使用多天线控制接收端经历的衰落。发射分集通常需要使用某种发射机和接收机之间的闭环控制以获得信道状态。

一个天线分集设计中可以组合这些分集方法,以克服空间选择多径信道中的衰落,同时将交叉极化、空间分离、具有不同方向图的天线振子应用于发射分集。

根据阵列理论,空间排列的相同天线振子的相干合并等价于改变一个单天线阵列的方

向图。许多工程师将这种形式的空间分集称为方向图分集或波束切换分集。

　　对于分集来说,导致分集失效的潜在因素是单个分集支路信号功率与其他支路信号功率之间的关系。

　　各种分集类型在各信号支路上具有相等的平均功率时效果最好。然而,这种保证相等功率支路的情况容易受到支路相关性的影响。空间分集技术的根本原理在于用其他较强的信号支路补偿某一信号支路的衰落。如果分集支路之间存在相关性,那么所有可用信号同时衰落的概率将大得多,这样就难以提供分集增益。但码分集、极化分集和方向图分集则对支路相关性不敏感。这些分集类型易受到另一个问题的影响:不等的平均功率。无线信道是无法预知的,所以每个分集支路的强度在系统工作之前是无法被了解的。对于一个给定的总接收功率水平,如果将功率平均地分给每一支路,分集将会达到最好的效果。所以,信号之间存在相关性和支路功率不均是使分集设计可能失效的两个问题。

◈ 6.4　合并技术

　　6.3 节讨论了利用不同的分集支路的方法,这仅是分集技术的前一半。分集技术的后一半就是合并技术。如果一个接收机有 N 个可用的分集支路,那么接收机必须以某种方法合并这些支路以提高传输性能。本节将讨论无线通信中使用的各种合并技术,如图 6-5 所示。

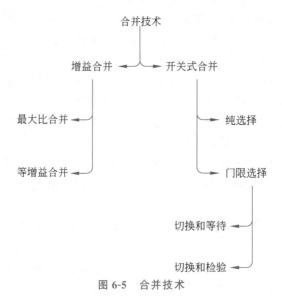

图 6-5　合并技术

6.4.1　增益合并

　　增益合并技术可以获得极为出色的链路性能,同时需要复杂、昂贵的接收机结构。在增益合并技术中,最终得到的信号是接收机所有可用分集支路信号的加权和。下面给出两种最常见的增益合并方案:

　　(1) 最大比合并(Maximal-Ratio Combining,MRC)。其目标是使输出信号的 SINR 最大,对各个分集支路信号进行加权求和。SINR 最大是使信道容量最大的决定性步骤,因而从链路性能来看,最大比合并是最好的分集合并技术。但是它需要利用 SINR 估计算法计算支路权重,所以最大比合并是非常复杂的。

（2）等增益合并（Equal Gain Combining,EGC）。这种技术不是最优的,但比最大比合并要简单得多。等增益合并简单地将各支路信号包络以相等的权重相加而合并输出。

在大批量的接收机生产集成中,最大比合并和等增益合并的代价是较高的。它们需要同时对每个分集支路进行解调。对 N 个分集支路都配备射频硬件和信号处理功能的接收机是十分昂贵的。

在数学上,增益合并算法表示为 N 个信号按一组复权重系数 $\{\widetilde{a}_i\}$ 的加权和。一个简单的窄带 N 重分集方案的合并算法的输出 $\{\widetilde{z}_i\}$ 由式（6-6）给出：

$$\widetilde{z}(t) = \sum_{i=1}^{N} \widetilde{a}_i \widetilde{y}_i(t) = \sum_{i=1}^{N} \widetilde{a}_i \left[\frac{1}{2}\widetilde{h}_i\widetilde{x}(t) + \widetilde{n}_i(t) \right] \tag{6-6}$$

其中,$\widetilde{y}_i(t)$ 是接收到的复信号支路,$\widetilde{n}_i(t)$ 是支路 i 上的噪声（或干扰）,$\widetilde{x}(t)$ 是原始发送信号,$\widetilde{h}_i$ 是支路 i 的信道权重系数（为了简化说明,这里给出的是静态信道系数）。当合并权重 $\widetilde{a}_i$ 为复数权重时,它们的相位总是设为可以消除信道权重系数 $\widetilde{h}_i$ 的相对相移。这样,合并权重可以写成下面的形式而无须考虑采用何种合并算法：

$$\widetilde{a}_i = a_i \frac{\widetilde{h}_i^*}{R_i} \tag{6-7}$$

$$\frac{\widetilde{h}_i}{R_i} = \exp(\mathrm{j}\,\arg\{\widetilde{h}_i\}) \tag{6-8}$$

其中,R_i 为第 i 条信道的包络 $|h_i|$。合并权重 a_i 的选择由合并方法决定。在所有输入支路信号平均噪声功率相同的情况下,对合并权重 a_i 进行了归一化处理,使其具有下面的性质：

$$\sum_{i=1}^{N} a_i^2 = 1 \tag{6-9}$$

这里的归一化保证了分集支路中的噪声总功率与分集输出信号 $\widetilde{z}(t)$ 中的噪声功率相同。这样,任何由合并获得的增益都将严格地由信号处理决定,而不是仅将噪声和期望信号不经处理就放大。

等增益合并简单地将所有的权重系数设置为 $a_i = \dfrac{1}{\sqrt{N}}$ 以合并 N 个信号支路。等增益合并得到的结果可以写为

$$\widetilde{z}(t) = \frac{1}{\sqrt{N}} \sum_{i=1}^{N} \left[\frac{1}{2}R_i\widetilde{x}(t) + \widetilde{n}_i(t) \right] \tag{6-10}$$

对于最大比合并的情况,每个支路的权重正比于其自身包络值（假定每个信号支路的噪声功率相同）。根据式（6-7）和式（6-8）,最大比合并的合并权重可以由式（6-11）给出：

$$a_i = \frac{R_i}{\sqrt{\sum_{i=1}^{N} R_i^2}} \tag{6-11}$$

利用这些合并权重,可将式（6-7）化简为

$$\widetilde{z}(t) = \frac{1}{2}\widetilde{x}(t)\sqrt{\sum_{i=1}^{N}R_i^2} + \frac{\sum_{i=1}^{N}R_i\widetilde{n}_i(t)}{\sqrt{\sum_{i=1}^{N}R_i^2}} \tag{6-12}$$

在这种情况下,输入信号的有效信道包络为

$$R = \sqrt{\sum_{i=1}^{N}R_i^2} \tag{6-13}$$

（3）最小均方误差合并。最小均方误差合并（Minimum Mean Square Error Combining,MMSEC)的分集算法在本质上与最大比合并相同。MMSEC 定义了一种计算最大比合并权重的方法,通过已知导频序列估计信道权重系数 h_i。MMSEC 算法选择使 $\widetilde{z}(t)$ 的 SINR 最大化的合并权重,这也是符合最大比合并要求的。MMSEC 的原理为

$$\hat{H} = R_{H\hat{P}}R_{\hat{P}\hat{P}}^{-1}\hat{P} \tag{6-14}$$

其中,$R_{H\hat{P}}$ 是 H 和 $\hat{P}$ 的互相关矩阵,

$$R_{H\hat{P}} = E\{H\hat{P}^{\mathrm{H}}\} \tag{6-15}$$

$R_{\hat{P}\hat{P}}$ 是估计的自相关矩阵,

$$R_{\hat{P}\hat{P}} = E\{\hat{P}\hat{P}^{\mathrm{H}}\} = R_{PP} + \sigma_n^2(PP^{\mathrm{H}})^{-1} \tag{6-16}$$

下面给出各种方法的增益数学表达式。

EGC 的增益表达式为

$$G_{w,k,i} = \frac{a_{w,k}H_{w,k,i}^{*}}{|H_{w,k,i}|} \tag{6-17}$$

MRC 的增益表达式为

$$G_{w,k,i} = a_{w,k}H_{w,k,i}^{*} \tag{6-18}$$

MMSEC 的增益表达式为

$$G_{w,k,i} = \frac{a_{w,k}H_{w,k,i}^{*}}{\sum_{w=1}^{W-1}|H_{w,k,i}|^2 + \sigma_n^2} \tag{6-19}$$

6.4.2 增益合并输出的信号包络

由于最大比合并对于任何一般的 N 支路分集都是最优的合并算法,所以它对于理解分集方案和增益都是一个基准。研究式(6-8),可以看到,发射信号 $\widetilde{x}(t)$ 被乘以一个实值包络 R,R 是衰落支路包络 R_i 的均方根值。这种方法使得总信号包络在单个支路包络上的深度衰落持续区内得到了平滑。

考虑各信号支路具有不相关等功率瑞利衰落包络。在这种情况下,最大比合并输出的功率 $P = R^2$,并服从 $2N$ 阶的 χ^2 分布:

$$f_P(p) = \frac{p^{N-1}}{P_{\mathrm{dif}}^{N}(N-1)!}\exp\left(-\frac{p}{P_{\mathrm{dif}}}\right)u(p) \tag{6-20}$$

最大比合并包络 R 的概率密度函数为

$$f_P(\rho) = \frac{2\rho^{2N-1}}{P_{\mathrm{dif}}^{N}(N-1)!}\exp\left(-\frac{\rho^2}{P_{\mathrm{dif}}}\right)u(\rho) \tag{6-21}$$

对于 $N=1$ 的情况(无分集),可以看到式(6-21)简化为瑞利分布概率密度函数。

图 6-6 分别给出了 1~4 条支路的最大比合并输出的累积概率分布函数。

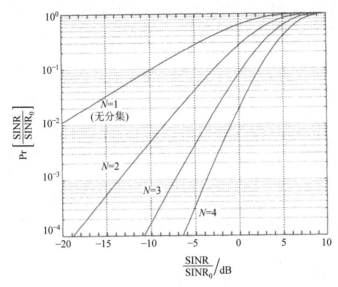

图 6-6　1~4 条支路的最大比合并输出的累积概率分布函数

图 6-6 中的横坐标表示 SINR 相对于 $SINR_0$ 的增益,$SINR_0$ 是未经衰落的信号与干扰加噪声的比,未经衰落的信号功率等于一条分集支路的平均信号强度。注意,2~4 条支路的最大比合并分集获得了很好的性能。增加的支路不仅提供了相当的平均功率增益,而且与 $N=1$(即无分集)的情况相比,衰落深度显著减轻。

6.4.3　开关式合并

在某一时刻只解调一条分集支路的单信道接收机会比多支路同时处理的成本低很多,但平均性能会比增益合并接收机差。开关式合并的目标就是选择 N 个分集支路中 SINR 最大的支路。

开关式合并可分为以下几种:

(1) 纯选择性合并。这种合并是实现选择分集的最好方法。该方法简单地选取具有最高 SINR 的支路,这需要一种可以快速估计所有支路 SINR 的方法,所以纯选择性分合并方法有一定复杂度。

(2) 门限选择-切换和检验。采用这种合并方法时,接收机监视当前的分集支路,一旦信号强度降低到预先计算的门限以下,接收机就切换到另一条支路。这种方法的优点是成本低;缺点是不保证下一条支路在该时刻具有在门限以上的信号强度,因此在分集支路之间会产生大量的无效而频繁的切换。

(3) 门限选择-切换和等待。采用这种合并方法时,接收机切换到一条新的支路上后就不再切换,直到当前支路的 SINR 由高到低通过门限。缺点是这样的接收机可能"停留"在某一条衰落的分集支路上,而不得不在下一次切换之前等待接收信号上升并再次衰落。

表 6-1 对分集合并技术进行了总结。

表 6-1 分集合并技术的总结

分集合并技术	如 何 工 作	优 点	缺 点
最大比合并	将 N 个分集的支路按照总 SINR 最大化的原则合并	获得 N 支路通信系统的最优性能	需要同时解调 N 条信道,需要 SINR 估计算法
等增益合并	N 个分集的支路按等权重相加	获得 N 支路通信系统接近最优的性能,不需要 SINR 的估计算法	需要同时解调 N 条信道
纯选择性合并	选取 N 条可用信道中最好的一条	在开关式合并接收机中有最好的性能	需要同时监视 N 条支路上的信号
门限选择-切换和检验	如果当前支路信号衰落到门限以下,则选取另一条支路	使用简单的单信道接收机	各支路的同时衰落会导致突发的无效快速切换,大多数应用取 $N=2$
门限选择-切换和等待	一旦切换,一直等待到当前支路信号强度由门限以上衰落到门限以下再切换到下一支路	使用简单的单信道接收机	新选择的支路信号可能比前一支路信号更差

6.4.4 二支路示例

为了说明各种分集合并算法之间的不同,考虑利用图 6-7 所示的空域衰落信号的二支路分集系统。图 6-7 中的信号为独立产生的等时间平均功率的瑞利衰落信号,这两个信号的二阶统计量由全向多径角度谱得到。

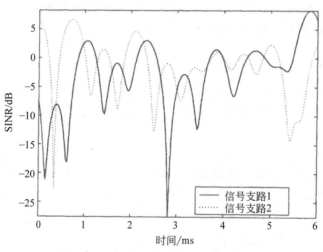

图 6-7 两个独立瑞利信号支路强度对比

图 6-8 给出使用等增益合并(EGC)、最大比合并(MRC)和纯选择性合并算法的输出信号。

注意,MRC 总是提供最高的输出 SINR,EGC 的性能通常超过纯选择性合并。另外,纯选择性合并的性能代表了采用门限选择方案可以获得的性能上界。

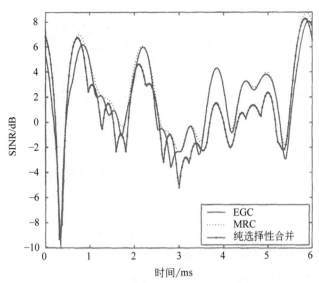

图 6-8　EGC、MRC 和纯选择性合并算法的输出信号

◇ 6.5　误码率和容量

知道从哪里可以找到分集支路并知道如何合并它们,对抗多径衰落影响就有了方法。本节讨论如何计算衰落信道中采用分集和无分集情况下的误码率。

6.5.1　非衰落信道的误码率

在讨论衰落信道条件下的误码率之前,需要一本关于计算非衰落信道中误码率的手册。表 6-2 给出这种手册的一个例子,其中记录了各种调制方式的误码率表达式,这些都是通信理论的标准结果。对于给定的调制方式,误码率表达式仅取决于接收信号相对于非目标信号功率的强度,非目标信号包括噪声和未消除的干扰。

表 6-2　各种调制方式的误码率表达式

调制方式	误码率
相干幅移键控	$BER=Q(\sqrt{SINR/2})$
相干频移键控	$BER=Q(\sqrt{SINR})$
非相干频移键控	$BER=\dfrac{1}{2}\exp(-SINR/2)$
相干一进制相移键控	$BER=Q(\sqrt{2SINR})$
差分相移键控	$BER=\dfrac{1}{2}\exp(-SINR)$
四相相移键控	$BER=Q(\sqrt{2SINR})$
最小相移键控	$BER=Q(\sqrt{1.7SINR})$
高斯最小相移键控	$BER\approx Q(\sqrt{1.36SINR})$

续表

调制方式	误码率
相干 M 进制相移键控	$\mathrm{BER}=2Q\left(\sqrt{4\mathrm{SINR}}\sin\dfrac{\pi}{2M}\right)$
M 进制正交幅度调制	$\mathrm{BER}\approx4\left(1-\dfrac{1}{\sqrt{M}}\right)Q\left(\sqrt{3\mathrm{SINR}/(M-1)}\right)$
存在 N 个干扰用户的扩展频谱	$\mathrm{BER}\approx Q\left(\left[\sqrt{\dfrac{K-1}{3N}}+0.5\mathrm{SINR}^{-1}\right]^{-1}\right)$

表 6-2 中的 Q 函数被工程师用于高斯累积分布函数的概率分析。Q 函数的数学定义由如下的定积分给出:

$$Q(x)=\frac{1}{\sqrt{2\pi}}\int_{x}^{\infty}\exp\left(-\frac{z^2}{2}\right)\mathrm{d}z \tag{6-22}$$

尽管高斯累积分布函数不能以基本函数的形式表示,但是它可以用 Q 函数的形式表示。对一个均值为 μ 并且标准差为 σ 的高斯随机变量 X,其累积分布函数为

$$F_X(x)=\mathrm{Pr}[X\leqslant x]=1-Q\left(\frac{x-\mu}{\sigma}\right) \tag{6-23}$$

Q 函数如图 6-9 所示。

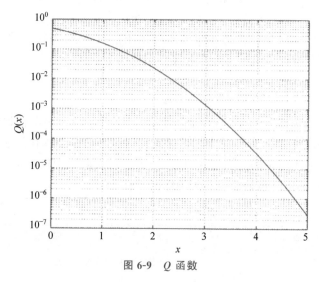

图 6-9 Q 函数

Q 函数值可以用表 6-3 计算。注意 $Q(-x)=1-Q(x)$。

Q 函数广泛地应用于通信工程中,但是它只是数学上的误差函数 $\mathrm{erf}(x)$ 和补误差函数 $\mathrm{erfc}(x)$ 的另一种形式。这 3 个函数之间的关系为

$$Q(x)=\frac{1}{2}-\frac{1}{2}\mathrm{erf}\left(\frac{x}{\sqrt{2}}\right)=\frac{1}{2}\mathrm{erfc}\left(\frac{x}{\sqrt{2}}\right) \tag{6-24}$$

当自变量很大时,对 Q 函数的计算有两个非常有用的近似。若 $x>3$,如下简单的近似就可用于计算 $Q(x)$:

$$Q(x)\approx\frac{1}{x\sqrt{2\pi}}=\exp\left(-\frac{x^2}{2}\right) \tag{6-25}$$

该近似式对于表 6-3 所包含区域以外的计算非常精确。

表 6-3　Q 函数值

x	$Q(x)$	x	$Q(x)$	x	$Q(x)$	x	$Q(x)$	x	$Q(x)$
0.00	0.5000	1.00	0.1587	2.00	0.022 75	3.00	0.001 350	4.00	0.000 031 67
0.05	0.4801	1.05	0.1469	2.05	0.020 18	3.05	0.001 144	4.05	0.000 025 61
0.10	0.4602	1.10	0.1357	2.10	0.017 86	3.10	0.000 967 6	4.10	0.000 020 66
0.15	0.4404	1.15	0.1251	2.15	0.015 78	3.15	0.000 816 4	4.15	0.000 016 62
0.20	0.4207	1.20	0.1151	2.20	0.013 90	3.20	0.000 687 1	4.20	0.000 013 35
0.25	0.4013	1.25	0.1056	2.25	0.012 22	3.25	0.000 577 0	4.25	0.000 010 69
0.30	0.3821	1.30	0.096 80	2.30	0.010 72	3.30	0.000 483 4	4.30	0.000 008 540
0.35	0.3632	1.35	0.088 51	2.35	0.009 387	3.35	0.000 404 1	4.35	0.000 006 807
0.40	0.3446	1.40	0.080 76	2.40	0.008 198	3.40	0.000 336 9	4.40	0.000 005 413
0.45	0.3264	1.45	0.073 53	2.45	0.007 143	3.45	0.000 280 3	4.45	0.000 004 294
0.50	0.3085	1.50	0.066 81	2.50	0.006 210	3.50	0.000 232 6	4.50	0.000 003 398
0.55	0.2912	1.55	0.060 57	2.55	0.005 386	3.55	0.000 192 6	4.55	0.000 002 682
0.60	0.2743	1.60	0.054 80	2.60	0.004 661	3.60	0.000 159 1	4.60	0.000 002 112
0.65	0.2578	1.65	0.049 47	2.65	0.004 025	3.65	0.000 131 1	4.65	0.000 001 660
0.70	0.2420	1.70	0.044 57	2.70	0.003 467	3.70	0.000 107 8	4.70	0.000 001 301
0.75	0.2266	1.75	0.040 06	2.75	0.002 980	3.75	0.000 088 42	4.75	0.000 001 017
0.80	0.2119	1.80	0.035 93	2.80	0.002 555	3.80	0.000 072 35	4.80	0.000 000 793 3
0.85	0.1977	1.85	0.032 16	2.85	0.002 186	3.85	0.000 059 06	4.85	0.000 006 173
0.90	0.1841	1.90	0.028 72	2.90	0.001 866	3.90	0.000 048 10	4.90	0.000 000 479 2
0.95	0.1711	1.95	0.025 59	2.95	0.001 589	3.95	0.000 039 08	4.95	0.000 000 371 1
1.00	0.1587	2.00	0.022 75	3.00	0.001 350	4.00	0.000 031 67	5.00	0.000 000 286 7

6.5.2　衰落信道中的误码率

在构建一个实际的无线链路误码率表达式之前,先要选择链路衰落的类型。如前所述,衰落类型由接收机信号包络的概率密度函数确定。

现在已经具备了计算某一调制方式误码率足够的工具,下面是计算的基本步骤:

(1) 从表 6-2 中选择适当的误码率表达式,其为 SINR 的函数。这里指定误码率为接收信号强度的函数。

(2) 选择链路的衰落分布。一般选择瑞利分布,但也可以选择其他合理的包络概率密度函数。

(3) 选取系统中的噪声和带内干扰功率 P_N,接收机的瞬时 SINR 为

$$\text{SINR} = \frac{R^2}{P_N} \tag{6-26}$$

其中假定 P_N 为一个常数，R 为根据衰落概率密度函数 $f_R(\rho)$ 而改变的随机波动包络。

（4）现在误码率 BER 可以由步骤（3）中的 SINR 表达式决定，取集平均可以得到下面的表达式：

$$\text{BER} = E\left\{ \text{BER}\left(\frac{R^2}{P_N}\right) \right\} = \int_0^\infty \text{BER}\left(\frac{\rho^2}{P_N}\right) f_R(\rho)\,\mathrm{d}\rho \tag{6-27}$$

例 6-1：GSM 手机的误码率

问题：GSM（全球移动通信系统）接收机工作在平均信噪比为 15dB 的瑞利信道中，请计算该系统的误码率。

解：GSM 接收机采用 GMSK 调制方式，所以以 SINR 为自变量的误码率为

$$\text{BER(SINR)} = Q(\sqrt{1.36\text{SINR}}) \tag{6-28}$$

平均信噪比为 15dB，线性标度表示为 31.6（在这些计算中一般采用线性标度）。如果 P_T 为手机接收到的平均功率，那么噪声功率 $P_N = P_T/31.6$，将 SINR 表示为

$$\text{SINR} = \frac{31.6R^2}{P_T} \tag{6-29}$$

这样就可以把平均误码率写为

$$\text{BER} = \int_0^\infty Q\left(\sqrt{(1.36)\left(\frac{31.6\rho^2}{P_T}\right)}\right) \frac{2\rho}{P_T} \exp\left(-\frac{\rho^2}{P_T}\right) \mathrm{d}\rho \tag{6-30}$$

改变积分变量，令

$$u = \frac{31.6\rho^2}{P_T} \tag{6-31}$$

$$\text{BER} = \frac{1}{31.6} \int_0^\infty Q(\sqrt{1.36u}) \exp\left(-\frac{u}{31.6}\right) \mathrm{d}u = 0.0112 \tag{6-32}$$

信噪比为 15dB 的非衰落信道中的误码率为

$$\text{BER(SINR)} \approx Q(\sqrt{1.36 \times 31.6}) = 1.6 \times 10^{-11} \tag{6-33}$$

在同样的平均信噪比情况下，非衰落信道的误码率要小得多。

6.5.3　衰落信道的信道容量

给定衰落信道，误码率分析是估计接收机性能的很好的方法。然而，除了调制方式以外，还有许多接收机处理方面的问题影响接收机的性能，包括交织、纠错编码、均衡、数据成帧和多址访问方式，甚至包括网络协议。最终由数据吞吐量决定通信链路的价值。较低的误码率和较高的带宽可以获得较高的吞吐量，但是，如果不经过对系统的每个细节进行完全仿真，没有简单的方法可以将误码率直接转化为最终的吞吐量。

因此，式（6-4）给出的信道容量极限是衡量无线链路另一个有用的量度。这个基本的关系给以比特每秒为单位的吞吐量确定了一个绝对的数学极限，这个极限无须考虑纷繁复杂的系统细节。实际上，采用与处理误码率表达式同样的方法，信道容量表达式取决于衰落分布，这样就得到了式（6-34）：

$$C = E\{C(\text{SINR})\} = B \int_0^\infty \log_2\left(1 + \frac{\rho^2}{P_N}\right) f_R(\rho)\,\mathrm{d}\rho \tag{6-34}$$

式(6-34)是另一个刻画通信链路的方法。相对于误码率表达式(6-27),它是一种自顶向下的方法。

6.5.4　经验误码率和容量

计算式(6-27)和式(6-34)的解析表达式的另一个难点是必须已知衰落的概率密度函数。在分析中为了方便,常常简化实际的情况,正如大部分人仅使用瑞利概率密度函数刻画多径衰落一样。然而,还有许多其他的衰落概率密度函数,并且工程师对于哪种衰落分布在实际中最常见看法不一。

出于这个原因,最好在计算中使用已经测量过或仿真过的衰落分布,以此获得对其更深刻的理解或者更接近于实际的情况。如果用一组 M 个测量或仿真得到的接收功率样本 $\{P_i\}$,那么误码率和信道容量的表达式可以在这些结果的基础上通过求平均值得到

$$\text{BER} \approx \frac{1}{M} \sum_{i=1}^{M} \text{BER}\left(\frac{P_i}{P_{\text{N}}}\right) \tag{6-35}$$

$$C \approx \frac{B}{M} \sum_{i=1}^{M} \log_2\left(1 + \frac{P_i}{P_{\text{N}}}\right) \tag{6-36}$$

这两个公式使用了一组通过测量或仿真得到的功率 $\{P_i\}$。还可以获取多种测量或仿真得到的衰落分布,并且通过分集合并算法处理这些数据。事实上,工程师无须进行完全仿真或者在硬件上试验整个系统就可以了解采用复杂分集方案的链路性能。

6.5.5　多支路情况的分集增益

分集系统的性能增益是非常显著的。考虑 BER-SINR 关系曲线,图 6-10 给出了对不同支路采用最大比合并算法的结果。

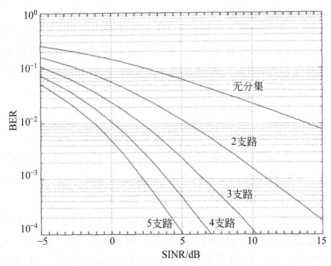

图 6-10　对不同支路采用最大比合并算法的 BER-SINR 关系曲线

图 6-10 中的曲线基于通过非相关等功率瑞利信道的 QPSK 调制信号得到。从图 6-10 中可以了解到在给定 SINR 的情况下误码率随支路数的增加而下降。

在衰落信道中,由分集方案带来的性能改善量化值定义分集增益十分有益。对于给定

的调制方式,通常有一个误码率门限(因而对应一个最小的 SINR),如果误码率大于该门限,无线链路就会中断。当使用分集技术时,以更低的 SINR 可以获得同样条件下无分集系统的最大误码率。如图 6-10 所示,使用分集和无分集的系统分别达到相同目标误码率门限的 SINR 之间的差异即为分集增益,通常以 dB 为单位。例 6-2 给出了计算分集增益的方法。

例 6-2:QPSK 的分集增益

问题:一条采用 QPSK 的调制链路在瑞利信道中必须保持 0.01 以下的误码率。那么在两条、三条、四条和五条非相关信号支路条件下,使用最大比合并可能获得的分集增益是多少?

解:从图 6-10 中测得的结果,QPSK 调制对应于 0.01 误码率的 SINR 值为 13.9dB。也可以得到多支路最大比合并分集对应的 SINR 值,并得到分集增益,如表 6-4 所示。

表 6-4　支路数对应的 SINR 和分集增益

支 路 数	SINR/dB	分集增益/dB
2	5.5	8.4
3	2.2	11.7
4	0.1	13.8
5	−1.3	15.2

其中,2 支路分集提供了很大的分集增益。当增加更多的支路时,虽然可以提高分集增益,但提高的幅度并不大。

6.5.6　关于分集中支路的说明

现在有足够的原理说明信号支路相关性对衰落无线链路的影响。图 6-11、图 6-12 和图 6-13 给出不同程度的包络相关性对香农信道容量的影响。由于衰落信道中的香农信道容量 C 是一个随机变量,这 3 个图画出了累积分布函数 $F_C(C)$。每条曲线都相对于无衰落信道的容量 C_0 进行了归一化。分析中信道平均信噪比 SNR=10dB,所以 $C_0=3.46b/(s \cdot Hz)$。

根据等平均信号强度瑞利衰落信道的仿真结果,得到图 6-11、图 6-12 和图 6-13 的曲线。利用全向多径角度谱产生信道,其为空间位置的函数。但由于这 3 个图中只展示了容量的一阶统计量,所以这些曲线对于由时间、频率或空间得到的任何支路集合、形成的任何衰落类型都是适用的。对于每个图,不同水平的包络相关性 e_R 都是基于自协方差系数得到的。

首先观察图 6-11 在相关瑞利衰落信道中最大比合并的性能。对于理想的不相关情况($e_R=0$),大约 75% 的衰落信道的信道容量大于未衰落的单支路容量。与期望相同,当 e_R 接近 1 时,信道容量开始下降,特别是在图 6-11 中的低容量区间。对于支路相关性最高的情况,容量低于 $0.1C_0$ 的情况在所有情况中约占 1.5%。

图 6-11 是对支路相关性很敏感的分集方案很好的结论。支路相关性为 1.00、0.98、0.93 和 0.84 时,信道容量分布有很显著的差异。然而支路相关性为 0~0.6 时,信道容量分布仅有很小的变化。这个结论说明无线链路的性能度量仅对高相关性敏感。因此,许多教

材和论文都声明信号支路实质上相当于不相关,即 $|e_R|<0.4$。

图 6-12 和图 6-13 以相似的方式给出等增益合并和纯选择性式合并的情况。二者都由具有与图 6-11 中相同 SINR 的信号支路产生。注意下面的性质:

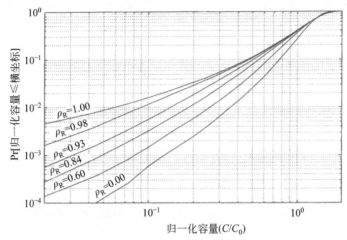

图 6-11　两条等功率相关瑞利支路最大比合并获得的香农容量的累积分布函数

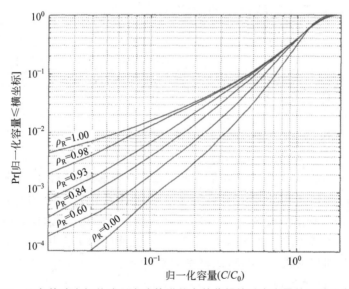

图 6-12　两条等功率相关瑞利支路等增益合并获得的香农容量的累积分布函数

(1) 对于完全相关($e_R=1$)的情况,等增益合并和最大比合并没有差异。

(2) 纯选择性合并对于相干支路比较敏感,其所经历容量低于 $0.1C_0$ 的次数为最大比合并和等增益合并的 2 倍。

(3) 对于所有相关值,等增益合并和纯选择性合并分集对于最大比合并分集来说是次优的。

这 3 个图给出了在衰落信道中获取不相关支路的重要性,而并不考虑具体的分集类型或者合并技术。对于天线分集,共极天线之间必须间隔足够的距离;对于频率分集,不同信号源的载波频率之间必须有充分的间隔;对于时间分集,连续编码比特之间在时间上必须有

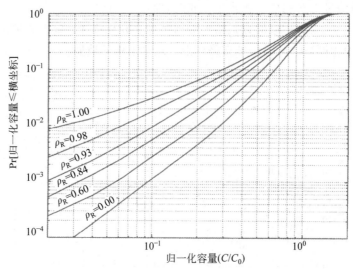

图 6-13   两条等功率相关瑞利支路纯选择性合并获得的香农容量的累积分布函数

充分的间隔(通常为交织的形式)。

6.5.7   关于分集中不等支路功率的说明

本节考虑在二支路分集方案中不等功率的定量影响。为了分析这个问题,产生两个独立的瑞利衰落信号 $\tilde{h}_1(t)$ 和 $\tilde{h}_2(t)$。尽管在这两个信号之间不存在相关性,通过 Δ 参数把信号按比例缩放,使得它们具有不相等的平均包络:

$$\Delta = \frac{2R_1 R_2}{R_1^2 + R_2^2} \qquad (6\text{-}37)$$

其中 $R_1 = E\{|\tilde{h}_1(t)|\}$,$R_2 = E\{|\tilde{h}_2(t)|\}$。

$\Delta = 1$ 表示两个信号有相等的平均信号强度,$\Delta = 0$ 表示其中一个信号完全消失。

同相关分析一样,考虑香农信道容量的一阶统计量特性。以 SINR 为 10dB($C_0 = 3.46\text{b}/(\text{s}\cdot\text{Hz})$)的非衰落信道的容量为参考,对其进行归一化。例如,$\Delta = 0.5$ 的情况对应于一条 SINR $= 10\text{dB}$ 支路和一条 SINR $= -1.44\text{dB}$ 支路的分集合并。在这个例子中,较弱信号支路的 SINR 可以由式(6-38)和 Δ 联系起来:

$$\text{SINR}_2 = 10 - 20\log_2\left(\frac{1}{\Delta} - \sqrt{\frac{1}{\Delta^2} - 1}\right) \qquad (6\text{-}38)$$

这 3 个曲线图对于任意瑞利衰落信道中的二支路分集方案都是适用的,而无须考虑这两条支路是在时域、频域还是空域得到的。

图 6-14 给出了瑞利衰落环境中采用二支路最大比合并分集获得的香农信道容量的累积分布函数。

信号功率在两支路上分布相等的情况对应于 $\Delta = 1$。显然,这种情况的性能要好于其他情况。其信道容量低于 $0.1C_0$ 的情况以低于 0.05 的概率发生。对比 $\Delta = 0$,即另一支路信号不存在的情况,其信道容量低于 $0.1C_0$ 的情况以大于 1.5% 的概率发生,可能性是前者的 30 倍以上。注意 $\Delta = 1$ 的情况与 6.5.6 节中 $e_R = 0$ 的情况是相同的,两种情况都代表合并不

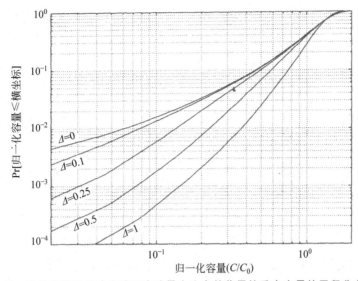

图 6-14　两条不等平均功率瑞利支路最大比合并获得的香农容量的累积分布函数

相关等功率的瑞利包络。

　　尽管不像对相关程度那样敏感,但最大比合并的性能对于低值的 Δ 来说更加敏感,在区间 $\Delta \in [0, 0.5]$ 上容量分布的改变比在 $\Delta \in [0.5, 1.0]$ 上要显著得多。

　　图 6-15 给出了等增益合并相应的曲线,图 6-16 给出了纯选择性合并相应的曲线。这两个图中的每条曲线都具有与图 6-14 中的曲线相似的趋势。请再次注意,$\Delta = 1$ 与 6.5.6 节中 $e_R = 0$ 的情况是相同的。

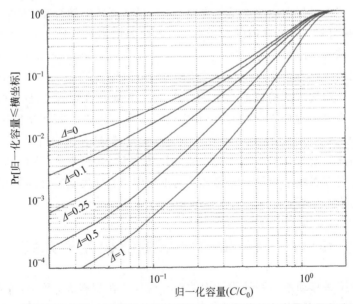

图 6-15　两条不等平均功率瑞利支路等增益合并获得的香农容量的累积分布函数

　　一般来说,等增益合并在性能上超过纯选择性合并,但对于小的 Δ 来说并不是这样的。除非仔细考虑等增益合并和纯选择性合并算法的细节,这样的结论可能是违反直观感觉的。

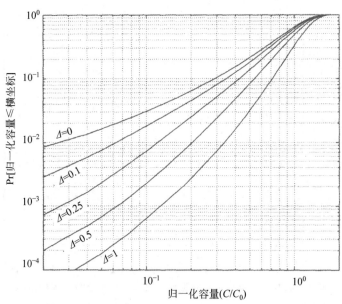

图 6-16　两条不等平均功率瑞利支路纯选择性合并获得的香农容量的累积分布函数

等增益合并是不加区分地将两个信号加在一起。对于小的 Δ，较弱的信号几乎全是噪声。纯选择性合并算法(本身就忽略了较弱的信号)更适合具有较低 Δ 的支路情况。由于这个性质，并考虑到增加的复杂度，等增益合并在性能上将不如纯选择性合并，除非保证接收分集支路具有相等的平均功率。

　　总之，信号支路可以从各种来源获得，这些来源可以分为基本的两类：天线分集方案从发射端或者接收端天线提取出多个信号支路，这类方案包括空间分集、方向图分集、极化分集和传输分集；时间分集方案从时间和频率自变量中提取多个信号支路，这类方案包括时间隐分集、频率分集和码分集。

　　如果一条无线链路有多个可用信号支路，它们可以按各种方法进行合并：增益合并通过同时将各信号支路按不同的权重求和，从而得到一个抗衰落的信号，权重的选取决定于采用最大比合并还是等增益合并；开关式合并通过在多个信号支路间切换得到一个复合的抗衰落信号，以此避免支路的深度衰落，纯选择性合并和门限选择性合并是开关式合并的两个例子。可以采用分集增益(以 dB 为单位)、香农信道容量、误码率衡量由分集带来的性能改善。任何分集方案都有两个会导致分集失效的重要因素：分集支路之间的相关性和分集支路之间的平均功率不相等。

◈ 6.6　5G 混合波束赋形相控阵系统

　　射频收发系统是移动通信系统设计中的核心组件。在现有 3G 及 4G 系统中，通常使用射频拉远单元实现射频收发系统的功能，并通过同轴电缆与无源天线单元相连接。相对于传统通信系统中射频阵列电路与天线辐射单元分开设计的架构，5G 大规模 MIMO 收发阵列实现了射频电路与天线阵列一体化设计，采用有源天线系统的形式，避免了大量同轴连接线及其引入的损耗，因此可以更好地实现大规模 MIMO 天线阵列及波束赋形等技术。但是相应地在整个射频收发系统的设计和实现中需要考虑更多的限制条件。本节简要介绍 5G 毫米波大规模 MIMO 系统架构、波束赋形相控阵架构的分析及对比、阵列中移相器精度及移相器矢量误差对波束赋形的影响、射频收发系统的关键电路性能等。

MIMO 技术作为大规模收发阵列的热点研究方向,可以灵活调配系统资源,以保证在不同信道环境下的高性能通信传输。$N \times 2$ MIMO 收发系统信道模型如图 6-17 所示。

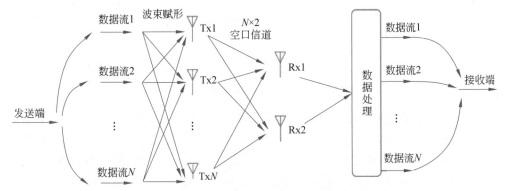

图 6-17 $N \times 2$ MIMO 收发系统信道模型

对于一个 $N \times 2$ MIMO 收发系统,如果发射机从 N 个不同的天线发送 N 个数据流,则系统会对其进行预编码,形成空分复用。这种情况一般应用在具有良好信道环境、干扰较小的区域中,系统利用空分复用同时传输多个数据流以增加系统容量。如果系统在所有的天线上传输相同的数据流($x_1 = x_2 = \cdots = x_N$),那么系统可以通过发射分集技术或者发射波束赋形技术提高系统输出总增益,扩展系统的覆盖范围。这种情况通常作为小区边缘区域的 MIMO 模式,在低信噪比的情况下,可以提高系统覆盖率和传输鲁棒性,而不是增加数据传输速率。

在接收端使用全数字波束赋形同样可以通过多天线 MIMO 实现接收分集技术或者接收波束赋形,提高接收灵敏度。在两个接收天线的情况下,可以提高接近 3dB 的接收灵敏度。

6.6.1 模拟多波束系统架构

模拟多波束系统架构是一种低成本、低功耗的波束赋形方式,典型的实现形式主要包括基于 Rotman 透镜的多波束结构、基于平面 Bulter 矩阵的波束切换结构、球面透镜天线等。其中,基于 Rotman 透镜的多波束结构是近年来研究的热点内容之一,作为一种真时延波束赋形网络,通过人为引入时间延迟聚焦天线阵发射或接收电磁波。

图 6-18 显示了一个带有 N 个波束端口和 N 个天线端口的基于 Rotman 透镜的模拟多波束系统架构。

从第 m 个波束端口到两个天线端口的传输路径分别如下:

$$r_{m_1} = d_{m_1} + \omega_1 \tag{6-39}$$

$$r_{m_2} = d_{m_2} + \omega_2 \tag{6-40}$$

其中,ω_i 是第 i 个天线端口到第 i 个阵列端口之间的传输线长度,d_{m_1} 和 d_{m_2} 分别是第 m 个波束端口到两个天线端口之间的波束传输距离。

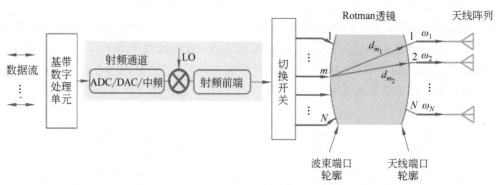

图 6-18   基于 Rotman 透镜的模拟多波束系统架构

基于 Rotman 透镜的模拟多波束系统架构虽然可以在最大限度地降低所需的射频通道数目的情况下实现波束赋形功能,降低系统成本,但是其缺点也十分明显。首先,模拟多波束系统架构的波束状态一般很少,并且需要开关切换,因此其波束切换速度比较慢,无法适用于 5G 移动通信;其次,该架构无法灵活地控制各个天线端口的信号幅度,无法对波束副瓣抑制度和零点位置进行调整;最后,由于该架构没有多条射频通道,只能实现单流数据的传输,不能充分利用信道子空间。

6.6.2   全数字波束赋形系统架构

为了充分利用大规模 MIMO 系统的全部潜力,可以使用全数字波束赋形架构,其中所有的信号处理工作都在基带频率下完成,再上变频至射频频段进行信号传输。全数字波束赋形系统架构具有紧凑的射频前端电路结构,因为其复杂的波束赋形操作均在基带专用集成电路(Application Specific Integrated Circuit,ASIC)及 FPGA 中实现。在该架构中,通信系统的每一个天线辐射单元都对应于一个完整的射频及数字通道,包括功率放大器、滤波器、低噪声放大器、混频器、DAC、ADC 及增益控制模块电路,其结构框图如图 6-19 所示。

全数字波束赋形系统架构采用紧凑型真时延的方法实现各个通道的移相,这有两个优点:一方面可以实现宽带波束赋形,可以针对宽带信号应用数字预失真及幅度均衡,实现自适应波束赋形;另一方面可以消除射频电路中不同通道之间线路长度的匹配需求,同时消除模拟波束赋形中由于移相器引入的通道相位和幅度误差,通过精确的幅度相位控制提高波束旁瓣和零点的性能。但是随着天线阵列规模的扩大,全数字波束赋形系统架构中的射频通道和数字通道的数量会非常多。而数字通道中各器件(如 DAC、ADC 以及 FPGA)的高成本和高功耗使得为每个天线指定单独的数字通道变得十分困难。

6.6.3   混合数字模拟波束赋形系统架构

为了充分利用大规模 MIMO 阵列带来的增益优势,并且尽量降低整个通信系统的成本和功耗,一种基于混合数字模拟波束赋形系统架构的大规模 MIMO 系统近年来受到了极大的关注。在这种架构中,系统的预编码处理被拆分成数字域预编码和模拟域预编码,其中数字域波束赋形可以在基带频率下通过 FPGA 直接实现,而模拟域波束赋形可以通过使用低成本移相网络电路在射频下实现。混合数字模拟波束赋形系统架构可用于单用户及多用户的大规模 MIMO 系统。目前,混合数字模拟波束赋形系统架构主要有两种研究方向,分别

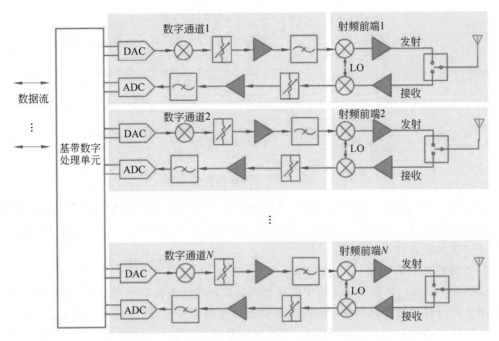

图 6-19　全数字波束赋形系统架构的结构框图

为全连接结构和子阵结构,其主要的差异体现在每个射频通道连接天线的数量。

6.6.4　相控阵列移相网络架构分析

根据上文的分析,在混合数字模拟波束赋形系统中,一般通过高性能相控阵列实现在模拟域中的波束赋形。在相控阵列中实现波束赋形,需要根据模拟预编码矩阵对各个通道的信号幅度和相位进行控制。其中,相位的调节可以在射频电路、本振电路及中频电路中实现,不同结构的相控阵列的主要区别是移相网络电路的位置。每种方案均有各自的优势,需要根据实际用途进行选择。

1. 射频移相架构

如图 6-20 所示,射频移相架构中的移相网络电路存在于发射和接收通道的射频前端电路中。由于其电路结构简单、功耗低,因此它广泛应用于射频集成电路中。此外,随着人们对毫米波通信系统的进一步研究,射频移相方案变得越来越流行,因为在毫米波电路中芯片上的电磁波波长足够小,可以实现与更多电路的集成。同时,在射频移相方案中,信号在射频前端完成移相后可以合成为一路信号进入混频器,因此只需要一个混频器及一路本振信号,不需要复杂的本振馈电网络,具有简单的电路结构。但是射频移相器的价格是随着工作频段变化的,尤其是毫米波频段的射频移相器价格不菲,在大规模阵列中使用会使得整个系统的成本变得不可接受。射频移相架构还存在着一些缺点,由于移相网络电路存在于射频前端,其插入损耗会同时对发射链路线性功率及接收链路接收噪声系数产生影响,降低整个天线阵最大线性输出功率和接收灵敏度。同时,毫米波频段的射频移相器存在移相精度不高、不同移相值幅度波动较大的缺点。

有文献报道,在基于射频移相架构的通信系统中,其集成电路移相器的一般移相精度为

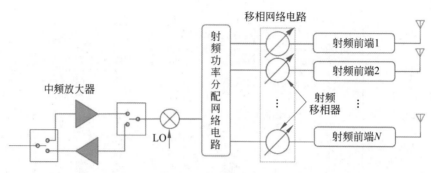

图 6-20　射频移相架构

5b 或者 6b。毫米波移相器的这些缺陷会使相控阵辐射波束的零点抑制度、旁瓣抑制度和波束指向精度恶化。在采用大型相控阵形成方向增益高、波束窄的情况下,低移相精度的移相器还会带来覆盖盲区的问题。

2. 本振移相架构

如图 6-21 所示,本振移相架构中的移相网络电路位于本振功率分配网络电路中。在本振链路上进行移相对系统信噪比和收发通道的增益影响较小,因为混频器对本振的噪声和线性要求比在信号路径上更容易满足,而且混频器对于本振信号的幅度波动不敏感。同时射频前端电路中的电路结构可以设计得非常紧凑,不仅可以改善接收链的噪声系数,而且可以提高发射链路的线性功率。

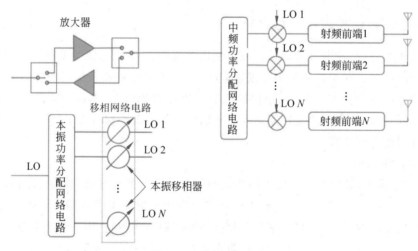

图 6-21　本振移相架构

目前正在研究的本振移相架构方案包括以下几种:

(1) 通过直接数字频率合成器(Direct Digital Synthesizer,DDS)芯片调节本振信号的相位。该方案可以提供 360° 的精确移相,但是 DDS 芯片直接输出的功率比较小,需要外置的放大器对本振信号进行放大,因而增加了额外损耗。

(2) 通过锁相环电路生成具有不同相位的同频本振信号,再使用相位开关电路切换最终输出的锁相环生成信号的相位。该方案的缺点是:随着相位精度的提高,需要切换的相位状态数量也会上升,因此开关切换及本振信号分配电路的复杂度会变大,同时会带来不同相位状态信号之间的互耦问题。

（3）基于电调移相器的本振移相方案。其中，功率分配网络为阵列中的每个通道提供等幅同相的本振信号，将本振信号分配至各个通道后使用移相器对不同的本振通道进行移相。这种方案对电调移相器的性能要求较高，因此容易造成不同本振通道的不一致性，增加相控阵校准的工作量。

本振移相架构的主要缺点是复杂的本振信号功分与移相网络电路，随着阵列大小的增加，其设计可能会非常困难，并且功耗很大。而且本振移相方案会增加本振信号的相位噪声，从而对整个系统传输信号的 EVM 产生影响。

3. 中频移相架构

针对射频移相方案及本振移相方案的缺点，中频移相方案逐渐得到了研究者的关注。如图 6-22 所示，通过将移相网络电路的位置放置在混频器之前的中频电路中，一方面减少了移相器电路带来的衰减，另一方面省去了巨大而复杂的本振移相功率分配网络电路。中频相移架构具有很多优点：首先，中频相移架构具有更多的移相器类型，可以实现更高的移相精度，并且在所有移相状态下具有低幅度波动；其次，使用中频移相可以极大地降低移相网络电路的成本。

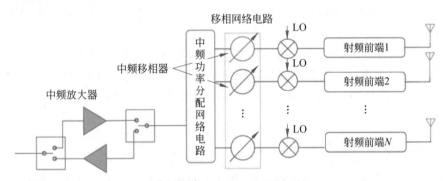

图 6-22　中频移相架构

在射频电路中，芯片的价格是与芯片的工作频段相关的，因此在中频上实现移相功能所需的集成电路成本远小于在射频上实现移相功能的成本。此外，中频移相结构在每个射频通道中具有更高的线性输出功率，相较于射频移相方案，其射频前端电路中的插入损耗移至中频路径，从而不会影响输出功率的线性度。该方案的缺点是：由于传统电调移相器的尺寸随着频率的降低而变大，因此需要占用更大的电路面积，在大规模天线阵列中，该问题会变得更显著。

6.7　MIMO 阵列天线

5G 移动通信系统的主要特点为超快的速度、极低的延时和超高的可靠性，这促进了MIMO 阵列天线的研究。

在 MIMO 阵列天线设计中，在有限空间内实现良好隔离度和包络相关系数是一个主要的设计难点。众多研究者提出了多种去耦方法。

（1）单元间隔优化。通过调整天线之间的间距改善隔离度是一种传统而简单的方法，不需要使用任何外部去耦结构。为了保证两个单元之间的隔离度特性,将两个天线分别放置在地板的两个短边上,这样两个天线的间距最大。也可以利用手机的上半部分空间设计并放置 4G 天线,利用手机的下半部分空间设计并放置 5G MIMO 阵列天线。所有天线的设计都基于地板和金属边框之间的缝隙。四单元 MIMO 阵列天线由 4 个缝隙天线构成,通过调节 4 个缝隙的间距,可以使 MIMO 阵列天线整体隔离度高于 13dB。

(2) 采用不同单元。由于手机空间有限,仅靠调整天线间距,不采用任何去耦方法,得到的隔离度改善很有限。可以使用不同的单元设计 MIMO 阵列天线,以进一步改善 MIMO 阵列天线的隔离度。例如,采用 4 个缝隙天线和 6 个单极子天线构成十单元 MIMO 阵列天线。

(3) 采用外部去耦结构可以有效改善隔离度。为了有效去耦,研究者提出了中和线、缺陷地结构(Defected Ground Structure,DGS)、接地枝节、超材料和去耦网络等技术。其中,中和线技术通过引入一条新的耦合路径,可以抵消原先存在的耦合,从而有效提高隔离度;DGS 技术是通过在金属地上蚀刻周期性或非周期性结构以减小耦合的去耦技术。

(4) 正交模式技术。正交模式是一种有效的去耦技术,而且不需要利用任何外部去耦结构。目前,正交模式广泛应用于 5G MIMO 阵列天线设计中。2016,年 Ming 等采用两种形式的单元设计八单元 MIMO 阵列天线,两种单元分别为 L 形单极子缝隙天线和 C 形耦合馈电天线。

(5) 其他去耦方式。除了以上所述的去耦方法,还有一些方法也可以有效改善隔离度。2017 年,Kin 等设计出一款结构非常紧凑的两单元模块,该模块由两个非对称镜像放置的环天线构成。该模块的尺寸仅为 7mm×10mm,两个单元的隔离度高于 10dB,效率为 40%~52%。

6.7.1 毫米波金属渐变缝隙天线阵列

天线是无线通信系统的重要组成部分,用于实现电路闭合场到空间开放场的相互转换,对整个无线通信系统的性能起着至关重要的作用。对于毫米波频段的无线通信系统,传统低频的连接器馈线实现收发(Transmit/Receive,TR)组件和天线互连的方式不再可行,毫米波频段需要一种紧凑的天线形式将有源 TR 组件一体化集成。

一种适用于 5G 毫米波大规模 MIMO 通信系统的低复杂度金属渐变缝隙天线阵列首次采用基片集成波导(Substrate Integrated Waveguide,SIW)垂直转接到渐变缝隙,实现紧凑的 H 面半波长单元间距组阵,并且可以直接与毫米波 TR 电路实现单板集成。仿真和加工测试结果表明,在 22.5~32GHz 频率范围内,该天线的端口反射系数小于−15dB(电压驻波比不大于 1.45),阻抗带宽达到 47%,覆盖了 ITU 和中国工业和信息化部提出的 24.25~27.5GHz 的 5G 毫米波工作频段和美国 FCC 提出的 27.5~28.35GHz 毫米波工作频段。在 24~32GHz 频率范围内,天线单元增益约 8.2~9.6dBi,具有非常良好的辐射方向图特性。该天线成功用于毫米波 4T4R-MIMO 通信系统、32 单元毫米波模数混合波束赋形 MIMO 通信系统等多个毫米波通信原型系统,与相应的毫米波平面有源收发电路实现了一体化集成,达到了良好的波束赋形和通信传输性能。

毫米波频段广阔的频谱资源能够支撑 5G 及未来无线通信高速率、高容量传输所需的大信号带宽,因此毫米波无线通信被认为是解决 5G 及未来无线通信数据流量指数性增长的最具潜力和价值的解决方案。然而,相比于现有的 6GHz 以下频段的通信系统,毫米波频段的电波传输承受了更高路径损耗和有限的散射。为了克服毫米波无线传输的障碍,一些先进的天线阵列技术被用于 5G 毫米波通信系统,如 MIMO 技术和波束赋形技术。这些技术通过在毫米波频段使用更多单元的天线阵列获得更高的阵列增益、更好的信号覆盖和抗干扰能力。另一方面,结合 MIMO 和波束赋形技术,可以通过同时向多个用户传输多路数据流提升整个毫米波通信系统的频谱资源利用率,系统模型如图 6-23 所示。这些先进的天线技术应用对毫米波收发系统和天线设计与实现带来了诸多挑战。与这些 5G 毫米波新型多天线技术应用密切关联的天线需要具有低成本、低复杂度、紧凑、易集成和大带宽等特性。

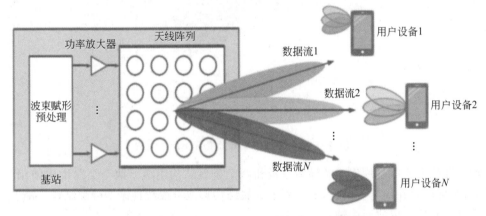

图 6-23　毫米波 MU-MIMO 波束赋形系统模型

过大的天线单元间距将导致波束扫描时出现波束分裂,形成较高的栅瓣。对于水平方向扫描的波束,波束分裂效应可能造成相邻小区间的干扰,在一些应用场景下对波束扫描时的栅瓣大小有严格要求。为了避免波束扫描时出现高的栅瓣,需要将天线间距控制在半个自由空间波长左右,需要非常紧凑的天线形式。另一方面,毫米波频率的连接器和同轴电缆损耗较大且价格高昂,因此在毫米波频段需要将天线阵列与毫米波有源 TR 电路实现一体化集成,降低系统的成本和馈线损耗。这对毫米波天线的设计带来新的挑战。

工作于毫米波频段的新型宽带渐变缝隙天线具有紧凑的结构、低复杂度、中等增益和非常宽的工作频率等特点,适用于 5G 毫米波无线通信系统。它容易实现 H 面半波长单元间距组阵。天线单元使用基片集成波导进行馈电,在基片集成波导末端和天线辐射单元之间实现了一种新的垂直转接结构。该天线在非常宽的工作频带内展现出良好的阻抗匹配和辐射方向图特性。同时,使用基片集成波导进行馈电使得实现的天线阵列可以非常容易地和其他毫米波平面电路实现一体化集成。

为了支持实际的毫米波大规模 MIMO 波束赋形通信系统工程应用,对天线提出了一些实际的设计要求。主要要求如下:

(1) 至少覆盖 25～27GHz 和 27.5～28.5GHz 频段,带内端口反射系数小于−15dB。

(2) 采用垂直极化。天线采用 H 面半波长左右间距组阵,在水平面实现波束赋形。考虑到实际环境中大部分通信终端和散射体分布在水平面内,在水平面实现波束赋形可以获得更好的系统性能。

(3) 毫米波多个收发通道位于同一个单板上,通道板水平摆放,毫米波天线阵列与通道板实现一体化集成。对于两维阵面应用,将多个 H 面阵列进行垂直堆叠拓展。

(4) 天线单元具有良好的辐射方向图特性,以便支持波束扫描应用。

(5) 天线单元增益大于 7dBi。

图 6-24 为宽带毫米波金属渐变缝隙天线结构。

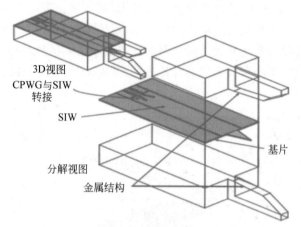

图 6-24　宽带毫米波金属渐变缝隙天线结构

渐变缝隙天线由基片集成波导馈电板和两个金属结构组成。两个金属结构使用"三明治"结构对称压合在馈电板两面,上下两个金属结构形成分段线性渐变缝隙结构。渐变缝隙结构垂直于基片集成波导中轴。

基片集成波导馈电板由 3 部分组成:CPWG(Coplanar Waveguide,共面波导)与 SIW 转接、SIW 传输线及 SIW 渐变缝隙转换结构。为了便于实际天线测试,使用 CPWG 与 SIW 转接实现从 50Ω 微带传输线到 SIW 的宽带转接。

图 6-25 给出了宽带毫米波金属渐变缝隙天线单元尺寸参数。

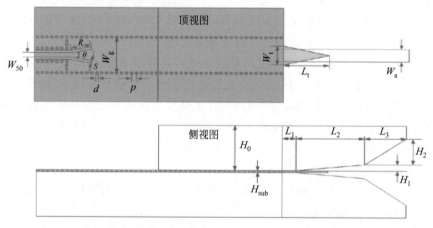

图 6-25　宽带毫米波金属渐变缝隙天线单元尺寸参数

使用 SIW 作为馈电传输结构具有紧凑的结构、低损耗、易平面集成等优点。基片集成波导的传输主模为 TE10 模式,截止工作频率为

$$f_{c(TE10)} = \frac{c_0}{2\sqrt{\varepsilon_r}W_{eff}} \qquad (6\text{-}41)$$

其中,c_0 为真空中光速,W_{eff} 为 SIW 的等效介质填充波导宽度,ε_r 为介质基板相对介电常数。W_{eff} 可以按式(6-42)进行估计:

$$W_{eff} = W_g - \frac{d^2}{0.95p} \qquad (6\text{-}42)$$

其中,W_g 为 SIW 两列金属化过孔腔的中心距离,d 为金属化孔直径,p 为相邻金属化孔中心间距。在设计上应该保证 SIW 工作于主模单模传输,避免在工作频段形成高次模传播模式。因此,可以得到确保单模传输的 SIW 宽度 W_g 的设计上界:

$$W_{eff} = W_g - \frac{d^2}{0.95p} < \frac{c_0}{\sqrt{\varepsilon_r}f_0} = \frac{\lambda_0}{\sqrt{\varepsilon_r}} \qquad (6\text{-}43)$$

其中,λ_0 为自由空间波长。从式(6-43)可以得到 W_g 的设计上界,从而可以得到 W_g 的设计取值范围:

$$\frac{\lambda_0}{2\sqrt{\varepsilon_r}} + \frac{d^2}{0.95p} < W_g < \frac{\lambda_0}{\sqrt{\varepsilon_r}} + \frac{d^2}{0.95p} \qquad (6\text{-}44)$$

考虑到工作带宽和工作容差,最佳的设计策略是将 SIW 宽度设在 W_g 的设计取值范围中心附近。从式(6-44)可以推导出 SIW 宽度的理论最优值:

$$W_{g\text{-}opt} = \frac{3\lambda_0}{4\sqrt{\varepsilon_r}} + \frac{d^2}{0.95p} \qquad (6\text{-}45)$$

表 6-5 中给出了中心频率为 27.5GHz 的 SIW 尺寸参数,相应的 CPWG-SIW 宽带转接器参数也在表 6-5 中给出。

表 6-5 宽带毫米波渐变缝隙天线尺寸参数

参　数	取　值	参　数	取　值	参　数	取　值
W_a	2.5mm	p	0.6mm	H_0	6mm
W_g	5.7mm	d	0.3mm	H_1	0.9mm
W_t	3mm	s	0.4mm	H_2	4.1mm
L_t	5.5mm	L_1	1.5mm	H_{sub}	0.254mm
R	2.5mm	L_2	8.4mm	W_{50}	0.72mm
θ	26°	L_3	5.1mm		

6.7.2　基于特征模理论的 5G 终端 MIMO 阵列天线设计

基于特征电场的正交特性,特征模理论广泛应用在 MIMO 阵列天线设计中。目前基于特征模理论的 MIMO 阵列天线设计有以下几种方法:

(1) 不同的 MIMO 单元激励出不同的模式,此时,MIMO 各单元之间的包络相关系数(ECC)很低。但是,当天线所在平台结构的谐振模式较多时,各个 MIMO 单元将无法只激励出一个模式,无论一个 MIMO 单元的位置如何放置,都将会激励出多个模式。因此,在存在多个重要模式的情况下,很难采用这种思路设计 MIMO 阵列天线。

（2）一个 MIMO 单元激励出天线所在平台的平台模式，另一个 MIMO 单元不激励天线所在平台的平台模式，此时，两个 MIMO 单元之间 ECC 也极低。这种方法更适用于两单元 MIMO 阵列天线的设计。

（3）将所有的谐振模式分为奇模和偶模两类，一个 MIMO 单元只激励奇模，另一个 MIMO 单元只激励偶模，此时，两个 MIMO 单元激励出的特征模式完全不同，两个 MIMO 单元之间的 ECC 也极低。但是，当 MIMO 系统的单元数量较多（如 6 单元或 8 单元）时，该方法无法有效适用。

两个天线激励出的相同模式可以根据模式加权系数的相位分为同相模式和异相模式。通过权衡同相模式和异相模式的激励程度，可以有效地改善 ECC。在不同单元激励出多个相同特征模式的情况下仍然可以实现低 ECC。8 单元 MIMO 阵列天线测试结果表明，该 MIMO 阵列天线的 ECC 小于 0.16，隔离度高于 15dB。

第7章 物理层关键技术

物理层关键技术

移动通信从 20 世纪 80 年代发展到今天,经过了几代技术上的改革和发展。从 1G 到 4G 均采用正交多址接入(OMA)技术,其代表性技术是 FDMA、TDMA、CDMA、OFDMA 等。

图 7-1 展示了 FDMA、TDMA 和 CDMA 的原理。FDMA 将频率资源分成不同的频带,每个用户采用自己的频带传输数据。OFDMA 可以认为是一种独特的节约资源的 FDMA 方式。TDMA 是在一个带宽的无线载波上将时间分成周期性的帧,每个帧再分成若干互不重叠的时隙,将每个时隙看成一个信息传输通道,为每个用户分配时隙以完成数据传输。TDMA 可以支持数字语音通话和速率较低的数据传输业务。CDMA 采用码域复用,用户用相互正交的地址码达到区分的目的。

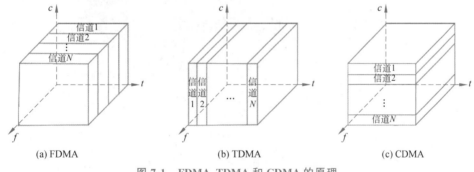

(a) FDMA   (b) TDMA   (c) CDMA

图 7-1　FDMA、TDMA 和 CDMA 的原理

MC-CDMA 结合了 OFDM 和 CDMA 两种技术,进一步提高了频谱利用率。不难看出,在 OMA 系统中,通信资源由某一维度(时域、频域或码域)的正交性划分资源块,再将这些资源块一对一地赋予用户,从而消除不同用户间的干扰,这在一定程度上造成了通信资源的浪费并且限制了用户设备的接入数量。

随着新一代多址接入技术的研究,MC-CDMA、F-OFDM、MUSA(Multiuser Sharing Access,多用户共享接入)、SCMA(Sparse Code Multiple Access,稀疏码多址接入)、PDMA(Pattern Division Multiple Access,模式分割多址接入)等非正交多址接入(Non-OMA,NOMA)模式被提出。

MUSA 是一种基于复数多元码扩展序列的多用户共享接入技术,用特殊设计的序列对用户的调制符号进行扩频。和传统的 CDMA 相比,MUSA 能够增强 SIC 算法的鲁棒性。MUSA 技术主要用于上行链路。其中,用户使用非正交复数序列对调制符号进行扩频,然后发送信号。由于用户和基站之间的距离不同,接收端接收到的信号强度也不同,因此接收端就基于信号强度采用 SIC 多用户检测算法解调出每个用户的数据。

SCMA 是由华为公司提出的一种关键空口技术。在 SCMA 系统的发送端,不同的码字占用不同的传输层,把不同传输层的用户信号进行叠加,在相同的时频资源上进行信号的传输。在接收端将一个资源块内的信号通过消息传递算法(Message Passing Algorithm,MPA)进行译码。

PDMA 是一种基于非正交特征模式的多址接入技术。发送端将多个用户信号进行功率域、空域、码域联合或者选择性编码,接着传输到多址接入信道中。接收端对多用户采用 SIC 算法实现多用户检测,然后解调出用户的数据信息。

以上提及的 3 种多址技术不如功率域 NOMA 易于实现,因此功率域 NOMA 成为 5G 研究的关键技术。

图 7-2 展示了 OFDMA 和 NOMA 的不同之处。可以看到,NOMA 旨在实现功率域的复用,多个用户共享一个 OFDM 资源块,用户间通过功率的不同进行区分。

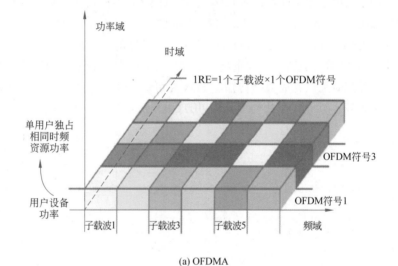

(a) OFDMA

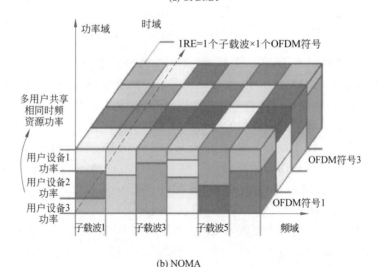

(b) NOMA

图 7-2 OFDMA 和 NOMA 示意图

NOMA 非正交的接入方式破坏了用户接入的正交性,必然会产生用户叠加产生的干扰,这就要求接收机采用更复杂的处理方式以消除这些干扰。

◆ 7.1　MC-DS-CDMA

MC-DS-CDMA(Multicarrier Direct Sequence CDMA,多载波直扩 CDMA)相对于 MC-CDMA 是时域扩频的多载波调制,而通常 MC-CDMA 被称为频域扩频的多载波调制。

在 MC-DS-CDMA 中,原始数据流串并转换后与扩频码相乘,扩频后的数据分别调制到多个相邻载频上,相加后形成发送信号,其实现原理如图 7-3 所示。

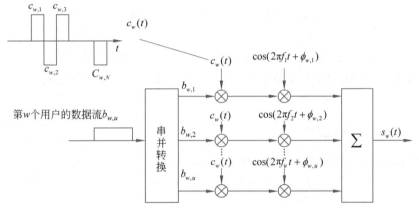

图 7-3　MC-DS-CDMA(第 w 个用户)实现原理

MC-DS-CDMA 的发送信号表达式为

$$s_w(t) = \sum_{u=1}^{U} \sqrt{2P}\, b_{w,u}(t)\, c_w(t) \cos(2\pi f_u t + \phi_{w,u}) \tag{7-1}$$

其中,U 是多载波数,P 是每载波发送功率。

用户数据波形表达式为

$$b_{w,u}(t) = \sum_{i=-\infty}^{\infty} b_{w,u} P_{T_b}(t - iT_b) \tag{7-2}$$

其中,T_b 是数据码元周期。

扩频序列波形表达式为

$$c_w(t) = \sum_{j=1}^{N} c_{w,j} P_{T_c}(t - jT_c) \tag{7-3}$$

其中,T_c 是切普周期。

MC-DS-CDMA 中子载波间的正交性表达式为

$$\int_0^{T_c} \cos(2\pi f_i t + \phi_i) \cos(2\pi f_j t + \phi_j)\,\mathrm{d}t = 0, \quad i \neq j \tag{7-4}$$

在美国提出的方案 CDMA2000 中包括载波数 N 为 3、6、9 的 MC-DS-CDMA,$N=3$ 时的频谱图如图 7-4 所示,扩频码率为 1.2288Mcps。

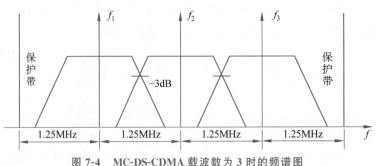

图 7-4   MC-DS-CDMA 载波数为 3 时的频谱图

◇ 7.2   MC-CDMA

MC-CDMA 的实现方式与 MC-DS-CDMA 不同。MC-DS-CDMA 是把一个扩频序列调制在某一载波上；而 MC-CDMA 是把扩频序列的每一位调制在相应的载波上，因此也称作频域扩频。

7.2.1   原始模式 MC-CDMA

原始模式 MC-CDMA 的实现方式如图 7-5(a)所示。

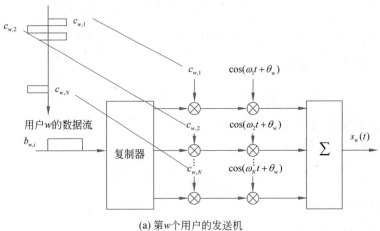

(a) 第 w 个用户的发送机

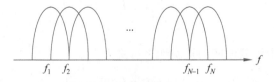

(b) 发送信号频谱

图 7-5   原始模式 MC-CDMA 的实现方式

考虑 AWGN 信道下的非同步 MC-CDMA 系统，假设共有 W 个用户，每个用户使用 N 个载波，采用 BPSK 调制方式，如图 7-5(a)所示，$b_{w,i}$ 是用户 w 的第 i 个数据比特，$\{c_{w,j}\}_{k=1}^{N}$ 是用户 w 的扩频序列。

MC-CDMA 的上行多个用户发送带通信号的复低通表达式为

$$s_w(t) = \sqrt{2P/N} \sum_{i=-\infty}^{\infty} b_{w,i} u_T(t-iT) \sum_{k=1}^{N} c_{w,i} \mathrm{e}^{\mathrm{j}(\omega_k t + \theta_w)} \tag{7-5}$$

其中,P 是数据比特功率(假设对所有用户相等),$u_T(t-iT)$ 是矩形脉冲,T 代表比特周期,$\omega_k = 2\pi k/T_b$ 是第 k 个载波频率,θ_w 是用户 w 均匀分布于 $[0,2\pi)$ 的随机相位。

基站接收的信号可以写为

$$r(t) = \sqrt{2P/N} \sum_{i=-\infty}^{\infty} \sum_{w=0}^{W-1} b_{w,i} u_T(t-iT-\tau_w) \sum_{k=1}^{N} c_{w,k} \mathrm{e}^{\mathrm{j}(\omega_k t + \phi_{w,k})} + \eta(t) \tag{7-6}$$

其中,$\phi_{w,t} = \theta_w - \omega_k \tau_w$,$\tau_w$ 是用户 w 的随机延时,均匀分布于 $[0,T]$;$\eta(t)$ 是 AWGN 的复低通等效,均值为 0,单边功率谱密度为 N_0。

7.2.2 改进模式 MC-CDMA

原始模式 MC-CDMA 不适用于高速数据传送,因为此时会产生每子载波的频率选择性衰落。为此人们又提出了 MC-CDMA 的改进模式。它的下行多用户发送模型如图 7-6 所示。

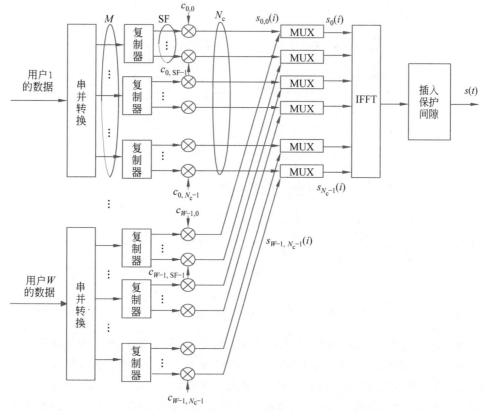

图 7-6 改进模式 MC-CDMA 的下行多用户发送模型

这里扩频因子 SF 指的是每一个串并转换后的分组扩频序列的长度,总载波数为 N_c,串并路数为 $M = N_c/\mathrm{SF}$。这里

$$s(i,t) = \sqrt{2P/N_c} \sum_{k=0}^{N_c-1} s_{i,k} e^{j(2\pi f_k t)} \tag{7-7}$$

i 是指 IFFT(快速傅里叶逆变换)运算的次数。

把 W 个用户的数据相加得

$$s_{i,k} = \sum_{w=0}^{W-1} s_{w,i,k} = \sum_{w=0}^{W-1} b_{w,m,i} c_{w,k} \tag{7-8}$$

其中,$c_{w,k}$ 是第 w 个用户的扩频序列,用于某一分组的序列长度为 SF,序列总长度为 $N_c = M \times SF$,$b_{w,m,i}$ 指第 w 个用户第 i 次 IFFT 运算时的第 m 分组数据。由于下行信道具有同一性,并且每用户分配的频率相同,因此这里就把所有用户的数据相加。

在采用频率交织时,另一种改进模式 MC-CDMA 第 w 个用户的发送图如图 7-7 所示。

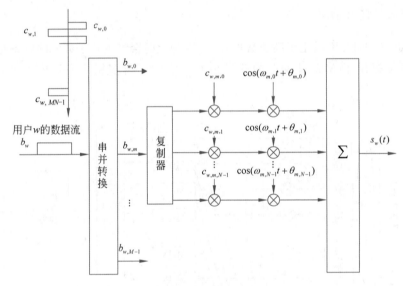

(a) 第w个用户的发动机

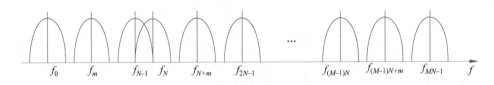

(b) 发送信号频谱

图 7-7   另一种改进模式 MC-CDMA

把高速数据流先经过串并转换变成较低速的数据流,然后对其进行基本操作,即复制、频域扩频、汇总多路数据、交织,再调制到不同的载波上。图 7-7 中,原始数据码元周期为 T_b,经过串并转换变为 M 路后,码元周期增长为 $T = MT_b$,$c_{w,m,k}$ 为扩频序列,每一分组扩频序列长度为 N,总载波数为 $M \times N$,在图 7-7 中采用了频率交织,即第一路的频率不是连续占用一个频段,而是与其他路扩频后的数据交叉使用。

7.2.3   一种采用时频码的 MC-CDMA

基于原始 MC-CDMA 模式,采用时域和频域扩频码的多载波 CDMA 系统第 k 个用户

发送的信号为

$$s_w(t) = \sqrt{2E_c} \sum_{k=0}^{N-1} \sum_{n=-\infty}^{\infty} a_w[s] c_i^T[n] c_j^F[k] h(t - nT_c - \tau_w) \cos(\omega_k t + \theta_{w,k}) \quad (7\text{-}9)$$

可以采用 BPSK 调制，E_c 是每切普(chirp)能量，$a_k[s] = \pm 1, s = \lfloor n/N \rfloor, T_b = NT_c$，时域扩频码 $c_i^T[n]$ 长度为 M，频域扩频码 $c_j^F[k]$ 长度为 N，$\omega_k = 2\pi f_k$ 是第 k 个子载波频率，$\theta_{w,k}$ 是任意初始相位，均匀分布于 $[0, 2\pi)$，τ_w 是任意时延，均匀分布于 $[0, T_b)$。信道假设为慢时变，具有频率选择性衰落和瑞利衰落，L 是信道可分解路径。设

$$s_w' = \sqrt{2E_c} \sum_{n=-\infty}^{\infty} a_w[s] c_i^T[n] c_j^F[k] \quad (7\text{-}10)$$

接收信号表达式为

$$r(t) = \sum_{w=0}^{W-1} \sum_{l=1}^{L} \sum_{k=0}^{N-1} \{ s_w' h(t - (n+1)T_c - \tau_w) \alpha_{w,k,l} \cos(\omega_k t + \theta_{w,k,l}') \} + \eta(t) \quad (7\text{-}11)$$

其中，$\alpha_{w,k,l}$ 是第 w 个用户的第 l 条路径在第 k 个子载波上产生的衰减，$\theta_{w,k,l}' = (\theta_{w,k} - \omega_k l T_c + \beta_{w,k,l}) \bmod 2\pi$，$\beta_{w,k,l}$ 是第 w 个用户的第 l 条路径在第 k 个子载波上产生的相位偏转。

7.2.4　可变扩频增益 MC-CDMA 的模型

发送信号表达式为

$$s_k = \sqrt{\frac{2P}{\text{SF}}} \sum_{n=0}^{\text{SF}-1} c_{\text{scr},k} c_{n,k \bmod \text{SF}} x\left(\left\lfloor \frac{k}{\text{SF}} \right\rfloor \right) \quad (7\text{-}12)$$

s_k 为 IFFT 前的信号，k 是频域下标，$k = 0, 1, \cdots, N_c - 1$。$c_{\text{scr},k}$ 是频域长搅乱码，取周期为 4096 的 m 序列，$c_{n,k \bmod \text{SF}}$ 是频域短扩频码，取长度为 N_c 的 WH 码，$x(\lfloor k/\text{SF} \rfloor)$ 是每一分组用户数据，分组总数为 N_c/SF。SF $=1$ 时该模型就是 OFDM，而 SF $= 4, 16, 64, 256$ 时该模型则对应于改进模式 MC-CDMA。由于扩频增益 SF 可以灵活选择，因此归入可变扩频增益 MC-CDMA 系统。

7.2.5　MC-SSMA

MC-SSMA 是 Multi-Carrier Spread-Spectrum Multiple Access 的缩写，称为多载波扩频多址方式。MC-SSMA 和 MC-CDMA 存在以下不同：在 MC-CDMA 系统中，码分多址用于不同用户在同一子载波集上的数据发送，用户以多址码区分，因此 MC-CDMA 是 CDMA 体制；而 MC-SSMA 指不同的用户在不同的子载波(集)上发送数据，因此 MC-SSMA 是 FDMA 体制。MC-SSMA 的提出主要用于上行信道，目的是克服 MC-CDMA 上行信道中多址干扰太高的问题。MC-SSMA 发射机的实现框图如图 7-8 所示。

MC-SSMA 的发送信号表达式为

$$s_w(t) = \text{Re}\left\{ \sqrt{\frac{2P}{N}} \sum_{i=-\infty}^{\infty} b_{w,i} u_{T_b}(t - iT_b) \sum_{k=0}^{N} c_{w,k} e^{j((\omega_w + \omega_k)t + \theta_w)} \right\} \quad (7\text{-}13)$$

这种模型是不同的用户使用同一个扩频码，因此只要找到一个峰平比小的扩频码，例如多电平哈夫曼码，就可使系统的峰平比降低。用户间的区分是通过不同载波频率实现的。

至此，多载波系统共包括 OFDM、MC-DS-CDMA、MC-CDMA、MC-SSMA 等，它们之

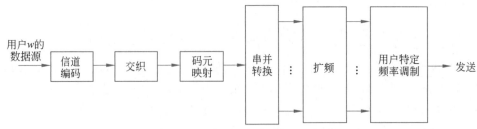

图 7-8   MC-SSMA 发射机的实现框架

间既有区别也有联系。它们共同的特点就是采用多载波调制。它们的区别与联系总结如下:

(1) 在 MC-CDMA 系统中不同用户分配不同的扩频码,但频段相同;在 MC-SSMA 系统中不同用户分配相同的扩频码,但有频段移位。

(2) 改进模式 MC-CDMA 在扩频增益为 1 时就是 OFDM 系统。

(3) MC-DS-CDMA 是时域扩频,而 MC-CDMA、MC-SSMA 是频域扩频,OFDM 不扩频。

各种多载波体制的比较标准有 3 方面:一是误码率性能;二是频偏对各自系统的影响;三是频谱效率等。

Hara Shinsuke 和 Prasad Ramjee 比较了 DS-CDMA、MC-CDMA 和 MT-CDMA 的收发信机结构,通过计算机仿真了 3 种系统频率选择性衰落信道的下行比特误码率。结论是: MT-CDMA 和 DS-CDMA 体制不能总是利用分散在时域的所有接收信号能量,而 MC-CDMA 体制可以有效地合并散布在频域的所有接收信号能量。在二径频率选择性慢瑞利衰落下,采用 MMSEC 的 MC-CDMA 体制可以获得最好的性能,尽管它需要估计子载波状态信息、噪声功率和活动用户数。

Atarashi 把 DS-CDMA(载波码片速率为 64Mcps)和 MC-DS-CDMA(子载波数为 4,每子载波码片速率为 16Mcps)和 MC-CDMA 进行了比较。仿真参数如表 7-1 所示。

表 7-1   仿真参数

带宽	80MHz
扩频码(长/短)	随机码(WH 码)
信息比特率	2Mb/s
子载波数	1(DS-CDMA) 4(MC-DS-CDMA) 512(MC-CDMA)
分组长度	1024 码元($N_d=960$,$N_p=64$)
滚降因子	0.25
调制模式	QPSK
信道编码/解码	卷积码($R=1/2$,$K=9$)/软判决 Viterbi 解码

用户数为 4、信道为 18 径指数衰减时的仿真结果如图 7-9 所示。结果显示 MC-CDMA

的误码率(BER)较小,性能较好。

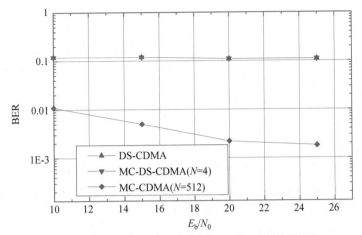

图 7-9　MC-CDMA 与 MC-DS-CDMA 的 BER 性能比较

Steendam 等发现,当存在载波频偏时,如果载波数大于扩频因子,则 MC-DS-CDMA 的性能失真大于 MC-CDMA。

Kimura 等比较了 MC-CDMA 和 OFDM 在频率选择性信道下的性能,在同样的数据率和同样的带宽条件下,采用 MMSEC 检测的多码 MC-CDMA 性能好于 OFDM。仿真结果如图 7-10 所示。结果显示 MC-CDMA 的误码率较小,性能较好。

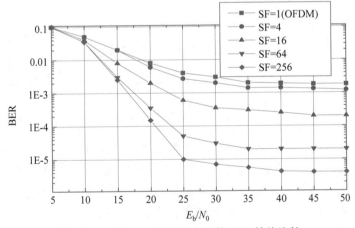

图 7-10　MC-CDMA 与 OFDM 的 BER 性能比较

在基站采用天线阵情况下,MC-CDMA 的 BER 性能好于 DS-CDMA。

7.2.6　MC-CDMA 的频谱效率

关于频谱效率有几种评估标准:如最大用户数×数据传送率×每帧时隙数/(每群中的小区数×带宽)、话务量/(每群中的小区数×带宽)、在一个码元内传送的比特数及每秒传送比特数/带宽。而 Slimane S. Ben 用带外/带内功率比说明频谱效率,这种方法简单实用、易计算,因此,这里就引用 Slimane S. Ben 的研究成果,比较 MC-CDMA 和 DS-CDMA 的频谱效率。

MC-CDMA 的归一化功率谱密度为

$$s_{\text{MC}}(f) = \left| \sum_{i=0}^{N-1} c_{i,n} \operatorname{sinc}(fT_{\text{b}} - i) \right|^2 \tag{7-14}$$

其中，$\operatorname{sinc}(x) = \sin \pi x / \pi x$，$c_{i,n}$ 是输入比特，T_{b} 是码元周期，N 是载波数。

对于 DS-CDMA 基带信号，采用与 MC-CDMA 系统相同的扩频码。DS-CDMA 也是线性调制，它的发送信号归一化功率谱密度为

$$s_{\text{DS}}(f) = |P(f)|^2 \left| \sum_{i=0}^{N-1} c_{i,n} \mathrm{e}^{-\mathrm{j}2\pi \frac{1}{N} fT_{\text{b}}} \right|^2 \tag{7-15}$$

其中，$P(f)$ 是脉冲波形 $p(t)$ 的傅里叶变换。

为了比较两种体制的频谱效率，Slimane S. Ben 计算了带外功率比。图 7-11 显示了 MC-CDMA 和未滤波的 DS-CDMA 的带外功率比。比较归一化带宽 B_{N}（包括 90% 功率），可以看出，MC-CDMA 的 $B_{\text{N}} = 0.9$，而 DS-CDMA 的 $B_{\text{N}} = 1.7$。显然 MC-CDMA 的带宽效率比 DS-CDMA 好，且 MC-CDMA 的带宽效率随着扩频增益增大而提高；而 DS-CDMA 的带宽效率与脉冲波形有较大关系。

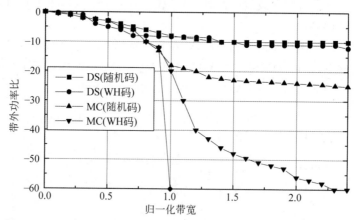

图 7-11　MC-CDMA 和 DS-CDMA 信号的带外功率比（载波数 $N=32$）

Madhukumar 分析 MC-CDMA 系统的带宽效率可以通过增加码元中的比特数获得提高。给定码片速率和子载波数，通过正交扩频后的数据比特并行传送路数越多（多码 MC-CDMA 系统），带宽效率越高。正交序列的最大数目限制了系统可获得的带宽效率。而采用剩余数字系统的 MC-CDMA 是提高带宽效率的一种方法，它可以在一个码元内传送更多的比特数。

Ibars 和 Bar-Ness 从实现的简易度上进行比较，分析了编码多用户 OFDM 系统和采用多用户检测的编码多载波 CDMA 系统的误码率。分析集中在下行信道，有长时间交织。仿真结果表明，在满载情况下，M-OFDM 的性能与 MC-CDMA 类似，但是它实现简单，且不需要多用户检测。Hathi 和 Rodrigues 分析了非线性放大器对 MC-CDMA 和 MC-DS-CDMA 的性能和谱扩散的影响。采用 BPSK 和 QPSK 调制。结论是：对于给定用户数，在存在放大器非线性时，MC-DS-CDMA 的性能好于 MC-CDMA。Li Mingqi 获得了 MC-DS-CDMA 系统的错误率性能表达，采用延时抽头多径信道模型，叠加白色高斯噪声。仿真结果显示 MC-DS-CDMA 的性能好于 MC-CDMA。

Kaiser Stefan 认为,由于 MC-CDMA 的高带宽效率只能在下行获得,因此 MC-SSMA 是上行最有前途的技术。Bader 认为,在上行链路中,从信道估计和数据检测的难易上看,MC-SSMA 比 MC-CDMA 要好;但是,MC-CDMA 的容量大于 MC-SSMA,且比 MC-SSMA 系统更好地利用了频谱。

7.2.7　MC-CDMA 中存在的关键问题

关于 MC-CDMA 讨论的问题比较多,下面就关键问题加以说明。

1. MC-CDMA 中的信道估计

信道估计是 MC-CDMA 中比较重要的问题,只有信道估计得精确,才能获得好的接收性能。另外,MC-CDMA 的时频域转换使现实的信道估计可以在频域进行。信道导致了多普勒频移和多径效应。它会引起子载波间的正交性消失,引起载波间干扰、码元间干扰和多用户间干扰。已存的信道估计方法包括采用训练码元的 MMSE、自适应方法和子空间估计等。

由于 MC-CDMA 的核心技术是 OFDM,因此它的信道估计方法与 OFDM 有相似的地方。MC-CDMA 系统应该适当选择子载波数量和子载波间隔、保护时隙长度等参数,使每一个子载波支路上仅存在非频率选择性衰落。如果系统的数据传输速率太高导致产生了频率选择性衰落,则可以在频域扩频之前先把原始数据信号进行串并转换,即从原始模式 MC-CDMA 转换到改进模式 MC-CDMA。

2. MC-CDMA 中的同步问题

由于 MC-CDMA 系统利用多个载波传输数据,相邻载波的间隔非常小,它对系统的同步错误就非常敏感。系统收发信机同步通常包括时间同步、频率同步和采样时钟同步。时间同步通常称为帧同步或码元同步,频率同步有时称为载波同步。

(1) 时间同步。它的任务是发现接收 MC-CDMA 码元的起始点,这样收发信机的时间同步,然后以要求的精度移去保护间隙,如果不能正确估计起始点,将会导致性能下降。

(2) 频率同步。信号调制在分配的频率上,尽管此频率对接收机来说是已知的,但是 RF 元件的偏差范围很大,会有频率偏移。这样在接收端就必须进行估计和补偿。另外,多径信道中多普勒频移的存在也使得收发频率产生频移。

(3) 采样时钟同步。发送端由 IFFT 产生的信号将被转换成模拟信号,接收端下变频 RF 信号采样成为数字信号以进行数字信号处理。接收端的采样时间必须与发射端精确匹配以避免性能失真,因此也必须估计采样间隔。

帧同步和载波频率同步是通信系统中比较关键的问题,尤其是多载波系统对帧同步和载波频率的偏移比单载波系统更加敏感。在多用户情况下,时偏和频偏会引起码元间干扰、子载波间干扰和多用户间干扰,使得系统性能下降,因此系统同步非常重要。在 MC-CDMA 中进行同步分析时可以借鉴 OFDM 中已经存在的方法。

3. 多载波的峰平比

由于现行的 MC-CDMA 系统使用 OFDM 调制方式,它在继承了 OFDM 调制的诸多优点的同时,也不可避免地继承了其信号包络剧烈变化的问题。

在 OFDM 中提出的减小峰平比(Peak-to-Average Power Ratio,PAPR)的方法是预失真、编码、削波、选择映射(Selective Mapping,SLM)、部分传送序列(Partial Transmit Sequence,PTS)等。预失真方法实际上是一个求逆过程,即把非线性放大器的传输函数逆化,使得它线性化。在 OFDM 中,编码方案采用奇偶校验码、BCH 码、Golay 互补序列和二阶 Reed-Muller 码。有文献证明,由 Golay 互补序列构成的 OFDM 信号的峰平比最大不超过 3dB。有文献提出,采用 Newman 相位降低峰平比,如果取第 k 个载波相位 $\theta_k = \pi(k-1)^2/N$,则峰平比大约为 4.6dB。采用削波方法使 PAPR 降低是有可能的,代价是一定的带内谱失真和带外削波噪声谱溢出。这个代价与削波后的 PAPR 之间有一个折中。削波引起了子载波间的正交性部分消失,导致信号幅度的失真、性能衰减和谱扩散。SLM 的关键思想是用 D 个统计独立的 OFDM 帧代表同样的信息,用 D 个伪随机但固定的序列与原始数据序列相乘,选择具有最小 PAPR 的帧发送。尽管 PTS 方法可以考虑采用低冗余度码字降低 PAPR,但相应的计算负担限制了它的实际应用。

MC-CDMA 的 PAPR 降低方法则主要通过选择不同的扩频码实现。不同的扩频序列产生的信号峰平比是不一样的。采用长度为 32 的 S-R 序列、Hadamard 序列和长度为 31 的 m 序列为扩频码,其 MC-CDMA 信号峰平比分别为 6dB、14.68dB 和 12dB。

有文献说明,原始模式 MC-CDMA 的峰平比与每个用户的扩频码的非周期自相关函数有关,改进模式 MC-CDMA 的峰平比不仅与每个用户的扩频码的非周期自相关函数有关,而且与不同用户的扩频码的非周期互相关函数有关。B. Popovic 考虑了多种码字用于 MC-SSMA 的峰平比情况,但该方法的局限性在于码字的数量太少,不能用于 MC-CDMA。

4. MC-CDMA 中的检测问题

在很多文献中论述了 MC-CDMA 较适用于下行链路,因为此时采用 MMSEC 单用户检测可以获得良好性能。而在上行链路中,由于多用户信道的不同使得多用户间的正交性丢失,采用单用户检测不能获得好的性能,因此在上行信道需要采用多用户检测。

当前多用户检测用于 MC-CDMA 系统的研究主要有两方面:一是不与解码结合的独立多用户检测,二是与解码结合的迭代多用户检测。一般都是假设在已知信道信息的情况下进行多用户检测。

◇ 7.3   MC-CDMA 信道及估计

在无线信道模型中,从发射机到接收机可能不只有一条路径。不同路径的时延和衰减因子在移动环境下通常是时变的。如果假设信道由它的延迟功率谱(或多径强度谱)决定,在带限信号情况下,时变散射多径信道可以由时变参数和固定抽头间隔的抽头延迟线表达。时延扩展 T_d 小于或等于 MC-CDMA 的保护间隙。在 MC-CDMA 的研究中,一个不可忽视的内容就是信道模型及估计。由于考虑把 MC-CDMA 应用于无线移动环境,还须考虑上下行信道的不同情况。在上行信道,每个用户有独立衰落信道。由于信道的影响,每个用户的子载波间的正交性消失。因此必须估计信道,以便在接收端解调。目前提出的信道估计方法有采用训练码元的最小均方误差(MMSE)估计、子空间分解信道估计和自适应信道估计。

7.3.1   MC-CDMA 的信道模型

1. OFDM 中的信道表示

由于在 OFDM 码元后加入保护时间间隔,因此保持了子载波间的正交性。实际上,如果多径时延扩展显著小于码元周期,则信道的时间扩展对发射信号形状的影响几乎可以忽略不计,这样就可以把 OFDM 系统的信道描述成一系列并行高斯信道,如图 7-12 所示。

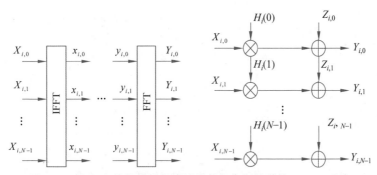

图 7-12 **OFDM 简化模型和描述为并行高斯信道的 OFDM 系统**

设信道脉冲响应为

$$h_i(n) = \alpha_i \mathrm{e}^{\mathrm{j}\theta_i} \sum_{l=0}^{L} c \mathrm{e}^{-\frac{1}{L}} \delta(n - \tau_l l) \tag{7-16}$$

其中,τ_l 是路径 l 时延归一化到采样周期的值,n 是时域采样下标,$L+1$ 是多径总路数,α_i 是瑞利变量,θ_i 均匀分布于 $[0, 2\pi]$。假设信道在一个 OFDM 码元周期内保持不变,但在相邻码元间随时间以较慢速率变化,归一化因子为

$$c = 1 \Big/ \sum_{l=0}^{L} \mathrm{e}^{-l/L}$$

如果把 $H_i(f)$ 记为信道的频率响应连续函数,则频域离散衰减 $H_i(k)$ 可写为

$$H_i(k) = \sum_{n=0}^{N-1} h_i(n) \exp\left(-\mathrm{j} \frac{2\pi nk}{N}\right) \tag{7-17}$$

在图 7-12 中,N 是 FFT 或 IFFT 的长度,$X_{i,k}$ 是发送端 IFFT 前的数据,$x_{i,n}$ 是发送端 IFFT 后的数据,$y_{i,n}$ 是接收端 FFT 前的数据,$Y_{i,k}$ 是接收端 FFT 后的数据,i 是 OFDM 块的时间下标。把 OFDM 系统描述为

$$\boldsymbol{Y} = \boldsymbol{X}\boldsymbol{H} + \boldsymbol{Z} \tag{7-18}$$

其中,

$$\boldsymbol{Y} = \begin{bmatrix} Y_{i,0} \\ Y_{i,1} \\ \vdots \\ Y_{i,N-1} \end{bmatrix}^{\mathrm{T}}, \quad \boldsymbol{X} = \begin{bmatrix} X_{i,0} \\ X_{i,1} \\ \vdots \\ X_{i,N-1} \end{bmatrix}^{\mathrm{T}}, \quad \boldsymbol{H} = \begin{bmatrix} H_i(0) & 0 & \cdots & 0 \\ 0 & H_i(1) & \cdots & 0 \\ \vdots & \vdots & \ddots & \vdots \\ 0 & 0 & \cdots & H_i(N-1) \end{bmatrix}, \quad \boldsymbol{Z} = \begin{bmatrix} Z_{i,0} \\ Z_{i,1} \\ \vdots \\ Z_{i,N-1} \end{bmatrix}^{\mathrm{T}}$$

$\boldsymbol{Y}$ 是 FFT 后的接收向量,$\boldsymbol{X}$ 是 IFFT 前的发送向量,$\boldsymbol{H}$ 是信道衰减对角阵,$\boldsymbol{Z}$ 是零均值复高斯噪声向量,每标量方差为 σ^2。

2. MC-CDMA 的并行信道形式

由于已经对原始数据信号进行了串并转换,因此高速传输的数据码元变换到若干并行分支上,MC-CDMA 系统的每一路分支上的数据符号周期变为原来的数据符号周期的 M 倍(M 是支路个数),从而使得每一路信号仅存在非频率选择性衰落。考虑 $M=1$ 的情况,MC-CDMA 的并行高斯信道参见图 7-13。

在图 7-13 中,i 是 MC-CDMA 块下标,$c_{i,k}$ 是频域扩频序列,b_i 是第 i 块用户数据,N 是扩频增益。信道脉冲响应为

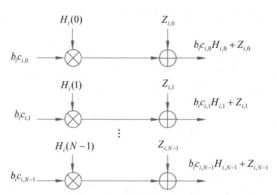

图 7-13 $M=1$ 时 MC-CDMA 的并行高斯信道

$$h_i(n) = \alpha_i \mathrm{e}^{\mathrm{j}\theta_i} \sum_{l=0}^{L} c\, \mathrm{e}^{-\frac{1}{L}} \delta(n - \tau_l l)$$

可以写为

$$h_i(n) = \sum_{l=0}^{L} g_i(l)\delta(n - \tau_l l), \quad g_i(l) = \alpha_i \mathrm{e}^{\mathrm{j}\theta_i} c\, \mathrm{e}^{-\frac{1}{L}} \qquad (7\text{-}19)$$

其中，τ_l 是路径 l 时延归一化到采样周期的值，n 是时域采样下标，$L+1$ 是多径总路数，α_i 是瑞利变量，θ_i 均匀分布于 $[0,2\pi]$，假设信道衰落幅度 α_i 及相位 θ_i 在一个 MC-CDMA 码元周期内保持不变，但在相邻码元间随时间以较慢速率变化，$c = 1 \Big/ \sum_{l=0}^{L} \mathrm{e}^{-l/L}$ 为归一化因子。T 为 FFT 块周期。图 7-13 中 $H_i(k)$ 的定义同式(7-16)。

3. 马尔可夫模型

假设 MC-CDMA 的信道是以马尔可夫模型描述的快衰落多径瑞利衰落信道，它的信道频域响应为 $H_i(k)$，i 是 MC-CDMA 块的时间下标，k 是子载波下标。假设这些随机进程的每一个采样描述为一阶高斯-马尔可夫模型。信道模型有以下特征：

$$H_{i+1}(k) = \beta H_i(k) + Z_{i,k}, \quad k = 0, 1, \cdots, N-1 \qquad (7\text{-}20)$$

其中，$Z_{i,k}$ 是白高斯噪声，自相关函数为 $E\{Z_{i,k} Z_{p,k}^*\} = 2\sigma_h^2 \delta_{i,p}$，参数 β 对应于指数衰减信道时间相关函数，与相应的多普勒频谱 3dB 频率 f_d 有关，$\beta = \mathrm{e}^{-2\pi f_d T}$，$T$ 为 FFT 块周期。

7.3.2   MC-CDMA 信道估计

1. MC-CDMA 的训练码元的排列

目前 MC-CDMA 通过训练码元(导频码元)的时频双向插入进行信道估计与同步。

M.A.McKeown 考虑了两种不同的基于引导的信道估计方案对于 MC-CDMA 的 BER 影响：第一种方案把数据和训练码元放在同一个 OFDM 码元中，如图 7-14(a)所示；第二种方案把数据和训练码元放在不同的 OFDM 码元中，如图 7-14(b)所示。仿真表明，在 UMTS 多径信道下第二种方案的系统误码率性能好于第一种方案。Kaiser 提出的方案如图 7-14(c)所示。

2. 多径信道引起的子载波间干扰分析

Linnartz 分析了由信道延迟和多普勒扩展对原始型 MC-CDMA 系统引起的载波间干扰。

多载波发送信号模型为

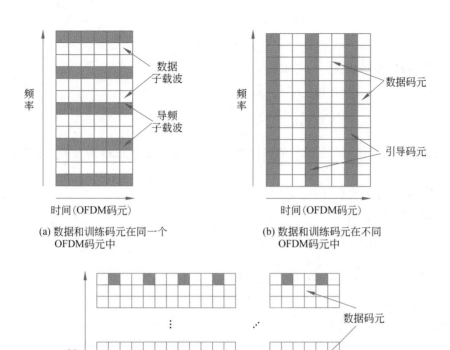

(a) 数据和训练码元在同一个
OFDM码元中

(b) 数据和训练码元在不同
OFDM码元中

(c) Kaiser的方案

图 7-14　MC-CDMA 中训练码元的不同排列

$$s(t) = \sum_{k=0}^{N-1} a_k \mathrm{e}^{\mathrm{j}2\pi(f_c t + k f_s t)} \tag{7-21}$$

其中，f_c 是载波频率，f_s 是子载波间隔，k 是子载波下标，N 是子载波总数，$a_k = bc_k$，b 代表数据，c_k 代表扩频码。

设多径路数是 $L+1$，路径 l 的延迟是 τ_l，幅度衰减为 α_l，多普勒频移是 f_l。

接收信号表达式为

$$r(t) = \sum_{k=0}^{N-1} \sum_{l=0}^{L} c_k \alpha_l \mathrm{e}^{\mathrm{j}2\pi(f_c + k f_s + f_l)(t - \tau_l)} + z(t) \tag{7-22}$$

式(7-22)右边第二项是噪声项。在 FFT 输出的第 m 个子载波信号为

$$Y_m = \sum_{k=0}^{N-1} \sum_{l=0}^{L} c_n \alpha_l \int_0^{T_s} \mathrm{e}^{2\pi[\mathrm{j}(k-m)f_s t + f_l t - \mathrm{j}(f_c + k f_s + f_l)\tau_l]} \mathrm{d}t + Z_m \tag{7-23}$$

Z_m 的方差为 $N_0 T$，T 是 FFT 块周期。

定义 $d = k - m$，则

$$Y_m = \sum_{k=0}^{N-1} \sum_{l=0}^{L} \frac{-\mathrm{j}c_n \alpha_l}{d\,2\pi(f_s + f_l)} \mathrm{e}^{[\mathrm{j}2\pi(d f_s + f_l)T-1]} \mathrm{e}^{[-\mathrm{j}2\pi(f_c + k f_s + f_l)\tau_l]} + Z_m \tag{7-24}$$

$$Y_m = \sum_{k=0}^{N-1} a_k \beta_{m,k} T + Z_m \tag{7-25}$$

$\beta_{m,k}$ 可以解释为子载波 k 对子载波 m 的干扰。

由 $\mathrm{sinc}(x) = \sin\pi x / \pi x$ 和 $f_s T = 1$ 可得

$$\beta_{m,k} \sum_{l=0}^{L} \frac{\alpha_l}{2} \mathrm{sinc}\left(d + \frac{f_l}{f_s}\right) e^{2\pi[-j(f_c + kf_s + f_l)\tau_l - 0.5jf_l T + j\pi d]} \tag{7-26}$$

这种结果可以解释为：在频域的采样由 $L+1$ 个多径信道根据多普勒频移在每个子载波上加权。

$m \neq k$ 时产生子载波间干扰，幅度为 $\mathrm{sinc}(k - m + f_l / f_s)$。

$\beta_{m,k}$ 的互相关函数为

$$E(\beta_{m,m-d_1}\beta^*_{m,m-d_2})$$

$$= (-1)^{d_1 - d_2} E\left(\sum_{l=0}^{L}\sum_{i=0}^{L} \frac{\alpha_l}{2}\frac{\alpha_i^*}{2} \mathrm{sinc}\left(d_1 + \frac{f_l}{f_s}\right)\mathrm{sinc}\left(d_2 + \frac{f_l}{f_s}\right) e^{-j2\pi(d_1 - d_2)f_s\tau_l}\right) \tag{7-27}$$

其中，$E(\cdot)$ 表示取期望值。

根据信道特性得

$$E\left(\sum_{\substack{f < f_i < f + df \\ \tau_l < \tau < \tau_l + d\tau}} \alpha_l \alpha_l^*\right) = \frac{P}{2\pi\tau_{\mathrm{RMS}}} \frac{df}{\sqrt{f_d^2 - f_l^2}} e^{-\frac{1}{\tau_{\mathrm{RMS}}}} d\tau \tag{7-28}$$

其中，P 是每载波平均接收功率，可以假设为 1；τ_{RMS} 是多径信道均方根时延扩展，f_d 是最大多普勒频移。

设归一化到载波间隔的最大多普勒频移为

$$\lambda = f_d / f_s \tag{7-29}$$

$$E(\beta_{m,m-d_1}\beta^*_{m,m-d_2})$$

$$= (-1)^{d_1 - d_2} \frac{1}{2\pi\tau_{\mathrm{RMS}}} \int_{-1}^{1} \frac{\mathrm{sinc}(d_1 + \lambda x)\mathrm{sinc}(d_2 + \lambda x)}{\sqrt{1 - x^2}} dx \int_{0}^{\infty} e^{-\frac{1}{\tau_{\mathrm{RMS}}}j(d_1 - d_2)2\pi f_s\tau_l} d\tau$$

$$= \int_{-1}^{1} \frac{\mathrm{sinc}(d_1 + \lambda x)\mathrm{sinc}(d_2 + \lambda x)}{\sqrt{1 - x^2}} dx \frac{2\tau_{\mathrm{RMS}}}{1 + j(d_1 - d_2)2\pi f_s\tau_{\mathrm{RMS}}} \frac{(-1)^{d_1 - d_2}}{2\pi\tau_{\mathrm{RMS}}} \tag{7-30}$$

从发送子载波 $m - d$ 到接收子载波 m 的 ICI(Inter-Carrier Interference，载波间干扰)功率为

$$P_d = E(\beta_{m,m-d}\beta^*_{m,m-d}) \tag{7-31}$$

图 7-15 显示了 ICI 功率与归一化多普勒频移 λ 的关系，P_0 代表要求的信号功率。

3. 信道估计方法

为了确定时间、频率轴上训练码元的最大间隔，必须了解信道的时域相关时间和频域相关带宽。一般来说，时域相关时间近似于最大多普勒频移的倒数，频域相关带宽近似于最大多径时延的倒数，因此训练码元在时域和频域上的间隔应满足

$$s_t < \frac{1}{f_d}, \quad s_f < \frac{1}{\tau_{\max}} \tag{7-32}$$

其中，f_d 是最大多普勒频移，$\tau_{\max}$ 是最大多径时延，s_t 是时域训练码元时间间隔，s_f 是频域训练码元频率间隔。在这里假设 FFT 块周期 $T \ll 1/f_d$，因此采用在频域插入训练码元的方

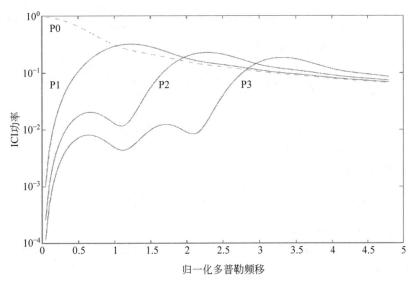

图 7-15　ICI 功率与归一化多普勒频移的关系

法，即图 7-14(a) 的形式。

式(7-16)描述了多载波信号的信道脉冲响应，其连续形式可以写为

$$h(t,\tau) = \sum_{l=0}^{L} g_l(t)\delta(t - \tau_l l), \quad g_l(t)\alpha_t e^{j\theta_t} c e^{-\frac{1}{L}} \tag{7-33}$$

其中，$g_l(t)$ 表示时刻 t 的第 l 个抽头的增益。每个抽头的时变性由多普勒频移和天线结构决定。

首先在连续时间状态分析多径信道的相关函数。假设 $g_l(t)$ 对所有的路径 l 有同样的归一化互相关函数 $r_g(\Delta t)$，因此

$$r_g(\Delta t) = E\{g_l(t + \Delta t)g_l^*(t)\} = \sigma_l^2 r_t(\Delta t) \tag{7-34}$$

其中，σ_l^2 是第 l 条路径的平均功率。

$$H(t,f) = \int_0^T h(t,\tau)e^{-j2\pi f\tau} \tag{7-35}$$

不同时间和频率的频域响应相关函数为

$$\begin{aligned} r_H(\Delta t, \Delta f) &= E\{H(t + \Delta t, f + \Delta f)H^*(t,f)\} \\ &= \sum_l r_g(\Delta t)e^{-j2\pi\Delta f\tau_l} \\ &= r_t(\Delta t)\left(\sum_l \sigma_l^2 e^{-j2\pi\Delta f\tau_l}\right) \\ &= \sigma_H^2 r_t(\Delta t)r_f(\Delta f) \end{aligned} \tag{7-36}$$

其中，

$$\sigma_H^2 = \sum_l \sigma_l^2, \quad r_f(\Delta f) = \sum_l \frac{\sigma_l^2}{\sigma_H^2}e^{-j2\pi\Delta f\tau_l} \tag{7-37}$$

从式(7-36)中可以看到，$H(t,f)$ 的相关函数可以分解为时域相关函数 $r_t(\Delta t)$ 和频域相关函数 $r_f(\Delta f)$。$r_t(\Delta t)$ 与移动速度有关，也就是说，与多普勒频移有关；$r_f(\Delta f)$ 与多径时延扩展有关。这种分解使得利用 MMSE 估计器时无须进行矩阵分解，计算简单。

从数字离散角度考虑第 i 个 MC-CDMA 块，$H_i(k) = \sum\limits_{n=0}^{N-1} h_i(n)\mathrm{e}^{-\mathrm{j}2\pi nk/N}$ 是信道脉冲响应的傅里叶变换，k 是子载波下标。从式(7-19)可以得到

$$H_i(k) = \sum_{n=0}^{N-1} h_i(n)\mathrm{e}^{-\mathrm{j}2\pi nk/N} = \sum_{n=0}^{N-1}\sum_{l=0}^{L} g_i(l)\delta(n-\tau_l l)\mathrm{e}^{-\mathrm{j}2\pi nk/N} \tag{7-38}$$

即

$$H_i(k) = \sum_{l=0}^{L} g_i(l)\exp\left(-\mathrm{j}\frac{2\pi\tau_l lk}{N}\right) \tag{7-39}$$

因此 $H_{i,k}$ 的相关函数为

$$E\{H_{i+\Delta i,k+\Delta k}H_{i,k}^*\} \approx J_0(2\pi f_d T\Delta i)\sum_{l=0}^{L} g_i(l)\mathrm{e}^{-\frac{\mathrm{j}2\pi\tau_l lk}{N}} \tag{7-40}$$

这个函数可以分为两部分：

$$E\{H_{i+\Delta i,k+\Delta k}H_{i,k}^*\} = r_t(\Delta i)r_f(\Delta k) \tag{7-41}$$

其中，时域相关函数为

$$r_t(\Delta i) = J_0(2\pi f_d T\Delta i) \tag{7-42}$$

频域相关函数为

$$r_f(\Delta k) = \sum_l g_i(l)\mathrm{e}^{-\frac{\mathrm{j}2\pi\tau_l l\Delta k}{N}} \tag{7-43}$$

如果 $L=0$，$H(k)$ 变为与子载波下标 k 无关。

FFT 前的接收信号为 $y_{i,n} = x_{i,n} * h_i(n) + z_{i,n}$，$*$ 代表卷积。也可以写为

$$y_{i,n} = \mathrm{IFFT}(X_{i,k}H_i(k)) + z_{i,n} \tag{7-44}$$

而 $X_{i,k} = b_i c_{i,k}$，因此

$$y_{i,n} = \frac{1}{\sqrt{N}}\sum_{k=0}^{N-1} b_i c_{i,k}H_i(k)\mathrm{e}^{\mathrm{j}2\pi nk/N} + z_{i,n} \tag{7-45}$$

对式(7-45)进行 FFT，可得

$$y_{i,k} = \frac{1}{\sqrt{N}}\sum_{n=0}^{N-1} y_{i,n}\mathrm{e}^{-\mathrm{j}2\pi nk/N} + Z_{i,k} \tag{7-46}$$

其中，

$$Z_{i,k} = \frac{1}{\sqrt{N}}\sum_{n=0}^{N-1} z_{i,n}\exp[-\mathrm{j}2\pi nk/N] \tag{7-47}$$

ICI 是由信道的时变特性决定的。在一个时不变系统中，ICI=0，这时子载波间相互正交。在实际系统中，如果假设归一化多普勒频移小于 0.02，与背景噪声相比，可以忽略 ICI。

为了简洁起见，可以把 $H_i(k)$ 写为 $H_{i,k}$。

假设接收端由引导码元获得的频域信道估计值 $H_{i,k}$ 存于向量 $\hat{\boldsymbol{P}}$ 中，$\hat{\boldsymbol{P}} = \left[\hat{P}_{i,k} = \hat{H}_{i,k}, k=0,\dfrac{N}{P}-1,\dfrac{2N}{P}-1,\cdots,\dfrac{(P-1)N}{P}-1,N-1\right]$，其中 P 是插入的导频数，我们的目的是由信道引导估计值 $\hat{\boldsymbol{P}}$ 的线性组合得到信道真实的 $\hat{\boldsymbol{H}}$，$\hat{\boldsymbol{H}} = [\hat{H}_{i,k}, k=0,1,\cdots,N-1]$。MMSE 估计原理为

$$\hat{H} = R_{H\hat{P}} R_{\hat{P}\hat{P}}^{-1} \hat{P} \tag{7-48}$$

其中，$R_{H\hat{P}}$ 是 H 和 $\hat{P}$ 的互相关矩阵，

$$R_{H\hat{P}} = E\{H\hat{P}^{\mathrm{H}}\} \tag{7-49}$$

$R_{\hat{P}\hat{P}}$ 是估计的自相关矩阵，

$$R_{\hat{P}\hat{P}} = E\{\hat{P}\hat{P}^{\mathrm{H}}\} = R_{PP} + \sigma_n^2 (PP^{\mathrm{H}})^{-1} \tag{7-50}$$

设引导码元的功率相等，则估计的自相关矩阵可以改写为

$$R_{\hat{P}\hat{P}} = E\{\hat{P}\hat{P}^{\mathrm{H}}\} = R_{PP} + \frac{1}{\mathrm{SNR}} I \tag{7-51}$$

这里 SNR 是每个引导码元的信噪比，R_{PP} 是不带噪声估计的引导码元自相关矩阵。由以上推导，信道估计可以由式(7-52)表示：

$$\hat{H} = R_{H\hat{P}} \left(R_{PP} + \frac{1}{\mathrm{SNR}} I \right)^{-1} \hat{P} \tag{7-52}$$

从式(7-52)可以看出，需要知道 $R_{H\hat{P}}$、R_{PP}、SNR 和 $\hat{P}$ 的值。

协方差矩阵 $R_{H\hat{P}}$ 和 R_{PP} 实际上就是式(7-40)中的 $H_{i,k}$ 的相关函数，表示为

$$R_{H\hat{P}} = E\{H_{i,k} \hat{P}^*_{i+\Delta i, k+\Delta k}\} \tag{7-53}$$

该矩阵维数为 $N \times P$，$\Delta k = 0.1, \cdots, N-1, \Delta i = 0, 1, \cdots, P-1$。

$$R_{PP} = E\{P_{i,k} P^*_{i+\Delta i, k+\Delta k}\} = r_{\mathrm{t}}(\Delta i) r_{\mathrm{f}}(\Delta k) \tag{7-54}$$

该矩阵维数为 $P \times P$，P 是插入的导频数，$r_{\mathrm{t}}(\Delta i)$ 和 $r_{\mathrm{f}}(\Delta k)$ 分别是时域和频域的相关函数，分别见式(7-42)和式(7-43)。

对于指数衰减多径功率时延谱，

$$r_{\mathrm{f}}(\Delta k) \approx \frac{1}{1 + \mathrm{j}2\pi\tau_{\mathrm{RMS}}\Delta k / T} \tag{7-55}$$

而通过一些方法估计出式(7-52)中的 SNR，再根据插入引导码元估计出式(7-52)中的

$$\hat{P} = [\hat{P}_{i,k} = \hat{H}_{i,k} = Y_{i,k}/X_{i,k}, k = 0, N/P-1, 2N/P-1, \cdots, (P-1)N/P-1, N-1].$$

对于引导码元来说，当 $k = 0, N/P-1, 2N/P-1, \cdots, (P-1)N/P-1, N-1$ 时，$X_{i,k}$ 是已知的，因此可以得到 $\hat{P}$，再经过计算就可以获得信道的频域函数估计值。

信道估计在 MC-CDMA 接收机中的位置如图 7-16 所示。

目前存在多种引导形式。如果某些子载波用于引导估计，此时频域相关函数扮演主要角色。在一个慢时变信道中，时域相关函数以比频域相关函数低得多的速度衰落，这意味着时域引导模型对于同样的 MMSE 估计需要较少的引导码元。

7.3.3　马尔可夫模型对应的自适应方法

在式(7-46)中，当不考虑载波间干扰时，在第 i 个块周期的接收信号经过 FFT 后可以表达为

$$Y_{i,k} \approx X_{i,k} H_i(k) + Z_{i,k}, \quad X_{i,k} = b_i c_{i,k} \tag{7-56}$$

Kalofonos 考虑了 3 种获得信道估计 $\hat{H}_i(1), \hat{H}_i(2), \cdots, \hat{H}_i(N)$ 的判决反馈法。如果

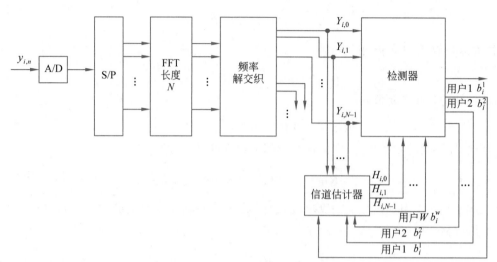

图 7-16　MC-CDMA 接收机的结构

假设信道模型对于接收机来说是已知的,则卡尔曼滤波器给出了最好估计。在一般情况下,并不知道信道模型,此时信道系数的估计可以通过采用 LMS(Least Mean Square,最小均方差)或 RLS(Recursive Least Squares,递归最小方差)算法获得。在这 3 种算法中,估计器的输入是向量 $\boldsymbol{Y}_i$,$\boldsymbol{Y}_i=[Y_{i,k},k=0,1,\cdots,N-1]$,$k$ 是频域下标,i 是 IFFT 块下标。

1) 卡尔曼滤波器

卡尔曼滤波器在一组线性滤波器中是最优的,它使得估计器错误方差 $E_{i,k}=\varepsilon\{|H_{i,k}-\hat{H}_{i,k}|^2\}$ 最小。在下一块$(i+1)$时的信道估计为

$$\hat{H}_{i+1,k}=[f-K_{i,k}\hat{X}_{i,k}]\hat{H}_{i,k}+K_{i,k}Y_{i,k} \tag{7-57}$$

其中,$K_{i,k}$ 是卡尔曼增益,它与错误方差 $E_{i,k}$ 有关。

$$K_{i,k}=\frac{fE_{i,k}\hat{X}_{i,k}}{\hat{X}_{i,k}^2 E_{i,k}+2\sigma^2} \tag{7-58}$$

估计误差以迭代方式计算:

$$K_{i,k}=f^2\frac{2\sigma^2 E_{i,k}}{\hat{X}_{i-1,k}^2 E_{i-1,k}+2\sigma^2}+2\sigma_h^2 \tag{7-59}$$

2) LMS 估计器

LMS 估计器通过使得最小均方差 $\varepsilon\{|Y_{i,k}-\hat{H}_{i,k}+\hat{X}_{i,k}|^2\}$ 最小计算信道估计。在时间$(i+1)T$ 时的信道估计 $\hat{H}_{i+1,k}$ 为

$$\hat{H}_{i+1,k}=\hat{H}_{i,k}+\bar{\mu}\lfloor Y_{i,k}-\hat{H}_{i,k}\hat{X}_{i,k}\rfloor\hat{X}_{i,k}^* \tag{7-60}$$

其中,$\bar{\mu}>0$ 是 LMS 算法的步长。

3) RLS 估计器

RLS 估计器通过使得代价函数 $\sum_{i=0}^{n}\lambda^{n-i}|Y_{i,k}-\hat{H}_{i,k}\hat{X}_{i,k}|^2$ 最小计算信道估计,其中 $\lambda(0<\lambda<1)$是 RLS 算法因子。在时间$(i+1)T$ 时的信道估计 $\hat{H}_{i+1,k}$ 为

$$\hat{H}_{i+1,k} = \hat{H}_{i,k} + \lfloor Y_{i,k} - \hat{H}_{i,k}\hat{X}_{i,k} \rfloor K_{i,k}^{*} \tag{7-61}$$

其中，

$$K_{i,k} = \frac{P_{i,k}\hat{X}_{i,k}}{\lambda + P_{i,k}\hat{X}_{i,k}^{2}} \tag{7-62}$$

$$P_{i+1,k} = \lambda^{-1}[1 - K_{i,k}\hat{X}_{i,k}^{*}]P_{i,k} \tag{7-63}$$

上面引用了一些经典的信道估计方法，它们对于检测性能的好坏有很大的影响，尤其是在采用多用户检测时。只有信道估计得相对精确，才有可能取得系统性能的提高。

◈ 7.4　仿真产生的相关瑞利变量

在对 MC-CDMA 的性能进行仿真分析时势必要用到多径信道的仿真。在文献中有许多产生相关瑞利变量的方法，而采用 IDFT 算法产生相关瑞利随机变量广泛用于无线通信中。该算法通过零均值复高斯序列输出特定自相关特性的瑞利分布序列，如图 7-17 所示，其中比较关键的是滤波器 $F[k]$ 的设计，它与信道特性有关。

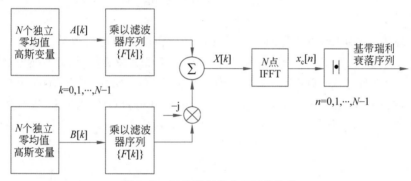

图 7-17　相关瑞利分布序列的产生

考虑连续时间多径接收信号的实部或虚部（同相或正交）的理论功率谱：

$$S(\hat{f}) = \begin{cases} \dfrac{1}{\pi f_{d}\sqrt{1 - (f/f_{d})^{2}}}, & |f| \leqslant f_{d} \\ 0, & \text{其他} \end{cases} \tag{7-64}$$

其中，f 代表频率，f_{d} 是最大多普勒频移，$f_{d} = vf/c$，v 是移动速度，$c = 3 \times 10^{8}$ m/s。接收信号的归一化自相关序列为 $r(\tau) = J_{0}(2\pi f_{d}\tau)$。其中，$\tau$ 是观察时间的距离（单位为秒），$J_{0}(\bullet)$ 是第一类型零阶贝塞尔函数。理想情况下，有限长采样序列（采样频率 f_{s}）将与连续时间信号的理论采样的统计特性相同。这样，希望产生的序列有以下归一化自相关序列：

$$r[n] = J_{0}(2\pi f_{d}|n|) \tag{7-65}$$

令 $k_{d} = \left\lfloor f_{d}\left(\dfrac{f_{s}}{N}\right)^{-1} \right\rfloor = \lfloor \phi_{d}N \rfloor$，其中 $\phi_{d} = f_{d}/f_{s}$ 是以采样频率归一化的最大多普勒频移，则图 7-17 中的滤波器 $\{F[k]\}$ 设计为

$$F[k] = \begin{cases} 0, & k=0 \\[2mm] \sqrt{\dfrac{1}{2\sqrt{1-\left(\dfrac{k}{N\phi_{\mathrm{d}}}\right)^2}}}, & k=1,2,\cdots,k_{\mathrm{d}}-1 \\[5mm] \sqrt{\dfrac{k_{\mathrm{d}}}{2}\left[\dfrac{\pi}{2}-\arctan\left(\dfrac{k_{\mathrm{d}}-1}{\sqrt{2k_{\mathrm{d}}-1}}\right)\right]}, & k=k_{\mathrm{d}} \\[5mm] 0, & k=k_{\mathrm{d}}+1,\cdots,N-k_{\mathrm{d}}-1 \\[5mm] \sqrt{\dfrac{k_{\mathrm{d}}}{2}\left[\dfrac{\pi}{2}-\arctan\left(\dfrac{k_{\mathrm{d}}-1}{\sqrt{2k_{\mathrm{d}}-1}}\right)\right]}, & k=N-k_{\mathrm{d}} \\[5mm] \sqrt{\dfrac{1}{2\sqrt{1-\left(\dfrac{N-k}{N\phi_{\mathrm{d}}}\right)^2}}}, & k=N-k_{\mathrm{d}}+1,\cdots,N-2,N-1 \end{cases}$$

$$(7\text{-}66)$$

◆ 7.5　NOMA 概述

正交多址接入(OMA)方式限制了小区的吞吐量和设备的连接数量。随着物联网和移动互联网的快速发展,频谱资源无法满足日益增长的系统容量需求,因此日本学者提出的面向 5G 的非正交多址接入(NOMA)技术受到广泛关注。在 NOMA 中,不同用户使用相同的时频资源,在发送端通过重叠编码(Superposition Coding,SC)发送信息,在接收端通过串行干扰消除技术消除资源共享产生的干扰,如图 7-18 所示。

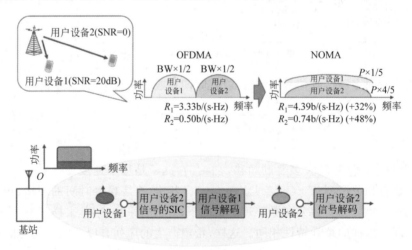

图 7-18　NOMA 概览

5G 移动通信系统采用 NOMA 不仅能够提升用户移动上网速度,更能促进物联网和工业互联网的发展。5G 作为新一代移动通信技术具有以下 3 个特点:高速率、高可靠性、大容量。其中,高速率体现在其峰值速率可达到 20Gb/s;高可靠性体现在最低 1ms 的时延;大容量不仅体现在 1km 范围内可让超过 100 万台物联网设备连接至网络,而且体现在可以这些设备的传输速率达到 100Mb/s。

7.5.1　移动通信中功率分配的意义

为了适应不同流量的需求,5G 系统应实现非常低的时延及支持高速率传输的可靠方式。由于资源有限,实现 5G 愿景并不容易,所以资源管理分配应具有高效性,为每个用户分配合适的功率是理论上实现 NOMA 系统性能最优化的关键。

5G 使用的多址接入技术是在物理层解决多个用户高效共用一个物理链路的技术。多址接入技术会影响系统的传输时延、传输速率、系统容量等指标。

NOMA 的核心思想是:在发送端,多个用户共享相同的时频资源,在功率域上使用重叠编码后发送出去;在接收端,通过串行干扰消除技术消除不同用户间的干扰,从而达到正确接收用户信息的目的。为了保证用户的公平性,提高系统的整体性能,需要给信道条件好的用户分配较小的功率,给信道条件差的用户分配较大的功率。与 OMA 相比,NOMA 引入功率域并在功率域上进行复用以满足 5G 系统高速率、高可靠性、大容量的基本要求。

7.5.2　NOMA 原理

NOMA 的基本思想是:发送端使用重叠编码让多个用户信号重叠传输,接收端使用串行干扰消除技术实现信号的解调。这样可以提升系统的频谱效率,但随与之而来的就是接收机的复杂度变高,所以 NOMA 的本质就是以接收机的复杂度换取更高的频谱效率。NOMA 下行链路中发射机和接收机的结构如图 7-19 所示。与一般通信系统相比,NOMA 增加了多用户功率分配模块和 SIC 接收机。

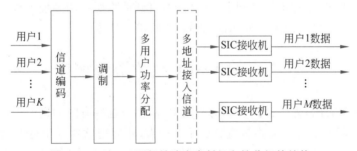

图 7-19　NOMA 下行链路中发射机和接收机的结构

接下来以一个简单的单基站双用户系统为例说明 NOMA 的工作过程。

系统由一个基站 S、一个远端用户 U_1 和一个近端用户 U_2 组成。各个节点配置单天线,给 U_1 分配更多功率以保证公平性。这样就有基站发送信号 $\sqrt{a_1 P_s} S_1 + \sqrt{a_2 P_s} S_2$ 到 U_1 和 U_2,其中 S_1 是发送给 U_1 的信息,S_2 是发送给 U_2 的信息,a_1 和 a_2 是功率分配因子,$a_1 > a_2$,且 $a_1 + a_2 = 1$。所以二者接收的信号为

$$y_i = h_i(\sqrt{a_1 P_s} S_1 + \sqrt{a_2 P_s} S_2) + v_i, \quad i = \{U_1, U_2\} \tag{7-67}$$

其中,v_i 表示均值为 0、方差为 N_0 的 AWGN,即 $v_i \sim CN(0, N_0)$。在信号检测时 U_1 和 U_2 的处理过程不同。在 U_2 的接收端,由于 U_1 的信号功率比预期信号更大,U_2 首先对 U_1 的数据进行信号检测,然后用串行干扰消除技术去除干扰,最后 U_2 通过信号检测得到预期的信号;在 U_1 的接收端,没有串行干扰消除部分,直接进行信号检测,得到自己期望的信号。

如图 7-20 所示,串行干扰消除技术的原理就是:先解调出一个用户的信号,然后进行信号重构,接着将该用户的信号从整个重叠信号中去除,然后进行下一个用户的解码,最终得到对应的用户信号。

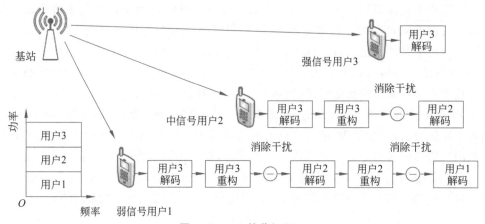

图 7-20   SIC 接收机原理

考虑到公平性,距离基站近的用户信道条件好(增益高),基站为其分配较小的功率,这个用户便成为弱信号用户;距离基站远的用户信道条件差,基站为其分配更大的功率,这个用户便成为强信号用户。他们共享相同的时频资源时,接收机侧接收到的信号强度和 SNR 成反比,弱信号侧终端接收机接收到的信号强度及 SNR 较高,强信号侧终端接收机收到的信号强度及 SNR 较低。弱信号使用 SIC 接收机将强信号用户的信号解码、重构,然后消除该强信号用户的干扰,接着依序处理下一个信号,直到消除所有的多址干扰。为了解决重叠用户信号产生的干扰,NOMA 接收端使用串行干扰消除技术。

◆ 7.6   NOMA 系统资源调度

由于频谱资源有限,为了提高资源的利用率,需要对这些有限的资源进行合理的资源分配。在 NOMA 系统中,一般先将带宽分成多个子带,然后把这些子带分配给一组或者多组用户。NOMA 系统利用用户选择和功率分配为每个用户分配合适的功率,以获得最佳系统性能。

7.6.1   用户选择

用户选择的基本思想是选择信道状态不同的用户作为一组用户复用同一个时频资源块,同一组用户之间的信道差异决定了 NOMA 性能的上限。此外,由于在 NOMA 中上行链路与下行链路的信号传输方式不同,因此用户分组的关键因素也不同。

1. 下行 NOMA 用户分组

经过 SIC 处理后,组内信道增益最高的用户的吞吐量不受组内重叠干扰的影响,其吞吐量与其自身信道增益和功率有关。即使为给信道增益最高的用户分配的发射功率很低,对其吞吐量的影响也很小。因此,若最高信道的增益足够高,发送功率对数据传输速率的影响可以忽略,除非发送功率十分低。可见,把所有用户里高信道增益的用户分散到各个用户组里对系统性能的提升十分有益,那样可以显著提高用户组内的总吞吐量。

对于低信道增益用户来讲,为了提升他们的吞吐量,需要把他们同高信道增益用户配对。高信道增益用户即使是在低功率情况下也可以有较高的吞吐量,此时为低信道增益用户分配了较大的功率。

下行 NOMA 用户分组的关键就是把高信道增益用户和低信道增益用户匹配到一个用户组内,要求用户间信道增益差异尽可能大。

2. 上行 NOMA 用户分组

在上行 NOMA 中,所有用户的信号都有不同的信道增益。基站执行 SIC 要求保持接收到的信号的差异性。与下行 NOMA 相反,在上行 NOMA 的一组内,任何用户的功率控制都不会增加组内其他用户的功率预算。

在上行 NOMA 中,高信道增益用户不会影响到低信道增益用户。高信道增益用户用其最大功率进行发送。

上行 NOMA 用户分组采用以下 4 种算法。

1) 穷尽搜索算法

顾名思义,穷尽搜索算法就是穷举算法。在算法执行的过程中,需要先确定用户分组的规则,接着根据这个规则将系统内的所有用户进行分组,通过穷举法列出所有可能的用户分组组合,然后分别计算这些不同的分组方案能获得的系统性能,对计算结果进行排序,最后得到最佳的用户分组方案。以上过程虽然可以得到有利于系统性能的最优解,但难以应用于实际。影响该算法复杂度的因素有子信道数和每个子信道中的用户数。当每个子信道中的用户数很多时,算法的复杂度也呈指数级增长。

由此可知,该算法可得出最优解,适合作为对照组进行理论分析。

2) 随机算法

随机算法的实现非常简单,在不考虑用户信道增益差异的情况下,根据子信道数及子信道内最多复用用户数,在所有用户里随机挑选用户放进一个子信道内,接着重复执行上述过程,依次为每个子信道分配用户。在考虑用户信道增益差异的情况下,将所有用户的信道增益按序排列,然后按照子信道内最多复用用户数将所有用户分成多个集合,接着随机挑选每个集合中的一个用户放入一个子信道内,重复执行上述过程,直至所有用户完成分配。

3) 匹配分组算法

匹配分组算法很好理解,m 个用户要用 n 个子信道,子信道最多复用用户数为 k,将这 m 个用户按信道增益降序排列并 k 等分,将各集合里的第一个元素放进第一个子信道内,然后依序分配剩下的元素;若到最后有剩余用户,直接补进第 n 个子信道。

匹配分组算法既保证了用户组内的信道状态差异,也考虑了算法的复杂度,是一个次优算法。

4) 最大化用户信道增益方差之和算法

最大化用户信道增益方差之和算法的基本思路如下。

设一个基站服务 N 个用户,用户随机分布,不存在信道增益完全相同的两个用户。瑞利衰落信道下用户的信道增益为 $h_1, h_2, \cdots, h_N$,将这些用户分成 m 个用户组,分别为 C_1, $C_2, \cdots, C_m$,对于第 i 组,将组内用户按照信道增益降序排列。$U_{i,j}$ 表示第 i 组内的第 j 个用户,其信道增益为 $h_{i,j}$,k_i 为第 i 组用户数量。定义 $d_i = \sum\limits_{j=1}^{k_i-1} \left| \, |h_{j+1}|^2 - |h_j|^2 \, \right|$ 为第 i 组内相

邻用户间信道增益方差之和。分组的目的是最大化 $\sum\limits_{i=1}^{m} d_i$。同时,为了避免分组不均匀导致的公平性问题,还需考虑 $\sum\limits_{i=1}^{m} d_i$ 最大时 d_i 的方差。其流程图如图 7-21 所示。

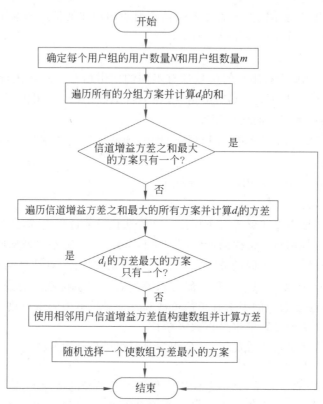

图 7-21　最大化用户信道增益方差之和算法流程图

第一步确定每组内用户数量 N,这样就有了组的数量 m。接下来遍历每一种分组方案,计算分组方案对应的信道增益方差之和。如果只有一种分组方案使得信道增益方差之和最大,那么确定此方案;如果有多种方案使信道增益方差之和最大,需要计算这些方案对应的 d_i 的方差,然后选取 d_i 的方差最小的一种或多种;如果有多种方案使得 d_i 的方差最小,将组内相邻用户间信道增益方差值组成一个数组,再计算数组内每个元素的方差,选取方差最小的一个方案;若此时仍出现相同情况,则随机挑选一种方案以确立结论。

7.6.2　功率分配

NOMA 中发送端对需要发送给用户的信息进行重叠编码,然后将编码后得到的信号发送给各个用户,在发送信号时会根据用户的信道增益状态给用户分配不同的功率,接收端根据功率的不同甄别自己应当接收的信号。因此,为各用户分配的功率仅取决于用户的信道增益状态。

NOMA 中的功率分配不仅影响到用户信号的检测次序,还与整个系统的可靠性和有效性息息相关。为各用户分配的功率仅取决于用户的信道增益状态。本节介绍 3 种常用的功率分配算法:遍历搜索功率分配算法 FSPA、固定功率分配算法 FPA 和分数阶功率分配算法 FTPA。

1. 遍历搜索功率分配算法

遍历搜索功率分配算法(Full Search Power Allocation,FSPA)与用户分组的穷尽搜索分组算法类似,也是量化每种方案下 NOMA 的系统性能,遍历找寻最佳方案。例如,在两用户场景中,两个用户的功率分配系数分别为 a 和 $1-a$,$0<a<1$,首先让 $a=0$,然后按一定步长逐渐增大,当最后 $a=1$ 时,所有方案的遍历就完成了,这时选出最佳的功率分配系数即可。该算法的复杂度和用户数以及功率分配系数的步长有关,复杂度随用户数的增多呈指数级增长,随功率分配系数的步长呈线性增长。

2. 固定功率分配算法

较之遍历搜索功率分配算法,固定功率分配(Fixed Power Allocation,FPA)算法十分容易实现。该算法将待分配用户的信道增益状态按升序排列,然后经由式(7-68)得出每个用户的功率。

$$\sum_{m=1}^{M} P_m = P, \quad P_{m+1} = aP_m \tag{7-68}$$

其中,P_m 是分配给用户 m 的功率,P 是总功率,a 是设定好的功率分配系数,$0<a<1$。可以看出,随着分配的用户数的增加,为信道增益高的用户分配的功率会变小,达成为弱信道用户分配大功率、为强信道用户分配小功率的目的。

该算法完全与用户信道增益状态以及事先决定好的功率分配系数 a 有关,用户分到的功率可一步取得,没有迭代过程,算法的性能和功率分配系数的取值有关,这是一种次优的功率分配算法。

3. 分数阶功率分配算法

分数阶功率分配(Fractional Transmit Power Allocation,FTPA)算法是系统性能与简便性折中的算法,它充分考虑了信道增益和功率分配之间的关系。可以通过表达式(7-69)求出为每个用户分配的功率。

$$H_m = \frac{|h_m|^2}{\sigma_m^2}, \quad P_m = \frac{[(H_m)^{-\alpha}P]}{\sum_{i=1}^{M}(H_i)^{-\alpha}}, \quad \sum_{m=1}^{M} P_m = P \tag{7-69}$$

其中,P 是可分配的总功率,P_m 是给用户 m 分配的功率,α 是人为定义的衰减因子,$0\leqslant\alpha\leqslant1$,$H_m$ 是用户 m 的信道增益,σ_m^2 是噪声功率。可以看出,当 $\alpha=0$ 时,所有用户平均分配功率;功率分配系数越大,为弱信道增益用户分配的功率就越高。

FTPA 也是一种次优的功率分配算法。相较于 FPA,FTPA 根据用户的信道增益情况动态调整功率分配系数。其性能比 FPA 好;其算法复杂度比 FPA 高,但远不及 FSPA。

3 种经典功率分配算法各自的优缺点都十分明显。FSPA 虽然能得到最优解,但不适用于实际情况;FPA 简单易行,但牺牲了很多系统性能;FTPA 是二者的折中,根据信道增益动态调整用户的功率分配系数,但它距离最优仍有很长一段距离。

◇ 7.7　NOMA 中基于最大化吞吐量功率分配

本节给出单小区且用户组内包含两个用户的下行 NOMA 系统,以求解最大化吞吐量的功率分配问题。

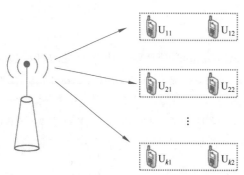

图 7-22　单小区下行 NOMA 系统模型

如图 7-22 所示,单小区下行 NOMA 系统包含一个基站以及 $2K$ 个用户,基站以及用户都配置单天线。可见用户被分成了 K 组,每组内包含两个用户,组内用户表示为 U_{k1} 和 U_{k2}。设定 U_{k1} 为距基站近的用户,U_{k2} 为距基站远的用户,基站到 U_{k1} 和 U_{k2} 的信道增益分别是 h_{k1} 和 h_{k1},有 $|h_{k1}| > |h_{k2}|$。基站给第 k 个用户组分配的功率为 P_k,给 U_{k1} 和 U_{k2} 分配的功率是 P_{k1} 和 P_{k2},有 $P_k = P_{k1} + P_{k2}$。每个用户组分得正交的子频段,带宽为 B_{sc},系统总带宽为 B,有 $B = KB_{sc}$。

用 y_{k1} 和 y_{k2} 表示 U_{k1} 和 U_{k2} 接收到的信号,有

$$y_{k1} = h_{k1}(\sqrt{P_{k1}} S_{k1} + \sqrt{P_{k2}} S_{k2}) + v_1 \tag{7-70}$$

$$y_{k2} = h_{k2}(\sqrt{P_{k1}} S_{k1} + \sqrt{P_{k2}} S_{k2}) + v_2 \tag{7-71}$$

其中,S_{k1} 和 S_{k2} 分别是 U_{k1} 和 U_{k2} 期望接收到的信号,v_1 和 v_2 分别是 U_{k1} 和 U_{k2} 接收到的单边功率谱密度为 N_0 的高斯白噪声。

近距离用户是 U_{k1},它首先检测出 U_{k2} 期望接收的信号 S_{k2},消除 S_{k2} 对 y_{k1} 的干扰,然后检测自身期望接收的信号 S_{k1}。U_{k1} 解码 S_{k2} 时的 SINR 为

$$\text{SINR} = \frac{P_{k2} |h_{k1}|^2}{P_{k1} |h_{k1}|^2 + N_0 B_{sc}} \tag{7-72}$$

如果要正确解码 S_{k2},SINR 必须高过某一个值,假设该值为 a_0,则 SINR 必须高过 a_0。消除 S_{k2} 对 y_{k1} 造成的干扰后再解码 S_{k1},此时的 SINR 为

$$\text{SINR}_{k1} = \frac{P_{k1} |h_{k1}|^2}{N_0 B_{sc}} \tag{7-73}$$

远距离用户是 U_{k2},它分得大功率,直接译码自身期望接收的信号 S_{k2},此时的 SINR 为

$$\text{SINR}_{k2} = \frac{P_{k2} |h_{k2}|^2}{P_{k1} |h_{k2}|^2 + N_0 B_{sc}} \tag{7-74}$$

由香农公式可得 U_{k1} 和 U_{k2} 的速率 R_{k1} 和 R_{k2} 分别为

$$R_{k1} = B_{sc} \log_2 \left(1 + \frac{P_{k1} |h_{k1}|^2}{N_0 B_{sc}} \right) \tag{7-75}$$

$$R_{k2} = B_{sc} \log_2 \left(1 + \frac{P_{k2} |h_{k2}|^2}{P_{k1} |h_{k2}|^2 + N_0 B_{sc}} \right) \tag{7-76}$$

以上给出基于以上模型的最大化吞吐量的功率分配方法。基站根据信道状态和每个用户的最低速率需求求出每个用户需要的最低功率以及每个用户组需要的最低功率,使用拉格朗日算法推导每个用户组的最大吞吐量和该用户组的总功率之间的关系。

7.7.1　最大化吞吐量的功率分配优化问题

最大化总吞吐量的目标是在给定的总功率并且能满足每个用户最低速率需求的情况下

最大化系统总吞吐量。可用式(7-77)表示

$$\max \sum_{k=1}^{K} \left[B_{\mathrm{sc}} \log_2 \left(1 + \frac{P_{k1} \mid h_{k1} \mid^2}{N_0 B_{\mathrm{sc}}} \right) + B_{\mathrm{sc}} \log_2 \left(1 + \frac{P_{k2} \mid h_{k2} \mid^2}{P_{k1} \mid h_{k2} \mid^2 + N_0 B_{\mathrm{sc}}} \right) \right]$$

$$\mathrm{s.t.\ C1}: \sum_{k=1}^{K} (P_{k1} + P_{k2}) = P_{\max}$$

$$\mathrm{C2}: B_{\mathrm{sc}} \log_2 \left(1 + \frac{P_{k1} \mid h_{k1} \mid^2}{N_0 B_{\mathrm{sc}}} \right) \geqslant r_{k1}, \forall k \qquad (7\text{-}77)$$

$$\mathrm{C3}: B_{\mathrm{sc}} \log_2 \left(1 + \frac{P_{k2} \mid h_{k2} \mid^2}{P_{k1} \mid h_{k2} \mid^2 + N_0 B_{\mathrm{sc}}} \right) \geqslant r_{k2}, \forall k$$

$$\mathrm{C4}: \mathrm{SINR} = \frac{P_{k2} \mid h_{k1} \mid^2}{P_{k1} \mid h_{k1} \mid^2 + N_0 B_{\mathrm{sc}}} \geqslant \alpha_0, \forall k$$

其中,C1 为基站的总功率,是 $P_{\max}$;C2 为 U_{k1} 的最低速率需求,是 r_{k1};C3 为 U_{k2} 的最低速率需求,是 r_{k2};C4 为 U_{k1} 解码 S_{k2} 时对 SINR 的要求。

7.7.2　用户的最低功率

由式(7-77)的约束条件 C2 和 C3 可以得到

$$P_{k1} \geqslant \frac{a_{k1} N_0 B_{\mathrm{sc}}}{\mid h_{k1} \mid^2} \qquad (7\text{-}78)$$

$$P_{k2} \geqslant \frac{a_{k2} (P_{k1} \mid P_{k2} \mid^2 + N_0 B_{\mathrm{sc}})}{\mid h_{k2} \mid^2} = a_{k2} P_{k1} + \frac{a_{k2} N_0 B_{\mathrm{sc}}}{\mid h_{k2} \mid^2} \qquad (7\text{-}79)$$

其中,$a_{k1} = 2^{\frac{r_{k1}}{B_{\mathrm{sc}}}} - 1$,是 U_{k1} 最低速率需求 r_{k1} 对应的 SINR;$a_{k2} = 2^{\frac{r_{k2}}{B_{\mathrm{sc}}}} - 1$,是 U_{k2} 最低速率需求 r_{k2} 对应的 SINR。

由式(7-78)可知,近距离用户需要的最低功率和该用户的信道状态、速率需求以及噪声的方差有关,与远距离用户的信道状态无关。

由式(7-79)可知,远距离用户需要的最低功率不仅和自身的信道状态、速率需求以及噪声的方差有关,还和近距离用户的功率有关,因为远距离用户检测期望接收的信号时会将近距离用户期望接收的信号作为干扰。

a_0 仅是正确解码 S_{k2} 时对 SINR 的要求,$a_0 = a_{k2}$ 即可满足 SIC 的条件。

根据式(7-77)中的 C4,$P_{k2} > P_{k1}$,有 $f(x) = \frac{P_{k2} x}{P_{k1} x + N_0 B_{\mathrm{sc}}}$ 是 x 的单调递增函数,式(7-79)成立时式(7-77)的 C4 条件也必定成立。因此,P_{k1} 和 P_{k2} 满足式(7-78)和式(7-79)时,式(7-77)里的 C2、C3、C4 约束条件也必定成立。

用 $P_{k\min}$ 表示第 k 个用户组需要的最低功率,则由式(7-78)和式(7-79)可得

$$P_{k\min} = \frac{a_{k1} N_0 B_{\mathrm{sc}}}{\mid h_{k1} \mid^2} + \frac{a_{k1} a_{k2} N_0 B_{\mathrm{sc}}}{\mid h_{k1} \mid^2} + \frac{a_{k2} N_0 B_{\mathrm{sc}}}{\mid h_{k2} \mid^2} \qquad (7\text{-}80)$$

可以看出用户组所需的最低功率和组内用户的信道状态、用户速率需求以及噪声的方差有关。每个用户组有其最低功率要求,即

$$P_{\max} \geqslant \sum_{k=1}^{K} \left(\frac{a_{k1} N_0 B_{sc}}{|h_{k1}|^2} + \frac{a_{k1} a_{k2} N_0 B_{sc}}{|h_{k1}|^2} + \frac{a_{k2} N_0 B_{sc}}{|h_{k2}|^2} \right) \tag{7-81}$$

7.7.3 最大化总吞吐量的功率分配

U_{k1} 和 U_{k2} 的吞吐量之和同 P_{k1} 成正比关系,即 P_{k1} 取满足条件的最大值能使 U_{k1} 和 U_{k2} 的速率之和最大。当 P_{k2} 满足式(7-79)的最小值时可以得到最大的 P_{k1},可以求得当 U_{k1} 和 U_{k2} 的吞吐量之和最大时

$$P_{k1} = \frac{P_k - \dfrac{a_{k2} N_0 B_{sc}}{|h_{k2}|^2}}{1 + a_{k2}} \tag{7-82}$$

此时 P_{k2} 取值为

$$P_{k2} = P_k = \frac{P_k - \dfrac{a_{k2} N_0 B_{sc}}{|h_{k2}|^2}}{1 + a_{k2}} = \frac{a_{k2} P_k + \dfrac{a_{k2} N_0 B_{sc}}{|h_{k2}|^2}}{1 + a_{k2}} \tag{7-83}$$

U_{k1} 和 U_{k2} 的吞吐量之和 R_k 为

$$
\begin{aligned}
R_k &= B_{sc} \log_2 \left(1 + \frac{P_{k1} |h_{k2}|^2}{N_0 B_{sc}} \right) + B_{sc} \log_2 \left(1 + \frac{P_{k2} |h_{k2}|^2}{P_{k1} |h_{k2}|^2 + N_0 B_{sc}} \right) \\
&= B_{sc} \log_2 \left(1 + \frac{|h_{k1}|^2 (P_k |h_{k2}|^2 - a_{k2} N_0 B_{sc})}{N_0 B_{sc} |h_{k2}|^2 (1 + a_{k2})} \right) + B_{sc} \log_2 (1 + a_{k2})
\end{aligned} \tag{7-84}
$$

式(7-84)是该用户组的最大吞吐量。

根据式(7-84),功率分配的目的,也就是式(7-77),可演进为

$$\max \sum_{k=1}^{K} \left[B_{sc} \log_2 \left(1 + \frac{|h_{k1}|^2 (P_k |h_{k2}|^2 - a_{k2} N_0 B_{sc})}{N_0 B_{sc} |h_{k2}|^2 (1 + a_{k2})} \right) + B_{sc} \log_2 (1 + a_{k2}) \right]$$

$$\text{s.t.} \quad \text{C1}: \sum_{k=1}^{K} P_k = P_{\max}$$

$$\text{C2}: P_k \geqslant \frac{a_{k1} N_0 B_{sc}}{|h_{k1}|^2} + \frac{a_{k1} a_{k2} N_0 B_{sc}}{|h_{k1}|^2} + \frac{a_{k2} N_0 B_{sc}}{|h_{k2}|^2}, \forall k \tag{7-85}$$

同样地,约束条件 C1 是基站的总功率,约束条件 C2 是给第 k 个用户组分配的功率必须大于所需最低功率。

当 $P_{\max} \geqslant \sum\limits_{k=1}^{K} \left(\dfrac{a_{k1} N_0 B_{sc}}{|h_{k1}|^2} + \dfrac{a_{k1} a_{k2} N_0 B_{sc}}{|h_{k1}|^2} + \dfrac{a_{k2} N_0 B_{sc}}{|h_{k2}|^2} \right)$ 时,式(7-85)的优化问题有解。

若要得出该解,需借助拉格朗日算法,构造拉格朗日函数

$$
\begin{aligned}
L &= \sum_{k=1}^{K} \left[B_{sc} \log_2 \left(1 + \frac{|h_{k1}|^2 (P_k |h_{k2}|^2 - a_{k2} N_0 B_{sc})}{N_0 B_{sc} |h_{k2}|^2 (1 + a_{k2})} \right) + B_{sc} \log_2 (1 + a_{k2}) \right] + \\
&\quad \lambda \left(\sum_{k=1}^{K} P_k - P_{\max} \right)
\end{aligned} \tag{7-86}
$$

分别求 L 关于 P_k 和 λ 的一阶偏导,令求出的这两个偏导等于 0 以便获得极值,可以得到

$$\begin{cases} \dfrac{|h_{k1}|^2 |h_{k2}|^2}{[N_0 B_{sc}|h_{k2}|^2(1+a_{k2})+|h_{k1}|^2(P_k|h_{k2}|^2-a_{k2}N_0 B_{sc})]\ln 2}+\lambda=0, \quad k=1,2,\cdots,K \\ \displaystyle\sum_{k=1}^K P_k - P_{max}=0 \end{cases}$$

$$(7\text{-}87)$$

令 $|h_{k1}|^2|h_{k2}|^2=b_k$, $N_0 B_{sc}|h_{k2}|^2(1+a_{k2})=c_k$, $a_{k2}N_0 B_{sc}|h_{k1}|^2=d_k$, 则式(7-87)可变为

$$\begin{cases} \dfrac{b_k}{[c_k+b_k P_k-d_k]\ln 2}+\lambda=0, \quad k=1,2,\cdots,K \\ \displaystyle\sum_{k=1}^K P_k - P_{max}=0 \end{cases}$$

$$(7\text{-}88)$$

变换拉格朗日乘子 λ 可推导得

$$\begin{cases} P_1=\dfrac{P_{max}-\displaystyle\sum_{i=2}^K\left(\dfrac{-b_i d_1+b_1 d_i-b_1 c_i+b_i c_1}{b_1 b_i}\right)}{K} \\ P_i=P_1+\dfrac{-b_i d_1+b_1 d_i-b_1 c_i+b_i c_1}{b_1 b_i}, \quad i=2,3,\cdots,K \end{cases}$$

$$(7\text{-}89)$$

可以看出,由式(7-89)能得出一个用户组的功率,其他用户组分配的功率也可以根据这一个用户组的功率得到。

如果式(7-89)中所有用户组的功率都满足 $P_k \geqslant P_{k\min}$, $k=1,2,\cdots,K$, 即满足式(7-85)中的约束条件 C2,那么式(7-89)给出的是最优解,这样的功率分配可以在满足用户最低速率需求的情况下最大化系统的吞吐量。

如果没有满足上述情况,则新建两个空集合 M、N,比较由式(7-89)得出的功率 P_k 与 $P_{k\min}$。若 $P_k \geqslant P_{k\min}$,将用户组 k 放进集合 M 里;若 $P_k < P_{k\min}$,将用户组 k 放进集合 N 里。遍历完所有的 P_k 后对 N 集合中的元素重新分配所需的功率,建立使集合 N 中所有用户组吞吐量之和最大化的功率分配优化问题,即

$$\max \sum_{n\in N}\left[B_{sc}\log_2\left(1+\frac{P_{n1}|h_{n1}|^2}{N_0 B_{sc}}\right)+B_{sc}\log_2\left(1+\frac{P_{n2}|h_{n2}|^2}{P_{n1}|h_{n2}|^2+N_0 B_{sc}}\right)\right]$$

$$\text{s.t.} \quad \text{C1：}\sum_{n\in N}P_n=P_{max}-\sum_{m\in M}P_m$$

$$\text{C2：}P_n\geqslant\frac{a_{n1}N_0 B_{sc}}{|h_{n1}|^2}+\frac{a_{n1}a_{n2}N_0 B_{sc}}{|h_{n1}|^2}+\frac{a_{n2}N_0 B_{sc}}{|h_{n2}|^2}, \quad \forall n\in N \qquad (7\text{-}90)$$

其中,$\displaystyle\sum_{m\in M}P_m$ 是为 M 集合元素分配的功率之和,C1 指集合 N 中元素的总功率,C2 指集合 N 中元素分配的功率必须不低于该元素所需的最低功率。

式(7-90)求优化问题的方式同式(7-85),得出结论后,如果仍无法分配好所有用户组的功率,则重复构建式(7-90)的优化问题并求解,直到所有的用户组都被分配了所需的最低功率。

该算法到这一步已完成最大化各用户组总吞吐量的目的,下一步是为用户组内的用户分配功率。在知道 P_k 的情况下,根据式(7-82)式(7-83)即可求得 P_{k1} 以及 P_{k2},至此所

有用户的功率分配结束,图 7-23 是整个算法的流程。

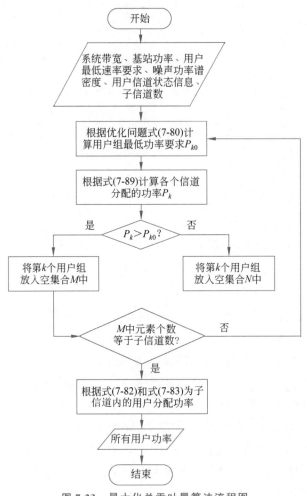

图 7-23 最大化总吞吐量算法流程图

7.8 毫米波和太赫兹技术

7.8.1 概述

毫米波是指 $30\sim300\mathrm{GHz}$ 的频域(波长为 $1\sim10\mathrm{mm}$)的电磁波,它位于微波与远红外波交叠的波长范围,因而兼有两种波谱的特点。毫米波的理论和技术分别是微波向高频的延伸和光波向低频的发展。2020 年 6 月 15 日,中国工程院院士刘韵洁表示,南京网络通讯与安全紫金山实验室已研制出 CMOS 毫米波全集成 4 通道相控阵芯片。

与光波相比,毫米波利用大气窗口(毫米波与亚毫米波在大气中传播时,由于气体分子谐振吸收所致的某些衰减为极小值的频率)传播时的衰减小,受自然光和热辐射源影响小。

毫米波有以下优点:

(1) 极宽的带宽。通常认为毫米波频率范围为 $26.5\sim300\mathrm{GHz}$,带宽高达 $273.5\mathrm{GHz}$,超过从直流到微波全部带宽的 10 倍。即使考虑大气吸收,在大气中传播时只能使用 4 个主要窗口,但这 4 个窗口的总带宽也可达 135GHz,为微波以下各波段带宽之和的 5 倍。这在频率资源紧张的今天无疑极具吸引力。

(2) 波束窄。在相同天线尺寸下毫米波的波束要比微波的波束窄得多。例如,一个 12cm 的天线,在 9.4GHz 时波束宽度为 18°,而 94GHz 时波束宽度仅 1.8°,因此可以分辨相距更近的小目标或者更为清晰地观察目标的细节。

(3) 与激光相比,毫米波的传播受气候的影响要小得多,可以认为具有全天候特性。

(4) 和微波相比,毫米波元器件的尺寸要小得多,因此毫米波系统更容易小型化。

毫米波有以下缺点:

(1) 在大气中传播时衰减严重。

(2) 器件加工精度要求高。

毫米波在通信、雷达、遥感和射电天文等领域有大量的应用。要想成功地设计并研制出性能优良的毫米波系统,必须了解毫米波在不同气象条件下的大气传播特性。影响毫米波传播特性的因素主要有构成大气成分的分子吸收(氧气、水蒸气等)、降水(包括雨、雾、雪、雹、云等)、大气中的悬浮物(尘埃、烟雾等)以及环境(包括植被、地面、障碍物等),这些因素的共同作用会使毫米波信号受到衰减、散射,改变极化和传播路径,进而在毫米波系统中引进新的噪声,这些因素将对毫米波系统的工作造成极大影响,因此必须详细研究毫米波的传播特性。

近年来,随着对毫米波系统需求的增长,毫米波技术在研制发射机、接收机、天线以及毫米波器件等方面有了重大突破,毫米波雷达进入了各种应用的新阶段。

20 世纪 80 年代以来,由于对毫米波雷达需求的日益增长,从而形成了开发毫米波雷达的热潮,这是因为毫米波雷达具有以下特性:

(1) 频带极宽,适用于各种宽带信号处理。

(2) 可以在小的天线孔径下得到窄波束,方向性好,有极高的空间分辨率,跟踪精度较高。

(3) 多普勒带宽较大,多普勒效应明显,具有良好的多普勒分辨率,测速精度较高。

(4) 地面杂波和多径效应影响小,低空跟踪性能好。

(5) 毫米波散射特性对目标形状的细节敏感,因而在多目标分辨中可提高对目标识别的能力与成像质量。

(6) 由于毫米波雷达以窄波束发射,因而使敌方在电子对抗中难以截获。

(7) 目前隐身飞行器等目标设计的隐身频率范围局限于 1~20GHz,又因为机体等不平滑部位相对毫米波来说更加明显,这些不平滑都会产生角反射,从而增加有效反射面积,所以毫米波雷达具有一定的反隐身功能。

(8) 毫米波与激光和红外线相比,虽然它没有后两者的分辨率高,但它具有穿透烟、灰尘和雾的能力,可全天候工作。

毫米波雷达的缺点主要是受大气衰减和吸收的影响,目前作用距离大多限于 10km 之内。另外,与微波雷达相比,毫米波雷达的器件目前批量生产成品率低。再加上许多器件在毫米波频段均需涂金或者涂银,因此器件成本较高。

毫米波天线有以下几种:

(1) 喇叭天线。角锥形喇叭一般的开口波导可以辐射电磁波,但由于其口径较小,因此辐射效率和增益较低。如果将金属波导开口逐渐扩大、延伸,就形成了喇叭天线。喇叭天线因其结构简单、频带较宽、易于制造和方便调整等特点而被广泛应用于微波和毫米波段。在毫米波治疗仪中喇叭天线也普遍采用。

(2) 微带天线。微带天线或印刷天线最早是在厘米波段得到广泛应用的,随后扩展到毫米波段。这类扩展并不是按波长成比例缩放,不是完全的仿效,而是有着新的概念和新的发展。

但是,与厘米波相比,毫米波微带天线有两个关键问题:一是传输线的损耗变大;二是尺寸公差变得很严格。

(3) 漏波天线。这类天线是开放式结构。电磁波沿着开放式结构传输时,由于一些不连续结构而辐射能量,所以称之为漏波天线。

100GHz~3THz 是 5G 乃至 6G 通信系统的一个很有前途的频带,这些频段为革命性的应用提供了可能性,这些应用将通过新的思维和设备、电路、软件、信号处理和系统的进步而成为可能。由于天线增益能够克服信道衰减,移动通信将支持更长的距离,通过降低计算复杂度和简化自适应天线阵列的信号处理方法提高数字相控阵天线的性能。一些新的研究内容包括功率有效波束转向算法、100GHz 以上的新传播和分区损耗模型以及考虑空间上的微小变化和相关性信道建模。

今天,在 60GHz 的全球免许可无线毫米波带内,有 7GHz 的带宽可用,在如此宽的带宽内,只有频谱效率至少为 14b/(s·Hz) 的传输方案才能达到 100Gb/s 的数据速率,因此,100Gb/s 或以上的数据速率将在 100GHz 以上的频率上发展,因为更宽的可用频谱。表 7-2 给出 FCC 提出的免许可频谱。

表 7-2　FCC 提出的免许可频谱

频率波段/GHz	连续带宽/GHz
116～123	7.0
174.8～182	7.2
185～190	5.0
244～246	2.0
合计	21.2

图 7-24 说明了不同频段电磁波谱及其应用。在可见光和红外线频段,大气和水对信号传播有较大影响,阳光为保护眼睛安全而要求的低发送功率以及粗糙表面的高扩散损耗限制了它们在无线通信系统中的应用。电离辐射(包括紫外线、X 射线和伽马射线)很危险,因为这几种射线有足够高的粒子能量去除电子并产生自由基,从而导致癌症,被认为是宇航员进行星际探索的一个主要健康风险。电离辐射可用于金属厚度测量、伦琴立体摄影测量、天文学、核医学、消毒医疗设备以及对某些食品和香料进行巴氏杀菌。与电离辐射不同,毫米波、红外线和可见光是非电离的,因为光子能量几乎不足以从原子或分子中释放电子。

虽然 5G、IEEE 802.11ay 和 IEEE 802.15.3d 设计为毫米波段,并预计数据速率可达100Gb/s,但未来的 6G 网络和无线应用可能离实现还有十年之遥,而且肯定会受益于100GHz~1THz 频段的运行。毫米波和太赫兹频段的短波长将允许在集线器和回传通信中进行大规模的空间复用以及精确传感、成像、光谱学等应用。可以将太赫兹频段描述为

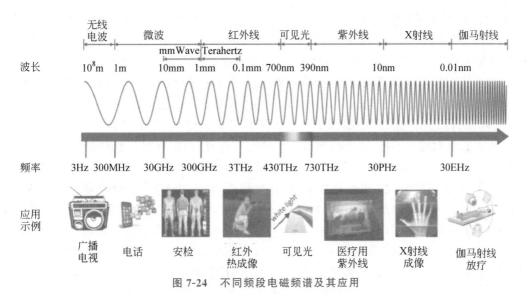

图 7-24　不同频段电磁频谱及其应用

300GHz～3THz,波长极小(微米级)使得极高增益天线能够以极小的物理尺寸制造。一些国家使用次太赫兹或亚毫米波定义 100～300GHz 频段。

在太赫兹频段上创建商业收发器面临巨大挑战,全球正在应对这些挑战。

在太赫兹频段有很高的大气衰减,特别是在 800GHz 以上的频段,如图 7-25 所示,其中的 3 条曲线从上至下分别对应 100%、80% 和 60% 的湿度。高方向性的"铅笔型"波束天线(天线阵列)将被用来补偿额外的路径损耗,因为对于固定的物理天线孔径尺寸,增益和方向性与频率的平方成正比。这个特性使得太赫兹频段信号极难被拦截或窃听。

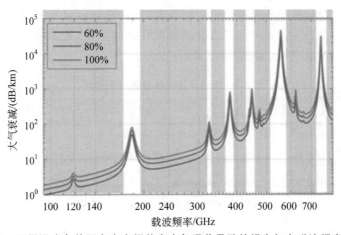

图 7-25　不同湿度条件下自由空间状态大气吸收导致的损失与电磁波频率的关系

能源效率对于通信系统来说是很重要的,特别是 100GHz 以上波段,用消费因子(Consumption Factor,CF,以 b/(s・W) 衡量)理论量化在重要设备、系统和网络权衡的情况下的能源消耗,以此定量分析和权衡各种设计方法。发射机部件(如天线)的效率对 CF 的影响最大。

当关闭的部件(例如基带处理器、振荡器或显示器)使用的功率远大于与传输信号路径一致的部件(例如功率放大器、混频器、天线)消耗的功率时,能源效率随带宽的增大而增大。

对于非常简单的无线电发射机,例如低成本物联网中的发射机,其中的辅助基带处理器和振荡器所需的功率与发射功率相比很小,能源效率与带宽无关。因此,与传统的观点相反,CF 理论证明,对于具有固定物理孔径的天线,与目前的 6GHz 以下的通信网络相比,在毫米波和太赫兹频段上更节能,从而产生更大的带宽和更高的能源效率。

全球监管机构和标准机构,如 FCC、欧洲电信标准研究所(ETSI)和国际电信联盟(ITU),正在针对将 95GHz 以上的频带分配给点对点、广播服务和其他无线传输应用征求意见。在 2019 年 3 月,FCC 投票在美国首次开放 95GHz 以上的频谱,并提供了 21.2GHz 的带宽作为免许可频谱,并允许实验使用的最高频为 3THz。毫米波联盟(mmWave Coalition)包含一系列创新公司和大学,其目标是消除对美国使用频率 95～275GHz 的技术的监管障碍,该联盟向美国公平竞争委员会(FTC)和国家电信和信息管理局(NTIA)提交了意见,以便为美国的未来制定一项可持续的频谱战略,并敦促 NTIA 更多地开放 95GHz 以上的频谱。电气和电子工程师协会(IEEE)于 2017 年成立了 IEEE 802.15.3d 任务组,用于频率为 252～325GHz 的全球 WiFi 使用,并为 250～350GHz 频率范围创建了第一个全球无线通信标准,标称数据速率为 100Gb/s,信道带宽为 2～70GHz。

IEEE 802.15.3d 的用例包括信息下载、内部无线电通信、数据中心连接和用于前向和反向的无线光纤。一个重要的问题是天线的模拟和制造,其目的是确保地面固定和移动子太赫兹系统不干扰在地球上同一个子太赫兹波段工作的卫星和天基传感器。

7.8.2 毫米波和太赫兹频段的应用

由毫米波和太赫兹无线局域网和蜂窝网络提供的超高数据速率将使计算机通信、自动驾驶车辆、机器人控制、信息下载、智能医疗、智能家居、视频会议和数据中心的高速无线数据分发具有超高下载速度。毫米波和太赫兹频段在无线认知、传感感知、成像、无线通信和精确定位等领域有广泛应用,如表 7-3 所示。

表 7-3　毫米波和太赫兹频段的应用

应用领域	应用举例
无线认知	机器人控制、无人机车队控制、自动驾驶车辆控制
传感感知	空气质量检测、个人健康监测系统、手势检测、爆炸物检测和气体传感
成像	在黑暗中成像的高清视频雷达、太赫兹人体安检
无线通信	移动无线通信、用于回传设备的无线光纤、内部无线电通信、数据中心的连通、信息下载(>100Gb/s)
精确定位	厘米级定位

1. 无线认知

无线认知是指提供一个通信链路,使用无线远程方法进行认知处理。太赫兹频段可能是第一个可以提供实时无线认知应用的频段。

人脑有大约 1000 亿(10^{11})个神经元,每个神经元每秒可以发射 200 次信号(5ms 更新率),每个神经元连接到大约 1000 个其他神经元,计算速度为 20×10^{15} FLOPS,如果每个操

作中的数据都采用一位二进制数,则数据速率为

$$10^{11} \times 200 \times 10^3 \times 1 b/s = 20\,000 Tb/s \qquad (7\text{-}91)$$

在每个神经元写入 1000B,形成人类大脑的记忆,其存储量为

$$10^{11} \times 10^3 B = 10^{14} B \approx 100 TB \qquad (7\text{-}92)$$

假设计算机的计算速度为 10^{12} FLOPS,比人脑的速度小 4 个数量级。未来的无线通信(6G 或 7G)很可能为太赫兹系统中的每个用户分配多达 10GHz 的射频信道,假设每个用户能够利用 10 位/码元调制方法,并且使用协同多点(Coordinated Multiple Points,CoMP)和大规模 MIMO 以外的尚待发明的概念使信道容量增加到目前的 1000 倍,从式(7-93)中可以很容易地看到,将达到 100Tb/s 的数据速率。

$$10^{10} \times 10 \times 1000 = 100 Tb/s \qquad (7\text{-}93)$$

从式(7-91)和式(7-92)可以清楚地看出,在 10GHz 信道带宽中,100Tb/s 链路是合理的,提供了 0.5% 的人脑计算能力。可以说,如果使用 100GHz 信道带宽,可以通过无线传输达到 1000Tb/s 的信息,即人脑计算能力的 5%。

2. 传感感知

传感感知利用亚毫米波段 100GHz 以上的信道带宽从各种材料的频率选择性共振和吸收中获得信道特征并加以应用。在一个小的物理实体中实现高增益天线的能力也使传感应用具有很强的方向性,并且空间分辨率随着波长的减小而变得更加精细。

通过波束扫描,有可能通过监测不同角度的阵列接收到的信号创建物理空间的图像。由于波束转向算法可以实时(亚微秒)实现,并且无线电传播距离很小(例如,在房间内以米为单位),从而使传播时间小于 10ns,因此在几秒或更短的时间内测量房间或复杂环境的特性是可行的。这种能力开辟了无线的一个新维度,使未来的无线设备能够进行无线现实感知,并收集任何位置的地图或视图,从而未来可以在云端创建、上传和共享详细的三维世界地图。此外,由于某些材料和气体在整个太赫兹波段的特定频率上具有振动吸收(例如共振),因此可以根据频率扫描光谱检测某些设备的存在以及某些化学物质或过敏原在食物、饮料或空气中的存在。

太赫兹频段将启用新的传感应用,如用于手势检测和无触摸智能手机的小型化雷达、用于爆炸物检测和气体传感的光谱仪以及太赫兹人体安检、空气质量检测、个人健康监测系统、精确时频传输和无线同步。通过建立任何环境的实时地图,还可以预测移动设备的信道特性、辅助定向天线对准以及提供飞行位置。这一能力也可以上传给云空间,以便能够实时绘制和感知地球空间,并可用于运输、购物和其他商业应用。

3. 成像

毫米波和太赫兹频段雷达可用于恶劣天气的辅助驾驶或飞行,保卫国家安全,它受天气和环境光的影响较小。虽然 LIDAR(Light Detection and Ranging,光检测和测距)可以提供更高的分辨率,但当有雾、下雨或多云时,LIDAR 不能正常工作。以几百吉赫兹工作的高清视频分辨率雷达可以提供类似电视的图像质量,可以弥补较低频率(低于 12.5GHz)的雷达的缺陷。

太赫兹频段可以增强人类和计算机的视觉,这使其在救援、监视、自主导航和定位方面具有独特的能力。建筑表面(例如墙壁、地板、门)通常是太赫兹能量的完美反射器,如果有足够多的反射或散射路径,则通过太赫兹成像技术可以看到墙角和墙后的图像。基于可见

光和红外线的 NLoS 成像方法也得到了研究,但是由于光的波长小于大多数表面的表面粗糙度,因此光学 NLoS 成像需要复杂的硬件和重建算法,同时成像距离较短(小于 5m)。一般来说,由于信号弱散射、视场小和集成时间长,可见光系统的实际部署一直没有得到充分的发展。NLoS 雷达系统(小于 10GHz)的损失较小,物体看起来更平滑。然而,在较低的频谱中,边缘衍射变得更强,并且由于具有较强的多重性反射传播,图像很容易变得杂乱。此外,较低频率雷达系统需要精确的静态几何知识,并仅限于目标检测,而不是隐藏场景的详细图像。

太赫兹频段结合了微波和可见光的许多优点。也就是说,它们具有小波长和大带宽的特点,适用于高空间分辨率图像与中等大小的成像系统。

如图 7-26 所示,建筑物表面在微波下表现得光滑,在可见光和红外线下表现出很大的粗糙度,在太赫兹频段表现出显著的散射和镜面反射。

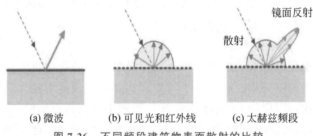

(a) 微波　　　(b) 可见光和红外线　　　(c) 太赫兹频段

图 7-26　不同频段建筑物表面散射的比较

强大的反射作用将物体表面转化为接近镜面,从而能够对物体进行成像,同时保持空间相干性(窄光束)和高分辨率。雷达成像系统用太赫兹波照亮场景,并通过计算背面散射信号的路径时间生成三维图像。当散射信号的路径涉及周围物体表面的多次反射时,得到的三维图像就会出现失真。如果 LoS 物体表面由于强烈的镜面反射而起到反射镜的作用,则可以通过应用相对简单的镜像转换重建 NLoS 物体的校正图像。

4. 无线通信

随着毫米波和太赫兹技术研究的不断深入,通信产业链会进一步向前发展。

毫米波和太赫兹技术是 5G 乃至未来 6G 发展的必选项。5G 要求的大带宽只有通过提高工作频率才能实现,要提高工作频率,就必须使用毫米波和太赫兹技术,尽管这样会导致功耗和成本的增加,然而这却是目前技术水平下实现大带宽必不可少的途径。

频谱资源是移动通信发展的基础,5G 无线通信将持续开发优质可利用频谱,在对现有频谱资源高效利用的基础上,进一步向毫米波、太赫兹、可见光等更高频段扩展,通过对不同频段的频谱资源的综合高效利用以满足不同层次的发展需求。

通过改变整个无线通信系统运营的商业模式,才能让毫米波和太赫兹技术在下一步的无线移动通信中发挥更大的作用。

低成本是 6G 毫米波和太赫兹技术应用中需要攻克的难关。5G 融合更大、更复杂、更智能的网络,涉及多个部门和多种技术挑战,需要不同的运营商以及产业界共同努力。

尽管现阶段毫米波和太赫兹技术的发展面临诸多挑战,然而随着相关技术的不断突破和高频器件产业的持续发展,毫米波和太赫兹技术将凭借其丰富的频率带宽资源等天然优势,与其他低频段网络融合组网,广泛应用于多维度、多尺度通信场景,成为未来无线通信的重要支撑技术。

但是,从器件角度看,为了提高增益,就要从器件设计角度优化整个系统的性能,以减少链路的损耗。随着数据流量需求的指数级增长,在 5G 蜂窝网络中正式应用的 100GHz 以下频段的毫米波通信技术可能无法满足未来无线通信的更高要求:包括 1Tb/s 的峰值数据速率、60b/(s·Hz)峰值频谱效率、10^{-9} 的超低误码率、0.1ms 的超低端到端延迟、100 倍于 5G 通信的能源效率、以及 $1\sim 3$mm 的感知精度。而太赫兹通信独有的四大优势使其拥有可以满足未来的 6G 无线系统需求的潜力:①数十甚至数百吉赫兹(GHz)的带宽;②皮秒级符号时长;③可集成数千个亚毫米长度天线;④易于与其他标准化频段并存。因此,太赫兹通信使得太字节每秒(TB/s)的无线局域网、物联网、集成接入回传、空间通信等应用场景成为可能,同时支持片上网络、纳米物联网、包括虚拟现实/增强现实和元宇宙在内的通信感知一体化等多项先进通信技术。

5. 精确定位

利用毫米波成像和通信进行厘米级定位是一项极具前景的技术,可能会应用于 100GHz 以上的便携式设备,如图 7-27 所示。

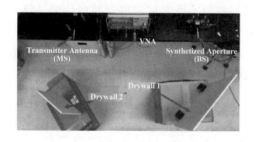

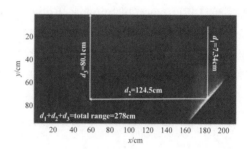

(a) 实验场景　　　　　　　　　　(b) 用户位置投影在构造的毫米波图像

图 7-27　厘米级定位设备示例

图 7-27(a)的实验装置包括 3 部分:①模拟 13cm 孔径线性天线阵列并以 $220\sim 300$GHz 工作的合成孔径雷达;②两个干壁片;③在合成孔径雷达的 NLoS 中的单天线用户。首先,通过快速波束转向和分析雷达在非常窄的波束角分离下构造周围环境的毫米波图像(例如地图),包括 LoS 和 NLoS 物体。其次,用户发送一个上行导频,基站或接入点的天线阵列使用该导频估计到达角度(AOA)和到达时间(TOA)。最后,使用 AOA 和 TOA 在构造的毫米波图像上回溯用户信号的路径,如图 7-27(b)所示,以确定用户位置。图 7-27(a)这种基于毫米波成像/通信的方法能够在 2.8m 的距离内将用户定位在 2cm 半径内,有很高的精度。

利用毫米波和太赫兹频段成像技术进行定位,与其他方法相比,具有独特的优点。毫米波成像/通信方法可以将用户定位在 NLoS 区域,即使他们到基站/接入点的路径经历了多次反射。例如,图 7-27(a)定位路径经历了两次反弹。此外,传统的同时定位和地图构建(Simultaneous Localization and Mapping,SLAM)方法需要事先了解和校准环境,而基于毫米波成像/通信方法不需要事先了解环境。通过构建或下载环境地图,移动设备将能够利用许多其他功能,例如,预测信号电平,使用实时站点的预测,将地图上传到云库中,或将地图用于移动应用程序。由于利用 100GHz 以上频率的大带宽,LoS 和 NLoS 用户可以以厘米精度定位。这些特性突出了毫米波成像/通信的优势,在未来的 6G 系统中可以大有作为。

使用毫米波或太赫兹频段成像重建未知环境的三维地图,可以在应用中与传感定位结合。

7.8.3 基于时空 Sigma-Delta 理论的多端口阵列收发器体系结构

采用 100GHz 以上的毫米波和太赫兹频段可能需要采用新的方法进行收发器前端设计，这是由于功率效率的挑战和在较小的物理尺寸内可能出现的天线数量大幅增加。事实上，射频放大器的物理尺寸不能够做得很小，使其可被放在太赫兹频段的单个天线元件后面，这可能需要通过混合波束形成方法实现。

收发器关键性能指标(例如低噪声放大器的噪声特性和线性特性以及功率放大器的峰值输出功率 P_{sat} 和加电效率)随着工作频率 f_0 的增加而迅速下降，相位噪声随着工作频率的增加而增加。因此，在现代 5G 无线和 WiFi 系统中，为这些频率上的高阶调制提供足够好的性能变得具有挑战性。在毫米波和太赫兹频段上使用的天线数量较多，这要求考虑阵列信号处理技术，这些技术可以在毫米波和太赫兹频段收发器面临噪声和线性限制的情况下提高天线阵列性能。空间漫射天线新技术、新的相控阵设备结构和紧凑的计算方法可以提供精确的波束转向，比目前的相控阵波束形成方法需要的功率更小，物理芯片尺寸也更小。

可以采用毫米波数字相控阵发射和接收远场传播的电磁平面波。考虑平面波的时空频域支持区域(Region of Support，RoS)，包含阵列收到的所有可能感兴趣的信号。这个区域是时空频域中的锥形区域，其中给定时空光束模式的所有平面波都受限，如图 7-28 所示。这里 λ_m 是电磁波长，$K_x(\geqslant 1)$ 和 $K_y(\geqslant 1)$ 分别是沿 x 轴和 y 轴的空间过采样因子，为方便推导，假设 $K_x = K_y = K_u$。在图 7-28(a) 中，天线间距沿 x 轴和 y 轴分别为 $\lambda_m/(2K_x)$ 和 $\lambda_m/(2K_y)$。

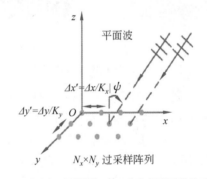

(a) 一个空间过采样的 $N_x \times N_y$ 均匀矩形天线阵列

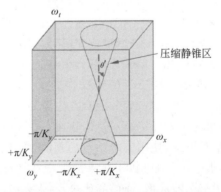

(b) 在时空频域中均匀矩形天线阵列接收到的波

图 7-28   采用毫米波数字相控阵发射和接收远场传播的电磁平面波

对于 x-y 平面内的奈奎斯特采样天线阵列,由曲面 $\omega_x^2 + \omega_y^2 = \omega_{ct}^2$ 定义的锥形频域区域包含用于无线通信的所有传播射频束,其中 ω_x 和 ω_y 是沿 x 轴和 y 轴的波的空间频率,而 ω_{ct} 是其时间频率。当天线阵列在空间上过采样时,锥形 RoS 变得较窄,曲面由 $\omega_x^2 + \omega_y^2 = \omega_{ct}^2 / K_u^2$ 给出,其中 $K_u \in \mathbb{Z}^+$ 是空间过采样因子。具体地说,圆锥的开口角由 $\theta' = \arctan(1/K_u)$ 给出,见图 7-28(b),其值随着 K_u 的增大而减小。因此,所有传播波的锥状 RoS 占据的时空频域体积随 K_u 的增大而减小。

天线阵列的空间过采样使得圆锥在空时频域内变得越来越稀疏。作为一个简单的例子,当载波频率为 300GHz 时,对应的自由空间波长 $\lambda = 1\text{mm}$。传统的奈奎斯特采样天线阵列的天线间距为 $\lambda/2 = 0.5\text{mm}$,导致圆锥的开口角 $\theta' = 45°$;而 4 倍空间过采样阵列的天线间距为 $\lambda/8 = 0.125\text{mm}$,从而导致 $\theta' = 14°$。这种稀疏性不允许天线阵列产生更清晰的光束(因为光束宽度最终受到总孔径的限制),但对于降低噪声、提高线性和放宽对模数转换器或数模转换器分辨率的要求有好处。

1. 天线阵列中的静锥区

对于给定的空间过采样因子 K_u,所有可能的电磁平面波及其穿过天线阵列的束状宽带光谱 RoS 都位于锥形区域内。由于相对论约束,在这个区域之外不可能存在传播波,这是在时空频域观察到的波动方程性质的直接结果,时空频域的其余部分没有任何传播波。因此,将特定天线阵列的过采样因子定义为阵列的静锥区,它是锥状 RoS,设计任务是将所有可能的噪声和失真转移到静锥区外。静锥区直接产生于电磁平面波在时空频域 $(\omega_x, \omega_y, \omega_{ct}) \in \mathbb{R}^3$ 中的关系,因此存在于所有均匀间隔的矩形天线阵列中。这些自然发生的静锥区可以相当有效地提高天线阵列的性能。

2. 从 N 个 2 端口传输器移动到一个多端口收发器进行阵列处理

在传统数字相控阵收发器中,单个收发器被复制 N 次,形成 N 元阵列。目前这些 N 个单独收发器被单个多端口收发器所取代。例如,N 个元素数组中 N 个常规多位 ADC 被单个采用一位分辨率的 $K_u N$ 端口 ADC 所取代。

多端口 ADC 接收模拟输入的 $K_u N$ 个数,并产生 $K_u N$ 个一位数字输出。该算法以电路的形式实现,在空域和时频域上对噪声和失真进行整形,使得噪声和失真能量的主要部分位于感兴趣信号的静锥区之外。这一事实允许在 $K_u N$ 个数字波束形成器中使用较低分辨率的 ADC 输出,它产生的输出比传统的 N 元阵列接收机具有更高的数字分辨率。

这种多端口 ADC 在 K_u 个天线数量的成本可能节省 2^{K_u}(即指数级)个比较器。噪声整形的想法基于这样一个事实:在基频占用数十吉赫兹的次太赫兹载波频率下,全数字数组阵列有近似一位 ADC 组成的多端口 ADC 是可能的。与传统阵列构建 N 个高分辨率 ADC 不同,一位多端口 ADC 噪声整形从功率和部分计数的角度看应用更广泛。噪声整形方法允许空间过采样的密集一位接收器阵列具有与奈奎斯特间隔的 3~4 位分辨率阵列相同的量化噪声性能。

3. 天线阵列的空间噪声整形电路

事实上,所有相控阵都存在静锥区,并且随着 K_u 的增加,在时空频域中变得越来越稀疏,这一事实以前被用来提高阵列性能,为毫米波和太赫兹频段相控阵天线提供了更广阔的前景。可以利用单个收发器信道之间的这种多维时空反馈,这些反馈回路模拟了 Δ-Σ 算法的性能,这些算法被广泛应用于提高模数转换器(ADC)和数模转换器(DAC)的分辨率。

图 7-29 是时空 Δ-Σ ADC 的示例,与传统数字相控阵的拓扑结构相比,它给出了一个 Δ-Σ ADC 和 LNA(Low Noise Amplifier,低噪声放大器)的例子,其中时空噪声整形在时空频域中进行。多端口 ADC 内的模拟滤波模块将输入端口和输出端口耦合,使一位量化器产生的量化噪声形成在阵列的 K_u 压缩静锥区之外。另一方面,感兴趣的平面波信号现在位于静锥区内,可以由数字波束形成器提取,它的低旁瓣将显著衰减系统的量化噪声。

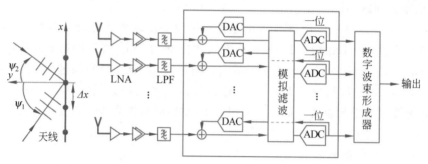

图 7-29　时空 Δ-Σ ADC 的示例

在图 7-29 中使用相控阵体系结构的一个关键和有价值的结果是可以在许多天线元件(无论是数字波束形成还是混合波束形成的实现中)后面使用射频电路(与天线元件间距相比,射频电路可能在物理尺寸上很大)。传统的阵列设计可能根本无法在物理上容纳相控阵封装中的射频晶体管。

传统的 Δ-Σ ADC 是为了将期望的信号(即要数字化的输入)与不期望的信号(即量化噪声)沿时间轴和频率轴分离出来,从而提高 ADC 的精度,使之超过量化器的精度。事实上,许多 Δ-Σ ADC 使用一位量化器(即单个比较器),但仍然提供几位有效分辨率(即有效位数 ENOB $\gg$ 1)。这种改进的性能是通过结合两个关键原则实现的:①时间过采样,以扩大 ADC 量化噪声传播的频率范围,从而降低其功率谱密度(Power Spectral Density,PSD);②噪声整形,以主动过滤量化噪声,使其远离必须限制感兴趣的输入信号(由于过采样)的小频率范围(低频)。请注意,Δ-Σ DAC 的工作方式与 Δ-Σ ADC 基本相似,但模拟输入和数字输出信号的作用与之相反。

开发的关键点是空间过采样天线阵列的潜在好处以及将阵列电子学的不必要的热噪声和量化噪声整形远离传播电磁波所占据的静锥区,这与传统 Δ-Σ ADC 或 DAC 中的时间过采样和噪声整形提供的好处类似。可以添加适当的空域和时空域反馈回路,如图 7-29 所示,在相邻收发器信道中的放大器和数据转换器之间精心设计电耦合网络。因此,可以使低噪声放大器(LNA)、ADC 和 DAC 在阵列内添加的热噪声、量化噪声和非线性失真位于阵列的静锥区之外,有效地将它们与天线接收或传输的传播电磁波分离。因此,空间噪声整形改善了接收阵列的所有重要性能指标:它降低了噪声系数,大大提高了线性度,并显著增加了有效位数。这些改进能够降低接收机功耗。例如,可以使用单独的噪声放大器、非线性放大器和低分辨率量化器模拟高性能版本,从而大大降低硬件复杂性和整体功耗,由此可以大大简化密集多波束阵列的设计,放宽冷却要求。

直观地说,高度叠加的阵列接近连续孔径,这意味着噪声、线性度或有效位数的进一步改进很困难。然而,模拟和实验都证实,使用通用天线元件(例如贴片和偶极子)实现中等过采样比(K<4)的显著性能效益是可能的。

7.8.4 低尺寸、低重量和低功率的新型宽带多波束形成器

通过计算空间维度上的 N 元离散傅里叶变换(DFT),可以利用 N 元均匀线性天线阵列实现 N 元多波束形成器。这些计算可以使用空间快速傅里叶变换(FFT)有效地完成,它可以使用模拟和数字方法来实现并将 DFT 的计算复杂度从 $O(N^2)$ 降低到 $O(N\log_2 N)$。此外,DFT 可以用比 FFT 更低的复杂度完成计算,最坏情况下旁瓣电平有 2dB 的差别。虽然今天的移动设备不关心由于 FFT 计算而节省的功率(因为调制的保真度对低误码率至关重要),但对于未来的毫米波和太赫兹频段的无线设备来说,情况可能并非如此。事实上,大量信道带宽的可用性和对功耗的敏感性(例如以延长电池寿命为目标)可能会减弱目前对 DFT/FFT 处理中完美保真度的需求,并使近似 DFT 更为实用。

然而,DFT/FFT 和近似 DFT 方法都是窄带数字波束形成器,因此不适合新兴的宽带 5G/6G 数字阵列。真正的时间延迟(True-Time-Delay,TTD)波束形成器需要实现电子引导的宽带射频光束。与相控阵(即基于 DFT 的)波束形成器不同,由于"光束斜视",波束形成器仅限于较小的分数带宽,TTD 波束形成器实现了 5G 和即将到来的 6G 应用所要求的频率独立的宽带射频光束。但与数字相控阵中使用的传统窄带方法相比,产生大量 TTD 光束所需的数字算法复杂度可能相当惊人,由此产生的运算电路复杂性和功耗往往成为限制因素。解决方法有延迟串联探测矩阵(Delay Serial Detection Matrix,DSDM)及其分解。对于基于多波束 DSDM 的 TTD 波束形成器来说,扩展到类 FFT 算法是当前研究的主题。特别是对于较小的 N,DSDM 分解的快速算法已经被提出,而适用于较大的 N 的算法正在开发中。TTD 方法在毫米波和太赫兹循环器和双工器中的应用大有希望,它们是允许单向传输的非线性设备,用于将多个信号耦合到单个射频端口。因此,与目前无线系统中使用的器件相比,用于天线和循环器/双工器的 TTD 方法在降低噪声和增加未来毫米波和太赫兹频段的隔离和线性度方面都有很好的前景。

7.8.5 100GHz 以上频段

大气吸收效应对高频信号传输的重要性早已受到关注。在较低的频率(6GHz 以下),传播波的衰减主要是由自由空间中的分子吸收引起的;但在较高的频率下,随着波长接近灰尘、雨滴、雪粒或冰雹的大小,散射的影响变得更加严重。大气中氧、氢和其他气体的各种共振导致某些频带发生显著的信号吸收。图 7-30 说明了 183GHz、325GHz、380GHz、450GHz、550GHz 和 760GHz 的频带由于大气吸收而产生很大的衰减,这是自由空间损耗之外的因素,使这些特定频带非常适合小范围安全通信,如耳语无线电应用,其中大规模带宽信道在距离为几分米到几十米的范围内将非常迅速地衰减。图 7-30 中的频带与 6GHz 以下的频段相比,许多毫米波和太赫兹频段损失极小,可能比 300GHz 的自由空间传播造成的额外损失小 10dB/km。这些频带可以很容易地用于 10km 覆盖范围的高速 6G 移动无线网络。图 7-30 表明,600~800GHz 的大部分频率有 100~200dB/km 的衰减。25mm/h 的中等降水量,1THz 处的降水衰减为 10dB/km,比 28GHz 的降水衰减高出 4dB/km。尺寸较小的高增益电子引导定向天线很容易克服这种大气吸收造成的衰减,这意味着,如果存在视距链路或强反射器,移动通信将能够在未来使用小小区结构很好地工作在 800GHz。

雨滴、雪粒和冰雹等在 10GHz 以上的频率上造成了很大的衰减。当降水量为 50mm/h,

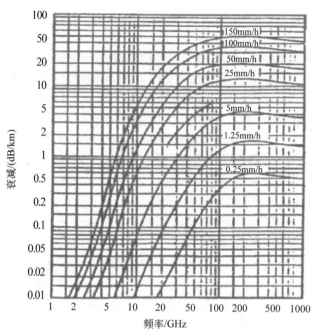

图 7-30　频率高于 100GHz 的降水衰减

73GHz 信号的衰减为 10dB/km,而 100~500GHz 信号的衰减几乎保持不变。

对于所有毫米波频率,其中城市小区大小为 200m,附加的天线增益(通过切换更多的天线阵列元件获得)可以克服降水衰减。

基于小于 10m 链路的测量,与在晴朗天气中接收到的功率相比,雨、雾、灰尘和空气湍流对太赫兹频段和红外线的接收功率的影响较小。室外测量时,在 8m LoS 链路上观察到接收功率有 2dB 的下降,表明在降水期间需要更高的发送功率才能保持相同的数据速率。

很多研究人员有一个错误的认识,即在较高频率下的无线信道将有更多的损失。他们只考虑了全向天线的自由空间路径损失。然而要注意的是,在较高的频率下,天线(对于给定的物理尺寸)将更加定向,并且具有更多的增益,天线增益弥补了信道损失,在较高频率下的大宽带对降低信道损失也更为有利。

7.8.6　100GHz 以上信道的特性

在太赫兹范围内有 3 种主要的信道测量技术,即基于太赫兹的时域谱(THz-TDS)、基于向量网络分析仪(Vector Network Analyzer,VNA)的信道测量和基于关联的信道测量。THz-TDS 将超短脉冲激光从公共光源发送到发射机,发射机将超短光脉冲转换为太赫兹脉冲,当光脉冲击中探测器时,接收机处的检测器将太赫兹脉冲的接收场强转换为电信号,短 THz-TDS 脉冲覆盖了巨大的带宽,这对于估计样品材料的电学和散射参数是非常好的。然而,由于光谱仪的大尺寸和有限的输出功率,因此 THz-TDS 不适用于大范围室内室外环境或超过几米的信道环境测量。

四端口 VNA 通常用于太赫兹范围信道测量,其中两个附加端口(与较低频率下使用的传统双端口 VNA 相比)用于生成混频器的本地振荡器,通过外差法将 VNA 存储频率范围提升到更高。VNA 扫描离散窄带频调,以测量无线信道的 S_{21} 参数。由于宽频谱的长扫描时间可能超过通道相干时间,基于 VNA 的信道测量仪通常用于静态环境,需要的电缆可能超过数十米甚至数百米,存在跳闸危险。

基于相关性的信道测量系统传输已知的宽带伪随机序列。在接收机中,接收到的信号与相同但略有延迟的伪随机序列交叉相关,提供自相关增益,相应的代价是获取时间(几十毫秒)稍长。最近已经生产了滑动相关器芯片,提供 1Gb/s 基带扩频序列,滑动相关器通常可以工作于亚太赫兹频率下约 200m 的无线移动通信,距离取决于发射功率、带宽和天线增益。

一个 1GHz 射频带宽的 140GHz 信道测量仪已被用于测量纽约大学的室内信道,结果如图 7-31 和表 7-4 所示。另外,在带宽为 8GHz 的 300GHz 信道的情况下,有人提出了一种基于相关的信道测量仪,把相同的有线时钟源连接到发射机和接收机,该方法使用次采样技术以避免高速 ADC 的费用。使用 12 阶 M 序列,采样因子为 128,理论上最大可测量的多普勒频率为 8.8kHz,相当于 300GHz 中 31.7km/h 的速度。

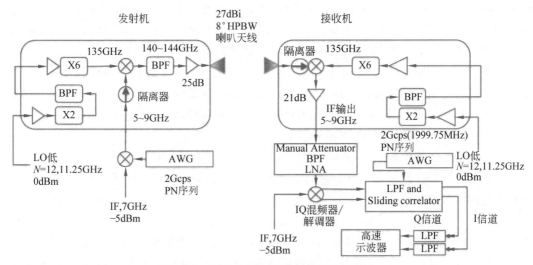

图 7-31 纽约大学室内信道测量系统框图

表 7-4 28GHz、73GHz 和 142GHz 的信道测量结果

射频频率 /GHz	低频频率 /GHz	中频频率 /GHz	射频带宽 /GHz	天线 HPBW/(°)	天线增益 /dBi	天线 XPD/dB	A_e/cm²
28	22.6	5.4	1	30	15	110.20	2.88
73	67.875	5.625	1	15	20	28.94	1.32
142	135	7	4	8	27	44.18	1.83

用 1GHz 射频带宽 THz-TDS 信道测量仪对 100GHz、200GHz、300GHz 和 400GHz 进行了测量,结果表明,室内 LoS 和 NLoS(来自室内建筑墙壁的镜面反射)链路都可以提供 1Gb/s 的数据速率。

有文献提出了用于估计通信链路在 350GHz 的传播损耗的测量方法,其中基于 VNA 的系统在发射机和接收机处与 26dBi 增益共极化喇叭天线一起使用。在 380GHz 和 448GHz 的光谱中吸水线非常明显。350GHz、8.5m 链路数据速率可达到 100Gb/s,1m 发射-接收距离数据速率可达 100Gb/s。

在 300GHz 的信道和传播测量中使用了一个基于 VNA 的信道系统,该系统在发射机和接收机处有 26dBi 增益喇叭天线,用于分析 300～310GHz 的信道特性,中频带宽为 10kHz,对于 LoS 和 NLoS 链路可以达到的最大传输速率为 Gb/s 级。

采用基于 VNA 的系统,在发射-接收距离 0.95m 内,在发射机和接收机处用 25dBi 增益喇叭天线覆盖 260～400GHz 的频率进行了室内传播测量。测量结果表明,可以实现 Tb/s 级传输速率。然而,在太赫兹频段通信中,需要鲁棒的波束形成算法。声学天花板面板在太赫兹频段有良好的反射特性,可以作为低成本组件,以支持 NLoS 链路;不同厚度的其他材料,例如玻璃、中密度纤维板和有机玻璃,会引起不同程度的衰减。

7.8.7   28GHz、73GHz 和 142GHz 的信道特性比较

有研究者在一个购物中心内进行了 140GHz 波段的传播测量,使用基于 VNA 的信道测量仪,接收机处有一个 19dBi 增益喇叭天线,发射机处有一个 2dBi 增益双锥天线。结果表明,在 140GHz 波段,平均有 5.9 个集群,每个集群有 3.8 个多径分量(MultiPath Components,MPC);在 28GHz 波段,平均有 7.9 个集群,每个集群有 5.4 个多径分量。

另外,在发射-接收距离为 10.6m 的情况下,使用基于 VNA 的信道测量仪和 20dBi 增益喇叭天线在发射机和接收机上进行了 126～156GHz 频段的室内信道测量。由于 LoS 分量比二次路径强得多,测量的 D 波段信号的预期路径损耗指数(Path Loss Exponent,PLE)接近自由空间,均方根延迟扩展为 15ns。

1. 校准、自由空间路径损耗和天线交叉极化判别

测量的关键是使用标准校准方法,以确保任何研究团队在任何频率下均可重复测量。我们采用标准校准和验证方法,在发射-接收距离为 1m、2m、3m、4m 和 5m 时进行了 GHz 级自由空间路径损耗(Free Space Path Loss,FSPL)验证测量。

图 7-32 是天线增益去除后 28GHz 和 73GHz 路径损耗测量数据,140GHz 处测量的路径损耗与 FSPL 方程一致。1m 发射-接收距离的 CI 路径损耗模型与实测数据完全吻合,表明 CI 模型在 100GHz 以上是可行的。

如图 7-32 所示,在几米内远场距离测量的 73GHz 和 140GHz 的路径损耗的差值为 5.85dB,与 FriisFSPL 方程 $\left(20\times10\ \lg\dfrac{140}{73}=5.66\mathrm{dB}\right)$ 计算的理论值极为接近,表明信道测量仪系统具有较高的精度和适当的校准。28GHz 和 73GHz 在同一距离的测量路径损耗的差值是 8.45dB,这几乎与 FriisFSPL 方程 $\left(20\times10\ \lg\dfrac{73}{28}=8.32\mathrm{dB}\right)$ 一样,使用式(7-94)～式(7-96)计算校准和路径损耗值:

$$P_r = \frac{P_t G_t G_r \lambda^2}{(4\pi d)^2} \tag{7-94}$$

$$G = \frac{A_e 4\pi}{\lambda^2} \tag{7-95}$$

$$P_r = \frac{P_t A_{et} A_{er}}{d^2 \lambda^2} \tag{7-96}$$

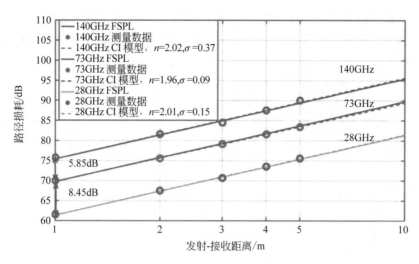

图 7-32 在 1～5m 距离下的 28GHz、73GHz 和 140GHz 自由空间路径损耗(减去
所有天线增益后)的验证测量结果

其中,P_t 是发射信号功率,P_r 是接收信号功率,λ 是信号波长,d 是收发距离,A_{et} 是发射天线孔径,A_{er} 是接收天线孔径,G_t 是与波长相关的发射天线增益,G_r 是以波长折算后的接收天线增益,G 是收发总增益。

极化分集可以提供双极化通信系统中最多两倍的数据速率,而单个共极化系统没有任何额外的带宽或天线之间的空间分离。对 28GHz、73GHz 和 140GHz 的天线交叉极化鉴别(Cross Polarization Discrimination,XPD)值进行了测量和校准,分析了喇叭天线的偏振特性。为了分析不同频率分区的极化效应,还需要 XPD 值。

表 7-5 总结了共用室外材料隔断损耗。使用 PM5-VDI/Erickson 功率计测量了发射机波导的输出功率(天线被移除),其高度精确的功率分辨率为 $10^{-4}\,\mathrm{mW}$。

表 7-5 共用室外材料隔断损耗

材　　料	材料厚度/cm	平均衰减/dB	标准偏差/dB	频率/GHz	极　　化
砖柱	185.4	28.3		28	V-V
砖墙		12.5	2.4	5.85	
		16.4	3.3	5.85	V-V
煤渣墙		22.0	3.5	5.85	V-V
木质壁板外部		88.0	3.5	5.85	V-V
彩色玻璃	3.8	40.1		28	V-V
	1.2	24.5		28	
网格玻璃	0.3	7.7	1.4	2.5	V-V
	0.3	10.2	2.1	60	V-V

为了正确校准测量结果,首先在 3m、3.5m、4m、4.5m 和 5m 处进行了 28GHz、73GHz 和 140GHz 的 FSPL 测量,根据参考程序,在发射机和接收机处都有垂直极化的 27dBi 增益

喇叭天线。去除天线增益后的 FSPL 测量结果如图 7-33 所示。结果表明与 FriisFSPL 方程在所有距离上的差异可以忽略不计(小于 0.5dB),这验证了信道测量仪的精度。

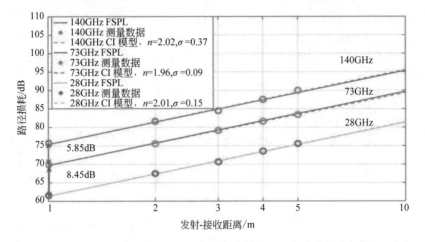

图 7-33   在 3～5m 距离下的 28GHz、73GHz 和 140GHz 自由空间路径损耗(减去所有天线增益后)的验证测量结果

在用共极化天线(例如 V-V)进行自由空间功率测量之后,在相同的距离使用交叉极化天线(例如 V-H)进行测量,利用 90°旋转天线的波导扭转实现了交叉极化,测量并校准了扭转引起的插入损耗。共极化和交叉极化的路径损耗比较如图 7-34 所示。其中,实线和虚线分别表示用共极化和交叉极化天线测量的路径损耗。通过计算 V-V 和 V-H 天线配置在相同距离下的路径损耗之差计算 XPD 值。注意,在固定的发射-接收距离下,H-H 和 H-V 配置的自由空间接收功率分别与 V-V 和 V-H 配置的自由空间接收功率之差在 1dB 以内,显示出共极化与交叉极化在测量上的互惠性。

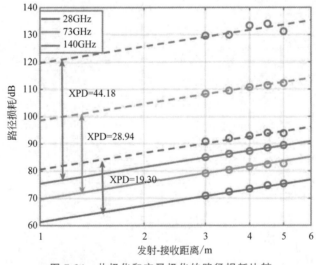

图 7-34   共极化和交叉极化的路径损耗比较

2. 毫米波和太赫兹频段损耗度量

宽带毫米波和太赫兹网络以及精确的射线示踪算法需要精确的信道模型,以准确地表

示由共同的建筑材料引起的分区损耗。因此,对于 5G 毫米波无线系统和未来的太赫兹无线通信,需要对常见建筑材料的分区损耗进行广泛的研究。

在 2.5GHz 和 60GHz 对各种建筑材料(如干墙、办公室白板、透明玻璃、网格玻璃)使用宽带信道测量仪进行分区损耗测量,在发射机和接收机处都有垂直极化天线,均方根(RMS)延迟扩展在 60GHz 时比在 2.5GHz 时低得多。在实测数据的基础上,建立了基于分区的路径损耗模型,该模型在多径丰富的环境中提供了快速、准确的链路预算预测,对干墙、透明玻璃、钢门的 V-V 和 V-H 极化配置进行了 73GHz 的分区损耗测量。玻璃门窗的共极化隔板损耗在 73GHz 时为 5~7dB,钢门引起的隔板损耗最大可达 40~50dB,表明可以适当选择不同的材料在相邻房间之间进行传播或干扰隔离。

在 100GHz 下,用发射机和接收机对齐测量了混凝土砖、木材、瓷砖和石膏板等典型建筑材料的有效衰减。分析共极化情况(发射机和接收机都是垂直极化或都是水平极化),结论是大多数建筑材料的有效衰减对极化敏感。

混凝土板和石膏板在 900MHz~18GHz 频率范围内的隔板损耗测量如表 7-6 所示,隔板损耗相对于频率不完全是单调增加。

表 7-6　共用室内材料隔板损耗

材料	材料厚度/cm	衰减/dB	标准偏差/dB	频　　率	极　　化
干墙	2.5	5.4	2.1	2.5GHz	V-V
	2.5	6.0	3.4	60GHz	V-V
	38.1	6.8		28GHz	V-V
	13.3	10.6	5.6	73GHz	V-V
	13.3	11.7	6.2	73GHz	V-H
	14.5	15.0		140GHz	V-V
透明玻璃	0.3	6.4	1.9	2.5GHz	V-V
	1.2	3.9		28GHz	V-V
	1.2	3.6		28GHz	V-V
	0.3	3.6	2.2	60GHz	V-V
	0.6	8.6	1.3	140GHz	V-V
	1.3	16.2		140GHz	V-V
	2.5	86.7		300GHz	V-V/H-H
	0.16~0.48	15~26.5		0.1~10THz	V-V
钢门	5.3	52.2	4.0	73GHz	V-V
	5.3	48.3	4.6	73GHz	V-H
办公室白板	1.9	0.5	2.3	2.5GHz	V-V
	1.9	9.6	1.3	60GHz	V-V

材料	材料厚度/cm	衰减/dB	标准偏差/dB	频　率	极　化
厚钢筋均匀混凝土墙体	35.0	22		1～4GHz	V-V
	35.0	35		6GHz	V-V
	35.0	64		9GHz	V-V
轻钢筋均匀混凝土墙体	20.3	2.0～4.0		900MHz	V-V/H-H
	12	8		1～3GHz	V-V
	12	13		3～7GHz	H-H
	12	17		5GHz	V-V
	12	27		10GHz	V-V
	12	32		8～12GHz	H-H
	12	27		15GHz	V-V
	12	23		12～18GHz	H-H
混凝土板	3.0	13.1		45GHz	H-H
	3.0	13.9		45GHz	V-V
实木	2.0	4.8		45GHz	H-H
	2.0	8.4		45GHz	V-V
	2.0	19.0		100GHz	H-H
	2.0	20.4		100GHz	V-V
	4.0	41.6		100GHz	V-V
	3.5	65.5		300GHz	V-V/H-H
	0.25～0.75	14.0～26.0		0.1～10THz	V-V
水泥瓦	2.5	39.5		100GHz	H-H
	2.5	310.2		100GHz	V-V
石膏板	1.2	3.5		100GHz	
塑料板	0.2～1.2	8.0～20.0		0.1～10THz	
纸	0.25～1.0	12.0～24.0		0.1～10THz	
均匀石膏板墙面	12	4		1.3GHz	V-V
	12	10		5GHz	V-V
		4.7	2.6	5.85GHz	V-V
	12	6		6～7GHz	V-V
	12	18		15GHz	V-V
	12	11		18GHz	V-V

　　20cm 的混凝土墙在 900MHz 时，V-V 和 H-H 天线配置的典型分区损耗为 2～4dB。在 45GHz 时，对于 H-H 和 V-V 天线配置，通过厚度为 2cm 的实木的衰减分别为 4.8dB 和 8.4dB。在 45GHz 时，对于 H-H 和 V-V 天线配置，通过厚度为 3cm 的混凝土板的衰减分别为 13.1dB 和 13.9dB。在太赫兹频段（0.1～10THz），通过厚度为 1cm 的塑料板、纸和透明玻璃的衰减分别为 12.47dB、15.82dB 和 35.99dB。测量在非常短的范围内（小于 10cm）进行，样品材料厚度小于 1cm，可能会造成较大的不确定性或误差。

　　在有无障碍物进入射线路径的情况下，在发射-接收距离为 10cm 时，测量了透明玻璃、中密度纤维板和有机玻璃的吸收系数，记录了 S_{21} 参数。在 300GHz 处 2.5cm 厚的窗户和 3.5cm 厚的纤维板门会引起约 65.5dB 和 86.7dB 的吸收衰减。

　　纽约大学气象研究中心进行了 28GHz、73GHz 和 140GHz 的分区损耗测量。采用 3m、3.5m、4m、4.5m 和 5m 的发射-接收距离，发射机/接收机天线高度为 1.6m。这些距离大于 $5D_f$，其中 D_f 是 Fraunhofer 距离，以确保平面波入射到被测材料上，并且被测材料的尺寸足够大，使得来自发射机天线的前向辐射波照在材料上，而不超过从发射机天线传播的投影 HPBW 角。在上述 5 个距离上记录 5 个测量得到的功率时延谱（PDP），以半个波长的顺序轻微移动，在第一次到达多径分量的功率时记录 PDP 平均值。在 4GHz 射频带宽下，信道测量仪系统的时间分辨率为 0.5ns，这意味着在传播距离上间隔大于 0.15m 的任何多径分量都可以分解。

　　表 7-7 和表 7-8 列出了常见建筑材料（透明玻璃和干墙）在 28GHz、73GHz 和 140GHz 时的分区损耗测量结果。在共极化（V-V/H-H）情况下，透明玻璃在 28GHz 时的分区损耗平均值为 1.53dB/1.48dB；但同一透明玻璃在 73GHz 和 140GHz 时的分区损耗平均值分别为 7.17dB/7.15dB 和 10.22dB/10.43dB。

表 7-7　透明玻璃在 28GHz、73GHz 和 140GHz 时的分区损耗测量结果

极化配置	28GHz		73GHz		140GHz	
	平均值/dB	标准差/dB	平均值/dB	标准差/dB	平均值/dB	标准差/dB
V-V	1.53	0.6	7.17	0.17	10.22	0.22
V-H	20.63	1.32	37.65	0.53	46.92	2.05
H-V	22.25	0.88	36.92	1.11	37.37	1.79
H-H	1.48	0.54	7.15	0.44	10.43	0.55

表 7-8　干墙在 28GHz、73GHz 和 140GHz 时的分区损耗测量结果

极化配置	28GHz		73GHz		140GHz	
	平均值/dB	标准差/dB	平均值/dB	标准差/dB	平均值/dB	标准差/dB
V-V	4.15	0.59	2.57	0.61	8.46	1.22
V-H	25.5	2.85	24.9	0.58	27.2	1.77
H-V	25.8	0.65	23.3	0.65	26.0	1.42
H-H	3.31	1.13	3.17	0.68	10.21	0.61

　　值得注意的是,天线自由空间 XPD 没有从交叉极化分区损耗测量结果中减去,图 7-35 是厚度为 1.2cm 的透明玻璃在 28GHz、73GHz 和 140GHz 时的分区损耗测量结果,图 7-36 是厚度为 14cm 的干墙在 28GHz、73GHz 和 140GHz 时的分区损耗测量结果。共极化和交叉极化天线配置的分区损耗随频率升高而增加。减去 XPD 会导致由于建筑材料的极化耦合效应(去极化)而使分区损耗为负值。在共极化和交叉极化天线配置中,隔板损耗随频率的增加而增加。

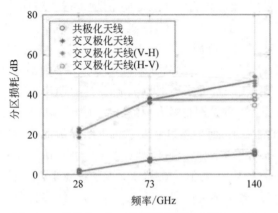

图 7-35　厚度为 1.2cm 的透明玻璃在 28GHz、73GHz 和 140GHz 时的分区损耗测量结果

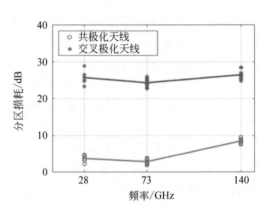

图 7-36　厚度为 14cm 的干墙在 28GHz、73GHz 和 140GHz 时的分区损耗测量结果

7.8.8　100GHz 以上的散射

　　在毫米波和太赫兹频段,散射是一种重要的传播机制。建筑物、大地、墙壁和天花板的表面通常被认为是电光滑的,因为它们的表面高度变化与较低频率(例如,在 6GHz 以下大于 5cm)的载波波长相比很小。在 6GHz 以下蜂窝和 WLAN 系统中,反射过程由一个强的镜面路径主导,反射角等于入射角,散射作为一种较弱的传播现象是可以忽略不计的。然而,在毫米波带及以上,表面粗糙度与载流子波长相当,照明散射体实际上可以创建与反射路径一样强的信号路径,甚至比反射路径更强,这取决于入射角的大小。

　　1. 方向散射模型

　　方向散射(Direction Scatter,DS)模型被广泛应用于光学中的散射功率预测。单瓣 DS 模型假设主散射瓣指向镜面反射方向(图 7-37 中 θ_r 确定的方向)。我们采用 DS 模型对某医院房间 60GHz 的射频传播环境进行了建模。环境 PDP 与使用 DS 模型的模拟结果吻合,最大的延迟不超过 30ns。

　　我们对 DS 模型在 1.296GHz 频率也进行了测试,表明 DS 模型与农村和郊区建筑的散射一致。当电磁波以入射角 θ_i 发向表面时,在任何特定散射角 θ_s 处的散射电场可以用 DS 模型计算。入射平面内的 DS 散射电场为

$$|\boldsymbol{E}_s|^2 = |\boldsymbol{E}_{s0}|^2 \cdot \left(\frac{1+\cos\boldsymbol{\Psi}}{2}\right)^{\alpha_R} = \left(\frac{SK}{d_t d_r}\right)^2 \frac{l\cos\theta_i}{F_{\alpha_R}}\left(\frac{1+\cos\boldsymbol{\Psi}}{2}\right)^{\alpha_R} \tag{7-97}$$

其中,$\boldsymbol{E}_s$ 是散射角 $\boldsymbol{\Psi}$ 处的散射电场强度;$\boldsymbol{E}_{s0}$ 是最大散射电场强度;从有效粗糙度模型得到 $K = \sqrt{60P_t G_t}$,这是一个常数,取决于发射功率和发射机天线增益;S 是接收功率;d_t 和 d_r

分别是散射体与发射机和接收机的距离;l 是散射物体的长度;F_{α_R} 是调整因子;Ψ 是反射波与散射波的夹角;α_R 和散射瓣的宽度有关,较高的 α_R 值意味着较窄的散射瓣。在图 7-37 中,θ_r 和 θ_s 分别是反射角和散射角。根据斯内尔(Snell)定律,反射服从 $\theta_i = \theta_r$。

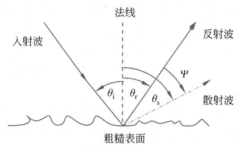

图 7-37　相对于目标粗糙表面的法线以 θ_i 角度入射的无线电波

可以按式(7-98)计算接收端散射功率:

$$P_r = P_d A_e = \frac{|\boldsymbol{E}_s|^2}{120\pi} \frac{G_r \lambda^2}{4\pi} = \frac{|\boldsymbol{E}_s|^2 G_r \lambda^2}{480\pi^2} \qquad (7\text{-}98)$$

其中,P_d 是散射波的功率通量密度,A_e 是接收机天线孔径,G_r 是接收天线增益,λ 是无线电波的波长。

反射功率计算如下:

$$\varGamma_{\text{rough}} = \rho_s \cdot \varGamma_{\text{smooth}} \qquad (7\text{-}99)$$

其中,ρ_s 是散射损耗因子,其计算公式如下:

$$\rho_s = \exp\left[-8\left(\frac{\pi h_{\text{rms}} \cos\theta_i}{\lambda}\right)\right] I_0\left[8\left(\frac{\pi h_{\text{rms}} \cos\theta_i}{\lambda}\right)\right] \qquad (7\text{-}100)$$

其中,I_0 是第一类零阶贝塞尔函数。当 θ_i 为 1°、30°和 45°(小入射角)时,DS 模型计算的最大散射功率(在斯内尔定律中的反射方向)高于从粗糙表面反射模型获得的粗糙表面反射功率。

模拟使用 3 种材料,入射角为 10°～90°,频率为 1GHz～1THz。结果表明,随着频率的增加,接收到的散射功率增加,因为随着频率的增加,表面趋于粗糙,粗糙的表面导致更大的散射功率(甚至大于反射功率)。此外,当入射波沿法线方向指向表面时,接收到的散射功率最大。入射波变为扫射时,散射功率急剧下降,入射功率大部分被反射。

单瓣 DS 模型可以修改为纳入额外的后向散射瓣功率。考虑后向散射的 DS 散射电场强度由式(7-101)给出:

$$|\boldsymbol{E}_s|^2 = |\boldsymbol{E}_{s0}|^2 \left[\Lambda\left(\frac{1+\cos\boldsymbol{\Psi}}{2}\right)^{\alpha_R} + (1-\Lambda)\left(\frac{1+\cos\boldsymbol{\Psi}_i}{2}\right)^{\alpha_R}\right] \qquad (7\text{-}101)$$

其中,Ψ_i 是散射波与入射波的夹角,Λ 决定了后散射叶相对于主散射叶的相对强度。

2. 散射测量和结果

实验显示,光滑的金属板或共形金属箔附着在墙壁上(其尺寸远大于第一菲涅耳区的半径,频率为 100GHz、200GHz、300GHz 和 400GHz)从镜面反射(入射角为 50°)提供的功率与裸漆渣块墙的功率相比,功率增益为 6～10dB,表明粗糙表面散射的影响明显小于从裸漆渣块墙吸收的影响。在 400GHz 的入射角测量中,还在 20°～60°进行了 5 个不同入射角的镜面反射损耗测量,结果表明,当入射角较大时,反射损耗(吸收损耗加上散射损耗)较小,其中散射损耗可忽略不计；然而，当入射角较小时（例如，入射波垂直指向壁面），散射损耗是不可忽略的。

用 2GHz 宽基带测量仪对 60GHz 的特定漫射散射进行了测量，入射角为 15°、30° 和 45°。采用两种建筑材料：红石墙（粗糙的墙面）和混凝土柱（光滑的墙面）。在 0°～90° 范围内测量接收功率，并将功率扩散强度项定义为对应于接收功率 90% 的角跨度。结果表明，角跨度以入射角为中心，较高的入射角导致角扩展较小。粗糙壁面的功率扩散强度明显大于光滑壁面的功率扩散强度，当从粗糙壁面反射/散射时，耦合效应（去极化）更为严重。

使用表 7-4 中总结的信道测量仪系统，在 142GHz 对干墙进行了散射测量，测量方式和装置如图 7-38 和图 7-39 所示。在图 7-38 中，θ_i 是入射角，θ_s 是散射角。在散射测量过程中，TX（发射机）和 RX（接收机）的高度都设置在半径为 1.5m 的电弧上，入射角为 10°、30°、60°、80°，研究了从小入射角到大入射角相对于法线的散射性能。由于信道测量仪系统的物理限制，0° 和 180° 无法测量，因此测量角度为 10°～170°，以 10° 为步长测量同一平面上的接收功率。

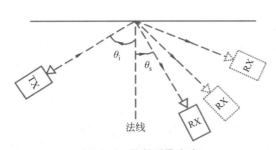

图 7-38　散射测量方式

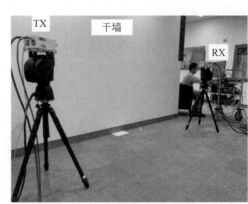

图 7-39　散射测量装置

首先计算路径损耗：

$$\text{PL[dB]} = P_{\text{TX}}\text{[dBm]} - P_{\text{RX}}\text{[dBm]} + G_{\text{TX}}\text{[dBi]} + G_{\text{RX}}\text{[dBi]} \qquad (7\text{-}102)$$

其中，$P_{\text{TX}}\text{[dBm]}$ 是真实发射功率，$P_{\text{RX}}\text{[dBm]}$ 是信道测量仪系统接收的记录功率，$G_{\text{TX}}\text{[dBi]}$ 和 $G_{\text{RX}}\text{[dBi]}$ 分别是 TX 和 RX 的天线增益。

然后对散射损耗（SL）相对于 FSPL 进行归一化：

$$\text{SL} = \text{PL[dB]} - \text{FSPL}(f,d)\text{[dB]} \qquad (7\text{-}103)$$

$$\text{FSPL}(f,d)\text{[dB]} = 32.4 + 20\lg_{10}f + 20\lg_{10}d \qquad (7\text{-}104)$$

其中，f 是载波频率，d 是发射-接收距离。

在 142GHz 以 4 个入射角测量的干墙散射极地图如图 7-40 所示。

在镜面反射角上观察到峰值散射功率（散射加反射）。在大入射角下，峰值散射功率大于小入射角（80° 和 10° 之间相差 9.4dB，其中大部分能量损耗是由于反射而不是散射造成的）。在所有入射角上，测量的功率在镜面反射角的 ±10° 角度范围内低于峰值功率 10dB，这可能是天线形状的函数。此外，当入射角较小时（例如 30° 和 10°），观察到反向散射低于峰值接收功率 20dB 以上，这意味着干墙表面可以在 140GHz 处建模为光滑表面，反射功率可以用来估计镜面反射方向的接收功率，尤其是入射波接近于扫射的时候。

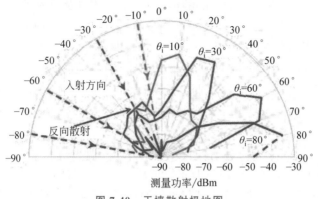

图 7-40　干墙散射极地图

142GHz 下的 4 种入射角双瓣 DS 模型和测量数据比较如图 7-41 所示。

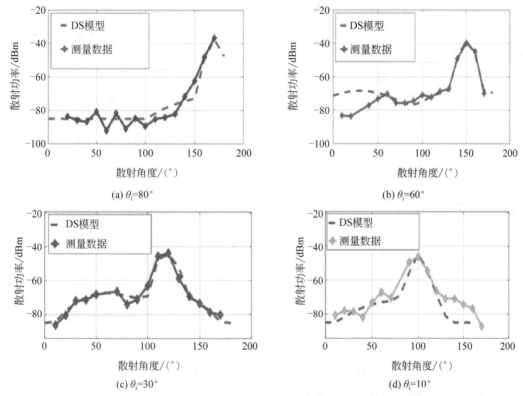

图 7-41　142GHz 下 4 种入射角双瓣 DS 模型和测量数据比较

结果表明,在镜面反射角的峰值接收功率模型值与实测数据吻合(相差 2dB 以内)。接收功率(测量和模拟)随反射角(图 7-37 中的 θ_r)而变化。在所有入射角的测量数据和双瓣 DS 模型预测中都观察到一个反向散射峰值,反向散射功率可用于角落附近的成像。

7.8.9　毫米波和太赫兹频段的用户定位

定位是根据其他基站的位置确定固定或移动用户的位置。虽然用户在露天环境下全球定位系统定位误差为 4.9m 以内,但是在城市峡谷和室内等障碍物环境中,全球定位系统的

294

定位精度较差。在这种环境下,可以利用环境的三维地图以及精确的光照时间和到达角测量进行精确定位。

1. 光照时间和相位定位

在视距环境中,信号的光照时间(Time of Flight,ToF,直译为飞行时间)可用于估计发射-接收距离 d(因为 $d=ct$,其中 c 是光速,t 是光照时间)。然后,接收机的位置可以通过三边测量术进行估计。在非视距环境中,测距在位置估计中引入了正偏差,因为反射多径射线的路径长度大于用户与基站之间的真实距离。

在太赫兹频率下可用的超宽带宽允许接收机解析精细间隔的多径分量,并精确地测量信号光照时间。利用 LoS 中接收信号的相位估计 300GHz 时的发射-接收距离。通过跟踪基带调制信号在接收机处的相位并手动校正模糊相位,40m 的距离时精度可达到分米级。

要获得绝对光照时间,需要在发射机和接收机之间进行同步,这在广泛分离的大型节点网络中不容易做到。如果不对时钟偏置或时钟漂移进行校正,1ns 的定时误差可能导致 30cm 的定位误差。接收机更容易测量来自多个同步发射机的信号到达时间差(Time Difference of Arrival,TDoA)。为了确定信号之间的相对时延,进行了互相关。互相关函数中的峰值对应于信号传播时延。

2. 基于角度的用户定位

到基站的方向线是由用户处的 AoA(Angle-of-Arrival,到达角)信号给出的。用户被定位到几个基站方向线的交点,如图 7-42 所示。在太赫兹频率时,窄的天线波束宽度有利于准确测量 AOA。在非视距环境中,由于镜面反射离开墙壁和金属表面,射线不会从基站的方向到达,导致精度下降。

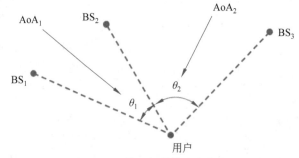

图 7-42　基于角度的用户定位

利用以检测接收信号的最大振幅作为角方向的函数计算信号的 AoA。许多方法(如雷达或光学接收机中使用的和差法或峰值功率法)旋转接收天线,扫描所有可能的方向,并确定接收最大功率的角度为 AoA。天线阵列可用于通过波束形成和基于子空间的方法估计 AoA。克莱默-劳下界(Cramer-Rao Lower Bound,CRLB)是参数无偏估计的最小方差上的一个界。天线阵列元件数量的增加导致更大的角度分辨率,从而减小了用于估计 AoA 的 CRLB。

3. NYURay-3D 毫米波射线追踪器

可以进行射线追踪以模拟不同位置的信道特性。通过使用射线追踪器获得高精度复制测量数据,可以避免成本高昂和时间密集的测量活动。射线追踪器允许研究人员测试定位算法。此外,射线追踪器可以用来创建环境的无线电地图,它可以在指纹算法的离线阶段使用。

NYURay-3D 毫米波射线追踪器是一种混合射线追踪器,它将射弹射线追踪与几何射线追踪结合起来。

4. 基于地图的本地化

前面介绍了在假设所有的材料都像镜子一样反射信号时使用 ToF、AoA 测量以及信号遇到的障碍地图定位用户。测量结果表明,在 140GHz 时,通过玻璃和干壁的隔板损耗接近 10dB,表明此类材料在毫米波和太赫兹频段不是完美的反射器。

也有文献使用 ToF 和室内地图进行本地用户定位,使用虚拟访问点的原理获得额外的锚点定位非视距系统中的用户,但不使用 AoA 信息,可以获得高精度的定位结果。

7.8.10　空间统计通道建模

太赫兹频段对信道建模提出了新的挑战。太赫兹频段的衍射效应不会像微波那样突出;相反,其散射会更显著,因为太赫兹频段的波长与灰尘、雨、雪和墙壁的粗糙度相当。因此,太赫兹信道将比毫米波信道更稀疏,而视距和镜面反射可能是仅有的两条可靠的传播路径。

1. 空间一致性

空间一致性是一个重要的信道建模元素,已被 3GPP 标准所认可。目前的统计信道模型大多只能在距离范围的随机选择位置为特定用户生成信道脉冲响应(Channel Impulse Response,CIR)。两个连续的模拟之间没有空间相关性。因此,不可能根据用户在局部区域内的运动生成具有空间相关性的动态 CIR。空间一致性使信道模型能够为紧密间隔位置提供空间一致和平坦时变 CIR。

2. 空间一致性的早期研究

空间一致性是一个比较新的信道建模元素。针对空间一致性,研究者对信道模型和信道模拟器都做了一些有价值的工作。3GPP 第 14 版提出了一种三维随机信道模型,并提供了替代的空间一致性程序,以实现空间一致的移动性模拟。它提出了 3 种空间一致性方法,一种是将空间相关随机变量作为小尺度参数的方法,另外两种是基于散射体的几何形状和固定位置的方法。COST 2100 引入了基于可见区域的空间一致性,表现为在该区域可测量一组多径分量。有人利用几何方法提出了一种基于 WINNER Ⅱ 模型的用户轨迹时变信道模型。NYUSIM 信道模型是一种空间统计信道模型,它通过生成空间相关的大尺度参数和时变的小尺度参数实现空间一致性。在街道和峡谷场景中进行的局部区域测量结果表明,时间簇数等大型参数的相关距离为 10～15m。

3. 毫米波和太赫兹频段的空间一致性挑战

在太赫兹频段,多普勒频移将更加严重。在 1THz,移动端速度为 60mile/h(1mile≈1609m),多普勒频移为 90kHz。随着信道相干时间的减少,信道状态将发生快速变化,需要快速更新。因此,随着时间的推移,提供连续和实时的 CIR 至关重要,这可以通过空间一致性实现。

在太赫兹频段的传感和成像统计建模需要比较大的空间分辨率。

目前对空间一致性的研究大多基于发射机和接收机采用全向天线的假设。然而,考虑毫米波和太赫兹频率使用的高增益可操纵天线和波束形成,空间一致性应结合方向性进行研究。当窄波束天线指向某一方向时,只有少数散射体被照亮,并能产生多径分量。因此,用户在移动时可以看到的环境部分将发生快速变化。空间一致性需要先进的光束跟踪方案,以提供准确的 CIR 与时间追踪。

在实际实现窄波束定向天线的空间一致性之前,还有许多问题尚未得到解决。从现场测量中提取不同参数的相关距离,但大多数测量只为全向天线提供空间一致性的参考相关距离。天线波束宽度和波束转向能力将对相关距离的值产生影响。此外,与前几代蜂窝系统相比,5G、6G 及更高版本中引入了更多的用户案例。因此,未来将需要几个关键信道模型参数的特定场景值。

因为计算能力不断增长,已接近人脑的处理能力,太赫兹无线技术的许多应用将使新的认知、感知、成像、通信和定位能力能够被自动化机械、自动驾驶汽车等新技术使用。

定向可操纵天线将使移动通信进入太赫兹波段,组合天线增益可以克服过去被认为是无法解决的大气和天气损耗。天线阵列技术将需要利用新的方法和物理结构,如空间噪声整形、波束形成、混合波束形成和静锥区,因为这些技术被证明提供了显著的性能效益,并将解决设计约束问题,如具有大量天线元件的射频元件的物理尺寸。在城市、郊区和农村地区进行广泛的测量是必要的,以便在 100GHz 以上的频段使用统计和确定性方法研究信道特性。

太赫兹定位将支持厘米级精度,也支持在非视距环境中的成像。功率高效器件、成本效益高的集成电路和以最小损耗相互连接的实用相控阵等成为 6G 和太赫兹产品开发中需要解决的问题,DARPA 和其他全球研究机构正在研究此类问题。如何有效地构建和编码环境地图,如何对太赫兹信道进行空间一致性建模以及如何降低大量天线单元的空间复用和波束码本的计算复杂度等问题也在研究中。

为了应对上述挑战和满足 5G 系统的要求,需要在蜂窝结构的设计上做较大的创新和改进。一种 5G 蜂窝结构设计的关键理念是借助分布式天线系统(Distributed Antenna System,DAS)和大规模 MIMO 技术将室外和室内场景分离,以避免通过建筑物墙壁时造成的隔板损耗。室外基站将配备大型天线阵列的天线元件(或大阵列天线)分布在小区周围,通过光纤连接到基站,它们可以相互合作,形成一个虚拟的大型天线阵列,连同基站天线阵列构建虚拟大规模 MIMO 链路。大型天线阵列的电缆连接到室内无线接入点与室内用户通信,可以显著提高小区的平均吞吐量、频谱效率、能源效率和数据速率。使用这样的蜂窝结构,室内用户只需和室内无线接入点通信,这样就可以利用许多适于短距离高数据速率通信的技术,例如 WiFi、超小型蜂窝、超宽带(UltraWideBand,UWB)、毫米波通信和可见光通信(Visible Light Communication,VLC)等。

第 8 章

能效分析和设计

本章基于实际的电路功率消耗模型,以蜂窝网络为基础分析大规模 MIMO 网络的能量效率(Energy Efficiency,EE)和功耗(Power Consumption,PC)特性,由此也可以推广到大型异构网络中。分析大规模 MIMO 网络可以潜在地提高区域吞吐量,同时显著节约能源。本章研究基站天线数量向无穷大增长时传输功率的渐近行为,并建立了功率幂尺度律,证明了在实现非零渐近频谱效率(Spectral Efficiency,SE)的同时,随着天线数量的增加,可以使发射功率急速减小。本章还提供了作为关键系统参数的函数,如基站天线和用户设备的数量对 EE-SE 均衡的影响,提出一个大规模 MIMO 网络功率消耗模型,用于检查大规模 MIMO 网络的EE-SE 均衡,并给出实现最大 EE 的蜂窝网络所需的要素。图 8-1 显示了不同子系统(如销售中心、数据中心、基础设施、移动切换、基站等)占蜂窝网络总耗电量的比例。

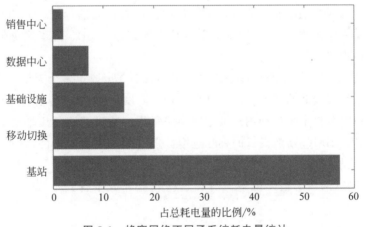

图 8-1　蜂窝网络不同子系统耗电量统计

◆ 8.1　背 景 知 识

如果移动网络的年流量增长率继续保持在 41%～59%,则相应的区域吞吐量将在未来 15～20 年内增加 1000 倍。这会引起功率消耗大幅增加。这是因为目前的网络基于一个刚性中央基础设施,由国家电网供电。移动网络功率消耗主要由峰值吞吐量决定,由于用户行为的变化和包传输的突发特性,小区用户数量会迅速变化。测量结果显示,日最大网络负载比日最小网络负载高出 2～10 倍。因此,在非高峰时段,会在基站浪费大量的能量。

为了提高用户端的电池寿命,人们投入了很多精力。学术界和工业界最近都将注意力转移到基站设计对用户端的影响上。

基站的功率消耗几乎占蜂窝网络总功率消耗的 60%,而移动交换设备消耗 20% 的功率,核心基础设施消耗 15% 的功率,其余功率则由数据中心和销售中心等消耗。基站消耗的总功率由固定(与流量无关)和可变(与流量相关)两部分组成。图 8-2 给出了基站不同组件的功率消耗比例。固定部分包括控制信令和电源,约占总消耗功率的 1/5。这一部分在非高峰时段没有被有效地利用;更糟的是,当用户设备在基站的覆盖区域内不活跃时(正如在农村地区经常发生的那样),它就完全被浪费了。

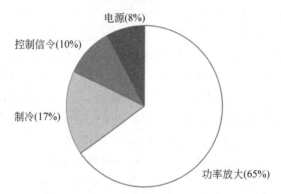

图 8-2　基站不同组件的功率消耗比例

大部分功率在功率放大的过程中被消耗。在当代通信标准(如 LTE)中使用的调制方案的特征是强变化的信号包络,峰值平均功率比超过 10dB。为了避免传输信号的失真,放大器必须在饱和峰值下运行。

大规模 MIMO 网络的目标是通过使用具有 100 个或更多个天线的天线阵列覆盖基站,每个天线都具有较低的发射功率。这允许相干多用户 MIMO 传输,在每个小区的上行链路和下行链路中有数十个移动用户被空间多路复用。通过多路复用增益提高了区域吞吐量。然而,大规模 MIMO 网络提供的吞吐量增益来自部署更多的硬件(即每个基站的多个射频链)和数字信号处理(即 SDMA 组合/预编码),这反过来又增加了每个基站的功耗。因此,大规模 MIMO 网络的整体能效只有在这些效益和成本得到适当平衡的情况下才能得到优化。

◈ 8.2　发射功率消耗

用于测量无线网络所消耗的发射功率的度量是区域发射功率(Area Transmit Power,ATP),其定义为每单位区域数据传输的网络平均功率使用量,其单位为 W/km²:

$$\text{ATP} = PD \tag{8-1}$$

其中,P 为每个小区的发送功率,单位是瓦每小区;D 为平均小区密度,单位是小区数每平方千米。考虑 L 个小区的大规模 MIMO 网络的下行链路。基站 j 与用户 k 进行通信。基

站使用预编码向量 $w_{jk} \in C^{M_j}$ 发送数据信号 $\zeta_{jk} \sim N_C(0, \rho_{jk})$ 给用户。由于预编码向量归一化为 $E\{\parallel w_{jk} \parallel^2\} = 1$，因此分配给该用户的发射功率等于信号方差 ρ_{jk}。基站的下行 ATP 为

$$\text{ATP}_j^{\text{DL}} = D \sum_{k=1}^{K_j} \rho_{jk} \tag{8-2}$$

如果将 ρ_{jk} 替换为 p_{jk}，则得到相应的上行表达式。

为了定量地评估 ATP_j^{DL}，设导频复用因子 $f = 1$，每个小区有 10 个用户，$K = 10$，基站给每个用户分配的发射功率为 20dBm，对应于 $\rho_{jk} = 100\text{mW}$，然后，每个基站的下行总发射功率为 30dBm。每个基站覆盖面积为 $0.25\text{km} \times 0.25\text{km} = 0.0625\text{km}^2$，配备相同数量($M$)的天线。基站的 $\text{ATP}_j^{\text{DL}} = 16\text{W/km}^2$，比当前的 LTE 网络小 15 倍。然而，为了更有意义，ATP 需要再用一个质量指标加以补充，如区域吞吐量。

表 8-1 总结了 $K = 10$ 时小区的平均下行吞吐量(20MHz，$\text{ATP}_j^{\text{DL}} = 16\text{W/km}^2$)。

表 8-1　$K = 10$ 时小区的平均下行吞吐量

预编码方式	平均下行吞吐量/Mb/s		
	$M = 10$	$M = 50$	$M = 100$
M-MMSE	243	795	1053
RZF	217	648	832
MR	118	345	482

在 $M = 100$ 的情况下，我们看到采用最大比合并 MR 处理，DL 吞吐量可以高达 482Mb/s/cell，M-MMSE 处理达到 1053Mb/s/cell，是 LTE 的 8~16 倍。这些每小区的吞吐量分别对应于 7.72Gb/(s·km²) 和 16.8Gb/(s·km²) 的区域吞吐量。

以上分析表明，对于要考虑的场景和足够多的基站天线，大规模 MIMO 网络可以实现比当前网络高一个数量级的区域吞吐量，同时也可以实现一个多数量级的 ATP 节省。请注意，M 个天线之间总发射功率的划分导致每个天线的发射功率较低。由于 $M = 100$ 和总下行发射功率为 1W，每个天线只有 10mW。这使得当前蜂窝网络范围内使用的输出功率被数百个低成本、低功率(mW 级别)的功率放大器(Power Amplifier，PA)取代。由于每个天线的功率足够低，甚至可能不需要通过一个专用的 PA 放大信号，而是直接把电路信号输入每个天线。这可以对天线消耗的功率产生非常积极的影响。值得注意的是，这种节省是以每个基站部署多个射频链和使用组合/预编码方案为代价的，这些方案的计算复杂性取决于基站天线和终端天线的数量，这反过来又增加了网络功耗。因此 ATP 并不能完全反映大规模 MIMO 网络的功率消耗，因此本章提出 EE 的度量，它除了考虑 CP，还考虑发射功率和吞吐量。

发射功率的渐近分析

在深入分析 EE 和 CP 之前，先简要描述一个有趣的功率尺度律，它可以描述天线和发射功率是如何随着天线数量的增长相互作用的。分析假设在 $M_j \to \infty$ 的渐近状态，每个小区的 UE 数量保持固定，空间相关矩阵满足一定条件。随着天线数量的增加，可以交换部分

阵列增益以降低发射功率;特别是在接近非零 SE 极限时,发射功率可以渐近趋于 0。这一结果证明了大规模 MIMO 网络可以在非常低的发射功率水平下运行。

为了简单起见,这里只关注下行方向,并考虑用 $w_{jk} = \hat{h}_{jk}^j / \sqrt{E\{\|\hat{h}_{jk}^j\|^2\}}$ 进行预编码,$E\{\|w_{jk}\|^2\} = 1$。由于其他预编码方案通常提供比 MR 方案更大的 SE,如果可以使 MR 方案的 SE 接近一个非零渐近极限,就有可能相同的结果适用于其他预编码方案。具有预编码的小区 j 中用户 k 的下行信道容量下限为 $\underline{SE_{jk}^{DL}}$,单位为 b/(s·Hz),因此有

$$\underline{SE_{jk}^{DL}} = \frac{\tau_d}{\tau_c} \log_2(1 + \underline{SINR_{jk}^{DL}}) \tag{8-3}$$

$$\underline{SINR_{jk}^{DL}} = \frac{p_{jk}\rho_{jk}\tau_p \operatorname{tr}(\boldsymbol{R}_{jk}^j \boldsymbol{\Psi}_{jk}^j \boldsymbol{R}_{jk}^j)}{\displaystyle\sum_{l=1}^{L}\sum_{i=1}^{K_l} \rho_{li} \frac{\operatorname{tr}(\boldsymbol{R}_{jk}^l \boldsymbol{R}_{li}^l \boldsymbol{\Psi}_{li}^l \boldsymbol{R}_{li}^l)}{\operatorname{tr}(\boldsymbol{R}_{li}^l \boldsymbol{\Psi}_{li}^l \boldsymbol{R}_{li}^l)} + \displaystyle\sum_{(l,i)\in P_{jk}\backslash(j,k)} \rho_{li} \frac{p_{jk}\tau_p |\operatorname{tr}(\boldsymbol{R}_{jk}^l \boldsymbol{\Psi}_{li}^l \boldsymbol{R}_{li}^l)|^2}{\operatorname{tr}(\boldsymbol{R}_{li}^l \boldsymbol{\Psi}_{li}^l \boldsymbol{R}_{li}^l)} + \sigma_{DL}^2} \tag{8-4}$$

$$\boldsymbol{\Psi}_{li}^j = \left(\sum_{(l',i')\in P_{li}} p_{l'i'}\tau_p \boldsymbol{R}_{l'i'}^j + \sigma_{UL}^2 \boldsymbol{I}_{M_j}\right)^{-1} \tag{8-5}$$

其中,p_{jk} 表示用于传输长度为 τ_p 的导频序列的上行功率,而 ρ_{jk} 表示下行信号功率。根据式(8-3)~式(8-5)可以得到引理 8.1。

引理 8.1 考虑 $M = M_1 = \cdots = M_L$,$p_{jk} = \overline{P}/M^{\varepsilon_1}$,$\rho_{jk} = \underline{P}/M^{\varepsilon_2}$,其中 $\overline{P}$,$\underline{P}$,ε_1,$\varepsilon_2 > 0$ 是常数,如果 MR 方案的预编码规则是

$$w_{jk} = \hat{h}_{jk}^j / \sqrt{E\{\|\hat{h}_{jk}^j\|^2\}}$$

则

$$\underline{SINR_{jk}^{DL}} - \frac{\dfrac{1}{M}\operatorname{tr}(\boldsymbol{R}_{jk}^j \boldsymbol{R}_{jk}^j)}{\displaystyle\sum_{(l,i)\in P_{jk}\backslash(j,k)} \frac{\left(\dfrac{1}{M}\operatorname{tr}(\boldsymbol{R}_{jk}^l \boldsymbol{R}_{li}^l)\right)^2}{\dfrac{1}{M}\operatorname{tr}(\boldsymbol{R}_{li}^l \boldsymbol{R}_{li}^l)}} \to 0 \tag{8-6}$$

当 $M \to \infty$ 时,如果 $\varepsilon_1 + \varepsilon_2 < 1$,则 $\underline{SINR_{jk}^{DL}} \to 0$。

引理 8.1 为大规模 MIMO 网络提供了一个发射功率尺度律。$\varepsilon_1 + \varepsilon_2 < 1$ 的条件意味着,如果 $p_{jk}\rho_{jk}$ 的乘积衰减小于 $1/M$,可以将 p_{jk} 和 ρ_{jk} 大约降低为 $\dfrac{1}{\sqrt{M}}$,或者其中一个降低得更快些。在这些条件下,下行链路频谱效率具有非零渐近极限,其渐近表现为

$$\frac{\tau_d}{\tau_c}\log_2\left(1 + \frac{\dfrac{1}{M}\operatorname{tr}(\boldsymbol{R}_{jk}^j \boldsymbol{R}_{jk}^j)}{\displaystyle\sum_{(l,i)\in P_{jk}\backslash(j,k)} \frac{\left(\dfrac{1}{M}\operatorname{tr}(\boldsymbol{R}_{jk}^l \boldsymbol{R}_{li}^l)\right)^2}{\dfrac{1}{M}\operatorname{tr}(\boldsymbol{R}_{li}^l \boldsymbol{R}_{li}^l)}}\right) \tag{8-7}$$

p_{jk} 和 ρ_{jk} 在下行链路中扮演类似作用的原因是它们同时出现在式(8-4)的分子中。由于 $p_{jk}\rho_{jk}$ 与 $\operatorname{tr}(\boldsymbol{R}_{jk}^j \boldsymbol{\Psi}_{jk}^j \boldsymbol{R}_{jk}^j)$ 相乘,$\operatorname{tr}(\cdot)$ 和 M 成正比,只要 p_{jk}、ρ_{jk}、M 增长,分子就会无限制增长,会像 $M \to \infty$ 一样。这就产生了一种平方效应,可以将两个发射功率共同降低的最快速率限制在 $1/\sqrt{M}$ 的水平。如果固定上行导频功率 p_{jk},则 ρ_{jk} 可以达到的最快降低速度是

$1/M$,而不是 $1/\sqrt{M}$。如果发射功率的降低速度比发射功率尺度律所允许的要快,数值渐近极限为 0,这导致渐近 SE 为 0。

当 $M=1$ 时,对于 $\varepsilon=1/2$、$\varepsilon=1$ 和固定功率(即 $\varepsilon=0$),采用平均归一化预编码,每用户上行发射功率为 $\overline{P}=P=20\mathrm{dBm}$,总下行发射功率为 $KP=30\mathrm{dBM}$,考虑了不相关的瑞利衰落,每小区平均下行总 SE 和基础天线数量的关系如图 8-3 所示。数据和导频信号功率都可以降低为 $1/\sqrt{M}$(即 $\varepsilon=1/2$),实现了几乎与固定功率相同的渐近下行 SE。

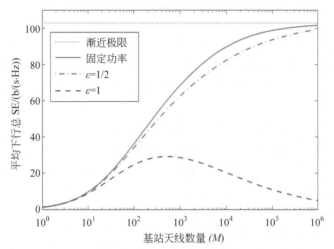

图 8-3　每小区平均下行总 SE 和基站天线数量的关系

图 8-3 假设 $\varepsilon=\varepsilon_1=\varepsilon_2$,并考虑了发射功率的两种不同的功率缩放,即 $\varepsilon=1/2$ 和 $\varepsilon=1$。图 8-3 还给出了固定功率的情况和 $\varepsilon=0$ 的渐近极限。如引理 8.1 中所述,如果 p_{jk} 和 ρ_{jk} 降低为 $1/\sqrt{M}$(即 $\varepsilon=1/2$),就能得到一个非零渐近极限。这个极限几乎与固定功率的情况相同,尽管其收敛速度较慢。特别地,当 $M=10^3$ 时得到渐近值的 55%,当 $M=10^6$ 时得到渐近值的 95%,与引理 8.1 一致。当 $\varepsilon=1$ 时,平均下行总 SE 渐近消失。

综上所述,证明大规模 MIMO 网络可能在异常的低发射功率水平下运行。事实上,图 8-3 显示,$M=100$ 时,每个基站的总发射功率可以从 $KP=1\mathrm{W}$ 降低到 $KP/\sqrt{M}=0.1\mathrm{W}$,却实现了几乎相同的 SE。100 个天线的 0.1W 意味着每个天线的功率仅为 $KP/M^{3/2}=1\mathrm{mW}$。要强调的是,上述发射功率降低的代价是使用大量的基站天线,这反过来又增加了 CP。

利用引理 8.1 中的下行功率可以很容易地重新推导出上行功率。尽管用户设备正在迅速发展,不断有新的先进功能,但电池容量仅每两年增长 10%。由于每个用户设备的无线数据流量增长速度更快,这导致了功率需求和电池容量的差距增大。大规模 MIMO 网络为运营商和用户设备提供了节能方面的潜在好处。

◈ 8.3　能 源 效 率

EE 是指完成一定数量的工作需要多少能量。这个一般的定义适用于所有的科学领域,从物理学到经济学,无线通信也不例外。与许多对"工作"的定义很简单的领域不同,在蜂窝网络中,定义一个小区的"工作"到底是什么并不容易。蜂窝网络为某一区域提供连接,并与用户设备之间输入输出比特。此外,对蜂窝网络的性能进行分级更具有挑战性,因为性能可以用各种不同的方式衡量,并且每一种性能度量对 EE 度量有不同的影响。在定义蜂窝网络 EE 的不同方法中,最流行的定义之一来自 SE 的定义,即无线通信系统的 SE 是指每个复值样本可以可靠传输的比特数。用 EE 代替 SE,用"能量单位"代替"复值样本",定义 EE 如下。

蜂窝网络能源效率 EE 是指每单位能量可以可靠传输的比特数。

$$EE = \frac{吞吐量}{功率消耗} \tag{8-8}$$

EE 的单位为 b/J,可视为效益成本比,其中服务质量(吞吐量)与相关成本(功耗)进行比较。因此,EE 是网络的比特传递效率的一个指标。吞吐量可以使用任何一个上行和下行的 SE 表达式计算,这些表达式描述了在大通信带宽上运行的大规模 MIMO 网络的性能。

与 ATP 不同的是,EE 度量受到分子和分母变化的影响。应注意避免 EE 分析得出不完整和可能误导的结论。应特别注意准确地对网络 PC 建模。例如,假设 PC 仅包括发射功率。引理 8.1 表明,当 $M \rightarrow \infty$,在接近非零渐近下行 SE 极限时,发射功率可以降低到 0。这意味着当 $M \rightarrow \infty$ 时 EE 无限增大。显然,这是一种误导,因为发射功率只捕获了整个 PC 的一部分,如图 8-2 所示。此外,发射功率并不代表传输所需的有效发射功率(Effective Transmit Power,ETP),因为它没有考虑到功率放大器(PA)的效率。PA 的效率被定义为输出功率与输入功率之比。当效率很低时,就会有很大一部分输入功率以热量的形式消散。要正确评估 EE,必须根据 ETP 和运行蜂窝网络所需的 CP(Circuit Power,电路功率)计算 PC:

$$PC = ETP + CP \tag{8-9}$$

CP 的一个常见模型是 $CP = P_{FIX}$,其中 P_{FIX} 是一个恒定量,可以计算基带处理器和回传基础设施的控制信令和负载功率所需的固定功率。然而,它对于不同的硬件设置(例如具有不同数量的天线)和不同的网络负载的系统计算并不够准确,因为它没有考虑到模拟硬件和数字信号处理中的功率消耗。因此,过度简单的 CP 模型可能导致错误的结论。需要详细的 CP 模型评估实际网络所消耗的功率,并识别不可忽略的组件。显然,这项任务的复杂性需要理想简化,可以用一个简单的多项式 CP 模型对大规模 MIMO 网络的 CP 进行现实的评估。

相当多关于 EE 分析的论文都考虑了以具有误导性的 b/(J·Hz)而不是 b/J 为单位的 EE 指标。这样的度量是通过将带宽归一化得到的,但这是没有意义的,因为 EE 与带宽有关。发射功率按带宽划分,而噪声功率与带宽成正比。以 b/(J·Hz)为单位的 EE 数仅适用于具有用于计算噪声功率的带宽的系统。换句话说,EE 应计算为吞吐量除以功率消耗,如式(8-8)中的定义,而不是 SE 除以功率消耗。

只有在传输大数据包时使用 SE 作为性能度量,可以接近信道容量。对于蜂窝网络的性能存在着许多不同的度量,不同的目标对 EE 的影响也不同。例如,EE 的另一种定义使用了成功传输率,即通过通信信道成功传递有限长度数据包的速率。然而,成功传输率的计算需要了解误码率,这在不同用户之间有很大不同,取决于许多因素,如调制方式、编码方式和数据包的大小。解决这个问题的一种方法是将 BER 近似为 $1 - e^{-SINR}$。在慢衰落情况下,掉线率成为衡量服务质量的合适指标。

能量-频谱效率权衡

可以通过使用更大的发射功率、部署多个基站天线或为每个小区提供多个用户设备来增加小区的 SE。所有这些方法都不可避免地增加了网络的 PC,通过增加发射功率或者通过使用更多的硬件可能会减少 EE。为了更详细地探讨这一点,接下来研究 EE-SE 的权衡,并研究不同网络参数和运行条件的影响。为了简单起见,本节关注双小区维纳模型(即 $L=2$)的上行(下行可以得到类似的结果),并且只考虑带宽 B 内不相关的瑞利衰落信道。假设基站配备了 M 个天线,具有完美的信道信息,并使用 MR 进行预编码处理。

1. 多基站天线的影响

假设在小区 1 中只有一个活动的用户设备(即 $K=1$),并且没有来自小区 2 的干扰信号。小区 1 中的用户可获得的 SE 为

$$SE_0 = \log_2(1 + (M-1)SNR_0) = \log_2\left(1 + (M-1)\frac{p}{\sigma^2}\beta_0^0\right) \tag{8-10}$$

其中,p 为发射功率,σ^2 为噪声功率,β_0^0 表示活动用户设备的平均信道增益。此处省略了上标 NLoS,因为不考虑 LoS 的情况。为了评估基站天线数 M 对 EE 的影响,在计算 PC 时区分两种不同情况:①忽略多个基站天线导致的 CP 增加;②考虑 CP 增加的原因。目前,假设小区 1 的 CP 仅由固定功率 P_{FIX} 组成,即 $CP_0 = P_{FIX}$。因此,小区 1 的 EE 为

$$EE_0 = \frac{B\log_2\left(1 + (M-1)\frac{p}{\sigma^2}\beta_0^0\right)}{\frac{1}{\mu}p + P_{FIX}} \tag{8-11}$$

其中,B 是带宽;而对于 $0<\mu\leq1$,$\frac{1}{\mu}p$ 用于计算 ETP,是 PA 的效率。对于给定的 SE,从式(8-10)可以得到所需的发射功率:

$$p = \frac{(2^{SE_0}-1)\sigma^2}{(M-1)\beta_0^0} \tag{8-12}$$

把式(8-12)代入式(8-11),得到

$$EE_0 = \frac{B \cdot SE_0}{(2^{SE_0}-1)\frac{v_0}{M-1} + P_{FIX}} \tag{8-13}$$

其中,

$$v_0 = \frac{\sigma^2}{\mu\beta_0^0} \tag{8-14}$$

式(8-13)给出了小区 1 中用户设备的 EE 和 SE 之间的关系。

图 8-4 说明了 $M=10$、$B=100kHz$、$\sigma^2/\beta_0^0=-6dBm$、$\mu=0.4$ 和 $P_{FIX}\in\{0,1,10,20\}$(单位为 W)时 SE 和 EE 的关系。其中,红点表示 EE_0 每条曲线的最大值。

可以看到,如果 $P_{FIX}=0$,EE 和 SE 之间存在单调递减的关系,因为此时式(8-13)可以简化为

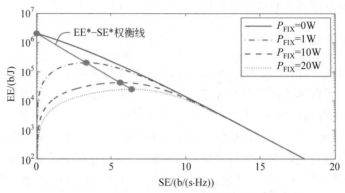

图 8-4 式(8-13)中 P_{FIX} 取不同值时 SE 和 EE 的关系

$$EE_0 = \frac{B \cdot SE_0}{(2^{SE_0} - 1)\dfrac{v_0}{M-1}} \qquad (8\text{-}15)$$

换句话说,如果不考虑 CP,SE 的增加总是以 EE 的减少为代价的。但是,如果 $P_{FIX} > 0$(在实际情况下),则 EE_0 是一个单模态函数,其值随 SE_0 而增加,使得 $(2^{SE_0}-1)\dfrac{v_0}{M-1} < P_{FIX}$,而且当 SE_0 很大时降为 $\dfrac{SE_0}{2^{SE_0}-1} \to 0$。

从图 8-4 中还可以看到,随着 P_{FIX} 值的增加,EE-SE 曲线变得更平坦,从而相同 EE 值的 SE 值范围变大。为了获得 EE 最优点,取式(8-13)中 EE_0 对 SE_0 的导数,并使其等于 0。可以观察到最大的 EE(记作 EE^*)以及相应的 SE(记作 SE^*)满足式(8-16):

$$\log_2 EE^* + SE^* = \log_2\left((M-1)\frac{B}{v_0 \ln 2}\right) \qquad (8\text{-}16)$$

其中,SE^* 满足

$$SE^*(2^{SE^*}\ln 2) = (2^{SE^*}-1) + \frac{M-1}{v_0}P_{FIX} \qquad (8\text{-}17)$$

式(8-16)显示了 $\log_2 SE^*$ 和 SE^* 之间的线性依赖关系。

图 8-4 中的 EE^*-SE^* 权衡线说明了这种依赖性。这意味着可以以线性 SE 损失为代价获得指数级 EE 增益。注意,式(8-17)有唯一结论,其格式如下:

$$SE^* = \frac{W\left((M-1)\dfrac{P_{FIX}}{v_0 e} - \dfrac{1}{e}\right)+1}{\ln 2} \qquad (8\text{-}18)$$

其中,$W(\cdot)$ 为兰伯特函数,e 为自然常数。将式(8-18)代入式(8-16)得到

$$EE^* = \frac{(M-1)B\, e^{-W\left((M-1)\frac{P_{FIX}}{v_0 e} - \frac{1}{e}\right)-1}}{v_0 \ln 2} \qquad (8\text{-}19)$$

式(8-18)和式(8-19)提供了 SE^* 和 EE^* 的闭式表达,从而揭示了两者都是如何受到系统参数的影响的。从式(8-18)开始,考虑到 $W(x)$ 是 $x \geqslant e$ 的一个递增函数,结果证明 SE^* 既随 M 增加(如直观预期),也随 P_{FIX} 增加,如图 8-4 所示。这可以解释如下:在式(8-13)中的发射功率 $(2^{SE_0}-1)\dfrac{v_0}{M-1} < P_{FIX}$ 成为 EE 的限制因素前,P_{FIX} 越大,SE 就越大。另一方

面,在式(8-19)中 EE^* 随 P_{FIX} 而减小(如图 8-4 所示),并且不随天线数量 M 而增加。在 $P_{FIX}=10W$,$B=100kHz$,$\sigma^2/\beta_0^0=-6dBm$ 和 $\mu=0.4$ 时 M 对 EE^* 和 SE^* 的影响如图 8-5 所示。EE^* 和 SE^* 随着 M 的增大而增加。如果 CP 没有考虑到有多个天线所消耗的额外功率,就会发生这种情况。EE^*-SE^* 权衡线上的点表示在每条曲线上 EE 达到其最大值的点。如分析预期的那样,EE 和 SE 均随 M 而增加。以下推论进一步揭示了 SE^*、EE^* 和 M、P_{FIX} 的关系。

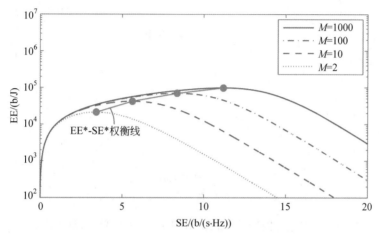

图 8-5　式(8-16)中 M 取不同值时 SE 和 EE 的关系

推论 8.1 （M/P_{FIX} 比例定律）：如果 M 或 P_{FIX} 变大,则

$$SE^* \approx \log_2(MP_{FIX}) \tag{8-20}$$

$$EE^* \approx \frac{eB}{(1+e)} \frac{\log_2(MP_{FIX})}{P_{FIX}} \tag{8-21}$$

推论 8.1 表明,SE^* 随 M 和 P_{FIX} 的对数增加;EE^* 随 M 的对数增加,是 P_{FIX} 的一个线性递减函数。因此,这似乎可以通过增加越来越多的天线获得 EE^*。这个结果是由于简化的模型 $CP_0=P_{FIX}$,它忽略了实际系统中 CP 随 M 而增加的事实。换句话说,在实际系统中存在着成本-性能的权衡。在实现多天线系统时,这种权衡尤其重要,因为配备 M 个天线的基站需要 M 个射频链,每个射频链都包含许多组件,例如功率放大器、模数转换器、数模转换器、局部振荡器、滤波器、相位/正交混合器和 OFDM 调制解调器。这种情况下的 CP 大约比单天线收发器的 CP 高出 M 倍。下面考虑 CP 模型:

$$CP_0 = P_{FIX} + MP_{BS} \tag{8-22}$$

其中,P_{BS} 是指每个基站天线操作所需的电路组件所消耗的功率。然后,式(8-13)变成

$$EE_0 = B \frac{SE_0}{(2^{SE_0-1}) \dfrac{v_0}{M-1} + P_{FIX} + MP_{BS}} \tag{8-23}$$

图 8-6 显示了与图 8-5 相同情况下的 EE 与 SE 的关系,即 $P_{FIX}=10W$,$P_{BS}=1W$,$B=100kHz$,$\sigma^2/\beta_0^0=-6dBm$,$\mu=0.4$,除了 $CP_0=P_{FIX}+MP_{BS}$ 的情况以外。与图 8-5 相比,图 8-6 中的 EE^*-SE^* 权衡线不会随天线数量的增加而持续增加。这是因为每个额外的天线都通过 P_{BS} 增加 CP,就像在实际系统中一样。每条曲线上的点表示 EE 达到其最大值的点。

EE*-SE* 权衡线是 M 的单模态函数,在 $M=10$ 处获得最大值,在 $M<10$ 时单调递增,在 $M>10$ 时单调递减,这与图 8-5 的结果形成鲜明对比。在图 8-5 中,EE*-SE* 权衡线总是随着 M 的增加而增加,这表明,在进行高效多天线系统的设计时,CP 的精确建模是非常重要的。

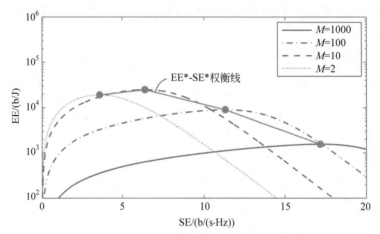

图 8-6　式(8-23)中 M 取不同值时 SE 和 EE 的关系

推论 8.2　($M/P_{\text{FIX}}/P_{\text{BS}}$ 比例定律)如果 M、P_{FIX} 或 P_{BS} 变大,那么

$$\text{SE}^* \approx \log_2(M(P_{\text{FIX}} + MP_{\text{BS}})) \tag{8-24}$$

$$\text{EE}^* \approx \frac{eB}{1+e} \frac{\log_2(M(P_{\text{FIX}} + MP_{\text{BS}}))}{P_{\text{FIX}} + MP_{\text{BS}}} \tag{8-25}$$

从式(8-24)开始,可以看到 SE* 与 M^2(而不是式(8-20)中的 M)成对数关系,因为在发射功率对式(8-23)提供的 EE 产生不利影响之前,可以提供更高的 SE。与式(8-21)相比,EE* 在式(8-25)中是 MP_{BS} 的一个近线性递减函数。综上所述,增加天线的数量 M 单调地提高了 SE*,甚至当 $M \to \infty$ 时没有上限,但对 EE* 的积极影响随着 M 的增加(因而需要更多的硬件和更高的 CP)而迅速消失。

2. 多个用户设备的影响

通过 SDMA 传输增加同时活动的用户设备的数量是提高每个小区 SE 的有效方法。接下来,考虑 2 小区维纳模型,有 K 个单天线用户设备,小区间干扰的相对强度为 $\bar{\beta} = \beta_1^0/\beta_0^0 = \beta_0^1/\beta_1^1$,研究 SDMA 给 EE 带来的潜在优势。如果 MR 预编码与基站的完美信道知识一起使用,每个用户设备的上行 SE 为

$$\text{SE}_0 = \log_2\left(1 + \frac{M-1}{(K-1) + K\bar{\beta} + \frac{\sigma^2}{p\beta_0^0}}\right) \tag{8-26}$$

给定 SE_0 的 p 为

$$p = \left(\frac{M-1}{2^{\text{SE}_0}-1} - K\bar{\beta} + 1 - K\right)^{-1} \frac{\sigma^2}{\beta_0^0} \tag{8-27}$$

小区 1 的 EE 为

$$\text{EE}_0 = \frac{B K \text{SE}_0}{K\left(\frac{M-1}{2^{\text{SE}_0}-1} - K\bar{\beta} + 1 - K\right)^{-1} v_0 + \text{CP}_0} \tag{8-28}$$

其中，ν_0 是在式(8-14)中定义的。考虑到小区 1 中的总 SE 为 KSE_0，总发射功率为 $\frac{1}{\mu}Kp$。

为了解释所有活动用户设备所消耗的额外 CP，假设

$$CP_0 = P_{FIX} + MP_{BS} + KP_{UE} \tag{8-29}$$

其中，P_{UE} 说明了每个单天线用户设备的所有电路组件所需的功率。

取式(8-28)中的 EE_0 对 SE_0 求导数并使其等于 0，得到

$$K\left(\frac{M-1}{2^{SE^*}-1} - K\bar{\beta} + 1 - K\right)^{-1}v_0 + P_{FIX} + MP_{BS} + KP_{UE}$$

$$= KSE^*\left(1 - \left(\frac{2^{SE^*}-1}{M-1}\right)(K\bar{\beta}+1-K)\right)^{-2}\frac{v_0\ln 2}{M-1}2^{SE^*} \tag{8-30}$$

从中获得了使 EE^* 最大的 SE^*。将式(8-30)代入式(8-28)中，可得

$$EE^* = \frac{B}{\left(1 - \left(\frac{2^{SE^*}-1}{M-1}\right)(K\bar{\beta}-1+K)\right)^{-2}\frac{v_0\ln 2}{M-1}2^{SE^*}} \tag{8-31}$$

或者等价地写为

$$\log_2 EE^* + SE^* - 2\log_2\left(1 - \left(\frac{2^{SE^*}-1}{M-1}\right)^{-2}(K\bar{\beta}-1+K)\right)$$

$$= \log_2\left((M-1)\frac{B}{v_0\ln 2}\right) \tag{8-32}$$

式(8-32)中的表达形式与式(8-16)相似，除了小区内和小区间的干扰以外。与式(8-17)不同的是，由于存在干扰，对式(8-30)的解答式不能以封闭形式提供。接下来，评估小区间干扰的相对强度 $\bar{\beta}$ 和用户设备的数量 K 如何影响 EE-SE 的权衡。图 8-7 显示了小区 1 的 EE 作为总 SE 的函数在 $K \in \{5,10,30\}$ 和 $\bar{\beta} = -15\text{dB}$ 或 -3dB 时的值。此外，假设 $M=10$、$B=100\text{kHz}$、$\sigma^2/\beta_0^0 = -6\text{dBm}$ 和 $\mu=0.4$ 时 $P_{FIX}=10\text{W}$、$P_{BS}=1\text{W}$、$P_{UE}=0.5\text{W}$，增加小区间干扰的强度 $\bar{\beta}$ 对 EE 和 SE 有不利影响。正如图 8-7 所示的那样，EE^*-SE^* 均衡线不会随 K 一直地增长。

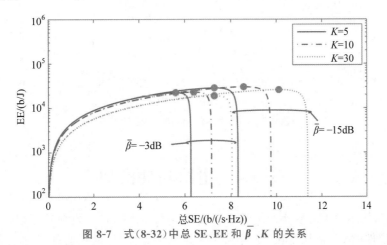

图 8-7　式(8-32)中总 SE、EE 和 $\bar{\beta}$、K 的关系

式(8-26)中的小区间干扰项 $K\bar{\beta}$ 与 $\bar{\beta}$ 线性增加。另一方面,EE^*-SE^* 权衡线是 K 的单模态函数。这种情况下 $K=10$ 时获得最大值。这是因为在 $M=10$ 的情况下,每个添加的用户设备增加功率 $P_{UE}=0.5W$,总 SE 是 K 的一个缓慢增加的函数。因此,随着 K 或 $\bar{\beta}$ 增大,在总 SE 不变的情况下,EE 减少。

图 8-7 表明,由于干扰和附加硬件的增加,SDMA 无法改进 EE。然而,当研究 K 对 SE 总和的影响时,如果增加一定数量的天线以抵消增加的干扰,就可以同时提供多个用户设备,而不减少每个用户设备的 SE。这导致了天线数和用户设备数之比 $M/K \geqslant c$ 的操作状态。

对于大常数 c,可以通过 SDMA 得到 K 倍的总 SE。由于添加更多的天线,不仅通过 MP_{BS} 增加了 SE,还增加了 PC,这意味着将存在一对最优值 (M,K),从而使 EE 达到其最大值。

为了举例说明这一结论,图 8-8 显示了当 $K=10$、$\bar{\beta}=10dB$、$P_{FIX}=10W$、$P_{BS}=1W$、$P_{UE}=0.1W$、$B=100kHz$、$\sigma^2/\beta_0^0=-6dBm$ 和 $\mu=0.4$ 时,小区 1 中 M/K 不同值时的总 SE 和 EE。与总 SE 不同,EE 随 M/K 而单调增长,EE^* 是 M/K 的一个单模态函数。对于所考虑的设置,它在 $M/K=2$ 时达到最大值,然后随着 M/K 的增大而慢慢减小。综上所述,只有在部署更多射频硬件的好处和成本得到适当平衡的情况下,服务多个用户设备的同时增加基站天线的数量(以补偿更高的干扰)才能改善网络的 EE。基站天线的 EE 最佳配置和用户设备数量将在 8.6 节中进行评估。

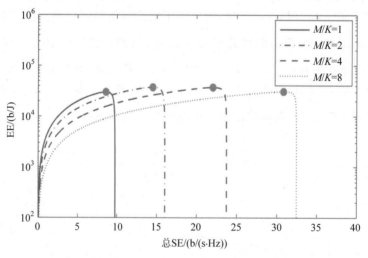

图 8-8 小区总 SE、EE 和 M/K 的关系

◆ 8.4 电路功耗模型

在 8.3 节,使用简单的双小区维纳模型表明,功率消耗 PC 占发射功率以及基站和用户设备的收发硬件的 CP 消耗是在 EE 中必须考虑的因素。另外,还必须考虑数字信号处理、回传信令、编码和解码所消耗的功率。大规模 MIMO 网络中通用第 j 个基站的 CP 模型是

$$CP_j = P_{FIX,j} + P_{TC,j} + P_{CE,j} + P_{C/D,j} + P_{BH,j} + P_{SP,j} \tag{8-33}$$

其中，$P_{FIX,j}$ 被定义为恒定量，用于控制信号以及回传基础设施和基带处理器独立负载所需的功率。此外，$P_{TC,j}$ 是收发设备消耗的功率，$P_{CE,j}$ 是信道估计过程消耗的功率，$P_{C/D,j}$ 是信道编解码小区消耗的功率，$P_{BH,j}$ 是负载相关回传信令消耗的功率，$P_{SP,j}$ 是基站处信号处理消耗的功率。请注意，忽略收发设备、信道估计、预编码和组合所消耗的功率在以前是多用户 MIMO 中的规范。更准确地说，在引入大规模 MIMO 网络之前，少量的天线和用户设备使得所有上述操作的 CP 与固定功率相比是可以忽略不计的。

为式(8-33)中每一项提供一个可处理和实现的模型，作为主要系统参数 M_j 和 K_j 的函数。这是通过使用一系列固定的硬件系数描述硬件设置实现的。

在本章中，主要关注的是功率消耗，而不是部署成本、场地租赁等经济费用。然而，我们强调，经济成本可以添加到 CP 模型中。例如，通过将网络的成本率(以 \$/s 为单位)除以能量价格(以 J/\$ 为单位)，得到一个以 W 为单位的等效 PC 值。主要经济费用可能与基站数量成比例，因此会增加式(8-33)中的 $P_{FIX,j}$。

8.4.1 收发设备

小区 j 中的 $P_{TC,j}$ 可以量化为

$$P_{TC,j} = M_j P_{BS,j} + P_{LO,j} + K_j P_{UE,j} \tag{8-34}$$

其中，$M_j P_{BS,j}$ 是第 j 个基站上的电路组件所需的功率，$P_{LO,j}$ 是本机振荡器(Local Oscillator，LO)消耗的功率。$P_{UE,j}$ 表示每个单天线用户设备的所有电路组件所需的功率。

8.4.2 编码和解码

在下行链路中，第 j 个基站将信道编码和调制应用于 K_j 信息符号序列，每个用户设备应用算法对自己的接收数据序列进行解码。在上行链路中也是类似。因此，小区 j 中的 $P_{C/D,j}$ 与发送信息比特数成正比，并可以量化为

$$P_{C/D,j} = (P_{COD} + P_{DEC})TR_j \tag{8-35}$$

其中，TR_j 表示小区 j 的吞吐量(以 b/s 为单位)，而 P_{COD} 和 P_{DEC} 分别为编码和解码功率(以 W/(b/s) 为单位)。为了简单起见，假设 P_{COD} 和 P_{DEC} 在网络中的所有用户设备上都是相同的，P_{COD} 和 P_{DEC} 高度依赖于采用的信道编码技术。吞吐量 TR_j 是小区 j 中所有用户设备的上行和下行吞吐量，可以使用 SE 表达式获得。

8.4.3 回传

回传用于在基站和核心网络之间传输上行和下行数据，并且可以是有线的或无线的，具体取决于网络部署。回传消耗的功率通常建模为两部分的和：一部分与负载无关，另一部分与负载有关。前一部分包括在 $P_{FIX,j}$ 中，它通常是回传消耗功率中最重要的部分(约占80%)，而每个 BS_j 的负载部分与其服务的用户设备的总吞吐量成正比。共同观察上行和下行，小区 j 中的负载相关回传项 $P_{BH,j}$ 计算为

$$P_{BH,j} = P_{BT} TR_j \tag{8-36}$$

其中，P_{BT} 是回传通信功率(W/(b/s))，为简单起见，假设网络中的所有小区都相同。

8.4.4   信道估计

上行信道估计在大规模 MIMO 网络中发挥着有效利用大量天线的重要作用。对上行信道估计的所有处理都在每个相干块的基站上进行，并具有计算成本，即消耗功率。上行信道估计使用 MMSE、EW-MMSE 和 LS 估计器。上述估计量的计算复杂度如表 8-2 所示。其中第一列是将接收信号与导频序列相关联时的乘法数，第二列是使用该导频序列估计用户设备信道所需的乘法。第三列是每个 UE 预计算的复杂性。

表 8-2   信道估计每个相干块的计算复杂度

估 计 器	导频相关的计算复杂度	每个用户设备的计算复杂度	预计算复杂度
MMSE	$M_j\tau_{\mathrm{p}}$	M_j^2	$\dfrac{4M_j^3-M_j}{3}$
EW-MMSE	$M_j\tau_{\mathrm{p}}$	M_j	M_j
LS	$M_j\tau_{\mathrm{p}}$	—	—

要将这些数字转换为消耗功率，设 L_{BS} 表示基站的计算效率，一个复数乘法需要以 3 个实数浮点乘法实现。由于每秒有 B/τ_{c} 个相干块，从表 8-2 中可知，信道估计所消耗的功率为

$$P_{\mathrm{CE}.j}=\frac{3B}{\tau_{\mathrm{c}}L_{\mathrm{BS}}}K_j\cdot\begin{cases}M_j\tau_{\mathrm{p}}+M_j^2, & \text{采用 MMSE}\\ M_j\tau_{\mathrm{p}}+M_j, & \text{采用 EW-MMSE}\\ M_j\tau_{\mathrm{p}}, & \text{采用 LS}\end{cases} \tag{8-37}$$

其中，K_j 是小区 j 中用户设备的数量，τ_{p} 是导频序列长度，通常选择为 $\tau_{\mathrm{p}}\geqslant\max\limits_{l}K_l$。在大规模 MIMO 网络中，EW-MMSE 和 LS 估计器具有大致相同的功耗。这里忽略了预计算统计矩阵的复杂性，因为这些计算只有在信道统计量发生变化时才重新进行。还要注意，式(8-37)只是对小区内信道消耗的功率的量化估计。

从式(8-37)可以注意到，对于 EW-MMSE 和 LS 估计器来说，功率模型与 M_j 成正比。MMSE 估计器消耗的功率与 M_j^2 成正比。这是提高信道估计精度的代价，以便公平地比较不同估计方案的 EE。

函数对用户设备数的依赖不仅是由于 K_j，而且是由于 τ_{p}，它与 $\max\limits_{l}K_l$ 呈线性关系(或者说，与最大用户设备负载呈线性关系)。由此可见，在 BS$_j$ 处的信道采集所需的功率与 $K_j\max\limits_{l}K_l$ 成比例增加。

上面忽略了下行信道估计的计算复杂度，因为它的计算复杂度大大低于上行信道估计；每个用户设备只需要从接收到的数据信号中估计预编码的标量信道即可。

8.4.5   接收组合和传输预编码

可以计算 BS$_j$ 为接收组合和传输预编码所消耗的功率 $P_{\mathrm{SP},j}$。它可量化为

$$P_{\mathrm{SP},j}=P_{\mathrm{SP-R/T},j}+P_{\mathrm{SP-C},j}^{\mathrm{UL}}+P_{\mathrm{SP-C},j}^{\mathrm{DL}} \tag{8-38}$$

其中，$P_{\mathrm{SP-R/T},j}$ 是数据信号的上行接收和下行发送所消耗的总功率，而 $P_{\mathrm{SP-C},j}^{\mathrm{UL}}$ 和 $P_{\mathrm{SP-C},j}^{\mathrm{DL}}$ 分别是在 BS$_j$ 处计算组合和预编码向量所需的功率。

1. 上行接收和下行发送

在上行信道给定 $\boldsymbol{v}_{jk}$ 时,计算 $\boldsymbol{v}_{jk}^{\mathrm{H}}\boldsymbol{y}_j$ 的复杂度、τ_{u} 个接收到的上行信号 $\boldsymbol{y}_j$ 和小区中的每个用户设备是每个相干块的 $\tau_{\mathrm{u}}M_jK_j$ 复乘法。在下行给定 $\boldsymbol{w}_{jk}$,计算 $\boldsymbol{x}_j = \sum_{k=1}^{K_j} \boldsymbol{w}_{jk}\zeta_{jk}$,其中 ζ_{jk} 是小区 j 第 k 个用户天线支路信号,需要每个相干块的 $\tau_{\mathrm{d}}M_jK_j$ 复乘法,因此得到

$$P_{\mathrm{SP-R/T},j} = \frac{3B}{\tau_{\mathrm{c}}L_{\mathrm{BS}}}M_jK_j(\tau_{\mathrm{u}} + \tau_{\mathrm{d}}) \tag{8-39}$$

无论选择哪一种组合和预编码方案,用于接收和发送的 CP 都是相同的。

2. 组合/预编码向量的计算

由于上行和下行的对偶性,预编码向量的自然选择是 $\boldsymbol{w}_{jk} = \boldsymbol{v}_{jk}/\|\boldsymbol{v}_{jk}\|$(除了上行和下行的设计非常不同的时候以外)。如果给定了 $\boldsymbol{v}_{jk}$,那么计算 $\boldsymbol{w}_{jk}$ 的复杂度就会降低为先计算 $\|\boldsymbol{v}_{jk}\|$ 再计算 $\boldsymbol{v}_{jk}/\|\boldsymbol{v}_{jk}\|$。此项成本为

$$P_{\mathrm{SP-C},j}^{\mathrm{DL}} = \frac{4B}{\tau_{\mathrm{c}}L_{\mathrm{BS}}}M_jK_j \tag{8-40}$$

计算 $\boldsymbol{v}_{jk}$ 的复杂度在很大程度上取决于接收组合方案。如果使用 MR 预编码方案,$\boldsymbol{v}_{jk}$ 将直接从信道估计中获得,并且没有额外的计算复杂度度,除了解码小区所需的归一化以外。这个成本是每个基站的 K_j 倍,为

$$P_{\mathrm{SP-C},j}^{\mathrm{UL}} = \frac{7B}{\tau_{\mathrm{c}}L_{\mathrm{BS}}}K_j \tag{8-41}$$

其中已经考虑到一个复数除法需要 7 个实数乘法/除法运算实现。同样,RZF 预编码方案消耗的功率为

$$P_{\mathrm{SP-C},j}^{\mathrm{DL}} = \frac{3B}{\tau_{\mathrm{c}}L_{\mathrm{BS}}}\left(\frac{3K_j^2 M_j}{2} + \frac{3K_j M_j}{2} + \frac{K_j^3 - M_j}{2} + \frac{7}{3}K_j\right) \tag{8-42}$$

在式(8-42)的括号中,最后一项表示除法,其他项表示乘法。表 8-3 提供了在选择预编码向量作为接收组合向量的归一化假设下,本章中所有组合和预编码方案所消耗的功率。在 M-MMSE 组合的情况下,还包括了估计小区间信道和将接收到的导频信号与仅用于其他小区中的 $\tau_{\mathrm{p}} - K_j$ 导频序列相关联的成本。复乘法和除法分别需要 3 个和 7 个实数运算。

表 8-3 本章中所有组合和预编码方案消耗的功率

方　　案	$P_{\mathrm{SP-R/T},j}$	$P_{\mathrm{SP-C},j}^{\mathrm{UL}}$	$P_{\mathrm{SP-C},j}^{\mathrm{DL}}$
M-MMSE (MMSE 估计)	$\dfrac{3B}{\tau_{\mathrm{c}}L_{\mathrm{BS}}}K_jM_j(\tau_{\mathrm{u}}+\tau_{\mathrm{d}})$	$\dfrac{3B}{\tau_{\mathrm{c}}L_{\mathrm{BS}}}\left(\sum_{l=1}^{L}\dfrac{(3M_j^2+M_j)K_l}{2}+\dfrac{M_j^3}{3}+2M_j+M_j\tau_{\mathrm{p}}(\tau_{\mathrm{p}}-K_j)\right)$	$\dfrac{3B}{\tau_{\mathrm{c}}L_{\mathrm{BS}}}M_jK_j$
M-MMSE (EW-MMSE估计)	$\dfrac{3B}{\tau_{\mathrm{c}}L_{\mathrm{BS}}}K_jM_j(\tau_{\mathrm{u}}+\tau_{\mathrm{d}})$	$\dfrac{3B}{\tau_{\mathrm{c}}L_{\mathrm{BS}}}\left(\sum_{l=1}^{L}\dfrac{(M_j^2+3M_j)K_l}{2}+(M_j^2-M_j)K_j\dfrac{M_j^3}{3}+2M_j+M_j\tau_{\mathrm{p}}(\tau_{\mathrm{p}}-K_j)\right)$	$\dfrac{3B}{\tau_{\mathrm{c}}L_{\mathrm{BS}}}M_jK_j$
S-MMSE	$\dfrac{3B}{\tau_{\mathrm{c}}L_{\mathrm{BS}}}K_jM_j(\tau_{\mathrm{u}}+\tau_{\mathrm{d}})$	$\dfrac{3B}{\tau_{\mathrm{c}}L_{\mathrm{BS}}}\left(\dfrac{3K_j^2M_j}{2}+\dfrac{3K_jM_j}{2}+\dfrac{K_j^3-M_j}{2}+\dfrac{7}{3}K_j\right)$	$\dfrac{3B}{\tau_{\mathrm{c}}L_{\mathrm{BS}}}M_jK_j$

方　案	$P_{\mathrm{SP-R/T,}j}$	$P_{\mathrm{SP-C,}j}^{\mathrm{UL}}$	$P_{\mathrm{SP-C,}j}^{\mathrm{DL}}$
RZF	$\dfrac{3B}{\tau_c L_{\mathrm{BS}}}K_j M_j(\tau_u+\tau_d)$	$\dfrac{3B}{\tau_c L_{\mathrm{BS}}}\left(\dfrac{3K_j^2 M_j}{2}+\dfrac{3K_j M_j}{2}+\dfrac{K_j^3-M_j}{2}+\dfrac{7}{3}K_j\right)$	$\dfrac{3B}{\tau_c L_{\mathrm{BS}}}M_j K_j$
ZF	$\dfrac{3B}{\tau_c L_{\mathrm{BS}}}K_j M_j(\tau_u+\tau_d)$	$\dfrac{3B}{\tau_c L_{\mathrm{BS}}}\left(\dfrac{3K_j^2 M_j}{2}+\dfrac{K_j M_j}{2}+\dfrac{K_j^3-M_j}{2}+\dfrac{7}{3}K_j\right)$	$\dfrac{3B}{\tau_c L_{\mathrm{BS}}}M_j K_j$
MR	$\dfrac{3B}{\tau_c L_{\mathrm{BS}}}K_j M_j(\tau_u+\tau_d)$	$\dfrac{7B}{\tau_c L_{\mathrm{BS}}}K_j$	$\dfrac{3B}{\tau_c L_{\mathrm{BS}}}M_j K_j$

8.4.6　将 CP 与不同的组合/预编码处理方案比较

本节将消耗的 CP 与不同的组合/预编码方案进行比较。每个基站都有 M 个天线。每个小区有 K 个用户设备。导频重用系数为 $f=1$，因此每个导频序列都由 $\tau_p=K$ 个样本组成。用于数据的每个相干块的样本数为 $\tau_c-\tau_p=190-K$，其中 1/3 用于上行，2/3 用于下行。因此，$\tau_u=1/3(\tau_c-\tau_p)$，$\tau_d=2/3(\tau_c-\tau_p)$。考虑每个用户上行和下行发射功率为 20dBm（即 $p_{jk}=\rho_{jk}=100\mathrm{mW}$）。采用 ASD（Angle Standard Difference，角标准差。标准差 $\sigma_\varphi\geqslant0$ 以弧度为单位时称为角标准差）为 $\sigma_\varphi=10°$ 的高斯局部散射作为信道模型。用于计算回传及编解码所消耗功率的小区 j 的吞吐量通过 SE 表达式得到。对于每种体制和天线数，下行最大 SE 的容量限为

$$\mathrm{TR}_j=B\sum_{k=1}^{K_j}(\mathrm{SE}_{jk}^{\mathrm{UL}}+\max(\underline{\mathrm{SE}}_{jk}^{\mathrm{DL}},\mathrm{SE}_{jk}^{\mathrm{DL}})) \qquad (8\text{-}43)$$

在表 8-4 中给出了两组 CP 参数值。第一组值来自基带功率建模、回传功率以及计算效率。这些参数在未来也许会变化。接下来，再考虑一个设置，其中收发器硬件的 PC 减少为原来的 1/2，而计算效率（受益于摩尔定律）增加为原来的 10 倍，这形成了表 8-4 中的第二组值。这些参数与具体硬件相关，MATLAB 代码也可以仿真其他参数值。

表 8-4　两组 CP 参数值

参　数	第 一 组 值	第 二 组 值
固定功率（P_{FIX}）	10W	5W
基站 LO 功率（P_{LO}）	0.2W	0.1W
每个基站天线功率（P_{BS}）	0.4W	0.2W
每个用户设备功率（P_{UE}）	0.2W	0.1W
数据编码功率（P_{COD}）	0.1W/(Gb/s)	0.01W/(Gb/s)
数据解码功率（P_{DEC}）	0.8W/(Gb/s)	0.08W/(Gb/s)
基站计算效率（L_{BS}）	75GFLOPS/W	750GFLOPS/W
回传业务功率（P_{BT}）	0.25W/(Gb/s)	0.025W/(Gb/s)

图 8-9 考虑了表 8-4 中的两组 CP 参数值。说明了具有不同组合/预编码方案的每个小区

上行和下行的总 CP。计算结果表明,虽然不同的组合/预编码方案具有不同的计算复杂性,但在本章考虑的场景中它们只有较小的差异。这是因为硬件的 CP 远大于信号处理的 CP。

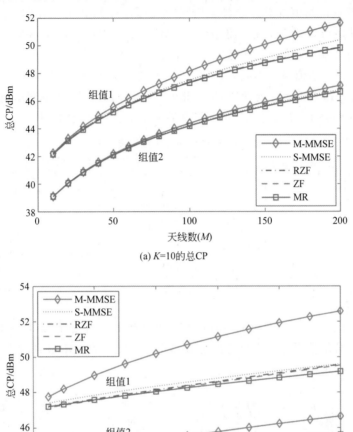

(a) $K=10$ 的总 CP

(b) $M=100$ 的总 CP

图 8-9　每个小区上行和下行的总 CP

　　将 MMSE 估计器用于信道估计,可以充分利用空间通道相关性。请注意,纵轴坐标单位是 dBm。

　　在图 8-9(a)中,考虑了 $K=10$ 且 M 为 $10\sim200$ 的情况。对于所有方案和两个组值,CP 都随 M 而增加。M-MMSE 要求最高的 CP,其次是 S-MMSE。对于组值 1,S-MMSE 由于不计算小区间信道估计而将 CP 减少了 $0.5\%\sim25\%$。但是,M-MMSE 提供的 SE 值高于S-MMSE。从数量上讲,M-MMSE 对 $M=100$ 和 $K=10$ 所要求的 CP 是 48.16dBm(65.48W),而 S-MMSE 需要 47.5dBm(56.35W),功率大约减少了 14%。从前面可知,在上行和下行中,M-MMSE 的 CP 增加由 SE 提高 10% 得到补偿。对于组值 2,M-MMSE 所需的 CP 仅比 S-MMSE 高出 $0.1\%\sim7\%$。这主要是由于计算效率的提高。RZF 和 ZF 消耗的 CP 较少,因为它们都是 $K\times K$ 而不是 $M\times M$ 的反转矩阵。与 M-MMSE 相比,当 $M=100$ 时,RZF 和 ZF 组值 1 的 CP 减少了 17%,组值 2 的 CP 减少了 4%。MR 的特点是具有最低的 CP,因为不需要矩阵求逆。当用户设备数量非常大时,MR 比 RZF 和 ZF 的计算复杂性低。

在图 8-9(b)中,考虑了 $M=100$ 且 K 为 $10\sim100$ 的情况。CP 随着用户设备数量的增加而增加。虽然这两组值的总体趋势是相同的(例如,M-MMSE 要求最高的 CP,MR 需要最低的 CP),但是可以看到,对于组值 1,M-MMSE 要求的 CP 比 S-MMSE 高出 8%~100%;对于组值 2,此 CP 的增加幅度将减少到 2%~25%。

表 8-5 总结了两组值对于不同方案的 CP。不同方案所需的 CP 略有不同,这是因为收发器硬件的 CP 远远大于信号处理的 CP。此外,本节对 M 和 K 的不同情况进行了比较,但并不代表最大化网络 EE 的最佳值,正如将在后面 8.6 节中讨论的那样。

表 8-5 两组值对于不同方案的 CP

方 案	组值 1	组值 2
M-MMSE	65.48W	27.42W
S-MMSE	56.35W	26.51W
RZF	54.43W	26.32W
ZF	54.43W	26.32W
MR	53.96W	26.27W

图 8-10 显示了表 8-4 中取组值 1 时在 $M=100$ 和 $K=20$ 的情况下每小区消耗功率在不同处理部分的分配情况。这里只考虑了 M-MMSE、RZF 和 MR 3 种方案,因为 S-MMSE 和 ZF 的 CP 与 RZF 相似。

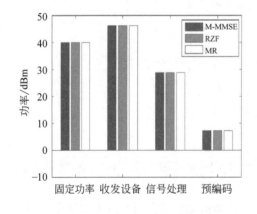
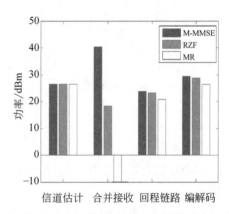

(a) 固定功率、收发设备、信号处理和预编码消耗的功率　(b) 信道估计、合并接收、回程链路和编解码消耗的功率

图 8-10 使用第一组值时 M-MMSE、RZF 和 MR 测得的每个小区的 CP

由固定功率、收发设备、上行接收的信号处理、下行发送和预编码计算所贡献的 CP 对所有方案都是相同的。这 4 个数值如图 8-10(a)所示,总共需要 47.23dBm,这是总 CP 的大部分。收发设备需要最大的 CP;其次是固定功率;上行接收和下行发送所需的信号处理消耗约 28.8dBm;最小的部分是计算预编码向量的消耗,约 7dBm。图 8-10(b)显示了信道估计、接收向量组合的计算、回传的计算和编码/解码所消耗的 CP。

小区内信道估计所消耗的 CP 约为 26dBm(440mW),与处理方案无关。用于计算接收组合向量的 CP 取决于处理方案,M-MMSE 需要最高的 CP,约为 40dBm(10.96W)。这一项与信道估计消耗的功率加起来占由 M-MMSE 执行所需 CP 的 91%。M-MMSE 使用 EW-MMSE 估计器的 CP 大大降低,这将计算复杂度降低了 45%~90%。然而,这影响了估计的准确性。如果使用 RZF,那么计算组合向量所需的 CP 约为 18.28dBm(67mW),这相当于消耗比 M-MMSE 减少了 99% 以上。MR 进一步将消耗减少到 0.09mW,几乎可以忽略不计。

图 8-11 显示了第二组值的 CP。与图 8-10(a)相比,图 8-11(a)中的所有方案(常用的固定功率、收发设备和信号处理)的消耗均减少了 50%。从图 8-11(a)中可以看出,用 M-MMSE 合并接收仍然是最耗电的操作,尽管在这种情况下它只需要 30dBm 而不是 40dBm,这相当于功率消耗减少了 90%。

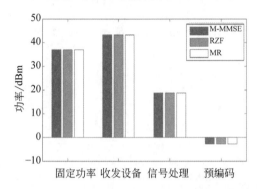 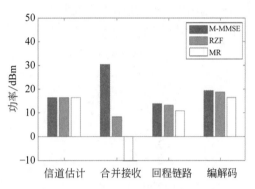

(a) 固定功率、收发设备、信号处理和预编码消耗的功率   (b) 信道估计、合并接收、回程链路和编解码消耗的功率

图 8-11   使用第二组值时 M-MMSE、RZF 和 MR 测得的每个小区的 CP

综上所述,CP 在很大程度上取决于硬件设置(即基站天线数和用户设备的数量)以及表 8-4 中模型参数的选择。对于所有处理方案,CP 随 M 增加的速度都比其随 K 增加的速度更快。由于估计小区间信道的额外成本,M-MMSE 需要最高的 CP,其次是 S-MMSE; RZF 和 ZF 需要的 CP 低于 S-MMSE;MR 的 CP 最低,因为不需要矩阵求逆。

然而,由于现代系统信号处理的计算效率非常高,这些差异对总 CP 有较小的影响。收发设备占总 CP 的最大部分,其次是固定功率,然后是信道估计。此外,回传、编码和解码消耗的功率只占大规模 MIMO 网络总 CP 的一小部分。

◆ 8.5   能源效率和吞吐量的权衡

现在使用 8.4 节中引入的 CP 模型和表 8-4 中的两组 CP 值研究 EE 和吞吐量之间的权衡。与 8.3.1 节的案例研究分析不同,本节集中于大规模 MIMO 网络的吞吐量,以强调在指定带宽的情况下进行 EE 分析。设每个基站都有 M 个天线,每个小区都有 K 个用户设备。导频重用系数为 $f=1$,因此每个导频序列都由 $\tau_p=K$ 个样本组成。用于上行和下行的每个相干块的样品数量分别为 $\tau_p=1/3(\tau_c-\tau_p)$ 和 $\tau_d=2/3(\tau_c-\tau_p)$。

考虑每个上行和下行发射功率为 20dBm(即 $p_{jk}=\rho_{jk}=10$mW)。采用 ASD$\sigma_\varphi=10°$ 的高斯局部散射作为信道模型。使用 8.4 节的上行和下行的 SE 表达式获得式(8-43)中的吞吐量。小区 j 的 EE 为

$$EE_j = \frac{TR_j}{ETP_j + CP_j} \qquad (8\text{-}44)$$

其中，ETP_j 表示小区 j 的 ETP，它表示上行和下行传输导频序列及信号所消耗的功率。TR 是吞吐量；CP 是消耗功率。ETP_j 的计算公式如下：

$$ETP_j = \frac{\tau_p}{\tau_c} \sum_{k=1}^{K_j} \frac{1}{\mu_{UE,jk}} p_{jk} + \frac{\tau_u}{\tau_c} \sum_{k=1}^{K_j} \frac{1}{\mu_{UE,jk}} p_{jk} + \frac{1}{\mu_{BS,j}} \frac{\tau_d}{\tau_c} \sum_{k=1}^{K_j} \rho_{jk} \qquad (8\text{-}45)$$

其中，$\mu_{UE,jk}(0 < \mu_{UE,jk} \leqslant 1)$ 是小区 j 的 UE_k 处的 PA 效率，$\mu_{BS,j}(0 < \mu_{BS,j} \leqslant 1)$ 是 BS_j 的效率。不同方案 EE 和吞吐量的权衡继续与 $\mu_{UE,jk} = 0.4$ 和 $\mu_{BS,j} = 0.5$ 的假设进行比较。本节刻意选择了高于 25% 的实际 PA 效率，这是由于在大规模 MIMO 网络中每个天线的低功率水平（在 mW 范围内）允许使用更高效的 PA。

图 8-12 显示了所有方案中 EE 与每个小区平均吞吐量的关系。$K = 10$ 且 M 为 10~200，考虑了表 8-4 中的两组值。

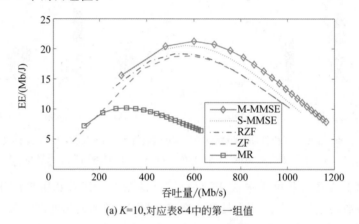

(a) $K=10$，对应表8-4中的第一组值

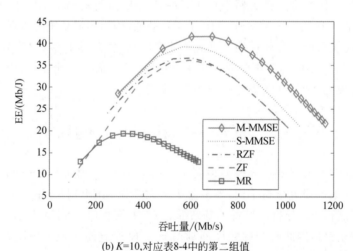

(b) $K=10$，对应表8-4中的第二组值

图 8-12 $K = 10$ 时所有方案中每个小区的 EE 与吞吐量的关系

所有方案的 EE 都是吞吐量的单模态函数。这意味着可以将 EE 增加到最大点，但吞吐量的进一步增加只能在 EE 中造成损失。曲线在最大 EE 点周围相当平滑。M-MMSE 提供了最高的 EE，其次是 S-MMSE，MR 的 EE 最低。这表明，M-MMSE 处理的额外计算

复杂度在 SE 和 EE 方面有了回报。

从图 8-12(a)中可以看到,M-MMSE 的最大 EE 值是 21.26Mb/J,在 $M=30$ 处实现的吞吐量为 600Mb/s,这对应于 9.6Gb/(s·km^2)的区域吞吐量。对于 $M=40$,EE 几乎没有变化,为 20.73Mb/J,而区域吞吐量增加到 11Gb/(s·km^2)。对于 S-MMSE,$M=30$ 也获得了最大的 EE,但比 M-MMSE、RZF 和 ZF 的 EE 最大值减少了 3.2%,吞吐量降低了 6%。M-MMSE、RZF 和 ZF 性能接近,在 $M=30$ 时实现的最大 EE 约为 19Mb/J,相应的区域吞吐量为 8.38Gb/(s·km^2)。有趣的是,当吞吐量增加时,RZF 和 ZF 往往表现得比较接近 M-MMSE 和 S-MMSE。这是因为,天线的数量越多,吞吐量越高,CP 也越高。由于 M-MMSE 和 S-MMSE 的 CP 比 RZF 和 ZF 增长得快,抵消了 SE 增益。

如果 $M\approx K$ 时 ZF 的性能不佳,每个小区的吞吐量值小于 380Mb/s,EE 会迅速恶化。MR 提供的最大 EE 为 10.18Mb/J,此时 $M=40$,区域吞吐量为 5.07Gb/(s·km^2)。

图 8-12(b)的硬件环境为表 8-4 中的第二组值。与图 8-12(a)相比,图 8-12(b)中的所有方案的 EE 值大致增加了一倍(因为大多数 CP 系数减低为原来的 1/2),但总体趋势是相同的。使用 M-MMSE 和 S-MMSE,$M=30$ 时 EE 分别达到 41.52Mb/J 和 310.1Mb/J。

图 8-13 考虑了参数 $K=20$ 且 M 为 10~200 时其他方案的吞吐量。与图 8-12 的结果相比,可以看到,增加 K 提高了所有方案的 EE。

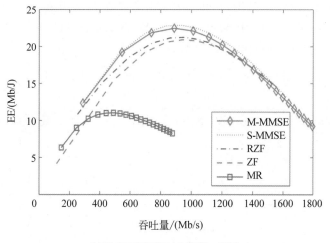

(a) $K=20$,对应表 8-4 中的第一组值

图 8-13　$K=20$ 时所有方案中每个小区的 EE 与吞吐量的关系

与图 8-12(a)不同,图 8-13(a)显示,对于 $K=20$ 和第一组值,使用 S-MMSE 获得了最高 EE,而不是 M-MMSE。从数量上讲,S-MMSE 在 $M=50$ 处提供的最大功率为 22.86Mb/J,区域吞吐量为 15.05Gb/(s·km^2)。用 M-MMSE 检测在 $M=40$ 处得到最大 EE,比 S-MMSE 低 1.75%。有趣的是,对于第一组值,当吞吐量增加时,M-MMSE 的性能甚至比 RZF 和 ZF 更差。发生这种情况是因为使用 M-MMSE 的 CP 要大于使用 S-MMSE、RZF 和 ZF 的 CP,从而抵消了使用 M-MMSE 的 SE 增益。从图 8-13(b)中可以看到,可以对第二组值进行不同的观察。在这种情况下,总体趋势与图 8-12 相同,其中 M-MMSE 提供了最高的 EE 和吞吐量。此外,增加每个小区的用户设备数量对所有方案的 EE 都有积极的影响。在图 8-12(b)中 $K=10$,最大 EE 是在 $M=30$ 或 40 处实现的;如果

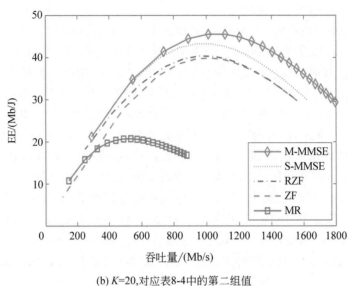

(b) $K=20$,对应表8-4中的第二组值

图 8-13 （续）

$K=20$,从图 8-13(b)可以看到 $M=50$ 或 60 处提供了最高的 EE。

表 8-6(a)总结了 M-MMSE、RZF 和 MR 检测方案在 $K=10$ 和 $M=40$ 的 EE 和区域吞吐量。表 8-6(b)总结了图 8-13 中 $M=60$ 时 M-MMSE、RZF 和 MR 的结果。表 8-6(a)和表 8-6(b)的结果分别从图 8-12 和图 8-13 导出。

表 8-6　每个小区的最大 EE 和相应的区域吞吐量

(a) $K=10,M=40$

检测方案	第一组值的 EE/(Mb/J)	第二组值的 EE/(Mb/J)	区域吞吐量/(Gb/(s·km²))
M-MMSE	20.73	41.53	11
RZF	19.07	36.63	9.6
MR	10.18	110.28	5.07

(b) $K=20,M=60$

方案	第一组值的 EE/(Mb/J)	第二组值的 EE/(Mb/J)	区域吞吐量/(Gb/(s·km²))
M-MMSE	21.27	45.5	17.82
RZF	21.24	20.35	15.33
MR	11.04	20.7	7.84

综上所述,不同方案提供的 EE 略有不同。然而,对于所有这些情况,EE 都是吞吐量的单模态函数,对于考虑的场景,无论 CP 参数值如何,都能在大约 $M=30$ 或 40 处达到最大值。请注意,M 的这些值远非大规模 MIMO 网络的预期值,但实现最大 EE 的天线数/用户设备数按预期为 3 或 4。

◇ 8.6　最大能源效率网络设计

在 8.5 节中,研究了给定数量的用户设备和不同数量的基站天线(或说对于给定的每个小区的吞吐量值)的大规模 MIMO 网络的 EE。本节从不同的角度观察 EE,讨论这 3 个问题:

①BS 天线的最佳数量 M 是多少? ②用户设备的数量 K 最优是多少? ③什么时候应该用哪种接收处理方案?

为了回答这些问题,采用与 8.5 节相同的场景,每个小区有 K 个用户设备,每个基站有 M 个天线。图 8-14 说明了对应 M-MMSE、RZF、MR 方案,$K \in \{10,20,\cdots,100\}$ 和 $M \in \{20,30,\cdots,200\}$ 时每个小区的 EE。这里采用了表 8-4 中的第一组值。

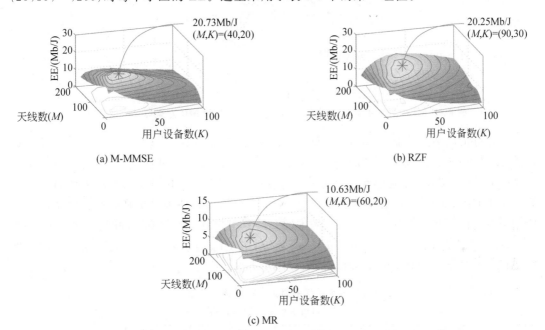

(a) M-MMSE

(b) RZF

(c) MR

图 8-14　使用表 8-4 中的第一组值时 M-MMSE、RZF 和 MR 方案每个小区的 EE

可以注意到,每个方案都存在 EE 最大值。对于 M-MMSE,$(M,K)=(40,20)$实现的最大 EE 为 20.73Mb/J,提供 13.71Gb/(s · km²)的区域吞吐量,总 PC 为 41.35W。对于 RZF,EE 曲线比 M-MMSE 更平滑;因此,有很多种(M,K)组合提供了几乎最优的 EE。总体 EE 的最大值为 20.25Mb/J,仅比 M-MMSE 高出 2.3%,它通过 RZF 的$(M,K)=(90,30)$实现,此时区域吞吐量为 20.97Gb/(s · km²),比 M-MMSE 高出 53%,每个小区 CP 为 64.76W,也比 M-MMSE 高出 56%。这个结果是,尽管从吞吐量的角度看,对于任何给定的(M,K)组合,M-MMSE 都是最好的,但 CP 会递增。与 RZF 相比,由于 M-MMSE 计算复杂度较高,随着 M 和 K 的增加,CP 增加得更快,这阻碍了具有较大 M 和 K 值的 M-MMSE 的使用,其吞吐量比 RZF 略高,同时 CP 增大较快,从而降低了 EE。因此,M-MMSE 在较低的吞吐量值下实现了其 EE 最优值。RZF 的高 EE 值代价是每个小区的功率消耗较高。

图 8-15 考虑了表 8-4 中的第二组值。M-MMSE 的 EE 曲线比图 8-14(a)中的更平滑,RZF 和 MR 的 EE 曲线与图 8-14(b)、图 8-14(c)中的相似。

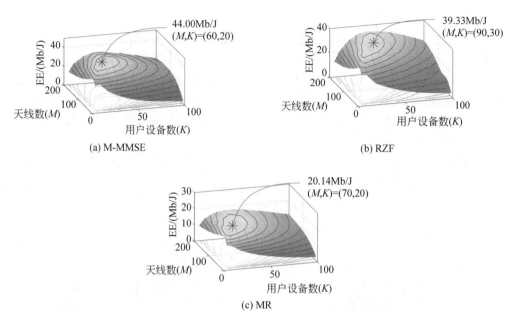

图 8-15　使用表 8-4 中第二组值时 M-MMSE、RZF 和 MR 方案每个小区的 EE

能效好的网络并不意味着功率是低的。MR 的 EE 最优在 $(M,K)=(60,20)$ 时实现,提供的 EE 为 10.63Mb/J,比 M-MMSE 和 RZF 小约 47%,局域吞吐量为 7.64Gb/(s·km²),每小区 PC 为 44.9W。上述结果汇总见表 8-7,表 8-7(a)和表 8-7(b)分别由图 8-14 和图 8-15 得到。由于 CP 值减小,EE 最优点的 M 和 K 值都有所增加。特别是更高的计算效率鼓励了使用更多的网络基础设施和更多用户的空间多路复用。M-MMSE 的吞吐量仍然比 RZF 低17%,同时 EE 高 12%,每小区 PC 节省 26%。与图 8-14 的结果相比,当使用更高效的硬件时,M-MMSE 将成为高 EE 和低 PC 的潜在解决方案。

表 8-7　每个小区的最大 EE、区域吞吐量和 PC
(a) 对应表 8-4 中第一组值

方　案	(M,K)	最大 EE/(Mb/J)	区域吞吐量/(Gb/(s·km²))	PC/W
M-MMSE	(40,20)	20.73	13.71	41.35
RZF	(90,30)	20.25	20.97	64.76
MR	(60,20)	10.63	7.64	44.9

(b) 对应表 8-4 中第二组值

方　案	(M,K)	最大 EE/(Mb/J)	区域吞吐量/(Gb/(s·km²))	PC/W
M-MMSE	(60,20)	44.00	17.33	24.62
RZF	(90,30)	310.23	20.97	33.34
MR	(70,20)	20.14	8.3	25.75

可以观察到,所有 (M,K) 的 EE 优化配置都归入大规模 MIMO 网络。在不同的 EE 优化网络下,M/K 比值为 2～3.5。

◆ 8.7　绿色能源传输

随着设备到设备、机器到机器等技术的不断发展,5G 网络不仅涉及人与人的连接,还涉及物与物的连接。

统计数据显示,信息通信技术(Information and Communication Technology,ICT)产业已经成为全球第五大能源消耗产业,其产生的能耗占全球总能耗的 2%～10%,间接排放的二氧化碳约占全球总排放量的 2%,并且未来几年里能耗还将以 5% 左右的幅度继续增加。ICT 产业不断增加的二氧化碳的排放量将加剧全球变暖的趋势。与此同时,无线网络的高能效及可持续发展的愿景也逐渐成为国家战略。

我国是世界第一通信大国。在《通信业"十二五"发展规划》中明确提出,信息通信业要全面应用节能减排技术,推动构建高能效通信系统。《信息通信行业发展规划(2016－2020年)》对无线网络在"十三五"期间的高能效发展提出了更高要求,提高网络资源利用率,达到与生态文明建设相适应的绿色发展水平。

多国政府和国际组织纷纷出台了多项与绿色通信相关的重大规划和政策法规。国内外多家通信运营商和设备生产商分别从通信系统的各个层面研究了不同的节能技术。此外,学术界针对全新节能器件、高效资源管理算法、新型网络架构、智能网络控制等技术展开了大量研究,重要国际通信会议均开设了绿色通信相关的专题,通过多方的探讨与交流积极推动绿色通信的发展。绿色通信、低碳生活已经成为可持续发展的必然要求之一。

有关 5G 和 B5G(Beyond 5G,超 5G)无线网络绿色传输策略在资源管理方面的研究将面临以下挑战:

(1)动态数据到达和离开的情况下控制数据队列的稳定性问题。它涉及网络层速率控制,还涉及物理层中信道、功率、带宽资源的管理。

(2)跨层资源分配方案。该领域还存在诸多的混合整数规划问题,如联合信道选择和功率分配问题,现有的算法并不能如预期一样快速解决混合整数规划问题。

(3)大规模分布式资源管理策略。

(4)可持续稳定供能以及约束网络长期平均功率。考虑到硬件设备最大可提供的瞬时功率,对单个时刻的峰值功耗要加以约束。

EH(Energy Harvesting,能量收集)技术已经成为延长网络生存时间、提高通信质量、为能量受限设备提供连续且稳定的电能供应的关键,在降低网络能耗、建立绿色通信网络的过程中发挥重要作用,成为绿色通信研究的重要分支。EH 技术的引入对无线网络的工作环境、设备部署、技术选择等诸多方面都带来了较大的改变。

8.7.1　面向绿色通信的基站休眠策略

国内外研究者从不同的角度对基站休眠策略进行了研究,主要包括负载感知休眠策略、随机休眠策略和距离感知休眠策略。当某些基站的流量低于某一阈值时,采用负载感知休眠策略的网络将会关闭这些基站。结果表明,通过在基站休眠策略设计中引入不同类型基站的负载均衡,可以实现低流量负载时高达 68% 和中等流量负载时高达 33% 的能效提高水平。

8.7.2 随机休眠策略

随机休眠策略作为最简单、最易于操作的基站休眠策略,是指以一定概率相互独立地关闭无线网络中的任意一个基站。针对随机休眠策略,首先确定基站处于不同休眠模式的概率,将随机休眠概率视为阶段性休眠的依据。基于随机休眠的结果,采用低复杂度阶段性休眠操作方案。当覆盖范围和用户可接受速率的约束得到保证时,针对异构蜂窝网络,应用随机休眠策略,在最小化基站能耗的基础上,可以获得最优的休眠概率。

虽然随机休眠策略易于处理,操作成本低,计算复杂度低,但是,这种策略缺乏对现实中各种无线网络环境的普适性。

8.7.3 智能的基站切换策略

智能的基站切换策略也称为排斥性休眠策略。当无线用户在网络中均匀分布时,通过逐渐关闭靠近 MBS 的 SBS 执行基于位置的最佳休眠操作方案。也可以采用基于联合位置和用户密度的操作方案应对用户在网络中分布不均匀的情况。考虑到覆盖范围和用户可接受速率的约束,可以计算基于距离感知休眠策略的最大休眠距离。与其他休眠策略相比,排斥性休眠策略难以操作。排斥性休眠策略存在的问题是对流量变化的不敏感性,因此,一般的排斥性休眠策略不能准确感知和定位热点地区。

8.7.4 面向绿色通信的资源管理

无线网络资源管理分为静态优化和动态控制两大类。有研究者对静态无线网络下行链路提出了使功率分配收敛到公平分配结果的定价方案。还有研究者提出无线网络和传感器网络中的路由和功率分配问题的线性规划、几何规划以及其他凸优化方法,主要依赖拉格朗日对偶数学理论。

凸优化方法传统上会产生单点解,这可能不适合最优网络所涉及的资源动态分配情况。

考虑到衰落信道的时变特性、用户状态改变以及中继节点状态变化,针对不同的用户服务,定义不同的满意度效用函数,利用离散粒子群优化方法进行动态资源分配,使得系统所有用户服务的平均效益最大。

有研究者提出一种加权平均系统吞吐量效益函数,用于研究子载波配对、分配与功率优化等资源分配问题。由于该优化问题是非凸的,因此需要采用分步求解方法。首先,将非凸优化问题转化为凸优化问题;其次,利用对偶原理证明该凸优化问题等同于原始非凸优化问题;再次,利用黄金分割搜索法以及迭代资源分配算法求出其最优解;最后,利用次优化资源分配算法以渐进方式求解最初的问题。

无线网络的随机优化和动态控制领域工作多考虑具有先验统计信息的系统。有文献提出基于集群的异构车联网网络动态数据到达框架,并基于马尔可夫排队模型分析了包括延迟、吞吐量和队列长度等性能指标。

　　在 5G 密集的无线网络中,可能需要同时处理数百个用户的接入请求,资源分配和信号处理任务将大大增加,基础优化问题将具有高维度变量和大量约束。现有最先进的求解器属于基于内点法的求解器,其计算复杂度不适用于大规模约束问题。例如,凸二次规划的求解具有三维复杂度。此外,若要使用这些求解器,需要将原始问题转换为求解器支持的标准形式。尽管求解器建模框架可以自动将原始问题实例转换为标准形式,但可能需要大量时间执行此类转换,对于有大规模约束的问题更是如此。

第 9 章

网络接入层关键技术

◇ 9.1　计算机网络与分层

9.1.1　协议

在互联网中,凡是涉及两个或者多个远程通信实体的所有活动都有协议的制约。一个协议定义了在两个或多个通信实体之间交换的报文格式和次序,以及在报文发送、接收或其他事件中采取的动作。

简单而言,协议就像人类之间交流的语言,或人与机器之间通信方式的约定。

协议的 3 个要素如下:

(1) 语法:就是内容需要遵从的规则和标准。

(2) 语义:就是这一段内容代表的意义。

(3) 顺序:就是发送处理的先后。

可以想象网络数据就是一段缓存或内存中的内容,它有格式,同时有一个程序可以处理这些数据,程序可以在计算机、服务器、交换机或路由器上运行。

复杂的程序需要分层,以便于管理。这是程序设计的要求,以使每一层专注做本层的工作。网络每一层协议负责的工作也不一样,对应不同的设备。

OSI 7 层模型和 TCP/IP 4 层模型如图 9-1 所示。

OSI 7层模型	TCP/IP 4层模型
应用层	应用层
表示层	应用层
会话层	应用层
传输层	传输层
网络层	网络层
数据链路层	物理层
物理层	物理层

图 9-1　OSI 7 层模型和 TCP/IP 4 层模型

OSI 7 层模型的各层如下:

（1）物理层。包含多种与物理介质相关的协议，这些物理介质用来支持网络通信。在该层以二进制数据形式在物理介质上传输数据。

（2）数据链路层。包含控制物理层的协议，包括如何访问和共享物理介质，怎样标识物理介质上的设备，以及在物理介质上发送数据之前如何使数据成帧。典型的数据链路层协议有 IEEE 802.3/以太网协议、帧中继协议、ATM 协议以及 SONET 协议。

（3）网络层。主要负责定义数据包格式和地址格式，对经过逻辑网络路径的数据进行路由选择。网络层协议主要包括 IP、ICMP、RIP 和 OSPF 等。

（4）传输层。指定控制网络层的协议。这就像数据链路层控制物理层一样，传输层和数据链路层都定义了流控和差错机制。二者的不同在于，数据链路层协议控制数据链路上的流量，即连接两台设备的物理介质上的流量；而传输层协议控制逻辑链路上的流量，即两台设备的端到端连接，这种逻辑连接可能跨越一系列数据链路。

（5）会话层。提供两个进程之间建立、维护和结束会话连接的功能，还提供交互会话的管理功能，如 3 种数据流方向的控制，即一路交互、两路交替和两路同时会话模式。

（6）表示层。主要功能是数据格式化、代码转换和数据加密。

（7）应用层。最常用的服务是向用户提供访问网络的接口，如文件传输、电子邮件、虚拟终端等。应用层协议主要有 HTTP、FTP 等。

实际上常用的是 TCP/IP 4 层模型，各层如下：

（1）物理层。中继器、集线器、双绞线都工作在物理层。

（2）网络层。该层协议主要有 IP、ICMP、ARP 等。

（3）传输层。该层协议主要有 TCP、UDP 等。

（4）应用层。该层协议主要有 HTTP、TFTP、FTP 等。

在访问一个网页时，首先会发送 HTTP 请求报文，该报文包括 HTTP 头和 HTTP 正文，然后向传输层发送；传输层会为该报文加上 TCP 头和端口号，然后发往网络层；在网络层，会为该报文加上 IP 头，里面含有目标 IP 地址，然后发往物理层；在物理层，会为该报文加上 MAC 头，里面含有目标 MAC 地址（或者网关 MAC 地址）以及源 MAC 地址；随后，这个报文就在网络中传输。

当一个格式包从一个网口经过时，首先检查是否可以通过，若可以就交给程序进行处理。

首先，去掉 MAC 头，看是否和这个网口的 MAC 地址相符。如果不符，就丢弃，不处理；如果相符，就说明是发给它的，于是就去掉 IP 头，看看到底是发送给自己的还是希望自己转发出去的。

如果目标 IP 地址不是自己的，那么就转发出去；如果目标 IP 地址是自己的，那么就进入 TCP 头处理，去掉 TCP 头，这个时候需要查看 TCP 头是一个请求、一个应答还是一个正常的数据包，然后分别由不同的逻辑进行处理。

如果是请求或者应答，接下来可能要发送一个回复包；如果是一个正常的数据包，就需要交给上层进行处理。不同的应用监听不同的端口号。如果浏览器应用在监听这个端口，那么程序就会把包交给浏览器处理。浏览器解析 HTML 文件，显示页面内容。

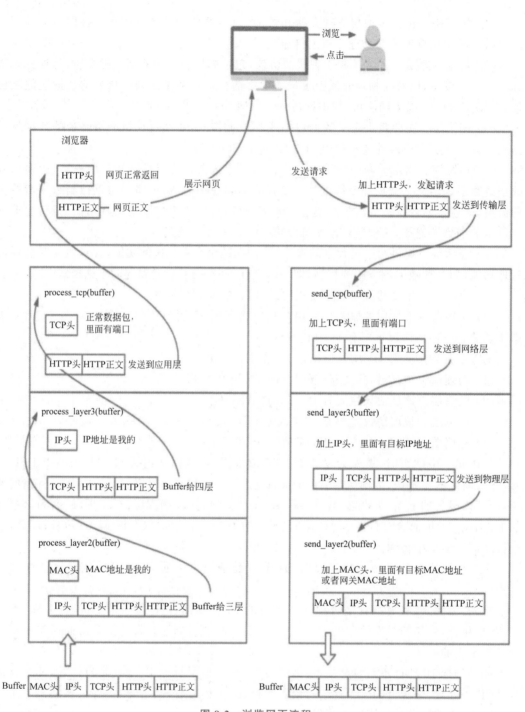

图 9-2 浏览网页流程

9.1.2 IP 地址

IP 地址是一个网卡在网络中的通信地址。

IP 地址可以分为 A~E 共 5 类，如图 9-3 所示。

A类	0		网络号(7位)		主机号(24位)	
B类	1	0	网络号(14位)		主机号(16位)	
C类	1	1	0	网络号(21位)		主机号(8位)
D类	1	1	1	0	多播组号(28位)	
E类	1	1	1	1	0	保留(27位)

图 9-3 IP 地址分类

A、B、C 类 IP 地址主要分为两部分：网络号和主机号。A、B、C 类 IP 地址范围、最大主机数和私有 IP 地址范围如表 9-1 所示。

表 9-1 A、B、C 类 IP 地址范围、最大主机数和私有 IP 地址范围

类 别	IP 地址范围	最大主机数	私有 IP 地址范围
A	0.0.0.0～127.255.255.255	16 777 214	10.0.0.0～10.255.255.255
B	128.0.0.0～191.255.255.255	65 534	172.16.0.0～172.31.255.255
C	192.0.0.0～223.255.255.255	254	192.168.0.0～192.168.255.255

可以看到，C 类地址的最大主机数非常少，而 A 类又非常多，会造成浪费，于是出现了一个协议——无类别域间路由(Classless Inter-Domain Routing，CIDR)。它将 32 位的 IP 地址分为两部分，前面是网络号，后面是主机号。例如，10.100.122.2/24 这个 IP 地址中有一个斜杠，斜杠后面的数字 24 就代表这个 IP 地址的前 24 位是网络号，因此后 8 位是主机号。与其对应的子网掩码是 255.255.255.0。

在 10.100.122.××× 这个网段中，有一个 IP 地址比较特殊，即 10.100.122.255，它是广播地址。如果发送的一个包的目标 IP 是它，那么在 10.100.122.××× 这个网段中的所有主机都能接收到这个包。

当发送一个包时，发送方和接收方必须在同一网段中，包才能被接收到。例如，192.168.1.1/24 发送一个包给 192.168.1.121/26 是不可以的。

9.1.3 ICMP

著名的 ping 程序是基于 ICMP(Internet Control Message Protocol，互联网控制报文协议)工作的。ICMP 报文封装在 IP 包中。ICMP 报文类型有很多，不同类型有不同的代码。例如，主动请求的代码为 8，主动请求应答的代码为 0。ICMP 报文主要有以下两个类型：

(1) 查询报文。常用的 ping 就是 ICMP 查询报文，是一种主动请求，并且获得主动应答。

(2) 差错报文。当异常情况发生时，ICMP 发出报告。异常情况主要有以下 4 种：第一种异常情况是终点不可达，其中，网络不可达的代码为 0，主机不可达的代码为 1，协议不可达的代码为 2，端口不可达的代码为 3，需要进行分片设置的代码为 4；第二种异常情况是源站抑制，也就是让源站放慢发送速度；第三种异常情况是超时，也就是超过网络包的生存时间还没有到达；第四种异常情况是路由重定向，也就是路径发生了变化，下一次将发给另一

个路由器。traceroute 就是差错报文。

9.1.4　MAC 地址

　　MAC 地址是网卡的物理地址,用十六进制的 6 字节(48 位)表示。MAC 地址是全球唯一的,任意两个网卡的 MAC 地址都不同。

　　那么,为什么不用 MAC 地址进行通信呢?因为 MAC 地址更像一个人的身份证,只是一个标识,而没有远程定位的功能。一个网络包从源到目标,中间会经过很多路由器等网络设备,MAC 地址的通信范围很小,局限在一个子网里面,找到 MAC 地址要靠广播。当一个网络包要经过很多子网时,MAC 地址就不能用于通信了。

　　MAC 头和 IP 头的结构如图 9-4 所示。

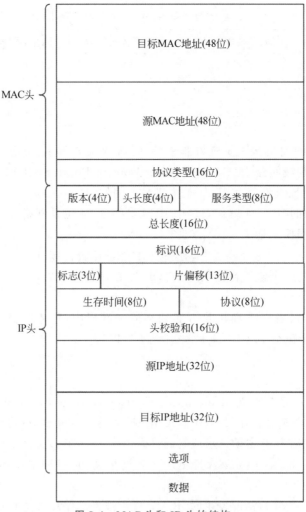

图 9-4　MAC 头和 IP 头的结构

◇ 9.2　自适应灵活资源分配

9.2.1　移动边缘计算中的资源联合优化

针对资源管理的主要研究场景分为单设备场景和多设备场景。

单设备场景下的应用任务既可以是单个任务,也可以由多个子任务组成。对于单个任务而言,研究目的是给出任务上传决策;而对于包含多个子任务的移动应用而言,研究目的则是给出二分决策,即哪些子任务在边缘服务器上执行,哪些任务在本地移动设备上执行。

在多设备场景下需要考虑每一个设备的上传模式,这是移动边缘计算中资源优化配置研究的重点。

移动设备采用计算卸载的方式,即通过计算任务的部分卸载或二分卸载的方式上传计算任务到邻近的移动设备或边缘服务器,以实现降低任务响应时间和任务计算能耗等目的。其中,部分卸载是指计算任务的输入数据是比特可分的,而二分卸载是指单个任务只能在本地执行或在边缘服务器上执行。

针对智能可穿戴设备(Smart Wearable Device,SWD)和智能移动设备(Smart Mobile Device,SMD)系统,可以将计算密集型任务转移到 MEC(Multi-access Edge Computing,多接入边缘计算)服务器以提高资源的利用率。为了进一步降低智能设备产生的能耗,满足延迟约束,李阳提出引入设备合作,联合优化系统中移动设备和边缘服务器的计算和通信资源,以达到最小化移动设备能耗的目标。该问题是一个非凸优化问题,将原非凸优化问题分解为两个凸优化子问题进行求解,结合了块坐标下降和凸优化技术的迭代优化算法。该算法根据多凸优化问题的性质保证了算法的收敛性。仿真结果表明,该算法通过联合优化两层计算和通信资源,与其他基准方法相比,使整体能耗降低约 10%。该算法的求解接近最优解,可以在较短的时间内得到最优解。李阳提出了能耗最小化的两阶段联合优化中继选择和资源分配算法,针对通信辅助移动边缘计算系统,该系统中多个移动设备从多个无线接入点中选择中继路由,将卸载数据传输到 MEC 服务器。MEC 系统使用无线接入点作为 MEC 服务器和移动设备之间的通信中继。为了使系统总能耗最小,满足移动设备对时延的需求,采用两阶段联合优化中继选择和资源分配算法,该问题是一个 NP 难(NP-hard)的混合整数非凸优化问题。第一阶段得到最优中继路由选择策略;第二阶段基于得到的中继路由选择策略,将原问题转化为凸问题,并利用拉格朗日方法求解。该算法可在多项式时间内求解,计算复杂度较低。仿真结果表明,采用该算法的 MEC 系统在节能方面取得了显著的效果,能耗降低 10%～20%。与其他基线方法相比,该算法能够以更短时间获得最优解,提高系统能效。

越来越多的移动终端需要处理计算密集型/延迟敏感型计算任务,在移动通信网络覆盖较弱的区域,距离通信基站较远的移动设备在进行计算任务卸载时会产生很高的通信开销。类似移动自组织网络,距离基站较远的移动设备可以选择距离基站较近的移动设备作为路由中继节点,以实现在较低能耗下将计算任务卸载到 MEC 服务器上的目标。而路由中继节点的选择是一个难点,从多个中继节点中选择最佳节点,不仅能够降低单个路由中继节点的集中式计算产生的缺陷,还能降低网络通信负载。同时,结合资源分配策略,也可以达到节能的目的。

针对移动边缘计算在不同场景下的节能问题,可以从对单设备下任务依赖图模型应用、多设备下设备协同、多设备下路由中继选择 3 方面展开研究,以提高系统资源利用率,降低移动端的能源消耗,延长移动设备的待机时长,保证用户获得高质量服务体验。

李阳提出了能耗最小化的基于双层二分搜索的优化算法,针对任务依赖图模型应用,在单设备移动边缘计算系统中,采用时分多路复用的方式,在有限的计算和通信资源以及延迟约束下,实现最小化移动设备能耗,该问题被形式化为非凸优化问题。采用拉格朗日乘子法对该问题进行求解,证明了求解该优化问题等价于求解不等式约束的非线性方程。同时,李阳提出了一种低复杂度的基于双层二分搜索嵌套的优化算法,用于获得计算卸载策略和资源分配策略。其中内外两层二分搜索算法用于求解对应的拉格朗日乘子。模拟实验表明,与其他基准算法相比,该算法不仅复杂度低,而且具有更低的能耗和更好的性能。

李阳还提出了能耗最小化的基于块梯度下降法的迭代优化算法。这项工作主要就移动边缘计算环境下的节能高效的资源联合优化的若干问题进行研究,即从单设备下基于任务依赖图模型的移动应用的资源联合优化、多设备下结合协同计算的联合资源优化以及多设备下联合优化路由中继选择和资源分配 3 方面对节能问题展开研究。首先从单设备着手,分析了现有移动服务种类多样化和功能复杂化的趋势,提出了针对由多种存在依赖关系的功能模块或子任务组成的移动服务的任务卸载策略,以优化移动设备资源利用率,降低移动设备能量消耗。然后针对多设备环境,结合设备协同展开双层资源联合优化策略的研究,针对低性能设备远距离数据传输能耗过高的问题,提出以高性能设备为路由中继的设备协作机制,以降低设备通信能耗,降低移动端整体的能耗。最后,对于面向多个路由中继的情况进行了联合优化中继选择策略和资源分配策略的研究,提出了能量高效的路由中继选择策略和资源分配方案,进一步提升了移动设备的待机时长,可以为用户提供更高质量的服务体验。

9.2.2 MEC 系统中的资源智能分配

可以利用机器学习技术解决 MEC 系统中的缓存文件部署与缓存文件动态更新问题。文献[47]提出了一种基于迁移学习的协作缓存策略,在提高缓存命中率的同时还降低了传输损耗。有文献利用长短期记忆网络预测 MEC 系统中各个任务的流行度,并基于预测的任务流行度构造了一个长期能耗最小化问题。为了解决该问题,采用强化学习技术动态生成任务卸载决策、计算资源分配及缓存决策。也有文献提出了一种上下文感知的缓存策略,其中具有不同缓存大小的边缘节点可以协作式地进行缓存。该缓存策略是一种基于多摇臂理论的分布式在线学习算法,能够充分利用特定的情境和用户反馈,加快在线学习模块的速度,自适应地选择合适的内容进行缓存。有学者结合深度强化学习技术与联邦学习技术提出了一种边缘智能架构以联合优化 MEC 系统中的计算资源、缓存资源与通信资源。为了缓解点播视频流引起的流量负载,提升用户体验,还有人提出将 MEC 系统中的协作缓存构造为一个多摇臂问题,并采用了多智能强化学习的方式解决了该问题。有人提出了一种新的车辆边缘服务机制,用于城市交通场景下的内容调度,并设计了具有社会感知的边缘计算和缓存方案。该方案能够在具有跨区域内容耦合和不同社会特征的复杂车辆网络中最大化内容调度效用。为了能够最大化 MEC 系统的带宽利用率并缓解系统中的数据负载,一种基于强化学习的内容推送与缓存方案和一种基于双向深度循环神经网络模型的在线主动缓存方案被设计用于预测时间序列内容请求并相应地更新边缘缓存。

尽管 AI 计算在 MEC 系统中的应用已经成为一个热点研究问题,但是目前大部分相关研究主要针对的是单一业务类型下的 QoS 优化。郭伯仁针对具有不同 QoS 特征的多种业务进行了优化,应用 5G QoS 模型对来自不同业务的数据进行处理。该模型能够将来自具有相同或相似 QoS 需求的多传媒应用的数据包映射到同一个 QoS 流中,并对每个 QoS 流分别进行处理,从而实现基带处理资源的灵活调用。郭伯仁针对多业务场景设计了 QoS 评估模型,并且构造了一个多传媒多业务优化问题。针对该优化问题,设计并训练了相应的 AI 模型,提出了基于深度 Q 网络的无线资源动态分配算法,最后通过仿真实验从平均 QoS、平均分组延迟、平均分组丢包率和吞吐量 4 个维度验证了所提出的算法性能。此项研究是对实现 EI 架构多业务兼容的成功尝试。其中的 AI 模型设计主要针对的是单服务节点的无线资源分配策略的生成,为后续多服务节点的资源分配场景中的 AI 模型设计奠定了理论与实验基础。郭伯仁还进一步研究了 F-RAN(Fog RAN,雾无线接入网)系统中多个 F-AP(Fog AP,雾接入点)协作下的内容缓存与下发问题。考虑到多样化的用户偏好、不可预知的用户移动性、相邻 F-AP 之间的协作以及时变的信道状态,构造了一个长期累积多用户平均传输延迟最小化问题。针对上述问题,设计并训练了相应的 AI 模型,提出了一种基于深度强化学习的时延感知缓存更新策略。该策略用于决定每个调度时隙内应该如何对每个 F-AP 中缓存的文件进行动态更新。最后通过仿真实验从平均命中率和平均传输延迟两方面验证了该缓存策略的性能。该项研究针对多服务节点协作下的 AI 模型设计进行了成功尝试,并为后续异构边缘节点协作下资源联合调度场景中的 AI 模型设计奠定了基础。

基于上述多业务无线资源调度与多节点缓存文件管理的研究,有研究者构造了一种面向多业务的多节点协作文件缓存和内容交付架构。该架构同时考虑了面向多种业务的缓存文件部署、缓存文件更新、服务节点选择和频谱资源分配。考虑到多样化的车辆移动特性、用户移动特性、时变的下行信道状态、随机的内容请求和具有不同 QoS 要求的多样化服务等动态环境变化,构造了一个缓存空间和频谱资源约束下的长期平均 QoS 最大化问题,并将该问题拆分为多节点缓存策略、服务节点选择和下行子信道分配 3 个子问题。为了解决缓存资源短缺问题,除了固定边缘服务节点中的缓存资源以外,还利用了智能车辆、无人机等移动边缘服务节点的存储空间作为补充的缓存资源,提出用多节点混合缓存策略同时管理移动和固定边缘服务节点中的缓存资源。该混合缓存策略根据用户业务偏好的差异性可以分为集中式和分布式两种。集中式缓存策略将流行度高的文件存储在移动边缘节点的缓存中以满足长期的用户偏好,而对固定边缘服务节点中的存储内容进行及时更新以跟踪短期内的用户请求,采用最不常用缓存文件更新算法管理固定边缘服务节点的缓存空间。而在分布式缓存策略中,固定边缘服务节点和移动边缘服务节点将分布式地估计其覆盖区域内的文件流行度,并进行缓存部署,利用服务节点选择策略选择合适的移动或固定边缘服务节点传递请求的内容。该策略的核心思想是尽量选择可以为用户下载文件提供足够多的服务时间的节点,从而避免由于用户离开了选择的服务节点所导致的文件传输过程中断。

9.2.3　5G 网络中的多维资源联合管理

5G 网络中的多维资源联合管理技术面临的挑战主要来自应用层、网络层和用户层。

在应用层,新型应用可以依据特性划分为以下 3 类:

(1) 数据型应用。这类应用主要包括视频点播、网络直播等多传媒业务。这类应用需要传输大量的数据,对网络传输速率和时延提出了更高的要求。此外,智能设备和计算技术的发展带来了新的交互模式(如全景直播)和更好的用户体验(如高分辨率和刷新率),使得以上问题更加突出。为了满足这类应用的需求,通常可以利用缓存提高服务质量。

(2) 计算型应用。这类应用主要包括人脸识别、数据处理等业务。这类应用需要完成一些计算任务,通常对实时性要求较高。但是,智能设备由于尺寸较小、能源和计算资源受限,不能满足该类应用的需求。为了解决该问题,用户的智能设备通常需要借助网络中的其他智能设备或者计算服务器设备完成计算任务。

(3) 综合型应用。这类应用主要包括视频转码、VR/AR 游戏等业务。这类应用除了需要传输大量的数据,还需要完成一些计算任务。例如,VR 游戏除了传输三维视频,还需要进行实时渲染。这类应用同时具备数据型应用和计算型应用的特征。因此,可以利用边缘缓存和边缘计算满足这类应用的需求,提升用户体验。

由此可见,每一类应用需要的资源不同,且在设计相应的资源管理方案时需要考虑不同的因素。例如,高清视频等数据型应用通常需要通信资源和缓存资源,对下行传输的带宽要求较高,在设计相关的资源管理方案时需要考虑内容的流行度;计算型应用在进行计算时通常需要计算资源和通信资源,对上行传输带宽要求较高;综合型应用,如无线 VR 游戏,涉及内容的渲染、传输和缓存,同时需要通信、缓存和计算等资源,在设计相关的资源管理方案时需要考虑用户的动作捕捉时延和移动性。因此,需要针对不同的应用设计相应的多维资源联合管理方案,以满足不同应用的需求。

在网络层,与以往的移动通信不同的是,5G 网络在演化过程中呈现出智能化和分布式的趋势。首先,作为实现边缘智能的重要途径,机器学习模型的训练和推理给资源管理技术带来了新的挑战:一方面,机器学习的性能与计算资源和缓存资源的消耗成正比;另一方面,机器学习的训练和推理依靠大量的数据,需要消耗大量的带宽资源进行相关数据的传输。因此,如何利用有限的计算资源实现机器学习的训练并根据用户的需求灵活地分配多维资源,以实现机器学习的推理,是智能化架构亟待解决的问题。其次,考虑到 MEC 服务器的分布式部署方式、网络边缘数据的分布和资源管理复杂度的提升,5G 网络需要利用新的技术提供分布式管理服务。作为数字货币的核心技术,区块链成为目前最具应用潜力的分布式管理架构之一。利用分布式账本技术,区块链将实现多维资源的动态分布式管理,从而提高资源利用率,改善用户服务。同时,区块链的引入也为多维资源联合管理带来了额外的挑战。因此,如何利用有限的资源保证上层区块链系统和下层无线网络的性能至关重要。

在用户层,用户需求呈现出高端化、异构化的趋势,如超低时延、低能耗、高隐私保障等。首先,目前大多数应用对实时性要求较高,如点播视频、人脸识别、VR/AR 游戏等。因此,网络时延对于保障用户体验十分重要。其次,由于尺寸原因,移动设备(如智能手机、物联网设备等)能源受限。因此,相比于用户体验,这类用户更重视设备节能。最后,随着云技术的发展,无线网络承载了大量的隐私数据,如用户位置、智慧医疗中的患者档案、用于权限管理的人脸信息等。移动用户对 5G 网络提出了更高的用户隐私保护需求,如数据的完整性、可用性和机密性。因此,很有必要面向用户需求设计相应的多维资源联合管理方案,以保证服务质量。

面向智能化架构的多维资源联合管理技术的目标可以分为以下两个：①利用机器学习算法实现动态、智能化的资源管理方案；②通过资源管理优化智能化服务，如实现机器学习算法的部署。考虑到无线网络中资源管理复杂度的增加，研究者提出利用各种机器学习算法（如深度强化学习算法、多智能体机器学习算法、联邦学习算法等）实现动态、智能化的资源管理。例如，基于深度强化学习的传输模式选择和资源分配算法，将网络功能虚拟化技术引入物联网中，基于多智能体深度强化学习的虚拟资源分配算法将资源分配问题建模为马尔可夫决策过程，通过优化虚拟功能放置提高系统效用。又如，多时间尺度的智能资源分配方案利用联邦学习和深度强化学习实现了多维资源的分布式管理，提高了资源利用率，降低了卸载时延。

在面向分布式架构的多维资源联合管理技术中，区块链作为重要的使能技术（enabling technology），其相关研究可以划分为两部分：①利用区块链进行多维资源的联合管理；②通过资源管理优化区块链和底层系统的性能。针对目前频谱资源管理的缺陷，有研究者利用区块链实现频谱资源的动态管理，提出了新的频谱共享策略，通过在区块链上记录信息，解决了协作管理的困难，实现了数据的共享，提高了频谱利用率。考虑到 MEC 网络的分布式架构，利用上层区块链系统进行下层无线系统的资源管理，保证了数据的安全性。

根据以上分析可以总结如下。

面向用户层的多维资源联合管理技术研究可以划分为面向时延感知的多维资源联合管理技术研究、面向能耗感知的多维资源联合管理技术研究和面向隐私保障的多维资源联合管理技术研究。

面向应用层的多维资源联合管理技术研究从应用的特性角度可以划分为面向数据型应用的多维资源联合管理技术研究、面向计算型应用的多维资源联合管理技术研究和面向综合型应用的多维资源联合管理技术研究。面向数据型应用，有研究者提出利用边缘缓存提高用户服务质量，减轻核心网传输压力。考虑到 5G 网络的特性（如多接入、高干扰、缓存容量和回程链路容量受限等）和用户偏好，需要基于内容流行度设计高效的内容缓存和内容分发方案，保证用户的服务质量。

面向网络层的多维资源联合管理技术研究可以划分为面向智能化网络架构的多维资源联合管理技术研究和面向分布式网络架构的多维资源联合管理技术研究。

9.2.4　5G 网络切片虚拟资源管理

5G 网络切片的虚拟资源管理模型由需求层、功能层、设施层、应用层和虚拟资源管理层组成。其中，虚拟资源管理层是进行资源管理的大脑和控制中枢。本节重点对虚拟资源管理层的功能进行概述，并重点介绍该层的构成和功能。

虚拟资源管理模型包括的 5 层如下：

（1）需求层。该层是 5G 网络切片虚拟资源管理的服务对象，包括 5G 大规模物联网、智能驾驶等不同应用场景下的各类服务需求，具有差异化的特点。该层产生的不同服务请求可称为网络切片请求，作为虚拟资源管理层的输入。

（2）功能层。该层是 5G 网络切片虚拟资源管理的操控对象，由 5G 网络中具备各种功能的 VNF（Virtualized Network Function，虚拟化网络功能）模块构成，各个 VNF 模块之间通过科学合理的编排组合可以形成提供某一特定功能的网络切片，为需求层的服务请求提供服务。功能层将各个 VNF 模块的功能、性能及其对计算、存储、带宽等资源的需求作为虚拟资源管理层的输入。

（3）设施层。该层也称为 NFVI（Network Function Virtualization Infrastructure，网络功能虚拟化基础设施）层，也是 5G 网络切片虚拟资源管理的操控对象，由大量的服务器、交换机、磁盘阵列等物理基础设施构成，并通过虚拟化技术以多个虚拟机（Virtual Machine，VM）的形式呈现。设施层将其可提供的计算、存储、带宽等资源作为虚拟资源管理层的输入。

（4）应用层。该层是 5G 网络切片虚拟资源管理的结果，由各种满足不同服务请求的网络切片构成，可以直接为需求层产生的服务请求提供服务。应用层的网络切片是动态变化的，当某类服务请求不再需要时，相应的网络切片会在虚拟资源管理层的管理下被删除。

（5）虚拟资源管理层。该层面向需求层产生的服务请求，从功能层选择合适的 VNF 模块，并根据各 VNF 模块对资源的需求以及设施层可提供的资源状况，实现 VNF 模块在设施层上的映射和部署，由此构建应用层的各类网络切片。MANO（Management and Orchestration，管理和编排）系统主要由网络功能虚拟化编排器（Network Function Virtualization Orchestrator，NFVO）、虚拟网络功能管理器（VNF Manager，VNFM）及虚拟化基础设施管理器（Virtualization Infrastructure Manager，VIM）组成。

① 网络功能虚拟化编排器是 NFV 系统的编排器，负责网络服务的管理和 NFV 系统的全局资源管理。NFVO 编排不同的 VNF 模块组成虚拟服务网络，并管理 VNF 模块与 NFVI 资源的关联和映射关系。一个 NFVO 可以同时管理多个 VNFM 和多个 VIM。业务编排与管理功能主要通过编排网络切片中 VNF 模块的组成以及各 VNF 模块之间的顺序关系，定义提供特定服务的虚拟网络拓扑结构。该功能包括网络切片生命周期管理、网络切片性能管理、网络切片故障管理和 VNF 模块转发图管理等。资源编排与管理功能支持一个 VIM 域内或跨 VIM 域的资源编排，为业务编排提供资源管理上的支持。该功能主要包括基础设施资源管理和虚拟化资源管理两大类。通用管理功能包括视图管理、策略管理、安全管理、多租户管理、软件镜像管理、VNF 包管理、网络切片模板管理和 PNF（Physical Network Function，物理网络功能）模板管理等。

② 虚拟网络功能管理器。VNFM 除了包括传统的故障管理、配置管理、计费管理、性能管理和安全管理外，还包括解耦的虚拟资源上对 VNF 模块进行安装、初始化、运行、扩缩容、升级、下线的端到端生命周期管理。每个 VNF 模块实例都有一个与之相关的 VNFM，一个 VNFM 可以负责管理一个单独的 VNF 模块实例或者多个相同或不同类型的 VNF 模块实例。

③ 虚拟化基础设施管理器。VIM 负责控制和管理 NFVI 所包含的虚拟资源，并提供给 VNFM 和 NFVO 调度使用。一个 VIM 可能被指定管理某一特定类型的 NFVI 资源（例如，仅管理计算资源、存储资源或网络资源），也可以管理多种 NFVI 资源。

从上面介绍的 NFVO 的资源编排与管理功能可以看出，虚拟资源管理主要实现虚拟资源的编排、VNF 模块资源管理、资源配额管理等功能。因此 5G 网络切片虚拟资源管理的主要目的是对 VNF 模块进行编排、部署、调度，以此使得总体业务时延和资源利用率最优。

网络切片的虚拟资源管理主要有如下几个关键阶段：

（1）编排。对 5G 网络切片来说，其编排功能由 NFVO 中的业务编排与管理功能实现。

编排的主要目的是根据需求确定网络切片的 VNF 模块组成,以及各个 VNF 模块的执行顺序。在编排之前,NFVO 首先根据业务需求确定该网络切片所需 VNF 模块的功能、性能、类型,从功能层的虚拟网络功能资源库中选择符合要求的 VNF 模块;然后根据网络切片的功能和业务提供模式,对各个 VNF 模块之间的执行顺序进行编排,构成一个端到端的虚拟业务网,按需向用户提供服务。

(2) 部署。5G 网络切片的部署功能由 NFVO 中的资源管理与编排功能实现,其主要目的是根据 NFVI 提供的底层物理资源情况,结合网络切片中各个 VNF 模块对资源的实际需求,完成 VNF 模块在底层物理资源的映射部署。部署的目标有两个:一是使底层物理网络的计算开销、传输带宽开销、存储开销最优;二是使网络切片的服务提供时延最优。

(3) 调度。5G 网络切片的调度功能通过 NFVO 和 VIM 联合对虚拟机进行管理实现。其主要目的是:当多个网络切片的业务请求同时到达同一个虚拟机上时,对该虚拟机上将要执行的多个 VNF 模块按顺序进行科学合理的调度,从而降低多个网络切片请求同时到达情况下全网整体的业务时延。

◈ 9.3　能量效率最优跨层调度

9.3.1　移动 WiMAX 网络中的跨层优化

跨层优化是一种新颖的设计模式,是改进无线通信系统性能最具潜力的手段之一。传统的通信系统,例如有线网络和早期的无线网络,是根据分层协议的思想设计的。分层思想通过层之间的独立性简化协议的设计和处理。然而,由于无线信道的时变特性和多传输介绍与数据业务不同的 QoS(Quality of Service,服务质量)要求,层之间的协作是有必要的。跨层设计是一种突破网络分层体系结构的协议设计模式,具体包括层之间新接口的定义、层边界的重新定义、依赖于其他层的层协议设计以及跨层参数的联合调节等。层之间的垂直耦合和层内部的互操作的紧耦合能够提高系统容量,有效地满足 QoS 要求,最小化功率消耗。但是,跨层协议之间如果存在冲突也会制约系统的性能。这样,对于跨层协议之间如何紧密结合、协作必须仔细斟酌。

IEEE 802.16e 协议在设计之始,为了满足按需数据服务和多传输介质 QoS 要求,有效地应用了跨层技术,主要表现在两方面:其一是帧结构,它通过时域、频域和空间多样性支持跨层操作;其二是上行控制信道,一些上行控制信道在跨层操作下可以进行快速信息交换。帧结构的跨层可用技术主要包括多样性的子信道、带宽自适应调制和编码(Adaptive Modulation and Coding,AMC)子信道和高级天线技术支持。上行控制信道的跨层可用技术有信道质量信息信道、快速反馈信道、上行 ACK 信道和上行探测信道。

9.3.2　认知频谱共享跨层设计

虽然认知无线电属于网络层的技术,但收益函数中的参数往往是由系统(主用户信息)多层的参数决定的,因此认知系统在参数设计上要采用跨层的思想,如图 9-5 所示。认知引擎是频谱资源分配最核心的部分,它在资源分配时具有思考、学习和记忆的能力,获取知识和推理能力等主要由认知引擎完成。上下文的建模、过滤、推断、融合和存储构成了上下文感知的主要内容。认知引擎主要包括对感知触发、互操作、自适应策略、自配置和自组织技术等的支持。

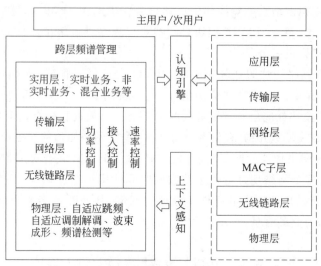

图 9-5　跨层认知系统

对网络性能不能简单地通过某层的某个参数衡量,而是需要根据各个层的指标性参数综合考量。网络性能的评价与用户的业务需求相关。例如,1Mb/s 传输速率对浏览网页的用户 A 来说是很好的,但对在线观看高清视频的用户 B 来说就差得很远。因此,综合各层参数评价网络性能时可以通过用户对网络的真实体验——满意度进行表达。满意度系数的跨层设计如图 9-6 所示。

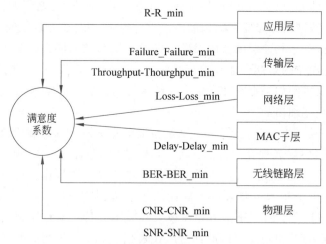

图 9-6　满意度系数的跨层设计

当网络各个层的参数优于用户需求的阈值的幅度越大,用户的满意度越高;反之,优于用户需求的阈值的幅度越小,甚至低于阈值,用户的满意度越低。这些都是跨层设计思想的体现。而其中最重要的是如何把各个层的参数精确地放入一个函数表达式,这是一个仁者见仁、智者见智的工作。

9.3.3　无线网络跨层设计

影响无线网络通信质量的一个重要因素是无线网络的拥塞问题。不均衡的网络资源和网络流量分布是造成网络拥塞的主要原因。用于拥塞处理的算法设计难度极高,造成这种困境的原因在于拥塞控制算法的分布性、网络的复杂性以及对拥塞控制算法的高性能要求。然而,基于传统的分层协议架构的资源分配策略已经无法解决当前众多无线网络的传输问题,于是打破传统分层思想的跨层设计思想应运而生。

传统分层的概念为网络协议设计提供了模块化的条件,从而有利于标准化和实现。但是这种传统的网络分层结构不能在无线网络里很好地运作,在无线网络里许多协议设计问题是缠绕在一起的。跨层设计是在给定的资源约束情况下跨协议栈里所有层或者几个层的一种联合优化。充分利用各层之间的相关性信息,对被割裂的网络各层进行综合设计、分析、优化与控制,形成对无线网络协议的整体优化,是跨层设计的核心思想,也是下一代无线通信系统的关键理论创新。

在无线网络中应用跨层设计思想意义重大。传统的网络分层思想主要基于有线网络进行各层协议设计,具备较高的模块化特点,层间仅提供相邻协议间的标准接口,因此有较高的独立性,各层之间无法跨层通信,限制了网络进行层间联合优化的能力。

无线传感器网络设计的重要指标之一就是能量有效性的设计。在传感器节点内,从MAC 子层避免冲突、节省能耗的要求到网络层和传输层的传输过程对能耗的要求,再到物理层发射功率的大小对能耗的直观反映,使传感器节点的能耗问题不再是传统单一层的概念。因此,为了提升能量有效利用率,在网络设计中应综合考虑各层带来的影响,进行各层之间的联合优化。

跨层设计正符合这样的联合优化理念,通过共享不同协议间的状态信息,综合考虑各层间信息的相互影响,进行网络优化设计。无论单个无线网络节点如何强大,利用节点组成网络进行监测的稳定性和准确性也远远高于单个节点。研究这类网络传输的重点就转移到为网络内节点设计一套完备优化的数据融合算法上。

无线网络跨层设计的理念是从传统的分层结构协议体系中发展而来的。在分析改善系统整体性能的基础上,主要通过不同层之间的参数的选择、传递和优化完成跨层设计。因此,各层的参数设置以及与相邻层的消息交互机制就构成了跨层设计的基本要素。

物理层利用一定的发送方式使数据能够在一定的误码率内被接收。发射功率、误码率以及调制编码方式等是物理层包含的主要传输参数。例如,根据物理层反馈的信道状态信息,可以通过调整编码方式和速率保障多传输介质业务的传输质量。这种基于应用层需求对物理层进行的调整正是物理层与应用层的联合优化结果,实现了物理层与应用层的跨层设计。

在物理层与网络层之间,网络层可以根据物理层反馈的信道状态信息进行路由选择,实现物理层与网络层的跨层设计。例如,网络层在进行路由选择的过程中,可以通过物理层提供的信道状态信息寻找最优路径进行数据传输。

在物理层与数据链路层之间,利用数据链路层的控制机制,可以根据物理层当前的需求,发出相应的功率控制指令或者其他传输控制指令,以优化和提升物理层的实际性能。

数据链路层的主要功能包括:利用前向纠错(Forward Error Correction,FEC)机制及自动重传请求(Automatic Repeat Request,ARQ)机制实现数据的可靠传输;为减少或者避免冲突的发生,控制移动终端接入信道的整个过程;为节省能源,尽可能在最小开销条件下进行数据传输,对数据帧进行有效封装。前向纠错机制、重传数据帧的数量和长度、切换发起及完成的时间等信息都可作为其他层进行联合优化的参数信息,实现与数据链路层的跨层设计。

在数据链路层与应用层之间,数据链路层可以通过对低时延需求数据帧进行优先处理、对高可靠性数据帧进行纠错编码增强和增加重传次数等数据帧处理方式,以适应不同应用业务的 QoS 需求。在物理层、数据链路层与传输层之间,当物理层反馈信道状态较差时,传输层的 TCP 连接超时会引起重传机制的启动和传输速率的下调,而传输层连接超时却是由数据链路层重传机制引发的。

由此也实现了信源信道联合编/译码技术的经典跨层设计实例。而利用传输层内相应参数(如 TCP 的往返时间和重定定时器)控制数据链路层的重传机制,可以有效地避免上述情况的发生;相反,数据链路层的重传机制也可以对传输层内的参数进行有效的调整。在数据链路层与网络层之间,基于移动 IP 地址的移动终端在进行子网位置变换时,为保证连续通信的效果,需要进行移动 IP 地址的切换。由于网络层检测到网络变化后才能够进行移动 IP 地址的切换,此时会造成比较大的时延。为减少移动 IP 地址切换造成的较大时延,可以通过数据链路层内的无线信道信号强度信息进行调节。

网络层的主要功能是进行路由选择,并对传输数据分组的物理网络接口进行确认。移动 IP 为网络层的主要协议,网络层对移动 IP 地址切换的处理有效地保障了无线通信系统的网络稳定性。移动 IP 地址的切换信息和网络层当前物理网络接口信息都可以作为网络层与其他各层进行跨层交互的信息。在网络层与应用层之间,当应用层发出不同的请求时,网络层根据应用层提出的不同 QoS 需要进行数据分组路由,并根据不同的应用需求将数据分组路由到不同的物理网络接口上,以支持不同的应用层业务请求。在网络层与传输层之间,为避免传输层的非必要数据重传,网络层可以根据移动 IP 地址的切换信息,对传输层内的定时器进行必要的控制。另外,为了提高网络传输层的吞吐量,通过控制网络层的移动 IP 地址的切换信息改进传输层内的快速重传机制。

传输层的功能主要是负责端到端的连接控制。传输层 TCP 信息主要包括往返时间(Round Trip Time,RTT)、重传超时时间(Retransmission Timeout,RTO)、最大传输单位、接收窗口、拥塞窗口、数据丢失数量以及实际吞吐量等。在无线网络中,由于信道条件恶劣导致的数据丢失和由于移动 IP 地址切换导致的数据丢失,在传输层看来都是网络拥塞丢失,从而引发传输效率低下和吞吐量下降,这种现象充分体现了物理层、数据链路层和网络层与传输层存在的密切关系,所以通过联合物理层、数据链路层和网络层的相关信息,可以有效提升传输层协议的吞吐量,从而达到提升网络性能的目的。在传输层与应用层之间,传输层的 TCP 可以根据不同的应用层 QoS 需求,为高优先级的业务分配较大的滑动窗口,为低优先级的业务分配较小的滑动窗口,以实现动态自适应调整;另一方面,应用层可以根据传输层提供的数据分组丢失率和吞吐量等信息对发送速率进行调整,以适应不同的网络环境。

应用层是用户运行其应用业务的网络协议层。无线网络对现有的应用业务无法高效适应的原因是,目前较新的应用都是基于有线网络的。因此,在现有条件下,提升无线网络性能行之有效的方式就是发展基于底层信息的应用业务。其他层应该与应用层进行信息共享,综合考虑时延范围、时延抖动、吞吐量以及分组丢失率等信息对应用层 QoS 需求的影响。而应用层根据物理层提供的信道状态信息进行工作模式等的调整,可以有效降低应用层对网络带宽的依赖程度。

目前比较经典的跨层设计应用主要包括基于博弈论的跨层设计、基于有效容量的跨层设计、无线网络中基于反馈优化的跨层设计、基于链路自适应的跨层设计、基于跨层设计的传输层拥塞控制机制以及无线传感器网络中的跨层设计等。

(1) 基于博弈论的跨层设计。同传统的通信网络设计一样,提供系统的有效性,同时保证用户间的公平性,也是无线网络跨层设计中的首要问题。与传统的网络设计不考虑资源分配对用户效用的影响不同,跨层设计采用效用函数作为层之间交互的手段,充分体现了层间交互的重要性。这种充分利用层间交互进行联合优化设计的思路是跨层设计思想的基础。运用经济学领域中的博弈论并结合效用函数进行跨层设计是近年来的研究热点。将博弈论运用到跨层设计中有两大优点:首先,博弈论与传统的资源分配不同,它直接作用于效用域,对资源进行管理;其次,博弈论在有效性和用户公平性方面的成果可以直接应用于跨层设计中。

(2) 基于有效容量的跨层设计。有效容量是 D.Wu 在 2003 年提出的一个保证 QoS 的数据链路层信道模型。为分析在下一代无线网络中如何确保语音、数据和多传媒等多业务的服务质量,在有效容量模型中采用的是基于传输速率、时间限制、时延违约概率的三元参数分析方式。该模型分析了数据链路层队列受到物理层的信道衰落以及传输策略影响的效应,具有简单、精确的计算特点,因此可以应用于传输质量的保障设计当中。有效容量模型综合考虑物理层信道状态信息和数据链路层队列状态信息,建立了物理层与数据链路层的关系理论,通过对物理层与数据链路层的联合优化,实现了跨层设计思想。

(3) 无线网络中基于反馈优化的跨层设计。相对于有线网络而言,无线网络具有很多独特的性质,这些性质决定了无线网络各层协议具有相互影响的特点。为了达到无线网络的最优性能,必须打破传统分层模式在无线网络协议中的应用,因此,在进行无线网络协议设计的过程中,需要运用跨层设计思想综合考虑各层之间的相互影响关系。只有全面考虑各层之间交换的信息,并在进行层间交互时完成各层之间信息的调整,以满足全局系统要求,才能最终实现跨层资源的调度分配。因此,在利用跨层设计思想进行层间协议设计的过程中,需要使用层间信令传递各层之间的敏感参数,达到反馈优化的目的。这种通过综合考虑其他层状态信息设计某一层相应算法的方式可以有效提升系统的整体性能。例如,在OFDMA 系统内进行子载波分配和功率分配的过程中,就综合考虑了其他层的状态信息。

(4) 基于链路自适应的跨层设计。无线信道所具有的时变性可以作为无线网络的一个重要标志。通过传输信号和接收各类参数的自适应调节机制,充分利用当前的信道资源,是链路自适应机制的基本思想。在实际环境中,无线信道接收信号的幅度和相位经常存在较大的差异,主要原因在于传输环境的信道干扰和多径衰落等因素的影响。此时,系统通常会牺牲频带资源的利用率,采取加大发射功率、使用低阶的调制或者鲁棒的编码等方式,才能确保在较差信道状态下依然能够进行信息的可靠传输,保障通信的持续进行。自适应传输理念正是为解决以上问题而产生的。自适应传输的主要工作原理是:通过自适应传输技术与传输过程中的无线信道相关联,在信道状态较差时,为保证较高的纠错能力而减小传输速率;在信道状态较好时,为提高系统的频带资源利用率而加大传输速率。进而达到保证传输质量和提高资源利用率的目的。

(5)基于跨层设计的传输层拥塞控制机制。对于 TCP 拥塞控制而言,有线网络的链路质量具有较高的稳定性,因此数据丢失可以看作网络拥塞的唯一原因;而无线网络具有的时变性通常表现出误码率高、传输时延及时延抖动大、链路带宽有限、终端移动频繁等特点,都可能是导致无线网络拥塞的原因,致使无线网络性能下降和业务服务质量降低。由此可见,视数据丢失为网络拥塞唯一原因的传统拥塞控制机制已经无法适应拥塞原因复杂的无线网络。近年来,大多数研究已经在改善无线网络下的 TCP/IP 性能方面取得了一定的成果。拥塞控制机制主要集中在无线网络的数据链路层和传输层上:在数据链路层,采用良好的无线链路控制机制,对 TCP 屏蔽无线链路的特性;在传输层,考虑无线链路特性,修改 TCP 拥塞控制的差错恢复策略。数据链路层与传输层通过以下方式协作:利用数据链路层检测到的无线链路状态信息和传输层内信息的联合优化,避免重复的差错控制,并且动态调节传输层内的控制策略。另外,在网络层,为降低由于主机移动频繁而造成连接中断的可能性,还要进行路由协议的改进。

(6)无线传感器网络中的跨层设计。资源受限是无线传感器网络的一大特点,因此在进行跨层设计时,通过丰富的层间信息交互协议以及体系结构的实现优化资源分配和提高资源利用率,是无线传感器网络跨层设计的主要思想。联合设计和信息共享是无线传感器网络跨层设计的主要方式。联合设计通过对整个网络进行统一的算法优化,忽略对具体功能和体系结构的定义,消除了协议分界的边界概念。信息共享则与联合设计不同,而是为达到联合各层信息优化的目的,在保持原有协议各层功能的定义基础上,添加相邻层或非相邻层之间的层间接口,使得原本无法交互信息的各层得以实现信息交互,达到优化网络性能的目的。优化目标、优化输入变量以及优化配置是无线传感器网络跨层设计的主要方式。优化目标往往给出的是系统级的某种 QoS 保证,也给出了网络层面上跨层设计要达到的目标。在研究过程中,优化目标可以分别从对单一目标的优化和对多个目标的折中优化两方面进行。使网络生存周期和吞吐量等最大化、提高网络性能的有效性、使网络时延最小化以及提高网络资源分配的公平性等都是无线传感器网络常见的目标优化方法。网络各层间的参数信息,如节点信道状态、链路信息等,都可以作为无线传感器网络跨层设计的优化决策依据。

无线传感器网络在进行跨层设计时,主要涉及各层的以下参数:反映数据传输、处理、感知及其他节点硬件信息,反映传输质量的信噪比、误码率信息以及反映本地能量信息等的物理层参数;吞吐量、数据传输速率、占空比等数据链路层参数;传输跳数、路由队列长度等网络层参数;拥塞窗口长度、重传超时时间等传输层参数。无线传感器网络跨层设计的配置优化主要在网络层、数据链路层和物理层等协议中进行。在网络层中,通过路由代价在某种意义上提升全局优化目标,按照路由的权重信息进行复合路由计算,并根据不同需求调整路由权重组合。在传统路由算法的基础上,综合考虑能量和链路信息,有效调节路由选择。针对数据包时延、传输速率等高层信息的需求,为保证相应的 QoS 要求,在数据链路层进行传输次序的调整。节点通过数据链路层反馈的相关信息,调整网络层策略。通过对数据链路层中各种占空比及定时器的调整,实现对链路的协调控制。物理层的控制则可以通过对传输功率、传输速率的调整实现。

由于跨层设计刚刚起步,因此在跨层设计中还存在着诸多有待解决的问题,主要包括以下几方面:

(1) 通过数据链路层和网络层的层间信息调度保证动态层间信息交互是跨层优化的目标之一。

(2) 跨层优化的目标还包括保证用户的 QoS 要求。

(3) 由于跨层设计打破了传统网络分层间的独立性,因此使网络设计的结构化模式遭到了破坏,使网络设计和优化变得极其复杂,特别是当进行实时动态优化时,其优化准则设计是跨层优化的难点之一。

跨层设计虽然提升了无线网络性能,但是模块化受到了极大的限制,破坏了无线网络体系的协同性。跨层设计面临以下挑战:

(1) 程序无结构性。由于跨层设计打破了网络体系结构的模块化,因此在跨层设计中进行程序设计时,程序的结构化程度极低,这使跨层设计中的程序维护存在很大的困难。跨层设计的系统更新问题也是由于程序缺少结构化引起的修改和升级困难所致。另外,程序繁殖困难以及使用周期短暂,都会导致成本增加,不利于程序的扩展。由此可见,跨层设计带来的是短期意义上的增益;而解决以上长期增益的问题,将是无线跨层设计实现的前提。

(2) 交互多样性。无线网络跨层设计使得网络性能得到了提高,但是频繁而复杂的层间交互也可能造成无线网络性能的退化。因此,跨层设计需要进一步明确网络各层之间的信息依赖性。

(3) 整体性。跨层设计需要从整体角度考虑不同层间的依赖性对网络性能造成的影响。面对无线网络跨层设计面临的挑战,跨层设计不应完全摒弃传统分层体系结构。为使得设计具有一定的模块化性质,需要保留部分分层体系结构,在网络性能与分层体系结构之间进行折中。

9.4 不同服务质量的管理

9.4.1 WiMAX 关键 QoS 参数

1. 业务流与连接

业务流是 IEEE 802.16 系统 MAC 层提供的传输服务,也就是一组单向传输的分组数据。业务流根据传输的方向分为上行业务流和下行业务流。每个业务流都有一个 32 位的业务流标识符(Service Flow Identification,SFID),作为其在网络中的唯一标识。

连接是 IEEE 802.16 系统 MAC 层管理和调度的基本单位,是业务流传输的基础,因此所有业务流都要映射到连接上。每个连接有一个唯一的连接标识符(Connection Identification,CID)。

业务流有 3 个参数集:Provisioned QoS ParamSet、Admitted QoS ParamSet 和 Active QoS ParamSet。Provisioned QoS ParamSet 定义了会出现在配置文件中或者在 SS 向 BS 注册时可以使用的 QoS 参数集,它由上层应用程序或外界系统设置。Admitted QoS ParamSet 定义了一组 QoS 参数,BS 或 SS 需要按照这组参数的要求进行资源的预留。Active QoS ParamSet 定义了当前应用于业务流的 QoS 参数。业务流只有在激活后才能用于传输数据。这 3 个参数集对应业务流的 3 种状态:Provisioned、Admitted 和 Active。

IEEE 802.16 系统还提供了一组管理消息以实现业务流的动态管理,包括业务流的动态增加(DSA 消息)、业务流的动态删除(DSD 消息)和业务流的动态修改(DSC 消息)。

2. 业务流的 QoS 类型

根据承载的业务,IEEE 802.16e 协议定义了 5 种业务流 QoS 类型:UGS(Unsolicited Grant Service,主动授权服务)、rtPS(real-time Polling Service,实时轮询服务)、ertPS(extended rtPS,扩展的实时轮询服务)、nrtPS(non-rtPS,非实时轮询服务)和 BES(Best Effort Service,尽力而为服务)。这 5 种业务流 QoS 类型具有不同的 QoS 参数。

(1) UGS 用于支持固定比特速率的服务,如 ATM 网络中恒定数据流业务、T1/E1 和非静音压缩的 VoIP 等。BS 周期性地向承载该业务流的连接分配固定的带宽,以减少 SS 请求分配带宽的开销,降低数据分组的传输时延。UGS 业务流的关键 QoS 参数为最大数据速率、最大时延和可以容忍的时延抖动。BS 按照 UGS 业务流的最大数据速率为该业务流预留带宽资源。

(2) rtPS 用于支持周期性实时可变速率业务,如电话会议、MPEG 等。BS 向承载该业务的 rtPS 连接提供实时的周期单播轮询,从而使得该连接能够周期性地告诉 BS 其带宽需求,BS 也就能周期性地为其分配可变带宽,供其发送突发数据。其关键的 QoS 参数包括最大持续数据速率、最小预留带宽和最大时延。

(3) ertPS 是 IEEE 802.16e 针对 rtPS 扩展的一种新的服务类型,它采用主动授权的动态分配方法,支持可变数据速率业务。与 UGS 类似,BS 也周期性地为 ertPS 业务流分配带宽,以减少相关信令开销和传输时延,但其分配的带宽是可变,具体的数量取决于 ertPS 的 QoS 参数中的最大数据速率。BS 允许 ertPS 业务流通过简单的方式动态修改其最大数据速率,以适应业务流本身的变化。

(4) nrtPS 要求基站不定期地为用户站分配可变长度的上行带宽,支持对时延不敏感的非周期性可变速率数据业务,如高带宽的 FTP 和上网业务。BS 有规律地向携带该业务的连接提供单播轮询机会,以保证即使在网络拥塞时该连接也有机会发出带宽请求。nrtPS 连接也通过竞争模式发送带宽请求。该类业务流的主要 QoS 参数包括最大持续数据速率和最小预留带宽。

(5) BE 在不影响高优先级连接的前提下尽可能利用空中资源传输数据,支持无最小速率限制的业务类型,如 HTTP 业务。BS 不为 BES 业务流提供任何 QoS 保证,也不会预留任何资源。

3. QoS 架构

IEEE 802.16 定义了完整的 QoS 架构。每个 SS 和 BS 之间的连接在其建立之初都会被分配一个服务类型。当分组在业务汇聚子层被分类时,分类器会根据分组对应的应用程序所要求的 QoS 对分组进行连接分类,每一连接对应一种服务类型,向 BS 发送带宽请求。对于 UGS 连接,不需要进行带宽请求,BS 会周期性地为其分配固定带宽;而对于其他业务的连接,带宽请求消息中需要明确指定其所需带宽。带宽请求根据其业务类型可以选择单播轮询、多播轮询、捎带请求等多种方式。

由于 IEEE 802.16 的 MAC 层是面向连接的,SS 的应用程序首先需要在 MAC 层建立和 BS 的连接以及相关的业务流,但是连接和业务流是否能够被建立需要 BS 根据目前系统的资源使用情况和新业务流的要求决定。因为对于 UGS、rtPS、ertPS 和 nrtPS 这 4 种业务流,BS 需要为它们预留一定的资源以保证它们的 QoS。系统总的资源是有限的,所以不能无限制地允许它们接入。BS 需要高效的呼叫接纳控制算法以控制这些业务连接的接入,在提供业务流的 QoS 保证的同时,又能提高系统的吞吐量。IEEE 802.16 定义了 BS 和 SS 之间建立连接和业务流的信令交互过程,但未定义呼叫接纳控制算法,因此这是当前研究的热点之一。

IEEE 802.16e 定义了两种网络拓扑结构:PMP(Point-to-Multipoint,点对多点)拓扑和 Mesh 拓扑。两种网络拓扑的主要差别在于:在 PMP 模式下,业务流仅仅在 BS 与 SS 之间传输;而在 Mesh 模式下,业务流能被 SS 路由,直到到达 BS,甚至可以在 SS 之间进行传输。

移动 WiMAX 定义了支持业务流 QoS 的调度框架。在 PMP 模式下,调度是集中式的,BS 调度上行和下行业务流。移动 WiMAX 系统中把调度模块分成下行调度和上行调度,下行调度由 BS 单独管理,上行调度由 BS 和 SS 共同管理。在 5 种服务类型(UGS、rtPS、ertPS、nrtPS 和 BES)中,IEEE 802.16e 标准仅仅定义了 UGS 的上行调度算法,BS 中的上行调度器主动分配最大的预留带宽给 UGS 连接。其余的服务类型的调度算法是开放式问题,留给研究者和生产厂商实现,是当前研究的又一热点。同时,IEEE 802.16e 还定义了带宽的请求/授予机制,在 BS 中的上行调度器根据 SS 发出的带宽请求决定带宽的分配。具体操作是:SS 按连接请求上行带宽,在 BS 中的上行调度器按 SS 所有的带宽请求分配总的带宽,并把带宽分配信息嵌入 UL-MAP(上链排程消息)中,然后广播给所有的 SS。在 SS 中的上行调度器在不同的连接中共享已分配到的带宽。

9.4.2 5G QoS

1. QoS 流

5G QoS 模型基于 Qos 流(QoS flow),5G QoS 模型支持保障比特速率(Guaranteed Bit Rate,GBR)的 QoS 流和非保障比特速率(Non-GBR)的 QoS 流,5G QoS 模型还支持反射 QoS。

QoS 流是协议数据单元(Protocol Data Unit,PDU)会话中最精细的 QoS 区分粒度,也就是说,两个 PDU 会话的区别就在于它们的 QoS 流不一样(一般就是 QoS 流的 TFT 参数不同)。在 5G 系统中,一个 QoS 流 ID(QoS Flow Identification,QFI)用于标识一条 QoS 流;PDU 会话中具有相同 QFI 的用户面数据会获得相同的转发处理(如相同的调度、相同的准入门限等);QFI 在一个 PDU 会话内必须是唯一的,也就是说,一个 PDU 会话可以有多条(最多 64 条)QoS 流,但每条 QoS 流的 QFI 都不同(取值范围为 0~63),用户设备的两条 PDU 会话的 QFI 可能会重复;QFI 可以动态配置或等于 5QI。

在 5G 系统中,QoS 流被 SMF(Session Management Function,会话管理功能)控制,可以预先配置,也可以通过 PDU 会话建立和修改流程进行配置。

QoS 流的特征如下:

(1) 接入网侧的 QoS 配置是 SMF 通过 AMF 提供给接入网的或者在接入网上预置的。

(2) 用户设备侧的 QoS 规则是 SMF 在 PDU 建立或修改流程中提供给用户设备的或者用户设备通过反射 QoS 机制推导出来的。

(3) UPF(User Plane Function,用户平面功能)侧的上行和下行 PDR(Packet Detection Rule,包检测规划)由 SMF 配置。

在 5G 系统中,一个 PDU 会话内要求有一条关联默认 QoS 规则的 QoS 流,在 PDU 的整个生命周期内这个默认 QoS 流保持存在,且它必须是非 GBR QoS 流。

默认 QoS 流在整个 PDU 会话生命周期内都向用户设备提供连接。由于可能需要和 EPS(Evolved Packet System,演进的分组系统)交互,所以要求这个默认 QoS 流为非 GBR 类型。

2. QoS 配置

QoS 流的 QoS 配置中包含的 QoS 参数如下:

(1) 每条 QoS 流的 QoS 配置都会包含的 QoS 参数是 5QI、ARP。

(2) 每条非 GBR QoS 流的 QoS 配置可能还会包含反射 QoS 属性(RQA)参数。

(3) 每条 GBR QoS 流的 QoS 配置还会包含保证流比特率(GFBR)和最大流比特率(MFBR)参数。

(4) 每条 GBR QoS 流的 QoS 配置可能还会包含指示控制和最大丢包率。

每个 QoS 配置有一个与之对应的 QFI,它包含在 QoS 配置中。

3. QoS 规则

用户设备执行上行用户面数据业务的分类和标记,即根据 QoS 规则将上行数据关联到对应的 QoS 流。这些 QoS 规则可以显式提供给用户设备(也就是在 PDU 会话建立/修改流程中通过信令显式配置给用户设备),也可以在用户设备上预配置,或者用户设备使用反射 QoS 机制隐式推导出来。

QoS 规则包含关联的 QoS 流的 QFI、数据包过滤器集(一个过滤器列表)和优先级。

一条 QoS 流可以有多个 QoS 规则。

每个 PDU 会话都要配置一个默认的 QoS 规则,默认的 QoS 规则关联到一条 QoS 流上。

对于 IP 类型或以太网类型的 PDU 会话,默认 QoS 规则是在 PDU 会话中唯一的包过滤集,可以包含允许所有上行链路的包过滤器的 QoS 规则。用路由表类比,就是默认 QoS 可配置成和默认路由一样,当一个数据包的所有路由都不满足时,就从默认路由走。默认 QoS 规则可以配置为允许通过所有上行包,但不是必须配置为允许通过所有上行包。

对于 Unstructured 类型的 PDU 会话,默认 QoS 规则不包含任何包过滤器集,默认 QoS 规则定义 PDU 会话内的所有包的处理方式。

只要默认 QoS 规则不包含数据包过滤器集或包含允许所有 UL 数据包的包过滤器集,就不应将反射性 QoS 应用于与默认 QoS 规则关联的 QoS 流,并且不应该给此 QoS 流发送 RQA 消息。

4. QoS 映射

SMF 负责 QoS 控制。建立一条 PDU 会话时,SMF 会给 UPF、接入网和用户设备配置响应的 QoS 参数。图 9-7 展示了用户面数据的分类和标记与 QoS 流映射到接入网资源的规则流程。

对于上行数据,用户设备根据 QoS 规则对数据包进行匹配,数据包从匹配的 QoS 流以及对应的接入网通道向上传输;对于下行数据,UPF 根据 PDR 对数据进行匹配,数据包从匹配的 QoS 流以及对应的 AN 通道传输。如果一个数据包没有匹配任何一个 QoS 规则

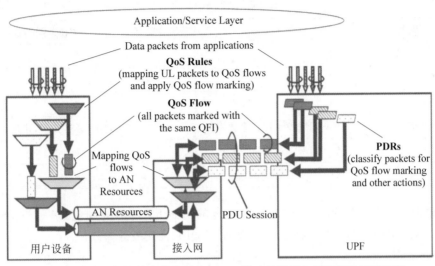

图 9-7　用户面数据的分类和标记与 QoS 流映射到接入网资源的规则流程

（上行）或 PDR（下行），则该数据包会被用户设备或 UPF 丢弃。

　　SMF 为接入网配置的 QoS 参数如表 9-2 所示，其中的静态 5QI 描述符和动态 5QI 描述符分别如表 9-3 和表 9-4 所示。其中，9.3.1.28 等为 IEEE 802.16 章节号。QoS 特性可以选择静态 5QI（也就是标准化 5QI 映射表）和动态 5QI。

表 9-2　SMF 为接入网配置的 QoS 参数

IE/组名	存在	范围	IE 类型和参考
选择 QoS 特征	M		
静态 5QI			
静态 5QI 描述符	M		9.3.1.28
动态 5QI			
动态 5QI 描述符	M		9.3.1.18
分配和保留优先级	M		9.3.1.19
GBR QoS 流信息	O		9.3.1.10
反射 QoS 特征	O		列举
附加 QoS 流信息	O		列举

表 9-3　静态 5QI 描述符

IE/组名	存在	范围	IE 类型和参考
5QI	M		整数（0～255）
优先级	O		9.3.1.84
平均时间窗口	O		9.3.1.82
最大数据突发量	O		9.3.1.83

表 9-4　动态 5QI 描述符

IE/组名	存　在	范　围	IE 类型和参考
优先级别	M		9.3.1.84
分组延时策略	M		9.3.1.80
分组错误率	M		9.3.1.81
延迟要求严格与否	C—如果满足比特率要求		列举（延迟关键,非延迟关键）
平均时间窗口	C—如果满足比特率要求		9.3.1.82
最大数据突发量	O		9.3.1.83

　　SMF 为用户设备配置的 QoS 规则（TS 23.501）如下：QoS 规则包含一个 QoS 项的列表,每一个 QoS 项包含包过滤器列表、参数列表、QFI、优先级等参数。

　　5. QoS 参数

　　5G QoS 参数共有 8 类,具体如下。

　　1) 5QI

　　5QI 是用来表示 5G QoS 参数的一个标量。例如,控制 QoS 流的 QoS 转发处理的访问节点特定参数。用于索引一个 5G QoS 特性。TS 23.501 Table 5.7.4-1 有标准化的 5QI 映射关系。标准 5QI 与 5G QoS 特征的标准化组合有一对一的映射。为预配置的 5QI 值的 5G QoS 特性在接入节点（gNB）中是预先配置的。

　　标准化或预先配置的 5G QoS 特性通过 5QI 指示,并且除非修改某些 5G QoS 特性,否则不会在任何接口上发出信号。为动态分配 5QI 的 QoS 流的 5G QoS 特性作为 QoS 配置文件的一部分被通知。

　　2) ARP

　　QoS 参数 ARP 包含优先级、抢占功能和抢占漏洞的信息。ARP 优先级定义了资源请求的相对重要性。允许在资源受限制的情况下（通常用于 GBR 业务的接纳控制）决定是否可以接收新的 QoS 流。它还可用于确定在资源受限制期间要先发制人的现有 QoS 流。

　　分配和保留优先级如表 9-5 所示。

表 9-5　分配和保留优先级

IE/组名	存　在	范　围	IE 类型和参考
优先级	M		整数（1~15）
抢占能力	M		列举（不得触发优先权、可触发优先权）
抢占脆弱性	M		列举（非先发制人、先发制人）

　　抢占能力信息定义一个业务流是否可以抢占低优先级的业务流的资源。

　　抢占脆弱性信息定义一个业务流的资源是否可以被高优先级的业务流抢占。

　　ARP 优先级的范围是 1~15,其中 1 是最高优先级。ARP 优先级 1~8 只分配给授权在运营商域内接受优先级处理的服务资源（即由服务网络授权的服务资源）。ARP 优先级

9～15 可以分配给由家庭网络授权的资源,因此在用户设备漫游时适用。ARP 抢占能力定义了一个服务数据流是否可以获得已经分配给另一个 ARP 优先级较低的服务数据流的资源。ARP 抢占能力和 ARP 抢占脆弱性应设置为 enable(启用)或 disable(禁用)。ARP 抢占脆弱性定义服务数据流是否可能丢失分配给它的资源,以便接纳具有更高 ARP 优先级的服务数据流,应适当设置与默认 QoS 规则相关联的 QoS 流为先发制人,将在不必要的情况下释放此 QoS 流的风险降至最低。

3) RQA

RQA 是一个可选参数,它指示在该 QoS 流上承载的某些业务(不一定是全部业务)受到反射 QoS 的影响。仅当 5G 核心网通过信令将一条 QoS 流的 RQA 参数配给接入网时,接入网才允许 RQI 在这条 QoS 流的无线资源上传输。RQA 可以通过 N2 接口在用户设备上下文建立和 QoS 流建立/修改时携带给 NG-RAN(5G 无线接入网)。

4) Notification control

对于 GBR 的 QoS 流,5G 核心网通过 Notification control(通知控制)参数控制 NG-RAN 是否在该 GBR QoS 流的 GFBR(Guaranteed Flow Bit Rate,保障流比特率)无法满足时上报消息通知核心网。如果网络启用了该参数,则 NG-RAN 发现该流的 GFBR 无法满足时就要向 SMF 发送通知,同时继续保持该 QoS 流的正常运作。至于收到通知后 SMF 如何处理,则属于网络配置的策略。

对于 GBR QoS 流,其 5G QoS 参数还会包含上行和下行 GFBR 以及上行和下行 MFBR。GFBR 表示由网络保证在平均时间窗口上向 QoS 流提供的比特率,MFBR(Maximum Flow Bit Rate,最大流比特率)将比特率限制为 QoS 流所期望的最高比特率(例如,超过 MFBR 时,数据包可能被用户设备、接入网或 UPF 丢弃、延时传输等)。网络通过 QoS 流的优先级调度处理使比特率在 GFBR 和 MFBR 确定的范围内。

Notification control 参数作为 QoS 配置文件的一部分发送到 NG-RAN。如果对于给定的 GBR QoS 流,启用了 Notification control,并且 NG-RAN 确定 GFBR 不再能够被保证,则 NG-RAN 应向 SMF 发送通知并保持 QoS 流(即,当 NG-RAN 没有达到该 QoS 流请求的 GFBR 时),除非 NG-RAN 在特定条件下要求释放该 GBR QoS 流的 NG-RAN 资源,例如由于无线链路故障或 RAN 内部拥塞,则 NG-RAN 应该再次尝试保证 GFBR。

当从 NG-RAN 接收到 GFBR 不能再被保证的通知时,SMF 可以将该通知转发给 PCF,5G 核心网可以发起 N2 信令以修改或移除 QoS 流。当 NG-RAN 确定 GFBR 可以再次保证 QoS 流时(已发送 GFBR 不能再被保证的通知),NG-RAN 应通知 SMF,GFBR 可以再次保证 QoS 流,SMF 可以将通知转发给 PCF。NG-RAN 应发出后续通知,说明在必要时不能再保证 GFBR。

在切换期间,源 NG-RAN 没有显式地通知目标 NG-RAN 那些已经发送了 GFBR 不能再被保证的通知的 QoS 流。目标 NG-RAN 执行接纳控制,拒绝任何不能永久分配资源的 QoS 流。被接受的 QoS 流包括在从 NG-RAN 到 AMF 的 N2 路径交换请求消息中。

5) 流比特率

仅对于 GBR QoS 流,附加的 QoS 参数是适用于上行链路和下行链路的和 MFBR。GFBR 表示在平均时间窗口内网络保证向 QoS 流提供的比特率。MFBR 将比特率限制为 QoS 流所期望的最高比特率。GFBR 和 MFBR 之间的比特率可以具有由 QoS 流的优先级确定的相对优先级。GFBR 和 MFBR 被发送到 QoS 配置文件中的接入网,并作为每个单独 QoS 流的 QoS 流级别 QoS 参数被发送到用户设备。

6）聚合比特率 Aggregate Bit Rates

用户设备的每个 PDU 会话与以下聚合速率限制 QoS 参数相关联:per Session Aggregate MaximumBitRate(SessionAMBR)。Subscribed SessionAMBR 是由 SMF 从 UDM 检索的订阅参数。SMF 可以使用订阅的 SessionAMBR 或基于本地策略对其进行修改,也可以使用从 PCF 接收的授权 SessionAMBR 获得 SessionAMBR,该 SessionAMBR 被发送到用户设备和接入网的适当 UPF 实体(以启用 UE-AMBR 的计算)。SessionAMBR 限制在特定 PDU 会话的所有非 GBR QoS 流中预期提供的聚合比特率。SessionAMBR 是在 AMBR 平均时间窗口(标准值)上测量的。SessionAMBR 不适用于 GBR QoS 流。

每个用户设备与以下聚合速率限制 QoS 参数相关联:per UE Aggregate MaximumBitRate (UE-AMBR)。UE-AMBR 限制可以预期在用户设备的所有非 GBR QoS 流中提供的聚合比特率。

每个用户设备都有一个聚合最大比特率,即 UE-AMBR。一个 UE-AMBR 定义了一个用户设备所有的非 GBR QoS 流比特率之和的上限,也就是一个用户设备的所有非 GBR QoS 流的比特率之和不能大于 UE-AMBR。UE-AMBR 是用户订阅数据,AMF 可从 UDM 获取 UE-AMBR 并提供给接入网使用。UE-AMBR 仅应用于非 GBR QoS 流,并不应用于 GBR QoS 流。

7）AMBR 平均窗口

用于 SessionAMBR 和 UE-AMBR 的 AMBR 平均时间窗口参数是一个标准化值,是相同的。

8）默认值

对于每个 PDU 会话设置,SMF 从 UDM 检索 5QI 和 ARP 优先级以及可选的 5QI 优先级的订阅默认值。订阅的默认 5QI 值应为标准值范围内的非 GBR 5QI。

SMF 可以基于本地配置或通过与 PCF 的交互改变默认的 5QI 和 ARP 优先级的订阅值,如果接收到,则改变 5QI 优先级,以设置与默认的 QoS 规则相关联的 QoS 流的 QoS 参数。SMF 应根据本地配置或通过与 PCF 的交互设置与默认 QoS 规则相关联的 QoS 流的 ARP 抢占能力和 ARP 抢占脆弱性。

SMF 应对 PDU 会话的所有 QoS 流应用相同的 ARP 优先级、ARP 抢占能力和 ARP 抢占脆弱性,除非 QoS 流需要不同的 ARP 设置。如果未部署动态 PCC(Policy Control and Charging,策略控制和计费),SMF 可以具有基于 DNN(Data Network Name,数据网络名称)的配置,以支持将 GBR QoS 流建立为与默认 QoS 规则关联的 QoS 流。此配置包含一个标准化的 GBR 5QI 以及用于上行和下行的 GFBR 和 MFBR。

9）最大丢包率

最大丢包率表示在上行链路和下行链路方向上可以容忍的 QoS 流丢包的最大概率。最大丢包率参数只可能在 GFBR 的 QoS 流上提供。最大丢包率参数仅在属于语音传媒的 GBR QoS 流上使用。

9.4.3　QoS 特性

QoS 特性如下：

（1）资源类型：GBR、Delay critical GBR 或 Non-GBR。

（2）优先级水平：表示 5G QoS 流间的资源调度优先级。该参数用于区分一个用户设备的各个 QoS 流，也用于区分不同终端的 QoS 流。该参数值越小，表示优先级越高。

（3）包时延预算（Packet Delay Budget，PDB）：定义了用户设备和锚点 NPF 之间数据包传输的时延上限。

（4）误包率：确定了一个上限，也就是数据包已经被发送端的链路层（如 3GPP 接入网的 RLC 层）处理了，但没有被对应的接收端提交给上层（如 3GPP 接入网的 PDCP 层）的比率上限。该参数的作用是让网络配置合适的数据链路层参数（如 3GPP 接入网的 RLC 和 HARQ 配置）。

（5）平均时间窗口：该参数是为 GBR QoS 流定义的，用于相关网元统计 GFBR 和 MFBR。

（6）最大数据突发量（Maximum Data Burst Volume，MDBV）：具有延迟关键资源类型的每个 GBR QoS 流应与一个 MDBV 相关联；MDBV 表示 5G 接入网在一个包时延预算（Packet Delay Budget，PDB）期间需要服务的最大数据量。

9.4.4　反射 QoS

反射 QoS 是 5G QoS 引入的新功能。网络通过用户面 packet 的相关头域（SDAP 头）进行设置，UESDAP 实体收到此设置值后进行分析，推导出一个上行的 QoS 规则进行使用。

9.4.5　包过滤器集

QoS 规则（用户设备侧）或 PDR（UPF 侧）的包过滤器集是用于标识数据（IP 或以太网）流的。一个包过滤器集可以包含多个包过滤器，每个包过滤器可以是下行的、上行的或双向的。有两种类型的包过滤器集：IP 包过滤器集和以太网包过滤器集，分别对应于两种 PDU 会话类型。

◈ 9.5　无线安全传输

9.5.1　无线接入安全性分析

特定个人或群体的身份信息和地理位置信息如果泄露，可能导致用户通信行为和地理位置、行踪受到监视。因此有必要在特定时间隐匿用户身份，保护用户位置信息，防止用户被无线定位跟踪。

目前无线接入方式主要包括 WLAN、GPRS、WAP、EDGE、3G、4G、5G、HSDPA 等，接入方式的增多使得安全威胁风险也不断增大。任何网络和接入技术体制都可能存在潜在的威胁和遭受攻击的可能性。接入终端种类繁多，且趋于智能化。涉及敏感信息的网络应用越来越多，且增长明显，已经覆盖政治、军事、经济各方面。

敏感信息丢失、不当使用、未经授权被人接触或修改，不利于国家利益或政府计划的实行，不利于个人依法享有的个人隐私权的保护。所有这样的行为都是破坏安全的行为。

表 9-6 简要总结了保密信息的类型、内容及安全防护需求。

表 9-6   保密信息的类型、内容及安全防护需求

类 型	内 容	安全防护需求
机密信息	主要指政治、军事、经济领域的敏感信息,相关信息的泄露会给国家利益造成不同程度的影响	• 实现端到端信息安全传输。 • 实现与其他公共网络之间的安全隔离。 • 构建专用的安全通信网络。 • 基于公共信息网络构建虚拟专用网
商业信息	与企业产权等有关的敏感信息,主要包括战略、战术、专利、财务等有关信息,其泄露可能影响到企业的竞争力	• 实现端到端信息安全传输。 • 实现与其他网络之间的安全隔离。 • 基于公共信息网络构建虚拟专用网
隐私信息	特定个人对其事务、信息或领域秘而不宣、不愿他人探知或干涉的事实或行为,如日记、情报、资料、数据、通信、秘密等	• 本地安全存储。 • 端到端安全传输

当前国内通信管控管理方法主要有两种,包括技防方法和人防方法,这两种方法均不是非常完善,仍存在很大的漏洞。技防方法主要以手机屏蔽器为主,在主要的保密场所和限制通信场所部署手机屏蔽器。但是手机屏蔽器存在高耗电、屏蔽效果不稳定、电磁辐射大、易燃等问题,同时手机屏蔽器还不能实现智能的选择性通信,应该有限开放的通信权限在这种系统下同样也会被屏蔽。人防方法比技防方法更不可靠。例如,某军队单位的作战指挥室门前安装了手机储存柜,日常几乎闲置,因此也成为摆设。监狱入口处常设有手机检测仪,但往往会因为同事之间相熟而几乎不被使用。

从全球来看,在美国、英国、德国等国家,基本不对大范围的区域实施通信控制,而是对特殊场合(如绝密会议)进行通信保护,其保护措施一般是高等级的安保搜身。此外,以色列和美国使用一种手机监听系统,可实现移动电话的监听、定位、屏蔽等功能。其原理是:通过架设伪基站的方法劫持手机通信,将伪基站设置为当地的基站小区信息,以高场强和高优先级将手机接入,以伪基站对手机进行收发双向劫持,并实时将信息通过模拟移动端转发到附近的基站会话中,从而使被监控的手机用户无法察觉。在此基础上,通过单兵定位和侧向定位等方法进行针对手机持有者的抓捕行动,也可以通过对中间数据的解析进行通话监听。相关基站设备性能非常优异,支持 GSM、DCS、CDMA、WCDMA、LTE 等通信制式。但其缺点在于装备的可靠性不足,其中涉及散热性能、板卡焊接工艺等。这种系统在射频方面使用多天线收发的模式,每种制式配备一个机箱和一个天线。车载监听系统通常携带有四五个全向天线以及一个侧向天线。

9.5.2   无线传感器网络安全

在无线传感器网络中,传感器通常内置全方位天线,以广播的方式进行数据传输,这使得无线传感器网络的安全性较差,因此,无线传感器网络的安全性保障关键技术是一个重要的研究领域。传感器无线通信范围有限,无线传感器网络的数据传输以一跳或多跳方式完成,且无线传感器网络采用动态自组织的拓扑结构,这些都给无线传感器网络关键技术研究带来了一定的难度。由于应用背景不同,无线传感器网络的网络服务支持策略、网络通信协议、网络安全、数据融合等关键技术各有差异。

早期的无线传感器网络研究都是建立在由同构的传感器节点组成的网络基础上,同构性不仅体现为节点物理性能同构,还体现为网络结构同构、网络协议同构等。这种同构性使研究者的研究思路不适用于实际的无线传感器网络应用。首先,在复杂的应用场景中,可能需要不同类型的传感器感知各种环境信息,例如,利用温度传感器感知场景温度,利用压力传感器测试物体受压情况,或利用烟雾传感器检测环境安全,等等,以此构建一个多功能传感网;其次,同一无线传感器网络中的不同节点由于实际需求的不同,有可能在硬件配置、网络协议或服务质量等方面存在差别;最后,为提高网络性能,可能在大量低性能传感器节点中加入少量高性能传感器节点,以提高网络传输速率,降低端到端传输延迟,减少低性能节点能耗,有效延长网络生命周期。由具有异构性的传感器节点构成的无线传感器网络,被称为异构传感器网络。

异构传感器网络作为任务型网络,不仅要进行数据通信,还要对监控区域数据进行采集、融合及任务协调控制。在无线传感器网络的一些应用领域,如环境检测、桥梁检测、医疗护理等,安全性不是特别重要;但在一些商业及军事领域,如小区安防、侦察敌情、监控兵力等,无线传感器网络安全至关重要。如何保证任务执行的机密性、数据产生的可靠性、数据融合的高效性以及数据传输的安全性,成为无线传感器网络安全需要全面考虑的内容。无线传感器网络安全的研究方向主要包括密钥管理、身份认证、数据加密、攻击检测与抵抗、安全数据融合、安全定位、安全路由协议和隐私问题等。由于无线传感器网络的无线通信方式及受限的能力,使得其更容易受到各种安全攻击,安全性已成为制约异构传感器网络广泛应用的瓶颈之一。

在一些敏感数据和隐私数据聚集的应用场景中,无线传感器网络的信息安全问题尤为突出,具体如下:

(1) 密钥管理。密钥是密码系统中最重要的资源。密钥管理则是为授权各方之间实现密钥关系而建立和维护的一整套技术和程序,是密码学的一个重要分支。它在一定的安全策略指导下,负责密钥从产生到最终销毁的整个过程,包括密钥的产生、分配与协商、存储、备份与恢复、更新、撤销和销毁等。传感器节点的特性及受限的无线传感器网络性能,使传统网络中使用的公钥密码系统并不适用于异构传感器网络。

(2) 身份认证和数据加密方法。无线传感器网络在工作期间,为防止虚假节点伪造身份并获取网络数据,在新节点加入或者节点间传递消息时,验证节点身份的合法性尤其重要。传统网络中用到的认证技术因耗费资源较多而无法直接在无线传感器网络中应用,寻求适用于异构传感器网络的认证技术是无线传感器网络安全领域中的一个重要研究方向。数据加密用来保证网络中传输的数据安全,在无线传感器网络中,数据的加解密是通过软件实现的,使用的数据加密技术主要是对称加密算法,而非对称的公钥密码系统由于计算量过大、资源耗费过多,不适用于无线传感器网络。近些年,更多的研究表明,基于椭圆曲线的加密方法适用于无线传感器网络。

(3) 攻击检测与抵抗。由于传感器节点多部署在无人区域,并且其拓扑结构动态可变,敌手很容易对异构传感器网络实施虚假路由攻击、选择转发攻击、Sinkhole 攻击、Sybil 攻击、Hello 泛洪攻击和应答欺骗攻击等各种攻击。因此,进行攻击检测并研究应对策略成为无线传感器网络安全的一个不可缺少的组成部分。

(4) 安全定位。路由和数据融合无线传感器网络中的传感器节点可能预先知道自己的位置,或者使用 GPS 进行定位,安全、准确的位置信息对于无线传感器网络的相关研究十分重要。无线传感器网络的路由协议设计中考虑的最重要的因素就是能量耗费和负载均衡问题,路由攻击也都是以耗费节点能量为主要目的。传感器节点将数据融合后发送给基站,可以极大地降低网络的通信开销。然而,不安全的数据融合可能对源节点数据进行修改或者对目的节点融合数据进行修改,最终将篡改后的数据发送给基站。可以看出,在无线传感器网络定位、路由和数据融合算法中,必要的安全性也是无线传感器网络安全的一个研究方向。

(5)隐私保护。无线传感器网络是以数据为中心的网络,数据内容的隐私既包括节点感知数据的隐私,又包括用户查询信息的隐私。当数据发送和转发时,其时间和位置信息的泄露会给攻击者提供方便。因此,隐私保护也是无线传感器网络安全研究的一个重要分支。在异构传感器网络中,攻击者容易通过监听节点之间的通信信道获得敏感信息,或者直接对节点实施物理捕获,再由被捕获节点散布虚假信息,甚至控制整个网络。为了保证网络的正常运行,无线传感器网络应该为节点及节点间相互传递的消息提供恰当的安全机制。

9.5.3　移动边缘计算安全

与传统的云网络架构不同,移动边缘计算(MEC)由于部署位置、承载业务以及系统架构的不同,面临着新的安全挑战,主要是物理平台、边缘云和下沉数据的安全。

(1)物理平台的安全。由于 MEC 使用了大量虚拟化以及软件化技术,很多功能部署在通用的廉价计算机平台上,这些通用平台在管理及控制方面的安全性比不上由硬件厂商提供的商用设备,造成系统整体的安全性降低。

(2)边缘云的安全。由于大量第三方业务从位于网络中心的云服务器下沉到边缘云,使得运营商业务与第三方业务位于相同的边缘云系统。而第三方业务的安全性无法保证,从而威胁到 MEC 运营商的核心业务。攻击者可利用软硬件系统漏洞获取 MEC 运营商核心业务访问控制权限,为正常业务的实施带来影响。

(3)下沉数据的安全。业务的下沉伴随着业务数据的下沉。MEC 将数据下沉至边缘云及智能终端设备。然而由于移动端脆弱的数据权限管理机制以及统一化的文件存储及安全加固方式,例如单一文件系统、全盘加密,使移动智能终端的敏感数据易被攻击者获取,从而造成损失。

为确保 MEC 系统的安全性,MEC 系统在物理平台、网络以及智能终端上都采取了一些措施。例如,在物理平台上采用可信执行环境等安全隔离技术,在运行时将核心的功能载入结构独立的、安全的可信环境中执行,避免虚拟化网络与虚拟主机之间的信息被恶意窃取,防止在业务执行过程中泄露敏感数据。在网络方面主要利用安全的网络功能或虚拟化的网络功能进行流量的分析审核。例如,使用入侵检测系统分析流量协议,检测是否存在恶意流量,使用防火墙拒绝不合法网络流量,等等。在移动智能终侧,以 Android 平台为例,MEC 系统设计一套权限控制管理机制以及基于安全沙盒的进程运行管理机制以保护系统的安全性。开发人员需要在 Android 文件中为其开发的 Android 程序申请需要访问的资源权限。在程序初次运行时,由用户决定是否允许这些权限被使用。在运行程序时,Android 为每个进程创建一个独立的安全沙盒,以隔绝不同进程之间的影响,降低恶意程序对系统其他程序的危害。

　　虽然以上手段可以一定程度上保护 MEC 系统的安全,但面对层出不穷的攻击手段以及日趋严重的安全漏洞,这些方法仍不尽人意。因此,在 MEC 安全加固技术的研究中,应从系统整体架构层面出发,考虑不同结构所担负的业务的特征及重要程度,使数据权限控制精细化,做到系统安全、架构安全、数据安全。

　　(1) 系统安全。MEC 系统通过部署 SNF 形成主动防御的能力,以主动发现威胁、阻断威胁以及消除威胁。但是,向已有网络引入硬件 SNF 面临着 3 个挑战。

　　① 花费高。引入 SNF 需要采购 SNF 硬件,产生高昂的花销。

　　② 配置复杂。使用 SNF 需要编写复杂的设备转发配置信息,将流量引入相应的 SNF 处理。如果需要多个不同的 SNF 共同协作组成服务链,则配置将会更加复杂。采用基于软件方式部署 SNF 可以解决花费高的问题,但现有的系统对于配置复杂的问题也无能为力。

　　③ 性能低下。基于 VFN 的 SNF 如果采用纯软件的方式部署在通用计算机平台上,可能导致数据包处理的性能低下,造成处理时延的增加,影响上层业务的服务质量。

　　如何在降低成本的同时不损失 SNF 的处理性能是在 MEC 系统中使用 SNF 所面临的一个重要挑战。另外,在部署 SNF 时,SNF 的数量、部署位置以及给 MEC 系统带来的整体的安全效益之间是有密切关系的,如何使用最低的成本带来最高的系统安全性是 MEC 系统设计和部署要解决的一个重要问题。

　　(2) 架构安全。由于系统漏洞数量的逐年增长,特别是零日漏洞占比越来越大,单纯有针对性地采用主动预防已知类型攻击的方式可能面临失效,因此 MEC 系统架构还需要有被动防御的能力。例如,某系统可以抵御利用漏洞 A 的攻击,但对于新的漏洞 B 可能无能为力。如果攻击者利用漏洞 B 实施攻击,则可以很轻易地将系统攻破。当前 MEC 系统架构在设计的时候也没有考虑系统组件的异构性,在部署时一般采用相同类型的软硬件类型(例如同型号的交换机、控制器、终端设备、服务器、SDN 控制器)。一旦所用类型存在的漏洞(特别是零日漏洞)被攻击者利用,则所有同种类型的设备都有极高的风险被攻破,进而对 MEC 的业务造成严重影响。如何从架构层面实现具有被动防御能力的 MEC 系统,提升网络基础设施的攻击复杂度,是 MEC 系统架构设计过程中的重要问题。

　　(3) 数据安全。MEC 系统中移动智能终端平台存在系统权限管理粒度粗、系统程序运行不安全的问题。传统的移动智能终端的数据保护方式主要为全盘加密(Full Disk Encryption,FDE),然而这种粗粒度的数据保护方式将设备上的数据以无差别的相同密钥加密,攻击者一旦获取该单一的密钥,即可获得存储在设备上的包括重要的敏感数据在内的所有数据。此外,虽然移动智能终端平台上使用了诸如安全沙盒等技术保证系统及其他程序的安全,但安全沙盒之间仍共享同一块内存空间,造成内存空间被旁路攻击(Side Channel Attack,SCA)的可能。因此,如何从文件系统层面细粒度地管理移动智能终端不同敏感度的数据,并避免攻击者使用恶意程序进行旁路攻击,将是 MEC 系统在移动智能终端模块要解决的重点安全问题。

　　基于上述 3 个 MEC 系统中存在的重要安全问题,有必要针对 MEC 系统的各组成部分,从 MEC 架构、MEC 安全组件以及 MEC 智能终端设备的数据管理 3 方面进行 MEC 系统的安全加固技术的研究。

◆ 9.6 异构网络

　　本书认为异构网络是所有一切可以用于支持提高网络吞吐量和传输速率的网络,包括宏蜂窝、微蜂窝、卫星网、光纤网、室内网、室外网、传感器网、3G 网、4G 网、自组织网等。

　　随着传感器、嵌入式计算和云计算等技术的发展以及新一代更廉价、体积更小的无线设备的出现,日常生活中越来越多的物品通过微型、低耗的被动式嵌入设备进行无线协作,这些连接在一起的超大数量的物品或设备组成了物联网。

　　可以认为 5G 网和物联网是有交集的两个区域。其共同目标是提供广泛应用和服务链接,其应用及服务可以涉及各个领域,如智能家庭、智能物流、远程医疗、工业自动化、交通管理等,利用这些设备获取的大量不同类型的数据,为个人、公司和公共管理机构等用户提供新的服务。物联网是以计算机互联网为高层媒介,底层将无线射频技术、无线通信技术、嵌入式系统技术等多种技术融合,以实现物品与互联网相联为目标的下一代通信网络,是继有线通信网之后的另一个推动世界高速发展的重要动力。位于底层的感知层元素根据应用需求分布在感知区域,获得数据信息,例如,通过不同类型的传感器采集上层应用所需的数据,或通过 RFID 和条码技术获取相应的信息,以确定的或者自动的方式传输数据。感知层采集的数据通过汇聚节点传输到上一层,即网络层。物联网的网络层实现所有物体间数据的共享和交换,并将感知层采集的信息传输给应用层。物联网的目的是实现万物互联,其基础是处于物联网底层、负责感知和采集数据的感知层,而位于感知层的无线传感器网络实时、动态地监控物联网中的可感知物品,是物联网最重要的组成部分之一。

　　无线传感器网络是部署在检测区域内大量廉价、功能受限的微型传感器节点通过无线通信方式形成的一个多跳自组织网络,通过节点间的协作感知、采集和简单处理覆盖区域中感知对象的信息,并发送给信息的需求者。针对物联网的研究很大一部分是在无线传感器网络的研究基础上延续下来的。

　　移动通信已经从第一代发展到第五代,每一次淘汰和更新都需要很长的时间,将会存在新旧网络同时为用户提供服务的场景。

　　以我国为例,虽然 5G 网络在 2019 年已经正式投入商用,但 4G 仍然占有一定的市场。另一方面,由于软件定义的无线电(Software Defined Radio,SDR)的提出和发展,多频、多模终端已经成为现实,使得不同网络之间的协作、融合进一步成为可能。

　　5G 异构网络结构如图 9-8 所示。

　　异构化将成为未来无线通信的趋势。根据采用的技术规范不同,异构化网络可以分为两类: IEEE 1900.4 标准工作组定义的异构无线网络和 3GPP 组织定义的异构蜂窝网络。

　　(1) 异构无线网络(Heterogeneous Wireless Networks,HWN)。异构无线网络是对现有的采用不同技术规范的多种不同类型无线网络共存场景的统称。例如,关于个人通信的异构无线网络可以看作主要包含蜂窝网络(2G、3G、4G、5G)、无线局域网(WiFi)、无线城域网(WiMAX)等。异构无线网络的显著特点是: 由于采用了不同的技术规范,使用的物理层或者 MAC 层不同,提供业务类型的能力不同,相应的管理机制和控制方式不同,因而不能实现有效的互联互通。

　　(2) 异构蜂窝网络(Heterogeneous Networks,HetNet)。异构蜂窝网络主要指在宏基

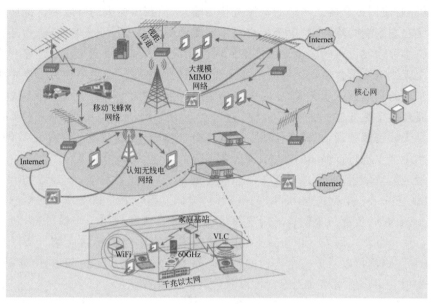

图 9-8　5G 异构网络结构

站的基础上部署更多的飞蜂窝网络和家庭基站。其异构性主要在于由基站发射功率的差异造成的覆盖范围不同,体现为网络拓扑结构的异构化。3GPP 没有规定异构蜂窝网络必须采用相同的物理层技术或者 MAC 层协议。因此,异构无线网络不是一种新型无线网络,其难点在于如何融合不同类型的网络成为有效的综合体;而异构蜂窝网络采用相同的体系架构,如何解决不同层的基站之间的干扰是异构蜂窝网络中提升容量的主要难题。

在传统的无线网络中,接入控制是决定接受还是拒绝无线承载的建立和重配置请求。对于请求接入的业务,系统判断是否能够满足其 QoS 要求,而且接受该业务后是否不会影响已经建立的连接,若是,则接受该业务的请求。在异构无线网络中,由于多种不同无线网络共存会带来多接入选择的增益,因此接入控制首先要面临的是接入控制方式选择的问题。在异构无线网络中接入控制方式可以分为两类:单接入和多接入,即选择单个无线网络接入还是选择多个无线网络接入。

在单接入中,多模终端根据不同的需求(如传输速率、传输时延和业务类型等)选择最佳的单个无线网络进行通信,以改善资源的利用率和保障用户的 QoS 要求。在多接入中,多模终端可以同时接入多个无线网络,同时利用多个无线网络的资源进行通信,从而获得更大的带宽和传输速率。多接入可以进一步细分为多接入分集传输和多接入复用传输。多接入分集传输是指用户同时接入多个无线网络传输相同的数据,以提高数据的可靠性;多接入复用传输是指用户同时接入多个无线网络传输不同的数据,以获得更大的复用增益。

与单个无线网络中的业务分配不同,异构无线网络中的业务分配与接入控制有着密切的关系。因此,对于异构无线网络中的业务分配也分为两方面:一是业务分配与单接入,二是业务分配与多接入。在单接入下的业务分配是指用户只能接入单个无线网络,通过分配不同用户到不同的无线网络,改善用户的 QoS 并提升系统的性能。最为典型的研究是负载均衡,对于实时业务可以获得更小的阻塞概率,对于非实时业务可以获得更大的吞吐量。在多接入下的业务分配是指单个用户可以接入多个网络,从用户角度将业务分配到多个无线网络,可以同时使用多个无线网络的资源进行传输,从而获得更大的吞吐量。此应用最为典型的研究是在端到端的传输中,单个用户在不同无线网络中进行业务分流,进行并行多接入传输。配备多种收发设备的多模终端能够同时与相应的多种无线网络建立连接。当多模终端位于多个无线网络重叠覆盖区域时能接入被覆盖的网络中。如果多模终端产生单个无线网络无法承载的高速数据业务时,就需要申请多个无线网络的资源进行并行多接入业务传输。为了实现多个无线网络的并行传输,通过在现有的网络架构中增加一个新的功能单元——多种无线资源管理,将需要传输的数据流分成多个子流,分配到各个无线网络,在每个无线网络中独立进行传输,在接收端进行数据流的合并,完成传输。

为了适应高移动用户(如用户在车辆和高速列车上)的业务需求,研究者提出了移动飞蜂窝(Mobile Femtocell,MFemtocell)的概念,它结合了移动中继和飞蜂窝的概念。移动飞蜂窝位于车辆内部,负责与车辆里的用户通信;而大型天线阵列位于车辆外部,负责与室外基站通信。一个移动飞蜂窝及其相关的用户被视为一个单位与基站通信。从用户的角度看,一个移动飞蜂窝可以看成一个普通的基站。这与上述室内(车内)和室外(车外)场景分离的想法相似。用户使用移动飞蜂窝可以获得高数据速率服务。

全球 5G 终端发展现状

◇ 10.1　5G 终端产业发展预期

5G 消费类终端将以手机为主要形态带动整个 5G 终端产业发展。首发 5G 手机将为各品牌的旗舰机型，价格高功能全；多种形态的消费类新型终端虽然出货量小，但增长速度快，将是 5G 重要的终端类型；基于 5G 的行业终端也将成为未来 5G 终端产业的重要部分，但需要根据使用场景和产品形成定制化方案。

2018 年 12 月发布的 3GPP R15 5G 标准已经趋近完善，此标准的发布标志着 5G 商用将进入全面冲刺阶段。

从全球来看，首批 5G 智能手机基于高通 NSA 芯片平台，主要有 OPPO、vivo、小米、华为、中兴、三星、LG 等手机品牌计划实现首发。

中国作为 5G 建设的第一梯队，既拥有首发 5G 运营商的领先技术优势，又存在着开拓 5G 市场及业务的风险。乐观估计，到 2024 年，市场上 5G 手机出货量占比将达到 85%。

美国、韩国及中东地区的运营商已经宣布了 5G 商用部署，主要频段集中在 3.5GHz 及毫米波，业务主要有 5G 固定无线接入（Fixed Wireless Access，FWA）及 5G 移动业务，发布的 5G 终端以 5G FWA CPE 客户终端设备及 5G 移动路由器设备为主，能为用户提供超高速率的 5G 数据服务体验。

中国移动于 2018 年 2 月发起"5G 终端先行者计划"，以尽快推出首批 5G 终端为目标，不断扩大合作伙伴范围及数量，以《5G 手机终端白皮书》为技术牵引，以专项试验为推动。

中国电信加快 5G 终端多元化，坚持 5G 全网通、创新泛智能终端发展策略，更加注重 AI 赋能、体验提升、协议互通、安全增强。中国电信将采用 5G SA 独立部署方案，目前正在积极部署 VoLTE 网络，从而满足 5G 部署初期的语音解决方案，并结合采购计划和业务示范，逐步推动 5G 终端成熟。

目前，全球已经有一百多个国家和地区宣布或计划进行 5G 频谱拍卖。据 GSA（Global Mobile Suppliers Association，全球移动供应商协会）统计，全球运营商主流 5G 首发频段为 3.5GHz，也有部分国家和地区（如美国）率先使用毫米波进行 5G 部署。

2018 年 12 月初，中国三大运营商均已获得工信部颁发的全国范围 5G 中低频段试验频率使用许可。其中，中国联通和中国电信获得的 3.5GHz 频段（带宽各

100MHz)为全球主流 5G 部署频段,中国移动获得 160MHz 带宽的 2.6GHz 频谱。虽然中国产业链相对落后,但后期发展潜力巨大。

◆ 10.2　5G 频谱使用

目前在全球运营商的 5G 试验中,使用最多的频段是 n78 频段(3.3～3.8GHz),其次为 n257 频段(26.5～29.5GHz)。图 10-1 显示了 5G 频谱占用情况。

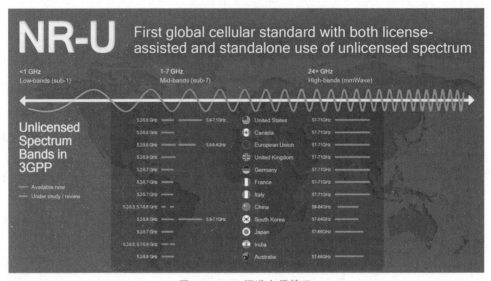

图 10-1　5G 频谱占用情况

据 GSA 报告显示,截至 2022 年年底,全球已有 96 个国家的 243 家运营商对 5G 移动网络和 5G FWA 网络进行了投资。目前,已有 11 家运营商宣布推出了 5G 服务(包括移动服务和 FWA 服务),但这些运营商的服务都受到地域覆盖范围、设备可用性及客户数量等方面的限制。表 10-1 给出了已宣布推出 5G 服务的国家和运营商。

表 10-1　已宣布推出 5G 服务的国家和运营商

国　　　家	运　营　商
美国	Verizon、AT&T 等
韩国	LGU＋、KT、SKTelecom 等
中国	华为、中兴、小米、OPPO、中国电信等
意大利	TIM、Fastweb 等
阿联酋	Etisalat 等
芬兰和爱沙尼亚	Elisa 等
卡塔尔	Ooredoo 等
莱索托	Vodocom 等

2018 年 9 月,中国电信 5G 联合开放实验室建成首个运营商基于自主掌控开放平台的

5G 模型网,正式启动 5G SA 独立组网测试。中国电信启动 Hello5G 计划,在 17 个城市开展 5G 创新示范网络建设,并进行规模试验,整体验证 SA 组网方案,4G/5G 互操作,实现终端、业务、网络端到端贯通。

中国电信从 2018 年 11 月 29 日起,在全国范围内试验商用 VoLTE 业务,目前苹果手机暂不支持 VoLTE 业务。中国电信 VoLTE 分为三步走:第一步是进行全网试商用;第二步是进行规模商用;第三步是推进 VoLTE 成为终端默认语音方案。

10.3　5G 趋势和挑战

随着 5G 技术标准的加速完善以及全球 5G 预商用测试的深入开展,5G 网络部署的步伐正在全球范围内加快。5G 的大连接、低时延、高速率等特性,以及云化、切片化的网络形态,将成为产业数字化转型的重要驱动力,在产业链的共同努力推动下,围绕 eMBB、mMTC 和 uRLLC 三大核心场景,5G 网络将会让越来越多的产业形态和创新应用成为可能。

同时,随着电信网络虚拟化云化转型、5G 和 IoT 等技术的融入以及行业应用的多样化发展,在 5G 时代,电信网络的运营运维也将面临前所未有的挑战,主要包括以下 3 方面:

(1) 网络复杂化。主要体现为:2G/3G、4G、5G 多制式共存带来的协同和互操作难度,分层解耦架构下的故障定界定位困难,虚拟化云化网络的动态变化带来的资源统一调度和运营管理挑战,等等。

(2) 业务多样化。人与人通信的单一模式逐渐演化为人与人、人与物、物与物的全场景通信模式,业务场景将会更加复杂,业务场景复杂将带来对服务等级协议(Service-Level Agreement,SLA)的差异化需求,例如高带宽、大连接、超高可靠性和低时延等以及与之配套的网络管理的复杂性等。

(3) 体验个性化。依托 5G 网络能力和丰富的业务发展,业务体验也将随之呈现出多元化、个性化发展态势,例如沉浸式体验、实时交互、情感和意图精准感知、所想即所得等,网络对于业务体验的支撑和保障将颠覆传统模式,迎来全新挑战。

所以,伴随 5G 时代而来的网络运营运维挑战将是全方位的,依靠专家经验为主的运营运维模式同网络的先进性之间正逐渐形成差距,自动化、智能化的网络运营运维能力将成为 5G 时代电信网络运营运维的刚需。人工智能技术在解决高计算量数据分析、跨领域特性挖掘、动态策略生成等方面具备天然优势,将赋予 5G 时代网络运营运维新的模式和能力。

未来,基于云化基础架构,融合了 5G、人工智能和 IoT 共同发展的电信网络,将逐渐成为数字社会发展和经济增长的智能中枢,推进社会步入万物智能互联的新时代。

10.4　中兴通讯 5G 建设

10.4.1　中兴通讯 5G 网络智能化

作为全球领先的综合通信解决方案提供商、5G 领先者,中兴通讯股份有限公司(以下简称中兴通讯)在 5G 高低频系列无线基站、5G 承载、5G 核心网等领域的产品研发以及端到端解决方案、标准制定、预商用验证等多维度均实现了行业引领。同时,凭借 5G 领域的领

先和对行业发展的深入理解,中兴通讯积极将人工智能技术同电信领域深度结合,开展 5G
无线技术、云化、切片、承载、运维服务等相关领域的自动化、智能化创新研究和实践,并积极
参与推进相关标准规范的制定和开源技术贡献。

依托于 uSmartNet 网络智能化系列解决方案,中兴通讯致力于为电信网络提供完备的
数据感知、意图洞察、智能分析能力,助力电信运营商顺应趋势、迎接挑战,打造具备“网络自
治、预见未来、随需而动、智慧运营”能力的智能化 5G 和未来网络。

10.4.2　5G 网络智能化需求分析

5G 网络作为基础服务设施,为各行业数字化发展提供支撑,将面向全行业场景提供差
异化服务。为了按需、灵活地支撑各种行业应用和业务场景,5G 网络将以云化、服务化架构
构建,满足面向未来的长期发展需求,其目标如下:

（1）RAN(5G 无线接入网)侧实现 CU/DU[①] 分离,CU 可支持云化或专用硬件部署,灵
活适应各种场景需求。

（2）基于服务化架构(Service-Based Architecture,SBA)实现 2G/3G、4G、5G 融合核心
网,满足平滑演进、协同发展和长期共存需求。

（3）承载网络向高带宽、低时延、连接泛在、按需匹配方向演进,实现 SPN、OTN 等多样
化的 5G 承载解决方案,灵活适配 5G 建网需求。

5G 网络云化、服务化的架构,具备了支撑各种行业应用和业务场景的基础。如何让其
实现高效、灵活、低成本、易维护的运营运维,并且具备便捷的开放、创新能力,将是运营商在
5G 时代竞争力的核心所在,也是 5G 网络智能化的重点方向,主要体现为如下几方面的
需求:

（1）灵活的无线及云化资源管理。主要包括:支持无线空口资源的按需分配,包括频
谱、帧结构、物理层、高层处理流程等;实现处理能力的软硬件解耦,实现处理资源按需分配、
网络能力敏捷创建和调整;实现云化资源和承载网络资源的按需、动态分配以及全局性策略
自动化、智能化管理;实现端到端切片的自动化管理。

（2）空口协调和站点协作。主要是 5G 密集网络下的干扰优化、站点间协调与合作的优
化。针对密集网络设计更有效、更智能的移动性管理机制,是未来无线接入网面临的迫切
需求。

（3）功能灵活的部署及边缘计算。AR/VR、工业互联网、车联网等对通信时延、可靠
性、安全性提出了更高要求。5G 网络将部分功能从核心层下沉至网络边缘,构成边缘计算
能力。通过缩短链路距离和提升边缘网络的智能能力,达到节约回传带宽、降低网络时延、
智能支撑用户体验的效果。

（4）增强网络智能化管理。在 5G 时代,无线网络多制式并存协同、云化分层解耦故障
定位、业务服务化后状态的全息感知、承载网的按需适配调度等,使得网络管理和优化的复
杂度、难度都将大大增加,需要引入人工智能提升管理的自动化、智能化水平,降低人工干扰
因素,节约成本,提升网络的服务质量和业务体验。

---

①　CU(Central Unit)意为中心单元,DU(Distributed Unit)意为分布单元。

10.4.3　5G 网络智能化总体方案

结合 5G 网络发展面临的挑战以及对智能化的引入需求,人工智能和电信网络的结合发展在 5G 网络中的整体引入和呈现将是泛在化的。通过在网络不同层级分别引入算法模型和不同等级的智能引擎,实现 5G 整网的智能化。5G 智能化总体方案如图 10-2 所示。

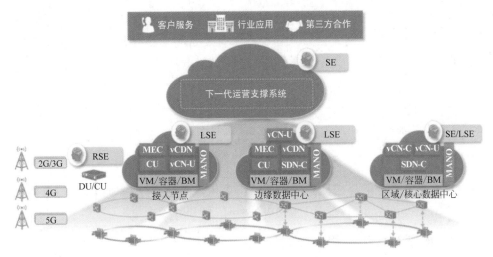

图 10-2　5G 智能化总体方案

在基于云化、服务化构架的 5G 网络中,不同网络层级具有明显的特征差异。越上层,越集中化,对跨领域分析调度能力要求越高。例如,对于 E2E 切片的编排和管理、全局云资源协调调度等,需要依赖集中式的智能引擎,进行全局性策略的集中训练及推理。越下层,越接近端侧,越侧重对专业子网或单网元的智能能力增强。例如,接入网、承载网、核心网引入轻量级智能引擎以增强子网或子切片领域的智能能力(如网管策略、智能运维等);或者针对边缘设备、MEC、5G gNB 等引入实时/准实时智能引擎以实现边缘的实时、准实时智能。

人工智能算法模型和各级别的智能引擎可以基于 5G 网络中不同的硬件计算环境引入部署,同时,通过引擎、模型组件、应用算法的组合,与不同的网络功能实体结合,实现 5G 网络的智能化赋能。5G 网络人工智能能力架构如图 10-3 所示。

5G 网络中部署人工智能能力的基础硬件环境可以是集中式的 GPU 集群,也可以是通用服务器、刀片服务器或 5G 基站。智能化能力层(人工智能层)包含引擎层、模型层、应用层等关键部分。

(1) 引擎层。支持不同级别的智能引擎,包括集中式人工智能和大数据智能引擎(Smart Engine,SE)、轻量级智能引擎(Lite SE,LSE)和实时(或准实时)智能引擎(Real-time,SE,RSE)以及可视化建模组件 AIExplorer 和机器学习、深度学习框架等,灵活支持不同的部署场景需求。

(2) 模型层。支持丰富的 5G 网络通用能力模型组件,例如告警关联模型、日志关联模型、容量预测模型、流量模型、用户行为模型等,以灵活支撑应用层的调用。

(3) 应用层。面向 5G 智能化的具体应用,灵活支持多种应用场景,例如网元智能、智能切片、智能运维等。

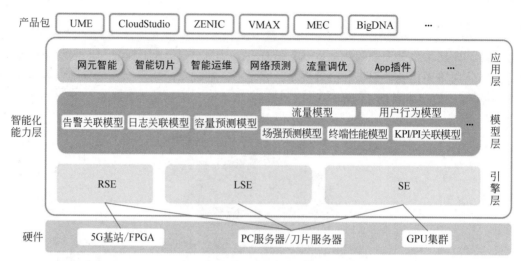

图 10-3　5G 网络人工智能能力架构

　　各种人工智能能力组合根据具体的网络部署需求集成到中兴通讯 5G 的系列化产品中,例如 UME、CloudStudio、ZENIC、VMAX、MEC 和 BigDNA 等。

10.4.4　5G 网络智能化应用

　　5G 网络智能化的应用总体上可以分为两个方向:一个是运营运维层面的自动化、智能化增强,例如无线的 SON(Self-Organizing Network,自组织网络)加人工智能、各种参数自动调优、特征智能关联、精准意图分析及规划、健康状态预测及自愈等;另一个是网络自身功能和特性的增强,通过人工智能的介入将网络中原本基于事后统计触发的优化流程转变为事前预测和主动优化,以减少应激动作带来的滞后影响,并且通过关联状态分析实现资源和性能的动态最优化,例如基于预测的移动性管理、动态路径优化等。

　　5G 网络智能化典型应用场景如图 10-4 所示。

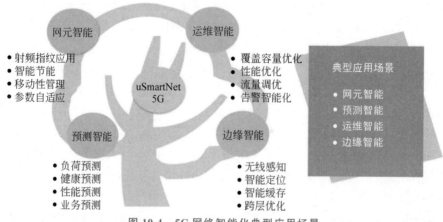

图 10-4　5G 网络智能化典型应用场景

　　5G 网络智能化典型应用场景分为以下 4 个类别:①网元智能,侧重于综合考虑整个网络中的制式、设备、用户的表现而执行的最优策略;②预测智能,侧重于将执行策略的行为从事后变为事前；③运维智能，侧重于 5G 网络运营运维的自动化和人力投入的减少；
④边缘智能，侧重于网络边缘高实时性的智能应用。

10.4.5 网元智能

1. 射频指纹

传统无线网络都是以小区为单位进行管理的，与相邻小区（简称邻区）相关的移动性、双
连接、CA、移动负荷均衡等都以小区为单位进行选择。由于小区覆盖范围较大，以小区为单
位进行相关操作粒度较为粗糙，不能满足网络精细化管理要求。如果将网络按照无线信号
强度进行逻辑栅格划分，并记录逻辑栅格上的一些重要信息，用来给位于该逻辑栅格上的用
户设备的行为提供参考，则可以达到对网络进行精细化管理、提升用户体验的目的。逻辑栅
格如图 10-5 所示。

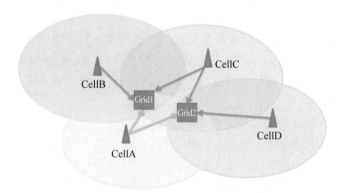

图 10-5 逻辑栅格

逻辑栅格划分为两部分：一部分是逻辑栅格的索引，称为射频指纹索引；另一部分是逻
辑栅格记录的信息，称为射频指纹信息。这两部分加起来构成的完整结构称为射频指纹。
射频指纹索引示例如表 10-2 所示。

表 10-2 射频指纹索引示例

逻辑栅格序号	射频指纹索引		
	服务小区及其强度	最强同频邻区 1 及其强度	最强同频邻区 2 及其强度
Grid1	CellA，－85dBm	CellB，－90dBm	CellC，－95dBm
Grid2	CellA，－90dBm	CellC，－90dBm	CellD，－100dBm

射频指纹库的构建必须基于长期统计具有稳定指纹信息的射频指纹，例如稳定的邻区
参考信号接收功率(Reference Signal Receiving Power，RSRP)信息。基于周期性的测量报
告或最小化路测(Minimization of Drive Text，MDT)技术等数据可以建立初始的射频指纹
库时，挑选信号强度信息稳定的数据组成可用的射频指纹库。可按需进一步记录针对特定
应用的指纹信息，例如切换次数、成功率、邻区的重叠度等。利用射频指纹库可以指导如下
典型应用。

应用一：数据中心的辅助节点选择。

以 5G 的 NSA 架构为例，为用户设备选择辅助节点时，通常按照小区级重叠度优选最

佳的辅助节点。如图 10-6 所示,如果按照小区级重叠度进行选择,UE1 和 UE2 都应该选择 Cell21 小区为辅助节点;如果按照栅格级信息进行选择,UE2 会选择 Cell22 小区为辅助节点,可以看出 UE2 选择 Cell22 小区比选择 Cell21 小区为辅助节点效果好。

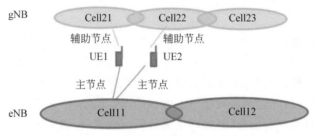

图 10-6   NSA 架构中辅助节点的选择

应用二:辅助异频免测量盲切。

通常执行异频切换时,用户设备需要先执行异频测量。异频测量会造成用户设备和原服务小区业务短暂中断。可以根据用户设备的射频指纹信息,例如邻区负荷、重叠度、邻区 RSRP、切换成功率等,判定是否可以进行异频免测量盲切,以避免原异频测量切换流程带来的短时业务中断。

应用三:负荷均衡时挑选执行负荷均衡的用户设备。

在执行移动负荷均衡(Mobile Load Balance,MLB)时,会挑选执行负荷均衡的目标用户设备。如果盲目挑选,则部分用户设备由于不满足切换条件而不会进行负荷迁移,或对于异频邻区需要执行异频测量而带来用户设备业务的短暂中断。根据用户设备的射频指纹信息挑选合适的用户设备执行负荷均衡,可以避免上面提到的两个问题。

2. 大规模 MIMO 网络

利用大规模 MIMO 网络波束调整的原理,可以针对高楼的垂直面、场馆、具备潮汐效应的区域(如高校的宿舍区、食堂和教室以及住宅、商场和街道)等场景,根据用户的分布规律,灵活调整广播/控制信道的波束分布,达到覆盖和容量的最优,减少干扰。

例如,针对固定场馆类的场景,由于人员的分布在长时间内相对固定不变,可以根据这一特点设计广播权值自适应以达到最优覆盖。基于网络管理、MR(Measurement Report,测量报告)等数据,结合场景识别和相关算法,识别出是体育赛事还是演唱会等场景,并计算出基于此场景和当前用户分布下的最优权值,以提升场馆区域内的信道质量指示、信号与干扰加噪声比等指标。同时,建立权值组合与 KPI(Key Performance Indicator,关键绩效指标)、用户分布信息等关联的信息库,便于后期同类场景可以快速匹配获取优化权值。

对于具备潮汐效应的区域,还可以根据每个区域内的话务分布特点,结合潮汐效应时段进行智能化调整。

3. 智能节能

传统的节能技术都会事先配置一个节能生效的开始时间和结束时间。在该时段内,当负荷降低到一定程度并且持续一定时长后触发对应的节能技术,一旦负荷冲高即退出相应的节能技术。由于节能时段是人工根据大多数场景设置的,没有个性化设置,节能时段的设置通常比较保守;另外低负荷持续一段时间才触发节能技术,虽然避免了乒乓效应,但也降低了节能效果。可见,传统的节能技术属于事后触发,总体策略趋于保守。

根据小区负荷预测,可以识别出网络中将出现的低负荷小区(节能小区)及其出现低负荷时段(节能时段),同时可以识别出能够分担节能小区在节能时段负荷的邻区。

基于小区负荷预测的节能,是在预测的节能小区和节能时段立即触发该小区将负荷转移到其邻区,负荷转移完成后立即触发该小区的节能技术。如果存在多个节能时段,则在每个节能时段都激活节能技术。与传统手段相比,每个小区都能个性化地充分利用其节能时段,从而提高整网的节能效率。

10.4.6　预测智能

1. 小区负荷预测

除了突发事件,小区的负荷实际上是有规律的。例如,可以按周建立模型进行分析和预测,根据小区负荷的历史数据,分析每天或某个时间粒度下负荷分布的规律性,建立针对每个小区的一周七天的负荷预测模型。以此类推,可以得到网络中所有小区所有时段的负荷分布。

根据全网的小区负荷预测可以用于改善传统负荷均衡效果以及传统节能效果。传统的移动负荷均衡都是在高负荷发生时才执行,即事后触发,意味着发生的高负荷可能已经对网络的性能以及用户体验带来不利的影响;同时,传统的负荷均衡无法预知高负荷什么时候结束,在负荷均衡的过程中可能出现乒乓效应;另外,传统负荷均衡是在高负荷发生时选择低负荷小区,后续低负荷小区自身负荷可能发生变化,从而产生新的高负荷。

根据小区负荷预测,可以识别出网络中出现的高负荷小区及其高负荷时段,负荷均衡的动作可以在预测的高负荷发生前执行,并且会持续到高负荷时段结束,从而避免传统负荷均衡事后触发带来的不利影响以及可能产生的乒乓效应。同时,在预测高负荷小区及其高负荷时段时,也从整体上预测了可以分担其负荷的低负荷邻区及其低负荷时段,避免传统负荷均衡可能出现的低负荷小区选择不合理而产生新的高负荷的情况。

2. 突发高负荷预测

在移动通信网络中突发高负荷的情况通常包括下述两种场景:

(1) 持续时间较长(小时级别)的突发高负荷。例如,体育馆的赛事、演唱会、集会等容易出现持续时间较长(例如小时级别)的高负荷。通常的应对手段为运维人员提前进行参数优化或采取降负荷策略,需要投入一定的人力,并且参数和策略的设定不具备个性化的匹配能力,可能无法满足突发状况的需求。

(2) 持续时间较短(分钟级别)的突发高负荷。这种场景通常跟用户行为、热点事件等关联性较高,表现为在平均负荷已经相对较高的场景,短时间内用户集中进行业务的下载或者上传,导致短时间突发高负荷,例如赛事的进球、庆典开场等。传统应对手段通常以专家现场保障为主,实时监测、按需保障,投入人力成本较高,事后处理模式用户体验很难获得最佳保障。

智能化突发预测,可以根据历史的事件特性、发生前后关键指标或特征的变化分析以及多小区关联数据的变动分析等关联特征挖掘分析,构建突发负荷预测模型,进行突发负荷预测,指导前瞻式预防优化,在设备和网络的稳定性、用户体验、降低人力成本等方面带来收益。

3. 性能预测

性能预测关注网络中可能发生的性能变化,从传统的事后优化转化为事前的预测和调整。性能预测包括指标趋势预测和指标异常预测。

指标趋势预测关注中长期性能走势预测,结合业务发展需求、网络能力状态、关键事件等信息进行关联分析,预测性能的中长期发展趋势以及性能达到非健康阈值的时间点,指导提前规划、资源调整或故障处理等。

指标异常预测关注中短期指标异常、劣化,结合历史数据中的指标异常事件特性以及相关指标劣化进行关联特征挖掘,预测网络健康度在中短期范围内的下一步数值,并通过判断预测值是否超过阈值指导异常预判与提前处理。

性能预测可以在网络建设规划、备品备件管理、阈值设置优化、前瞻式监控优化等方面带来收益。

4. 承载网络流量预测及调优

5G 时代网络的灵活性和业务形态的差异化对承载网络提出了更高的要求。如何进行更合理、敏捷的资源分配和优化调度,实现网络整体流量均衡以及高效的资源利用率,以满足不同网络切片及行业用户的业务需求,将是 5G 时代承载网络智能化的重要应用之一。

通过智能网络流量预测及调优,可以掌握全网流量流向动态,合理规划,及时响应业务需求的变化。利用人工智能算法进行数据算法建模,综合考虑业务特性、历史流量、人口迁徙、节假日、流量套餐等因素,对网络中的关键业务、节点和区域进行流量仿真预测。同时,结合策略匹配的控制信息、网络状态信息等,利用人工智能算法进行最优路径计算和资源调度,以指导流量调优。

应用一:切片网络内部分段路由隧道流量调优。

当单个切片网络中开通 SR(Segment Routing,分段路由)隧道承载业务,隧道带宽不能满足业务承载需求时,通过网络调优流程实现自动的隧道带宽按需分配,实现自动弹性和带宽适配。

应用二:切片网络之间的流量调优。

多个切片网络由控制器统一管控时,可以根据状态监控结果,利用人工智能算法进行跨切片分析,同时兼顾流量预测趋势,实现多个切片的资源合理调度调配,达到物理资源利用率最优化。

10.4.7 运维智能

1. 无线网络规划

5G 无线网络规划的难点在于不仅标准有 SA(Standalone,独立)和 NSA(Non-Standalone,非独立)两种组网方式,同时在频段上也要考虑低、中、高频及非授权频谱,站型也存在 4G/5G 频谱共享和多阵列天线。因此,其网络规划的因素维度在各方面均有增加,带来的复杂性呈指数级增长。基于现有 4G 网络所积累的容量、覆盖数据信息,结合 5G 网络的特性,并利用人工智能算法进行关联分析、仿真推算,将对 5G 无线网络的规划具有指导意义。

应用一:智能化容量评估。

以 4G 现网的网络管理、MR 等数据为基础,结合人工智能算法,分析得到各种场景下热点的特性,对 5G 的引入和发展策略提供指导。

对于高带宽业务场景,以 4G 现网数据为基础,结合工程参数、场景特征、无线参数配置、用户业务模型、套餐、网络性能负荷等信息,排除网络性能负荷压抑的影响,建立纯用户需求的预测模型,为 5G 网络的容量建设和规划提供指导。

应用二:自动站址规划及覆盖效果评估。

在 5G 建网初期,可基于 4G 现网 MR 数据结合人工智能算法进行 5G 网络覆盖评估和站址选择。结合 5G 需求的覆盖强度和质量门限、4G 与 5G 之间的频段与发射功率差异、室内外覆盖特性、现网工程参数等,通过人工智能最优化算法,从现有 4G 站址中推荐优选列表,优先考虑纳入 5G 站址规划。

同时,基于 4G 现网的频段、MR 数据、高精度电子地图、邻区关系、邻区信号强度、传播路径上的遮挡物位置和高度等信息和特性,利用人工智能技术进行无线覆盖特性的学习与建模,并根据 5G 网络的频段、环境特性等给出对应的覆盖效果评估以及补站建议。后续入网后可根据实际覆盖效果做进一步的模型调优。

2. 场景识别和参数自优化

人工智能技术在特征分析和挖掘上具备天然优势,5G 网络中业务和场景具有多样性,人工智能将有助于更好地了解用户和网络的行为,并作出对应优化。

应用一:场景识别及参数自适应。

针对高铁、高速公路、地铁、热点商圈、校园、密集城区等不同场景,利用人工智能算法可以通过场景特性分析和群体用户行为画像,自动进行场景识别。并在不同场景下基于 KPI 和 MR、CDT 等感知数据,分析场景、参数、指标的关联因果关系,利用算法对无线网络参数进行与场景相匹配的精细优化,提升各场景下的服务质量和业务体验。

应用二:自组织网络策略参数自优化。

在 SON 算法中,经常需要人工配置一些策略参数,而这些策略参数可能需要针对不同场景、网络开通的不同阶段等进行人工识别和调优,这样会给运维人员带来额外的工作量以及额外的技能要求。利用人工智能技术,可以自动识别场景并进行参数自动配置,降低运维人员的技能要求以及工作量。例如,SON 算法中的 ANR 功能中列表涉及的参数设定需要根据实际外场不断进行调优,人工进行列表判决策略配置工作烦琐而且不容易准确。可以基于网络管理统计数据,利用人工智能算法自动生成每个小区的进入列表的失败次数门限(或进入列表的切换失败率门限),指导切换次数少但切换失败率高的邻区能优先进入邻区列表。

3. 智能 KPI 指纹定位

不同 KPI 的值在某一个时间段形成的组合意味着一种原因和一种业务现象,这种组合称为 KPI 指纹。对于这些组合通过人工智能算法进行学习,根据学习得到的每个 KPI 指纹建立 KPI 指纹库。当发生网络质量劣化时,把当前的 KPI 组合与存储的 KPI 指纹进行分类推理,找出与当前实际值最接近的 KPI 指纹作为最有可能的问题根因,指导运维。

这个处理过程可以极大地减少相同操作下的人力消耗,缩短 KPI 优化的分析过程,减少运维时间和投入。

4. 智能异常检测

智能异常检测依赖网络状态感知能力,能够持续自动收集网络中的各类状态数据,并进行智能化分析,对异常状态做出检测判别和上报,如图 10-7 所示。

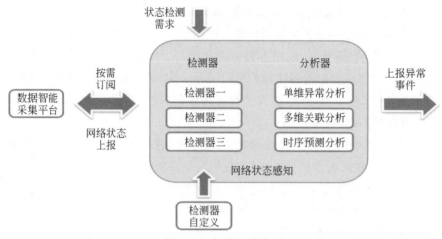

图 10-7　智能异常检测

根据不同的网络状态感知任务,抽象生成不同的检测器,按照需求启动相应的感知任务,将指标(例如性能、告警、日志、配置等)订阅下发给数据采集平台,并启动相关分析器,利用人工智能算法做异常分析和预测,例如单维异常分析、多维关联分析、时序预测分析等。例如,同缆现象是影响承载网络可靠性的潜在因素之一,而光纤这类哑资源的管理手段较为薄弱,依靠常规的管理手段无法对这类异常现象进行主动检测,完全的人工排查方式费时费力。采用人工智能算法对光纤相关的历史数据进行扫描,通过数据特征、位置特征、故障特征等因素进行比对和关联分析,通过数据指标间的相似性找出疑似同缆现象,结合专家排查,可以快速发现这类隐患,及时进行优化处理。

5. 智能告警分析

智能告警分析手段的目的是在多样性告警中提取共性特征,快速导向共性的故障点,并予以优先解决,以降低运维难度,提升处理效率。可以基于人工智能特征挖掘算法和大数据分析,综合多维度历史数据,如告警、性能、配置数据、操作日志、故障解决历史记录、故障处理经验库等,自动挖掘出依靠人工经验很难总结归纳的潜在特征和规则,并输出故障事件和特征的匹配规则库。应用于现网中后,根据故障特征自动匹配规则进行诊断,实现故障的有效定位,并给出判断和处理建议。另外,可以配合工单系统实现高效派发。智能告警分析如图 10-8 所示。

6. 智能一线服务

除了常规网络运维,如规划优化、告警处理、根因分析、异常检测等方面的智能化能力提升,在一线运维服务方面,有效的自动化、智能化工具和系统等也是提升运维效率、降低运维成本的重要手段。

应用一:智能调度。

站点工程师的运维通常是区域制,易于划分职责,但人力和资源没有得到充分的利用和共享,运维成本有进一步优化空间。智能调度的目的是在大区域内动态调度每一个站点工

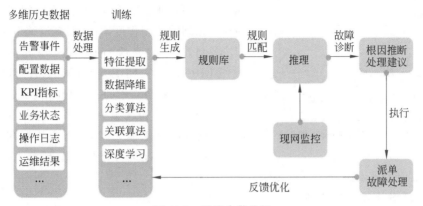

图 10-8　智能告警分析

程师,根据工单信息、人员信息、车辆状态及位置信息、备件信息等,计算出满足 SLA 的最佳路径和安排,对工程师的维护行为进行统一编排和调度。

应用二:智能备件管理。

随着 5G 时代的到来,更多制式、形态的设备会引入运营商网络,并较长时间共存,备件管理的压力和成本随之增加。对备件存储和调用的智能化管理手段越来越重要。利用人工智能技术可以综合考虑多维因素对仓储、调用的影响,例如仓库覆盖的站点、地区的气候、物流信息、历史工单信息、网络健康度、重点事件和趋势预测等,利用算法寻求最优仓储方案,并结合推荐算法实施精准调用,有效提升备件管理效率并降低成本。

10.4.8　边缘智能

5G 网络将面向丰富的垂直行业应用提供服务,带来更多的边缘服务需求。多接入边缘计算是 5G 网络的重要技术之一,它在靠近移动用户的位置上提供信息技术服务环境和云计算能力,可以更好地支持 5G 网络中低时延和高带宽的业务要求。

1. 无线感知服务

应用一:无线上下文环境感知。

MEC 通过从多个 4G/5G 站点获取无线上下文信息 RNIS(Radio Network Information Service,无线网络信息服务)构建无线上下文环境。无线上下文信息 RNIS 有两种类型:控制面上下文信息 RNIS-C 和用户面上下文信息 RNIS-U,可以从控制面和用户面分别感知获取不同信息,同时这两种上下文信息对于上报的周期和处理的要求也存在差异:RNIS-C 上报周期较慢,100ms 量级;RNIS-U 上报周期较快,10ms 或 100ms 量级。结合人工智能技术对 RNIS 的感知分析,可以进一步支撑更多应用,例如无线网络感知控制、TCP 优化等。

应用二:频谱感知。

频谱感知技术根据对无线信道进行测量的结果,通过改变不同无线制式的工作参数动态适应异构无线网络中信道的变化,提高无线频谱利用率,提升网络容量,优化网络的覆盖范围。边缘计算节点可以基于不同无线系统长时间的频谱测量结果,利用人工智能技术对各无线系统在不同区域的无线环境特征、不同时间段内的用户行为特征以及不同用户的业务特征等进行分析建模,支撑具体场景应用。

场景一:系统快速频谱共享。

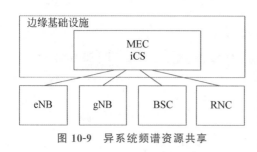

边缘基础设施

MEC
iCS

eNB gNB BSC RNC

图 10-9 异系统频谱资源共享

多种制式混合组网时,不同制式小区在同一时刻的忙闲程度不同,在算法统筹下,可以在多制式(即异系统)间分时共享频谱资源。如图 10-9 所示,eNB、gNB、BSC、RNC 可以与部署在边缘计算节点中的 iCS(intelligent Coordination Server,智能协调服务器)建立连接,通过 iCS 内置的人工智能能力,结合历史数据和当前频谱资源使用情况进行分析决策,动态调整设置,实现一定区域内的异系统频谱资源共享。

场景二:异系统干扰协同。

对于同频干扰和邻道干扰,边缘计算节点可以通过较长时间段内统计和分析不同系统在不同位置、不同时间段的频谱射频信号特征、业务负荷特征和用户行为特征,建立网络特征模型。并根据实时的无线频谱测量特征,优化各系统的频谱资源规划与调度策略,降低系统间干扰。

对于互调干扰,边缘计算节点通过为不同无线系统在不同频段建立频谱特征库,根据实时的无线频谱测量特征识别和确认造成干扰的无线系统和基站位置,为解决互调干扰提供决策依据。

应用三:业务感知。

在边缘节点上部署高算力的硬件解析资源,例如 FPGA 等,为业务提供高实时性、高性能解析能力,支撑 5G NR 的低时延、高吞吐量需求,成为 5G 业务感知的方向之一。同时,结合人工智能和大数据能力,分析挖掘数据、业务和无线环境之间的内在关联,为不同无线环境下的业务感知提供更为准确、智能的业务特性识别,从而为更精准的差异化业务服务策略提供支撑。

应用四:用户感知。

网络整体性能的变化是由网络无线环境变化、网络负荷变化、用户终端特性、用户业务特性和用户签约属性等共同决定的。

边缘计算节点通过统计和分析用户终端的协议能力、性能表现和用户业务特性,建立不同用户的特征模型库,并根据实时收集到的用户级别测量数据与用户特征库进行匹配,更为准确地预测其业务变化趋势以及用户行为对网络负荷的贡献,支撑准实时的用户算法策略和参数配置优化。通过个体用户的预测可以对个体的网络质量进行保障,提供更好的业务体验。

2. 应用使能服务

应用一:定位。

无线通信系统中常用的定位方式包括小区标识(Cell-ID,C-ID)、增强型小区标识(Enhanced Cell-ID,E-CID)、观察到达时间差、上行到达时间差和指纹定位。自动化的指纹采集和更新方案是指纹定位实现网络级商用的关键技术。在 LTE 系统中,借助终端的 MR 上报并辅以全球卫星定位系统的测量能力,已经能够完成室外环境指纹库的建立和更新。但是室内场景环境下指纹库的建立依然需要依靠人工完成。

随着 5G 网络建设和 IoT 终端的规模化使用,物联网终端可以作为无线通信系统的射频信号传感器被广泛部署。通过这些位置已知的物联网终端测量的各无线通信系统信号特征,借助人工智能和大数据收集分析,能够对指纹库的收集和完善起到重要的作用,并借助边缘计算节点的实时计算能力,利用指纹信息指导实际应用中的终端定位。

应用二:TCP 优化。

目前业务端优化无法感知网络状态,通常业务端对网络状态进行猜测式优化,无法适配波动的无线网络环境,从而难以进行有效调控和充分利用无线网络资源,尤其对于视频、游戏等对时延、带宽有较高要求的业务,无法充分保障体验需求。

边缘计算节点基于 RNIS 信息,获取当前基站的资源状况及各个视频用户端的带宽信息,同时基于 TCP 透明代理、DPI 分析,通过人工智能识别,对业务流和端到端信息进行分析(例如用户终端、空口资源、请求业务的类型及服务器等),对用户的业务从终端状态、无线资源、应用协议等各方面进行大数据分析,通过学习训练,形成相应的业务行为与无线网络环境匹配的智能化模型。将该模型应用到业务中,辅助应用端进行 TCP 窗口调整及优化,如图 10-10 所示。

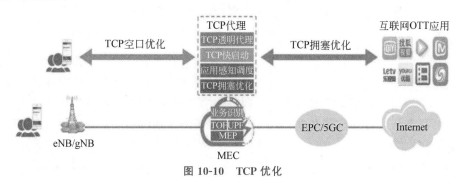

图 10-10　TCP 优化

应用三:本地缓存。

传统内容分发网络(Content Delivery Network,CDN)位置相对较高,MEC 可进一步使 CDN 更加贴近边缘用户,可提供诸如本地转发、业务优化、能力开放等服务。

对于 MEC 的内容分发,业务体验时延与缓存命中率两个要求是矛盾的,需要在满足时延要求情况下,设计尽可能高效的缓存算法,优化缓存性能、提升缓存命中率。为了提高缓存的效率,可以基于人工智能算法对用户的业务流进行预测分析,有针对性地确定预存内容。同时,为了提高主动缓存的性能增益,可以利用人工智能算法对用户特性进行分析(例如喜好、用户的活跃程度等),对覆盖区域内的内容请求的概率进行预测,同时对同一内容的不同清晰度和码率进行内容再生,匹配不同的清晰度需求。智能缓存可以有效减小对后端网络和源服务器的压力,以节省计算存储资源。

3. 智能 5G 切片

网络切片被公认为是 5G 时代理想的网络形态,可以广泛满足包括 eMBB、mMTC 和 uRLLC 三大核心场景在内的众多应用场景的需求,通过将 5G 物理网络切分出不同的逻辑的端到端网络,为差异化 SLA 需求提供按需、安全、高隔离度的网络服务。5G 网络切片如图 10-11 所示。

网络切片的引入给网络带来了极大的灵活性,使网络可以按需定制、实时部署、动态保障。3GPP 标准也定义了通信业务管理功能、网络切片管理功能、网络子切片管理功能等专

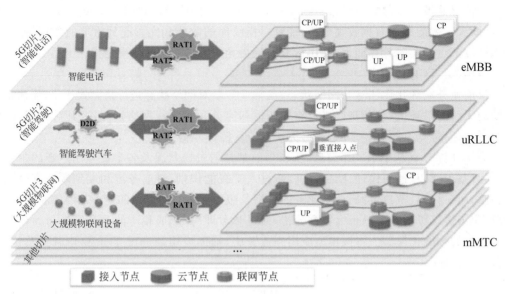

图 10-11　5G 网络切片

用的管理网元,以实现网络切片实例的全生命周期管理,包含设计、实例化、配置、激活、运行、终结等,如图 10-12 所示。端到端切片的实现和管理,需要综合考虑从物理层到资源层、切片层再到应用层的跨层次关联性管理。跟传统网络相比,网络切片带来了灵活性,但同时也带来了管理和运维方面的复杂性,基于人工智能技术增强网络切片自动化、智能化管理的能力,将是重要的发展方向。

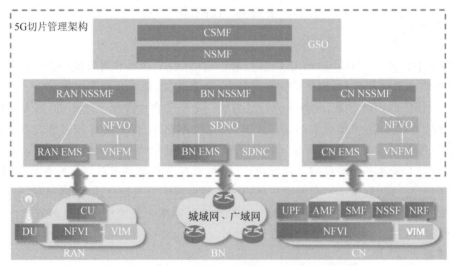

图 10-12　3GPP 定义的 5G 网络切片管理网元及模型

　　中兴通讯在 2017 年于业内率先推出端到端切片解决方案,全面阐述了在端到端切片的部署、管理和应用方面的技术和方案。同时,在切片自动化、智能化发展领域,中兴通讯也长期投入研究,积极推动标准组织立项。此举旨在将人工智能技术同网络切片技术进行深度结合,助力运营商实现网络切片的智能部署、智能保障、智能运营,更高效地服务于行业应用。

10.4.9 端到端切片智能部署

端到端切片部署需要由 CSMF、NSMF、NSSMF、NFVO、SDNO、EMS 等多个管理网元协同完成。

应用一：智能 SLA 拆分。

如图 10-13 所示，在端到端切片部署过程中，NSMF 将端到端切片的 SLA 拆分为各子切片的 SLA 是关键的一个环节。端到端 SLA 有很多参数，主要包含 QoS 相关参数（时延、速率、丢包率、抖动等）、容量相关参数（用户数、激活用户数）、业务相关参数（覆盖区域、应用场景、安全隔离）等。以时延为例，拆分是否合理将直接影响 E2E 切片部署的时延是否能满足设计需求。

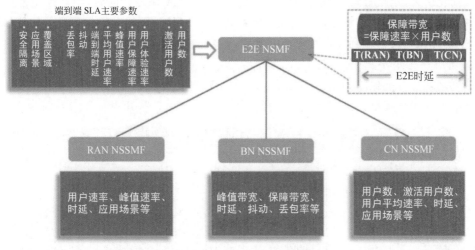

图 10-13 端到端切片 SLA 拆分

时延拆分通常可采用模板预置法，在 NSMF 进行 E2E 蓝图编排时，根据端到端时延、业务场景（eMBB/mMTC/uRLLC）要求等，从 NSSMF 获取候选的子切片模板。这种方法实现起来比较简单，但实际上核心网、无线子切片的实际时延与切片实例化时获取的硬件资源以及配置参数等有很大的关系，例如各地区、各运营商采用的云资源基础硬件能力不尽相同，因此切片实例化后的实际能力与模板预置的预期能力通常会存在一定的差异。

智能化的 SLA 拆分可以有效改善上面的情况。基于切片部署的历史数据，利用人工智能算法，对业务类型、模板信息、实际关联的云网资源特性、配置参数等上下文信息以及无线网、核心网、承载网等子切片实例 SLA 测量数据（如时延、带宽、用户数、速率等）进行建模分析，挖掘切片模板、云网资源、配置参数和 SLA 指标之间的关联关系。在实际应用时，根据需求输入，通过推理给出最优 SLA 拆分建议及资源部署建议，最大化匹配客户需求和提升资源使用效率。

应用二：资源智能调度。

在网络切片部署过程中，多个切片可以共享一个子切片，多个子切片又可以共享网络功能，所以切片之间存在较灵活的资源共享。切片部署时是否允许共享，是从 NSMF 到 NSSMF 再到 NFVO/SDNO 逐步传递的。切片在对可共享的子切片实例进行选择时，在其他 SLA 参数都满足的情况下,主要可以参考容量和带宽的需求。例如,在总容量满足要求的情况下,可以共享某个子切片或者网络功能;在总容量不满足要求的情况下,则重新创建子切片。

这是比较简单的判断逻辑。但是,由于业务分布特性的不同,各切片的业务高峰是存在错峰和互补可能性的,在这种情况下,原有的静态逻辑实际上不能实现资源的最优化利用。利用人工智能对业务类型、分布特性等多维信息进行建模分析,动态评估各切片资源的可复用性,有助于实现切片之间的资源最优调度。

10.4.10   端到端切片智能保障

端到端切片智能保障的基础是自动化闭环控制系统,能够通过数据自动化采集和分析、策略自动化决策、策略自动化执行实现端到端切片的 SLA 保障。同时,闭环控制系统可以分层,端到端闭环保障、子切片闭环保障、网络功能闭环保障,网络功能保障是子切片保障的基础,子切片保障又是端到端切片保障的基础,各层能够独立实现自动化保障,关注的对象和 KPI 可以存在差异。

端到端切片智能保障如图 10-14 所示,主要依赖自动化闭环实现,同时对于物理性维护和必要的外线干预提供人工闭环保障途径。

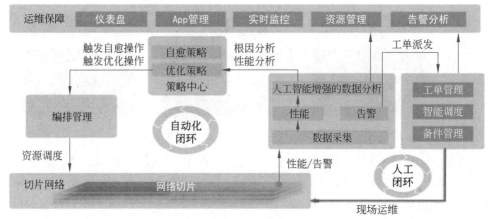

图 10-14   端到端切片智能保障

在监控采集部分,切片 SLA 性能统计主要有两个来源:一个来自业务网管的参数上报,例如核心网切片的在线用户数、每秒试呼次数、吞吐量等;另一个来自软探针或者硬探针的测量,例如切片的带宽、时延、丢包率、抖动等。故障主要依靠网管上报。

基于监控采集的数据通过人工智能增强的数据分析触发预定义事件,上报到策略中心,由策略中心进行自动化的自愈和优化处理,最后下发编排执行。需要预先设置可自动化处理的事件类型和代码以及事件触发的条件和策略规则。其余非自动化处理事件通过工单等方式经人工闭环处理。

其中,与切片相关的根因分析规则挖掘、故障关联分析和预测、策略触发的动态阈值设定、策略规则的动态迭代、跨切片的策略协同、子切片自愈优化等方面都可以结合人工智能技术进行增强。

另外,目前尚处于 3GPP 标准化早期阶段的网络数据分析功能有望成为 5G 核心网的核心功能,对网络切片运行状态的监测和智能保障将起到重要作用。除了 3GPP 目前正在研究的几大用例领域外,NWDAF 在切片的智能选择、切片自动负荷分担、网络功能备份的自动调整等切片保障方面将有望带来更多的可能性。

10.4.11　端到端切片智能运营

切片运营是 5G 网络的新特性,与 4G 时代流量运营主要以个人用户为对象不同的是,5G 网络切片运营主要针对垂直行业客户提供差异化 SLA 服务,同时也可以结合垂直行业应用打包提供给个人客户,用户使用某类应用时,即自动享受绑定的切片服务,构建 B2B2C 的商业模式。

通常,切片智能运营需要通过网络切片能力开放平台支撑,如图 10-15 所示。

图 10-15　智能切片运营

中兴通讯切片能力开放平台基于 PaaS 云化架构,可以向第三方提供切片服务能力的封装,帮助第三方自助定制、开通、运维切片,同时可以提供平台能力供第三方在线开发和运维与切片相关的应用。

在端到端切片运营中,可以通过以下 3 方面引入基于人工智能的智能能力增强:

(1)基于意图的规划设计。引入意图引擎,将用户对切片的需求意图自动转译为具体的网络语言和配置策略,指导切片网络的规划、设计、构建和激活,实现切片运营的所想即所得。

(2)行业用户智能画像。针对具体垂直行业的切片,对于同类切片进行海量数据分析和挖掘,建立行业专用的切片画像,指导个性化的优化设置及行业应用拓展。

(3)切片服务智能客服。对于切片自助服务门户,引入切片服务智能客服,提供智能化的交互、咨询、切片套餐推荐、个性化切片自助定制等服务。

10.4.12　展望

2018 年世界电信和信息社会日(WTISD -18)的主题为"推动人工智能的正当使用,造福人类"。人工智能技术正在与电信行业发展深度结合,带来电信领域智能能力的加速进化。

随着 5G 时代的来临,电信网络也将从服务于人走向全面服务于数字化社会。伴随

5G、人工智能和物联网的融合发展,电信网络将成为新一代智能化信息中枢,为推动数字社会产业变革、塑造全新产业形态提供关键支撑,为社会发展和经济增长带来全新助力,推进人类社会进入万物智能互联的新时代。

挑战与机遇并存,5G 网络的智能化演进将是一个长期的过程,需要结合运营商网络现状、云化转型进度、5G 及物联网等技术成熟度以及运营商网络演进策略等,分阶段逐步推进。在 5G 网络智能化领域,中兴通讯将持续投入研究和创新,为运营商 5G 网络建设和 5G 智能化发展提供全方位的专业支撑,与运营商及合作伙伴共筑智能新生态。

◇ 10.5　华为 5G 网络规划

10.5.1　5G 无线网络未来的主要应用

移动通信深刻地改变了人们的生活,为了应对未来爆炸式的流量增长、海量的设备连接和不断涌现的新业务新场景,第五代移动通信系统应运而生。

2015 年 6 月 ITU 定义的 5G 未来移动应用包括以下三大领域:

(1) 增强型移动宽带(eMBB)。人类的通信是移动通信需要优先满足的基础需求。未来 eMBB 将通过更高的带宽和更短的时延继续提升人类的视觉体验。

(2) 大规模机器类通信(mMTC)。针对万物互联的垂直行业,IT 产业发展迅速,未来将出现大量的移动通信传感器网络,对接入数量和能效有很高要求。

(3) 高可靠低时延通信(uRLLC)。针对特殊垂直行业,例如自动驾驶、远程医疗、智能电网等需要高可靠性加低时延的业务需求。

与此同时,3GPP TSGSA(Technical Specification Group,Service and System Aspects)也研究了未来 5G 的潜在服务、市场、应用场景和可能的使能技术。在 ITU 定义的三大应用场景基础上,进一步归纳了 5G 的主要应用范围,包括增强型移动宽带、工业控制与通信、大规模物联网、增强型车联网等。

10.5.2　5G 无线网络规划面临的挑战

5G 网络在频谱、空口和网络架构上制定了跨代的全新标准,以满足未来的应用场景。而这些新标准、新技术给 5G 无线网络规划领域带来了很多挑战。

1. 新频谱 5G 无线对网络规划的挑战

为满足海量连接、超高速率需求,5G 网络可用频谱除了 Sub6G,还包括业界高度关注的 28/39GHz 等高频段。与低频无线传播特性相比,高频对无线传播路径上的建筑物材质、植被、雨衰/氧衰等更敏感,经研究发现:

(1) 在 LoS 和 NLoS 场景下,与低频相比,高频链路损耗将分别增加 16~24dB 和 10~18dB。

(2) 在同一频段,与 LoS 场景相比,NLoS 场景链路损耗将增加 15~30dB。

(3) 在 HighLoSs 和 LowLoSs 场景下,与低频相比,高频穿透损耗将分别增加 10~18dB 和 5~10dB。

另外,不同频段存在不同的使用规则和约束,这使得频谱规划也变得更加复杂。

综上所述,新频谱给 5G 无线网络规划带来的挑战和新研究课题如下:

(1) 高频段的基础传播特性研究,构建高频的传播特性基础数据库和覆盖能力基线。

(2) 传播模型如何对千差万别的材质建模,如何对基于高精度电子地图的场景分类。

(3) 可应用在高、低频段的高准确性和高效率的射线追踪模型。

(4) 如何支持各种类型可用频谱资源的智能频谱规划。

另外,5G 高频网络较小的覆盖范围对站址和工程参数规划的精度提出了更高的要求。采用高精度的 3D 场景建模和高精度的射线追踪模型是提高规划准确性的技术方向,但这些技术也会带来规划仿真效率、工程成本等方面的挑战。

2. 新空口对 5G 无线网络规划的挑战

大规模 MIMO 是 5G 最重要的关键技术之一,对 5G 无线网络规划方法的影响也很大,将改变移动网络基于扇区级宽波束的传统网络规划方法。

大规模 MIMO 不再是扇区级的固定宽波束,而是采用用户级的动态窄波束以提升覆盖能力。同时,为了提升频谱效率,波束相关性较低的多个用户可以同时使用相同的频率资源(即 MU-MIMO),从而提升网络容量。

可见,传统的网络规划方法已无法满足大规模 MIMO 下的网络覆盖、速率和容量规划要求,需要开展很多有挑战性的课题研究,例如:

(1) MM 天线的 3D 精准建模,包括 SSB、CSI、PDSCH 等信道的波束建模。

(2) 网络覆盖和速率仿真建模,综合考虑电平、小区间干扰、移动速度、SU-MIMO 等因素。

(3) 网络容量和用户体验建模,包括用户间相关性及其对多用户配对概率、链路性能的影响、多用户下的体验速率建模。

(4) 场景化的 MMPattern 规划与优化,通过最优 Pattern 提升网络性能。

3. 新业务新场景对 5G 无线网络规划的挑战

围绕业务体验进行网络建设已成为行业共识,xMb/s Video Coverage 等体验建网方法在 3G/4G 网络中得到广泛应用。体验建网以达成用户体验需求作为网络建设的目标,规划方法涉及的关键能力包括业务识别、体验评估、规划仿真等。根据业务类型的体验需求特征,不同的 5G 业务要求不同。

(1) eMBB 要求移动网络为 AR/VR 等新业务提供良好的用户体验。

(2) mMTC 对连接数量和耗电/待机性能的要求较高。

(3) uRLLC 对时延(1ms)和可靠性(99.999%)的要求很高。

针对 5G 新业务在待机、时延、可靠性等方面的用户体验需求,当前在 5G 网络评估方法、仿真预测以及规划方案等领域均处于空白或刚起步的阶段,面临非常大的挑战。

因为大量新业务的引入,5G 应用场景将远远超出了传统移动通信网络的范围,例如:

(1) 移动热点。eMBB 业务速率向 100Mb/s 发展,人群的聚集和移动会带来大量的移动热点场景,需要有超密组网场景的网络规划方案。

(2) 物联网。面向各种垂直行业的物联新业务,如智能抄表、智能停车、工业 4.0 等,其应用场景大大超出了人的活动范围。

(3) 低空/高空覆盖。很多国家明确提出了通过移动通信网络为低空无人机提供覆盖和监管的需求;5G 还要实现高空飞机航线覆盖,为飞机航线提供高速数据业务。

对于这些应用场景,无论是相关的传播特性还是组网规划方案,目前基本上是空白,需要开展相关的课题研究。

10.5.3　新传媒行业

近些年来,随着国民经济的发展和人民生活水平的提高,新传媒行业发展迅猛。新传媒是新的技术支撑体系下出现的传媒形态,包括网络视频、数字杂志、数字报纸、数字广播、手机短信、移动电视、数字电视、触摸传媒等。相对于报刊、户外、广播、电视四大传统意义上的传媒,新传媒被形象地称为"第五传媒"。

无线通信在过去 20 年经历了突飞猛进的发展,从以话音为主的 2G 时代,发展到以数据为主的 3G/4G 时代,目前正在步入万物互联的 5G 时代。2019 年 6 月 6 日,随着 5G 牌照的发放,我国正式进入 5G 商用元年。5G 以全新的网络架构提供 10Gb/s 以上的带宽、毫秒级时延、超高密度连接,实现了网络性能新的跃升。

新传媒行业在快速发展的同时,对通信技术提出了新的需求。传媒行业激增的数据量对网络传输能力提出了前所未有的挑战。5G 技术能够使得传媒行业实时高清渲染和大幅降低设备对本地计算能力的需求得以落地,可以使大量数据被实时传输,降低网络时延,不仅可满足超高清视频直播,还能让 AR/VR 对画质和时延要求较高的应用获得长足发展。

2011—2017 年,传媒行业发展迅猛,年复合增长率达 14.2%,产业体量已经达到 1.9 万亿元。其中,广播电视等传统传媒在传媒总产业体量的占比从 2011 年起逐年下降,目前已低至 13%。新传媒(互联网及移动互联网)在传媒总产业体量的占比从 39% 提升至 66%。2011—2017 年传媒产业总值及年增长率如图 10-16 所示。

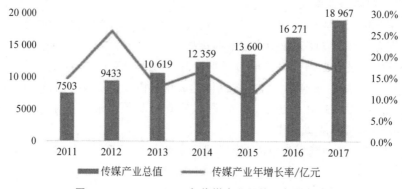

图 10-16　2011—2017 年传媒产业总值及年增长率

通信技术发展带动新传媒行业体验进一步提升,视频类业务成为主流传媒形式,围绕着图像分辨率、视场角、交互 3 条主线提升用户体验。其中,视频类传媒图像分辨率由高清发展到 4K、8K,视场角由单一平面视角向 VR 和自由视角发展,对通信网络带宽提出更高的要求。另外,交互类业务的发展对通信网络的时延提出更高的要求。

1. 超高清视频

超高清视频是未来新传媒行业的基础业务,广电传媒和互联网传媒都在积极布局超高清视频直播业务。"信息视频化、视频超高清化"已经成为全球信息产业发展的大趋势。从增长和规模看,到 2022 年超高清占视频直播 IP 流量的百分比将高达 35%;从技术演进看,视频图像分辨率已经从标清、高清进入 4K,即将进入 8K 时代。

日本 NHK 公司在 2016 年的里约奥运会进行了 8K 广播测试,2018 年正式开始 8K 卫星电视广播,在 2020 年的东京奥运会进行了 8K 电视转播,并在 2018 年年底率先开通了全球首个 8K 卫星广播频道。在电视终端方面,LG 公司发布了世界最大的 8K OLED 屏幕,实现了 8K 技术与 OLED 技术的首次结合;索尼公司研发了基于 8K HDR 显示的高端画质图像处理引擎;海信公司推出了激光电视和 ULED 电视;TCL 公司专注于 4K 画质高动态渲染。

随着新传媒超高清视频业务的流量激增和使用场景的复杂化,根据技术和市场特征,国内的视频行业发展可分为以下 4 个阶段:

(1) 发展期(2005—2015)。在光进铜退和 3G/4G 的建设中,视频业务实现在线化、高清化、移动化。

(2) 成熟期(2016—2018)。随着百兆到户、固移融合、CDN 下沉,有线 4K 和移动 2K 普及成为大带宽视频时代的重要特征。

(3) 爆发期(2018—2020)。在高端用户千兆到户的条件下,4K/8K 清晰度视频业务逐渐引入,对终端、管道和云端服务均有更高要求。

(4) 超视频时代(2020—2025)。以千兆到户和 5G 为基本需求,以网络重构 SDN/NFV 为关键架构,4K/8K 清晰度视频业务全面成熟。

5G 时代的视频,无论是点播、直播还是行业应用的视频业务,图像分辨率都将演进到 4K/8K,从而提升信息传递和图像识别的用户体验。

2. VR 全景视频

VR(虚拟现实)全景视频是彻底颠覆内容消费与通信消费的变革性技术,VR 全新的虚拟空间为用户提供了沉浸式、代入感更强的体验。VR 技术应用前景广阔,在短期内最具市场潜力的应用案例包括视频游戏、事件直播、视频娱乐、医疗保健、房地产、零售、教育、工程。

VR 主要分为两种业务:一种为 360°全景视频类,如 UGC(User Generated Content,用户产生内容)的 360°视频直播,PGC(Professionally Generated Content,专业产生内容)的 360°赛事、音乐会、电影等,此类业务通过多个摄像头采集、拼接手段,把平面的视频还原为全景,以流媒体形式在头显播放;另一种以计算机图形学(Computer Graphics,CG)处理为关键技术,利用计算机生成模拟环境,是一种多源信息融合、交互式三维动态视景和实体行为的系统仿真,使用户沉浸到该环境中,也可叫 CG 类 VR,主要应用于如虚拟教学、社交、游戏、房地产销售等场景。

随着 5G 技术的发展和 5G 网络的全面商用推进,在 5G 时代视频业务将迎来全新的发展机遇。以 VR 全景视频业务为代表的新传媒形式构成未来"5G+VR 视频"业务核心。

3. AR 影像

AR(增强现实)是人工智能和人机交互的交叉的学科,是实时地计算摄影机影像的位置及角度并加上相应的图像、视频、3D 模型的技术,是一种把真实世界和虚拟世界信息有机集成的技术。AR 把原本在真实世界一定时空范围内很难体验到的实体信息(主要包括视觉和听觉信息)通过计算机模拟后再叠加到实景中,将虚拟的信息应用到真实世界,被人类感官所感知,从而达到超越现实的感官体验。

相对于 VR 来说,AR 更强调的是在真实场景下增加的信息,其观看屏幕与 VR 的全封闭头盔设备不同,主要有头戴透明显示器、手机、手持投影仪等。目前 AR 的主要应用领域是工业、商业以及游戏类,如 AR 导航。

随着 AR 技术的发展,其市场规模逐年增加,2022 年约为 900 亿美元。AR 的技术特点导致其技术或者设备无处不在,移动 AR 应用灵活性强,各个厂家不断推出其新的场景和商业模式,使得应用范围越来越广,市场收入越来越高。

随着移动 AR 市场规模不断扩大,用户对 AR 应用体验的要求日益提高,流畅展现、实时交互、持久运行对移动终端设备的计算能力、传媒处理能力等均提出了挑战。如何高效调用移动终端硬件能力,如何在不同业务执行环境中迅速识别和捕捉 AR 目标,如何实时叠加并流畅展现各种传媒类型的 AR 内容,这些都极大地影响用户体验。通信技术、捕捉技术、拍摄技术等方面的进步都会进一步提升用户对 AR 的体验,AR 的应用场景将越来越丰富。

新传媒行业的发展与通信技术的发展密切相关,每一次通信技术的革新都会带来新的传媒形式。在 4G 通信时期,超高清视频、VR 全景视频等大数据量视频是以硬件存储本地播放的形式存在,传播不便捷,用户数量较少,难以形成大规模产业。5G 的大带宽、低时延特性解决了超高清视频、VR 全景视频等大带宽业务传播的技术问题,推动了行业的发展。

视频已经成为当今主流的传媒传播形式。随着技术的发展,视频的分辨率由标清、高清向超高清发展,视频的观看方式由平面向 VR 全景发展。

4. 5G＋超高清视频制播

1）应用场景

大型活动举行期间,会产生数以万计的连接需求和大量的高清摄像头或者终端录屏的视频传输需求。相对于目前已经普及的 4G 网络,5G 拥有超高网速、超低时延、超大连接三大特点。5G 速率是 4G 的 10～100 倍,时延仅仅是 4G 的 1/5,连接数密度是 4G 的 10 倍,峰值速度是 4G 的 20 倍。5G 技术是承载上述高清传输需求的最佳载体。

用户对于 4K/8K 超高清的视听体验会有强烈需求。同时,随着 5G 网络的发展,5G 技术下的 4K/8K 视频直播必将成为未来的大型赛事、演唱会的视频直播标准。超高清视频直播对网络环境的要求较高,不仅分辨率要达到 4K 甚至 8K,而且帧率要达到 50 帧/秒以上,图像采样比特数要提升到 10 比特。

运营商在场馆内部署移动边缘计算服务器,通过本地分流、本地运营向观众提供场馆内低廉的套餐资费。观众对内容平台进行本地访问,以更高的速率和更低的时延享受到多播分发、实时多屏共享等业务,并有效地进行线上与线下的互动。4K 的像素数量是 1080P 的 4 倍,可以呈现的细节更分明,赛场中运动员、演唱会上表演者的毫发、毛孔、表情都会一览无余,并实时同步在网络端呈现。这不仅能极大地提升用户的体验,也能节省移动网络的传输带宽。

2）解决方案

超高清视频主要是指 4K 及 8K 清晰度的平面视频。超高清视频制播分为 3 个环节:超高清视频采集回传、超高清视频素材云端制作、超高清视频节目播出。

4K 视频在播出时需要 60～75Mb/s 的传输带宽,8K 视频需要 100Mb/s 的传输带宽,因此只有基于 5G 网络才能保证超高清视频的回传质量。超高清视频制播网络架构如图 10-17 所示。

4K/8K 摄像机通过编码推流设备将原始视频流转换成 IP 数据流,然后通过两种途径发送到 5G 基站:一种途径是通过 5G CPE(Customer Premise Equipment,用户驻地设备)

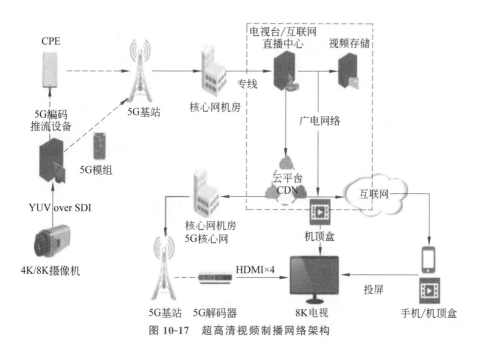

图 10-17　超高清视频制播网络架构

将视频数据转发给 5G 基站,另一种途径是通过集成 5G 模组的编码推流设备将视频数据转发给 5G 基站。基于 5G 模组的编码推流设备和摄像机背包设备可以为各种视频设备提供稳定的实时传输,同时相比传统的线缆传输更加灵活,不受空间的限制,能满足更灵活的超高清视频回传需求。

5G 基站通过核心网把视频数据传送到视频播放、存储及分发端,并通过多种方式发给视频显示终端。在 5G+超高清视频直播的基础上,在超高清视频素材到达云端之后,在云端部署相应的视频制作软件,通过桌面应用、H5 页面等方式对视频素材进行云端的制作,然后再通过 5G 网络进行内容分发,实现基于 5G 网络的超高清视频制播。

5. 5G+VR 全景视频制播

1）应用场景

体育赛事的 VR 全景视频通过场馆内或者赛事沿线摄像头多机位现场直播进行移动采集、定点采集,可以实时将现场采集的 VR 图像回传至业务平台。通过 5G+VR 全景视频能够为观众提供具有 360°视角、4K 以上分辨率的实况 VR 视频,可以追随特定运动员的脚步,以运动员的第一视角体会赛场情况,这也将成为未来主要的视频观看方式。

从演唱会、赛事直播、晚会等到现在逐渐普及的大众 VR 全景内容制作,VR 全景视频制播也在不断发展。VR 全景视频制播将 VR 摄像机各个方位采集到的平面图像拼接缝合成球形画面并借助图像拼接服务器使整个球形图像无畸变,真实还原自然效果,多机位采集的多路画面经由 VR 监看切换系统选择最佳画面,植入 VR 虚拟元素和特效,最终形成完整的 VR 全景视频播出内容。

2）解决方案

5G+VR 全景视频制播网络架构如图 10-18 所示。

5G+VR 全景视频制播整体架构与 5G+超高清视频制播类似,主要区别在于视频采集端和呈现端。VR 全景视频采集端需要借助 VR 全景摄像头。目前主流的 VR 全景摄像头

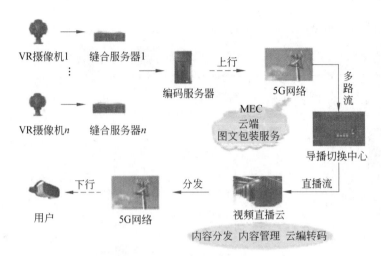

图 10-18　VR 全景视频制播网络架构

都能进行视频画面的机内拼接；当视频清晰度提高到 8K 时，则需要通过专用硬件设备进行拼接。此外，VR 全景视频需要借助 VR 头盔一体机才能完美呈现。

6. 5G＋AR 影像制播应用场景

5G 技术带来的大带宽数据传输可以满足 AR 远程交互的需求。在景点游览过程中，5G 技术与 AR 结合的应用有 AR 餐饮、AR 民宿、AR 景点、AR 景区等。游客通过线上操作，一步解决旅游过程中的所有问题。游客通过手机扫描门票上的景点图案标识，直观感受景点情况，观看动画宣传视频讲解；景区还可以为游客设置例如景点打卡签到、文物位置追踪、景区知识答题、虚拟签名墙等活动，并给予游客消费优惠。另外，增加景区周边的相关城市服务功能，如异常天气提醒、饭店或酒店推荐与预订、城市或景区宣传、交通信息查询与实时提醒等功能，实现一步点餐、订房并直观了解餐馆、民宿情况。这种新型的智慧旅游方式不仅能有效地提升游客的体验，还能为景区与周边城市带来更多的有效收入，打造可循环发展的智慧旅游新业态。

AR 影像通信系统架构包括用户客户端、5G 核心网、边缘云服务和云服务。客户端用于采集用户 AR 人像并呈现。依赖 5G 核心网的低时延和强大的无线传输能力，AR 影像通信数据的传输将更加流畅，清晰度也可进一步提高。同时，通过 5G 网络将部分渲染工作交给能力更强的云计算服务完成，最终实现内容上云、渲染上云、运算上云。

AR 影像通信应用场景的多样化对 5G 网络提出了不同的性能和功能要求，5G 核心网通过网络切片技术拥有向业务场景适配的能力，针对不同业务场景提供恰到好处的网络控制功能和性能保证，实现按需组网，基于 SDN/NFV（软件定义网络/网络功能虚拟化），为不同切片提供对应的 QoS 服务。

可以将内容与远端场景渲染的业务层的内容全部下沉到 5G 边缘云。5G 边缘云服务器可以位于单个 5G 基站之后（针对特定热点区域），也可以部署在多个 5G 基站的汇聚节点之后。通过边缘云服务器强大的边缘转码和计算能力，可以更好、更快的实现复杂的本地 AR 影像场景渲染。另一方面，通过将行业业务数据与 AR 影像通信技术有机融合，使得技术与业务绑定更为紧密。

10.5.4　新闻活动报道

在 2019 年两会期间,采用了 5G 新传媒技术支撑两会报道,以基于 5G 的轻量级转播技术为核心,为各传媒提供了利用 5G 网络传输和云化制作超高清视频的新传媒服务。通过 5G 新传媒服务不仅可以让采访人员利用 5G 网络回传采访的超高清视频,也可以在云平台进行节目内容的制作,各级广电单位、各类传媒及其他企事业机关纷纷采用 5G 传媒技术进行了两会报道和体验。

对比以往会议期间的传媒报道,2019 年两会应用的 5G 轻量级传媒平台解决了传统视频直播业务的布线不方便、无线传输时延过大、卫星传输成本高等问题,充分利用了 5G 大带宽和超低时延的特性,使新闻报道采用了 4K、VR 等视频业务,画质更清晰,互动更流畅,全方位保证了用户体验高质量和多样化需求,覆盖了 5G 直播互动、5G 云采编等创新应用,提供了多样化综合传媒服务,为宣传提供了有利的传媒传播渠道。

基于 5G 传输的导播全能机,可实现多路 SDI 摄像机信号/HDMI 信号/IP 信号的输入、实时导播切换、节目制作、图文包装等演播室的核心功能集成,可以体验和展示高度集成和轻量级演播方案。通过 5G 传输还可以实现多机位室内室外的多信号接入直播,提供虚拟演播室的实时体验。

在 2019 年两会期间,有超过 40 家中央级和省级广电单位、互联网媒体、自媒体等通过 5G 网络进行了两会 5G 新传媒实时报道的测试和应用,体现了 5G 在新闻活动报道中的重要作用和巨大潜力。

10.5.5　展会视频直播演示

1. 云栖大会 5G+8K 直播

2018 年 9 月,国内多家公司联合在杭州云栖大会上完成了首次专业级 5G+8K 视频直播应用,实现了传统视频直播体验的升级。此次应用的总体设计以实现 5G+8K 直播应用为核心,通过产业链伙伴协同合作,合理运用 5G 网络资源,实现 5G 与 8K 两项新技术的联合应用示范,主要包括头端设备(8K 摄像机、8K 编码器)、网络传输设备(5G 终端及组成 5G 基站、专线的各种网络设备)、播放设备(8K 解码器、8K 电视)等多个环节的协同配合。5G 终端下载速率超过 800Mb/s,可以满足码率为 300Mb/s 的 8K 视频信号传输,并实现多项延展功能。5G 演播室网络部署结构如图 10-19 所示。

本次直播面向 5G 端到端的云管端协同组网,采用专业级 8K 摄像机采集视频,视频流经由 5G CPE 终端上行至本地 5G 核心网络,通过专线与公有云实现互通,数据传输距离长达 400km,直播数据流全部注入上海直播中心进行分发,并进一步通过 5G 网络实时传至 8K 超高清电视机,整体性能指标满足各类重大活动的 5G+8K 直播的需求。

在本次 5G+8K 直播过程中还展示了两个应用领域:一是面向家庭娱乐消费的 8K 直播和点播;二是远程会诊的行业场景。在远程会诊现场演示环节,通过专业级 8K 摄像机拍摄现场患者眼部,采集患者眼部的细微表象症状高清视频画面,将实时编码的 8K 视频通过 5G 网络和跨省专线传输至上海直播中心,再将 8K 视频推送至浙江大学附属邵逸夫医院,由眼科专家通过 8K 超高清视频为患者进行远程会诊。

此次应用演示通过展示 5G 有效支撑 8K 超高清视频的能力,对 5G 室内外一体化组

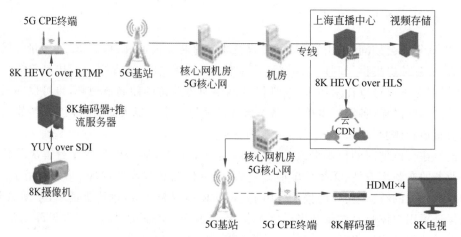

图 10-19　5G 演播室网络部署结构

网、8K 端到端业务保障进行了率先探索,为打造能够向用户提供优质体验的 5G 超高清直播服务奠定了良好基础。

2. 演出活动的视频直播

2018 年春节期间,央视春晚分会场采用 5G 网络超高清视频实时传输。现场直播架构示例如图 10-20 所示。

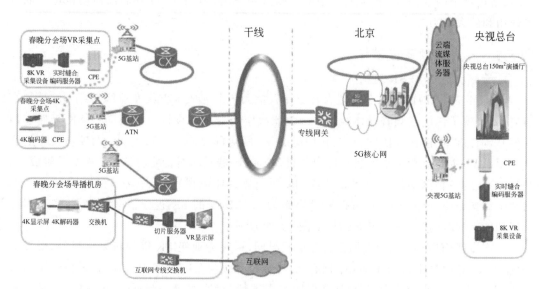

图 10-20　2018 年央视春晚现场直播架构

通过 5G 网络,央视将春晚分会场拍摄的 4K 实时信号,成功传回至北京中央广播电视总台 5G 传媒应用实验室机房,同时总台拍摄的北京景观信号也成功经过 5G 网络传输至分会场导播机房,两路信号均在分会场导播机房的 4K 大屏上予以实时呈现。

3. 江西春晚 5G＋8K＋VR 直播

2019 年 2 月 3 日,江西省春节联欢晚会首次采用 5G＋8K＋VR 进行录制播出,这也是电视直播史上首台 5G＋8K＋VR 春晚。在拍摄现场共设计了 4 个 VR 机位,包含主机位

（中央固定机位）、摇臂机位、空中飞猫机位以及游机机位，每个机位通过 5G CPE 终端连接至现场的 5G 基站及核心网，然后通过核心网专线回传至现场导播切换台。现场导播通过 VR 预览监看系统，实时切换现场前台主机位、摇臂机位、空中飞猫机位和游机机位，选取最优画面，加入虚拟植入与特效，通过传媒服务器统一进行发布推流，现场和网络观众可以通过手机、PC 以及 VR 头显等多种方式体验观看。整体方案通过 5G 网络实现了单基站下多路超高清 VR 全景视频并行的实时传输。

本次江西春晚采取了多渠道分发的方式供观众欣赏。在江西春晚播出当晚和重播时，手机用户可以扫描电视上春晚节目画面下方的二维码，通过手机 H5 页面进行观看，也可以在 VR 手机 App 上的江西 VR 春晚直播专区进行观看。使用手机观看的用户既可以通过拖曳画面切换观看视角，也可以在观看界面开启陀螺仪模式，通过旋转、移动手机切换观看视角；PC 端用户可通过互联网 VR，利用鼠标拖曳切换视角的方式观看；而 VR 头显用户可以直接通过 VR 头显完全沉浸式观看。

10.5.6　体育赛事的视频直播

1. 重庆马拉松 5G＋VR 直播

2019 年重庆马拉松 5G＋VR 直播是首次广域赛事级 5G VR 直播，是全国首次将 5G＋VR 技术应用于国际级体育赛事的直播。这次直播中，在长达 20km 的马拉松赛道沿线实现了 5G 网络的稳定覆盖和设置多路 VR 机位，将比赛的 VR 全景视频实时回传至播控中心，并在播控中心配备专业导播和制作团队，通过具有图文包装、导播切换等功能的广播级设备实现内容精细化制作。

这次比赛采用 6 路专业级 VR 摄像头同时推 50Mb/s 的全景 4K 码流，通过 5G 网络连接到直播工作站，直播工作站每路机位配备一台服务器用于图文包装，然后将全景多机位视频信号、广电直播节目信号、单兵全景视频信号在导播台切换后输出最终视频流，通过互联网专线推送给运营商直播平台、广电平台、互联网平台等。重庆马拉松 5G＋VR 直播总体架构如图 10-21 所示。

在 VR 直播机位上基于 5G 网络的覆盖和传输能力，首次采用了全赛道高点架设及 8 个机位的同步采集。为保证与卫视信号同步，在赛事包装上第一次采用卫视直播信号的 VR 嵌入功能以及比赛信息的多机位包装同步。将 8 路 VR 混编信号输出至广电频道及多个传媒客户端平台、现场展示体验活动区及传媒指挥中心大屏幕进行监看。观众可通过现场体验区、官方微信、重庆第一眼等线上线下多种渠道向全国观众提供赛事级专业 VR 直播，让观众以 VR 的方式全程参与比赛、感受马拉松运动的活力！

这次比赛 5G＋VR 直播基于 5G 网络将新传媒与传统传媒融合，包括在 VR 全景视频中开窗加入平面直播信号、VR 直播增加解说、实时播报赛事信息等，充分呈现了赛事节目效果。同时 VR 直播与电视直播同步，这种形式也是 5G 新传媒对传统传媒的创新和有益补充。

2. CBA 常规赛 5G＋4K 直播

2019 年 1 月 18 日晚，CBA 常规赛第 32 轮在北京五棵松凯迪拉克中心开赛。此次比赛采用 5G＋4K 直播，从现场导播车直播信号输出到 4K 演示电视机接收直播信号，全程都采用 5G 网络进行传输。这是 CBA 比赛首次借助 5G 网络实现多机位全时段的直播信号传

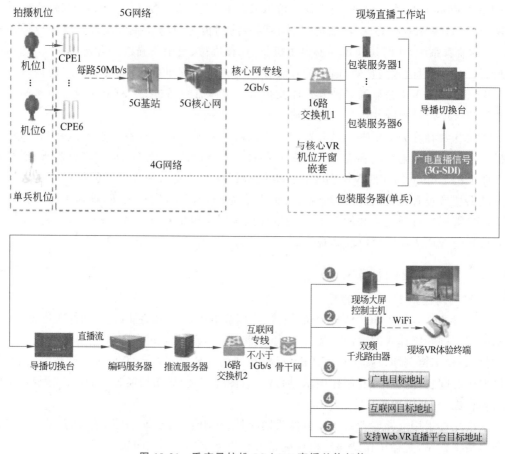

图 10-21　重庆马拉松 5G＋VR 直播总体架构

送。这次直播基于 5G 网络进行 4K 信号的上行回传,首先由现场多机位 4K 摄像机拍摄后,原始基带视频经 4K 转播车完成制作后输出 4K 视频 IP 流,码率为 50Mb/s。通过 5G 室外宏站提供的网络覆盖和两套 CPE 终端提供的主备上行通道,进行 4K 视频流的实时高速传输。4K 下行信号为现场演示信号,由演示用机顶盒从 CDN 流传媒服务器上拉取 4K 演示信号。4K 下行信号的 5G 信号由 5G 室内宏站提供,使用 4 套 CPE 终端分别为 4 个机顶盒提供下行通道并展示在 4 台 4K 演示电视上。CBA 常规赛 5G＋4K 直播总体架构如图 10-22 所示。

通过 CBA 常规赛 5G＋4K 直播应用实践,实现了 CBA 历史上首次 5G 真 4K 直播,首次使用室内覆盖方式将广播级的 4K 直播信号使用 5G 方式完成下行业务实践,对 5G 网络在复杂室内环境下提供商用化 4K 播出的可行性进行了验证。

随着 5G 技术和新传媒业务结合的不断深入,5G 新传媒应用也将从初期的采、编、传逐渐渗透到云化制作生产、全息通信的引入以及形成平台化的生产传播融合平台等方面,并面向未来探索沉浸式体验等更新的技术。5G 新传媒业务发展路标如图 10-23 所示。

目前,5G 与新传媒行业结合创新应用的需求旺盛,新传媒行业中 5G 应用的产业生态也逐步成熟。我国通信行业及传媒行业高度重视 5G 与传媒结合创新,2018 年年底,中央广播电视总台与三大电信运营商(中国移动、中国电信和中国联通)及华为公司签署战略协议,

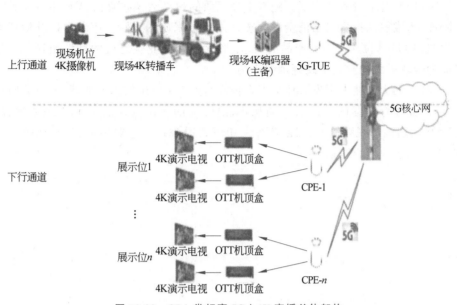

图 10-22　CBA 常规赛 5G＋4K 直播总体架构

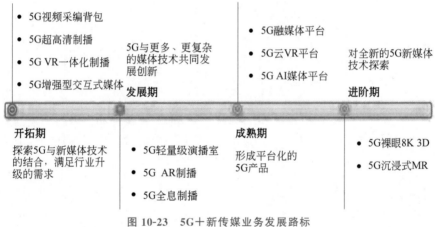

图 10-23　5G＋新传媒业务发展路标

合作建设国家级 5G 新传媒平台,通过联合建设 5G 传媒应用实验室积极开展 5G 环境下的视频应用和产品创新,形成电视、广播、网媒三位一体的全媒介多终端传播渠道,并发布 4K 超高清技术规划和超高清频道。未来,通过新传媒 5G 应用领域的持续创新,将促进基于 5G 网络的各类视频直播＋制播系统在娱乐、教育、医疗、安防等领域有更广泛的应用。IMT-2020(5G)推进组也着手促进通信与传媒行业深度合作,从几方面推动 5G 传媒技术和应用的发展,开拓 5G 新传媒行业的蓬勃生态和创新空间。

　　5G 新传媒行业的未来发展大致分为以下 3 个阶段:

　　第一阶段,出台关键技术标准。新传媒内涵丰富,目前看来,最容易与 5G 技术结合应用的是需要大带宽的各类视频直播业务。虽然目前在超高清视频直播、VR 全景视频直播、AR 影像通信领域内部已经陆续出台了若干行业标准,但是传媒行业与 5G 技术结合的行业标准尚未形成,需要进一步推进。

　　第二阶段,提升消费者认知度。随着更多优质的超高清视频直播、VR 全景视频直播内容的不断推出,成熟的技术将给消费者的感官体验带来质的飞跃。应着力提升消费者对超高清、VR 的认可度,拉动对内容产品的需求,形成整个产业生态链的良性循环。预计我国很快将成为全球最大的超高清视频消费市场。

　　第三阶段,助力产业大爆发。伴随着新传媒行业 5G 应用技术的成熟,各行业将进入快速发展期,例如体育比赛的超高清视频观赛、演唱会的 VR 全景视频体验、AR 远程医疗、AR 远程教学、超高清视频监控、云游戏等。如何利用 5G 与传媒的结合应用服务于更多行业,将是未来的主要研究方向。

通信系统常用缩略语

3GPP	The 3rd Generation Partnership Project	第三代合作项目
5G	The 5th Generation	第五代
5GAN	5G Access Network	5G 接入网
5GC	5G Core Network	5G 核心网
5GNR	5G New Radio	5G 新空口
5G-RAN	5G Radio Access Network	5G 无线接入网
5GS	5G System	5G 系统
AAU	Active Antenna Unit	有源天线单元
ACSI	Aperiodic CSI	非周期性的 CSI
ADC	Analog to Digital Converter	模数转换器
AFB	Analysis Filter Bank	分析滤波器组
AI	Artificial Intelligence	人工智能
AKA	Authentication and Key Agreement	身份验证和密钥协议
AMBR	Aggregate Maximum Bit Rate	聚合最大比特率
AMC	Adaptive Modulation and Coding	自适应调制和编码
AMF	Access and Mobility Management Function	接入和移动管理功能
AMP	Approximate Message Passing	近似消息传递
AOA	Angle of Arrival	到达角
AOD	Angle of Departure	离开角
ARP	Allocation and Retention Priority	分配保留优先权
ASD	Angle Standard Deviation	角标准差
ASIC	Application Specific Integrated Circuit	专用集成电路
ATP	Area Transmit Power	区域发射功率
AUSF	Authentication Server Function	鉴权服务器功能
AWGN	Additive White Gaussian Noise	加性白高斯噪声
BA	Bandwidth Adaptation	带宽适应
BBU	Baseband Unit	基带处理单元
BCH	Broadcast Channel	广播信道
B-DMC	Binary input Discrete Memoryless Channel	二进制输入离散无记忆信道

BER	Bit Error Rate	误码率
BH	Backhaul	回传线路
BLAST	Bell LAyered Space-Time	贝尔分层空时码
BP	Belief Propagation	置信传播
BPSK	Binary Phase Shift Keying	二进制相移键控
BS	Base Station	基站
BSC	Base Station Controller	基站控制器
BTS	Base Transceiver Station	基站收发台
CAG	Closed Access Group	封闭访问小组
CAPC	Channel Access Priority Class	通道访问优先级类
CAPS	Call Attempt Per Second	每秒试呼次数
CBRA	Contention-based Random Access	基于竞争的随机接入
CCDF	Complementary Cumulative Distribution Function	互补累积分布函数
CCE	Control Channel Element	控制信道单元
CCFD	Co-time Co-frequency Full Duplex	时频全双工
CD	Cell Defining	小区定义
CDMA	Code Division Multiple Access	码分多址接入
CDN	Content Delivery Network	内容分发网络
CDT	Call Detail Trace	呼叫详细跟踪
CE	Cross-Entropy	互熵函数
CFRA	Contention Free Random Access	无竞争随机接入
CHO	Conditional Handover	条件切换
CIDR	Classless Inter-Domain Routing	无类别域间路由选择
CIoT	Cellular Internet of Things	蜂窝物联网
CLI	Cross Link Interference	交叉链路干扰
CMAS	Commercial Mobile Alert Service	商业移动警报服务
CN	Complex Normal distribution	复高斯分布
CNN	Convolutional Neural Network	卷积神经网络
CORESET	Control Resource Set	控制资源集
CP	Circuit Power	电路功率
CP	Control Plane	控制面
CPWG	(Grounded) Coplanar Waveguide	接地共面波导
CR	Cognitive Radio	认知无线电
C-RAN	Centralized RAN	集中化无线接入网
CSI	Channel State Information	信道状态信息
CSMA	Carrier Sense Multiple Access	载波侦听多址接入
CTS	Call Trace System	呼叫跟踪系统
CU	Centralized Unit	集中单元
D2D	Device to Device	设备到设备

DAC	Digital to Analog Converter	数模转换器
DAG	Directed Acyclic Graph	有向无环图
DAPS	Dual Active Protocol Stack	双活动协议堆栈
DCI	Downlink Control Information	下行链路控制信息
DDCM	Double Directional Channel Model	双方向性信道模型
DDS	Direct Digital Synthesizer	直接数字频率合成
DFT	Discrete Fourier Transform	离散傅里叶变换
DGS	Defected Ground Structure	缺陷地结构
DL	Deep Learning	深度学习
DL-AoD	Downlink Angle-of-Departure	下行偏离角
DL-SCH	Downlink Shared Channel	下行共享通道
DL-TDOA	Downlink Time Difference Of Arrival	下行到达时间差
DMRS	Demodulation Reference Signal	解调参考信号
DNN	Deep Neural Network	深度神经网络
DPSD	Doppler Power Spectral Density	多普勒功率谱密度
D-RAN	Distributed RAN	分布式无线接入网
DRX	Discontinuous Reception	不连续接收
DU	Distributed Unit	分布单元
E2E	End to End	端到端
ECC	Envelope Correlation Coefficient	包络相关系数
E-CID	Enhanced Cell ID	增强单元 ID
EE	Energy Efficiency	能效
EH	Energy Harvesting	能量收集
EHC	Ethernet Header Compression	以太网头压缩
eMBB	enhanced Mobile Broadband	增强移动宽带
EMS	Element Management System	网元管理系统
ENOB	Effective Number of Bit	有效位数
EPC	Evolved Packet Core	演进的分组核心网
ETP	Effective Transmit Power	有效发射功率
ETWS	Earthquake and Tsunami Warning System	地震和海啸警报系统
E-UTRA	Evolved-UMTS Terrestrial Radio Access	进化 UMTS 陆地无线接入
FBMC	Filter Bank Multicarrier	滤波器组多载波技术
FCAPS	Fault, Configuration, Accounting, Performance and Security	错误、配置、记账、性能和安全
FCNN	Full Connected Neural Network	全连接神经网络
FDD	Frequency Division Duplex	频分双工
FDE	Full Disk Encryption	全盘加密
FFT	Fast Fourier Transform	快速傅里叶变换

FIWI	Fiber Wireless	光纤无线接入网络
FPA	Fixed Power Allocation	固定功率分配算法
FPGA	Field Programmable Gate Array	现场可编程门阵列
FS	Frequency Spreading	频率扩展
FSO	Free Space Optical communication	自由空间光通信
FSPA	Full Search Power Allocation	遍历搜索功率分配
FTPA	Fractional Transmit Power Allocation	分数功率分配
FWA	Fixed Wireless Access	固定无线接入
GBR	Guaranteed Bit Rate	保证比特速率
GBSM	Geometry-based stochastic modeling	基于(散射体)几何分布的统计建模
GFBR	Guaranteed Flow Bit Rate	保证流量比特率
GFDM	Generalized Frequency Division Multiplexing	广义频分复用
gNB	next generation Node Basestation	下一代基站节点
GPRS	General Packet Radio Service	通用分组无线服务
GPS	Global Positioning System	全球定位系统
GSA	Global mobile Suppliers Association	全球移动供应商协会
GSCN	Global Synchronization Channel Number	全局同步信道号
CU-U	GPRS Tunnelling Protocol for the User plane	用户面的 GPRS 隧道协议
HARQ	Hybrid Automatic Repeat reQuest	混合自动重传请求
HPBW	Half Power Beam Width	半功率束宽
HRNN	Human-Readable Network Name	人类可读网络名称
HWN	Heterogeneous Wireless Networks	异构无线网络
IaaS	Infrastructure as a Service	基础设施即服务
IAB	Integrated Access and Backhaul	集成接入和回传
ICI	Inter-Carrier-Interference	载波间干扰
ICMP	Internet Control Message Protocol	互联网控制报文协议
IDD	Iterative Detection and Decoding	迭代检测和译码
IEEE	Institute of Electrical and Electronics Engineers	电气与电子工程师协会
IFFT	Inverse Fast Fourier Transform	逆快速傅里叶变换
IMT	International Mobile Telecommunications	国际移动电信
INT-RNTI	Interruption RNTI	中断 RNTI
IoT	Internet of Things	物联网
IP	Internet Protocol	互联网协议
I-RNTI	Inactive RNTI	无效 RNTI
ISI	Inter-Symbol-Interference	码元间干扰
I-SLAC	Independent Stochastic Local Area Channel	独立随机本地信道

		模型
ITU	International Telecommunication Union	国际电信联盟
JDD	Joint Detection and Decoding	联合检测和译码
KPAS	Korean Public Alarm System	韩国公共报警系统
KPI	Key Performance Indicator	关键性能指标
LADN	Local Area Data Network	本地数据网络
LDPC	Low Density Parity Check	低密度奇偶校验
LLR	Log Likelihood Ratio	对数似然比
LMS	Least Mean Square	最小均方
LoS	Line of Sight	视线线路
LPN	Low-Power Network	低功率网络
LS	Least Square	最小二乘法
LSFR	Large Scale Fading Ratio	大尺度衰落比
LTE	Long Term Evolution	长期演进
LWIP	Light Weight IP Protocol	轻型 IP 协议
MAC	Media Access Control	介质访问控制
MANO	Management and Orchestration	管理和编排
MAP	Maximum A Posterior	最大后验概率
MBS	Macro Base Station	宏小区基站
MDBV	Maximum Data Burst Volume	最大数据突发量
MDT	Minimization of Drive Test	最小化路测
MEC	Mobile Edge Computing	移动边缘计算
MFBR	Maximum Flow Bit Rate	最大流量比特率
MIB	Master Information Block	主信息块
MICO	Mobile Initiated Connection Only	仅限移动发起的连接
MIMO	Multiple Input Multiple Output	多输入多输出
ML	Maximum Likelihood	最大似然
Mm	Millimeter Wave	毫米波
MMSE	Minimum Mean Square Error	最小均方差
MMT	Multi-Mode Terminal	多模终端
mMTC	massive Machine Type of Communication	海量机器类通信
MMTEL	Multimedia Telephony	多媒体电话
MNO	Mobile Network Operator	移动网络操作员
MOM	Method of Moments	矩量法
MPA	Message Passing Algorithm	消息传递算法
MR	Measurement Report	测量报告
M-RTT	Multi-Round Trip Time	多径行程时间
MS	Min Sum	最小和算法
MSE	Mean Squared Error	均方误差

MT	Mobile Termination	移动终端
MU-MIMO	MultiUser MIMO	多用户 MIMO
MUSA	Multi-User Shared Access	多用户共享接入
NAS	Non Access Stratum	非接入层
NB-IoT	NarrowBand Internet of Things	窄带物联网
NCGI	NR Cell Global Identifier	NR 小区全球标识符
NCR	Neighbour Cell Relation	邻居小区关系
NCRT	Neighbour Cell Relation Table	邻居小区关系表
NF	Network Function	网络功能
NF	Noise Factor	噪声系数
NFV	Network Functions Virtualization	网络功能虚拟化
NFVO	NFV Orchestrator	网络功能虚拟化编排器
NG	Next Generation	下一代
NGAP	NG Application Protocol	NG 应用协议
NGC	Next Generation Core	下一代核心网
NG-RAN	Next Generation Radio Access Network	下一代无线接入网络
NEF	Network Exposure Function	网络开放功能
NID	Network Identifier	网络标识符
NLoS	Non line of sight	非视线线路
NPN	Non Public Network	非公共网络
NOMA	Non Orthogonal Multiple Access	非正交多址接入
NR	New Radio	新型无线电
NRF	Network Repository Function	网络存储功能
NSA	Non Standalone	非独立组网
NSSAI	Network Slice Selection Assistance Information	网络切片选择辅助信息
NSSF	Network Slice Selection Function	网络切片选择功能
NSSMF	Network Slice Subnet Management Function	网络切片子网管理功能
OCC	Orthogonal Complementary Code	正交互补码
OFDM	Orthogonal Frequency Division Multiplexing	正交频分复用技术
OMC	Operation and Maintenance Center	操作维护中心
OMS	Offset Min-Sum	偏移最小和算法
OQAM	Offset Quadrature Amplitude Modulation	偏移正交幅度调制
OSI	Open System Interconnection	开放系统互连模型
OSS	Operation Support Systems	操作支持系统
OTN	Optical Transport Network	光纤传输网
OTT	Over the Top	互联网公司越过运营商直接提供视频及数

据服务

OW	Optical Wireless	无线光通信
PA	Power Amplifier	功率放大器
PaaS	Platform as a Service	平台即服务
PAPR	Peak to Average Power Ratio	峰均比
PAS	Power Azimuth Spectrum	角度功率谱
PBCH	Physical Broadcast Channel	物理广播信道
PCH	Paging Channel	寻呼信道
PCI	Physical Cell Identifier	物理小区标识符
PDCCH	Physical Downlink Control Channel	物理下行链路控制信道
PDP	Power Delay Profile	功率延迟分布
PDSCH	Physical Downlink Shared Channel	物理下行链路共享信道
PDU	Protocol Data Unit	协议数据单元
PLMN	Public Land Mobile Network	公用陆地移动通信网
PHY	Physical layer	物理层
PNI	Public Network Integrated	公共网络综合
PO	Paging Occasion	寻呼时段
PON	Passive Optical Network	无源光网络
PRB	Physical Resource Block	物理资源块
PRG	Precoding Resource block Group	预编码资源块组
P-RNTI	Paging RNTI	呼叫 RNTI
PS	Power Saving	节约能源
PSK	Phase Shift Keying	相移键控
PSS	Primary Synchronisation Signal	主同步信号
PRACH	Physical Random Access Channel	物理随机接入信道
PUCCH	Physical Uplink Control Channel	物理上行链路控制信道
PUSCH	Physical Uplink Shared Channel	物理上行链路共享信道
PWS	Public Warning System	公共警告系统
QAM	Quadrature Amplitude Modulation	正交调幅
QFI	QoS Flow Identifier	QoS 流标识符
QoS	Quality of Service	服务质量
QPSK	Quadrature Phase Shift Keying	正交相移键控
RA	Random Access	随机接入
RACH	Random Access Channel	随机接入信道
RAN	Radio Access Network	无线接入网
RANAC	RAN-based Notification Area Code	基于 RAN 的通知区号
RAT	Radio Access Technique	无线接入技术
RCA	Root Cause Analysis	根因分析
REG	Resource Element Group	资源单元组

RFU	Radio Frequency Unit	射频单元
RIM	Remote Interference Management	远程干扰管理
RL	Reinforcement Learning	强化学习
RLC	Radio Link Control	无线链路控制
RLM	Radio Link Management	无线链路管理
RLS	Recursive Least Squares	递归最小二乘
RMSI	Remaining Minimum System Information	剩余最低限度系统信息
RNA	RAN-based Notification Area	基于 RAN 的通知区域
RNAU	RAN-based Notification Area Update	基于 RAN 的通知区域更新
RNIS	Radio Network Information Service	无线网络信息服务
RNN	Recurrent Neural Network	循环神经网络
RNTI	Radio Network Temporary Identifier	无线网络临时标识符
RoF	Radio over Fiber	光载无线通信
RQA	Reflective QoS Attribute	反射 QoS 属性
RRC	Radio Resource Control	无线资源控制
RRM	Radio Resource Management	无线资源管理
RRU	Remote Radio Unit	远端射频单元
RS	Reference Signal	参考信号
RSE	Real-time Smart Engine	实时智能引擎
RSRP	Reference Signal Receiving Power	参考信号接收功率
RSRQ	Reference Signal Received Quality	参考信号接收质量
RSSI	Received Signal Strength Indicator	接收信号强度指示器
RSTD	Reference Signal Time Difference	参考信号时差
RTS	Repeat Tree Search	重复树搜索
SA	Standalone	独立组网
SaaS	Software as a Service	软件即服务
SBS	Small Base Station	微基站
SC	Successive Cancellation	逐次消除
SCA	Side Channel Attack	旁路攻击
SC-FDE	Single Carrier Frequency Domain Equalization	单载波频域均衡
SCMA	Sparse Code Multiple Access	稀疏码分多址
SCTP	Stream Control Transmission Protocol	流控制传输协议
SD	Slice Differentiator	切片符号
SDAP	Service Data Adaptation Protocol	服务数据适应议定书
SDMA	Space Division Multiple Access	空分复用多址接入
SDN	Software Defined Network	软件定义网络
SDNO	SDN Orchestrator	SDN 编排器
SE	Smart Engine	智能引擎

SE	Spectrum Efficiency	频谱效率
SFB	Synthesis Filter Bank	综合滤波器组
SFI	Slot Format Indication	时隙格式指示
SI	System Information	系统信息
SIB	System Information Block	系统信息块
SIC	Successive Interference Cancellation	串行干扰抵消
SINR	Signal to Interference plus Noise Ratio	信号与干扰加噪声比
SISO	Single Input Single Output	单输入单输出
SIW	Substrate Integrated Waveguide	基片集成波导
SLA	Service Level Agreement	服务水平协议
SLAC	Stochastic Local Area Channel	随机本地信道模型
SMAC	Stochastic Macro-Area Channel	随机广域信道模型
SMC	Security Mode Command	安全模式指挥
SMD	Smart Mobile Device	智能移动设备
SMF	Session Management Function	会话管理功能
SN	Secondary Node	辅助节点
S-NSSAI	Single Network Slice Selection Assistance Information	单网络切片选择辅助信息
SNPNID	Stand-alone Non-Public Network Identity	独立的非公共网络身份
SON	Self Organizing Network	自组织网络
SPN	Slicing Packet Network	切片分组网
SPS	Semi-Persistent Scheduling	半持续调度
SR	Segment Routing	分段路由
SR	Scheduling Request	调度请求
SRS	Sounding Reference Signal	探测参考信号
SRVCC	Single Radio Voice Call Continuity	单一无线电语音呼叫连续性
SS	Synchronization Signal	同步信号
SSB	Synchronization Signal and PBCH Block	同步信号和 PBCH 块
SSC	Session and Service Continuity	会话和服务连续性
SSS	Secondary Synchronisation Signal	辅助同步信号
SST	Slice/Service Type	切片/服务类型
STC	Space-Time Coding	空时编码
SUL	Supplementary Uplink	补充上行链路
SU-MIMO	Single User MIMO	单用户 MIMO
SWD	Smart Wear Device	智能穿戴设备
TA	Timing Advance	时间提前
TBCC	Tail Biting Convolutional Code	咬尾卷积码
TCM	Theory of Characteristic Mode	特征模理论

TCP	Transmission Control Protocol	传输控制协议
TDD	Time Division Duplex	时分双工
TDL	Tapped Delay Line	抽头延迟线
TDMA	Time Division Multiple Access	时分多址接入
TPC	Transmit Power Control	发射功率控制
TR	Tone Reservation	子载波预留算法
UAV	Unmanned Aerial Vehicle	无人机
UCI	Uplink Control Information	上行链路控制信息
UDM	Unified Data Management	统一数据管理
UDR	Unified Data Repository	统一数据存储
UDSF	Unstructured Data Storage Function	非结构化数据存储功能
UE	User Equipment	用户设备
ULA	Uniform Linear Array	均匀线性天线阵列
UL-AoA	Uplink Angles of Arrival	上行链路到达角
UL-RTOA	Uplink Relative Time of Arrival	上行链路相对到达时间
UL-SCH	Uplink Shared Channel	上行链路共享信道
UMTS	Universal Mobile Telecommunication System	全球移动电信系统
UN	User Node	用户节点
UP	User Plane	用户面
UPF	User Plane Function	用户面功能
uRLLC	ultra-Reliable and Low Latency Communications	超可靠低时延通信
U-SLAC	Uncorrelated-Stochastic Local Area Channel	非相关随机本地信道模型
UTDOA	Uplink Time Difference of Arrival	上行到达时间差
UWB	Ultrawideband	超宽带
VIM	Virtual Infrastructure Manager	虚拟基础设施管理器
VLC	Visible Light Communication	可见光通信
VNF	Virtual Network Function	虚拟网络功能
VNFM	Virtual Network Function Manager	虚拟网络功能管理器
VoLTE	Voice over LTE	长期演进语音承载
VoNR	Voice over NR	新空口承载语音
VRM	Virtual Ray Model	虚射线模型
V2X	Vehicle-to-Everything	车用无线通信技术
WDM	Wavelength Division Multiplexing	波分复用
WMSN	Wireless Multimedia Sensor Network	无线多媒体传感器网络
WSN	Wireless Sensor Network	无线传感器网络
WSS-US	Wide-Sense Stationary, Uncorrelated Scattering	广义平稳非相关散射
XPD	Cross Polarization Discrimination	交叉极化鉴别
ZF	Zero Forcing	迫零检测

参 考 文 献

[1] BENEDETTO M-G D, GIANCOLA D. 超宽带无线电基础[M]. 葛利嘉,朱林,袁晓芳,等译. 北京:
电子工业出版社,2005.

[2] 郭梯云,杨家玮,李建东. 数字移动通信[M]. 北京:人民邮电出版社,1995.

[3] DURGIN G D. 空-时无线信道[M]. 朱世华,任品毅,王磊,等译. 西安:西安交通大学出版社,2004.

[4] 张辉,曹丽娜. 现代通信原理与技术[M]. 4版. 西安:西安电子科技大学出版社,2018.

[5] PROAKIS J G. 数字通信[M]. 张力军,张宗橙,郑宝玉,等译. 3版. 北京:电子工业出版社,2001.

[6] 岐晓蕾. 5G 毫米波大规模 MIMO 通信系统关键技术研究[D]. 北京:北京邮电大学,2021.

[7] MARZETTA T L. Non Cooperative Cellular Wireless with Unlimited Numbers of Basestation
Antennas[J]. IEEE Transactions On Wireless Communications,2010,9(11):3590-3600.

[8] BJÖRNSON E, HOYDIS J, SANGUINETTI L. Massive MIMO Network, Spectral, Energy, and
Hardware Efficiency[J]. Foundations and Trends in Signal Processing,2019,11(3-4):154-655.

[9] OSSEIRAN A,MONSERRAT J F,MARSCH P. 5G 移动无线通信技术[M]. 陈明,缪庆育,刘愔,等
译.北京:人民邮电出版社,2017.

[10] PAULRAJ A,NABAR R,GORE D. 空时无线通信导论[M]. 刘威鑫,译. 北京:清华大学出版
社,2007.

[11] RAPPAPORT T S,XING Y C,KANHERE O,et al. Wireless Communications and Applications
above 100GHz:Opportunities and Challenges for 6G and Beyond[J]. IEEE Access,2019(2):
78729-78757.

[12] ADHIKARY A,SAFADI E A,SAMIMI M K,et al. Joint Spatial Division and Multiplexing for mm-
wave Channels[J]. IEEE Journal on Selected Areas in Communications,2014,32(6):1239-1255.

[13] WONG V W S,SCHOBER R,KWAN D W,et al. Key Technologies for 5G Wireless Systems[M].
Cambridge:Cambridge University Press,2017.

[14] 张若峤. 面向 5G 移动通信的混合波束赋形相控阵系统及关键技术研究[D]. 南京:东南大学,2019.

[15] 刘晓峰,孙韶辉,杜忠达,等. 5G 无线系统设计与国际标准[M]. 北京:人民邮电出版社,2019.

[16] ChenBinBini. 5G Abbreviations(5G 中简写和缩略语含义)[EB/OL]. (2020-10-30) https://blog.
csdn.net/ChenBinBini/article/details/109315576.

[17] 韩玉玺. 高阶 SCMA 系统关键技术研究[D]. 合肥:中国科学技术大学,2019.

[18] 李兰平. 基于深度学习的 SCMA 关键技术研究[D]. 成都:西南交通大学,2019.

[19] 杨阳. 卫星 GFDM 系统传输性能优化技术研究[D]. 成都:电子科技大学,2020.

[20] 杨彬祺. 5G 毫米波大规模 MIMO 收发系统及其关键技术研究[D]. 南京:东南大学,2019.

[21] 刘鹏飞. 毫米波 MIMO 系统中平面天线及关键技术研究[D]. 南京:东南大学,2020.

[22] 任爱娣. 5G 移动终端 MIMO 阵列天线的研究[D]. 西安:西安电子科技大学,2020.

[23] 宋闯. 面向 5G 的光与无线融合接入网智能控制技术研究[D]. 北京:北京邮电大学,2019.

[24] 王明君. 设备到设备(D2D)通信安全和隐私保护研究[D]. 西安:西安电子科技大学,2017.

[25] 刘雷. 非正交多址接入系统的检测及量化算法研究[D]. 西安:西安电子科技大学,2016.

[26] 王毅. 面向 B4G-5G 的大规模 MIMO 无线通信系统关键技术研究[D]. 南京:东南大学,2016.

[27] 郑杰. 异构无线网络中资源管理研究[D]. 西安:西安电子科技大学,2014.

[28] 袁琪. 异构传感网密钥管理协议研究[D]. 哈尔滨:哈尔滨工程大学,2018.

[29] 郭凤仙. 5G 网络中多维资源联合管理技术研究[D]. 北京：北京邮电大学,2021.

[30] 李高磊. 面向 B5G 智能组网的新型安全防护技术研究[D]. 上海：上海交通大学,2020.

[31] 李阳. 移动边缘计算中节能高效的资源联合优化若干问题研究[D]. 长春：吉林大学,2020.

[32] 胡永东. 移动 WiMAX 网络中跨层的保证 QoS 解决方案研究[D]. 南京：东南大学,2017.

[33] 梁小朋. 无线通信网络频谱资源高效利用与优化方法研究[D]. 北京：北京邮电大学,2021.

[34] cloudfly_cn. 5G 系统——5G QoS[EB/OL].（2018-08-16）https：//blog. csdn. net/u010178611/article/details/81746532.

[35] 贺艳华. 面向 5G/B5G 无线网络的绿色传输策略研究[D]. 北京：华北电力大学,2020.

[36] 王晶萍. 认知无线电合作频谱感知方法研究[D]. 哈尔滨：哈尔滨工业大学,2019.

[37] 左珮良. 认知无线通信频谱分析与决策技术研究[D]. 北京：北京邮电大学,2020.

[38] 杨威. 频谱资源高效利用关键技术研究[D]. 北京：北京邮电大学,2020.

[39] 管婉青. 基于多层复杂网络理论的网络切片协作管理研究[D]. 北京：北京邮电大学,2019.

[40] 宋庆恒. 无人机辅助无线覆盖增强技术研究[D]. 南京：东南大学,2019.

[41] 韩睿松. 无线多传媒传感器网络覆盖增强与拓扑控制技术研究[D]. 北京：北京交通大学,2018.

[42] 孙亚萍. 移动边缘计算网络中通信、存储与计算协同机制与优化[D]. 上海：上海交通大学,2020.

[43] 郭伯仁. 移动边缘智能系统中的资源管理相关技术研究[D]. 北京：北京邮电大学,2021.

[44] 刘旸. 物联网中多层跨层接入管理关键技术[D]. 大连：大连理工大学,2014.

[45] 申晓曼. 面向边缘计算的端到端通信中无源光网络的协议设计与资源管理研究[D]. 杭州：浙江大学,2020.

[46] HOU T,FENG G,QIN S,et al. Proactive Content Caching by Exploiting Transfer Learning for Mobile Edge Computing[J]. International Journal of Communication Systems,2018,31(11)：e3706.

[47] YANG Z,LIU Y,CHEN Y,et al. Cache-aided NOMA Mobile Edge Computing：A Reinforcement Learning Approach[J]. IEEE Transactions on Wireless Communications,2020,19(10)：6899-6915.

[48] WANG X,HAN Y,WANG C,et al. In-edge AI：Intelligentizing Mobile Edge Computing,Caching and Communication by Federated Learning[J]. IEEE Network,2019,33(5)：156-165.

[49] JIANG W,FENG G,QIN S,et al. Multi-Agent Reinforcement Learning Based Cooperative Content Caching for Mobile Edge Networks[J]. IEEE Access,2019,7：61856-61867.

[50] ZHANG K,CAO J,LIU H,et al. Deep Reinforcement Learning for Social-Aware Edge Computing and Caching in Urban Informatics[J]. IEEE Transactions on Industrial Informatics,2019,16(8)：5467-5477.

[51] QIAN Y,WANG R,WU J,et al. Reinforcement Learning-Based Optimal Computing and Caching in Mobile Edge Network[J]. IEEE Journal on Selected Areas in Communications,2020,38(10)：2343-2355.

[52] ALE L,ZHANG N,WU H,et al. Online Proactive Caching in Mobile Edge Computing Using Bidirectional Deep Recurrent Neural Network[J]. IEEE Internet of Things Journal,2019,6(3)：5520-5530.

[53] 于山山. 蜂窝网中 D2D 通信资源管理与安全策略研究[D]. 济南：山东大学,2021.

[54] 王晓雷. 5G 网络切片的虚拟资源管理技术研究[D]. 郑州：战略支援部队信息工程大学,2018.

[55] 徐琬砅. 多用户认知无线电网络资源分配策略研究[D]. 上海：东华大学,2019.

[56] 崔春升. 基于跨层设计的无线网络通信的研究[D]. 长春：吉林大学,2014.

[57] 王金龙,吴启晖,龚玉萍,等. 认知无线网络[M]. 北京：机械工业出版社,2010.

[58] PÄTZOLD M. 移动无线信道(原书第 2 版)[M]. 王秋爽,吴明慧,王玲芳,等译. 北京：机械工业出版社,2014.

致　　谢

　　本书经过筹划到完稿历时近两年,感恩无数学者和爱好者为移动通信领域的发展做出的贡献。作者在研究生课程"空-时无线信道"的教学过程中萌发了写作本书的初衷,又得到西安电子科技大学研究生院关于研究生思政课程教改项目的资助。感谢一路以来师长和朋友的支持、家人的关爱和同事的互助提携。

　　西安电子科技大学本科生院为本书提供了重点立项支持,清华大学出版社的编辑们为本书做了细致的工作,提出了宝贵意见。

　　作者在本书写作中和完成后,深感自己知识浅薄,深切体会到 5G 技术是如此丰富和影响深远。幸而如今知识的获取非常方便,作者在丰富的参考文献基础上重新组织内容,希望呈现给读者一个比较系统和深入的 5G 技术全览。

　　愿以本书献给所有为世界做出贡献的人们。愿渺小的自我能投身到利他的美好境界里。

栾英姿

2023 年 2 月